中国科学院科学出版基金资助出版

材料疲劳理论与工程应用

郑修麟　王　泓　鄢君辉　乙晓伟　著

科学出版社

北京

内 容 简 介

本书扼要介绍了疲劳断裂的微观机理,重点论述了材料疲劳失效的宏观规律及其工程应用。主要内容包括宏观力学模型的建立、基本疲劳公式的导出、应变疲劳公式、应力疲劳公式、疲劳裂纹起始寿命公式、疲劳裂纹扩展速率公式、特殊服役环境中的疲劳、疲劳试验数据的统计分析、变幅载荷下的疲劳寿命、典型结构件的寿命预测、疲劳延寿技术和非金属材料的疲劳等。

本书可作为材料、机械、结构和强度等学科大学生、研究生和工程技术人员的参考用书。

图书在版编目(CIP)数据

材料疲劳理论与工程应用 / 郑修麟等著 . —北京:科学出版社,2013.2
ISBN 978-7-03-036648-1

Ⅰ.①材… Ⅱ.①郑… Ⅲ.①金属疲劳—研究 Ⅳ.①TG111.8

中国版本图书馆 CIP 数据核字(2013)第 022313 号

责任编辑:张海娜 吴凡洁 / 责任校对:郑金红
责任印制:赵 博 / 封面设计:陈 敬

科 学 出 版 社 出版
北京东黄城根北街 16 号
邮政编码:100717
http://www.sciencep.com

北京虎彩文化传播有限公司印刷
科学出版社发行 各地新华书店经销
*
2013 年 2 月第 一 版 开本:B5(720×1000)
2024 年 6 月第四次印刷 印张:36 3/4
字数:736 000

定价:268.00 元
(如有印装质量问题,我社负责调换)

前　言

　　19 世纪 60 年代德国工程师 Wöhler 试验测定了第一条疲劳寿命曲线，成为现代疲劳试验与理论研究的起点。自那时起，随着交通运输、机械制造、能源、化工、造船和航空等工业的发展，疲劳研究日益显示其重要性。对金属材料的宏观疲劳性能和微观机理的研究，深入到疲劳损伤的各个阶段，提出了改善金属材料疲劳抗力和延长金属结构疲劳寿命的技术措施。在工程应用的研究中，形成了金属结构抗疲劳设计、抗疲劳制造的若干准则和寿命预测模型，对保证结构的安全运行、减少财产和生命的损失，起了重要的作用。高新技术的发展，以及新材料在高新技术领域中的应用，给疲劳研究注入新的活力。一方面，金属疲劳的研究领域不断扩大；另一方面，新型材料，如结构陶瓷材料、高分子材料、复合材料、生物材料和电子元器件等的疲劳研究不断进行，以图解决高新技术的发展带来的疲劳问题。

　　由此可见，疲劳研究源于工业生产，又服务于工业生产。虽然疲劳研究的历史已有一个半世纪了，取得了一系列的重大成果，但疲劳研究仍是当前学术界和工业界所关注的重要课题之一，因为现代工业和高新技术的发展会给疲劳研究提出新的课题。高新技术的发展是无止境的，疲劳研究也会不断向前发展。

　　疲劳试验与理论研究的发展，不仅需要疲劳研究者的努力，还有赖于相关学科、技术和工业的发展。电子显微镜在疲劳研究中的应用，使人们对疲劳损伤的各个阶段的微观机理有了全面而深入的认识。电液伺服疲劳试验机与电子计算机的应用，不仅可在等幅载荷下进行控制波形、频率、温度和环境介质的应力和应变疲劳试验，提供精确、可靠的疲劳试验数据，还可在随机谱下进行结构件以至全尺寸结构的疲劳试验，获得的试验数据可用于验证疲劳寿命的预测模型。最近，新的物理测试仪器如红外热像仪，与疲劳试验相结合，可以半定量甚至定量地探测材料或结构件的疲劳损伤，快速地测定材料的疲劳极限以及疲劳极限的概率分布。

　　对疲劳失效宏观规律的认知和把握，是预测或估算结构件疲劳寿命的首要条件，涉及结构件的载荷谱、材料疲劳寿命曲线以及相应的表达式、累积疲劳损伤定则和小载荷省略准则。固体力学是导出材料疲劳寿命表达式的力学基础。对材料疲劳损伤微观机理的认识，为建立材料疲劳的力学模型提供了物理基础。20

世纪 50 年代，电子显微镜在疲劳研究中的应用和线弹性断裂力学的发展，对疲劳裂纹扩展的研究起了巨大的推动作用。先后建立了疲劳裂纹扩展的力学模型，导出了疲劳裂纹扩展速率表达式，而且还提出结构的损伤容限设计准则和疲劳裂纹扩展寿命的预测模型。

在工程应用中，结构的疲劳寿命通常分为疲劳裂纹起始寿命和疲劳裂纹扩展寿命，两者相加即得疲劳总寿命。疲劳裂纹起始寿命是估计安全寿命和制订安全检修期的主要依据，高强度构件始裂寿命占总寿命的 80％以上，始裂寿命的估算有重大的实用意义。工程结构常在变幅载荷下服役，为精确地预测构件在变幅载荷下的疲劳裂纹起始寿命，需要对金属中疲劳裂纹起始的过程和机理、疲劳裂纹起始寿命的定义和测定方法，以及疲劳裂纹起始的力学模型和公式进行相关研究和试验验证。

结构工程师所使用的材料疲劳性能数据，都是在等幅载荷下测定的，而实际的结构件承受的是变幅载荷，因此需要一个法则，只有将变幅载荷下的疲劳损伤换算为等幅载荷下的省略疲劳损伤，才能进行结构的寿命预测或估算，这个法则就是累积疲劳损伤定则和小载荷省略准则。累积疲劳损伤定则和小载荷省略准则的研究，均有赖于对材料疲劳损伤微观机理的认识和疲劳宏观力学模型的建立。

可以认为，对材料疲劳损伤微观机理和疲劳宏观力学模型的研究，是疲劳理论研究的核心，而疲劳理论的研究又是为了解决工程应用问题——结构疲劳寿命的预测和延寿，这是编写本书的主要思路和出发点。本书主要是总结作者及其团队近 30 年所作的疲劳研究，主要是材料疲劳的宏观规律，包括基本的疲劳公式、疲劳裂纹起始寿命、特殊服役环境中的疲劳、变幅载荷下疲劳寿命及其概率分布的预测模型，以及结构件的延寿技术等诸多方面。同时，本书也适当地总结或介绍国内外同行的研究成果，并力图给出理论上的说明。作者希望本书的出版，有助于材料科学与工程、机械与结构设计、制造专业的研究生和工程师学习材料疲劳的基本知识、疲劳研究工作的思路和方法以及材料疲劳研究的新成果，也有助于与国内外同行进行疲劳研究方面的经验交流。同时，对于书中可能存在不足之处，恳请读者给予批评指正。

在近 30 年的研究工作中，作者曾获得原航空工业部"六五"预研经费、中国铁道科学研究院基金、原铁道部大桥工程局基金、国家自然科学基金、国家教育委员会博士点基金、航空科学基金等多方面的资助。在试验工作中，红原锻铸厂力学性能室的同志给予了无私的帮助。作者所在课题组的许多成员，其中包括博士研究生和硕士研究生参加了很多研究工作，他们的研究成果是本书的重要组成部分。作者对他们表示真诚的谢意。

需要特别致谢的是瑞士洛桑理工学院金属结构研究室 Badoux 教授、Hirt 教授在 1980～1982 年对作者的支持与帮助，以及中国航空研究院 623 所王俊扬总工程师、中国铁道科学研究院史永吉研究员，以及课题组徐振华等同志的支持。

我还要感谢我的家人，尤其是我的夫人谢玉铉女士几十年对我工作的支持，她教育子女并承担了全部家务，让我安心研究课题。

最为重要的是，在我身患重病已不能写作期间，承蒙王泓、鄢君辉等慨然允诺完成尚未完成的书稿，并审阅全部书稿。在此，我诚挚地邀请他们作为本书的共同作者，以报答他们于万一。

郑修麟

2008 年 1 月 26 日

主要符号对照表

材料力学性能符号

E：弹性模量

σ_s：屈服强度

$\sigma_{0.2}$：条件屈服强度

σ_b：抗拉强度

σ_f：断裂强度

ε_f：断裂延性

ψ：断面收缩率

δ：延伸率

n：应变硬化指数

K：强度系数

K'：循环强度系数

n'：循环应变硬化指数

疲劳公式中符号

$S\text{-}N$ 曲线：应力疲劳寿命曲线

N_f：疲劳寿命

S：作用于切口试件上的名义应力，即净断面平均应力

S_{max}：循环最大名义应力

S_{min}：循环最小名义应力

ΔS：名义应力范围，$\Delta S = S_{max} - S_{min}$

S_a：名义应力幅，$S_a = \Delta S / 2$

S_m：循环平均名义应力，$S_m = (S_{max} + S_{min}) / 2$

R：应力比，$R = S_{min} / S_{max}$

$\Delta\varepsilon$：循环总应变范围，或切口根部的局部总应变范围

ε_a：循环应变幅，或切口根部的局部应变幅

$\Delta\varepsilon_p$：循环塑性应变范围

$\Delta\varepsilon_e$：弹性应变范围

σ_{as}：饱和应力幅

$\Delta\varepsilon_{ps}$：饱和塑性应变范围

ε_{as}：饱和塑性应变幅，$\varepsilon_{as} = \Delta\varepsilon_{ps} / 2$

α、β、γ：通常表示由试验确定的常数

b：疲劳强度指数

σ_f'：疲劳强度系数

c：疲劳延性指数

ε_f'：疲劳延性系数

σ_{-1}：实验测定的疲劳极限

$\Delta\varepsilon_c$：理论应变疲劳极限

A：应变疲劳抗力系数

$\Delta\varepsilon_D$：损伤应变范围

k：频率修正函数中的指数

K_t：弹性应力集中系数，简称应力集中系数

K_t'：有效应力集中系数或复合应力集中系数

K_σ：弹塑性应力集中系数

K_ε：弹塑性应变集中系数

ΔK_{IA}：表观应力强度因子范围

ρ：切口根部半径

a_i：初始裂纹长度

N_i：疲劳裂纹起始寿命

$(\Delta\sigma)_{th}$：用名义应力幅表示的疲劳裂纹起始门槛值

$\Delta\sigma_{eqv}$：当量应力幅，当 $K_t = 1.0$、$R = -1$ 时，$\Delta\sigma_{eqv} = S_a$，即为名义应力幅

C_i：疲劳裂纹起始抗力系数

$(\Delta\sigma_{eqv})_{th}$：用当量应力幅表示的疲劳裂纹起始门槛值

r：相关系数

s：标准差

σ：通常表示加于光滑试件上的应力，或切口根部的局部应力

σ_a：加于光滑试件上的应力幅

σ_{ac}：用应力幅表示的理论疲劳极限

C_f：应力疲劳抗力系数

ΔS_{eqv}：当量应力范围

$(\Delta S_{eqv})_{th}$：当量应力范围门槛值

K_{max}：应力强度因子的最大值

K_{min}：应力强度因子的最小值

ΔK：应力强度因子范围，$\Delta K = K_{max} - K_{min}$

ΔK_{th}：疲劳裂纹扩展门槛值

da/dN：疲劳裂纹扩展速率

K_{IC}：平面应变断裂韧性

B：疲劳裂纹扩展系数

ΔK_{th0}：$R = 0$ 时的疲劳裂纹扩展门槛值

K_{op}：裂纹张开应力强度因子

K_{cl}：裂纹闭合应力强度因子

目　　录

第一部分　基本的疲劳公式

第二部分　特殊服役条件下的疲劳

第三部分　疲劳数据的统计分析与带存活率的疲劳寿命曲线表达式

第四部分　变幅载荷下疲劳寿命估算模型

第五部分　某些典型结构件的疲劳与寿命预测

第六部分　某些非金属材料的疲劳

第七部分　结构件的延寿技术

第1章 绪 论

1.1 引 言

在工程应用中,结构件所受的应力总是低于材料的屈服强度 $\sigma_s(\sigma_{0.2})$。通常,在低于屈服强度的应力作用下,材料既不会发生塑性变形,更不会发生断裂。但是,在应力的重复作用下,即使所受的应力低于屈服强度,材料也有可能发生断裂。这种现象,称为材料的疲劳。引起疲劳断裂的应力常低于材料的屈服强度,在这种情况下,疲劳断裂前不发生明显的塑性变形。所以,疲劳断裂通常属于低应力脆性断裂。

自 19 世纪德国工程师 Wöhler 为解决火车轴的断裂问题,在控制载荷的条件下测定第一条疲劳寿命曲线(S-N 曲线)以来,对材料和结构件疲劳的研究已有 160 多年的历史。但迄今仍不断有因结构件疲劳断裂而造成的重大以至灾难性事故。因此,对材料和结构件疲劳的研究,仍被世界各国科技和工程界所关注。每年有数以千计的有关疲劳的论文发表,有关疲劳的专著仍陆续出版问世,每年都有关于疲劳的国际学术会议,包括美国空军和海军研究院所赞助的国际疲劳学术会议召开。所有这些都说明,结构件的疲劳失效问题,仍是科技界和工程界需要努力加以解决的问题。

材料的失效(failure),包括疲劳失效仍是造成重大经济损失的一个主要原因。1983 年美国商务部和国家标准局完成的研究报告表明[1],每年由于材料失效而造成的经济损失,按 1982 年美元值计算,达到 1190 亿美元,约占当年美国国内生产总值(GDP)的 4%。而飞机和发动机结构件的失效所造成的经济损失约占总的经济损失的 5%。在上述报告中,失效的形式包括结构零部件的过量变形、分层、开裂以至完全断裂,但不包括腐蚀和磨损;其中零部件的断裂会造成灾难性的后果,必须尽力防止。在其他工业发达国家,由于材料失效而造成的经济损失约占国内生产总值的 4%[2]。这表明,材料的失效耗费了大量的资源和人力。

研究认为[1]:①更好地应用现有技术可以消除约 1/3 由于材料失效而造成的经济损失;②在较长的时间内,通过研究与发展,也就是获取新知识并提出利用新知识的途径,可以消除第二个 1/3;③若无重大技术突破,最后一个 1/3 则很难消除。统计分析表明[3,4],飞机和发动机结构件的失效大部分是由疲劳和腐蚀疲劳造成的。而材料的缺陷、加工质量差和结构设计不良又是引起结构件疲劳失效的主要因素[3,4]。因此,研究材料的抗疲劳失效准则(实际上是创立新的疲劳力学模型)以及结构件在变幅载荷下新的寿命预测模型和延寿技术,有重大的现实意义。

1.2　疲劳研究的目的

机械和工程结构的设计,首先应当达到设计所要求的功能,即在规定的服役期(即设计寿命)内能安全、可靠地运行。同时,也要考虑结构的生产和运行具有经济性,即具有较长的服役寿命、低的设计与制造费用,以及较长的维修周期和低的维修费用。大型机器的制造和工程结构的建设耗资巨大。所以,这些机器和工程结构应当有很长的服役寿命。例如,大型铁道桥梁的设计寿命为 100～120 年,民航飞机的设计寿命为 10 余万飞行小时,折算成日历年约为 20 余年。若机器和结构的服役寿命短,则会造成人力和资源的巨大浪费。

为保证机械和工程结构能安全可靠地运行,必须防止其零部件,尤其是重要零部件的疲劳失效。对材料疲劳失效的研究是材料科学研究的重要组成部分。在结构设计中,要进行疲劳寿命预测和结构的疲劳可靠性评估。研究疲劳失效的目的是防止材料和结构零部件的疲劳失效。因此,在工程应用中,疲劳研究的目的,或者说,疲劳研究所要解决的主要问题有三[5,6]:

(1)精确地预测结构的疲劳寿命,简称定寿。所谓疲劳寿命,是指材料和结构在外力的长期、重复作用下或在外力和环境因素的复合作用下,抵抗疲劳损伤和失效的能力,使结构的零部件在服役期限内安全、有效地运行。结构的寿命,实际上是结构的安全服役期限,或者说,结构在其服役期内不会发生疲劳断裂。精确地预测结构的疲劳寿命,是为了保障结构在服役期内的安全,避免巨大的财产以至生命的损失,避免对社会造成心理冲击。

(2)改善结构件的细节设计,优选材料和优化结构件的制造工艺,以延长材料和结构的疲劳寿命,简称延寿,为研制新的抗疲劳的材料提供理论指导。一座大型工程结构的建造,例如飞机、桥梁、船舶、电站等,要耗费大量的资源和费用,使用过程中还需要检测和维修。延寿的目的,既要延长结构的总寿命,也要延长结构的检修周期,以节约资源,降低建造和维修费用。延寿的技术和管理措施包括改进结构细节设计、提高材料的冶金质量、改善制造工艺以及采取相关的技术管理措施等。有关延寿的技术和管理措施,将在后续章节中做较详细的讨论。

(3)简化疲劳试验或缩短疲劳试验周期。众所周知,疲劳试验要耗费大量的人力、物力和财力;尤其是结构件以至全尺寸的结构在服役载荷下的疲劳试验,试验周期很长,耗费更加巨大。因此,疲劳研究的第三个重要的作用,是建立合理的结构的疲劳试验载荷谱,略去不造成材料疲劳损伤的小载荷,以简化结构件以至全尺寸的结构的疲劳试验、缩短疲劳试验周期,以节约人力、物力和财力。

实际上,在结构设计的初始阶段,就要根据结构的细节设计、服役载荷和环境,选用合适的材料和制造工艺(包括表面处理),并且考虑到经济而有效的延寿技术,进而预测结构的疲劳寿命,必要时还要进行验证性的疲劳试验[7]。

1.3　疲劳研究的内容和方法

1.3.1　疲劳研究的内容

疲劳研究包含基础研究和应用研究两大部分。疲劳的基础研究是为工程应用服务的,而应用研究是要很好地解决前述的三大问题。

疲劳理论研究包括两个主要方面:即疲劳损伤的微观机理与疲劳的宏观力学模型。疲劳损伤的微观机理的研究成果,可以解释疲劳的宏观现象和某些宏观规律,也为建立疲劳的宏观力学模型和研制新的抗疲劳的材料提供物理依据。对疲劳损伤的微观机理的研究表明,材料的疲劳损伤可粗略地分成两个主要的阶段,即疲劳裂纹起始与疲劳裂纹扩展。有关疲劳的微观机理的研究成果在文献[7]和[8]中做了很好的总结。

预测结构件在服役载荷下的疲劳寿命,需要有好的疲劳寿命公式[6,9]。研究材料疲劳的宏观力学模型,主要是建立疲劳损伤的力学模型,探求疲劳损伤的控制参数,从而导出基本的疲劳公式,并进行验证。在工程实践中,结构件的疲劳寿命通常分为疲劳裂纹起始寿命和疲劳裂纹扩展寿命分别进行预测,然后求和得到总寿命[1,5-7,9-11]。因此,要建立变幅载荷下结构件的疲劳裂纹起始寿命和疲劳裂纹扩展寿命的预测模型,首先要有好的预测疲劳裂纹起始寿命的相关的疲劳公式,包括应力疲劳寿命公式、应变疲劳寿命公式,以及疲劳裂纹扩展速率公式等。

在服役条件下,结构所受的疲劳载荷称为载荷谱[7]。载荷谱需要给出载荷随时间而变化的信息。结构的服役环境也是复杂的,如高、低温,腐蚀性的环境介质和表面磨损引起的表面损伤等。这些因素都在不同程度上影响材料的疲劳损伤的微观机理和材料的疲劳性能,因而在材料的疲劳研究中以及结构的寿命预测中必须加以考虑。

1.3.2　疲劳的研究方法

如前所述,疲劳理论研究的内容主要是疲劳损伤各阶段的微观机理和宏观规律两方面。人们采用直接的金相观察和间接的物理性能测定方法,对疲劳损伤各阶段的微观机理进行了研究。Kocanda[8]用光学金相显微镜观察了纯铁在旋转弯曲疲劳试验时,试件表面形貌的变化。Suresh[9]用电子显微镜观测了循环加载过程中材料微观组织结构的变化,研究了疲劳损伤的微观机理。

研究工作者还可通过测定金属的物理性能在疲劳过程中的变化,探讨疲劳损伤的规律性。例如,在循环加载过程中,测定金属材料电阻和温度的变化[12]。最近,研究工作者还采用红外热像仪,测定试件表面温度的变化,探讨疲劳损伤的规律性,确定材料的疲劳极限[13]。但在疲劳裂纹形成以前,如何定义疲劳损伤则十分困难[14]。

研究工作者用电子显微镜对疲劳裂纹扩展微观机理做了大量的研究工作,取得了重要的成果,在文献[7]、[9]、[12]、[15]～[18]中做了很好的总结。这些研究成果为疲劳裂纹扩展的微观与宏观力学模型的建立提供了可靠的物理基础[19]。

材料疲劳性能表达式可通过下述途径求得:①总结试验数据,得出经验规律及表达式[20-23]。在开展研究工作的初期,这也是行之有效的方法。②在现有的关于疲劳的微观机理和力学的研究基础上,提出某种假设,进而导出相关的疲劳的公式[19]。显然,这假设应是合乎逻辑的,并能满足一定的边界条件,并且,这样的疲劳公式也需要进行试验验证。③随着疲劳研究工作的深入和相关学科的发展,有条件地提出理论模型,进而导出定量的疲劳公式。

1.3.3　疲劳试件

在材料的力学性能,包括材料疲劳的研究中,采用三种不同几何特征的试件,即光滑试件、切口试件和带裂纹的试件[1,5,7]。光滑试件主要用于测定材料的基本疲劳性能,例如应力疲劳寿命曲线、应变疲劳寿命曲线和疲劳极限等,作为评定材料疲劳性能和结构件寿命预测的重要依据[5,10,11,24],也用于研究疲劳损伤微观机理[7-9]。

在机械和工程结构零部件的加工过程中,会产生裂纹或裂纹式的缺陷。在结构件的服役过程中,由于疲劳、蠕变、腐蚀等原因,也会在其中产生裂纹。在随后的服役过程中,裂纹会不断长大,引起结构承载能力和刚度的降低以及共振频率的变化。因此,结构件中的裂纹要力图避免或严格地加以限制[1]。但是,在结构件中、尤其是高塑性材料的结构件中出现裂纹后,并不会立即引起断裂,而有一段稳态扩展期,即疲劳裂纹扩展寿命;仅当裂纹扩展到临界尺寸时,断裂才会发生。因此,要用带裂纹的试件测定材料的疲劳裂纹扩展速率与门槛值以及断裂韧性[1,5,7,9,12]。应用线弹性断裂力学方法,利用材料的疲劳裂纹扩展速率表达式和断裂韧性 K_{IC} 之值,可估算含裂纹结构件的疲劳裂纹扩展寿命、断裂应力(或称剩余强度)和临界裂纹尺寸。

由于结构细节设计的需要,结构件中总会含有几何不连续性,例如连接孔、凸台、沟槽等。这些几何不连续性可看成是广义的切口。切口的存在引起结构件中的应力和应变集中,改变切口根部的应力分布[23,25],会影响材料的疲劳性能,包括疲劳寿命和疲劳极限[23]。所以要采用切口试件模拟结构件,测定材料的疲劳裂纹起始寿命和疲劳裂纹扩展寿命[26],作为结构件寿命预测的依据[6]。特别是结构中的关键承力结构件,不允许存在裂纹或对裂纹加以严格限制[1]。因此,精确地预测结构件的疲劳裂纹起始寿命,对于确保结构的运行安全,具有重要的实际意义。疲劳裂纹形成以后,切口件即转化为带裂纹件,疲劳损伤以裂纹扩展的形式发展。所以,要用带裂纹的试件,测定在循环载荷作用下的疲劳裂纹扩展速率,给出疲劳裂纹扩展速率表达式,可用于预测结构件的疲劳裂纹扩展寿命[1,5,6]。

据此,可以认为,含切口的结构件的整个疲劳失效过程可分为三个阶段:疲劳裂纹在切口根部形成,已形成裂纹以一定的速度进行稳态扩展,裂纹扩展到临界尺寸时发生失稳扩展而导致断裂。所以,含切口的结构件的疲劳寿命由疲劳裂纹起始寿命和疲劳裂纹扩展寿命两部分组成。应用切口试件模拟结构件,研究其疲劳失效过程与疲劳寿命,更接近工程实际情况。

1.3.4　疲劳试验载荷

在疲劳的基础研究中,疲劳试验常在等幅载荷下进行,即最大载荷、载荷幅度不随时间而改变。这是引起材料疲劳损伤的最简单的、也是基本的循环加载形式。循环加载的特征要用两个参数表示,即应力范围 ΔS,即循环最大应力与循环最小应力之差 $\Delta S = S_{max} - S_{min}$,或应力幅 $S_a (= \Delta S/2)$,以及应力比 $R (= S_{min}/S_{max})$ 或平均应力 $S_m [= (S_{max} - S_{min})/2]$。加于试件上的循环载荷保持恒定,也就是试件所受的应力范围(ΔS)或应力幅(S_a)、应力比(R)或平均应力 S_m 保持恒定。由应力疲劳试验测定的疲劳寿命曲线称为应力疲劳寿命曲线,它通常可表示为 $N_f = f(\Delta S)$,但最好能表示为 $N_f = f(\Delta S, R)$ 或 $N_f = f(\Delta S, S_m)$。在结构的服役载荷下,应力范围、平均应力或应力比是随时间而变动的,因此,将疲劳寿命表示为: $N_f = f(\Delta S, R)$ 或 $N_f = f(\Delta S, S_m)$,可以很方便地用于预测结构在变幅载荷下的疲劳寿命[11]。

加载波形和频率也是循环加载的特征参量,它们对材料的高温疲劳和腐蚀疲劳性能影响很大。在研究材料的高温疲劳和腐蚀疲劳性能时,加载波形和频率必须加以考虑。

在建立材料等幅载荷下的疲劳的宏观力学模型,导出基本的疲劳公式时,可不考虑材料的特性,从而使得疲劳公式具有普遍的适用性。在等幅载荷下的疲劳试验有两种加载方式:即前述的恒应力幅加载和恒应变幅加载,前者可称为应力疲劳试验,后者可称为应变疲劳试验。所谓恒应变幅加载,是加于试件上的应变范围 $\Delta \varepsilon$ 或应变幅 ε_a 保持恒定,而最小应变与最大应变之比通常为 -1。由应变疲劳试验测定的疲劳寿命曲线可表示为 $N_f = f(\Delta \varepsilon)$,称为应变疲劳寿命曲线。材料的应力疲劳寿命曲线和应变疲劳寿命曲线,都用于预测结构件在变幅载荷下的疲劳裂纹起始寿命[10,11]。

但是,建立结构件在变幅载荷下的疲劳寿命及其概率分布的预测模型时,要综合考虑所受的载荷及材料的变形与硬化特性,也要考虑试件与结构件的几何特征[6]。

1.4　疲劳研究中应考虑的因素

研究疲劳失效的基本出发点,是要结合结构件的实际服役情况,不仅要考虑制造结构件所用材料的特性、制造工艺(包括表面处理)、结构件的几何,也要考虑实际结构的服役载荷与环境等[7]。也就是说,要将结构件自身的状态与其服役环境结合起来加以考虑。

1.4.1　材料特性

按照材料在拉伸试验时的变形特征,可将材料分为塑性材料和脆性材料两大类。塑性材料在拉伸断裂前发生弹性变形和塑性变形,而脆性材料在拉伸断裂前仅发生弹性变形而无塑性变形。这两类材料具有不同的变形和断裂机理及特征,因而疲劳损伤和疲劳寿命的控制参数将有所不同。

塑性材料按其形变硬化性质的差异又可分为两类:具有不连续应变硬化特性的和连续应变硬化特性的材料。前者在拉伸曲线上出现屈服平台,而后者的拉伸曲线上没有屈服平台[27]。处于退火、正火状态的中、低碳钢和高强度低合金钢等属于具有不连续应变硬化特性的材料,而铝合金、钛合金、超高强度钢和不锈钢等是具有连续应变硬化特性的材料。

脆性材料在拉伸断裂前仅发生弹性变形而不发生塑性变形,这是它们的共同点。但脆性材料又可分为本征脆性材料和表观脆性材料。陶瓷和无机玻璃等为本征脆性材料,在轴向压应力状态下发生脆性断裂,断口与拉应力垂直[28,29]。灰铸铁可认为是表观脆性材料,它在压缩试验时发生剪切式断裂[1],而且,灰铸铁的组织结构也与脆性陶瓷材料有着本质的差别[29]。在扭转试验时,陶瓷和无机玻璃等本征脆性材料是切口敏感的,而灰铸铁则是切口不敏感的[29]。

塑性材料和本征脆性材料的疲劳损伤机理和控制参数是不同的,因而其疲劳行为也不相同。简言之,塑性材料的疲劳损伤机理和控制参数是循环塑性应变幅,而本征脆性材料的疲劳损伤机理和控制参数可能是循环最大应力,而不是应力幅。

塑性材料制造的结构件,可进行安全寿命设计或损伤容限设计[9-11],而本征脆性材料制造的结构件,只能进行无限寿命设计[30]。塑性变形强化特性不同的塑性材料,会有不同的超载效应,变幅载荷下结构件的寿命预测模型也有所不同[6],在复合应力状态下的疲劳失效准则也不同[31]。这在以后的章节中,要做详细的讨论。作为表观脆性材料的灰铸铁,可看做含有裂纹式缺陷的材料,它的疲劳寿命将取决于微裂纹的长大、连接,以及宏观疲劳裂纹的扩展。

金属化合物和颗粒增强的金属基复合材料,仍可看做金属材料[29]。而连续纤维增强的复合材料,包括金属基复合材料、陶瓷基复合材料和树脂基复合材料,具有与金属材料不同的结构,力学性能呈现各向异性。因此,连续纤维增强的复合材料具有与金属材料不同的特点,需要结合复合材料的结构,研究其疲劳失效机理和疲劳性能,制定复合材料结构件的设计规范。

1.4.2　结构件的制造工艺

结构件的制造工艺包括材料的冶金质量、热加工、机械加工,以及表面处理等。所有上述材料和结构件的制造工艺,都对结构件的疲劳性能产生重大影响。

冶金质量好的金属材料,应当净度高、化学成分波动范围小、组织结构均匀、力学性能的分散度小。不仅同一炉批的材料应当达到上述要求,不同炉批的材料也应当满足上述要求。只有用冶金质量好的金属材料,才能制造出优等的结构件,才能提高材料的使用效率,才能使结构件具有高的可靠性(包括疲劳可靠性)。

热加工包括铸造和铸锭的均匀化退火、轧制、锻造以及轧制和锻造过程中的热处理。这些工艺过程的完善,有助于金属材料的化学成分和组织结构的均匀化,从而减小力学性能的分散度。十分重要的是,铸锭不应有严重的区域偏析;若铸锭存在严重的区域偏析,则在以后的均匀化退火、轧制和锻造过程中,不可能使金属材料的化学成分和组织结构均匀化。所以,改善铸造工艺或采用新工艺,降低铸锭中的区域偏析,是提高金属材料的化学成分和组织结构的均匀化的关键的一环。结构件半成品的热处理,则可改善金属材料的加工性能,或能达到结构件所要求的力学性能,包括材料的基本疲劳性能。

机械加工工艺主要是影响结构件的表面质量,包括下列四项内容:表面粗糙度、表面层中的残余应力、表面层中金属的应变硬化,以及表面损伤。前三项内容通常称为表面完整性;实际上,表面损伤应是表面完整性的重要组成部分。因为疲劳裂纹通常从表面形成,所以表面完整性对金属材料的疲劳寿命,尤其是疲劳裂纹起始寿命有重大的影响。优良的机械加工工艺可以大大地延长结构件的疲劳裂纹起始寿命和疲劳寿命。

表面处理主要是表面镀膜和表面强化。表面镀膜的主要作用是减轻表面损伤,例如,腐蚀损伤和微动疲劳损伤。表面强化则主要是提高疲劳极限,延长结构件的疲劳裂纹起始寿命和疲劳寿命。

关于制造工艺对结构件的定寿和延寿的影响,将在后续章节中加以讨论。

1.4.3　结构件的细节

仔细地设计结构件的细节,可以有效地降低结构件的应力集中系数[7,32],从而延长结构件的疲劳裂纹起始寿命[6,9,10]。飞机结构件的应力集中系数 $K_t \leqslant 4.3$ 时,被认为设计质量好[33]。另外,也要考虑如何降低结构件关键部位的使用应力,减缓服役中的动载荷。结构件的优良的细节设计,还可降低结构件的腐蚀损伤与微动疲劳损伤[7]。

有很多的因素影响结构的疲劳性能。结构件优良的细节设计,抗疲劳材料的选用,对结构件进行细致的加工,改善结构件表面状态的表面处理工艺的采用等,有可能使结构件具有足够的疲劳寿命,保证结构运行的安全。结构件的设计还应考虑制造与维修的方便,以降低制造与维修费用,达到节约的目的。

设计、材料和工艺是生产优等结构的必要条件,这三者之间的关系,有个简单的公式加以描述:"设计是主导,材料是基础,工艺是保证"[25]。这一论点,从技术角度看,是正确的。但是,现代化的生产,科学有效的管理是不可或缺的。科学有效的管理,包括行政管理与技术管理,也许是生产优等机械和结构的充分条件。

1.4.4　结构的服役载荷与环境

在服役条件下,结构所受的载荷大都为变幅载荷,即最大载荷和最小载荷随着时间而变化,加载速率(加载波形)也随着结构的服役环境而变化。有时结构所受的动载很小或停止运转,则结构在较长的时间内仅受到静载的作用[6,7]。所有这些因素,在结构的寿命预测时都应当考虑到。

在疲劳的应用研究中,结构件所受载荷的特性对材料疲劳损伤的影响,需要加以考虑。在结构的载荷谱中有大载荷与小载荷,大载荷与小载荷之间是否有交互作用效应,对材料疲劳损伤是否有重大的影响,或者说对哪些材料有重大的影响?先加大载荷或先加小载荷对材料疲劳损伤是否有加载顺序效应?当结构或机械停止运行,在较长的时间内仅受到静应力的作用或不受应力的作用对材料疲劳损伤是否产生影响?载荷历程中的最大载荷相对于后续的小载荷可认为是超载。超载对材料疲劳性能的影响,是否可认为载荷谱中大载荷与小载荷之间有交互作用效应?超载后的循环加载方式会有所不同,它对材料疲劳损伤是否产生影响?研究解决这些问题,对于精确地预测结构的疲劳寿命,尤其是疲劳裂纹起始寿命,是必要的、至关重要的。

结构的服役环境,尤其是运动的机械和结构的服役环境是变化的。例如,飞机在低空飞行时,蒙皮温度可高达 100℃;而在高空飞行时,蒙皮温度可降低到－70℃。飞行空域的变化导致飞机结构件受到含不同介质的空气的作用。例如,飞机在近海低空飞行时,飞机结构件受到含海水蒸气的空气的腐蚀作用;飞机在内陆地区飞行时,由于环境污染,结构件也可能受到含酸雨的空气的作用。服役环境的变化,会引起材料疲劳性能的变化。服役环境与服役载荷之间也可能有交互作用[12]。如何制订结构的综合载荷-环境谱来预测结构的疲劳寿命,也是需要研究并加以解决的问题。

1.4.5 寿命预测中应予解决的问题

结构件的服役载荷是千变万化的，不可能在服役载荷下测定结构件的疲劳寿命。在材料的疲劳性能手册中，仅给出等幅载荷下测定的材料的疲劳寿命曲线[33-35]，用于预测变幅载荷下结构件的疲劳寿命，已如前述。应用等幅载荷下测定的材料的疲劳寿命曲线预测变幅载荷下结构件的疲劳寿命，需要有个换算法则，此即 Miner 线性累积疲劳损伤定则[36]。目前，工程中常用的仍然是 Miner 线性累积疲劳损伤定则[1,7,10,11]。关于 Miner 定则及其存在的问题以及新的累积疲劳损伤定则，在文献[7]和[37]中做了述评和总结。Miner 线性累积疲劳损伤定则的主要问题，是未考虑结构载荷历程中大、小载荷的交互作用效应。这个问题需要结合结构的服役载荷特点、结构件的材料特性和结构件的几何加以研究，以求得解决[5,6]。

结构的载荷谱中有很多幅度很小的载荷，简称小载荷。通常，小载荷在载荷谱中占有绝大多数[7,38-41]。这些小载荷是否造成疲劳损伤？如何将不造成疲劳损伤的小载荷从载荷谱中分离出来？这就是所谓的"小载荷省略准则"所要研究、解决的问题[6,41,42]。"小载荷省略准则"的研究，也要考虑材料的特性和试件的几何尺寸[6]。

1.5 本书编写的目的与主要内容

本书总结了作者近 30 年来对材料疲劳的研究成果，包括课题组成员与研究生的研究工作成果。本书可作为材料科学与工程、机械设计与结构强度等学科的高年级本科生和研究生的教学用书，也可作为相关专业的工程师的参考书。

本书扼要叙述金属疲劳裂纹起始与扩展的微观机理，为建立疲劳裂纹起始与扩展宏观力学模型提供依据。本书的重点是建立材料疲劳的宏观力学模型，导出基本的疲劳公式，包括疲劳裂纹起始寿命公式和疲劳裂纹扩展速率公式，并用试验结果，包括文献中的试验结果进行验证。进而，以这些基本的疲劳公式为指导，展开材料疲劳各个方面的研究，包括特殊服役环境中的疲劳、疲劳试验数据的统计分析，以给出带存活率的疲劳寿命表达式、变幅载荷下的疲劳寿命及其概率分布的预测模型及验证、典型结构件的寿命预测、等幅和变幅载荷下的疲劳延寿技术，以及非金属材料的疲劳及寿命预测等。这些都是疲劳研究所要解决的主要问题。

本书除第 1 章绪论外，包含七部分共 23 章，即第一部分基本的疲劳公式，包括第 2～7 章；第二部分特殊服役条件下的疲劳，包括第 8～11 章；第三部分疲劳数据的统计分析与带存活率的疲劳寿命曲线表达式，包括第 12、13 章；第四部分变幅载荷下疲劳寿命估算模型，包括第 14～17 章；第五部分某些典型结构件的疲劳与寿命预测，包括第 18～20 章；第六部分某些非金属材料的疲劳，包括第 21、22 章；第

七部分结构件的延寿技术,包括第 23 章。兹简要说明如下:

　　本书的第一部分论述基本的疲劳公式,主要是作者近年来提出的,这是本书的理论基础。这些基本疲劳公式不仅表明材料疲劳性能的规律,而且也是精确地预测变幅载荷下结构件疲劳寿命的主要依据之一。飞机结构在复杂的环境中服役,如在高空飞行时,结构件的温度在 −60℃ 以下;在海上飞行时,结构会受到腐蚀性介质的作用;起落架在着陆时会受到冲击载荷的作用等。因此,本书的第二部分论述特殊服役条件下的疲劳性能,并利用前述基本疲劳公式,对试验数据进行分析,给出定量的疲劳性能表达式。众所周知,不论在等幅载荷或变幅载荷下,疲劳寿命的试验数据都具有相当大的分散性。因此,本书的第三部分讨论疲劳试验数据分散性的来源以及疲劳试验数据的统计分析原理和方法,进而利用前述基本疲劳公式,给出带存活率的疲劳寿命曲线表达式,为预测变幅载荷下疲劳寿命概率分布提供依据。

　　如前所述,工程中疲劳研究的主要作用之一是精确地预测变幅载荷下主要承力结构件的疲劳寿命,主要承力结构件的疲劳寿命决定着结构的疲劳寿命。而要建立结构件变幅载荷下疲劳寿命的精确预测模型,必先解决累积疲劳损伤的计算方法和小载荷省略准则等问题。因此,本书的第四部分研究了疲劳裂纹起始的超载效应,定义了超载效应因子,用以评定载荷谱中大、小载荷的交互作用,进而研究了小载荷省略准则。解决上述两大问题后,才能建立变幅载荷下疲劳寿命的预测模型,预测变幅载荷下疲劳寿命的概率分布。还应指出,结构所承受的载荷大多为幅度很小的变幅载荷,正确地建立小载荷省略准则,可以省略结构的载荷谱中大量的小载荷循环,从而缩短结构在服役载荷下的试验周期。本书的第五部分论述典型结构件的疲劳与寿命预测。典型结构件包括焊接件、低碳钢铆接件及汽车、拖拉机半轴等。遗憾的是,飞机中的铝合金铆接件的疲劳性能与寿命预测在本书中未能加以讨论,只得留待将来补充了。复合材料、陶瓷材料和高分子材料已经或将要在航空航天等高科技工业中应用,故本书的第六部分专门论述了这些材料的疲劳性能、寿命预测与抗疲劳设计。

　　本书的第七部分论述延寿技术,包括等幅和变幅载荷下金属结构件的延寿技术。这也是提高产品质量和国际竞争力的重要方面。

　　本书内容具有自主知识产权,即使是引用文献中的数据和资料,也采用作者提出基本疲劳公式,进行定量或定性的再分析,力图揭示材料疲劳的内在规律。这是本书区别于其他关于材料和结构疲劳的专著和教科书的主要特点。考虑到在其他的疲劳专著和教科书中,用断裂力学方法,对结构件在变幅载荷下疲劳裂纹扩展寿命的预测模型已有较详细的论述,故在本书中仅做简略说明。

1.6 结 语

材料科学研究应包含两个主要方面:研制新材料与现有材料的合理使用。研制新型结构材料,首先是研究材料的化学组成、微观结构与力学性能相互关系的基本规律,以及相关的微观机制,以研制出有更佳性能的新材料,满足科学、技术与生产发展的需求。这是材料科学研究的主要内容。另一个不容忽视的方面是材料的应用研究,以提高现有材料的使用效率与效益,也为新型结构材料迅速获得工程应用,提供理论依据。

工程材料大体上可分为结构材料和功能材料两大类。对结构材料而言,应当研究其力学性能、失效机理与失效判据,其中包括疲劳失效机理与疲劳寿命预测,以及结构的疲劳可靠性评定。即便是某些功能材料和元器件,对其疲劳性能也有一定的要求,如微电子器件、生物医学材料等。

新型结构材料,例如结构陶瓷、复合材料等业已或将要在工业中获得应用。这些新型结构材料的疲劳问题,包括疲劳损伤的控制参数可能与金属有所不同,都需要做深入的研究。新材料不断地被研制出来,与新材料相关的失效准则,包括疲劳失效准则,也需要不断研究。只有这样,才能使新材料在工程中迅速获得应用。这是疲劳研究的新课题,并且已经有了好的开端和实例[30,43]。

参 考 文 献

[1]Dowling N E. Mechanical Behavior of Materials. 2nd Edition. New Jersey:Prentice Hall,1998.

[2]Milne I. The importance of the management of structure integrity. Engineering Failure Analysis,1994,1(3):171-181.

[3]Cooper T D ,Kelto C A. Fatigue in machines and structures-aircraft. Fatigue and Microstructure,1978,1:29-56.

[4]Campbell G S. A note on fatal aircraft accidents involving metal fatigue. International Journal of Fatigue ,1981,3(10):181-185.

[5]郑修麟. 金属疲劳的定量理论. 西安:西北工业大学出版社,1994.

[6]Zheng X L. On some basic problems of fatigue research in engineering. International Journal of Fatigue,2001,23:751-766.

[7]Schijve J. Fatigue of Structures and Materials. Boston:Kluwer Academic Publishers,2001.

[8]Kocanda S. Fatigue Failure of Metals. The Netherlands: Sijthoff-Noordhoff,Alphen aan den Rijn,1978.

[9]Suresh S. Fatigue of Materials. 2nd Edition. Cambridge: Cambridge University Press,1998.

[10]赵名洋. 应变疲劳分析手册. 北京:科学出版社,1987.

[11]吴富民. 结构疲劳强度. 西安:西北工业大学出版社,1983.

[12]Bathias C,Bailon J P. La Fatigue des Materiaux et des Structures. Montreal:Les Presses D'Université De Montreal,1981.

[13] La Rosa, Risitano G A. Thermographic methodology for rapid determination of the fatigue limit of materials and mechanical components. International Journal of Fatigue, 2000, 22(1):65-73.

[14] Klesnil M, Lukáš P. Fatigue of Metallic Materials. London: Elsevier Scientific Publishing Company, 1980.

[15] McMillan J C, Pelloux R M N. Fatigue crack propagation under program and random loads. ASTM STP 415, 1967:505-521.

[16] Smith R A. Fatigue Crack Growth. Oxford: Pergamon Press, 1984.

[17] Richards C F, Lindley T C. Influence of stress intensity and microstructure on fatigue crack propagation in ferritic materials. Engineer Fracture Mechanics, 1972, 4: 952-978.

[18] Yan M G. The fatigue crack propagation mechanisms of the aeronautical structural materials and their engineering applications//Shi C X. Progress in Materials Science. Beijing: Science Press, 1986:133-158.

[19] Zheng X L, Hirt M A. Fatigue crack propagation in steels. Engineer Fracture Mechanics, 1983, 18(5): 965-973.

[20] Coffin L F. A study of effects of cyclie thermal stresses on a ductile metal. Trans. ASME, 1954, 76: 931-950.

[21] Manson S S. Beharior of materials under conditions of thermal stress. NACA Technical Note 2933, 1954.

[22] Barnby J T, Dinsdale K, Holder R. Fatigue crack initiation. Conference on the Mechanics and Physics of Fracture, Cambridge, 1975:26.

[23] Frost N E, Marsh K J, Pook L P. Metal Fatigue. Oxford: Clarendon Press, 1974.

[24] 赵少汴, 王忠保. 疲劳设计. 北京:机械工业出版社, 1992.

[25] 肖纪美. 金属的韧性与韧化. 上海:上海科学技术出版社, 1982.

[26] Wanhill R J H, De Luccia J J, Russo M T. The fatigue in aircraft corrosion testing programme. Advisory Group for Aeronautical Research and Development Report No. 713 (AD-A208-359), North Atlantic Treaty Organization, 1989.

[27] 郑修麟. 工程材料的力学行为. 西安:西北工业大学出版社, 2004.

[28] 周惠久, 黄明志. 金属材料强度学. 北京:科学出版社, 1989.

[29] 郑修麟. 切口件的断裂力学. 西安:西北工业大学出版社, 2004.

[30] Buxbaum O, Somsino C M, Esper F J. Fatigue design criteria for ceramic components under cyclic loading. International Journal of Fatigue, 1994, 16:257-265.

[31] Sines G. Behavior of metals under complex static and alternating stresses//Waisman J L, Sines G. Metal Fatigue. New York: McGraw-Hill, 1959:145-169.

[32] Spauling E H. Detail design for fatigue in aircraft wing structures//Waisman J L, Sines G. Metal Fatigue. New York: McGraw-Hill, 1959: 325-354.

[33] Mechanical Properties Data Center, Belfour Stulen, Inc.. Aerospace Structural Materials Handbook (Ⅰ), (Ⅱ), (Ⅲ), Ferrous Alloy. Travers City: Michigan, 1970.

[34] 吴学仁. 飞机结构金属材料力学性能手册(第1卷):静强度·疲劳/耐久性. 北京:航空工业出版社, 1996.

[35] 高镇同, 蒋新桐, 熊峻江, 等. 疲劳性能试验设计和数据处理——直升机金属材料疲劳性能可靠性手册. 北京:北京航空航天大学出版社, 1999.

[36] Miner M A. Estimation of fatigue life with particular emphasis on cumulative damage//Waisman J L, Sines G. Metal Fatigue. New York: McGraw-Hill, 1959:278-289.

[37] Yang L, Fatemi A. Cumulative fatigue damage and life prediction theories: A survey of the state of the

art for homogeneous materials. International Journal of Fatigue, 1998, 20(1): 9-34.

[38] Dijk G M, Jonge J B. Introduction to a Fighter Aircraft Loading Standard for Fatigue Evaluation-FAL-STAFF. The Netherlands: NLR MP 705176U, 1975.

[39] 史永吉. 铁路钢桥疲劳与剩余寿命评估. 铁道建筑, 1995, 增刊: 1-104.

[40] Tomita Y, Fujimoto Y. Prediction of fatigue life of ship structural members from developed crack length. Fatigue Life: Analysis and Prediction, Salt Lake City, 1986: 37-46.

[41] Heuler P, Seeger T. A criterion for omission of variable amplitude loading histories. International Journal of Fatigue, 1986, 8(4): 225-230.

[42] Yan J H, Zheng X L, Zhao K. Experimental investigation on the small-load-omitting criterion. International Journal of Fatigue, 2001, 23: 403-415.

[43] 杨乃宾, 章怡宁. 复合材料飞机结构设计. 北京: 航空工业出版社, 2002.

第一部分 基本的疲劳公式

好的疲劳公式不仅能较好地拟合材料的疲劳试验结果,反映疲劳损伤的宏观规律,而且在特定条件下,可根据金属的拉伸性能对等幅载荷下的疲劳寿命和裂纹扩展速率进行预测[1-10]。同时,好的疲劳公式又是精确地预测结构件变幅载荷下疲劳寿命的三要素之一[11]。因此,本书的第一部分,主要根据作者在国内外与合作者及研究生对疲劳损伤的力学模型和疲劳公式所做的研究,讨论基本的疲劳公式。这些公式包括:应变疲劳公式[3]、局部应变范围的近似计算公式[9,10,12]、疲劳裂纹起始寿命公式[4]、应力疲劳公式[13]、疲劳裂纹扩展速率公式[1,6]以及材料和涂层的热疲劳公式[14,15]等,构成本书的第2~7章。在建立疲劳损伤的力学模型时,力求做到立论有据,物理图像清楚,得到的疲劳公式中的各参数有明确的物理意义,且可试验测定。更重要的是,这些疲劳公式可方便地在工程中得到应用。

第 2 章　应变疲劳公式

2.1　引　　言

所谓应变疲劳,是指塑性金属材料在高循环应变,包含塑性应变的作用下发生的疲劳失效。由于在高循环应变的作用下,金属试件所能承受的应变循环数很少,一般在 $N_f=1/4\sim10^5$ 周范围内,即疲劳寿命短,故将应变疲劳称为低循环疲劳(low cycle fatigue)。低循环疲劳实际上是短寿命疲劳。

应变疲劳是在 20 世纪 40 年代末、50 年代初为适应工业和新技术的发展,如航空航天工业、能源和化学工业的发展而提出并发展起来的。Pineau 等[16]指出,首次应变疲劳试验是由华人学者进行的。在以后的年月中,对应变疲劳的基本规律和工程应用,做了大量的研究,取得了突出的成就。Coffin 等[17]、Manson[18]等总结应变疲劳的试验结果,分别提出了应变疲劳公式,对应变疲劳公式已做了很多研究工作,大部分成果总结在文献[19]中。对应变疲劳公式研究的另一个重要方面,是根据拉伸性能预测材料的应变疲劳寿命[2,20]。目前,这项研究工作仍在进行[21,22]。

文献[23]和[24]基于 Manson-Coffin 提出了短寿命区用低周应变疲劳试验数据、长寿命区($5\times10^3\sim5\times10^4$周)用高周应力疲劳试验数据联合确定材料的低周疲劳应变-寿命曲线的方法。联合处理方法的结果表明,处理结果与单纯用低周疲劳数据处理得到的应变-寿命曲线吻合程度较好,该方法拓宽了低周疲劳应变寿命曲线的应用范围。

本章首先简要介绍应变疲劳的由来与发展、与应变疲劳公式相关的主要研究工作、作者对应变疲劳公式的研究结果,以及根据拉伸性能预测金属材料的应变疲劳寿命的方法。在后续章节中,还将介绍利用本章的应变疲劳公式对疲劳裂纹起始寿命公式所做研究的结果。

2.2　应变疲劳的由来与发展

在工程应用中,因为结构细节设计的需要,结构件中总是存在几何不连续性。这些几何不连续性,可认为是广义的切口。切口的存在引起应力集中,即切口根部的局部应力大大高于净断面平均应力,后者通常称为名义应力。切口根部的局部应力对名义应力(即净断面平均应力)之比定义为应力集中系数 K_t。通常,$K_t \geqslant$ 1.0[25-27]。另外,在航空、航天等高技术领域,要求结构材料具有高的比强度,即高的强度与密度之比,从而可减轻结构的重量,材料的利用率也得以提高。

当结构件或切口试件受到循环应力的作用时,金属结构件所受的名义应力即使不超过材料的弹性极限或屈服强度,但由于应力集中,切口根部的金属材料发生屈服,在切口根部形成一小的塑性区,见图 2-1。在航空、航天等高技术领域,结构件所承受应力较大,图 2-1 所示的情况在结构件服役过程中是常见的。Coffin[28]指出,应变疲劳试验实际上是一种实验室模拟,称为第一类实验室模拟,而疲劳裂纹扩展速率试验则为第二类实验室模拟,如图 2-1 所示。

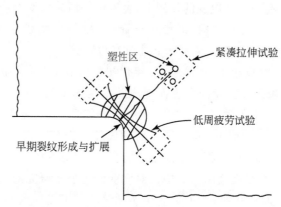

图 2-1　两类实验室模拟疲劳试验示意图[28]

由图 2-1 可见,应变疲劳试验是用于模拟结构件切口根部或应力集中部位材料的疲劳行为。当结构件或切口试件整体上处于弹性状态,而塑性区在切口根部形成时,结构件或切口试件受到循环应力的作用,切口根部塑性区内的金属材料受到循环局部应变的作用,如图 2-2 所示[29]。当切口根部塑性区内的金属材料在循环局部应变的作用下发生断裂,则疲劳裂纹在结构件或切口试件的切口根部形成。因此,需要进行应变疲劳试验,以模拟结构件切口根部材料的疲劳行为。

当结构件或切口试件受到循环应力的作用,并且切口根部的金属材料所受到循环最大应力不超过弹性极限或屈服强度时,切口根部的金属材料受到循环局部应力的作用。显然,切口根部的金属材料所受到的循环局部应力高于结构件或切口试件受到的循环应力,因而疲劳裂纹也将在切口根部形成。

基于上述思路,其后,Standnick 和 Morrow[30]发展出预测结构件疲劳裂纹起始寿命的局部应变法(local strain approach)。迄今,在工程应用中,局部应变法仍是预测结构件疲劳裂纹起始寿命的一个主要的方法[31-37]。但是,采用局部应变法预测结构件疲劳裂纹起始寿命,要达到所要求的精度,需要进行某些经验修正[33,35]。其中一个重要的可能原因是寿命预测时所用的应变疲劳公式是不完善

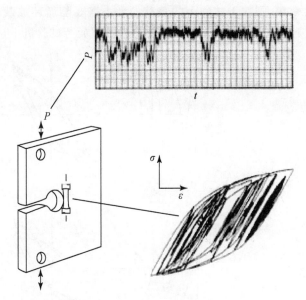

图 2-2　受变幅载荷的切口件及切口根部材料的循环应力-应变历程[29]

的,未能反映疲劳损伤的宏观规律和疲劳极限的存在。而且,局部应变范围的计算方法也具有经验性[30]。对此,在第 3 章中将对局部应变范围的计算模型和公式作深入的讨论。

2.3　应变疲劳寿命曲线与表达式

2.3.1　应变疲劳试验

图 2-2 示意地表示,当切口结构件受到循环应力的作用时,切口根部材料元则受到循环应变的作用。可以设想,当切口根部塑性区足够大,可将切口根部材料取出做成疲劳试件,在控制应变范围的条件下进行疲劳试验,直至试件断裂。这就是应变疲劳试验的基本思路。通常,将引起试件断裂的应变循环次数定义为应变疲劳寿命 N_f,有时也将引起循环应变范围骤降 5%~10% 的应变循环次数定义为应变疲劳寿命 N_f。

应变疲劳试验中,控制应变可分两种情形,即控制循环总应变范围 $\Delta\varepsilon$ 和控制循环塑性应变范围 $\Delta\varepsilon_p$。所以,应变疲劳试验是在材料进入弹塑性状态下进行的。显然,只有塑性材料,尤其是塑性金属材料才适宜于进行应变疲劳试验。金属材料进入弹塑性状态后,其应力与应变之间不再保持线性关系;在循环加载条件下,形成应力-应变回线,如图 2-3 所示[38],并且在循环加载的初期,应力-应变回线并不封闭,它的形状随加载循环数而变化。要保持循环总应变范围 $\Delta\varepsilon$ 和控制循环塑性应变范围 $\Delta\varepsilon_p$ 为常数,则加于试件上的载荷的大小需要随循环加载的进行不断地调整。因此,应变疲劳试验要在闭环控制的电液伺服疲劳试验机上进行。

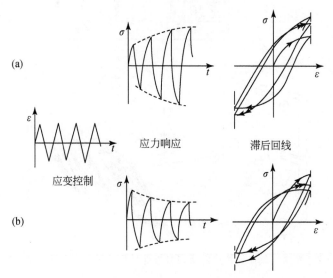

图 2-3　在控制总应变的条件下循环应力随加载循环数的变化示意图[38]

(a)循环应力随加载循环数而增大;(b)循环应力随加载循环数而减小

由图 2-3 可见,每个加载循环都要消耗大量的能量,使疲劳试件发生塑性变形。这部分能量约等于应力-应变回线的面积,其中大部分转化为热能,少部分被材料吸收并转化为内能。为使热能在循环加载时可充分逸散,使疲劳试件的温度不致明显提高,在应变疲劳试验时加载的频率很低。再则,疲劳试验机也需要一定的响应时间调整载荷以控制应变范围,因而也需要低的加载频率。低周应变疲劳试验方法,可参阅文献[39]。

2.3.2　循环应力-应变曲线

在总应变控制的疲劳试验过程中,要保持总应变范围稳定,即 $\Delta\varepsilon=C$,对于一些金属材料,必须随加载循环数的增加而提高应力,见图 2-3(a);对另一些金属材料,则必须随加载循环数的增加而降低应力,见图 2-3(b)。前者称为循环硬化,而后者则称为循环软化。

一般地说,处于退火状态的金属材料显示循环硬化,而冷加工状态的金属材料显示循环软化[40]。当材料在单向拉伸时测定的应变硬化指数 $n>0.15$ 时,金属材料显示循环硬化,而当 $n<0.15$ 时,金属材料显示循环软化[38]。抗拉强度与屈服强度之比,即 $\sigma_b/\sigma_{0.2}$ 之值,可作为判别金属材料显示循环硬化或循环软化的粗略依

据,当 $\sigma_b/\sigma_{0.2} > 1.4$,金属材料显示循环硬化;当 $\sigma_b/\sigma_{0.2} < 1.4$,金属材料显示循环软化[40,41]。

金属材料的循环硬化或循环软化,一般要经历三个阶段:即循环加载开始时的快速硬化或软化阶段,循环硬化或循环软化速率逐渐降低的过渡阶段,以及循环硬化或循环软化的饱和阶段,见图 2-3。当循环硬化或循环软化达到饱和阶段,循环应力-应变回线封闭,其形状和面积不再变化,金属处于循环稳定状态。在一组应变幅下进行应变疲劳试验,可得一组稳态应力-应变回线,见图 2-4。连接稳态应力-应变回线的端点,即得饱和应力幅 σ_{as} 和饱和塑性应变幅 $\varepsilon_{as} = \Delta\varepsilon_p/2$ 之间的关系曲线,通常称为循环应力-应变曲线,如图 2-4 所示。

循环应力-应变曲线可用幂函数表示[41]:

$$\sigma_{as} = K'\varepsilon_{as}^{n'} \tag{2-1}$$

式中,K'、n' 分别为循环强度系数和循环应变硬化指数。n' 的值为 $0.05\sim0.30$,但大多数为 $0.10\sim0.20$[41]。图 2-4 中也画出了单向拉伸时测定的应力-应变曲线,它处于循环应力-应变曲线之下,表明该材料在循环应变作用下发生循环硬化。

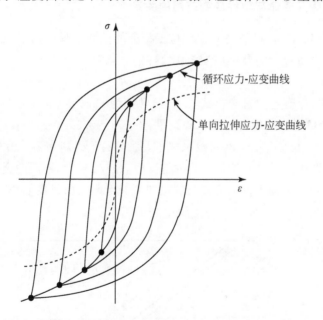

图 2-4 根据稳态应力-应变回线画出循环应力-应变曲线[38]

然而,相当多的金属结构材料并不能达到循环稳定状态。例如,一种耐热镍基合金随着循环加载的进行,尤其在应变幅较小的情况下,不断地发生循环硬化,如图 2-5 所示[38]。金属在循环加载时,先循环硬化后循环软化或者相反,这取决于合金在热处理后形成的显微组织[38]。在这类情况下,取 $N = N_f/2$ 时的循环应力幅和循环应变幅作图,以求得循环应力-应变曲线[38]。

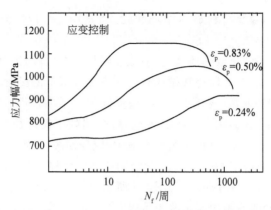

图 2-5　耐热镍基合金 Waspaloy 循环应力幅随加载循环数的变化[38]

　　循环应力-应变曲线主要由试验测定。关于循环应力-应变曲线的试验测定方法和加速测定方法,可参阅文献[42]。

2.3.3　应变疲劳寿命与塑性应变范围的关系

　　Coffin[17]和 Manson[18]各自总结应变疲劳的试验结果,首先提出,在短寿命范围内,疲劳寿命可表示为塑性应变范围 $\Delta\varepsilon_p$ 的幂函数:

$$N_f^\alpha \cdot \Delta\varepsilon_p = \beta \tag{2-2}$$

式中,α、β 为试验确定的常数。式(2-2)通常称为 Coffin-Manson 公式或 Manson-Coffin 公式。Coffin 根据自己的试验结果,给出 $\alpha=0.5$,$\beta=\varepsilon_f$[43];ε_f 为材料断裂延性[44]。因此,在 $\lg N_f$-$\lg\Delta\varepsilon_p$ 双对数坐标上,式(2-2)代表斜率为-0.5 的直线,且当 $N_f=1/4$ 周、即相当于单向拉伸试验的情况时,$\Delta\varepsilon_p/2=\varepsilon_f$。不同的金属材料具有不同的断裂延性值,因而不同的金属材料的应变疲劳寿命曲线在 $\lg N_f$-$\lg\Delta\varepsilon_p$ 双对数坐标上为一组平行线,斜率为-0.5,如图 2-6 所示[40]。

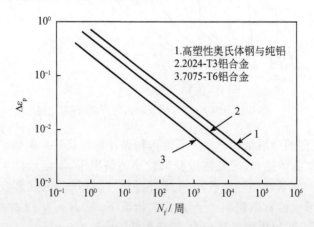

　　　　1.高塑性奥氏体钢与纯铝
　　　　2.2024-T3铝合金
　　　　3.7075-T6铝合金

图 2-6　金属材料的应变疲劳寿命曲线示意图[40]

Manson 等[18,42]也给出了 α、β 的值,但数值稍有差异。然而,式(2-2)能很好地拟合短寿命范围内的应变疲劳寿命的试验结果,而当塑性应变范围较小、应变疲劳寿命较长时,试验结果偏离式(2-2)[45]。

2.3.4　应变疲劳寿命与总应变范围的关系

实际上,应变疲劳试验时,试件所承受的是总应变范围 $\Delta\varepsilon$。总应变范围包含两个分量,即塑性应变范围 $\Delta\varepsilon_p$ 和弹性应变范围 $\Delta\varepsilon_e$,$\Delta\varepsilon = \Delta\varepsilon_p + \Delta\varepsilon_e$。在弹性范围内,应力与应变呈线性关系,可由胡克定律表示,疲劳寿命可由 Basquin 公式表示[46]:

$$\Delta\sigma = \sigma_f' N_f^b \tag{2-3}$$

应用胡克定律,可将式(2-3)变换为

$$\Delta\varepsilon_e = (\sigma_f'/E) N_f^b \tag{2-4}$$

将式(2-2)与式(2-4)相加,即得疲劳寿命与总应变范围间的关系如下[20,45]:

$$\Delta\varepsilon = \Delta\varepsilon_p + \Delta\varepsilon_e = \frac{\sigma_f'}{E}N_f^b + \varepsilon_f' N_f^c \tag{2-5}$$

式中,b、σ_f' 分别为疲劳强度指数和疲劳强度系数;c、ε_f' 分别为疲劳延性指数和疲劳延性系数。为了便于计算疲劳累积损伤,将式(2-5)做了数值上的修正,得出以下的实用形式[30,41]:

$$\frac{\Delta\varepsilon}{2} = \frac{\Delta\varepsilon_e}{2} + \frac{\Delta\varepsilon_p}{2} = \frac{\sigma_f'}{E}(2N_f)^b + \varepsilon_f'(2N_f)^c \tag{2-6}$$

经上述修正后,式(2-6)中四个常数已不再具有它们原先的物理意义,且其数值与式(2-5)中的也不相同。式(2-6)示意地表示于图 2-7。由此可见,在短寿命范围内,塑性应变范围起主导作用,而在长寿命范围内,弹性应变范围起主导作用。

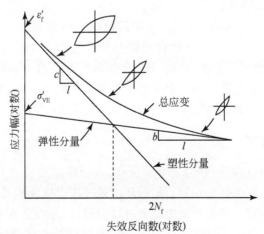

图 2-7　疲劳寿命与总应变范围及其塑性分量和弹性分量间的关系[28,42]

塑性应变范围等于弹性应变范围时所对应的疲劳寿命,称为过渡寿命 N_t。通常,将过渡寿命作为低循环疲劳与高循环疲劳的分界点。

考虑到平均应力 σ_m 的影响,式(2-6)又修正为[41]

$$\frac{\Delta\varepsilon}{2} = \frac{\Delta\varepsilon_e}{2} + \frac{\Delta\varepsilon_p}{2} = \frac{\sigma'_f - \sigma_m}{E}(2N_f)^b + \varepsilon'_f(2N_f)^c \tag{2-7}$$

但 Manson-Coffin 公式的原型应为式(2-2)或式(2-5)。Manson[20]还提出疲劳寿命与总应变范围间关系的表达式如下:

$$N_f = \beta(\Delta\varepsilon - \Delta\varepsilon_c)^\alpha \tag{2-8}$$

Manson 并未给出式(2-8)中三个参数的定义,但指出由拟合疲劳试验结果确定这三个参数。文献[47]中所说的 $\Delta\varepsilon$-N 曲线三参数幂函数公式,实际上就是式(2-8)。

在文献[19]中还报道了其他的疲劳寿命与总应变范围间关系的表达式;其中需要提出的是,将式(2-5)中的弹性应变范围替换为 $2\sigma_{-1}/E$,从而给出如下的表达式[48]:

$$\Delta\varepsilon = \Delta\varepsilon_p + \Delta\varepsilon_e = \varepsilon'_f N_f^c + 2\sigma_{-1}/E \tag{2-9}$$

式中,σ_{-1} 为试验测定的疲劳极限。式(2-9)表明了疲劳寿命与疲劳极限间的关系。

2.4　应变疲劳公式

在 2.3 节中介绍的应变疲劳公式,主要是式(2-5),是研究者在分析、总结大量金属材料疲劳试验结果的基础上提出来的。式(2-5)有相当广泛的适用性,而且是用局部应变法预测结构件疲劳裂纹起始寿命的主要依据[33,41]。然而,前述的应变疲劳公式是总结应变疲劳试验数据给出的,未考虑疲劳寿命与疲劳损伤之间的联系,因而可以认为是经验公式。除式(2-9)外,前述的应变疲劳公式的主要问题,是未能反映疲劳极限的存在。

疲劳损伤的研究可从两方面进行,即其物理本质或微观机理以及宏观规律。前者主要研究金属材料的组织以及物理和力学性能在疲劳过程中的变化;而后者则要求对疲劳损伤做出定量的表述,或至少确定疲劳损伤与非损伤的界限。前者为后者提供物理依据,而后者则具有工程实用意义。在本节中,将根据疲劳损伤的研究结果,给出反映理论疲劳极限存在的应变疲劳公式[3,49,50]。

2.4.1　疲劳损伤机理

金属的疲劳失效过程可分为三个阶段:①在循环应变或应力的作用下形成疲劳裂纹;②已形成的疲劳裂纹在随后的循环加载过程中继续扩展;③当裂纹扩展到临界尺寸时,发生断裂。金属材料中疲劳裂纹的形成,是由金属中局部的循环塑性变形引起的[25,31,32,40,51,52]。试验结果表明[53],金属材料的疲劳极限近似地等于循环比例极限。所以,局部循环塑性变形是引起疲劳损伤的根本原因。然而,疲劳裂纹在金属中形成以前,定义疲劳损伤是很困难的[52]。

　　在循环应变或应力的作用下发生的循环塑性变形,引起金属中的位错组态和亚结构的变化[32,52]。金属微观组织结构的变化,会引起物理性能的变化。低碳钢试件在旋转弯曲疲劳试验时,其电阻和温度的变化如图 2-8 所示[51]。

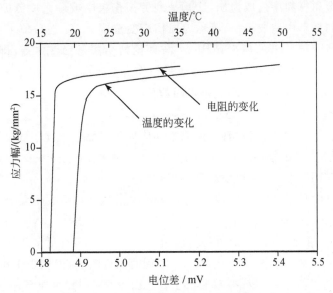

图 2-8　低碳钢试件在旋转弯曲疲劳试验时物理性能的变化

参照文献[51]绘制的示意图

　　可以看出,在某一应力幅以下,低碳钢试件的电阻和温度没有明显的变化。这表明在该应力幅以下钢的组织结构基本上没有变化。而该应力幅以上,试件的电阻和温度急剧升高。低碳钢试件的电阻和温度发生明显变化的应力幅约与疲劳极限相对应;试验测定的疲劳极限(在指定寿命为 $N_f = 3 \times 10^7$ 周时)为 152MPa[51]。用热像仪测定在循环加载过程中各种金属材料试件表面温度,也得到与图 2-8 相同的变化规律[54]。这在第 5 章中还将做进一步的讨论。

　　通常认为,铝、铜等金属材料没有疲劳极限。然而,试验结果表明[55],当循环应力幅降低到某一数值、加载循环数 $N \geqslant 5 \times 10^7$ 周时,铝、铜等金属的疲劳寿命曲线趋近于水平线;而在稍低于该循环应力幅下循环加载,直到加载循环数达 $N \geqslant 5 \times 10^9$ 周,试件未发生疲劳断裂。

　　可以设想,金属材料中总会存在不引起疲劳损伤的上限循环应变范围或循环应力范围,可称之为疲劳损伤极限或理论应变疲劳极限。疲劳损伤极限或理论应变疲劳极限,可用应变范围表示为 $\Delta\varepsilon_c$。若在低于或等于 $\Delta\varepsilon_c$ 的某一循环应变范围 $\Delta\varepsilon_i$ 的作用下循环加载,即 $\Delta\varepsilon_i \leqslant \Delta\varepsilon_c$,则疲劳寿命趋于无限。进而可以假定,在 $\Delta\varepsilon_i$ 下循环加载未在金属材料中造成损伤。上述试验结果证明,金属材料实际上存在疲劳损伤极限或理论疲劳极限。

2.4.2　疲劳损伤的力学模型

根据上述试验结果和分析,可将加于疲劳试件上的应变范围 $\Delta\varepsilon$ 分为两部分:一部分未在金属材料中造成损伤,这就是疲劳损伤极限或理论疲劳极限 $\Delta\varepsilon_c$;另一部分将在金属材料中造成损伤,可称为损伤应变范围 $\Delta\varepsilon_D$。在数值上,损伤应变范围应是加于疲劳试件上的应变范围 $\Delta\varepsilon$ 与理论疲劳极限 $\Delta\varepsilon_c$ 之差,即 $\Delta\varepsilon_D = \Delta\varepsilon - \Delta\varepsilon_c$。因此,金属材料的应变疲劳寿命应是损伤应变范围的函数[3]。根据已发表的研究结果,认为 N_f 与 $\Delta\varepsilon_D$ 之间应是幂函数关系[3,49,50]:

$$\Delta\varepsilon_D = \Delta\varepsilon - \Delta\varepsilon_c = \varepsilon'_f N_f^c \tag{2-10}$$

式(2-10)在形式上与式(2-2)相似,但以损伤应变范围 $\Delta\varepsilon_D$ 取代了式(2-2)中的塑性应变范围 $\Delta\varepsilon_p$。在 $\Delta\varepsilon$ 很高、疲劳寿命短的低循环范围内,$\Delta\varepsilon_D \approx \Delta\varepsilon_p$,因而式(2-10)与 Manson-Coffin 公式,即式(2-2)是很接近的。

式(2-10)中的指数 c 亦可称为疲劳延性指数。Coffin[43]给出 $c = -0.5$。Manson 给出 c 的平均值为 -0.6[45,56],后又修正为 -0.56[57]。Martin[48]对应变疲劳做能量分析,给出 $c = -0.5$。据此,认为取 $c = -0.5$ 是合适的[3,43,48-50]。系数 ε'_f 是与断裂延性有关的常数[45]。当 $N_f = 1/4$ 周时试件断裂,即相当于拉伸断裂的情形,此时应有应变幅等于断裂延性,故有 $\Delta\varepsilon_D/2 = \varepsilon_f$[3]。这就是正应变断裂准则[58]。由式(2-10)得出[3,43,49,50]

$$\varepsilon'_f = \varepsilon_f \tag{2-11}$$

这与 Coffin 的试验结果是一致的[43]。将 c 与 ε'_f 的值代入式(2-10),得出反映疲劳损伤极限或理论疲劳极限存在的应变疲劳寿命公式如下[3,49,50]:

$$N_f = A(\Delta\varepsilon - \Delta\varepsilon_c)^{-2} \tag{2-12}$$

由式(2-10)和式(2-11)可得

$$A = \varepsilon_f^2 \tag{2-13}$$

式中,A 可称为应变疲劳抗力系数。应当说明,式(2-12)中每一个参数具有明确的定义,这与式(2-8)是不同的。$\Delta\varepsilon_c$ 的定义也与式(2-9)中疲劳极限的定义不同;前者为理论疲劳极限,是 $N_f \to \infty$ 时的上限应变范围值,无法用试验测定,而后者则为试验测定的疲劳极限,是给定寿命下试验测定的应力范围值或应力幅值,前者的数值较后者为低。还应指出,文献[19]也曾给出与式(2-12)相同的应变疲劳公式,引自文献[59]。本节中给出的式(2-12),最早由作者于1983年提出,并在1984年发表在文献[3]中。

2.4.3　应变疲劳公式试验验证

文献[33]和文献[56]中的应变疲劳试验数据,可用来对式(2-12)作客观的校

核。式(2-12)做对数变换后,得

$$\lg N_f = \lg A - 2\lg(\Delta\varepsilon - \Delta\varepsilon_c) \tag{2-14}$$

式(2-14)在双对数 $\lg N_f$-$\lg(\Delta\varepsilon - \Delta\varepsilon_c)$ 坐标上为一斜率为-2 的直线。众所周知,疲劳试验数据具有相当大的分散性,而且随着循环应变范围或应力范围的降低而增大[25,60,61]。因此,常规的线性回归分析的直线的斜率会偏离-2。所以,采用尾差法原理编写一个用于线性回归分析的计算机程序,在斜率为-2±0.004 的条件下给出 A 和 $\Delta\varepsilon_c$ 的值[3,50]。

对文献[33]和文献[56]中各种金属材料的应变疲劳试验数据进行回归分析,所得结果分别列入表 2-1 和表 2-2。由表 2-1 和表 2-2 中所列的数据可见,回归分析所得的线性相关系数高于-0.950(只有一个例外),远高于相应的线性相关系数的起码值[62]。文献[63]使用式(2-12)对镍基粉末高温合金 FGH96 的应变疲劳数据进行回归分析,结果表明式(2-12)能够有效地拟合粉末高温合金的应变疲劳数据。这证明用式(2-12)可有效地拟合各种金属材料的应变疲劳试验数据,或者说,金属材料的应变疲劳寿命与损伤应变范围之间,确实存在式(2-12)所表示的幂函数关系。

表 2-1 应变疲劳试验数据按式(2-14)进行回归分析所得结果[33,49,50]

材料	A	$\Delta\varepsilon_c(\times10^{-3})$	r	s	ε_f^*	ε_f
30CrMnSiA	0.384	2.82	−0.969	0.286	0.620	0.768
30CrMnSiNi2A	0.247	5.62	−0.991	0.142	0.497	0.740
GC-4 钢	0.173	7.38	−0.984	0.179	0.416	0.574
LYI2CZ Al-alloy	0.0246	8.26	−0.989	0.196	0.157	0.180
LYI2CZ 板材	0.0365	8.04	−0.999	0.064	0.191	0.301
LC4CS	0.0315	9.36	−0.995	0.120	0.177	0.180
LC9CgS3 铝合金	0.0576	7.10	−0.962	0.236	0.240	0.283
AISI4340(350HB)	0.446	2.40	−0.986	0.224	0.668	0.840
2024-T4	0.154	6.36	−0.999	0.051	0.392	0.430
7075-T6	0.410	6.54	−0.998	0.077	0.307	0.410
Ti-8Mo-1Mn-1V	0.660	6.54	−0.994	0.154	0.752	0.660

表 2-2 材料的弹性模量、断裂延性和疲劳极限以及应变疲劳试验数据
按式(2-14)进行回归分析所得结果[3,49,50,56]

材料	E/GPa	ε_f	σ_{-1}/MPa	A	$\Delta\varepsilon_c$($\times10^{-3}$)	r	s	ε_f^*	$\Delta\sigma_c/2$/MPa
4130(H)	199	0.79	480	0.330	4.33	−0.990	0.244	0.58	431
4340(H)	199	0.48	377	0.360	4.48	−0.998	0.101	0.60	446
4340(S)	192	0.57	343	0.335	3.17	−0.998	0.097	0.58	305

材料	E/GPa	ε_f	σ_{-1}/MPa	A	$\Delta\varepsilon_c$ ($\times 10^{-3}$)	r	s	ε_f^*	$\Delta\sigma_c/2$/MPa
Inconel X	213	0.22	377	0.174	3.39	−0.985	0.267	0.42	361
Ti-6Al-4V	117	0.53	480	0.389	7.14	−0.998	0.101	0.63	417
AM350(H)	178	0.223	617	0.075	7.69	−0.959	0.463	0.27	686
AM350(S)	192	0.74	377	0.072	5.42	−0.950	0.541	0.27	520
5456-H311	68.6	0.42	137	0.151	4.13	−0.994	0.201	0.39	142
2014-T6	68.6	0.29	172	0.160	5.38	−0.983	0.333	0.40	184
52100	206	0.12	549	0.066	6.02	−0.948	0.541	0.26	619
Be	288	0.02	165	0.0014	1.63	−0.964	0.314	0.04	234
AISI310(S)	192	1.01	123	0.448	1.60	−0.998	0.117	0.67	154
4130(S)	220	1.12	309	0.418	3.15	−0.998	0.281	0.65	348
304(H)	172	1.17	274	0.258	4.49	−0.996	0.138	0.51	385
304(S)	185	1.37	274	0.168	4.67	−0.995	0.146	0.41	432
1100Al	68.6	2.09	34	0.809	—	−0.989	0.306	0.90	—

对于断裂延性值 $\varepsilon_f < 1.0$ 的结构材料,根据式(2-12)和表 2-1 和表 2-2 中的 A 值求得 ε_f^*,与拉伸试验测定的 ε_f 符合得较好(见表 2-1 和表 2-2)。但对 $\varepsilon_f > 1.0$ 的材料,ε_f^* 与 ε_f 之间有较大的差异,其原因将稍后作简短讨论。

由于金属材料的疲劳极限一般均低于屈服强度或弹性极限,故有

$$\Delta\sigma_c = E \times \Delta\varepsilon_c \qquad (2\text{-}15)$$

式中,$\Delta\sigma_c$ 是用应力范围表示的理论疲劳极限。按式(2-15)和表 2-2 中的 $\Delta\varepsilon_c$ 值求得的用应力幅表示的疲劳极限 $\Delta\sigma_c/2$ 与试验测定值接近,除少数外,稍低于试验测定值。这是因为两者的定义不同。

上述试验结果和分析表明,文献[3]中提出的应变疲劳损伤模型,以及根据这一模型导出的应变疲劳公式,即式(2-12),客观地反映了金属疲劳损伤的机理与宏观规律,反映了理论疲劳极限的存在,因而能很好地在全部寿命范围内拟合应变疲劳的试验结果,如图 2-9 所示。式(2-12)中的两个材料常数的理论估计值与试验测定值符合良好,而且式(2-12)在形式上也比 Manson-Coffin 公式,即式(2-4),更为简单。国内外出版的材料的疲劳性能手册和专著中,未见有新的应变疲劳公式的报道[25,31,33,34,64]。

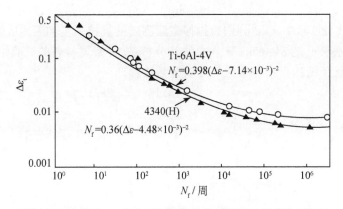

图 2-9　用式(2-12)拟合应变疲劳的试验数据获得的结果[50]

2.5　应变疲劳寿命的预测

研究材料应变疲劳寿命的预测方法,也就是研究材料应变疲劳寿命与拉伸性能间的相互关系,已做了很多的工作,取得了相当的成绩。这主要是因为这项研究具有重要的工程应用价值:①对拉伸性能与金属材料的成分、热加工工艺和显微组织之间的关系,已做了大量的研究,积累了丰富的试验数据,也得到某些经验规律。若能求得应变疲劳寿命与拉伸性能间的定量关系,即可确定改善应变疲劳性能的途径;②在结构件设计的初步阶段,可以根据拉伸性能,筛选、优选出能满足结构件对应变疲劳性能要求的材料;③可简化应变疲劳试验,缩短试验时间,以节省人力和经费。因此,这项研究受到相当的关注。下面将介绍材料应变疲劳寿命的预测方法和结果。

2.5.1　Manson 方法

Manson 等[45]总结 29 种金属材料的试验结果,提出了预测应变疲劳寿命曲线的通用斜率法。预测应变疲劳寿命曲线,实际上就是预测 Manson-Coffin 公式,即式(2-5)中的四个常数。所谓通用斜率法,就是认为疲劳强度指数 $b=-0.12$,疲劳延性指数 $c=-0.6$,疲劳强度系数 $\sigma_f'=3.5\sigma_f$,疲劳延性系数 $\varepsilon_f'=\varepsilon_f^{0.6}$。将上述四个疲劳常数代入式(2-5),即得根据拉伸性能预测应变疲劳寿命曲线的通用表达式如下[45]:

$$\Delta\varepsilon=\Delta\varepsilon_e+\Delta\varepsilon_p=\frac{3.5\sigma_f}{E}N_f^{-0.12}+\varepsilon_f^{0.6}N_f^{-0.6} \qquad (2\text{-}16)$$

式(2-16)中 σ_f、ε_f 分别为断裂强度和断裂延性,可用下列公式估算[44]:

$$\sigma_f=\sigma_b(1+\psi) \qquad (2\text{-}17)$$

$$\varepsilon_f = -\ln(1-\psi) \tag{2-18}$$

式（2-17）和式（2-18）中 σ_b、ψ 分别为拉伸试验测定的抗拉强度和断面收缩率。

四点关联法也是 Manson 等[45]总结和分析 29 种金属材料的试验结果，提出的根据拉伸性能预测四个疲劳常数的经验关系式：

$$b = -0.083 - 0.166\lg(\sigma_f/\sigma_b) \tag{2-19a}$$

$$\sigma_f' = 1.125\sigma_b(\sigma_f/\sigma_b)^{0.9} \tag{2-19b}$$

$$c = -0.52 - 0.25\lg\varepsilon_f + \frac{1}{3}\lg\left[1 - 82\left(\frac{\sigma_b}{E}\right)\left(\frac{\sigma_f}{\sigma_b}\right)^{0.179}\right] \tag{2-19c}$$

$$\varepsilon_f' = 0.827\varepsilon_f\left[1 - 82\left(\frac{\sigma_b}{E}\right)\left(\frac{\sigma_f}{\sigma_b}\right)^{0.179}\right]^{1/2} \tag{2-19d}$$

根据式（2-19a）～式（2-19d）和拉伸性能求得四个疲劳常数，再代入式（2-5），即得应变疲劳寿命曲线的表达式。最近的文献[21,22]报道，一些研究者仍采用通用斜率法、改进的通用斜率法或四点关联法预测金属材料的应变疲劳寿命。预测的应变疲劳寿命在 $N_f < 10^6$ 周的范围内，与试验结果符合良好，但分散带较大，达一个量级[21]。其他一些预测金属材料的应变疲劳寿命的方法在文献[19]做了总结和报道。当 $N_f > 10^6$ 周时，金属材料的疲劳寿命如何预测，尚未见有报道。

2.5.2　本书的方法

由式（2-12）可见，若能估算出应变疲劳抗力系数 A 和理论应变疲劳极限 $\Delta\varepsilon_c$，再回代入式（2-12），即可得到应变疲劳寿命曲线的表达式。A 可由材料的断裂延性 ε_f 代入式（2-13）而求得。但理论应变疲劳极限 $\Delta\varepsilon_c$ 不能简单地由试验测定的疲劳极限 σ_{-1} 和式（2-15）求得。因为试验测定的疲劳极限 σ_{-1} 是在 $R = -1$、指定寿命为 $N_f = 10^7$ 周时的应力幅值。据此，可计算出 $N_f = 10^7$ 周时的应变范围，$\Delta\varepsilon(N_f = 10^7$ 周$) = 2\sigma_{-1}/E$。再将 A、$\Delta\varepsilon(N_f = 10^7$ 周$)$ 以及 $N_f = 10^7$ 周等值代入式（2-12），即可求得[3,50]

$$\Delta\varepsilon_c = \frac{2\sigma_{-1}}{E} - \frac{\varepsilon_f}{10^{3.5}} \tag{2-20}$$

根据表 2-2 中给出的 16 种金属材料的断裂延性和疲劳极限，按上述方法求得应变疲劳抗力系数 A 和理论应变疲劳极限 $\Delta\varepsilon_c$，代入式（2-12）即得 16 种金属材料的应变疲劳寿命曲线的表达式[3,50]。估算的应变疲劳寿命曲线和试验结果如图 2-10 所示。

由图 2-10 可见，对多数材料，估算的应变疲劳寿命曲线与试验结果符合很好。但对少数退火的高塑性材料，尤其是工业纯铝，估算的应变疲劳寿命与试验结果有较大的差异。究其原因，可能是在循环应变作用下，退火的高塑性金属发生了强烈的循环强化，降低了塑性，从而使估算的寿命较实测的长，尤其在高循环应变和短寿命区（见图 2-10）。对此，尚需进一步的研究。然而，金属结构材料大多应具有高强度,一般不在退火状态下使用。因此,采用上述方法可求得较为精确的应变疲劳寿命曲线。

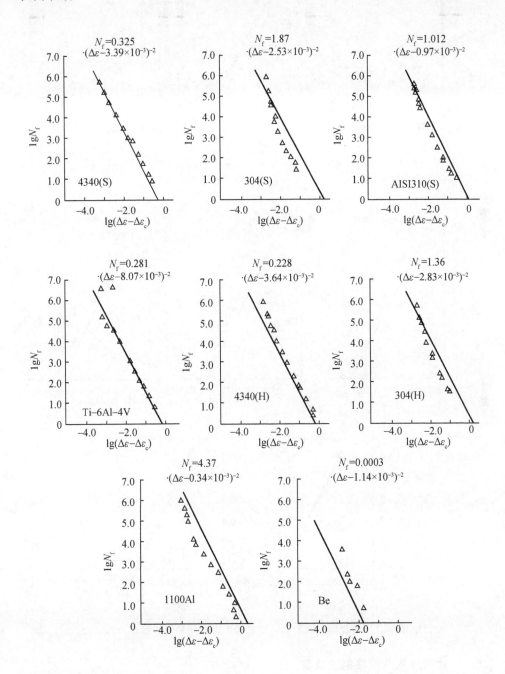

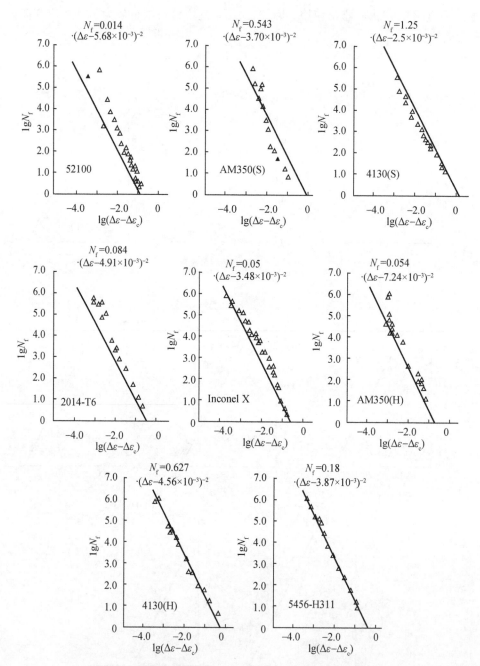

图 2-10　估算的金属材料应变疲劳寿命曲线和试验结果[3,50]

2.5.3　金属应变疲劳性能的改善

式(2-12)还表明了改善应变疲劳性能的途径:在短寿命区,提高材料的塑性,可延长应变疲劳寿命;在长寿命区,提高疲劳极限,可延长应变疲劳寿命。而疲劳极限是与材料强度有关的材料常数,故提高材料的强度,可延长在长寿命区的疲劳寿命。这与 Manson 的通用斜率预测的结果是一致的。

2.6　高温应变疲劳表达式

2.6.1　高温应变疲劳公式

为考虑加载频率 f 对高温应变疲劳寿命的影响,Coffin 对式(2-1)作了频率修正,修正后的公式形式如下[65]:

$$(N_f \, f^{k-1})^\alpha \Delta \varepsilon_p = \beta \qquad (2-21)$$

根据 2.3 节中的讨论,式(2-21)中的塑性应变范围 $\Delta \varepsilon_p$,应当用损伤应变范围 $\Delta \varepsilon_D$ 取代。于是[66]

$$(N_f \, f^{k-1})^\alpha \Delta \varepsilon_D = \beta \qquad (2-22)$$

式中,$\alpha = 0.5$;$\beta = \varepsilon_f$,代入式(2-22)并重新整理,得

$$N_f = A(\Delta \varepsilon - \Delta \varepsilon_c)^{-2} f^{k-1} \qquad (2-23)$$

式中,$A = \varepsilon_f^2$,与式(2-13)的相同。式(2-23)即为新的高温应变疲劳公式[66]。

2.6.2　关于频率修正函数

图 2-11 表示了三种典型的加载方法。对于在最大拉伸和压缩应变无保持时间的情况[见图 2-11(a)]

$$f = 1/\tau_0 = \dot{\varepsilon}/2\Delta \varepsilon \qquad (2-24)$$

式中,τ_0 为加载周期;$\dot{\varepsilon}$ 为应变速率。

在最大拉伸应变下保持一段时间(简称拉保时)τ_t,或在最大拉伸和最大压缩应变下分别保时 τ_t 和 τ_c[见图 2-11(b)和图 2-11(c)],则有效加载频率 f 按下式计算[66,67]:

$$\begin{cases} f = 1/(\tau_0 + \tau_t - \tau_c), & \tau_t > \tau_c \\ f = 1/\tau_0, & \tau_t \leqslant \tau_c \end{cases} \qquad (2-25)$$

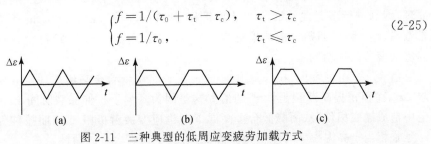

图 2-11　三种典型的低周应变疲劳加载方式

频率修正函数中的指数 k 的物理意义是:当 $k = 1$,材料的寿命受循环应变范围控制,即疲劳;当 $k = 0$,材料的寿命受到与时间相关的蠕变控制;$0 < k < 1$,则是发

生疲劳与蠕变交互作用区。对于给定的材料和环境,k 可近似地看做常数[66]。在疲劳–蠕变交互作用区,即 $k-1<0$ 的情况,随着加载频率的降低或拉伸保时的延长,疲劳寿命缩短,见式(2-23)。这与试验结果是一致的[66]。

现有的关于 k 的一些试验数据如图 2-12[66]所示。这表明 k 随高温合金塑性的升高而降低。对图 2-12 中的试验数据进行回归分析,给出下列经验关系式[66]:

$$k = 0.059\varepsilon_{\mathrm{f}}^{-1.996} \approx 0.059\varepsilon_{\mathrm{f}}^{-2} \tag{2-26}$$

回归分析给出的线性相关系数 $r=-0.995$,大于线性相关系数的起码值[62],表明式(2-26)成立。

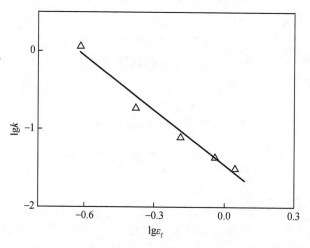

图 2-12　频率修正项中的指数 k 的一些试验数据与回归分析结果[66]

2.6.3　高温应变疲劳的一些试验数据的再分析

式(2-23)两端取对数,得

$$\lg N_{\mathrm{f}} = \lg A - 2\lg(\Delta\varepsilon - \Delta\varepsilon_{\mathrm{c}}) + (1-k)\lg f \tag{2-27}$$

在 $\lg N_{\mathrm{f}}$-$\lg(\Delta\varepsilon-\Delta\varepsilon_{\mathrm{c}})$ 双对数坐标上,式(2-27)代表斜率为 -2 的直线。利用尾差法原理,编制进行多元线性回归的计算机程序,在斜率为 -2 ± 0.004 的条件下求得常数 A、$\Delta\varepsilon_{\mathrm{c}}$ 和 k,回归分析结果见表 2-3[66]。由此可见,式(2-27)可很好地拟合高温应变疲劳的试验结果。

由表 2-3 还可看出,拉伸保载时间 τ_{t} 延长将降低合金高温下理论应变疲劳极限 $\Delta\varepsilon_{\mathrm{c}}$,而稍稍提高断裂延性 ε_{f} 的值。这是因为高温下拉伸保载时间 τ_{t} 延长在合金中造成蠕变损伤,从而降低合金高温下理论应变疲劳极限 $\Delta\varepsilon_{\mathrm{c}}$;而拉伸保载时间 τ_{t} 延长相当于高温拉伸时应变速率降低,有利于提高合金的塑性。

2.6.4　高温应变疲劳曲线的预测

高温应变疲劳公式与室温应变疲劳公式的主要差别在于,式(2-27)中多一个频率修正项。因此,高温应变疲劳曲线的预测方法与室温下的类似,但需根据式(2-26)和合金高温下的断裂延性值估算 k 值。文献[66]给出了根据拉伸性能估算高温应变疲劳曲线的算例。估算曲线与试验结果相符,如图 2-13 所示。

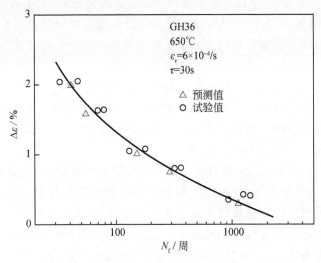

图 2-13 GH36 镍基高温合金应变疲劳寿命的预测结果与试验结果[66]

这些初步的分析结果表明,式(2-12)经频率修正后,也适用于高温应变疲劳,尤其是发生疲劳与蠕变交互作用的情况。无疑,还需要更多的试验,对式(2-27)作进一步的论证。

表 2-3 高温合金高温应变疲劳试验数据按式(2-27)进行再分析得到的结果[66]

材料	τ_t/s	A	$\Delta\varepsilon_c$ （$\times 10^{-3}$）	k	r	s	ε_f 测定值	ε_f 预测值
AISI304	0	0.354	3.750	0.298	−0.964	0.094	0.548	0.595
AISI348	0	0.929	2.949	0.048	−0.994	0.078	1.158	0.964
AISI316	0	0.517	1.700	0.049	−0.999	0.028	0.944	0.719
GH33A	0	0.050	5.125	0.790	−0.951	0.146	0.294	0.224
	60	0.072	3.725	0.796	−0.964	0.094	0.294	0.268
GH36A	0	0.110	3.025	0.470	−0.972	0.108	0.301	0.331
	10	0.116	2.699	0.473	−0.988	0.068	0.301	0.341
	30	0.121	2.075	0.385	−0.994	0.045	0.301	0.348

2.7 结　语

本章介绍了应变疲劳公式的研究结果,主要是 Manson-Coffin 公式以及作者提出的应变疲劳公式(2-12)。Manson-Coffin 公式的主要问题是,它不能表明疲劳极限的存在,因而不能很好地拟合包括长寿命区在内的应变疲劳试验结果,也不能很好地预测长寿命区($N_f > 10^6$ 周)的应变疲劳寿命。

作者提出的应变疲劳公式(2-12),表明了疲劳极限的存在。因此,式(2-12)能很好地拟合全寿命范围,包括长寿命区在内的应变疲劳试验结果。它不仅适用于室温下的应变疲劳;经频率修正后,还适用于高温应变疲劳。在第 8 章中,还将证明式(2-12)也适用于低温应变疲劳。

应变疲劳公式(2-12)中,仅含两个定义明确的材料常数,即应变疲劳抗力系数 A 和理论应变疲劳极限 $\Delta \varepsilon_c$。它们可根据拉伸性能和试验测定的疲劳极限进行估算,从而可预测材料的应变疲劳寿命曲线,预测结果与试验结果吻合。同时,式(2-12)还表明了改善应变疲劳性能的途径。在短寿命区,提高材料的塑性可延长应变疲劳寿命;在长寿命区,提高材料的强度可延长应变疲劳寿命。

由此可见,应变疲劳公式(2-12),对在构件设计中优选材料、估算其应变疲劳寿命曲线,以及改善材料的应变疲劳性能等均具有重要的作用。

参 考 文 献

[1] Zheng X L, Hirt M A. Fatigue crack propagation in steels. Engineer Fracture Mechanics, 1983, 18(5): 965-973.

[2] Manson S S, Hirschberg M H. Fatigue behavior in strain-cycling in the low-and intermediate-cycle range// Burke J J, Reed N L, Weiss V. Fatigue-An Interdisciplinary Approach. Proceedings of 10th Sagamore Army Materials Research Conference, New York: 1963: 133-176.

[3] 郑修麟, 张钢柱. 应变疲劳公式的研讨. 西北工业大学学报, 1984, 2(2): 223-229.

[4] Zheng X L. A further study on fatigue crack initiation life—Mechanical model for fatigue crack initiation. International Journal of Fatigue, 1986, 8(1): 17-21.

[5] Zheng X L. Further study on fatigue crack initiation life (Ⅱ)—Predication of fatigue crack initiation life// Goel V S. Proceedings of International Conference and Exposition on Fatigue Corrosion Cracking, Fracture Mechanics and Failure Analysis, Salt Lake City, 1985: 1-4.

[6] 王泓. 材料疲劳裂纹扩展和断裂定量规律的研究. 西安: 西北工业大学博士学位论文, 2002.

[7] 凌超, 郑修麟. 根据拉伸性能预测铝合金板材的疲劳裂纹扩展速率. 西北工业大学学报, 1990, 8(1): 115-120.

[8] Lu B T, Zheng X L. Prediction of fatigue crack growth rate in steels. International Journal of Fatigue, 1992, 55(2): R21-R31.

[9] Zheng X L. Local strain range and fatigue crack initiation life. Fatigue of Steel and Concrete Structures.

　　　Proceedings of IABSE Colloquim，Lausanne，1982：169-178.

[10]郑修麟. 循环局部应力-应变与疲劳裂纹起始寿命. 固体力学学报，1984，(2)：175-184.

[11]Zheng X L. On some basic problems of fatigue research in engineering. International Journal of Fatigue，2001，23：751-766.

[12]Zheng X L，Lin C，Zheng S T. An approximate formula for calculating local strain range//Aliabadi M H，et al. Fatigue and Fracture Mechanics. Proceedings of 1st International Conference on Computer Aided Assessment and Control of Localized Damage，Protsmouth，1990：253-261.

[13]Zheng X L，Lu B T. On the fatigue formula under stress cycling. International Journal of Fatigue，1987，9(3)：169-174.

[14]王引真，孙永兴，鄢君辉，等. 热障涂层失效寿命定量计算的研究. 无机材料学报，1999，14(1)：138-142.

[15]凌超，李香芝，李国彬. 新型热作模具钢 4Cr2NiMoV 综合性能研究(II)——热疲劳性能的探讨. 机械工程材料，1995，19(3)：29-31.

[16]Pineau A，Petrequin P. La fatigue plastique oligocyclique//Bathias C，Bailon J P. La Fatigue des Materiaux et des Structures. Montreal：Les Presses D'Université De Montreal，1981：163-200.

[17]Coffin L F. A Study of effects of cyclic thermal stresses on a ductile metal. Transaction of ASME，1954，76：931-950.

[18]Manson S S. Behavior of materials under conditions of thermal stress. NACA Technical Note 2933，1954.

[19]Conway J B，Sjodahl L H. Analysis and Presentation of Fatigue Data. Cincinnati：Mar-Test Inc. ，1991.

[20]Manson S S. Fatigue：A complex subject-some simple approximations. Experimental Mechanics，1996，7：193-226.

[21]Kim K S，Chen X，Han C，et al. Estimation methods for fatigue properties of steels under axial and torsional loading. International Journal of Fatigue，2002，24：783-793.

[22]Jeon W S，Song J H. An expert system for estimation of fatigue properties of metallic materials. International Journal of Fatigue，2002，24：685-698.

[23]张国栋，苏彬，王泓，等. 一种确定低周应变疲劳应变-寿命曲线的方法. 航空动力学报，2006，21(5)：867-873.

[24]张国栋，苏彬，王泓，等. K403 合金高温低周应变疲劳寿命预测方法研究. 机械强度，2004，26(s)：263-266.

[25]Schijve J. Fatigue of Structures and Materials. Boston：Kluwer Academic Publishers，2001.

[26]Peterson R E. Stress Concentration Design Factors. New York：John Wiley，1962.

[27]西田正孝. 应力集中. 北京：机械工业出版社，1986：416.

[28]Coffin L F Jr. Fatigue in machines and structures//Fatigue and Microstructures. ASM，1978：1-27.

[29]Landgraf R W. Control of fatigue resistance through microstructure-ferrous alloy//Fatigue and Micro-structures. ASM，1978：439-465.

[30]Standnick S T，Morrow J. Techniques for smooth specimen simulation of fatigue behavior of notched members//Testing for Prediction of Material Performance in Structures and Components，ASTM STP 515. Philadelphia：American Society for Testing and Materials，1972：229-252.

[31]Dowling N E. Mechanical Behavior of Materials. 2nd Edition. Upper Saddle River：Prentice Hall，1998.

[32]Suresh S. Fatigue of Materials. 2nd Edition. Cambridge：Cambridge University Press，1998.

[33]赵名沣. 应变疲劳分析手册. 北京：科学出版社，1987.

[34]姚卫星. 结构疲劳寿命分析. 北京：国防工业出版社，2003.

[35] Buch A. Prediction of fatigue life under aircraft loading with and without use of material memory rules. International Journal of Fatigue,1989,11：97-106.

[36] Bhuyan G,Vosikovski O. Prediction of fatigue crack initiation lives for welded plates T-joints based on the local stress-strain approach. International Journal of Fatigue,1989,11：153-160.

[37] Liao M,Shi G,Xiong Y. Analytical methodology for predicting fatigue life distribution of fuselage splices. International Journal of Fatigue,2001,23：S172-S185.

[38] Starke E A Jr,Lütjering G. Cyclic plastic deformation and microstructure//Fatigue and Microstructures. ASM,1978：205-243.

[39] 梁新邦,李久林,张振武. 金属力学与工艺性能试验方法国家标准汇编,GB/T15248-94 金属材料轴向等幅低循环疲劳试验方法. 北京：中国标准出版社,1996：547-566.

[40] Kocanda S. Fatigue Failure of Metals. The Netherlands：Sijthoff-Noordhoff,Alphen aan den Rijn,1978.

[41] Mitchell M R. Fundamentals of modern fatigue analysis for design//Fatigue and Microstructures. ASM, 1978：385-437.

[42] Landgraf R W,Morrow J E. Determination of cyclic stress-strain curve. Journal of Materials,JMLSA, 1969,4(1)：176-188.

[43] Tavernelli J F,Coffin L F Jr. A compilation and interpretation of cyclic strain fatigue tests on metals. Transaction of ASME,1959,51：438-453.

[44] 郑修麟. 工程材料的力学行为. 西安：西北工业大学出版社,2004.

[45] Manson S S,Hirschberg M H. Fatigue behavior in strain-cycling in the low and intermediate cycle range//Burke J J, Reed N L, Weiss V. Fatigue-An Interdisciplinary Approach. Proceedings of 10th Sagamore Army Materials Research Conference,New York,1963：133-176.

[46] Weibull W. Fatigue Testing and Analysis of Results. Oxford：Pergamon Press,1961.

[47] 付惠民. ε-N 曲线三参数幂函数公式. 航空学报,1993,14(3)：A173-A176.

[48] Martin D E. An energy criterion for low cycle fatigue. Journal of Basic Engineering. Transaction of ASME,1961,1：565-571.

[49] Zheng X L,Lu B T. Fatigue formula under cyclic strain//Aliabadi M H,et al. Fatigue and Fracture Mechanics. Proceedings of 1st International Conference on Computer Aided Assessment and Control of Localized Damage,Portsmouth,1990：175-184.

[50] 郑修麟. 金属疲劳的定量理论. 西安：西北工业大学出版社,1994.

[51] Rabbe P. Mécanisms et mécanique de la fatigue//Bathias C,Bailon P. Fatigue des Materiaux et des Structures. Montreal：Les Presses D'Université De Montreal,1981：1-30.

[52] Klesnil M,Lukáš P. Fatigue of Metallic Materials. London：Elsevier Scientific Publishing Company, 1980.

[53] 什科利尼克. 疲劳试验方法手册. 陈玉琨等译. 北京：机械工业出版社,1983.

[54] La Rosa G,Risitano A. Thermographic methodology for rapid determination of the fatigue limit of materials and mechanical components. International Journal of Fatigue,2000,22(1)：65-73.

[55] Hessler W,Müller H,Weiss B,et al. Fatigue limit of Cu and Al up to 10^{10} loading cycles//Wells J M. Ultrasonic Fatigue. Proceedings of AIME,New York,1981：245-263.

[56] Smith R W,Hirschberg M H,Manson S S. Fatigue behavior of materials under strain cycling in the low-and-intermediate cycle range. NASA TN D-1574,1963.

[57] Manson S S. Future directions for low cycle fatigue//Solomon H D,Halford G R,Kailand L R,et al. Low Cycle Fatigue. Philadelphia：ASTM STP 942,1985：15-42.

［58］郑修麟. 切口件的断裂力学. 西安：西北工业大学出版社，2005.

［59］Military Handbook. Metallic Materials and Elements for Aerospace Vehicle Structures. MIL-HDBK-5G. United States Department of Defense，1994.

［60］Zheng X L，Lü B T，Jiang H. Determination of probbility distribution of fatigue strength and expressions of P-S-N curves. Engineering Fracture Mechanics，1995，50(4)：483-491.

［61］Zheng Q X，Zheng X L. Determination of probbility distribution of fatigue strength and expressions of P-S-N curves under repeated torsion. Engineering Fracture Mechanics，1993，44(4)：521-528.

［62］邓勃. 分析测试数据的统计处理方法. 北京：清华大学出版社，1995.

［63］周磊，王泓，张国栋，等. 镍基粉末高温合金 FGH96 应变疲劳行为. 塑性工程学报，2009，16(5)：149-154.

［64］吴学仁. 飞机结构金属材料力学性能手册（第 1 卷）：静强度·疲劳/耐久性. 北京：航空工业出版社，1996.

［65］Coffin L F Jr. The effect of vacuum on low cycle fatigue law. Metallurgical and Materials Transactions，1972，3：777-1788.

［66］刘江南，田长生，郑修麟. 高温应变疲劳公式的研讨. 兵工学报，1991，4：58-63.

［67］Ostergren W J. A damage function and associated failure equation for predicting hold time and frequency effects in elevated temperature LCF. Journal of Testing and Evaluation，1976，4(5)：327-339.

第 3 章 循环局部应变范围的近似公式

3.1 引　　言

结构的疲劳失效,是从其主要承力构件的危险部位出现疲劳裂纹开始的。而疲劳裂纹通常在结构件的应力集中处,即切口根部形成。因此,预测结构件切口根部的疲劳寿命,实际上就是预测结构件的疲劳裂纹起始寿命。通常,结构的检修周期由重要结构件的疲劳裂纹起始寿命加一小段疲劳裂纹扩展寿命加以确定[1]。因此,预测结构件的疲劳裂纹起始寿命具有重要的工程实用意义。

前已述及,目前国内外仍广泛地采用局部应变法,估算构件的疲劳裂纹起始寿命[2-9]。而精确地计算切口根部的局部应变范围,是用局部应变法预测疲劳裂纹起始的关键步骤之一[4,10-12]。研究表明[10],构件的疲劳裂纹起始寿命估算精度,与局部应变范围的计算精度有关。局部应变范围的计算若有 7% 的偏差,将会引起疲劳裂纹起始寿命预测结果相差 2~3 倍[11]。

确定局部应变范围 $\Delta\varepsilon$ 的方法大体上有三种[4,11-20]:①试验测定法;②用弹-塑性有限元法计算局部应变范围 $\Delta\varepsilon$;③近似计算法。试验方法确定 $\Delta\varepsilon$,虽然直观准确,但限制条件较多,有时难以实现;有限元法计算 $\Delta\varepsilon$ 的精度高,但工程应用较为烦琐[4],而且无法建立局部应变范围 $\Delta\varepsilon$ 的通用表达式。所以,工程上倾向于采用简单而实用的近似方法[4]。目前应用较普遍的是 Neuber 法[2-4,11,12,14]。

本章介绍根据 Neuber 法的基本原理,并考虑到切口根部塑性区与周围弹性区的交互作用[21]而设计的局部应变范围计算模型[22],以及根据这一模型而导出的局部应变范围的近似计算公式[22-24]。

3.2　切口的应力-应变分析

在疲劳与断裂的研究中,用切口件模拟结构件,更接近于结构件的实际服役条件。在拉伸载荷作用下,当名义应力低于屈服强度,$S<\sigma_s$,而切口根部的局部应力高于材料的屈服强度,即 $\sigma>\sigma_s$,则切口件整体上处于弹性状态,但切口根部的材料发生塑性变形,并在切口根部形成塑性区,如图 2-1 所示。在工程应用中,加于结构件的名义应力总是低于屈服强度,这是研究切口件和结构件疲劳的出发点,将在本章的后续部分予以讨论。

3.2.1 应力集中与局部应力

在弹性状态下,切口的存在不仅引起应力集中,而且会引起三轴拉伸应力[25,26]。图 3-1 为一含中心孔的大板受远场均布的拉伸应力 σ 后,孔周围的应力分布。由图 3-1 可见,在孔边,即 m 和 n 点,纵向拉伸应力达到最大值 $\sigma_{\max}$,并随着距孔边的距离增大而降低,最后接近名义应力值 σ;对于无限宽板,名义应力值近似地等于远场拉伸应力 σ。比值 $\sigma_{\max}/\sigma$ 即定义为弹性应力集中系数,简称应力集中系数,用 K_t 表示[3,27]。当局部最大应力低于材料的弹性极限时,K_t 仅取决于试件的几何,故 K_t 可称为几何应力集中系数或弹性应力集中系数。

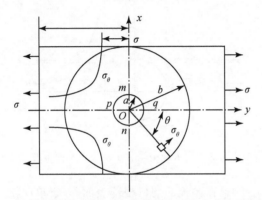

图 3-1 受远场拉伸应力的含中心孔板中的应力分布示意图[25,26]

对于带中心孔的无限大板,弹性力学给出各应力分量的解如下[25,28]:

$$\sigma_r = \frac{\sigma}{2}\left(1 - \frac{a^2}{r^2}\right) + \frac{\sigma}{2}\left(1 + \frac{3a^4}{r^4} - \frac{4a^2}{r^2}\right)\cos2\theta$$

$$\sigma_\theta = \frac{\sigma}{2}\left(1 + \frac{a^2}{r^2}\right) + \frac{\sigma}{2}\left(1 + \frac{3a^4}{r^4}\right)\cos2\theta \tag{3-1}$$

$$\tau_{r\theta} = -\frac{\sigma}{2}\left(1 - \frac{3a^4}{r^4} + \frac{2a^2}{r^2}\right)\sin2\theta$$

式(3-1)各参数的定义见图 3-2。由式(3-1)可见,孔边任一点的各应力分量是该点坐标的函数,这表明孔边的应力分布是不均匀的。下面考察一些特殊情况:

(1)在孔边,即 $r=a$(见图 3-2)。由式(3-1),可得

$$\sigma_r = \tau_{r\theta} = 0$$

$$\sigma_\theta = \sigma(1 - 2\cos2\theta) \tag{3-2}$$

当 $\theta = \pi/2、3\pi/2$ 时,即在图 3-1 中的 m、n 点,σ_θ 达到最大值

$$\sigma_\theta = \sigma_{\max} = 3\sigma \tag{3-3}$$

因此,对于带中心孔的无限大板,其应力集中系数 $K_t=3$(见图 3-2)。

(2)在 $\theta = \pi/2$ 并垂直于拉应力的平面上

$$\sigma_r = \frac{3\sigma}{2}\left(\frac{a^2}{r^2} - \frac{a^4}{r^4}\right)$$

$$\sigma_\theta = \frac{\sigma}{2}\left(2 + \frac{a^2}{r^2} + \frac{3a^4}{r^4}\right) \tag{3-4}$$

$$\tau_{r\theta} = 0$$

当 $r=a$，$\sigma_\theta = \sigma_{\max} = 3\sigma$，达最大值，然后随 r 的增大而降低，直至趋近于 σ。当 $r=a$，$\sigma_r = 0$，然后随 r 的增大而升高，达最大值后降低，直至趋近于 0。对 σ_r 求导，并令 $\mathrm{d}\sigma_r/\mathrm{d}r = 0$，可得 $\sigma_{r,\max} = 3\sigma/8$，位置为 $r = 1.414a$，如图 3-2 所示。

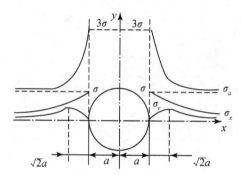

图 3-2　带中心孔的无限大板中垂直于拉应力平面上的应力分布[17,25]

（3）对于薄板，$\sigma_z = 0$。在薄板的切口根部表面，处于单向拉应力状态，即 $\sigma_x = \sigma_r = 0$，$\sigma_y = \sigma_{\max} = 3\sigma$，$\sigma_z = 0$。

对于厚板，其切口根部处于平面应变状态，$\varepsilon_z = 0$。根据广义胡克定律，可得

$$\sigma_z = \nu(\sigma_x + \sigma_y) \tag{3-5}$$

式中，ν 为泊松比。在厚板的切口中心次表层处于三轴拉伸应力状态，如图 3-3 所示。然而，在根部表面，$\sigma_x = \sigma_r = 0$（见图 3-3）。于是，有

$$\sigma_y = K_t\sigma_n$$

$$\sigma_z = \nu K_t\sigma_n \tag{3-6}$$

由此可见，受拉伸载荷厚板的切口根部表面处于两向拉应力状态（见图3-3）。

在受拉伸载荷的切口圆柱试件中，其切口根部的应力分布如图 3-4[29] 所示。可见，切口越尖锐，应力集中系数越大，应力梯度也越大。但也表明，在受拉伸载荷的切口圆柱试件中，其切口根部处于两向拉应力状态，即纵向拉应力 σ_i 和切向拉应力 σ_t 为

$$\sigma_i = K_t\sigma$$

$$\sigma_t = \nu K_t\sigma \tag{3-7}$$

沿板厚方向或 z 方向，并受切口圆柱试件中切向拉应力的影响，可用有效应力集中系数加以考虑[30]。根据有效应力集中系数的定义以及式（3-6）和式（3-7），切口根

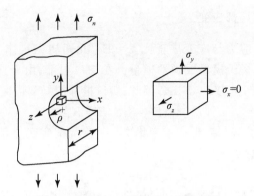

图 3-3　厚板切口根部的应力状态[2]

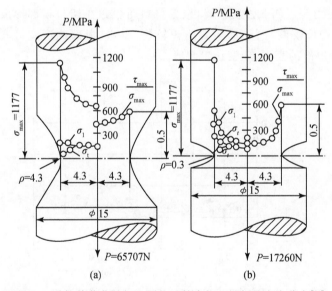

图 3-4　受拉伸载荷的切口圆柱试件中切口根部的应力分布[29]

部表面的有效应力可按下式计算[27]：

$$\sigma^* = \frac{1}{\sqrt{2}}[\sigma_y^2 + \sigma_z^2 + (\sigma_y - \sigma_z)^2]^{1/2} = K_t\sigma(1 - \nu + \nu^2)^{1/2} \qquad (3\text{-}8)$$

令

$$K_t' = \frac{\sigma^*}{\sigma} = K_t(1 - \nu + \nu^2)^{1/2} \qquad (3\text{-}9)$$

式中，K_t' 为有效应力集中系数或复合应力集中系数。对于金属材料，泊松比 $\nu =$ 0.3～0.5。于是，有 $K_t' = 0.87～0.89$，取平均值，$K_t' \approx 0.88$[30,31]。

3.2.2　应变集中与局部应变

在弹性状态下,应力与应变成正比,$\sigma=Ee$,此即胡克定律。其中,e为弹性应变或名义应变;E为杨氏模量或弹性模量。在切口根部,由于应力集中,局部应力增大了K_t倍,即局部应力$\sigma=K_tS$。因此,切口根部的局部应变

$$\varepsilon=\sigma/E=K_tS/E=K_te \tag{3-10}$$

即局部应变也增大了K_t倍,形成应变集中。可将局部应变与名义应变之比定义为K_ε,即应变集中系数

$$K_\varepsilon=\varepsilon/e \tag{3-11}$$

由式(3-10)和式(3-11)可见,切口根部处于弹性状态下,应变集中系数与弹性应力集中系数相等。

当局部应力超过屈服强度,切口根部材料屈服并在切口根部形成塑性区。此时,局部应力增长较慢,而局部应变增长较快。切口根部的应变分布如图 3-5 所示[32],在切口根部的表面,应变达最大值。

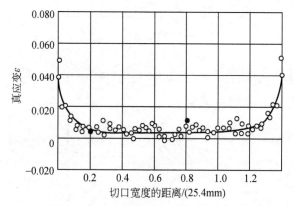

图 3-5　受拉伸载荷的双切口板材中最大主应变的分布[32]

文献[33]~[37]中给出的试验与计算结果,也显示与图 3-5 相同或相似的变化规律。切口根部进入弹塑性状态后,局部应力对名义应力之比,可定义为弹塑性应力集中系数 K_σ,而局部应变对名义应变之比即定义为弹塑性应变集中系数 K_ε。弹性应力集中系数 K_t 与弹塑性应力集中系数 K_σ、弹塑性应变集中系数 K_ε 之间的关系,可用 Neuber 公式表示[2-4,14]:

$$K_t^2=K_\sigma K_\varepsilon \tag{3-12}$$

式(3-12)示意表示于图 3-6。由此可见,当切口根部发生塑性变形,弹塑性应变集中系数快速增大,而弹塑性应力集中系数下降。当切口根部处于弹性状态下,由式(3-10)和式(3-12)得,$K_t=K_\sigma=K_\varepsilon$(见图 3-6)。这可定性地解释图 3-5 中的试验结

果。根据弹塑性应力集中系数和弹塑性应变集中系数的定义,可得

$$\sigma\varepsilon = K_t^2 Se \tag{3-13}$$

式中,σ、ε 分别表示切口根部的局部应力和局部应变。

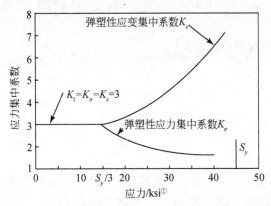

图 3-6　弹性应力集中系数、弹塑性应力集中系数和弹塑性应变集中系数
随切口根部的局部应力变化的示意图[14]

在绝大多数结构件的设计中,名义应力总是低于屈服强度,但由于应力集中,局部应力会高于屈服强度。因此,尽管塑性区在切口根部形成(见图 3-5),但切口件整体上处于弹性状态。所以,名义应变仍为 $e = \sigma/E$,代入式(3-13),得

$$\sigma\varepsilon = \frac{(K_t S)^2}{E} \tag{3-14}$$

在弹塑性状态下,材料的应力-应变关系或本构关系可用 Hollomon 方程表示[3,39]:

$$\sigma = K\varepsilon_p^n \tag{3-15}$$

式中,ε_p 为塑性应变分量;K、n 分别为强度系数和应变硬化指数。局部应变 ε 是弹性应变分量 ε_e 与塑性应变分量 ε_p 之和。与塑性应变分量比较,弹性应变分量通常很小,因而,局部应变近似地等于其塑性应变分量,即

$$\varepsilon = \varepsilon_e + \varepsilon_p \approx \varepsilon_p \tag{3-16}$$

$$\varepsilon_e = S/E = K\varepsilon_p^n/E \tag{3-17}$$

将式(3-15)和式(3-16)代入式(3-14),可得局部应变的近似计算公式如下[22]:

$$\varepsilon = \left(1 - \frac{\varepsilon_e}{\varepsilon}\right)^{-n/(1+n)} \left[\frac{1}{EK}(K_t S)^2\right]^{1/(1+n)} \tag{3-18}$$

$$\varepsilon_p = \left(1 - \frac{K}{E}\varepsilon_p^{n-1}\right)^{-n/(1+n)} \left[\frac{1}{EK}(K_t S)^2\right]^{1/(1+n)} \tag{3-19}$$

式(3-19)可用迭代法求解[22]。由式(3-18)可见,对于具有给定应力集中系数

①　$1\text{ksi} = 1\text{klb/in}^2 = 6.895\text{MPa}$。

的试件或结构件,其切口根部的局部应变可根据拉伸性能进行计算。试验结果与分析[23]业已证明式(3-18)和式(3-19)的有效性。

3.3　局部应变范围的近似计算公式

3.3.1　关于局部应变范围的计算

Standnick 等[13]认为,在循环加载条件下,切口根部的局部应力范围 $\Delta\sigma$ 和局部应变范围 $\Delta\varepsilon$ 也可用式(3-14)计算,只需在应力和应变之前加一"Δ"以表示"范围",以 K_f 取代 K_t 即可。于是,有

$$\Delta\sigma\Delta\varepsilon = \frac{(K_f\Delta S)^2}{E} \tag{3-20}$$

式中,K_f 为疲劳强度缩减因子[29,38],又称疲劳缺口系数[4]或有效应力集中系数[12]。对于给定材料的构件,K_f 被认为是常数。但是,K_f 与疲劳寿命有关[12,40]。由式(3-20)可见,当 ΔS 一定时,式(3-20)的右端为常数,在 $\Delta\sigma$-$\Delta\varepsilon$ 坐标平面上为一双曲线。

根据材料的循环应力-应变曲线表达式,即式(2-1),可求得局部应变范围的表达式如下[14]:

$$\Delta\varepsilon = \Delta\varepsilon_e + \Delta\varepsilon_p = \frac{\Delta\sigma}{E} + 2\left(\frac{\Delta\sigma}{K'}\right)^{1/n'} \tag{3-21}$$

对于给定的材料,K' 和 n' 可由试验确定。将式(3-20)和式(3-21)联立求解,即可得到局部应力 $\Delta\sigma$ 和应变 $\Delta\varepsilon$[14]。这是目前求解局部应力和应变的基本方法[2-4]。

尽管在循环加载条件下,用 K_f 取代了 Neuber 定则中的 K_t[见式(3-20)],以改善寿命预测精度[4,20],但这并不能改善局部应力和应变范围的计算精度[20]。研究表明[41],用局部应力-应变法预测切口件在等幅载荷下的疲劳裂纹起始寿命和疲劳寿命,其预测精度也取决于 K_f 值的选取,因而局部应力-应变法也只能是一种经验方法。这些情况表明,用 Neuber 法求解局部应力和局部应变存在着较严重的问题,主要是在求得式(3-20)时所做的假设和近似,没有任何的理论依据。

Glinka[20]提出,用切口根部的应变能密度法计算局部应力和局部应变。该法中所用的基本公式仍是 Neuber 定则,但考虑了切口根部塑性区修正。这是应变能密度法的一个特点。因此,用应变能密度法估算单向拉伸载荷下的局部应变,估算结果与试验结果符合得很好,而在处理切口根部应力状态对局部应变的影响时,所用的方法与文献[4]中的类似。

Glinka[20]也假设,计算单向拉伸载荷下局部应变的应变能密度法,也可用于计算循环载荷下的局部应变范围。在这一点上,与 Standnick 等[13]的做法相似。用应变能密度法计算的局部应变范围与试验结果也符合良好。但是,用在估算构件

的疲劳裂纹起始寿命时,却给出了保守的结果,尤其是低应力、长寿命区[20]。

　　上述研究结果表明,不但要寻求新的局部应变范围计算模型,而且要寻求新的更精确的疲劳裂纹起始寿命估算模型。

3.3.2　局部应变范围的计算模型

　　仍然考虑工程应用中经常出现的情况,即构件所受名义应力低于屈服强度,但由于应力集中,切口根部材料发生塑性变形而形成塑性区(见图 2-1)。根据变形协调原理,切口根部塑性区内的应变应与周围弹性区的应变相协调,并受弹性-塑性区的边界位移的控制[21]。根据这一论点与式(3-15)和式(3-16),可以分析切口根部的名义应变随名义应力的变化[22,23]。

　　首先考虑应力比 $R=0$ 的情况,局部应变随名义应力的变化如图 3-7 中的第一象限所示。加载时,当名义应力由 O 点升高到 S_B,局部应变沿 OAB 线升高到 ε_B;其中,OA 段是弹性段,AB 是塑性段,A 点表示弹性极限。在塑性段,局部应变用式(3-15)和式(3-16),近似值可用式(3-15)计算。

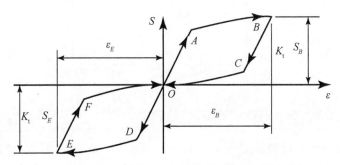

图 3-7　局部应变随名义应力变化的示意图[22,23]

　　卸载时,名义应力回复到零,切口根部周围弹性区内的位移回复到零。因此,切口根部的局部应变也被迫沿 BCO 线回复到零,其中 BC 段是弹性回复,CO 段是"强制的塑性回复"。

　　根据上述模型和式(3-18),当 $R=0$ 时,切口根部的局部应变范围 $\Delta\varepsilon$ 可以表示为[22,23]

$$\Delta\varepsilon = \left(1 - \frac{\Delta\varepsilon_e}{\Delta\varepsilon}\right)^{-n/(1+n)} \left[\frac{1}{EK}(K_t\Delta S)^2\right]^{1/(1+n)} \tag{3-22}$$

式中,ΔS 为名义应力范围,$\Delta S=S_B=S_{\max}$(见图 3-7);E 是弹性模量;K、n 分别为 Hollomon 方程中的强度系数和应变硬化指数。

　　进一步考虑应力比 $R=-1$ 的情况,根据同样的论点和图 3-7,可以得出局部应变范围 $\Delta\varepsilon$ 的表达式为

$$\Delta\varepsilon = 2\left(1 - \frac{\Delta\varepsilon_e}{\Delta\varepsilon}\right)^{-n/(1+n)}\left[\frac{1}{EK}\left(K_t\frac{\Delta S}{2}\right)^2\right]^{1/(1+n)} \qquad (3-23)$$

式中，ΔS 是名义应力范围，但 $\Delta S = 2S_B = 2S_{max}$（见图 3-7）。

3.3.3　局部应变范围的计算模型的验证

铝合金 2024-T3 板材双切口试件的切口根部循环应变范围 $\Delta\varepsilon$ 随切口根部局部应力的变化如图 3-8 所示[16]。

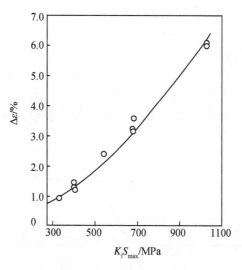

图 3-8　铝合金 2024-T3 切口根部的循环应变范围 $\Delta\varepsilon$ 随切口根部局部应力的变化[16]

2024-T3 板材的拉伸性能为 $\sigma_b = 480\mathrm{MPa}$，$\sigma_{0.2} = 343\mathrm{MPa}$，$\varepsilon_f = 0.378$[39,42]。图 3-8 中的曲线是按式（3-23）计算得到的。计算局部应变时，先计算 $\Delta\varepsilon_p$，再计算 $\Delta\varepsilon_e$，两者相加可得精确的 $\Delta\varepsilon$ 值。

图 3-9 表示用切口圆柱试件测定的局部应变范围[15]和按式（3-22）计算得到的曲线[22,23]。由图 3-9 可见，计算曲线与试验结果符合得很好。然而，当应力集中系数 K_t 较大时，$\Delta\varepsilon$ 的实测值略低于计算值。这是因为当 K_t 值较大时，切口根部的曲率半径减小，应变梯度较大，用电阻应变规测定切口根部的局部应变范围，是应变规尺度（1/64in[①][15]）范围内的应变平均值，故略低于计算值。

应当指出的是，因为圆柱试件切口根部处于两向拉伸应力状态，故在计算局部应变范围 $\Delta\varepsilon$ 时，采用了复合应力集中系数 K_t' 代替理论应力集中系数 K_t，以考虑切口根部应力状态对局部应变范围的影响[22,23]。这种方法简单实用，与文献[4]和[20]所采用的应力状态修正方法不同。图 3-8 和图 3-9 中的试验结果和分析还表

---

① 1in = 2.54cm。

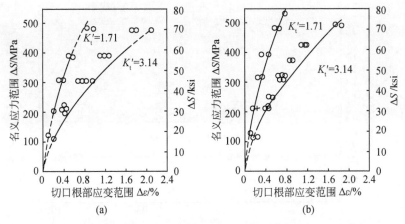

图 3-9　用切口圆柱试件测定的局部应变范围[16]和计算曲线[23]

(a)碳钢（$E=206\text{GPa}, K=649.2\text{MPa}, n=0.199$）；

(b)合金钢（$E=206\text{GPa}, K=838.2\text{MPa}, n=0.193$）

明,循环局部应变也与切口根部的应力状态相关。

3.3.4　应用拉伸性能计算局部应变范围的可行性及证明

迄今,在计算局部应变范围时,仍采用材料的循环应力-应变曲线[2-4]。这主要是考虑到构件在弹性范围内循环加载时,切口根部材料元也会受到循环塑性应变的作用,从而会发生循环硬化或软化。在文献[22]和[23]中,采用新的公式和拉伸性能计算局部应变范围,获得了精确的结果(见图 3-8)。这表明采用拉伸性能计算局部应变范围是可行的,而循环硬化或软化对局部应变范围无明显的影响。

文献[15]中的试验结果表明,当切口试件承受的名义应力低于材料的屈服强度,切口试件整体上处于弹性状态,则局部应变范围 $\Delta\varepsilon$ 与加载循环数无关[见图 3-10(a)],这表明切口根部塑性区内的材料元,未显示循环硬化或软化的特性。当切口试件所受的名义应力高于屈服强度时,即在切口试件发生整体屈服的情况下,局部应变范围的测定值随着加载循环数的增加而降低,如图 3-10(b)所示,即显示出循环硬化特性,与材料的循环应变响应特性一致[15]。这表明,仅在试件或构件全面屈服的情况下,切口根部的材料元才显示出与该材料相一致的循环应变响应特性。这也表明当试件承受的名义应力低于材料的屈服强度时,局部应变范围 $\Delta\varepsilon$ 受到弹塑性边界位移的控制,故其值应当采用金属材料的拉伸性能进行估算。

文献[19]中铝合金切口试件局部应变范围的测定结果也表明,当名义应力低于屈服强度时,在加载循环数为 $1\sim8000$ 周范围内,测定的局部应变范围值保持恒定,与加载循环次数无关(见图 3-11)。这些试验结果证明,在名义应力低于屈服强度的情况下,切口根部的金属材料并不显示循环硬化或循环软化的特性。

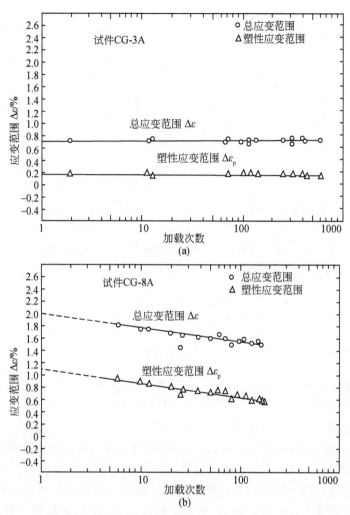

图 3-10　碳钢($\sigma_s = 202\text{MPa}$)切口圆柱试件的局部应变范围的
测定值随加载循环数的变化[15]

(a)名义应力幅 $S_a = 172\text{MPa}$；(b)名义应力幅 $S_a = 240\text{MPa}$

　　上述试验结果和分析表明,局部应变计算方法中所做的假设,即切口根部的材料元与本体材料遵循相同的循环硬化或循环软化的规律,因而采用循环应力-应变曲线计算局部应变范围,这与试验结果是不相符的。因此,预测结构件疲劳裂纹起始寿命所用的局部应力-应变法,其中关键的一环,即局部应变范围计算方法的依据是成问题的,甚至是不可靠的。

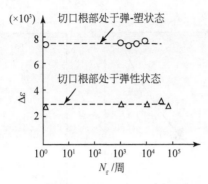

图 3-11　铝合金试件切口根部局部应变与加载循环数的关系[37,43]

3.4　局部应变范围的通用近似计算公式

实际构件所承受的名义应力范围的应力比(ΔS、R)可能随时都在变化。为研究应力比对局部应变范围的影响,将式(3-22)和式(3-23)改写如下[23]:

当 $R=0$ 时

$$\Delta\varepsilon = 2^{-n/(1+n)} \times 2\left(1 - \frac{\Delta\varepsilon_{\mathrm{e}}}{\Delta\varepsilon}\right)^{-n/(1+n)} \left[\frac{1}{EK}(K_{\mathrm{t}}\Delta\sigma_{\mathrm{eqv}})^2\right]^{1/(1+n)} \tag{3-24}$$

当 $R=-1$ 时

$$\Delta\varepsilon = 2\left(1 - \frac{\Delta\varepsilon_{\mathrm{e}}}{\Delta\varepsilon}\right)^{-n/(1+n)} \left[\frac{1}{EK}(K_{\mathrm{t}}\Delta\sigma_{\mathrm{eqv}})^2\right]^{1/(1+n)} \tag{3-25}$$

式中,$\Delta\sigma_{\mathrm{eqv}}$ 可称为当量应力幅,且

$$\Delta\sigma_{\mathrm{eqv}} = \sqrt{\frac{1}{2(1-R)}}\,K_{\mathrm{t}}\Delta S \tag{3-26}$$

虽然在不同的应力比下,局部应变范围仍不能用统一的公式表示,但对于结构材料,尤其是高强度结构材料,其应变硬化指数 n 很小,故局部应变范围可近似地表示为[23,39]

$$\Delta\varepsilon = 2\left[\frac{1}{EK}(K_{\mathrm{t}}\Delta\sigma_{\mathrm{eqv}})^2\right]^{1/(1+n)} \tag{3-27}$$

由式(3-26)和式(3-27)可见,局部应变范围与构件几何特征(K_{t})、循环加载条件(ΔS、R)以及拉伸性能有关。为证明式(3-27)的有效性与通用性,试验测定了 16Mn 钢和 LY12CZ 合金的带中心孔板材试件的局部应变范围 $\Delta\varepsilon$。$\Delta\varepsilon$ 的试验测定结果与计算曲线如图 3-12 所示。试验工作的细节可参见文献[44]。图 3-12 中的试验与计算结果表明,当循环最大应力 $S_{\max}$ 不超过 65%～70% 的屈服强度时,在很宽的应力比范围内测定的局部应变范围 $\Delta\varepsilon$ 与按式(3-27)计算得到的曲线符合得很好,从而证实了式(3-27)的适用性。

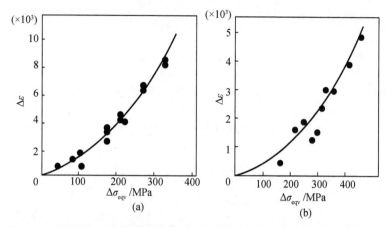

图 3-12　用式(3-27)和拉伸性能计算的局部应变范围曲线与试验结果[23,44]

(a)LY12CZ 铝合金切口试件，$K_t = 3.0$，$S_{max} \leqslant 0.65\sigma_{0.2}$，$R = 0.10 \sim 0.91$；

(b)16Mn 钢切口试件，$K_t = 2.72$，$S_{max} \leqslant 0.70\sigma_{0.2}$，$R = 0.25 \sim 0.70$

当 $S_{max} > 0.65\sigma_{0.2} \sim 0.70\sigma_{0.2}$ 时，因切口根部的塑性区的尺寸较大，其周围弹性区的尺寸相对较小，卸载时"强制的塑性回复"过程可能难以进行，偏离了图 3-7 中局部应变范围的计算模型，故局部应变范围的实测值偏离其计算值。据此，可以认为，当 $S_{max} < 0.65\sigma_{0.2} \sim 0.70\sigma_{0.2}$ 时，式(3-27)是适用的、足够精确的。若取结构件的安全因数为 1.5，则结构件的使用应力为 $0.67\sigma_{0.2}$，故式(3-27)可在工程中用于计算结构件切口根部的循环局部应变范围。

3.5　超载对局部应变范围的影响

按图 3-13 的方式先加一次大载荷，而后续的循环加载中的最大应力均较低，则第一次施加的大载荷即为超载。这种加载方式与构件的实际服役情况比较接近[3,45]。

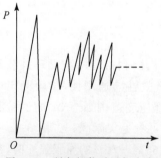

图 3-13　研究超载对局部应变范围影响的加载方式示意图[23]

超载后测定的局部应变范围与名义应力范围的关系如图 3-14 所示[23]。由图 3-14 可见，局部应变范围 $\Delta\varepsilon$ 与名义应力范围 ΔS 之间呈良好的线性关系。对试验数据作回归分析，给出下列关系式[23]：

对于 16Mn 钢切口试件($K_t = 2.72$)

$$\Delta S = 73500\Delta\varepsilon \tag{3-28a}$$

对于 LY12CZ 铝合金切口试件($K_t = 3.0$)

$$\Delta S = 23611\Delta\varepsilon \tag{3-28b}$$

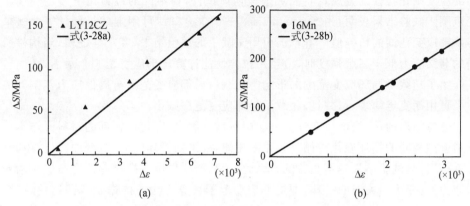

图 3-14 超载后测定的局部应变范围与名义应力范围的关系[23]

(a)LY12CZ 铝合金切口试件,$K_t = 3.0$;(b)16Mn 钢切口试件,$K_t = 2.72$

式(3-28a)和式(3-28b)所示的线性关系表明,切口根部的材料元经受弹性应力循环,然后在弹性范围内循环加载。在弹性范围内,局部应变范围 $\Delta\varepsilon$ 应按式(3-10)计算。将试件的 K_t 值分别代入式(3-28a)和式(3-28b),可得:

对于 16Mn 钢

$$\Delta\varepsilon = K_t \Delta S / 199920 \approx K_t \Delta S / E \tag{3-29a}$$

对于 LY12CZ 铝合金

$$\Delta\varepsilon = K_t \Delta S / 70833 \approx K_t \Delta S / E \tag{3-29b}$$

式(3-29a)和式(3-29b)表明,超载后局部应变范围的试验结果与局部应力间的关系符合胡克定律。这是因为超载在切口根部引起较大的塑性应变[见式(3-27)],提高了金属材料的弹性极限。故在超载后的较小的循环载荷下,切口根部仅发生弹性循环应变,而且局部应变范围 $\Delta\varepsilon$ 也减小,从而有利于提高疲劳强度,延长疲劳寿命。关于超载对疲劳裂纹起始寿命的影响,将在第 14 章中论述。

3.6 结 语

绝大多数结构件在实际工程应用中,结构件所受的名义应力低于金属材料的屈服强度。但由于应力集中,切口根部的金属材料所受的应力高于其屈服强度,从而发生塑性应变,在切口根部形成塑性区。考虑绝大多数结构件的这一实际使用情况,根据 Neuber 定则和 Hollomon 方程,以及变形协调原理,提出了局部应变范围的计算模型,导出了应力比 $R = 0、-1$ 两种特殊情况下局部应变范围的计算公式,并引用文献中的试验结果对上述公式作了客观的校核。经过进一步整理和简化,给出了局部应变范围的通用近似计算公式,即式(3-27)。它揭示了局部应变范围与构件几何(K_t)、循环加载条件($\Delta S、R$)以及拉伸性能间的关系。用两种具有不同的应变硬化特性的金属材料制成平板切口试件,在不同的应力比下测定局部应变范围。试验结果表明,当 $S_{max} \leqslant 0.65\sigma_{0.2} \sim 0.70\sigma_{0.2}$ 时,可用上述近似计算公式求得局部应变范围的精确值。本章还引用文献中的试验结果,客观地证明,当构件所受的名义应力低于屈服强度时,应当用拉伸性能计算局部应变范围。最后,还简要地介绍了超载对局部应变范围的影响。超载后局部应变范围与局部应力范围间的关系可用胡克定律表示,并且,超载后局部应变范围减小。

　　还应指出的是,局部应变计算方法中所做的假设,即切口根部的材料元与本体材料遵循相同的循环硬化或循环软化的规律,故采用循环应力-应变曲线计算局部应变范围,与试验结果是不相符的。因此,预测结构件疲劳裂纹起始寿命所用的局部应力-应变法中关键的一环,即局部应变范围计算方法的依据是成问题的,甚至是不可靠的。

参 考 文 献

[1]Селихов А Ф. Обеспчние ресурса конструк-ций (Опыт самолетострукения. МАШИНОВЕДЕ-НИЕ,1986, 5: 11-18.

[2]Dowling N E. Mechanical Behavior of Materials. 2nd Edition. Upper Saddle River:Prentice Hall,1998.

[3]Schijve J. Fatigue of Structures and Materials. Boston: Kluwer Academic Publishers,2001.

[4]赵名沣. 应变疲劳分析手册. 北京:科学出版社,1987.

[5]Msounave J,Bailon J P,Dikson J I. Les lois de la fissuration par fatigue//Bathias C,Bailon J P. La Fatigue des Materiaux et des Structures. Montreal:Les Presses D'Université De Montreal,1981: 201-236.

[6]姚卫星. 结构疲劳寿命分析. 北京:国防工业出版社,2003.

[7]Buch A. Prediction of fatigue life under aircraft loading with and without use of material memory rules. International Journal of Fatigue,1989,11: 97-106.

[8]Bhuyan G,Vosikovski O. Prediction of fatigue crack initiation lives for welded plates T-joints based on the local stress-strain approach. International Journal of Fatigue,1989,11: 153-160.

[9]Liao M,Shi G,Xiong Y. Analytical methodology for predicting fatigue life distribution of fuselage splices. International Journal of Fatigue,2001,23: S172-S185.

[10]Newport A,Glinka G. Effect of notch-strain calculation method on fatigue-crack-initiation life predic- tions. Experimental Mechanics,1990,30(2): 208-216.

[11]徐灏. 疲劳强度. 北京:高等教育出版社,1988.

[12]Buch A. Fatigue Strength Calculations. Switzerland:Trans. Tech. Publications,1988.

[13]Standnick S T,Morrow J. Techniques for smooth specimen simulation of fatigue behavior of notched members//Shane R S. Testing for Prediction of Material Performance in Structures and Components, ASTM STP 515. Phladelphia:American Society for Testing and Materials,1972:229-252.

[14]Mitchell M R. Fundamentals of modern fatigue analysis for design//Fatigue and Microstructures. ASM, 1978: 385-437.

[15]Kremple E. Notched high-strain fatigue behavior of three low-strength structural steels. GEAP Report 5714,1969; GEAP Report 5637,1968.

[16]Crews J H Jr. Elastoplastic stress-strain behavior at notch roots in sheet specimens under constant-amplitude loading. NASA TND-5253,1969.

[17]Mowbray D E,McConnelee J E. Application of finite element stress analysis and stress-strain properties in determining notch fatigue specimen deformation and life//Landgraf R W. Cyclic Stress-Strain Behavior Analysis,Experimentation,and Failure Prediction,ASTM STP 519. Phladelphia：American Society for Testing and Materials,1973：151-169.

[18]May R A,Stuber A,Rolfe S T. Effective Utilization of High-yield Strength Steels. New York：WRC Bull,1976.

[19]李敏华,李禾,屠芙蓉,等. 缺口件在疲劳载荷下应变分布的试验研究//中国力学学会,中国航空学会. 第一届全国疲劳学术讨论会论文,黄山,1982.

[20] Glinka G. Calculation of inelastic notch-tip strain-stress histories under cyclic loading. Engineering Fracture Mechanics,1985,22(5)：839-854.

[21]Rolfe S T,Barsom J M. Fracture and Fatigue Control in Structures. Englewood Cliffs：Prentice Hall, 1977：205-231.

[22]Zheng X L. Local strain range and fatigue crack initiation life in fatigue of steel and concrete structures. Proceedings of the IABSE Colloquim,Stockholm,1982:169-178.

[23]郑修麟. 循环局部应力-应变与疲劳裂纹起始寿命. 固体力学学报,1984,(2)：175-184.

[24]Zheng X L,Lin C,Zheng S T. An approximate formula for calculating local strain range//Aliabadi M H, et al. Fatigue and Fracture Mechanics. Proceedings of 1st International Conference on Computer Aided Assessment and Control of Localized Damage,Portsmouth ,1990：253-261.

[25]肖纪美. 金属的韧性与韧化. 上海：上海科学技术出版社,1982.

[26]Dieter G E Jr. Mechanical Metallurgy. New York：McGraw-Hill Company,1963.

[27]Peterson R E. Stress Concentration Design Factors. New York：John Wiley,1962.

[28]Frost N E,Marsh K J,Pook L P. Metal Fatigue. Oxford：Clarendon Press,1974.

[29]黄明志,石德珂,金志浩. 金属力学性能. 西安：西安交通大学出版社,1986.

[30]Zheng X L. On an unified model for predicting notch strength and fracture toughness. Engineer Fracture Mechanics,1989,33(5)：685-695.

[31]Zheng X L,Wang H,Zheng M S,et al. Notch Strength and Notch Sensitivity of Materials—Fracture Criterion of Notched Elements. Beijing：Science Press,2008.

[32]Weiss V. Notch analysis of fracture//Liebowitz H. Fracture. New York：Academic Press,1971：228-266.

[33]Xu Y,Schulson E M. On the notch sensitivity of the ductile intermetallic Ni, Al containing boron. Acta Materialia,1996,44(4)：1601-1612.

[34]Mendiratta M G,Goetz R L,Dimiduk D M. Notch failure in γ-titanium aluminides. Metallurgical and Materials Transactions,1996,27A：3903-3912.

[35]Filippini M. Stress gradient calculations at notches. International Journal of Fatigue,2000,22：397-409.

[36]Visvanatta S K,Straznisks P V,Hewitt R V. Influence of strain estimation methods on life prediction using local strain approach. International Journal of Fatigue,2000,22(8)：675-682.

[37]Ohashi M. Quantitative metallographic study for evaluation of fracture strain. Experimental Mechanics, 1998,38(1)：13-17.

[38]郑修麟. 工程材料的力学行为. 西安：西北工业大学出版社,2004.

[39] ASM Handbook Committee. Metals Handbook：Mechanical Testing. 9th Edition. Ohio：American Society for Metals,Metals Park,1985.

[40]王弘,高庆.缺口应力集中对45Cr钢高周疲劳性能的影响.机械工程材料,2004,28(8):12-14.

[41]Buch A. Prediction of constant-amplitude fatigue life to failure under pulsating tension by use of the local-strain approach. International Journal of Fatigue,1990,12(6):505-512.

[42]Liu S T, Lynch J J, Ripling E J, et al. Low-cycle fatigue of the aluminum alloy 24ST in direct stress. Trans. AIMME,1949,175:469-497.

[43]郑修麟.金属疲劳的定量理论.西安:西北工业大学出版社,1994.

[44]郑斯滔,郑修麟.应力比和加载历程对局部应变范围的影响.航空学报,1988,9(13):S91-S94.

[45]Dijk G M, Jonge J B. Introduction to a fighter aircraft loading standard for fatigue evaluation. "FALSTAFF",NLR MP 705176U,The Netherlands,1975.

第 4 章　疲劳裂纹起始寿命公式

4.1　引　　言

在工程应用中,结构的疲劳寿命通常分为疲劳裂纹起始寿命 N_i 和疲劳裂纹扩展寿命 N_p[1-12],两者相加即得疲劳总寿命。在疲劳研究中,切口试件常用于模拟结构零件[4],对切口件疲劳裂纹起始寿命的测定和预测模型已做了相当多的研究[5,12-29]。考其原因,主要是疲劳裂纹起始寿命在切口件的疲劳总寿命中占有相当大的比例:在腐蚀性的环境中,铝合金切口件的疲劳裂纹起始寿命也可占疲劳总寿命的 30％以上[4];即便在含有非裂纹式缺陷(un-crack-like defect)的焊接件中,疲劳裂纹起始寿命仍在疲劳总寿命中占有相当高的比例[30]。另外,结构中通常不允许存在裂纹,或者裂纹受到严格地限制[1]。在这种情况下,使用疲劳裂纹起始寿命可确保金属结构的安全,且具有重大的经济价值,从而突显疲劳裂纹起始寿命研究的重要性。

在工程实践中,结构常在变幅载荷下服役[1-3]。在第 2 章中已指出,预测结构件在变幅载荷下的疲劳裂纹起始寿命,多采用局部应变法,但其预测精度则取决于疲劳切口系数或疲劳应力集中系数 K_f 值的选定[3,31]。而且,局部应变法是一种间接的寿命预测方法,局部应变范围要经过多次换算,才能求得结构件在变幅载荷下的疲劳裂纹起始寿命[1,3]。在换算过程中,所使用的局部应变范围计算公式和材料的应变疲劳寿命公式均带有经验性,见第 2、3 章。也许,更重要的是,表面状态对切口件或结构件的疲劳裂纹起始寿命有很大的影响[32,33],而局部应变法无法考虑表面状态的影响[1-3]。因此,需要有能精确预测结构件疲劳裂纹起始寿命的新方法。

20 世纪 60 年代,Manson[34] 曾用切口试件直接测定疲劳裂纹起始寿命,并给出疲劳裂纹起始寿命与疲劳总寿命间的经验关系式。70 年代初,Forman[16] 用切口试件测定疲劳裂纹起始寿命,并将试验结果表示为表观(或切口)应力强度因子范围 ΔK_{IA} 的函数。此后,对疲劳裂纹起始寿命做了大量的研究[4-30],内容包括疲劳裂纹起始寿命表达式[6,7,9,13,14]、疲劳裂纹起始门槛值[6,7,14,17,22,35]、疲劳裂纹起始寿命和门槛值与拉伸性能间的关系[14,22,35],以及疲劳裂纹起始寿命与门槛值的测定以及影响因素等众多方面。80 年代以前,对于金属材料疲劳裂纹起始寿命与门槛值的研究工作,在文献[23]中做了很好的总结。

为精确地预测结构在变幅载荷下的疲劳裂纹起始寿命,需要有好的疲劳裂纹起始寿命公式[36]。一个好的疲劳裂纹起始寿命公式,要能揭示疲劳裂纹起始寿命与名义应力范围、应力比、疲劳裂纹起始门槛值、拉伸性能和结构件应力历程之间的关系[14,37]。本章对金属中疲劳裂纹起始的过程和机理、疲劳裂纹起始寿命的定义和测定方法做简要的叙述,重点讨论疲劳裂纹起始的力学模型和公式,并进行试验验证,进而讨论疲劳裂纹起始门槛值。最后介绍根据本章介绍的疲劳裂纹起始寿命公式和金属材料的拉伸性能,预测金属材料疲劳裂纹起始寿命的程序和方法。

4.2　疲劳裂纹起始的过程和机理

疲劳裂纹的形成机理的研究,可以追溯到 20 世纪初[38,39]。关于金属在循环载荷作用下的变形、组织结构的变化和疲劳裂纹的形成机理,在文献[40]中做了详细的论述。试验研究表明[41],宏观尺度疲劳裂纹的形成,一般包含以下三个阶段:①微裂纹的形成;②微裂纹的长大;③微裂纹的连接而形成宏观疲劳裂纹。

4.2.1　微裂纹的形成

疲劳裂纹一般形成于金属的自由表面[2,40-44]。这是因为处于表面的晶粒受到的约束较少,位错易于从表面逸出,金属表面的塑性变形抗力较低。用 X 射线测定钢表面屈服应力的试验结果表明[45],钢的表面微观屈服应力低于其整体屈服强度,并近似地等于疲劳极限。这说明在整体屈服发生以前,处于表面层的晶粒已发生塑性变形;即使循环应力低于材料的屈服强度,仍可引起疲劳损伤而导致微裂纹的形成。

疲劳微裂纹的形成可以有三种机理[46],或者说三种部位[44],即由表面滑移带开裂、夹杂物与基体界面开裂或夹杂物本身断裂,以及晶界和亚晶界处形成微裂纹,如图 4-1 所示。下面就裂纹的形成机理略加讨论。

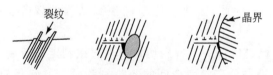

图 4-1　疲劳微裂纹形成的三种方式[46]

疲劳试验时,在循环应力的作用下,疲劳微裂纹形成的过程和微观机理,在文献[2]、[40]～[44]中作了详细的描述和讨论。在铝合金 2024-T4 中,滑移带裂纹在晶粒中心部位形成,而且出现得非常突然,长度可达 $5\sim15\mu m$,如图 4-2 所示[41]。

Lankford 等[47]观察了淬火和高温回火的 4340 钢中夹杂物与基体界面分离而形成微裂纹的全过程。图 4-3 是根据观察结果提出的表面夹杂物裂纹形成过程示

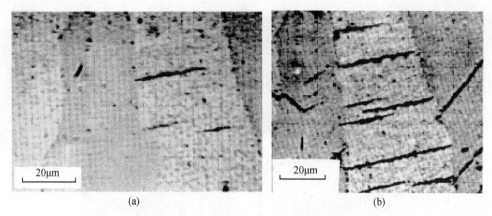

图 4-2　铝合金 2024-T4 中的滑移带裂纹[41]

意图。由此可见,首先是在夹杂物的两极与基体界面分离,而后分离面进一步扩大,并在赤道上引发裂纹,继而裂纹形成长大。

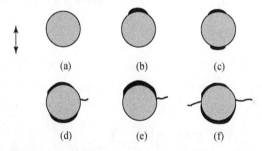

图 4-3　淬火和高温回火的 4340 钢中夹杂物裂纹形成的示意图[47]

夹杂物裂纹的形成,取决于夹杂物的性质、数量、粒度、分布及其与加载方向间的关系。夹杂物与未溶强化相的粒度大,则疲劳裂纹在夹杂物处形成的概率较大[41]。因为夹杂物边界上的应力集中与夹杂物直径的平方根成正比[44]。近期的研究表明[48],疲劳裂纹也可在次表层(subsurface)中的粗大夹杂物处形成。为使疲劳裂纹难以形成、延长疲劳裂纹起始寿命,应细化合金中的夹杂物与未溶相的粒度。

金属在高温疲劳,尤其是疲劳和蠕变交互作用的条件下,裂纹沿着与拉应力垂直的晶界形成。图 4-4(a)显示镍合金 Nimonic 75 在 800℃高温应变疲劳试验时形成的沿晶裂纹,而在室温下则是形成晶内裂纹,并沿{111}晶面长大,见图 4-4(b)[49]。当合金中的杂质和未溶的第二相质点偏聚于晶界时,也会形成沿晶裂纹[41]。

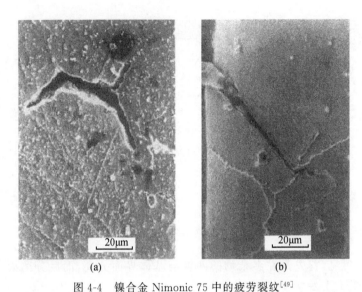

图 4-4　镍合金 Nimonic 75 中的疲劳裂纹[49]

(a)800℃应变疲劳试验时形成的沿晶裂纹；(b)在室温下应变疲劳试验时形成的晶内裂纹

4.2.2　微裂纹的长大与连接

已形成的微裂纹将继续长大。当微裂纹长大到其顶端接近晶界时,长大速率降低或停止长大。图 4-5 表示微裂纹顶端与最接近的晶界间的距离[41]。可以看出,大多数微裂纹顶端停止在距晶界 $1\sim2\mu m$ 处。这必然是因为在相邻的晶粒内滑移面的取向不同[见图 4-2(b)]。图 4-6 表明,微裂纹穿过晶界后,其走向发生变化[50]。微裂纹只有穿过晶界继续长大或与相邻的晶粒内的微裂纹发生连接,才能形成宏观尺度的疲劳裂纹。所以,晶界是微裂纹长大的阻力,也是宏观裂纹形成的阻力。

图 4-7 表示铝合金 7075-T6 中夹击物裂纹形成、长大和连接的过程[50]。由此可见,不在同一平面内形成的两条夹击物裂纹,首先各自长大;当两条裂纹尖端接近并近似地在同一垂线上,在两裂纹尖端的应力场交互作用下,两夹击物裂纹相互连接,进而形成宏观尺度的疲劳裂纹。

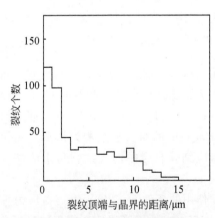

图 4-5　铝合金 2024-T4 中疲劳微裂纹顶端与最接近的晶界间的距离的分布
共统计了 536 条裂纹[41]

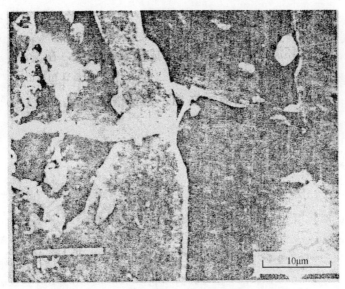

图 4-6 铝合金 7075-T6 中晶界对裂纹走向的影响[50]

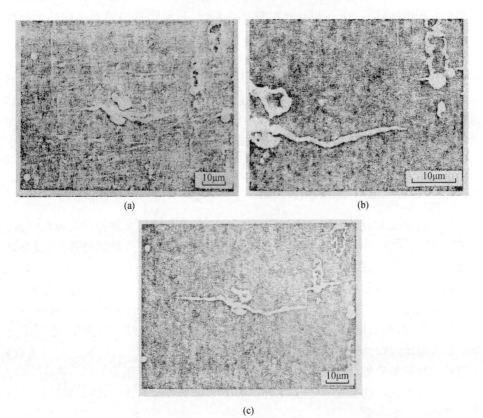

(a)

(b)

(c)

图 4-7 铝合金 7075-T6 中夹击物裂纹形成、长大和连接的过程[50]

　　由上述试验结果和讨论可以看出,宏观尺度疲劳裂纹的形成要经历微裂纹形成、微裂纹长大和微裂纹连接等三个阶段。任何阻碍微裂纹形成、长大和连接的因素,都有利于延长疲劳裂纹起始寿命。而且,疲劳微裂纹的形成具有突发性,微裂纹长大和微裂纹连接是不连续的过程。

4.3　疲劳裂纹起始寿命

4.3.1　疲劳裂纹起始寿命的定义

　　疲劳裂纹起始寿命的定义与疲劳裂纹的初始尺寸的定义相关。在疲劳裂纹起始寿命的早期研究中,不同的研究者采用不同的初始裂纹尺寸,大多在 $0.05\sim$ 0.5mm 变化,最大达 0.76mm （0.03in）[19,25,26,51-53]。比较多的研究者将初始裂纹尺寸定为 0.25mm（0.01in）或 0.3mm[51-53]。在估算焊接件的裂纹扩展寿命时,也将初始裂纹尺寸取为 0.25mm[54]。因此,可将形成长度或深度为 0.25mm 的疲劳裂纹所经历的应力或应变循环数,定义为疲劳裂纹起始寿命 N_i。实际上,在孔边出现可观测的裂纹后,由 0.05mm 扩展到 0.5mm 所经历的应力循环数是十分有限的[19,26]。

　　在工程应用中,这样定义疲劳裂纹起始寿命是合理的、实用的。因为这样定义的初始裂纹尺寸,将包含微裂纹的形成、长大,以及微裂纹的连接等几个阶段,故测定的疲劳裂纹起始寿命也相应要稍长一些。因此,在工程应用中,可将结构的检修周期定得长一些,经济上比较合算。因为结构的检修周期主要是疲劳裂纹起始寿命再加上一小段疲劳裂纹扩展寿命所构成[55]。再则,疲劳裂纹达到宏观尺度,也比较易于检测,工程中比较实用。

4.3.2　疲劳裂纹起始寿命的试验测定

　　试验测定疲劳裂纹起始寿命的切口试件,可以是紧凑拉伸试件[20,26],双边切口试件[14,21,26,52]、中心孔试件[14,19,21,56]、三点弯曲试件[26,57]、狗骨状试件等[4],以及具有给定应力集中系数的试件等。

　　试验测定疲劳裂纹起始寿命原则上有两种方法:直接观测法和间接标定法。所谓直接观测法,是用放大镜或显微镜直接观测疲劳裂纹出现和长大的过程并测量裂纹的尺寸,然后做成裂纹尺寸与加载循环数关系曲线,即 $a\text{-}N$ 曲线,进而求得疲劳裂纹起始寿命 N_i。直接观测法的细节可参阅文献[17]、[18]和[56]。最近,常用长焦距镜头采集试件的表面图像,然后输入计算机进行图像处理,进而了解疲劳裂纹形成和长大的全过程[58]。这种方法还可用于测定高、低温以及腐蚀环境中的疲劳裂纹起始寿命。

　　间接标定法主要有电位法、电阻法和涡流法[26,59,60]。用电位法测定疲劳裂纹起始寿命在文献[59]中做了说明。测定低温疲劳裂纹起始寿命和裂纹扩展速率时,采用电阻法[61]。在热疲劳和冲击疲劳的试验条件下,用上述方法测定疲劳裂纹起始寿命均有困难。因此,采用所谓的读数法确定疲劳裂纹起始寿命[62]。所谓读数法的具体做法是,在第 j 次观察时未发现裂纹,而在第 $j+1$ 次发现了长度超过 0.25mm 的裂纹,则疲劳裂纹起始寿命将近似地等于 $N_i = (N_j + N_{j+1})/2$。若观察间隔次数为 $\Delta N_j = N_{j+1} - N_j = \delta N_j$,则疲劳裂纹起始寿命的相对测定误差为 $\delta/2$。适当地选定 δ,则用此法确定的疲劳裂纹起始寿命具有足够的精度。一般控制载荷的疲劳试验机即可用于试验测定疲劳裂纹起始寿命,没有特别的要求。

4.3.3　疲劳裂纹起始寿命的经验关系式

研究者根据试验结果和分析,给出了一些疲劳裂纹起始寿命的经验关系式。Barnby 等[13]给出的疲劳裂纹起始寿命的表达式如下:

$$N_i = \alpha(K_t \Delta S)^\beta \tag{4-1a}$$

或

$$N_i = \alpha'(\Delta K_{IA}/\sqrt{\rho})^\beta \tag{4-1b}$$

式中,ΔK_{IA} 为表观应力强度因子范围;ρ 为切口根部半径;$\alpha(\alpha')$、β 分别为试验确定的常数。但式(4-1a)仅在中、短寿命范围内适用。Barnby 等[13]研究了 α、β 与初始裂纹长度 a_i 间的关系,试验结果如图 4-8 所示。由此可见,当 $a_i \geqslant 0.2$mm 时,初始裂纹长度对 α、β 几无影响,可看做常数。这也表明将初始裂纹长度定为 0.25mm 是合适的。

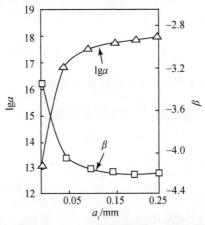

图 4-8　常数 α、β 与初始裂纹长度 a_i 间的关系[13]

文献[23]中报道的试验结果表明,当试件的切口根部半径 $\rho \leqslant 0.25$mm 时,疲劳裂纹起始寿命与 ρ 无关。近期的试验结果也表明[63],当试件的切口根部半径小于某一定值时,切口根部半径对疲劳裂纹起始寿命没有影响。

Mowbray 等[64]用具有不同应力集中系数的试件,在室温和 288℃下,测定了碳钢、合金钢和不锈钢的疲劳裂纹起始寿命,并用 Smith 等[65]提出的应力-应变函数 $\sqrt{E\sigma_{max}\varepsilon_a}$($\varepsilon_a$ 为应变幅)表征疲劳裂纹起始寿命的试验结果。试验结果表明,在 $N_i \leqslant 10^4$ 周的情况下,上述三种钢的疲劳裂纹起始寿命 N_i 与 $\sqrt{E\sigma_{max}\varepsilon_a}$ 之间呈良好的线性关系[64]。

Dowling 等[21]的试验结果表明,在较长的疲劳裂纹起始寿命范围内($N_i \geqslant 10^3$ 周),用具有不同几何的切口试件测定的疲劳裂纹起始寿命 N_i 与切口根部的局部应力 $K_t S$ 之间存在单一的函数关系,如图 4-9 所示。但当切口试件发生全面屈服,疲劳裂纹起始寿命很短时,这种单一的函数关系不复存在(见图 4-9)。所幸,在工程应用中,结构件的许用应力均低于材料的屈服强度。所以,图 4-9 所示的疲劳裂纹起始寿命 N_i 与切口根部的局部应力 $K_t S$ 之间的单一的函数关系,有着工程实用价值。

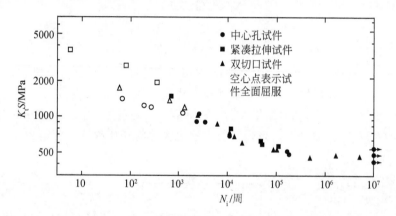

图 4-9　4340 钢($\sigma_b = 780$MPa)的疲劳裂纹起始寿命与局部应力幅间的关系[21]

4.3.4　疲劳裂纹起始寿命、门槛值与拉伸性能间的关系

文献[12]中总结了一些钢的疲劳裂纹起始寿命的试验结果,认为式(4-1a)中的 α、β 是与屈服强度 $\sigma_{0.2}$ 有关的常数,并给出下列经验关系式:

对于 $\sigma_{0.2} < 60$ksi(412MPa)的钢

$$\beta = 0.221\sigma_{0.2}^{0.82} \tag{4-2a}$$

$$\alpha = 1.12 \times 10^{-19}\sigma_{0.2}^{20.8} \tag{4-2b}$$

对于 $\sigma_{0.2} > 60$ksi(412MPa)的钢

$$\beta = 6.5 \sim 6.8 \tag{4-3a}$$

$$\alpha = 4.275 \times 10^9 \sigma_{0.2}^{4.64} \tag{4-3b}$$

然而,式(4-1a)未能反映疲劳裂纹起始门槛值的存在及其与疲劳裂纹起始寿命的关系。文献[6]和[7]给出疲劳裂纹起始寿命的表达式如下:

$$N_i = a'[E(1+n')][\Delta\sigma^2 - (\Delta\sigma)^2_{th}]^{-1} \tag{4-4}$$

式中，a' 为经验常数；n' 是循环应变硬化指数；$(\Delta\sigma)_{th}$ 为用名义应力幅表示的疲劳裂纹起始门槛值。式(4-4)表明了疲劳裂纹起始门槛值的存在及其对疲劳裂纹起始寿命的影响，但未能表明应力集中系数和应力比对疲劳裂纹起始寿命的影响。

　　试验结果表明了疲劳裂纹起始门槛值的存在[6,7,17,23,35]，记为 $(\Delta K_{IA}/\sqrt{\rho})_{th}$ 或 $(K_t\Delta S)_{th}$。疲劳裂纹起始门槛值的物理意义应当是，当 $\Delta K_{IA}/\sqrt{\rho} \leqslant (\Delta K_{IA}/\sqrt{\rho})_{th}$ 或 $K_t\Delta S \leqslant (K_t\Delta S)_{th}$ 时，$N_i \to \infty$。然而，试验测定的疲劳裂纹起始门槛值的定义是，$N_i = 1 \times 10^7$ 周时的上限 $\Delta K_{IA}/\sqrt{\rho}$ 或 $K_t\Delta S$ 值。

　　图 4-10 中的试验结果表明[38]，当 $R = -1$ 时，切口根部形成疲劳裂纹所需的名义应力幅 $(S_a)_{th}$ 与应力集中系数的关系可表示为

$$(K_t S_a)_{th} = \sigma_{-1} \tag{4-5}$$

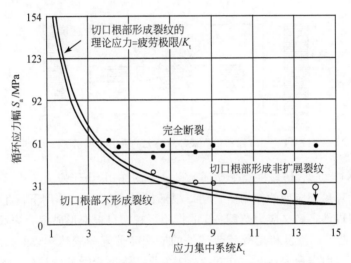

图 4-10　低碳钢切口试件疲劳裂纹起始的名义应力幅 S_a 与 K_t 的关系[38]
切口深度为 0.51mm，图中实心点表示试件断裂，空心点表示裂纹起始

由式(4-5)可见，在给定的应力比下，疲劳裂纹起始门槛值 $(K_t S_a)_{th} = \sigma_{-1}$。因此，疲劳裂纹起始门槛值必然与材料的拉伸性能有关。当 $R = 0.05 \sim 0.10$ 时测定的疲劳裂纹起始门槛值汇集在文献[23]和[35]中，并且给出疲劳裂纹起始门槛值与拉伸性能间的经验关系式。文献[35]给出钢的疲劳裂纹起始门槛值的经验关系式为

$$(\Delta K_{IA}/\sqrt{\rho})_{th} = 5 \times \sigma_{0.2}^{2/3} \tag{4-6}$$

式中，ΔK_{IA}、ρ 和 $\sigma_{0.2}$ 的量纲均为英制。当钢的屈服强度 $\sigma_{0.2} = 40 \sim 140$ksi($274 \sim 960$MPa)时，按式(4-6)估算的疲劳裂纹起始门槛值与试验结果符合良好；而 $\sigma_{0.2} > 140$ksi(960MPa)时，试验测定的疲劳裂纹起始门槛值低于按式(4-6)估算的值。上

述试验结果是在恒定应力比下得到的,未考虑应力比的影响。关于疲劳裂纹起始门槛值还将进一步的讨论。

4.4　疲劳裂纹起始的力学模型

由于结构件的切口根部发生应力和应变集中,因而疲劳裂纹总是在切口根部形成。可以设想,疲劳裂纹起始是由切口根部材料元的断裂引起的,如图4-11所示[14]。于是,光滑疲劳试件的疲劳寿命可看做是切口疲劳试件的疲劳裂纹起始寿命,光滑疲劳试件所经历的应力-应变历程与切口根部材料元的相同。这一假说由Coffin低周应变疲劳的提出者之一作出了清楚的说明,随后发展为预测结构疲劳裂纹起始寿命的局部应变法。局部应变法仍在工程中应用,详见第3章。

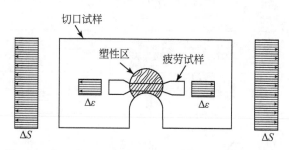

图 4-11　切口件和切口根部材料元的受力情况示意图[14]

由图4-11可见,切口件经受循环名义应力的作用,由于应力集中,切口根部材料元经受循环局部应变的作用。若切口根部材料元在 $\Delta\varepsilon$ 的作用下发生疲劳断裂,即可认为切口件在名义应力范围 ΔS 的作用下在切口根部形成疲劳裂纹[14]。若已知 $\Delta\varepsilon$,则根据上述假设和光滑疲劳试件的应变疲劳寿命表达式,即可求得切口件的疲劳裂纹起始寿命表达式。在第2章中,业已给出光滑疲劳试件的应变疲劳寿命表达式,即式(2-12),现重写如下:

$$N_f = A(\Delta\varepsilon - \Delta\varepsilon_c)^{-2} \tag{4-7}$$

式中,A 是与金属断裂延性 ε_f 有关的材料常数,它可表示为

$$A = \varepsilon_f^2 \tag{4-8}$$

$\Delta\varepsilon_c$ 是由循环应变范围表示的理论应变疲劳极限。当 $\Delta\varepsilon \leqslant \Delta\varepsilon_c$,疲劳寿命趋于无限,即 $N_f \to \infty$。

为工程应用的方便,应求得局部应变范围与施加于结构件上的名义应力之间的关系。在第3章中给出了局部应变范围 $\Delta\varepsilon$ 的近似计算公式,即式(3-27),现重写如下:

$$\Delta\varepsilon = 2\left[\frac{1}{EK}(K_t \Delta\sigma_{eqv})^2\right]^{1/(1+n)} \tag{4-9}$$

式中，$\Delta\sigma_{eqv}$ 可称为当量应力幅。当 $K_t=1.0$，$R=-1$，$\Delta\sigma_{eqv}=S_a$，即名义应力幅。将式(4-9)代入式(4-7)，并以 N_i 取代式(4-7)中的 N_f，经整理后即得疲劳裂纹起始寿命表达式如下[14,37]：

$$N_i = C_i\big[\Delta\sigma_{eqv}^{2/(1+n)} - (\Delta\sigma_{eqv})_{th}^{2/(1+n)}\big]^{-2} \tag{4-10}$$

式中的 C_i 和 $(\Delta\sigma_{eqv})_{th}$ 分别为疲劳裂纹起始抗力系数和用当量应力幅表示的疲劳裂纹起始门槛值，它们均为材料常数，可用下式表示[14,37]：

$$C_i = \frac{1}{4}(\sqrt{E\sigma_f\varepsilon_f})^{4/(1+n)} \tag{4-11}$$

$$(\Delta\sigma_{eqv})_{th} = \sqrt{E\sigma_f\varepsilon_f}\left(\frac{\Delta\varepsilon_c}{2\varepsilon_f}\right)^{(1+n)/2} \tag{4-12}$$

式(4-11)和式(4-12)中，σ_f 为材料的断裂强度或断裂真应力。由式(4-11)和式(4-12)可见，疲劳裂纹起始抗力系数 C_i 是 $N_i=1/4$ 周时的当量应力幅之值；而疲劳裂纹起始门槛值 $(\Delta\sigma_{eqv})_{th}$ 是疲劳裂纹起始寿命趋于无限时的最大当量应力幅之值，也就是说，当 $\Delta\sigma_{eqv} \leqslant (\Delta\sigma_{eqv})_{th}$ 时，$N_i \to \infty$。因此，$(\Delta\sigma_{eqv})_{th}$ 可定义为理论疲劳裂纹起始门槛值。利用式(4-10)，可很好地解释文献[13]和[64]中的试验结果。

对具有某些几何外形的试件，下列关系式成立[13,16,17,26,66]：

$$K_t\Delta S = \frac{2K_I}{\sqrt{\pi\rho}} \tag{4-13}$$

于是，由式(3-26)可得

$$\Delta\sigma_{eqv} = \sqrt{\frac{2}{\pi(1-R)}}\frac{\Delta K_I}{\sqrt{\rho}} \tag{4-14}$$

将式(4-14)代入式(4-10)，即得另一种形式的疲劳裂纹起始寿命公式[37]：

$$N_i = C_i'\left\{\left[\sqrt{\frac{2}{\pi(1-R)}}\frac{K_I}{\sqrt{\rho}}\right]_{eqv}^{2/(1+n)} - \left[\sqrt{\frac{2}{\pi(1-R)}}\frac{\Delta K_I}{\sqrt{\rho}}\right]_{eqv,th}^{2/(1+n)}\right\}^{-2} \tag{4-15}$$

$$C_i = \frac{1}{4}\left(\sqrt{\frac{\pi}{4}E\sigma_f\varepsilon_f}\right)^{4/(1+n)} \tag{4-16a}$$

$$\left[\sqrt{\frac{2}{\pi(1-R)}}\frac{\Delta K_I}{\sqrt{\rho}}\right]_{th} = (\Delta\sigma_{eqv})_{th} \tag{4-16b}$$

式(4-10)和式(4-15)揭示了疲劳裂纹起始寿命与结构件几何(K_t)、循环加载条件($\Delta\sigma$，R)、拉伸性能以及疲劳裂纹起始门槛值之间的关系，是一个好的疲劳裂纹起始寿命公式。

当 $\Delta\sigma_{eqv}$ 远大于 $(\Delta\sigma_{eqv})_{th}$ 且 R 为常数，则式(4-10)可简化为式(4-1a)。类似地，式(4-15)可简化为式(4-1b)。当 $(\Delta\sigma_{eqv})_{th}=0$，式(4-1a)中的指数 $\beta=-4/(1+n)$；当 $(\Delta\sigma_{eqv})_{th}>0$，式(4-1a)中的指数要小一些，即 $\beta<-4/(1+n)$。

4.5　铝合金的疲劳裂纹起始寿命与门槛值

疲劳裂纹起始寿命公式,即式(4-10)的适用性,已用相当多的试验结果进行了校核。试验用的材料包括铝合金、高强度低合金钢、超高强度钢及焊接件、不锈钢和钛合金等。文献[61]和[67]还表明,式(4-10)也适用于低温疲劳和腐蚀疲劳。

4.5.1　试验数据的分析方法

经对数变换后,式(4-10)变为

$$\lg N_i = \lg C_i - 2\lg[\Delta\sigma_{eqv}^{2/(1+n)} - (\Delta\sigma_{eqv})_{th}^{2/(1+n)}] \tag{4-17}$$

式(4-17)在 $\lg N_i$-$\lg[\Delta\sigma_{eqv}^{2/(1+n)} - (\Delta\sigma_{eqv})_{th}^{2/(1+n)}]$ 双对数坐标上表示斜率为 -2 的直线。利用尾差法原理,编制一进行线性回归的计算机程序,在斜率为 -2 ± 0.004 的情况下,可求得疲劳裂纹起始抗力系数 C_i 和始裂门槛值 $(\Delta\sigma_{eqv})_{th}$ 的值[14]。将 C_i 和 $(\Delta\sigma_{eqv})_{th}$ 代入式(4-10),即得材料的疲劳裂纹起始寿命表达式。

4.5.2　铝合金疲劳裂纹起始寿命与门槛值

铝合金板材是飞机结构的常用材料。因此,测定铝合金板材的疲劳裂纹起始寿命与门槛值,给出相应的表达式,具有重要的工程实用意义。文献[4]和[19]中报道了铝合金试件和典型构件的疲劳裂纹起始寿命测定结果,但未给出表达式。

文献[14]、[68]和[69]给出了铝合金 LY12CZ 和 LC4CS 板材的拉伸性能(见表 4-1),以及疲劳裂纹起始寿命的试验数据按式(4-17)进行回归分析得到的常数,见表 4-2。图 4-12 表示对上述铝合金板材疲劳裂纹起始寿命的试验结果的回归分析结果[14,68,69]。

表 4-1　铝合金板材的拉伸性能[14,68]

材料	$\sigma_{0.2}$/MPa	σ_b/MPa	ψ/%	ε_f	σ_f/MPa	n	E/GPa
LY12CZ	320	452	24.7	0.284	589	0.123	69.4
LC4CS	514	571	19.5	0.216	685	0.061	68.0

表 4-2　铝合金板材疲劳裂纹起始寿命试验数据的回归分析结果[14,68]

材料	C_i	$(\Delta\sigma_{eqv})_{th}$/MPa	r	s	$(\Delta\sigma_{eqv})_{thE}$/MPa	n
LY12CZ	1.83×10^{13}	180	-0.932	0.220	193	0.123
LC4CS	4.70×10^{13}	177	-0.917	0.280	—	0.061

由于表 4-2 中列出的线性相关系数 r 的值均大于其起码值[14,70],故可认为,式(4-10)用于拟合铝合金疲劳裂纹起始寿命的试验结果是有效的。将表 4-2 中的 C_i

和 $(\Delta\sigma_{eqv})_{th}$ 的值代入式(4-10)，可得铝合金疲劳裂纹起始寿命和表达式。

对于 LY12CZ 铝合金[14]

$$N_i = 1.83 \times 10^{13} (\Delta\sigma_{eqv}^{1.78} - 180^{1.78})^{-2} \qquad (4-18)$$

对于 LC4CS 铝合金[68]

$$N_i = 4.70 \times 10^{13} (\Delta\sigma_{eqv}^{1.89} - 177^{1.89})^{-2} \qquad (4-19)$$

图 4-12 中按式(4-18)和式(4-19)画出了疲劳裂纹起始寿命曲线和试验结果。由此可见，疲劳裂纹起始寿命表达式，即式(4-10)，可在疲劳裂纹起始寿命的全部范围内很好地拟合试验结果。

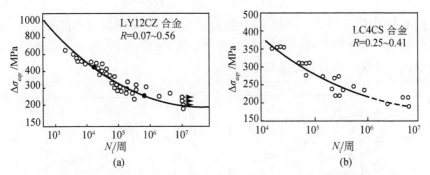

图 4-12 铝合金板材的疲劳裂纹起始寿命试验结果与回归分析结果[14,68,69]

(a)LY12CZ 合金，$R=0.07\sim0.56$；(b)LC4CS 合金，$R=0.25\sim0.41$

文献[14]还给出了试验测定的疲劳裂纹起始门槛值，即指定寿命为 10^7 周时的当量应力幅值为 196MPa；此值略高于经回归分析求得的理论疲劳裂纹起始门槛值 180MPa。这是合理的，因为两者的定义不同。将 $N_i = 10^7$ 周代入式(4-18)，求得当量应力幅值为 193MPa，与试验测定的疲劳裂纹起始门槛值 $(\Delta\sigma_{eqv})_{thE}$ (196MPa)相差甚小。据此，可以认为，由疲劳裂纹起始寿命的试验结果，按式(4-17)作回归分析求得理论疲劳裂纹起始门槛值是可行的。

应当指出，为研究试件几何形状对疲劳裂纹起始寿命的影响，在测定 LY12CZ 合金的疲劳裂纹起始寿命时，采用了三种不同几何外形和应力集中系数 K_t 的试件，而且应力比 R 在 0.07～0.56 的范围内变动[14]。试验结果表明，试件几何通过 K_t 之值影响疲劳裂纹起始寿命，而与试件的具体的几何外形无关(见图 4-12)。这表明文献[46]中提出的疲劳裂纹起始寿命公式，即式(4-10)，可用于具有不同几何外形的构件，只要这些构件具有确定的理论应力集中系数。因此，用简单的切口试件测定的疲劳裂纹起始寿命曲线和求得的表达式，可以应用于具有复杂几何外形的构件。试验结果还表明，式(4-10)也能恰当地反映应力比对疲劳裂纹起始寿命的影响(见图 4-12)。

4.5.3　某些铝合金疲劳裂纹起始寿命试验数据的再分析

文献[6]、[7]和[52]中给出了铝合金 7075-T651 和 7475-T7351 疲劳裂纹起始寿命的试验结果。用式(4-17)和 4.5.1 节中给出的试验数据的分析方法,对这些试验结果进行再分析,得到下列疲劳裂纹起始寿命的表达式[67]:

对于铝合金 7075-T651

$$N_i = 2.88 \times 10^{13} (\Delta\sigma_{eqv}^{1.87} - 142^{1.87})^{-2} \tag{4-20}$$

对于铝合金 7475-T7351

$$N_i = 2.20 \times 10^{13} (\Delta\sigma_{eqv}^{1.86} - 193^{1.86})^{-2} \tag{4-21}$$

图 4-13 中按式(4-20)和式(4-21)画出了上述铝合金的疲劳裂纹起始寿命曲线和试验结果。由此可见,疲劳裂纹起始寿命公式,即式(4-10)能很好地表示上述铝合金的疲劳裂纹起始寿命的试验结果。

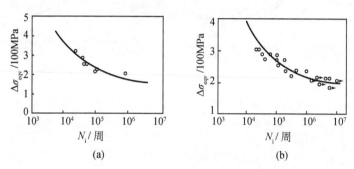

图 4-13　按式(4-20)和式(4-21)画出的铝合金的疲劳
裂纹起始寿命曲线和试验结果[6,52,67]

(a)7075-T651,$R=0.05$;(b)7475-T7351,$R=0.05$

文献[71]中的试验结果和分析还客观地表明,式(4-10)能很好表示具有不同应力集中系数的铝合金切口试件,在不同的应力比下测定的疲劳裂纹起始寿命。

4.6　高强度低合金钢的疲劳裂纹起始寿命

高强度低合金钢广泛地用于制造各类工程结构,尤其是焊接结构。国外对这类钢的疲劳裂纹起始寿命进行了相当多的研究[5,9,21,23,26,27,51]。文献[5]还利用经验公式对船舶工业用高强度低合金钢疲劳裂纹起始寿命的试验结果进行分段拟合,用于预测船舶结构件的疲劳裂纹起始寿命。但是,上述经验公式的常数不仅与材料的强度有关,还取决于疲劳裂纹起始寿命以及结构件的几何[5],这不但给工程应用带来不便,而且也不能反映疲劳裂纹起始寿命的客观规律。

4.6.1　国产高强度低合金钢的疲劳裂纹起始寿命

国产 16Mn 和 15MnVN 钢广泛地用于我国铁路钢桥和其他工程结构构件的生产,尤其是焊接结构的生产。因此,试验测定 16Mn 钢及其模拟焊趾组织,以及 15MnVN 钢的疲劳裂纹起始寿命并给出相应的表达式,具有重要的实用意义。试验用钢的拉伸性能如表 4-3 所示。通常疲劳裂纹在焊接件的焊趾处形成。按照疲劳性能取决于显微组织的原则,这里采用特殊的高温正火工艺以获得与 16Mn 钢对焊接头焊趾处近似相同的显微组织;用具有这种显微组织的 16Mn 钢试件,测定拉伸性能和疲劳裂纹起始寿命,以及裂纹扩展速率[56],用于预测 16Mn 钢对焊接头的疲劳寿命[72]。经高温正火的 16Mn 钢的拉伸性能见表 4-3。

表 4-3　高强度低合金钢的拉伸性能[56,73]

材料	状态	σ_s/MPa	σ_b/MPa	$\psi/\%$	ε_f	σ_f/MPa	n	E/GPa
16Mn	热轧	389	550	75.4	1.42	777	0.115	206
16Mn	高温正火	365	590	54.5	0.79	808	0.145	206
15MnVN	正火	426	546	74.0	1.38	771	0.090	206

16Mn 和 15MnVN 钢的疲劳裂纹起始断裂寿命的试验结果见图 4-14。按式 (4-17)对起始寿命的试验结果进行回归分析,所得常数见表 4-4。

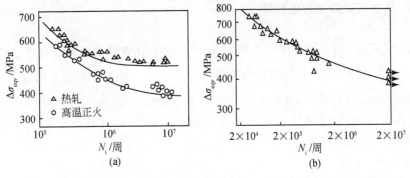

图 4-14　高强度低合金钢疲劳裂纹起始寿命的试验结果与回归分析结果[57,73,74]
(a)16Mn 钢板材,$R=0.20\sim0.61$[8];(b)15MnVN 钢板材,$R=0.08\sim0.41$

表 4-4　高强度低合金钢疲劳裂纹起始寿命试验数据的回归分析结果[57,73]

材料	状态	C_i	$(\Delta\sigma_{eqv})_{th}/MPa$	r	s	n
16Mn	热轧	4.94×10^{14}	427	-0.955	0.078	0.115
16Mn	高温正火	4.24×10^{14}	281	-0.966	0.080	0.145
15MnVN	正火	5.60×10^{14}	361	-0.897	0.252	0.090

将试验确定的疲劳裂纹起始抗力系数 C_i 和门槛值 $(\Delta\sigma_{eqv})_{th}$ 代入式(4-10),即可写出疲劳裂纹起始寿命的表达式。

对于 16Mn 钢热轧板材

$$N_i = 4.94 \times 10^{14} (\Delta\sigma_{eqv}^{1.79} - 427^{1.79})^{-2} \tag{4-22}$$

对于经高温正火、显微组织与焊趾处组织相近似的 16Mn 钢

$$N_i = 4.24 \times 10^{14} (\Delta\sigma_{eqv}^{1.75} - 281^{1.75})^{-2} \tag{4-23}$$

对于 15MnVN 钢 56mm 厚的正火板材

$$N_i = 5.60 \times 10^{14} (\Delta\sigma_{eqv}^{1.83} - 361^{1.83})^{-2} \tag{4-24}$$

图 4-14 中分别按式(4-22)～式(4-24),画出了 16Mn 和 15MnVN 钢的疲劳裂纹起始寿命曲线。由此可见,式(4-10)能很好地拟合高强度低合金钢疲劳裂纹起始寿命的试验结果。经高温正火的 16Mn 钢,其疲劳裂纹起始寿命表达式,即式(4-23),经表面状态修正后,可用于焊接接头疲劳寿命的估算[72]。

应当指出,为进一步核查式(4-10)对具有不同几何不同应力比的试件或构件的适用性,采用六种不同几何的试件,在不同的应力比下,测定了疲劳裂纹起始寿命[57]。试验结果再次表明,试件几何决定其应力集中系数 K_t,而 K_t 对疲劳裂纹起始寿命的影响反映在式(4-10)中。并且,式(4-10)也反映了应力比的影响。这再次证明,式(4-10)适用于具有不同几何的试件或构件,可用于拟合不同的循环加载条件 $(\Delta S, R)$ 下疲劳裂纹起始寿命的试验结果。

4.6.2　某些试验数据的再分析

A516、A517 钢是国外工程结构中常用结构钢,其疲劳裂纹起始寿命在应力比 $R = 0.1$ 的情况下测定,并将试验结果表示为 $N_i = f(\Delta K_I / \sqrt{\rho})$ 的关系曲线[26]。

用式(4-13),可将 R 和 $\Delta K_I / \sqrt{\rho}$ 之值换算为 $\Delta\sigma_{eqv}$。于是,应用 4.5.1 节中的方法,对 A516、A517 钢疲劳裂纹起始寿命的试验结果进行回归分析,得到 N_i 与 $\Delta\sigma_{eqv}$ 间的表达式如下[75]:

对于 A516 钢

$$N_i = 2.09 \times 10^{14} (\Delta\sigma_{eqv}^{1.66} - 281^{1.66})^{-2} \tag{4-25}$$

对于 A517 钢

$$N_i = 5.13 \times 10^{14} (\Delta\sigma_{eqv}^{1.85} - 444^{1.85})^{-2} \tag{4-26}$$

图 4-15 给出 A516 和 A517 钢疲劳裂纹起始寿命的试验结果,以及按式(4-25)和式(4-26)画出的疲劳裂纹起始寿命曲线。可以认为,图 4-15 再次间接但客观地证明式(4-10)的有效性。

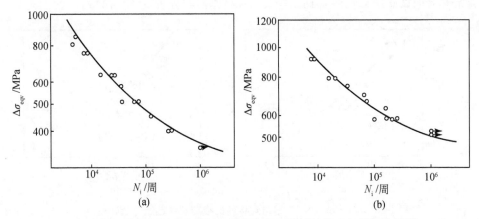

图 4-15　工程结构钢疲劳裂纹起始寿命的试验结果与回归分析结果[75]

(a)A516 钢；(b)A517 钢

4.7　超高强度钢的疲劳裂纹起始寿命

　　超高强度钢在飞机结构中用作主要的承力件。30CrMnSiNi2A 钢是我国和苏联飞机结构中常用的超高强度钢,用于制造机翼的主梁、起落的支柱和作动筒等重要受力件。因为超高强度钢具有良好的可焊性,所以用作起落架中的焊接构件。

　　30CrMnSiNi2A 钢通常在淬火或等温淬火,再经回火后使用。当钢的含碳量偏于中下限时,经淬火或等温淬火和回火后,30CrMnSiNi2A 的显微组织主要是板条马氏体,不仅具有高的强度,还具有良好的塑性、冲击韧性和断裂韧性[76]。然而,30CrMnSiNi2A 超高强度钢的 $K_{IC}/\sigma_{0.2}$ 的比值仍然较低,故临界裂纹尺寸较小。因此,疲劳裂纹起始寿命占疲劳寿命的主要部分。再则,超高强度钢一般用于制造单传力的结构构件,应用疲劳裂纹起始寿命有利于确保运行安全。

　　这里用切口三点弯曲试件,测定了 30CrMnSiNi2A 钢及焊缝金属的疲劳裂纹起始寿命[57]。试件的最终热处理工艺是:900℃加热、250℃等温 1h 后空冷,然后再在 250℃回火 3h。经上述热处理后,30CrMnSiNi2A 的拉伸性能见表 4-5。

表 4-5　30CrMnSiNi2A 经 900℃奥氏体化、250℃等温 1h、250℃回火 3h 后的拉伸性能[57]

$\sigma_{0.2}$/MPa	σ_b/MPa	δ/%	ψ/%	σ_f/MPa	ε_f	n	E/GPa
1324	1584	13.6	50.8	2147	0.71	0.082	200.0

　　焊接试件经上述热处理后,焊缝和热影响区的组织获得改善,形成板条马氏体＋下贝氏体＋少量残留奥氏体的组织[57]。30CrMnSiNi2A 钢及焊接件的疲劳裂纹

起始寿命的试验结果见图 4-16。按式(4-17)作回归分析,所得常数列入表 4-6。

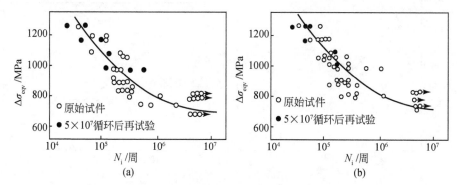

图 4-16　30CrMnSiNi2A 钢与焊接件的疲劳裂纹起始寿命试验结果
以及按式(4-27)和式(4-28)画出的曲线[57]

(a) 基材;(b) 焊缝金属

表 4-6　30CrMnSiNi2A 钢及对焊接头疲劳裂纹起始寿命试验数据的回归分析结果[57]

材料	热处理状态	C_i	$(\Delta\sigma_{eqv})_{th}$/MPa	r	S	n
基材	热处理同上	6.47×10^{15}	649	-0.777	0.413	0.082
焊缝金属	热处理同上	6.25×10^{15}	639	-0.855	0.359	0.082

应当说明,在对焊缝金属疲劳裂纹起始寿命试验数据作回归分析时,使用了基材的应变硬化指数 n(见表 4-6)。这是因为焊缝金属的 n 值难以测定;再则用同一 n 值拟合基材与焊缝金属的疲劳裂纹起始寿命试验数据,所得结果便于直观地比较。表 4-6 中的线性相关系数 r 均高于其起码值[57,70],表明用式(4-10)拟合 30CrMnSiNi2A 钢及焊缝金属的疲劳裂纹起始寿命的试验结果有效。

将表 4-6 中的 C_i 值和 $(\Delta\sigma_{eqv})_{th}$ 值代入式(4-10),即可写出疲劳裂纹起始寿命的表达式如下:

对于 30CrMnSiNi2A 钢基材

$$N_i = 6.47\times10^{15}(\Delta\sigma_{eqv}^{1.85} - 649^{1.85})^{-2} \qquad (4\text{-}27)$$

对于焊缝金属

$$N_i = 6.25\times10^{15}(\Delta\sigma_{eqv}^{1.85} - 639^{1.85})^{-2} \qquad (4\text{-}28)$$

根据式(4-27)和式(4-28)画出的疲劳裂纹起始寿命的曲线见图 4-16。由式(4-27)和式(4-28)可以看出,30CrMnSiNi2A 钢基材和焊缝金属经热处理后,其疲劳裂纹起始寿命差别不大。为此,将两组数据合并作回归分析,将所得的 C_i 值和 $(\Delta\sigma_{eqv})_{th}$ 值代入式(4-10),即得 30CrMnSiNi2A 钢焊接件的基材与焊缝金属疲劳裂纹起始寿命的表达式如下[57]:

$$N_i = 6.48\times10^{15}(\Delta\sigma_{eqv}^{1.85} - 648^{1.85})^{-2} \qquad (4\text{-}29)$$

由表 4-6 和图 4-16 可见,式(4-10)可用于表示 30CrMnSiNi2A 钢焊接件的基材与焊缝金属疲劳裂纹起始寿命的试验结果。但是,30CrMnSiNi2A 钢焊接件的基材与焊缝金属疲劳裂纹起始寿命的试验结果的分散性较大,因此,需要对疲劳裂纹起始寿命的试验结果做统计分析,求得带存活率的始裂寿命表达式,便于工程应用。

4.8　钛合金的疲劳裂纹起始寿命

钛与钛合金在航空工业和化学工业中获得广泛的应用,因为在某些介质中,钛与钛合金有很好的抗蚀性及抗腐蚀疲劳性能。国内外虽然对钛合金的疲劳性能作过很多研究,但对其疲劳裂纹起始寿命的研究报道甚少[20,25]。文献[25]中给出了 Ti-6Al-4V 的疲劳裂纹起始寿命的试验结果(见图 4-17)及拉伸性能数据: $\sigma_{\text{b}}=938\text{MPa}, \sigma_{0.2}=876\text{MPa}, \delta=10\%, \psi=17.7\%, n=0.0504$,可用于校核式(4-10)的有效性。

利用式(4-17)和 4.5.1 节中的回归分析方法,对 Ti-6Al-4V 的始裂寿命的试验结果进行回归分析,求得疲劳裂纹起始寿命的表达式如下[67]:

$$N_{\text{i}} = 5.58 \times 10^{14} (\Delta\sigma_{\text{eqv}}^{1.90} - 352^{1.90})^{-2}$$

(4-30)

回归分析给出的线性相关系数为 $r=-0.949$,高于线性相关系数的起码值[70]。这表明用式(4-10)拟合 Ti-6Al-4V 的疲劳裂纹起始寿命的试验结果有效。Ti-6Al-4V 的疲劳裂纹起始寿命曲线,即式(4-30)与试验结果如图

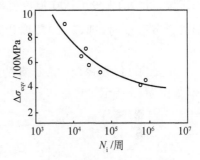

图 4-17　按式(4-31)画出的
Ti-6Al-4V 的疲劳裂纹起始寿命
曲线与试验结果[25,67]

4-17 所示。由此可见,式(4-10)也可用于拟合 Ti-6Al-4V 的疲劳裂纹起始寿命的试验结果。

4.9　疲劳裂纹起始抗力系数与门槛值

在前面的几节中,已经用作者的试验结果和文献中的试验结果证明疲劳裂纹起始寿命公式,即式(4-10)可用于拟合铝合金、高强度低合金钢、超高强度钢和钛合金等疲劳裂纹起始寿命的试验结果。这些材料具有不同的晶体结构和显微组织。据此,可以认为,疲劳裂纹起始寿命公式,即式(4-10),在金属结构材料中具有普遍的适用性。故有必要进一步研讨式(4-10)中的两个材料常数,即疲劳裂纹起

始抗力系数 C_i 和疲劳裂纹起始门槛值 $(\Delta\sigma_{eqv})_{th}$ 的物理意义及工程实用意义。

4.9.1　疲劳裂纹起始抗力系数

由式(4-11)可以看出,疲劳裂纹起始抗力系数 C_i 是与拉伸性能有关的常数。但是,用式(4-11)和铝合金的拉伸性能(见表 4-1)计算铝合金的疲劳裂纹起始抗力系数,所得结果却与试验确定的值相差两个数量级。研究表明[37,61,67-69,74],疲劳裂纹起始抗力系数还与短寿命区裂纹形成机制有关。在高循环应力、寿命较短时,高强度铝合金中的疲劳裂纹由于基体相的滑移带开裂而形成[41]。滑移带开裂可认为是金属晶体的局部断裂,因而用基体相的理论断裂强度的估计值 $0.1E$ 取代式(4-11)中的 $\sqrt{E\sigma_f\varepsilon_f}$,从而得到另一个计算疲劳裂纹起始抗力系数的公式如下[14]:

$$C_i = \frac{1}{4}(0.1E)^{4/(1+n)} \qquad (4\text{-}31)$$

$\sqrt{E\sigma_f\varepsilon_f}$ 可认为是工程材料的理论强度值,是根据正应变断裂准则导出的[37,77]。而 $0.1E$ 认为是完善晶体的理论断裂强度的估计值[78]。在裂纹尖端或切口根部局部区域,材料的强度可达其理论值[37,79]。当基体相中的驻留滑移带(PSB)开裂而形成疲劳裂纹时,即以 $0.1E$ 取代式(4-11)中的 $\sqrt{E\sigma_f\varepsilon_f}$ 计算 C_i 值,于是得式(4-31)。

用式(4-11)或式(4-31)计算的疲劳裂纹起始抗力系数值与试验确定值的比较,如图 4-18 所示[37,67]。

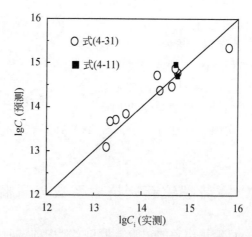

图 4-18　疲劳裂纹起始抗力系数 C_i 估算值与实测值的比较[37,67]

由图 4-18 可见,疲劳裂纹起始抗力系数的估算值与实测值十分接近,只有 30CrMnSiNi2A 的 C_i 估算值与实测值差别较大,但也在同一量级。据此,可以认为,疲劳裂纹起始抗力系数确系材料常数,取决于短寿命区的裂纹形成机制和拉伸性能。通常,金属材料的 $\sqrt{E\sigma_f\varepsilon_f}<0.1E$。因此,金属中的疲劳裂纹由基体相中的滑移带开裂而形成时,疲劳裂纹起始抗力系数 C_i 值由式(4-31)计算,因而 C_i 值高,疲劳裂纹起始寿命延长。

从图 4-18 还可看出,冶金质量高的材料,如铝合金、钛合金和超高强度钢,其 C_i 值由式(4-31)计算,表明这些合金中的疲劳裂纹在短寿命区,即高的循环应力下,是由滑移带开裂而形成的。而对冶金质量一般或较差的材料,如 16Mn 和 15MnVN 钢,其 C_i 值由式(4-11)计算,表明这些材料中的疲劳裂纹,是由夹杂物与基体界面分离,或夹杂物自身粉裂而形成的。文献[41]中的试验结果也表明,合金中的夹杂物尺寸小(小于 $3\mu m$),则疲劳裂纹与夹杂物相关联的可能性小,即由滑移带开裂而形成疲劳裂纹的可能性大。当杂物尺寸大(大于 $5\mu m$),则疲劳裂纹由夹杂物与基体界面分离形成的可能性大。由此可见,宏观的分析结果与微观的观察结果是一致的。关于冶金质量对金属材料疲劳寿命的影响,将在第 23 章中做进一步的讨论。

由式(4-11)和式(4-31)可见,降低应变硬化指数 n 可提高 C_i 值,从而延长疲劳裂纹起始寿命。通常,n 随屈服强度和屈强比($\sigma_{0.2}/\sigma_b$)的升高而降低[35,80]。因此,提高材料的屈服强度和屈强比,将会延长疲劳裂纹起始寿命。

4.9.2　疲劳裂纹起始门槛值

疲劳裂纹起始门槛值($\Delta\sigma_{eqv}$)$_{th}$ 是在切口根部材料中不造成疲劳损伤的上限当量应力幅之值。因此,当 $\Delta\sigma_{eqv}\leqslant(\Delta\sigma_{eqv})_{th}$ 时,$N_i\to\infty$[见式(4-10)]。为了证明疲劳裂纹起始门槛值的这一物理定义,特进行如图 4-19 所示的疲劳试验:取一组试件,先在等于或低于始裂门槛值的当量应力幅下预循环加载,即在 $\Delta\sigma_{eqv}\leqslant(\Delta\sigma_{eqv})_{th}$ 预加载,预加载循环数通常为 $N=10^7$ 周或 5×10^6 周,然后在高于($\Delta\sigma_{eqv}$)$_{th}$ 的当量应力幅下,即在 $\Delta\sigma_{eqv}>(\Delta\sigma_{eqv})_{th}$ 下测定疲劳裂纹起始寿命 N_i。如果预循环加载在切口根部金属中未造成疲劳损伤,则测定的疲劳裂纹起始寿命将不会缩短。

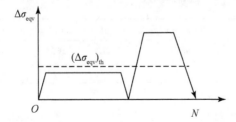

图 4-19　研究在 $\Delta\sigma_{eqv}\leqslant(\Delta\sigma_{eqv})_{th}$ 预加载对疲劳裂纹

起始寿命影响的疲劳试验示意图[69]

在 $\Delta\sigma_{eqv}\leqslant(\Delta\sigma_{eqv})_{th}$ 预加载后,试验测定的疲劳裂纹起始寿命如图 4-20 所

示[14,69]。由图 4-20 可见,在低于或等于$(\Delta\sigma_{eqv})_{th}$的当量应力幅下循环加载 1×10^7 周,对疲劳裂纹起始寿命无明显的影响。

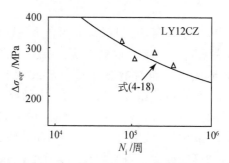

图 4-20　在 $\Delta\sigma_{eqv}\leqslant(\Delta\sigma_{eqv})_{th}$ 下预加载对 LY12CZ 板
材切口件疲劳裂纹起始寿命的影响[14]

文献[57]中的试验结果也表明,在 $\Delta\sigma_{eqv}\leqslant(\Delta\sigma_{eqv})_{th}$ 下预加载对 30CrMnSiNi2A 的疲劳裂纹起始寿命无明显的影响(见图 4-16)。据此,可以认为,在低于或等于 $(\Delta\sigma_{eqv})_{th}$ 的当量应力幅下循环加载,未在切口根部金属内造成疲劳损伤,从而证明了始裂门槛值的物理定义。

4.9.3　疲劳裂纹起始门槛值的预测

由式(4-12)可见,疲劳裂纹起始门槛值是取决于材料的拉伸性能与疲劳极限的材料常数。为证明始裂门槛值是材料常数,应用式(4-12)和材料的拉伸性能(见表 4-1、表 4-3 与表 4-5)与疲劳极限之值,计算了疲劳裂纹起始门槛值并与试验确定值作比较。疲劳裂纹起始门槛值的计算结果与试验结果(见表 4-2、表 4-4 与表 4-6)列入表 4-7。由表 4-7 可见,疲劳裂纹起始门槛值的计算值与试验确定值符合很好。预测疲劳裂纹起始门槛值的细节将在 4.10 节中说明。

表 4-7　始裂门槛值的计算结果与试验结果[37,81]　　　　（单位：MPa）

材料	30CrMnSiNi2A	LC4CS	LY12CZ	15MnVN	16Mn	45 钢
计算值	665 *	186 *	166 *	334	414	302
试验值	649	177	180	361	424	303

＊疲劳极限的数据取自文献[82]。

但应指出,利用式(4-12)计算 16Mn 钢的疲劳裂纹起始门槛值时,所得结果比试验确定值低。考其原因,可能是在 16Mn 这样的低碳低合金钢中,在接近疲劳裂纹起始门槛值的低的循环应力下,疲劳裂纹可能因钢中铁素体内的滑移带开裂而形成。故在计算 16Mn 钢的疲劳裂纹起始门槛值时,采用 $0.1E$ 取代了式(4-12)中

的 $\sqrt{E\sigma_f\varepsilon_f}$,得到另一个预测疲劳裂纹起始门槛值的公式[15]:

$$(\Delta\sigma_{eqv})_{th} = 0.1E\frac{\Delta\varepsilon_c^{(1+n)/2}}{2\varepsilon_f} \qquad (4\text{-}32)$$

由表 4-7 可见,疲劳裂纹起始门槛值的预测结果与试验确定值十分接近。根据上述分析,可以认为,疲劳裂纹起始门槛值是材料常数,取决于金属的拉伸性能和疲劳极限,以及长寿命区的疲劳形成机理。若在接近疲劳裂纹起始门槛值的低的循环应力下,疲劳裂纹因合金中的基体相的滑移带开裂而形成,则疲劳裂纹起始门槛值应按式(4-32)进行预测,并得到较高的值,从而延长疲劳裂纹起始寿命。关于式(4-32),还要有更多的试验结果予以检验。

4.9.4　疲劳裂纹起始门槛值的工程实用意义

对疲劳裂纹起始门槛值的物理意义已进行了初步的试验验证。既然在低于或等于 $(\Delta\sigma_{eqv})_{th}$ 的当量应力幅下循环加载,未在切口根部金属内造成疲劳损伤,因而 $(\Delta\sigma_{eqv})_{th}$ 的工程实用价值是:在预测结构件在变幅载荷下的疲劳裂纹起始寿命和进行模拟试验时,等于或低于 $(\Delta\sigma_{eqv})_{th}$ 的当量应力幅值均可略去,从而可建立明确定义的"小载荷截除准则"。这在具有不连续应变硬化特性的 45 钢及摩擦焊接头变幅载荷下的寿命预测和疲劳试验中,已获得验证[29]。关于疲劳裂纹起始门槛值的物理意义,在第 17 章中还将进行进一步的试验验证,其工程实用意义也将在第 17 章中进行深入的讨论。

4.10　金属材料疲劳裂纹起始寿命的预测

在等幅载荷下,用局部应变法预测了金属材料的疲劳裂纹起始寿命,所得结果偏于保守,尤其在长寿命范围内[83]。而且,用局部应变法预测金属材料的疲劳裂纹起始寿命的精度,还取决于所谓的"疲劳应力集中系数"的选取[3,84]。因此,局部应变法被认为是一种经验方法。

由式(4-10)可见,只要公式中的两个材料常数——疲劳裂纹起始抗力系数和门槛值被确定,即可得到该材料在整个寿命范围内的疲劳裂纹起始寿命表达式,进而画出疲劳裂纹起始寿命曲线。4.9 节中,业已论证了疲劳裂纹起始抗力系数和门槛值是材料常数,以及根据金属的拉伸性能和疲劳极限预测这两个材料常数的可能性。下面将进一步讨论预测的细节,以及疲劳裂纹起始寿命曲线的预测。

4.10.1　参数的近似计算

通常,拉伸试验只测定金属材料的抗拉强度 σ_b、屈服强度 σ_s(或 $\sigma_{0.2}$)、延伸率 δ 和断面收缩率 ψ 等四个指标,弹性模量可在手册中查到。于是,式(4-11)和式(4-

12)中的参数可由下列公式求得[15]。金属的断裂强度 σ_f 可按下列方法求得。首先,用经验公式求得断裂时的断面平均应力 $\bar{\sigma}_f$[37,85,86]:

$$\bar{\sigma}_f = \sigma_b(1 + \psi) \tag{4-33}$$

式中,ψ 为断面收缩率。进而,利用 Bridgeman 公式进行颈缩修正[37,86,87]:

$$\bar{\sigma}_f = \frac{\bar{\sigma}_f}{[(1 + 2R/a)\ln(1 + a/2r)]} \tag{4-34}$$

式中,a 为颈缩区试件的最小半径;R 为颈缩区底部的曲率半径。试验测定 a、R 之值是可能的,但比较费时费事。但比值 a/R 可用下列经验公式计算[86,87]:

$$a/R = 0.76 - 0.94(1 - \varepsilon_f) \tag{4-35}$$

最近,还提出下列的真应力修正关系式[1]:

$$\sigma_f = (0.83 - 0.186\lg\varepsilon_f)\bar{\sigma}_f \tag{4-36}$$

当 $0.15 \leqslant \varepsilon_f \leqslant 3.0$ 时,式(4-36)有效;当 $\varepsilon_f < 0.15$ 时,可不做修正。断裂延性 ε_f 可按下式求得[86]:

$$\varepsilon_f = -\ln(1 - \psi) \tag{4-37}$$

在 $\lg\sigma$-$\lg\varepsilon_p$ 双对数坐标上,Hollomon 方程代表斜率为 n 的直线[86]。因此,应变硬化指数 n 可近似计算如下[15,86]:

$$n = \frac{\lg\sigma_f - \lg\sigma_{0.2}}{\lg\varepsilon_f - \lg0.002} \tag{4-38}$$

在缺少断裂延性值的情况下,n 也可按下式估算[80]:

$$n = 1 - \sqrt{\sigma_s/\sigma_b} \tag{4-39}$$

按式(4-39)估算的 n 误差大多为 $-0.03 \sim 0.3$。

疲劳极限 σ_{-1} 通常在 $R = -1$ 时测定,是给定寿命 $N_f = 1 \times 10^7$ 周时的应力幅之值;而且,对于大多数金属材料,σ_{-1} 低于屈服强度之值[82]。因此,$N_f = 1 \times 10^7$ 周时的应变范围之值为

$$\Delta\varepsilon = 2\sigma_{-1}/E \tag{4-40}$$

将 $N_f = 1 \times 10^7$ 周、式(4-8)和式(4-40)代入式(4-7),可得理论应变疲劳极限之值为[15,37]

$$\Delta\varepsilon_c = \frac{2\sigma_{-1}}{E} - \frac{\varepsilon_f}{10^{3.5}} \tag{4-41}$$

4.10.2　金属材料疲劳裂纹起始寿命的预测结果

某些金属材料的拉伸性能和疲劳极限的试验结果分别列入表 4-8 和表 4-9[14,17,19,24,26,62,73,82]。利用式(4-33)～式(4-41)以及表 4-8 和表 4-9 中的拉伸性能与疲劳极限的数据,可以求得式(4-11)和式(4-12)中的参数。将所得的参数值代入式(4-11)、式(4-12)或式(4-16a)、式(4-16b),即可求得疲劳裂纹起始抗力系数 C_i

和门槛值 $(\Delta\sigma_{eqv})_{th}$，所得结果列入表 4-9[37]。表 4-9 中的 C_i、$(\Delta\sigma_{eqv})_{th}$ 代入式(4-10)或式(4-15)，可得某些金属材料的疲劳裂纹起始寿命表达式，进而画出疲劳裂纹起始寿命曲线，如图 4-21 所示[15,37]；图中也给出了疲劳裂纹起始寿命的试验结果。

表 4-8　某些金属材料的拉伸性能[14,17,19,24,26,62,73]

材料	E/GPa	σ_b/MPa	$\sigma_{0.2}/\mathrm{MPa}$	$\psi/\%$	ε_f	σ_f/MPa
316	186.2	587	280	72.0	1.273	828
304S	186.2	574	249	76.0	1.427	810
A517F	196	844	775	61.2	0.947	1173
403	196	758	641	68.4	1.152	1066
2024-T3	69.4	480	345	24.2	0.280	590
LY12CZ	69.4	452	320	24.7	0.284	577
15MnVN	196	546	428	74.0	1.347	771
30CrMnSiA	196	1161	1053	52.6	0.747	1580

表 4-9　某些金属材料疲劳裂纹起始抗力系数和门槛值的预测结果[37]

材料	n	σ_{-1}/MPa	$\Delta\sigma_c/\mathrm{MPa}$	$(\Delta\sigma_{eqv})_{th}/\mathrm{MPa}$	C_i	C_i'
316	0.168	301	523	263	1.05×10^{14}	—
304S	0.179	300	515	246	3.42×10^{13}	2.27×10^{13}
A517F	0.067	390	719	527	1.06×10^{15}	6.76×10^{14}
403	0.080	364	672	461	8.30×10^{14}	—
2024-T3	0.109	140	279	220	1.79×10^{13}	—
LY12CZ	0.123	90	178	166	1.34×10^{13}	—
15MnVN	0.090	287	486	316	4.75×10^{14}	—
30CrMnSiA	0.088	505	964	679	5.97×10^{14}	3.83×10^{14}

由图 4-21 可见，预测的疲劳裂纹起始寿命曲线与试验结果符合得很好，但略偏于保守，尤其在长寿命区[15,37]。考其原因，主要是在预测金属的疲劳裂纹起始寿命时使用的是其整体拉伸性能，未考虑切口试件的机械加工对疲劳裂纹起始寿命的影响。机械加工在切口根部造成的残余应力和金属的加工硬化，将提高疲劳裂纹起始门槛值以及长寿命区的疲劳裂纹起始寿命。

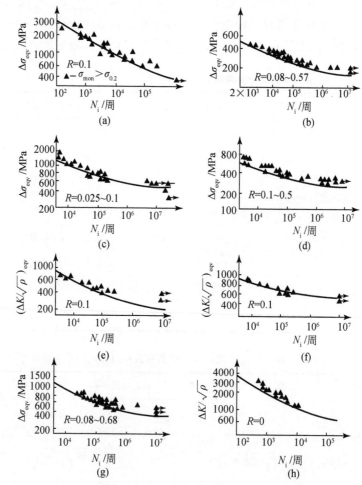

图 4-21　预测的疲劳裂纹起始寿命曲线与试验结果[15,37]

(a)316 不锈钢；(b)LY12CZ 铝合金；(c)403 不锈钢；(d)2024-T3 铝合金；

(e)304S 不锈钢；(f)A517F 钢；(g)15MnVN 钢；(h)30CrMnSiA 钢

应说明的是[15,37]，30CrMnSiA 高强度钢、403 不锈钢、15MnVN 和 A517F 高强度低合金钢，可能还有退火的 316 奥氏体不锈钢等具有复相显微组织，因而这些钢的疲劳裂纹起始抗力系数采用式(4-11)估算。而 LY12CZ 铝合金、2024-T3 铝合金和固溶状态的 316 不锈钢等可能呈单相组织，疲劳裂纹由滑移带开裂而形成[80]，因而其疲劳裂纹起始抗力系数采用式(4-31)估算[15,37]。

4.11　结　　语

本章首先对宏观尺度的疲劳裂纹的起始过程和机理，以及疲劳裂纹起始寿命和门槛值的研究历史和现状,作了简要回顾与总结。论述的重点在于:根据局部应变法预测结构件疲劳裂纹起始寿命的基本假设,建立了切口根部疲劳裂纹起始的力学模型,进而根据第 2 和第 3 章中给出的应变疲劳寿命公式和局部应变范围的近似计算公式,导出了疲劳裂纹起始寿命表达式。该表达式揭示了疲劳裂纹起始寿命与构件几何(K_t 或 $\Delta K_{IA}/\sqrt{\rho}$)、循环加载条件($\Delta S$、$R$)、拉伸性能以及疲劳裂纹起始门槛值间的关系,是迄今较为完善的疲劳裂纹起始寿命表达式。它可用于拟合各种金属材料,包括铝合金、高强度低合金钢、超高强度钢和钛合金等,在不同条件下测定的疲劳裂纹起始寿命的试验结果,从而证明其有效性和广泛的适用性。最近的研究还表明,本章中介绍的疲劳裂纹起始寿命表达式,还可用于表示管线钢 X60 的疲劳裂纹起始寿命的试验结果[88]。

　　疲劳裂纹起始寿命表达式,即式(4-10)中有两个重要的常数,即疲劳裂纹起始抗力系数 C_i 和门槛值($\Delta\sigma_{eqv}$)$_{th}$,是与材料拉伸性能和疲劳极限以及疲劳裂纹形成机理有关的材料常数。根据金属材料拉伸性能和疲劳极限,可预测 C_i 和($\Delta\sigma_{eqv}$)$_{th}$之值。将 C_i 和($\Delta\sigma_{eqv}$)$_{th}$代入式(4-10),即可得到金属材料的疲劳裂纹起始寿命曲线表达式。利用文献报道的疲劳裂纹起始寿命的试验结果,验证了预测金属材料疲劳裂纹起始寿命曲线的可能性与精确度。

　　在后续的章节中,将进一步讨论和证明金属材料的疲劳裂纹起始寿命表达式,即式(4-10)的广泛适用性,并可用于预测金属材料结构件变幅载荷下的疲劳裂纹起始寿命。

参 考 文 献

[1]Dowling N E. Mechanical Behavior of Materials. 2nd Edition. Upper Saddler River: Prentice Hall,1998.

[2]Schijve J. Fatigue of Structures and Materials. Boston: Kluwer Academic Publishers,2001.

[3]赵名沣. 应变疲劳分析手册. 北京:科学出版社,1987.

[4] Wanhill R J, De Luccia J J, Russo M T. The fatigue in aircraft corrosion testing (FACT) programme. Advisory Group for Aerospace Research and Development,Report No. 713,France,1989.

[5]Tomita Y,Fujimoto Y. Prection of fatigue life of ship structural members from developed crack length// Goel V S. Proceedings of the International conference and Exposition on Fatigue,Corrosion Cracking, Fracture Mechanics and Failure Analysis,Salt Lake City,1985: 37-46.

[6]Kim Y H,Speaker S M,Gordon D E,et al. Development of fatigue and crack propagation design and analysis methodology in a corrosive environment for typical mechanically-fastened joints. Report No. NADC-83126-60,Vol. 1 (AD-A136414),1983.

[7]Kim Y H,Speaker S M,Gordon D E,et al. Development of fatigue and crack propagation design and analysis methodology in a corrosive environment for typical mechanically-fastened joints (Assessment of art state). Report No. NADC-83126-60,Vol. 2 (AD-A136415),1983.

[8]Schütz W. The prediction of fatigue life in the crack initistion and propagation stages-A survey of the art state. Engineering Fracture Mechanics,1979,11(2): 405-421.

[9]Lazzarin P,Tovo R,Meneghetti G. Fatigue crack initiation and propagation phases near notches in metals with low notch sensitivity. International Journal of Fatigue,1997,19(8/9): 647-657.

[10]Laz P J,Craig B A,Rahrbaugh S M,et al. The development of a total fatigue life approach accounting for nucleation and propagation//Proceedings of 7th International Fatigue Congress, FATIGUE'99. Beijing: High Education Press,1999: 991-1000.

[11]Gabra M, Bathias C. Fatigue crack initiation in aluminium alloys under programmed block loading. Fatigue and Fracture of Engineering Materials and Structures,1984,7(1): 13-27.

[12] Youssifi K. Fatigue Crack Initiation and Propagation in Steels Exposed to Inert and Corrosive Environments. Berkley: University of California,1979:193.

[13]Barnby J T,Dinsdale K,Holder R. Fatigue crack initiation. Proceedings of Conference on Mechanic &. Physics of Fracture,Cambridge,1975: 26.

[14]Zheng X L. A further study on fatigue crack initiation life—Mechanical model for fatigue crack initiation. International Journal of Fatigue,1986,8(1): 17-21.

[15]Zheng X L. Further study on fatigue crack initiation life (Ⅱ)—Predication of fatigue crack initiation life//Goel V S. Proceedings of the International Conference and Exposition on Fatigue, Corrosion Cracking,Fracture Mechanics and Failure Analysis. Salt Lake City: ASM,1985: 1-4.

[16]Forman R G. Study of fatigue crack initiation from flaws using fracture mechanics theory. Engineering Fracture Mechanics,1972,4(2): 333-345.

[17]Clark W G Jr. Evaluation of fatigue crack initiation properties of type 304 stainless steel in air and steam environments//Fracture Toughness and Slow-Stable Cracking,ASTM STP 559. Phladelphia: American Society for Testing and Materials,1973: 205-221.

[18]Papitno R,Parker B S. An automatic flash photomicrographic system for fatigue crack initiation studies// Landgraf R W. Cyclic Stress-Strain Behavior Analysis, Experimentation, and Failure Prediction, ASTM STP 519. Phladelphia: American Society for Testing and Materials,1973,98-108.

[19]Sova J A,Crews J H Jr,Exton R J. Fatigue crack initiation and growth in notched 2024-T3 specimens monitored by a vedro tape system. NASA TN D-8224,1976.

[20]Barnby J T,Dinsdale K. Fatigue crack initiation from notch in two titanium alloys. Materials Science and Engineering,1976,26: 245-250.

[21]Dowling N E,Wilson W K. Geometry and size requirements for fatigue life similitude among notched members//Proceedings of 5th International Conference on Fracture (ICF 5). New York: Pergamon Press,1982: 581-588.

[22]Kim Y H,Fine M E. Fatigue crack initiation and strain-controlled fatigue of some high strength low alloy steels. Metallurgical and Materials Transactions,1982,13A(1): 59-72.

[23]Rabbe P. L'amorsage des fissures de fatigue//Bathias C,Bailon J P. La Fatigue des Materiaux et des Structures. Montreal: Les Presses D'Université De Montreal,1981: 71-105.

[24]Saanouni K, Bathias C. Study of fatigue crack initiation in vicinity of notches. Engineering Fracture Mechanics,1982,16(5): 695-707.

[25]Gordon D E,Manning S D,Wei R P. Effects of salt water environment and loading frequency on crack initiation in 7075-7951 aluminum alloy and Ti-6Al-4V//Goel V S. Proceedings of the International Conference anel Exposition on Fatigue,Corrosion Cracking,Fracture Mechanics and Failure Analysis. Salt Lake City: ASM,1985: 157-168.

[26] May R A, Stuber A, Rolfe S T. Effective utilization of high-yield strength steels. WRC Bulletin,

1976:243.

[27]Costa J D, Ferreira J M. Fatigue crack initiation in notched specimens of 17Mn4 steel. International Journal of Fatigue,1993,15(6): 501-508.

[28]Dupart D, Campassens D, Balzano M, et al. Fatigue life prediction of interference fit fastener and cold worked holes. International Journal of Fatigue,1996,18(5): 515-521.

[29]Ngiau C, Kujawski D. Sequence effecs of small amplitude cycles on fatigue crack initiation and propagation in 2024-T351 aluminum. International Journal of Fatigue,2001,23(9): 807-815.

[30]Zheng X L, Cui T X. Life prediction of butt welds containing welding defect. Engineering Fracture Mechanics,1989,34(5/6): 1005-1011.

[31]Buch A. Prediction of constant-amplitude fatigue life to failure under pulsating tension by use of the local-strain approach. International Journal of Fatigue,1990,12(6): 505-512.

[32]Barnby J T, Dinsdale K. Fatigue crack initiation from notch in two titanium alloys. Materials Science and Engineering,1979,26: 245-250.

[33]郑修麟. 机械加工对15MnVN钢等幅和变幅载荷下疲劳寿命的影响//第十一届全国疲劳与断裂学术会议论文集. 北京: 气象出版社,2002:107-110.

[34]Manson S S. Fatigue: A complex subject-some simple approximations. Experimental Mechanics,1996,7: 193-226.

[35]Rolfe S T, Barsom J M. Fracture and Fatigue Control in Structures. Englewood Cliffs: Prentice Hall,1977: 205-231.

[36]Zheng X L. On some basic problems of fatigue research in engineering. International Journal of Fatigue,2001,23: 751-766.

[37]郑修麟. 金属疲劳的定量理论. 西安: 西北工业大学出版社,1994.

[38]Frost N E, Marsh K J, Pook L P. Metal Fatigue. Oxford: Clarendon Press,1974.

[39]Fine M E. Fatigue resistance of metals. Metallurgical and Materials Transactions, 1980, 11A(3): 365-379.

[40]Suresh S. Fatigue of Materials. 2nd Edition. Cambridge:Cambridge University Press,1998.

[41]Fine M E, Ritchie R O. Fatigue crack initiation and near-threshold crack growth//Fatigue and Microstructure, ASM,1978: 245-278.

[42]Kocanda S. Fatigue Failure of Metals. Alphen aan den Rijn:Sijthoff-Noordhoff,1978.

[43]Rabbe P. Mécanisms et mécanique de la fatigue//Bathias C, Bailon J P. La Fatigue des Materiaux et des Structures. Montreal: Les Presses D'Université De Montreal,1981:1-30.

[44]Klesnil M, Lukáš P. Fatigue of Metallic Materials. London: Elsevier Scientific Publishing Company,1980.

[45]方信贤,何家文,李家宝. 碳钢表面屈服强度研究//中国力学学会,中国航空学会,中国金属学会,中国机械工程学会. 全国第四届疲劳学术会议论文集,秦皇岛,1989: 103-106.

[46]Grosskreutz J C. Strengthening and fracture in fatigue-Approaches for achieving high fatigue strength. Metallurgical and Materials Transactions,1972,3A: 1255-1262.

[47]Lankford J, Kusenberger F N. Initiation of fatigue crack in 4340 steel. Metallurgical and Materials Transactions,1973,4: 553-561.

[48]Bathias C, Drouillac L, François P. How and why the fatigue S-N curve does not approach a horizontal asymptote. International Journal of Fatigue,2001,23(Supplement 1): 143-151.

[49]Schoeler K, Christ H J. Influence of prestraining on cyclic deformation behaviour and microstructure of a single-phase Ni-base superalloy. International Journal of Fatigue,2001,23(9): 767-775.

[50] Telesman J, Fisher D, Holka D. Variables controlling fatigue crack growth of short cracke//Goel V S. Proceedings of International Conference and Exposition on Fatigue, Corrosion Cracking, Fracture Mechanics and Failure Analysis. Salt Lake City: ASM,1985: 53-68.

[51] Stephens R I. Comparison of fatigue resistance of cast steels under different test conditions//Goel V S. Proceedings of International Conference and Exposition on Fatigue, Corrosion Cracking, Fracture Mechanics and Failure Analysis. Salt Lake City: ASM,1985: 69-78.

[52] Lee E U. Corrosion fatigue and stress corrosion cracking of 7475-T7351 aluminum alloy//Goel V S. Proceedings of International Conference and Exposition on Fatigue Corrosion Cracking, Fracture Mechanics and Failure Analysis. Salt Lake City: ASM,1985: 123-128.

[53] Jakubezak H, Glinka G. Fatigue analysis of manufacturing defects in weldments. International Journal of Fatigue,1986,8(2): 51-57.

[54] Maddox S J. Fatigue analysis of welded joints using fracture mechanics//Goel V S. Proceedings of International Conference and Exposition on Fatigue Corrosion Cracking, Fracture Mechanics and Failure Analysis. Salt Lake City: ASM,1985: 155-166.

[55] Селихов А Ф. Обеспчние ресурса конструк-ций (Опыт самолетострукения. МАШИНОВЕДЕ-НИЕ,1986, 5: 11-18.

[56] Lu B T, Lu X Y, Zheng X L. Effects of microstructure on fatigue crack initiation and propagation of 16Mn steel. Metallurgical and Materials Transactions,1989,20A(2): 413-419.

[57] Lu B T, Zheng X L. Fatigue crack initiation and propagation in butt welds of an ultrahigh strength steel. Welding Journal,1993,72(2): 793-865.

[58] 王泓. 材料疲劳裂纹扩展和断裂定量规律的研究. 西安:西北工业大学博士学位论文,2002.

[59] Lu M X, Zheng X L. A new microcomputer-aided system for measuring fatigue crack propagation threshold and selecting testing parameters. Engineering Fracture Mechanics,1993,45(6): 889-896.

[60] Tao H, et al. The experimental research of the fatigue-fracture process of riveting structural components// Goel V S. Proceedings of International Conference and Exposition on Fatigue, Corrosion Cracking, Fracture Mechanics and Failure Analysis. Salt Lake City: ASM,1985: 259-262.

[61] 吕宝桐. 低温下金属疲劳行为的预测模型. 西安:西北工业大学博士学位论文,1991.

[62] 郑修麟,张建国. 超载方向对30CrMnSiA钢疲劳裂纹起始寿命影响. 西北工业大学学报,1987,5(2): 149-156.

[63] Ostash O P, Panasyuk V V, Kostyk E M. A phenomenological model of fatigue macrocrack initiation near stress concentration. Fatigue and Fracture of Engineering Materials and Structures,1999,23: 161-172.

[64] Mowbray D E, McConnelee J E. Application of finite element stress analysis and stress-strain properties in determining notch fatigue specimen deformation and life//Landgraf R W. Cyclic Stress-Strain Behaviour Analysis, Experimentation, and Failure Prediction, ASTM STP 519. Phladelphia: American Society for Testing and Materials,1973: 151-169.

[65] Smith R N, Watsom P. A stress-strain function for the fatigue of metals. Journal of Materials JMLSA ,1970,5(4): 767-778.

[66] Dowling N E. Fatigue at notches and the local strain and fracture mechanics approaches//Smith C W. Fracture Mechanics: Proceedings of the Eleventh National Symposium on Fracture Mechanics: Part I, ASTM STP 677. Phladelphia: American Society for Testing and Materials,1979: 247-273.

[67] 王荣. 金属材料的腐蚀疲劳. 西安:西北工业大学出版社,2002.

[68] 凌超,郑修麟. LC4CS铝合金的疲劳裂纹起始寿命及超载效应因子的估算. 西北工业大学学报,1991,

　　　9(1)：30-35.

[69]Zheng X L. Modeling fatigue crack initiation life. International Journal of Fatigue,1993,15(6)：461-466.

[70]邓勃,分析测试数据的统计处理方法．北京：清华大学出版社,1995.

[71]Tay C J,Tay T E,Shang H M, et al. Fatigue crack initiation studies using a speckle techniques. International Journal of Fatigue,1994,16(6)：423-428.

[72]Zheng X L,Lu B T,Cai T X,et al. Fatigue tests and life prediction of butt welds without crack-like defect. International Journal of Fatigue,1994,69：275-285.

[73]吕宝桐,郑修麟．15MnVN 钢疲劳性能的试验研究．机械强度,1992,4(4)：64-67.

[74]Zheng X L. Overload effects on fatigue behaviour and life prediction model of low carbon steels. International Journal of Fatigue,1995,17(5)：331-337.

[75]Zheng X L,Lin C. On the expression of fatigue crack initiation life considering the factor of overloading effect. Engineering Fracture Mechanics,1988,31(6)：959-966.

[76]郑修麟,乔生儒,张建国,等．高强度马氏体钢(30CrMnSiNi2A)的塑性变形,微裂纹形成与疲劳无裂纹寿命．西北工业大学学报,1979,1：79-86.

[77]Zheng X L. Local strain range and fatigue crack initiation life. Fatigue of Steel and Concrete Structures, Proceedings of IABSE Colloquim,Lausanne,1982：169-178.

[78]Ashby M F. Micromechanisms of fracture in static and cyclic failure//Smith R A. Fracture Mechanics. Oxford：Pergamon Press,1979：21-27.

[79]Mclintock F A,Argon A S. Mechanical Behavior of Materials. Massachusetts：Addison-Wesley Publishing Company,1966.

[80]胡志忠,曹淑珍．形变硬化指数与强度的关系．西安交通大学学报,1993,27(6)：71-76.

[81]魏建锋．变幅载荷下疲劳寿命概率分布的预测模型．西安：西北工业大学博士学位论文,1996.

[82]北京航空材料研究所．航空金属材料疲劳性能手册．北京：北京航空材料研究所,1982.

[83]Glinka G. Calculation of inelastic notch-tip strain-stress histories under cyclic loading. Engineering Fracture Mechanics,1985,22(5)：839-854.

[84]Buch A. Prediction of constant-amplitude fatigue life to failure under pulsating tension by use of the local-strain approach. International Journal of Fatigue,1990,12(6)：505-512.

[85]郑修麟．关于疲劳无裂纹寿命．机械强度,1978,79：54-69.

[86]郑修麟．工程材料的力学行为．西安：西北工业大学出版社,2004.

[87]陈篪,姚蘅．切口尖度与断裂韧度．新金属材料,1975,11/12：68-78.

[88]赵新伟,王荣,罗金恒,等．预应变对 X60 管线钢疲劳裂纹形成寿命的影响．机械工程材料,2005,29(8)：46-48.

第5章 应力疲劳寿命公式

5.1 引 言

所谓应力疲劳,实际上是金属材料在弹性范围内发生的疲劳失效。严格地说,应力疲劳寿命曲线,又称 S-N 曲线,它是用小尺寸的光滑试件或切口试件,在循环最大应力不超过弹性极限或屈服强度的条件下,测定的疲劳寿命曲线。最近仍在研究应力疲劳寿命曲线和疲劳寿命表达式,尤其是在很长的寿命区内[1-3]的情况。这是因为某些结构件的疲劳寿命在 $N_f = 10^8 \sim 10^{10}$ 周的范围内[3]。实际上,早在 20世纪 80 年代初,一些非铁金属材料的疲劳寿命已经在长达 $N_f = 10^{10}$ 周的范围内测定[4]。

应力疲劳寿命曲线,是用名义应力法预测结构件疲劳寿命的主要依据之一,也是评价材料疲劳性能的主要依据之一[5-11]。因此,国内外都用了大量的人力和物力测定结构材料的 S-N 曲线,测定结果汇集在相关的手册中[12-14],作为结构疲劳设计和寿命预测的一个主要的依据。

结构件在服役过程中承受不同的载荷,则有不同的平均载荷或载荷比。因此,在用名义应力法预测结构件的疲劳寿命时,需要在不同平均应力或应力比下测定 S-N 曲线[8]。再则,结构件具有不同的应力集中系数,所以要用具有不同的应力集中系数的小尺寸试件测定材料的 S-N 曲线,预测结构件的疲劳寿命。要在各个不同的应力比和应力集中系数下测定材料的 S-N 曲线,所需的人力、物力实际上是难以承受的。解决这一问题的另一种途径,是探求能反映应力比和应力集中系数影响的疲劳寿命表达式。

金属材料总是具有确定的疲劳极限,即使是纯铜和纯铝也有确定的疲劳极限[4]。在腐蚀环境中,当 $N_f > 5 \times 10^8$ 周时,不锈钢也有确定的疲劳极限[15]。在工程应用中,疲劳极限是结构件无限寿命设计的主要依据[9-11]。在研究工作中,疲劳极限是评价材料疲劳性能的主要参数之一,对材料在长寿命区的疲劳寿命有重大的影响[16]。

鉴于 S-N 曲线仍是结构件疲劳设计的重要依据,所以本章主要介绍作者提出的能反映疲劳极限存在、应力比(或平均应力)和应力集中系数影响的通用疲劳寿命曲线公式,以及等寿命图及其表达式[16,17]。同时,也简要地介绍相关的研究结果。

5.2 应力疲劳寿命公式与疲劳极限的研究

5.2.1 应力疲劳寿命曲线

如图 5-1 所示,完整的疲劳寿命曲线可以分为三个区[18]:

(1)低循环疲劳(low cycle fatigue)区。在很高的应力下,在很少的循环次数后,试件即发生断裂,并有较明显的塑性变形。一般认为,低循环疲劳发生在循环应力超出弹性极限,疲劳寿命在 $N_f = 1/4 \sim 10^4$ 周或 $1/4 \sim 10^5$ 周。因此,低循环疲劳又可称为短寿命疲劳。

(2)高循环疲劳(high cycle fatigue)区。在高循环疲劳区,循环应力低于弹性极限,疲劳寿命长,$N_f > 10^5$ 周,且随循环应力降低而大大地延长。试件在最终断裂前,整体上无可测的塑性变形,因而在宏观上表现为脆性断裂。在此区内,试件的疲劳寿命长,故可将高循环疲劳称为长寿命疲劳。

不论在低循环疲劳区或高循环疲劳区,试件的疲劳寿命总是有限的,故可将上述两个区合称为有限寿命区(见图 5-1)。

(3)无限寿命区或安全寿命区。试件在低于某一临界应力幅 S_{ac} 的应力下,可以经受无数次应力循环而不断裂,疲劳寿命趋于无限,即 $S_a \leqslant S_{ac}$,$N_f \to \infty$,故可将 S_{ac} 称为材料的理论疲劳极限或耐久限。对于绝大多数材料,包括通常认为不存在疲劳极限的纯铝和纯铜,当 $N_f = 10^9 \sim 10^{10}$ 周时,其 S-N 曲线也趋于一条水平渐近线[4],其高度即为 S_{ac}(见图 5-1)。最近的试验结果也表明[19],在超高频循环载荷下,当疲劳寿命达到 10^{10} 周时,高强度钢也显示有确定的疲劳极限。因此,根据 S-N 曲线,有可能确定材料的疲劳极限。认为金属材料不具有疲劳极限[1],看来与试验结果不符[4,15,19]。

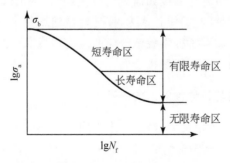

图 5-1 完整的应力疲劳寿命曲线示意图[18]

应当注意到,图 5-1 所示的完整的应力疲劳寿命曲线,在低应力长寿命范围内,循环应力的变化很小,但疲劳寿命却在相当大的范围内变动,即疲劳寿命曲线比较平坦。而在短寿命范围内,随着循环应变的增大,应变疲劳寿命迅速地缩短,应变疲劳寿命曲线呈陡峭上升的趋势,见图 2-7。这要与塑性金属材料的循环应力-应变曲线联系起来加以说明。塑性金属材料、尤其是高强度材料,当它所受的循环应力高于循环屈服强度时,循环应力的微量增加会引起很大的循环应变增量,所以高强度材料的循环应变硬化指数低。因此,在循环应力幅高于循环屈服强度时,尽管循环应力幅增加甚微,但循环应变幅增加甚大,因而疲劳寿命大幅度地缩短。所以,在高应力和短寿命范围内,尽管循环应力的变化很小,但疲劳寿命却在相当大的范围内变动。

5.2.2　关于应力疲劳寿命公式

文献中常见的疲劳寿命公式仍是 Basquin 公式,即式(2-3)。Basquin 公式未能反映疲劳极限的存在和疲劳极限对长寿命区疲劳寿命的影响,而且也难以用于拟合长寿命区内的疲劳试验结果(见图 5-1)。

20 世纪 60 年代,Weibull 提出的疲劳寿命公式为[20]

$$N_f = C_f (S_a - S_{ac})^{\beta} \tag{5-1}$$

式中,C_f、S_{ac}、β 是三个由试验确定的常数,故式(5-1)又被称为三参数疲劳寿命公式[14]。这三个参数中,$\beta < 0$,S_{ac} 为用应力幅表示的理论疲劳极限。显然,当 $S_a \leqslant S_{ac}$ 时,$N_f \rightarrow \infty$。但在文献[20]中,并未给出上述三个常数值,也未对这三个参数进行定义。Weibull 公式只能拟合某一应力比或平均应力下疲劳寿命的试验结果,不能表明应力比或平均应力对疲劳寿命的影响。文献[21]中还报道了其他的疲劳寿命公式。

在文献[2]中,提出了能拟合全部寿命范围内试验结果的疲劳寿命表达式,实际上,其是对 Basquin 公式做了一些修正,并且分三段对疲劳寿命曲线进行拟合。但是,对不同材料的疲劳寿命曲线如何进行分段,修正的 Basquin 公式中的常数如何定值,并未说明。文献[2]的作者认为,疲劳寿命曲线只是一种现象,并不具有任何物理意义,因而作者放弃了探索疲劳寿命曲线物理意义的努力。这样的观点,显然是不能成立的,因而也是不能被接受的。

5.2.3　疲劳极限及其与拉伸性能间的关系

疲劳极限在理论上可定义为,经受无限次应力循环而不发生疲劳失效,试件所能承受的上限循环应力。当 $S_a \leqslant S_{ac}$ 时,$N_f \rightarrow \infty$,S_{ac} 即为理论疲劳极限或疲劳门槛值。试验测定理论疲劳极限是不可能的。故在实践中,将疲劳极限定义为,在给定的疲劳寿命下,试件所能承受的上限循环应力。通常,给定的疲劳寿命为 10^7 周。当 $R = -1$ 时,测定的疲劳极限记为 σ_{-1},这样给定寿命的疲劳极限可用升降法测定[6,13,14,22]。

　　鉴于疲劳极限在工程应用中的重要性,以及试验测定疲劳极限的代价高昂,因而作者做了很多努力,探求疲劳极限与拉伸性能间的关系[6,10,18,23]。对于 $\sigma_b =$ 1800MPa 的钢,疲劳极限的经验关系式为[23]

$$\sigma_{-1} = 0.5\sigma_b \tag{5-2}$$

文献[18]中给出与试验结果符合较好的钢的疲劳极限的经验关系式为

$$\sigma_{-1} = 0.39\sigma_b + \psi \tag{5-3}$$

文献[23]中给出非铁金属的疲劳极限的经验关系式:

对于铝合金

$$\sigma_{-1} = 1.49\sigma_b^{0.63} \tag{5-4}$$

对于镁合金、铜合金和镍合金

$$\sigma_{-1} = 0.35\sigma_b \tag{5-5}$$

文献[10]仍然根据拉伸性能来估算金属材料的疲劳极限。由于金属材料的疲劳极限是与表面层晶粒微量塑性变形抗力相关[24,25],与抗拉强度没有本质上的关联。因此,根据金属的拉伸性能估算疲劳极限,难以获得令人满意的结果[23]。

5.3　应力疲劳寿命的一般公式

5.3.1　应力比或平均应力对疲劳寿命影响的一般规律

　　应力比或平均应力对疲劳寿命的影响是很大的。平均应力或应力比对疲劳寿命的影响,仍由试验测定[13,14]。应力比或平均应力对疲劳始寿命影响的一般规律,如图 5-2 所示[26]。由此可见,在给定的应力幅下,随着平均应力的升高,疲劳寿命缩短;在给定的寿命下,随着平均应力的升高,疲劳强度和疲劳极限降低。

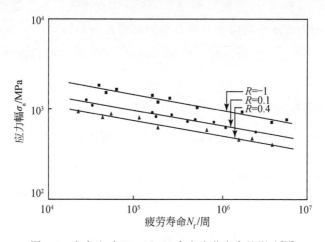

图 5-2　应力比对 Ti-6Al-4V 合金疲劳寿命的影响[26]

在每个可能涉及的应力比或平均应力下,试验测定材料的疲劳始寿命曲线和疲劳极限将是耗费巨大和难以承受的。因此,有必要探索能表明应力比或平均应力影响的疲劳寿命公式。

Landgraf[27]对 Basquin 公式进行修正,给出表示平均应力对疲劳寿命影响的疲劳寿命公式:

$$\sigma_a = (\sigma_f' - \sigma_m)(2N_f)^b \tag{5-6}$$

式(5-6)在 $\lg(\sigma_a/(\sigma_f' - \sigma_m))$-$\lg(2N_f)$ 双对数坐标上代表斜率为 $-b$ 的直线。图 5-3 中的试验结果与式(5-6)符合得很好。

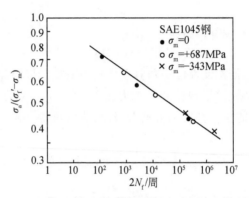

图 5-3　式(5-6)表示的平均应力对 1045(45)
碳钢疲劳寿命的影响与试验结果[27]

Smith 等[28]用应力-应变函数 $\sqrt{E\sigma_{max}\varepsilon_a}$($\varepsilon_a$ 为应变幅)表示平均应力对疲劳寿命的影响。试验结果表明,这一应力-应变函数 $\sqrt{E\sigma_{max}\varepsilon_a}$ 能在宽阔的寿命范围内表示平均应力对 4340 合金钢疲劳寿命的影响,如图 5-4 所示。应力-应变函数 $\sqrt{E\sigma_{max}\varepsilon_a}$ 也可用于表示平均应力对铝合金的疲劳寿命的影响[28]。在弹性范围内,$E\varepsilon_a = \sigma_a$,故有 $\sqrt{E\sigma_{max}\varepsilon_a} = \sqrt{\sigma_{max}\sigma_a}$。然而,Smith 等并未给出相应的疲劳寿命表达式。

5.3.2　反映应力比或平均应力影响的疲劳寿命公式

在第 4 章中,给出了疲劳裂纹起始寿命公式,即式(4-10),为引用方便现重写如下:

$$N_i = C_i[\Delta\sigma_{eqv}^{2/(1+n)} - (\Delta\sigma_{eqv})_{th}^{2/(1+n)}]^{-2} \tag{5-7}$$

式中,$\Delta\sigma_{eqv}$ 为当量应力幅,见式(3-26)。对于光滑试件,$K_t = 1.0$,则 $\Delta\sigma_{eqv}$ 可简化为

$$S_{eqv} = \Delta S\sqrt{\frac{1}{2(1-R)}} \tag{5-8}$$

在弹性范围内,应力与应变间的关系可用胡克定律表示:

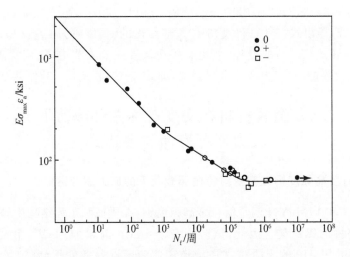

图 5-4　用应力-应变函数 $\sqrt{E\sigma_{max}\varepsilon_a}$ 表示平均应力对 4340 钢疲劳寿命的影响及试验结果[28]

$$\sigma = Ee \tag{5-9}$$

将式(5-9)与 Hollomon 方程,即式(3-15)做比较,可以看出,在弹性范围内,应变硬化指数为 1.0;也就是说,在弹性范围内,$n=1.0$[29]。对于小尺寸的疲劳试件,尤其在长寿命范围内,疲劳裂纹起始寿命近似等于其疲劳寿命,$N_i \approx N_f$[14,30]。对于光滑试件,$K_t = 1.0$。将上述数值和式(5-8)代入式(5-7),可得应力疲劳寿命表达式如下:

$$N_f = C_f [S_{eqv} - (S_{eqv})_c]^{-2} \tag{5-10}$$

$$S_{eqv} = \sqrt{\frac{1}{2(1-R)}}\,\Delta S = \sqrt{\frac{2}{1-R}}\,S_a \tag{5-11}$$

式(5-10)中,C_f、$(S_{eqv})_c$ 分别为疲劳抗力系数和用当量应力幅表示的理论疲劳极限,它们均为材料常数。式(5-11)中 S_{eqv} 为当量名义应力幅,S_a 为名义应力幅。当 $R = -1$,$S_{eqv} = S_a$。

疲劳抗力系数 C_f 的表达式可由式(4-11)或式(4-31),并取 $n=1.0$ 而求得

$$C_f = \frac{1}{4}(E\sigma_f\varepsilon_f)^2 \tag{5-12a}$$

或

$$C_f = \frac{1}{4}(0.1E)^2 \tag{5-12b}$$

当 $R = -1$ 或平均应力 $\sigma_m = 0$,即交变对称循环时,则式(5-10)可简化为

$$N_f = C_f(S_a - S_{ac})^{-2} \tag{5-13}$$

由此可见,式(5-10)是能表示应力比和平均应力影响的通用的应力疲劳寿命

公式,而式(5-13)则是式(5-10)的一个特例。文献[17]中,直接由应变疲劳寿命公式,即式(2-12)导出式(5-10)和式(5-13),但给出的 C_f 值应为 $C_f = (E\varepsilon_f)/4$。比较而言,上述导出式(5-10)的过程,似更合乎逻辑。在5.4节中,将用文献中一些有代表性的试验数据,对应力疲劳寿命公式,即式(5-10)和式(5-13)作客观的校核。

5.4　金属材料在交变对称循环载荷下的应力疲劳寿命与表达式

5.4.1　低合金高强度钢在交变对称循环载荷下的应力疲劳寿命

16Mn 钢和 15MnVN 钢是低合金高强度钢,在机械和工程结构中被广泛应用,尤其是铁路桥的钢结构。因此,试验测定了 16Mn 钢和 15MnVN 钢的拉伸性能(见表4-3),并用 $\phi10$ 的光滑试件在旋转弯曲疲劳试验条件下,测定了疲劳寿命。疲劳寿命的试验数据,用2.4.3节中的方法进行了回归分析,所得结果列于表5-1中。由表5-1中的线性相关系数 r 可见,用式(5-13)拟合低合金高强度钢 $R=-1$ 时的疲劳试验结果是有效的。

表 5-1　低合金高强度钢旋转弯曲疲劳试验数据的回归分析结果[16,31]

材料	状态	C_f /(MPa)^2	S_{ac} /MPa	r	s	σ_{-1} /MPa	σ_{-1}^* /MPa
16Mn 钢	热轧板材	3.95×10^8	261	-0.968	0.131	264.4	269.9
15MnVN 钢	正火板材	1.46×10^8	270	-0.933	0.154	280.3	283.8

将 C_f 和 S_{ac} 代入式(5-13),即可写出疲劳寿命曲线的表达式[16,31]:

对于 16Mn 钢热轧板材

$$N_f = 3.95\times10^8 (S_a - 261)^{-2} \tag{5-14}$$

对于 15MnVN 钢正火板材

$$N_f = 1.46\times10^8 (S_a - 270)^{-2} \tag{5-15}$$

按式(5-14)和式(5-15)画出的 16Mn 钢热轧板材和 15MnVN 钢正火板材的疲劳寿命曲线,与试验结果符合很好,见图5-5。

表5-1中也列出了用升降法测定的 16Mn 钢和 15MnVN 钢疲劳极限 σ_{-1} 值,它们略高于理论疲劳极限 σ_{ac} 值。这是合理的,因为两者的定义不同,σ_{-1} 是指定寿命下的疲劳强度。为了比较,将指定寿命($N_f = 10^7$ 周)代入式(5-13),求得指定寿命下的疲劳强度,记为 σ_{-1}^*,计算结果也列入表5-1。由此可见,σ_{-1} 与 σ_{-1}^* 之值十分接近,两者之差在2%以内。这再次表明,利用式(5-13)拟合 $R=-1$ 时的疲劳试验结果是可行的。同时,这还表明,利用式(5-13)拟合疲劳试验结果,以求得理论疲

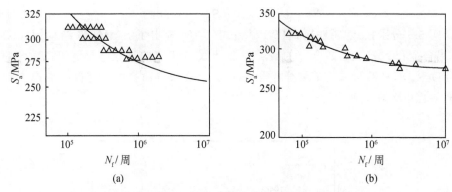

图 5-5 低合金高强度钢的疲劳寿命曲线与试验结果[16]

(a)16Mn 钢热轧板材[16,31];(b)15MnVN 钢正火板材

劳极限和指定寿命下的疲劳强度也是可行的、实用的,能用于工程实践。

5.4.2 某些飞机结构材料在交变对称循环载荷下的应力疲劳寿命

利用式(5-13)和前述方法,对国内外金属材料疲劳性能手册和研究报告中给出的飞机结构材料对称循环应力($R=-1$)下的疲劳试验结果进行了再分析,所得结果列入表 5-2。

表 5-2 用式(5-13)对一些飞机结构材料的疲劳试验数据做再分析的结果[17]

材料	$C_f/(MPa)^2$	σ_{ac}/MPa	r	s
2024-T3	1.25×10^9	121.5	-0.921	0.434
7075-T6	1.40×10^9	110.0	-0.905	0.472
SAE4340	5.69×10^8	321.4	-0.910	0.560
24S-T3	8.60×10^8	165.6	-0.930	0.332
75S-T6	8.86×10^8	165.6	-0.911	0.380
SAE4130	8.21×10^8	316.5	-0.961	0.334
30CrMnSiA	3.01×10^8	601.4	-0.894	0.197

由表 5-2 中的线性相关系数 r 可见,用式(5-13)能很好地拟合低合金高强度钢 $R=-1$ 时的疲劳试验结果。将 C_f 和 σ_{ac} 之值代入式(5-13),即可写出结构钢和铝合金的疲劳寿命曲线表达式。例如:

对于 SAE4130

$$N_f = 5.69 \times 10^8 (S_a - 321.4)^{-2} \tag{5-16}$$

对于 2024-T3

$$N_f = 1.25 \times 10^9 (S_a - 121.5)^{-2} \tag{5-17}$$

对于 7075-T6

$$N_f = 1.40 \times 10^9 (S_a - 110.0)^{-2} \qquad (5\text{-}18)$$

图 5-6 分别按式(5-16)、式(5-17)和式(5-18)画出了 SAE4130 结构钢、2024-T3 铝合金和 7075-T6 铝合金的疲劳寿命曲线与相应的试验结果。可以看出,式(5-16)~式(5-18)与试验结果符合得很好,尤其在长寿命区内。这再次给式(5-13)的有效性以客观的证明。

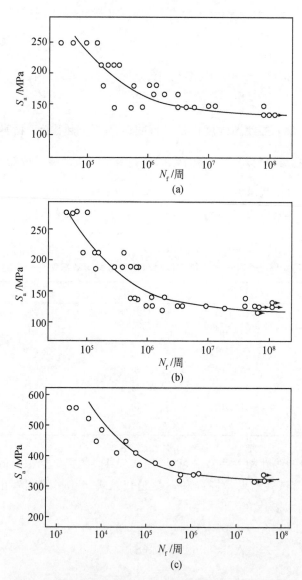

图 5-6　铝合金和结构钢的疲劳寿命曲线与试验结果[17]

(a)2024-T3 铝合金;(b)7075-T6 铝合金;(c)SAE4130 结构钢

5.4.3　铝−锂合金及焊接接头在交变对称循环载荷下的应力疲劳寿命

用式(5-13)和前述方法,魏建锋等[32]对文献中报道的 2091 铝−锂合金板材及焊接件的应力疲劳寿命的试验结果进行了再分析,给出下列表达式:

对于 2091-T8

$$N_f = 2.00 \times 10^9 (S_a - 113.1)^{-2} \tag{5-19a}$$

对于 2091W

$$N_f = 3.89 \times 10^8 (S_a - 94.9)^{-2} \tag{5-19b}$$

对于 2091WHT

$$N_f = 8.45 \times 10^8 (S_a - 107.4)^{-2} \tag{5-19c}$$

回归分析给出的线性相关系数均高于相应的起码值。图 5-7 中按式(5-19a)~式(5-19c)画出了铝−锂合金及焊接接头的疲劳寿命曲线与试验结果。这表明式(5-19a)~式(5-19c)可很好地表示铝−锂合金及焊接接头交变对称循环应力下疲劳寿命的试验结果。

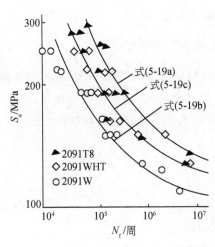

图 5-7　按式(5-19)画出了铝−锂合金及焊接接头交
变对称循环应力下的疲劳寿命曲线与试验结果[32]

试验用的 2091 铝−锂合金板材的厚度为 2.0mm,热处理工艺为 T8,其拉伸性能和疲劳极限列入表 5-3[32]。2091 铝−锂合金焊接接头采用钨极氩气保护焊,填料为母材。2091 铝−锂合金焊接接头焊后经 T6 热处理(WHT)或不热处理(W)。2091 铝−锂合金焊接接头的拉伸性能和疲劳极限也列入表 5-3。

表 5-3　2091 铝-锂合金板材及焊接接头的拉伸性能和疲劳极限[32]

材料与热处理	$\sigma_{0.2}$ /MPa	σ_b /MPa	σ_f /MPa	ε_f /%	n	σ_{-1}/MPa	
						测定值	计算值
2091-T8	364	482	549	0.154	0.106	121	127.3
2091W	274	305	309	0.013	0.133	102	101.2
2091WHT	329	452	490	0.082	0.110	114	116.6

由式(5-19a)～式(5-19c)可以看出,铝-锂合金及焊接接头的理论疲劳极限都低于试验测定值,见表 5-3。这主要是因为试验测定值 σ_{-1} 乃是指定寿命为 $N_f = 10^7$ 周时的疲劳强度。将指定寿命($N_f = 10^7$ 周)代入式(5-19a)～式(5-19c),可计算出该指定寿命下的疲劳强度,即试验测定的疲劳极限,计算结果也列入表5-3[32]。由此可见,铝-锂合金及焊接接头在该指定寿命下的疲劳强度的计算结果与试验结果符合得很好。

根据对所述试验结果的再分析可见,式(5-13)的有效性再次得到客观的校验。并且采用式(5-13)和 2.4.3 节中的方法,对金属材料的疲劳试验结果进行回归分析,可以求得理论疲劳极限和任一指定寿命下的疲劳强度。

5.4.4　超高强度钢在交变对称循环载荷下的应力疲劳寿命

用式(5-13)和前述回归处理方法,对 300M 超高强度钢热损伤前后的旋转弯曲应力疲劳试验结果进行了分析,热损伤的强度使用巴克豪森信号的相对量 BN_r 进行表示,给出不同热损伤条件下应力疲劳寿命表达式[33]:

当 $1.0 < BN_r < 1.5$ 时

$$N_f = 1.8811 \times 10^9 (\sigma_a - 7.8180 \times 10^2)^{-2} \tag{5-20a}$$

当 $1.5 < BN_r < 3.0$ 时

$$N_f = 1.9404 \times 10^9 (\sigma_a - 7.5702 \times 10^2)^{-2} \tag{5-20b}$$

当 $3.0 < BN_r < 6.5$ 时

$$N_f = 9.3582 \times 10^8 (\sigma_a - 7.3766 \times 10^2)^{-2} \tag{5-20c}$$

当 $6.5 < BN_r < 8.5$ 时

$$N_f = 1.9432 \times 10^9 (\sigma_a - 6.8212 \times 10^2)^{-2} \tag{5-20d}$$

当 $BN_r > 8.5$ 时

$$N_f = 4.0906 \times 10^9 (\sigma_a - 5.8979 \times 10^2)^{-2} \tag{5-20e}$$

回归分析给出的线性相关系数均高于相应的起码值。图 5-8 中按式(5-20a)～式(5-20e)画出了不同热损伤程度的 300M 钢疲劳寿命曲线与试验结果。这表明式(5-20a)～式(5-20e)可很好地表示不同热损伤程度的 300M 钢在交变对称循环应力下疲劳寿命的试验结果。

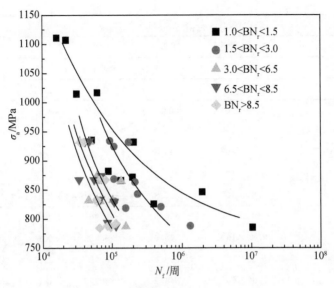

图 5-8　按式(5-20)画出了不同热损伤程度 300M 钢对称循环应力下的
疲劳寿命曲线与试验结果[33]

5.5　金属材料不同应力比下的应力疲劳寿命与表达式

前已指出,式(5-10)表明了应力比或平均应力对应力疲劳寿命的影响,是通用的应力疲劳寿命公式。文献[17]中利用式(5-10)和 2.4.3 节中的方法,对国内外文献中给出的不同应力比或平均应力下测定的铝合金、钛合金、不锈钢和结构钢的疲劳寿命的试验数据进行了再分析,所得结果见表 5-4。

表 5-4　不同应力比或平均应力下金属材料疲劳试验数据按式(5-10)
做回归分析所得的结果[17]

材料	$C_f/(MPa)^2$	$(S_{eqv})_c/MPa$	r	s	附注
LY12CZ	7.45×10^8	162.1	-0.948	0.241	$R = 0.02, 0.6$
LY12B	1.89×10^8	106.1	-0.969	0.209	$R = 0.1, 0.5$
2024-T81	6.85×10^8	91.0	-0.988	0.158	$\sigma_m = 90.2MPa$
RR58C	4.98×10^8	101.0	-0.972	0.244	$\sigma_m = 90.2MPa$
Ti-6Al-4V	7.46×10^9	353.8	-0.876	0.405	$\sigma_m = 170MPa$
Ti-6Al-3Mo-1V	6.89×10^8	345.9	-0.933	0.384	$\sigma_m = 170MPa$
Ti-8Al-1Mo(SA)	2.57×10^9	370.4	-0.870	0.493	$\sigma_m = 170MPa$
Ti-8Al-1Mo(DA)	7.27×10^8	484.1	-0.939	0.373	$\sigma_m = 170MPa$

材料	$C_f/(\text{MPa})^2$	$(S_{eqv})_c/\text{MPa}$	r	s	附注
AM350(DA)	1.45×10^9	662.5	-0.981	0.203	$\sigma_m=280\text{MPa}$
AM350(CRT)	5.81×10^9	494.9	-0.875	0.342	$\sigma_m=280\text{MPa}$
403	5.06×10^9	394.9	-0.853	0.298	$R=0$
PH15-7Mo	7.30×10^9	502.7	-0.840	0.419	$\sigma_m=0$
	7.05×10^9	506.7	-0.819	0.346	$\sigma_m=213\text{MPa}$
	6.89×10^9	515.5	-0.858	0.346	$\sigma_m=280\text{MPa}$
	8.14×10^9	481.2	-0.858	0.270	$\sigma_m=463\text{MPa}$
	7.61×10^9	500.8	-0.837	0.294	全部数据
SAE4130	8.23×10^8	316.5	-0.961	0.334	$R=-1.0$
	8.66×10^8	316.6	-0.933	0.307	$R=-0.8$
	1.63×10^9	350.8	-0.921	0.241	$R=-0.6$
	1.90×10^9	368.5	-0.960	0.121	$R=-0.3$
	2.61×10^9	312.6	-0.808	0.493	全部数据
24S-T3	6.86×10^8	165.6	-0.930	0.332	$R=-1.0$
	8.86×10^8	142.1	-0.994	0.132	$R=-0.8$
	9.36×10^8	137.2	-0.932	0.272	$R=-0.6$
	9.32×10^8	151.9	-0.963	0.177	$R=-0.3$
	5.77×10^8	141.1	-0.834	0.445	$R=0.02$
	1.05×10^9	130.3	-0.990	0.070	$R=0.25$
	1.27×10^9	147.0	-0.952	0.148	$R=0.40$
	1.01×10^9	140.1	-0.827	0.386	全部数据
75S-T6	6.86×10^8	165.6	-0.911	0.380	$R=-1.0$
	3.16×10^8	184.2	-0.999	0.099	$R=-0.8$
	8.46×10^8	146.0	-0.939	0.165	$R=-0.6$
	5.12×10^8	163.7	-0.784	0.448	$R=0.02$
	3.08×10^8	189.1	-0.997	0.389	$R=0.25$
	7.22×10^8	161.7	-0.836	0.368	全部数据
LC9	9.20×10^8	78	-0.989	0.112	$R=-1.0$
	9.34×10^8	77	-0.991	0.098	$R=0.1$
	1.14×10^9	81	-0.978	0.148	$R=0.5$
	1.04×10^9	78	-0.975	0.160	全部数据

续表

材料	$C_f/(MPa)^2$	$(S_{eqv})_c/MPa$	r	s	附注
	5.55×10^8	122	-0.982	0.172	$R=-2.0$
	7.27×10^8	125	-0.992	0.137	$R=-1.0$
2024-T81	4.27×10^8	139	-0.939	0.115	$R=0$
	5.90×10^8	122	-0.971	0.172	$R=0.5$
	6.34×10^8	123	-0.969	0.206	全部数据
	6.08×10^8	122	-0.979	0.184	$R=-2.0$
	7.86×10^8	108	-0.914	0.384	$R=-1.0$
2024-T3	1.08×10^9	118	-0.912	0.304	$R=-0.5$
	1.10×10^9	124	-0.895	0.218	$R=0$
	1.01×10^9	108	-0.761	0.154	$R=0.5$
	1.06×10^9	113	-0.905	0.320	全部数据
	6.90×10^8	115	-0.972	0.180	$R=-2.0$
	8.91×10^8	112	-0.925	0.296	$R=-1.0$
7075-T6	8.53×10^8	101	-0.925	0.296	$R=-0.5$
	1.21×10^9	109	-0.971	0.179	$R=0.5$
	8.96×10^8	111	-0.850	0.402	全部数据

　　由表 5-4 的数据可见,式(5-10)不仅可拟合各种金属材料在某一应力比或平均应力下的疲劳试验数据,更重要的是它可用于拟合各种金属材料在不同应力比或平均应力下测得的全部疲劳试验数据。所得的线性相关系数均高于线性相关系数的起码值[17,34]。因此,可以认为,式(5-10)是能正确地表示应力比或平均应力对金属材料疲劳寿命影响的公式,是通用的疲劳寿命公式。

　　将不同应力比或平均应力下全部疲劳试验数据拟合得到的 C_f 和 $(\Delta\sigma_{eqv})_c$ 值代入式(5-10),即得金属材料的通用疲劳寿命表达式。例如:

　　对于铝合金 24S-T3

$$N_f = 1.01 \times 10^9 (S_{eqv} - 140.1)^{-2} \tag{5-21a}$$

　　对于铝合金 75S-T6

$$N_f = 7.22 \times 10^8 (S_{eqv} - 161.7)^{-2} \tag{5-21b}$$

　　对于 PH15-7Mo 不锈钢

$$N_f = 7.61 \times 10^9 (S_{eqv} - 500.8)^{-2} \tag{5-21c}$$

　　图 5-9 为按式(5-21a)~式(5-21c)绘制的铝合金 24S-T3、75S-T6 和 PH15-7Mo 不锈钢在不同应力比或平均应力下的疲劳寿命曲线与试验结果[17]。可以看出,在不同应力比或平均应力下疲劳试验数据点,随机地分布在按式(5-21a)~式

(5-21c)绘制的疲劳寿命曲线的两侧。由表 5-4 可见,在各个不同应力比或平均应力下疲劳试验数据拟合得到的 C_f 和 $(S_{eqv})_c$ 值近似为常数;而由全部疲劳试验数据拟合得到的 C_f 和 $(S_{eqv})_c$ 值,是在各个不同应力比或平均应力下疲劳试验数据拟合得到的所有 C_f 和 $(S_{eqv})_c$ 值的平均值。据此,可以认为,式(5-10)真实地反映了应力比或平均应力对金属材料疲劳寿命和理论疲劳极限的影响。

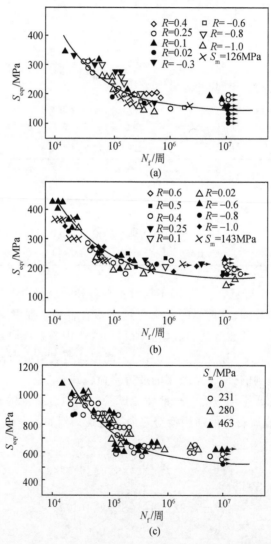

图 5-9　按式(5-21a)～式(5-21c)绘制的铝合金和不锈钢的疲劳寿命曲线与试验结果
(a)铝合金 24S-T3;(b)铝合金 75S-T6;(c)PH15-7Mo 不锈钢

式(5-10)也具有重要的工程实际意义。它可以很方便地用于估算结构件在具有不同应力比或平均应力的载荷谱下的疲劳寿命[8]，可简化疲劳试验和减少疲劳试验工作量。因为只要在 1、2 个应力比或平均应力下进行疲劳试验，用式(5-10)拟合所得数据，即可获得包含应力比或平均应力对疲劳寿命和疲劳极限影响的疲劳寿命表达式，如式(5-21a)~式(5-21c)和图 5-9。

由图 5-9 可以看到，疲劳试验结果有相当大的分散性，即使在同一应力比下测定的试验结果也有很大的分散性。因此，要对疲劳试验结果进行统计分析，详见第12 章。

5.6　理论疲劳极限

5.6.1　金属材料具有确定的疲劳极限

最近，Bathias 等[1]根据超音频下金属材料的疲劳试验结果，认为金属材料没有确定的疲劳极限。这同稍早前他们在超音频下对薄钢板(0.75mm 厚)进行疲劳试验所得的结果是矛盾的[35]。试验结果表明，约在 $N_f = 10^9$ 周时，薄钢板出现疲劳极限[35]。

文献[19]中的试验结果也表明，在超音频下，高强度钢在 $N_f = 10^{10}$ 周时出现疲劳极限，但在数值上低于给定寿命为 $N_f = 10^7$ 周时测定的疲劳极限，如图 5-10所示。

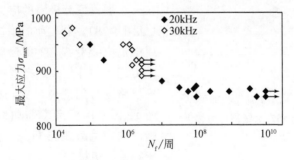

图 5-10　在超音频下测定的高强度钢的疲劳寿命曲线[19]

通常认为，铝、铜及其合金没有确定的疲劳极限。但是，当疲劳寿命达到 $N_f = 10^{10}$ 周时，铜的疲劳寿命曲线趋于水平线，出现确定的疲劳极限，见图5-11[4]。给定寿命 $N_f = 10^{10}$ 周时的疲劳极限，在数值上略高于并近似地等于式(5-13)中的理论疲劳极限或疲劳门槛值。

前述的试验结果表明，金属材料具有确定的理论疲劳极限或疲劳门槛值。因此，有必要进一步讨论理论疲劳极限或疲劳门槛值的物理意义。

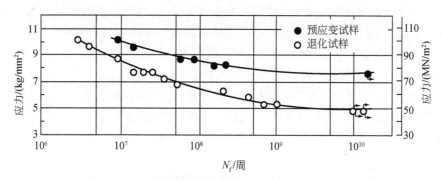

图 5-11　在超音频下测定的退火铜和经历预应变铜的疲劳寿命曲线[4]

5.6.2　理论疲劳极限物理意义的试验验证

由式(5-10)可以看出,$(S_{eqv})_c$ 或 S_{ac} 是表征金属材料疲劳性能的重要参数。因此,有必要进一步探讨它们的物理意义和工程实用意义。

当 $S_{eqv} \leqslant (S_{eqv})_c$ 或 $S_a \leqslant S_{ac}$ 时,$N_f \rightarrow \infty$,如式(5-10)和式(5-13)所示。可以设想,在低于或等于理论疲劳极限的当量应力幅下循环加载,将不会在金属中造成疲

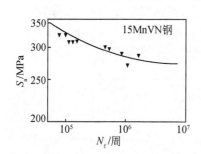

图 5-12　在 $S_a \leqslant S_{ac}$ 下预循环加载 10^7 周对 15MnVN 钢在后续高应力幅下疲劳寿命的影响[37,38]

劳损伤。据此,设计下述疲劳试验:先在低于或等于理论疲劳极限的应力幅下,即在 $S_{eqv} \leqslant (S_{eqv})_c$ 或 $S_a \leqslant S_{ac}$ 预循环加载,然后在高于理论疲劳极限的应力幅下循环加载(见图 4-19)。若先前的预循环加载未在金属中造成疲劳损伤,将不会影响在随后高应力幅下循环加载测定的疲劳寿命。按这一思路进行的疲劳试验,其结果如图 5-12 所示,图中的疲劳寿命曲线是按式(5-15)画出的。由图 5-12 可见,先前在等于或低于理论疲劳极限的应力幅,即 $S_a \leqslant S_{ac}$ 下循

环加载 10^7 周,未在金属中造成疲劳损伤,故对随后在高于理论疲劳极限的应力幅即 $S_a \geqslant S_{ac}$ 下循环加载时的疲劳寿命没有影响。据此,可以认为,理论疲劳极限 S_{ac} 是在金属中不造成疲劳损伤的上限应力幅值。前已指出,金属的疲劳损伤是由局部的循环塑性变形引起的,据此可以设想,在低于或等于理论疲劳极限的应力幅下,金属中不发生局部的循环塑性变形而完全处于弹性状态。

5.6.3　再论疲劳极限与拉伸性能的关系

在 5.6.2 节中,试验验证并论述了理论疲劳极限的物理本质。而试验测定的疲劳极限又高于理论疲劳极限。据此,可以推测,金属材料的疲劳极限应与其微量

塑性变形抗力相关。

文献[37]中的试验结果表明,16Mn 钢的理论疲劳极限近似等于比例极限。方信贤等[25]用 X 射线测定了淬火＋回火的 40Cr 钢的表面微观屈服强度,用升降法测定了疲劳极限,试验结果列入表 5-5。由此可见,40Cr 钢的疲劳极限近似等于表面微观屈服强度,而 40Cr 钢的表面微观屈服强度低于由拉伸试验测定的整体屈服强度。

表 5-5　40Cr 钢的表面屈服强度与旋转弯曲疲劳极限间的关系[25]

参数	回火温度/℃				
	290	400	500	600	700
表面微观屈服强度/MPa	634	523	492	436	330
旋转弯典疲劳极限/MPa	600	520	470	390	335

试验结果[24]还表明,疲劳极限与循环比例极限之间有良好的线性关系,略高于但近似等于循环比例极限,如图 5-13 所示。

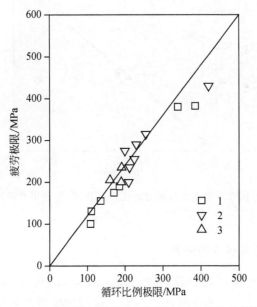

图 5-13　疲劳极限与循环比例极限之间的线性关系[24]

1. 拉-压载荷下的疲劳极限;2. 弯曲下的疲劳极限;3. 扭转下的疲劳极限

上述试验结果说明,疲劳极限与金属表面层晶粒的微观塑性变形抗力有关。当金属所受的循环应力高于理论疲劳极限,其表面层晶粒将发生塑性变形,金属表面层的温度将升高;若所受的循环应力等于或低于理论疲劳极限,表面层晶粒将不发生循环塑性变形,金属表面层的温度将不会升高。La Rosa 等[39]用红外线热像仪,测定了试件在循环加载过程中表面温度的升高(ΔT)与循环应力间的关系。试验结果表明,表面温升 ΔT、初始表面温升 $\Delta T/\Delta N$ 与循环应力之间呈良好的线性关系,将直线外推到 $\Delta T=0$ 或 $\Delta T/\Delta N=0$,即得疲劳极限的值[39]。图 5-14 给出了用红外线热像仪测定的试件、对焊接头和玻璃纤维等的疲劳极限[记为$(\sigma_a)_{TH}$],并与用升降法测定的疲劳极限[记为$(\sigma_a)_{SC}$]做比较。可以看出,$(\sigma_a)_{TH} \approx (\sigma_a)_{SC}$。然而,用红外线热像仪测定的疲劳极限应为理论疲劳极限,应略低于用升降法测定的疲劳极限,但在文献[39]中并未加以区分。这是需要作进一步研究的问题。

上述试验结果间接地证明在低于或等于理论疲劳极限的应力幅下,金属中不发生局部的循环塑性变形,而完全处于弹性状态。由于金属材料的疲劳极限是与表面层晶粒微量塑性变形抗力相关,与抗拉强度没有本质上的关联。因此,根据5.2.3 节中给出的疲劳极限与抗拉强度间相互关系的经验公式估算疲劳极限,难以获得令人满意的结果。

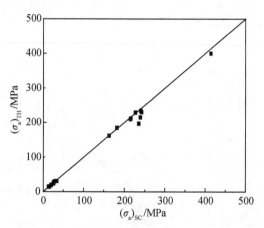

图 5-14　用红外线热像仪测定的疲劳极限$(\sigma_a)_{TH}$与用升降法测定的
疲劳极限$(\sigma_a)_{SC}$的对比[39]

5.6.4　疲劳极限与磁参量的关系

最近的研究还表明[40],采用测定巴克豪森噪声(Barkhausen noise)的方法,可探测材料的疲劳损伤。当外加循环应力低于材料的疲劳极限时,巴克豪森噪声很低且不随应力循环数而改变[40]。这表明,采用测定巴克豪森噪声的方法,也有可能确定材料的疲劳极限。

热损伤是材料在机械加工和热处理过程中经常出现的损伤,其后果是造成材料或构件局部区域的组织和应力的不均匀,导致构件在服役过程疲劳性能下降[33,41]。如何快速、有效、无损地检测热损伤,评估热损伤对疲劳强度的影响是急需解决的工程问题。热损伤后材料的组织、残余应力变化与磁信号的变化具有一定的相关性[42-44]，而材料的疲劳性能是与组织和应力相关的。因此使用某些与组织、应力相关的磁参数可以表征材料的疲劳性能。

文献[43]和[45]测试了 300M 超高强度钢热损伤后的疲劳性能，使用各种磁参数对热损伤程度进行表征，建立了磁参数与疲劳强度的定量关系：

$$\gamma = 1.023 - 0.021BN_r \qquad (5\text{-}22a)$$

$$\gamma = 1.014 - 0.012Br_r \qquad (5\text{-}22b)$$

$$\gamma = 1.016 - 0.016\mu_r \qquad (5\text{-}22c)$$

$$\gamma = 1.036 - 0.019AREA_r \qquad (5\text{-}22d)$$

$$\gamma = \sigma'_a / \sigma_a \qquad (5\text{-}22e)$$

式中，γ 为疲劳强度缩减度；σ_a 为某一寿命条件下材料所能承受的上限应力幅值；σ'_a 为有热损伤材料所能承受的上限应力幅值，其大小表征某一指定寿命条件下热损伤试样相对于正常试样而言，所能承受的上限应力幅值的缩减程度；Br_r、μ_r、$AREA_r$ 和 BN_r 分别表示热损伤后材料的剩磁、磁导率、磁滞回线面积和巴克豪森磁信号值与相应正常材料的磁参数值之比，其大小反映了热损伤导致的磁信号的变化程度。

图 5-15 给出了疲劳强度缩减程度与磁参数的关系，图中给出了指定寿命为 10^5 周、10^6 周、10^7 周和无穷大条件下的分析数据。机械构件热损伤的程度可以通过磁参量来表征，并且可以通过磁参量的相对值来估计热损伤构件的疲劳强度和理论疲劳极限。在工程上可通过检测构件的磁参数，并与正常试样的磁参数进行对比，利用式(5-22a)~式(5-22e)得到 γ 值，由 $\sigma'_{ac} = \gamma\sigma_{ac}$ 得到有热损伤构件的理论疲劳强度值，再根据构件的服役应力情况，可对受损伤构件的可用性和可靠性做出评估，并可对设计中疲劳强度的安全系数的确定提供依据。

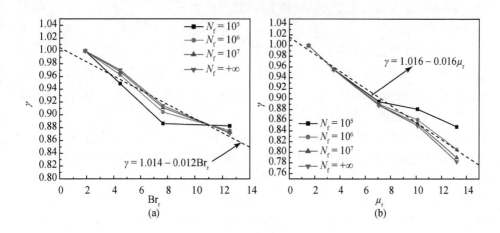

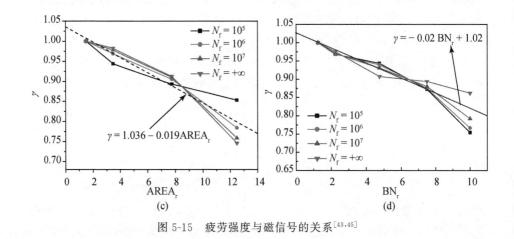

图 5-15　疲劳强度与磁信号的关系[43,45]

5.7　等寿命图及表达式

5.7.1　平均应力对疲劳极限的影响

关于平均应力对疲劳极限的影响,曾经提出三个经验公式加以估计,即 Goodman 公式、Geber 公式和 Solonberg 公式[10,46,47]。兹分别介绍如下:

Goodman 公式可表示为

$$S_{a(R)}/\sigma_{-1} = 1 - S_m/\sigma_b \tag{5-23}$$

Geber 公式则为

$$S_{a(R)}/\sigma_{-1} = 1 - (S_m/\sigma_b)^2 \tag{5-24}$$

Solonberg 公式与上述公式稍有不同,其形式如下:

$$S_{a(R)}/\sigma_{-1} = 1 - S_m/\sigma_{0.2} \tag{5-25}$$

式中,$S_{a(R)}$ 是在应力比为 R 时用应力幅表示的理论疲劳极限。实际上,上述公式是根据 $R=-1$ 或 $S_m=0$ 时的疲劳极限,估算 $S_m>0$ 时的疲劳极限。按以上公式画出的表示平均应力对以应力幅 $\sigma_{a(R)}$ 表示的疲劳极限的影响曲线,又称为疲劳图如图 5-16 所示。由此可见,在相同的平均应力下,Geber 公式给出最高的疲劳极限,Goodman 公式居中,而 Solonberg 公式最低。尽管 Solonberg 公式过高估计了平均应力对疲劳极限的影响,但基本概念是正确的,即在正的平均应力下,平均应力与应力幅之和不应高于金属的屈服强度。在疲劳试验中,若平均应力与应力幅之和,即循环最大应力超过屈服强度,则在加载的第一循环金属即发生塑性变形,引起金属组织和性能的变化,因而很难精确测定疲劳极限之值。在工程应用中,按 Solonberg 公式给出的正平均应力下的疲劳极限值将过于保守。

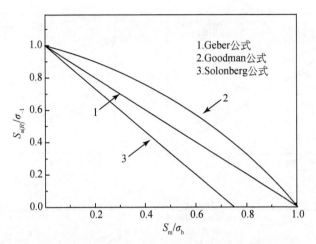

图 5-16　平均应力对疲劳极限的影响示意图

关于平均应力对疲劳极限的影响,工程中常用 Goodman 关系式加以估计[10,46]。但 Goodman 关系低估了平均应力的影响,当 $R>-1$ 时,会给出较高的疲劳极限值[16,17]。因此,有必要进一步讨论平均应力对疲劳极限的影响规律。根据理论疲劳极限的定义,可以得出下式[17]:

$$(S_{eqv})_c = 2S_{a(R)}\sqrt{\frac{1}{2(1-R)}} = \sqrt{S_{a(R)}(S_m + S_{a(R)})} = C \qquad (5\text{-}26)$$

式(5-26)是根据这一概念提出的,即用当量应力幅表示的理论疲劳极限为一常数。由式(5-26)可求得给定的应力比下的平均应力如下[17]:

$$S_m = (1+R)(S_{eqv})_c / \sqrt{2(1-R)} \qquad (5\text{-}27)$$

为便于与 Goodman 和 Geber 经验关系作比较,用参数以应力幅 $S_{a(R)}/(S_{eqv})_c$ 对 S_m/σ_b 作图,可得一无量纲的曲线,如图 5-17 所示,图中也画出了 Goodman 和 Geber 经验关系曲线。图 5-17 表明,当 $R \geqslant -1$ 时,由式(5-26)估算的在不同平均应力下的疲劳极限与试验结果相符,而由 Goodman 公式估算的疲劳极限值则略高于试验结果,Geber 公式估算的疲劳极限值更高,见图 5-17。因此,在结构件的设计中,若采用 Goodman 公式估算正平均应力下的疲劳极限,会给出非保守的估算结果,将会是不安全的。但在高的平均应力下,用式(5-26)估算的疲劳极限则较高。但从图 5-17 中的分析结果表明,式(5-26)适用于 $R \geqslant -2$ 的情况。

进一步用式(5-26)估算金属材料在不同平均应力下的疲劳极限,并与文献[18]中的试验结果作比较,如表 5-6 所示。表 5-6 中也给出了用 Goodman 公式和 Geber 公式估算的结果。

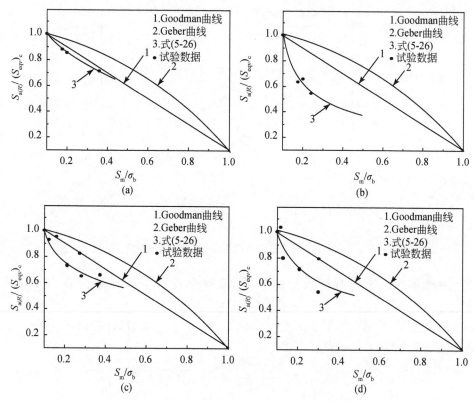

图 5-17　平均应力对疲劳极限的影响[17]

(a)PH15-7Mo；(b)LY12CZ；(c)24S-T3；(d)75S-T6

表 5-6　不同平均应力下金属材料疲劳极限的估算值与试验结果[18]

材料	σ_b /MPa	S_m /MPa	疲劳极限的估算值/MPa			试验值* /MPa
			Goodman 公式	Geber 公式	式(5-26)	
铝合金 24S-T4	465	0	173	173	173	173
		70	145	165	142	151
		140	120	159	117	123
		240	83	128	91	87
		420	20	39	—	53
铝合金 75S-T6	570	0	193	193	193	193
		70	173	190	161	159
		140	140	179	135	138
		240	110	159	107	120
		420	53	90	—	93

材料	σ_b /MPa	S_m /MPa	疲劳极限的估算值/MPa			试验值* /MPa
			Goodman 公式	Geber 公式	式(5-26)	
铝合金 14S-T6	480	0	165	165	165	165
		70	142	162	134	138
		140	117	151	109	124
		240	83	124	84	97
		420	25	42	—	70
镁合金 5%～6% Zn0.66%Zr	355	0	151	151	151	151
		35	137	151	135	131
		70	120	145	120	120
		140	93	128	96	90
		210	62	100	79	62
		280	34	59	—	34
镁合金 2.5% Zn0.65%Zr	260	0	90	90	90	90
		28	79	90	77	83
		56	70	87	66	70
		90	59	79	56	48

* 表示给定寿命为 5×10^7 周。

由表 5-6 可见,式(5-26)给出的不同平均应力下的疲劳极限值,在大多数情况下是较低的,与试验结果接近,但也与 Goodman 公式估算的结果相接近;仅在平均应力很高时,给出较高的值。表 5-6 中的数据表明,某些试验的参数选定是不符合工程实用情况的。例如,部分疲劳试验的循环最大应力已超过材料的抗拉强度。在应力疲劳试验中,循环最大应力应不超过材料的屈服强度;否则,疲劳极限的试验结果既无科学意义也无实用价值。

图 5-18 给出了压缩平均应力,即负平均应力对疲劳极限影响的一些试验结果;这表明在压缩平均应力,即负平均应力下,钢的疲劳极限升高[48],这与式(5-26)所预示的趋势是一致的。关于负平均应力对疲劳极限的影响,在文献[40]中作了总结和讨论。

5.7.2　等寿命图的表达式

应当指出,试验测定的疲劳极限实际上是指定寿命下的疲劳强度。因此,图 5-13 和图 5-17 可看成是等寿命图,Goodman 等公式可看成是等寿命曲线表达式。文献[47]对等寿命图的发展作了评述,但 Goodman 等公式能否用于描述不同给定寿命下的等寿命图,则未明确地说明。最近出版的手册、专著和教科书中,也未给出等寿命图的表达式[5-7,9,13,14]。根据试验结果画出的钛合金的等寿命图,如图 5-19

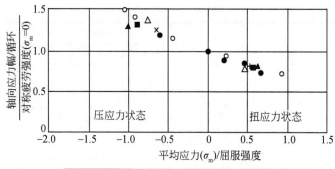

材料	疲劳强度/psi①	屈服强度/psi
× 24 ST铝	±26.000	48.000
○ 0.41 C钢	±36.000	55.000
+ 0.65 C钢	±38.000	57.000
△ 0.44 C钢	±33.000	57.000
● 硬铝	±17.000	32.000
■ 中碳钢	±26.000	38.000
▲ 中碳钢	±37.000	47.000

图 5-18　负平均应力对疲劳极限影响的试验结果[48]

所示[6]。图 5-19 中的等寿命曲线与 Geber 公式接近,也试图用 Geber 公式描述等寿命曲线[6]。

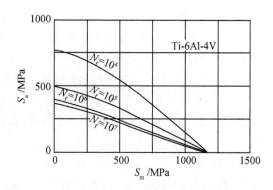

图 5-19　Ti-6Al-4V 钛合金的等寿命图($K_t=1.0$)[6]

文献[17]对大量疲劳试验结果的分析表明,式(5-10)能在整个寿命范围内拟合不同应力比($R\geqslant-2$)或平均应力下的疲劳试验结果。同时,这也表明,在整个寿命范围内,当量名义应力幅都是疲劳损伤和疲劳寿命的控制参量。在给定的寿命(N_f)下,用当量名义应力幅表示的疲劳强度($\Delta\sigma_{eqv}$)$_N$ 为一常数。据此,可以给出等寿命图的表达式如下[17]:

---

① 1psi=1lb/in² =6.895kPa。

$$(S_{eqv})_N = 2S_{a(R,N)}\sqrt{\frac{1}{2(1-R)}} = \sqrt{S_{a(R,N)}S_{max}} = C \qquad (5-28)$$

式(5-28)表明,等寿命图为一族双曲线。在 $\lg S_{a(R,N)}$-$\lg S_{max}$ 双对数坐标上,等寿命图为一族斜率为 -1 的直线;在 $\lg S_{a(R,N)}$-$\lg(1-R)$ 双对数坐标上,等寿命图为一族斜率为 $1/2$ 的直线。

文献[49]报道了用升降法测定的铝合金 LC9 在指定寿命 $N_f = 10^6$ 周和 10^7 周时的疲劳强度,用循环最大应力表示(见表 5-7)。将不同应力比下的疲劳强度折算成当量名义应力幅 S_{eqv},则不同应力比下的疲劳强度近似地为常数,见表 5-7。这对式(5-28)是初步的,也是很好的证明。

表 5-7 LC9 铝合金在指定寿命下用循环最大应力表示疲劳强度的试验结果[16,49]

（单位：MPa）

指定寿命/周	$R=-1$		$R=0.1$		$R=0.5$	
	σ_{max}	S_{eqv}	σ_{max}	S_{eqv}	σ_{max}	S_{eqv}
10^6	—	—	160.7	119.0	228.0	114.0
10^7	87.2	87.2	130.2	90.5	185.4	92.7

5.7.3 等寿命图示例

将拟合各个应力比下测定的铝合金的全部疲劳试验数据得到的 C_f 和 $(S_{eqv})_c$ 值(见表 5-4)代入式(5-10),并给定疲劳寿命,于是可求得式(5-28)中的常数 $(S_{eqv})_N$。将常数 $(S_{eqv})_N$ 回代入式(5-28),即可画出该指定寿命下的 S_a-S_{max} 关系曲线,此即等寿命曲线。给定一组疲劳寿命,可以得到一组等寿命曲线,从而构成等寿命图,如图 5-20 所示。

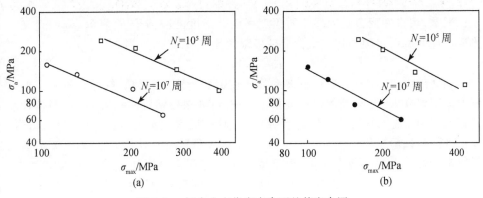

图 5-20　铝合金在指定寿命下的等寿命图

(a)2024-T81；(b)7075-T6

由图 5-20 可见,按式(5-28)画出的等寿命图,与各给定应力比下的 $S_{a(R,N)}$ 和 S_{max} 值符合得很好,从而初步证明式(5-28)可作为等寿命曲线表达式。

5.8　疲劳切口敏感度

5.8.1　应力集中对疲劳寿命的影响

如前所述,在结构件中总是存在切口,从而引起应力集中。在给定的应力比或平均应力下,不同的应力集中系数对疲劳寿命曲线的影响如图 5-21 所示。由此可见,随着应力集中系数的增大,疲劳寿命缩短,疲劳极限降低。

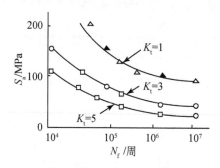

图 5-21　应力集中系数对铝合金 LC9 疲劳寿命的影响($R=-1$)[49]

最近的文献[5,6,13,14,50]中,关于应力集中系数对金属材料疲劳寿命影响的试验结果,与图 5-21 所示的影响规律相似,但未给出能反映应力集中系数和应力比对切口试件疲劳寿命影响的表达式。

5.8.2　疲劳强度缩减因子

通常,切口件疲劳强度降低的幅度用疲劳强度缩减因子 K_f 表示;K_f 的定义为光滑试件的疲劳极限与切口试件疲劳极限之比:

$$K_f = \sigma_{-1}/\sigma_{-1N} \tag{5-29}$$

在文献中,K_f 也称为疲劳缺口系数或疲劳应力集中系数。曾经有各种模型和假说试图建立 K_f 与 K_t 间的定量关系,以便有可能根据切口件的几何和材料的性能估算 K_f 之值,进而得到切口件的疲劳极限,避免耗费大量人力物力测定切口试件疲劳极限的试验工作。较常用的有"单元结构体积"模型,其基本思路是:疲劳损伤不决定于切口根部的最大应力,而是取决于切口根部单元体积内的平均应力[46]。对于多晶体金属材料,因为单元体积间的不均匀性和各向异性,实际应力集中系数 K_t^* 与理论应力集中系数 K_t 是有差别的,于是有[51]

$$K_t^* = 1 + \frac{K_t - 1}{1 + \sqrt{a'/\rho}} \tag{5-30}$$

式中，a' 为单元体积的线性尺寸；ρ 为切口根部半径。在"单元结构体积"模型中，假定 $K_t^* = K_f$，因而有

$$K_f = 1 + \frac{K_t - 1}{1 + \sqrt{a'/\rho}} \tag{5-31}$$

文献[51]给出了单元体尺寸 a' 与材料抗拉强度间的经验关系，如图 5-22 所示。可见，材料的抗拉强度越高，单元体尺寸 a' 越小，K_f 越接近 K_t，即切口导致疲劳极限的降低越大。

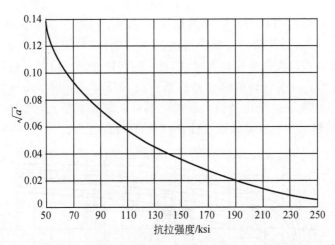

图 5-22　式(5-31)中的单元体尺寸 a' 与钢的抗拉强度间的经验关系[51]

文献中还给出了其他的疲劳强度缩减因子 K_f 表达式，例如 Peterson 给出另一个经验关系式[51]：

$$K_f = 1 + \frac{K_t - 1}{1 + a/\rho} \tag{5-32}$$

式中，a 是特征长度，但与式(5-31)中的 a' 具有不同的意义与数值。

然而，图 4-10 所示的试验结果表明，至少在低的应力集中系数范围内，疲劳强度缩减因子应等于应力集中系数 K_t。但是，图 4-10 所示的试验结果并未受到足够的重视，未被普遍接受，在其后著作中很少被引用。

5.8.3　疲劳切口敏感度指数

由式(5-31)和式(5-32)可以看出，疲劳强度缩减因子 K_f 与材料性质及切口试件几何参数有关。有人曾试图定义一个常数以表示材料的疲劳切口敏感度，这个常数即疲劳切口敏感度指数 q，其定义如下[51,52]：

$$q = (K_f - 1)/(K_t - 1) \tag{5-33}$$

由式(5-33)可见，当 $q = 1$，$K_f = K_t$，表示材料的疲劳强度因切口的存在而导致

最大程度的降低,即对切口的敏感度最大;当 $q=0$,$K_f=1$,表示材料的疲劳强度不因切口的存在而降低,即对切口不敏感。由式(5-31)和式(5-32)或式(5-32)和式(5-33),可以得到

$$q = \frac{1}{1 + \sqrt{a'/\rho}} \tag{5-34}$$

或

$$q = \frac{1}{1 + a/\rho} \tag{5-35}$$

按式(5-34)画出的 q 与 ρ 的关系如图 5-23 所示,式(5-34)中的 a' 值取自图 5-22[51]。由此可见,疲劳切口敏感度指数 q 仍与试件切口根部半径有关,q 仍不是材料常数。仅当切口根部半径较大时,即对于钝切口件,疲劳切口敏感度指数 q 可近似地看做常数。随着切口根部半径的减小,q 值下降;当 $\rho \to 0$,$q \to 0$。这可定性地解释图 5-23 中曲线的变化趋势。裂纹尖端存在临界半径 ρ_c,当切口根部半径 $\rho \leqslant \rho_c$ 时,即使是切口件也应看做裂纹件,应当做裂纹件处理。

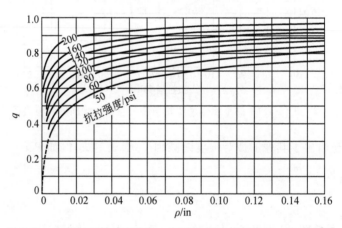

图 5-23　疲劳切口敏感度指数 q 与试件切口根部半径 ρ 的关系[51]

前已指出,K_f 与给定的疲劳寿命有关,因而 q 也应与给定的疲劳寿命有关。所以,很难求得 K_f、q 与材料性能和试件几何之间的定量关系。

5.9　切口试件的疲劳寿命表达式

5.9.1　切口试件疲劳寿命试验结果的表征

图 5-21 表明,在给定的应力比下,每一组具有应力集中系数的切口试件对应一条疲劳寿命曲线。工程使用的结构件具有各种不同的应力集中系数,因而要做大量的疲劳试验测定疲劳寿命曲线。为节约人力物力,最好能找到表征不同应力

集中系数的试件、在应力比下测定的疲劳寿命试验结果的参数和相应的表达式。

Feltner 等[53]用参数 $K_f\sqrt{E\Delta S\Delta\varepsilon}$ 表征具有应力集中系数的铝合金试件的疲劳寿命试验结果,所得结果如图 5-24 所示,但作者并未给出疲劳寿命的表达式。

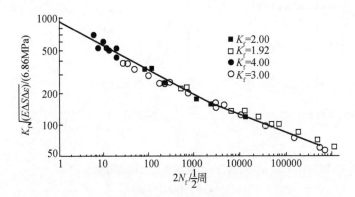

图 5-24　铝合金 7075-T6 试件的疲劳寿命与参数 $K_f\sqrt{E\Delta S\Delta\varepsilon}$ 间的关系[53]

5.9.2　结构钢切口试件疲劳寿命的近似表达式

前已指出,对于小尺寸的疲劳试件,其疲劳裂纹起始寿命近似等于疲劳寿命,尤其在长寿命区内。因此,可以认为,疲劳裂纹起始寿命的表达式,即式(4-10)可用于拟合切口试件疲劳寿命的试验结果[16,54,55]。于是,小尺寸切口试件的疲劳寿命可表示为

$$N_f \approx N_i = C_f\big[\Delta\sigma_{eqv}^{2/(1+n)} - (\Delta\sigma_{eqv})_c^{2/(1+n)}\big]^{-2} \tag{5-36}$$

式中,C_f、$(\Delta\sigma_{eqv})_c$ 可认为是切口试件的疲劳抗力系数和理论疲劳极限,也可分别用式(4-11)和式(4-12)近似地表示。所以,C_f、$(\Delta\sigma_{eqv})_c$ 也可认为是材料常数。

用式(5-36)和 4.5.1 节中的方法进行回归分析,给出下列表达式:

对于正火状态的 45 钢棒材

$$N_f = 2.39 \times 10^{14}(\Delta\sigma_{eqv}^{1.736} - 302.8^{1.736})^{-2} \tag{5-37}$$

对于调质状态的 45 钢棒材

$$N_f = 3.53 \times 10^{14}(\Delta\sigma_{eqv}^{1.803} - 352.7^{1.803})^{-2} \tag{5-38}$$

回归分析给出的线性相关系数分别为 $r=-0.70$ 和 $r=-0.940$,远大于线性相关系数的起码值[34,55]。这表明式(5-36)能用于拟合 45 钢切口件的疲劳寿命的试验结果。

图 5-25 中分别按式(5-37)和式(5-38)画出了正火状态和调质状态的 45 钢棒材切口件的疲劳寿命曲线和试验结果。由此可见,45 钢棒材切口件的疲劳寿命的试验结果分布在按式(5-37)和式(5-38)画出疲劳寿命曲线的两侧。这表明式(5-36)能用于表示 45 钢切口件的疲劳寿命的试验结果。

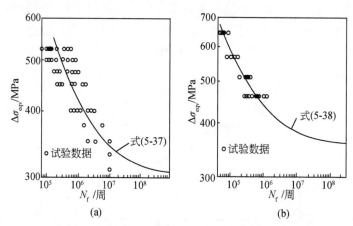

图 5-25　45 钢棒材切口件的疲劳寿命曲线和试验结果[55,56]

(a)正火;(b)调质处理

文献[54]和[57]还表明,式(5-36)能用于表示 15MnVN 钢、正火 45 钢和 45 钢摩擦焊接头疲劳寿命的试验结果,所得的疲劳寿命表达式能用于估算变幅载荷下的疲劳寿命。

5.9.3　切口试件的疲劳极限

若应力比 $R=-1$,则式(5-36)可简化为

$$N_f=C_f\big[(K_tS_a)^{2/(1+n)}-(K_tS_a)_c^{2/(1+n)}\big]^{-2} \tag{5-39}$$

$$(K_tS_a)_c=C \tag{5-40}$$

这表明当 $R=-1$ 时,用应力幅与应力集中系数的乘积表示的疲劳极限为一常数。应力集中系数对低碳钢疲劳极限的影响,如图 4-10 所示;也就是说,在一定的应力集中系数范围内,含切口试件的疲劳极限与应力集中系数成反比地降低,亦即切口试件的疲劳极限与应力集中系数乘积等于常数。这对式(5-40)中所表示的疲劳极限与应力集中系数的关系,是很好的而且是客观的证明。

图 4-10 还表明,当应力集中系数超过一定的数值后,试件中出现非扩展裂纹。然而,对于疲劳裂纹起始而言,式(5-33)在所研究的应力集中范围内是成立的。非扩展裂纹的出现与下述两个因素相关:切口弯曲试件中存在大的应力梯度,低碳钢具有高的抗裂纹扩展能力。但是,在拉-拉或拉-压循环载荷下,是否出现非扩展裂纹值得进一步研究。

5.10　复合应力状态下金属材料的疲劳强度

在很多情况下,结构件受到复合循环应力的作用,如弯-扭复合循环应力、双向

拉伸复合循环应力等。应用单向循环应力测定的疲劳极限来估算多轴循环应力状态下的疲劳极限,通常总是应用静载下的屈服判据,只是以相应的疲劳极限替代屈服判据中的屈服强度[15]。

试验结果表明[48],延性钢材在弯-扭复合循环应力下遵循 Misses 屈服判据,也就是说,扭转疲劳极限与单向循环应力测定的疲劳极限之比为 0.577。在不同的弯-扭循环应力比下的疲劳强度应符合下列公式:

$$(S_a/\sigma_{-1})^2 + (\tau_a/\tau_{-1})^2 = 1 \qquad (5-41)$$

式中,σ_{-1}、τ_{-1}分别为 $R=-1$ 时的弯曲和扭转疲劳极限;S_a、τ_a分别为承受弯-扭复合循环应力时弯曲和扭转应力幅。各种钢材在弯-扭复合循环应力下疲劳强度的试验结果基本符合上述表达式,如图 5-26 所示[46]。

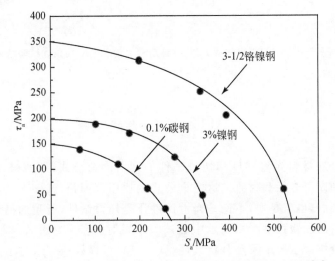

图 5-26　弯-扭复合循环应力下结构钢疲劳强度的试验结果[46]

在双向拉伸复合循环应力下,可用下列经验关系式来估算不同纵、横应力比下的疲劳强度[23]:

$$(S_{ax}/\sigma_{-1x})^2 + (S_{ay}/\sigma_{-1y})^2 = 1 \qquad (5-42)$$

式中,σ_{-1x}、σ_{-1y}分别为沿 x 和 y 方向测定的疲劳极限;S_{ax}、S_{ay}分别为不同纵、横应力比下沿 x 和 y 方向的疲劳强度(用应力幅表示)[23]。图 5-27 表示按式(5-42)画出的疲劳强度曲线和试验结果。

铝合金 24S-T 的试验结果与式(5-42)符合得很好,而低碳钢有两个应力状态的试验结果偏离式(5-42)。这种情况的出现,常与钢材各向异性有关。例如,4340钢沿轧制方向的疲劳极限为 800～880MPa,而沿横向测定的疲劳极限仅为 460～540MPa,采用真空熔炼后,4340 钢沿轧制方向和横向的疲劳极限分别为 960MPa和 830MPa[46]。

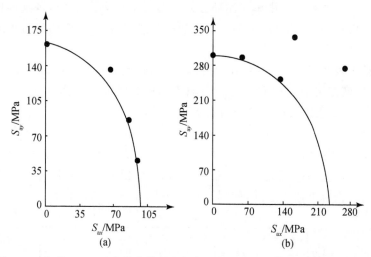

图 5-27　按式(5-42)画出的疲劳强度(给定寿命为 10^6 周)曲线和试验结果[23]

(a)铝合金 24S-T；(b) 1020 钢

5.11　结　　语

适用于金属材料光滑试件和切口试件的疲劳寿命公式,即式(5-10)和式(5-36),在本章中做了介绍和讨论。这两个公式的适用范围是,试件不发生整体屈服甚至大范围屈服,也就是说,不论是光滑试件还是切口试件,所受的循环最大应力不应超过材料的屈服强度。用文献中的试验结果对疲劳寿命公式,即式(5-10)进行了客观的校核。试验结果和分析表明,式(5-10)可很好地表示在不同应力比或平均应力下的疲劳寿命的试验结果。疲劳试验结果和分析也表明,疲劳寿命公式,即式(5-36)可用于表示具有不同应力集中系数的切口件在不同应力比下的疲劳寿命的试验结果。应当注意,式(5-10)和式(5-36)是小试件的疲劳寿命,尤其是在中、长寿命区,近似等于疲劳裂纹起始寿命的条件下,由疲劳裂纹起始寿命公式得来的,所以在一定的程度上是近似公式。

由式(5-10)可以看出,理论疲劳极限是表征材料疲劳性能的两个主要参数之一。但是,材料的理论疲劳极限无法由试验直接测定,而试验测定的疲劳极限,实际上是给定寿命下的疲劳强度,它与理论疲劳极限的定义是不同的,它们之间的关系由式(5-10)确定。在本章中,对理论疲劳极限与试验测定的疲劳极限,以及应力集中系数和平均应力或应力比的影响,包括经典表达式,进行了较详细的讨论,进而,根据式(5-10)和式(5-36),给出了应力集中系数和平均应力或应力比对疲劳极限影响的表达式。根据材料的拉伸性能预测疲劳极限,给出了各类材料的疲劳极限与抗拉强度间的经验关系式。根据疲劳裂纹形成的微观机理可以认为,金属材料的疲劳极限应与材料的微观塑性变形抗力,例如比例极限或表面屈服强度相关,并且已有试验结果证明这一论点,应继续进行研究。

参 考 文 献

[1] Bathias C,Drouillac L,François P. How and why the fatigue S-N curve does not approach a horizontal asymptote. International Journal of Fatigue,2001,23(supplement 1):143-151.

[2] Kohout J, Věchet S. A new function for fatigue curves characterization and its multiple merits. International Journal of Fatigue,2001,23(2):175-183.

[3] Marines I,Bin X,Bathias C. An understanding of very high cycle fatigue of metals. International Journal of Fatigue,2003,25(9-11):1101-1107.

[4] Hessler W, Müller H, Weiss B, et al. Fatigue limit of Cu and Al up to 10^{10} loading cycles//Wells J M. Ultrasonic Fatigue,New York,1981:245-263.

[5] Dowling N E. Mechanical Behavior of Materials. 2nd Edition. Upper Saddle River:Prentice Hall,1998.

[6] Schijve J. Fatigue of Structures and Materials. Boston:Kluwer Academic Publishers,2001.

[7] Suresh S. Fatigue of Materials. 2nd Edition. Cambridge:Cambridge University Press,1998.

[8] 吴富民. 结构疲劳强度. 西安:西北工业大学出版社,1983.

[9] 赵少汴,王忠保. 疲劳设计. 北京:机械工业出版社,1992.

[10] Buch A. Fatigue Strength Calculations. Uetikon-Zurich:Trans. Tech. Publications,1988.

[11] 徐灏. 疲劳强度. 北京:高等教育出版社,1988.

[12] Mechanical Properties Data Center. Aerospace Structural Materials Handbook（Ⅰ）,（Ⅱ）,（Ⅲ）. Travers City:Belfour Stulen,Inc. ,1970.

[13] 吴学仁. 飞机结构金属材料力学性能手册(第 1 卷):静强度·疲劳/耐久性. 北京:航空工业出版社,1996.

[14] 高镇同,蒋新桐,熊峻江,等. 疲劳性能试验设计和数据处理-直升机金属材料疲劳性能可靠性手册. 北京:北京航空航天大学出版社,1999.

[15] Yeske R A,Roth L D. Environmental effect on fatigue of stainless steel at very high frequencies//Wells J M. Ultrasonic Fatigue,New York,1981:365-386.

[16] 郑修麟. 金属疲劳的定量理论. 西安:西北工业大学出版社,1994.

[17] Zheng X L,Lu B T. On the fatigue formula under stress cycling. International Journal of Fatigue,1987,9(3):169-174.

[18] Rabbe P. Mécanisms et mécanique de la fatigue//Bathias C,Bailon P. Fatigue des Materiaux et des Structures. Montreal:Les Presses D'Université De Montreal,1981: 1-30.

[19] 薛红前,陶华. 20kHz 频率下高强度钢超高周疲劳研究. 机械工程材料,2005,29(5):12-15.

[20] Weibull W. Scatter of fatigue life and fatigue strength in aircraft structural materials and parts//Freudenthal A M. Fatigue in Aircraft Structure. New York: Academic Press Inc. ,1956: 126-145.

[21] Conway J B,Sjodahl L H. Analysis and Presentation of Fatigue Data. Cincinnati:Mar-Test Inc. ,1991.

[22] McClintock F A. The statistical planning and interpretation of fatigue tests//Waisman J L,Sines G. Metal Fatigue. New York:McGraw-Hill,1959:112-141.

[23] Grover H J,Gordon A,Jackson L R. Fatigue of Metals and Structures. Washington D C:Government Printing Office,1954.

［24］什科利尼克. 疲劳试验方法手册. 陈玉琨等译. 北京：机械工业出版社,1983.

［25］方信贤,何家文,李家宝. 碳钢表面屈服强度研究//中国力学学会,中国航空学会,中国金属学会,中国机械工程学会. 全国第四届疲劳学术会议论文集,秦皇岛,1989：103-106.

［26］Jeelani S,Ghebremedhin S,Musial M. A study of cumulative fatigue damage in titanium 6Al-4V alloy. International Journal of Fatigue,1986,8(1)：23-27.

［27］Landgraf R W. The resistance of metals to cyclic deformation//ASTM Committee Eoq. Achievement of High Fatigue Resistance in Metals and Alloys,ASTM STP467. Baltimore：American Society for Testing and Materials,1970：3-36.

［28］Smith R N,Watsom P,Topper T H. A stress-strain function for the fatigue of metals. Journal of Materials,1970,5(4)：767-778.

［29］ASM Handbook Committee. Metals Handbook：Mechanical Testing. 9th Edition. Ohio：American Society for Metals,Metals Park,1985.

［30］Rolfe S T,Barsom J M. Fracture and Fatigue Control in Structures. Englewood：Prentice Hall,1977：205-231.

［31］郑修麟,凌超,吕宝桐,等. 低碳低合金钢及焊接件的寿命估算. 机械强度,1993,15(3)：70-75.

［32］魏建锋,郑修麟. 2091铝锂合金疲劳性能的定量研究. 有色金属,1995,47(3)：91-94.

［33］王泓,乙晓伟,刘雪峰,等. 基于疲劳性能的热损伤巴氏磁参数表征. 中国机械工程,2008,19(5)：609-612.

［34］邓勃. 分析测试数据的统计处理方法. 北京：清华大学出版社,1995.

［35］Wang Q Y,Sun Z D,Bathias C,et al. Fatigue crack initiation and growth behaviour of a thin steel sheet at ultrasonic frequency//Wu X R,Wang Z G. Proceedings of 7th International Fatigue Congress,FATIGUE'99. Beijing：Higher Education Press,1999：169-174.

［36］Laird C. Strain rate effects in cyclic deformation and fatigue failure//Wells J M. Ultrasonic Fatigue,New York,1981：187-205.

［37］郑修麟,凌超,江泓. 预应变和超载对低合金钢疲劳性能的影响. 西北工业大学学报,1993,11(3)：293-298.

［38］Zheng X L. Overload effects on fatigue behaviour and life prediction model of low carbon steels. International Journal of Fatigue,1995,17(5)：331-337.

［39］La Rosa G,Risitano A. Thermographic methodology for rapid determination of the fatigue limit of materials and mechanical components. International Journal of Fatigue,2000,22(1)：65-73.

［40］Palma E S,Mansur T R,Ferreira S. Fatigue damage assessment in AISI 8620 steel using Barkhausen noise. International Journal of Fatigue,2005,27(6)：659-665.

［41］刘雪峰,王泓,乙晓伟,等. 热损伤组织和应力对巴氏磁参量的影响. 机械科学与技术,2007,26(10)：1321-1323.

［42］朱克兵,王泓,张越. 巴克豪森信号与300M钢表层应力的响应特性. 无损检测,2006,28(5)：252-255.

［43］乙晓伟. 基于疲劳性能的热损伤磁参数表征. 西安：西北工业大学硕士学位论文,2007.

［44］秦锋英,张建国,王泓,等. 高Co-Ni超高强度钢残余应力的巴克豪森信号表征. 金属热处理,2008,33(6)：77-79.

［45］Yi X W,Wang H,Zhang Y,et al. Characterizations of thermal damage by magnetic parameters based on fatigue properties. 7th International Conference on Barkhausen Noise and Micromagnetic Testing,Aachen,2009：89-94.

［46］Frost N E,Marsh K J,Pook L P. Metal Fatigue. Oxford：Clarendon Press,1974.

[47]Sendeckjy G P. Constant life diagrams-a historical review. International Journal of Fatigue,2001,23(4)：347-353.

[48]Sines G. Behavior of metals under complex static and alternating stresses//Waisman J L,Sines G. Metal Fatigue. New York：McGraw-Hill,1959：145-169.

[49]北京航空材料研究所. 航空金属材料疲劳性能手册. 北京：北京航空材料研究所,1982.

[50]王弘,高庆. 缺口应力集中对 45Cr 钢高周疲劳性能的影响. 机械工程材料,2004,28(8)：12-14.

[51]Peterson R E. Notch sensitivity//Waisman J L ,Sines G. Metal Fatigue. New York：McGraw-Hill,1959：293-306.

[52]周惠久,黄明志. 金属材料强度学. 北京：科学出版社,1989.

[53]Feltner C E,Landgraf R W. Selecting materials to resist low cycle fatigue. Transactions of the ASME, Journal of Basic Engineering,1971,1：444-452.

[54]Yan J H,Zheng X L,Zhao K. Prediction of fatigue life and its probability distribution of notched friction welded joints under variable-amplitude loading. International Journal of Fatigue,2000,22：481-494.

[55]魏建锋,吕宝桐,郑修麟,等. 正火 45 钢切口件带存活率的寿命曲线表达式及寿命估算. 西北工业大学学报,1996,2：179-184.

[56]魏建锋. 变幅载荷下疲劳寿命概率分布的预测模型. 西安：西北工业大学博士学位论文,1996.

[57]Zheng X L,Li Z,Lu B T. Prediction of probability distribution of fatigue life of 15MnVN steel notched elements under variable amplitude loading. International Journal of Fatigue,1996,18 (2)：81-86.

第6章 疲劳裂纹扩展速率公式——疲劳裂纹扩展的力学模型

6.1 引　言

对疲劳裂纹扩展的研究始于20世纪40年代[1,2]。至今,它仍是疲劳研究的一个主要的领域。疲劳裂纹扩展的基础研究可分为两个主要方面:疲劳裂纹扩展的微观机理与宏观规律。疲劳裂纹扩展的微观机理,是研究在循环载荷下裂纹如何扩展的;而疲劳裂纹扩展的宏观规律,则是研究疲劳裂纹扩展的控制参数与疲劳裂纹扩展速率表达式,以及影响疲劳裂纹扩展速率的因素等。两者既相互联系又相互补充。疲劳裂纹扩展微观机理的研究为建立疲劳裂纹扩展的宏观力学模型提供物理依据,进而导出疲劳裂纹扩展速率的表达式;两者结合则可为研制抗疲劳材料提出新思路。在工程应用中,好的疲劳裂纹扩展速率表达式则是结构件的疲劳裂纹扩展寿命精确预测的一个主要依据。疲劳裂纹扩展速率公式的研究,是疲劳裂纹扩展的基础研究与应用研究的结合点,具有直接的实用价值。

对于疲劳裂纹扩展已经进行了大量的理论与试验研究,很多研究者对此做了总结[1-9]。目前虽已提出了一百多个疲劳裂纹扩展速率表达式[8,9],但大家仍在进行研究[10-12],甚至研究裂纹扩展的控制参数[13],试图得到适用于微观组织、结构和性能不同的各类材料的疲劳裂纹扩展速率表达式[1,2]。一个完善的疲劳裂纹扩展速率表达式应能表明裂纹扩展速率(da/dN)与其主要控制参数之间的关系,这些参数包括应力强度因子范围(ΔK)、应力比(R)、疲劳裂纹扩展门槛值(ΔK_{th})、断裂韧性(K_C)、拉伸性能以及加载历程等。更为重要的是,这样的裂纹扩展速率表达式能很好地解释和表示疲劳裂纹扩展速率的试验结果。这样的裂纹扩展速率表达式只能建立在合理的、符合疲劳裂纹扩展微观机理和宏观力学模型的基础之上,而且能表示疲劳裂纹扩展速率的实际观测结果。关于疲劳裂纹扩展的力学模型和疲劳裂纹扩展速率表达式的前期研究工作总结在文献[14]中。

如上所述,研究裂纹扩展的力学模型,进而导出疲劳裂纹扩展速率表达式,具有重要的理论与实际意义。本章介绍改进的裂纹扩展的静态断裂模型,以及相关的疲劳裂纹扩展速率表达式,并用各种金属材料疲劳裂纹扩展速率的试验结果加以验证。这一表达式揭示了疲劳裂纹扩展速率与应力强度因子范围(ΔK)、应力比(R)、疲劳裂纹扩展门槛值(ΔK_{th})、拉伸性能以及裂纹在稳态扩展区扩展机理之间的关系[14-16]。

6.2　疲劳裂纹扩展的一般规律

6.2.1　典型的疲劳裂纹扩展速率曲线

典型的疲劳裂纹扩展速率曲线如图 6-1 所示,其中包含三个区:Ⅰ区为近门槛区,Ⅱ区为中部稳态扩展区,Ⅲ区为快速扩展区[15,17,18]。在Ⅰ区,裂纹扩展速率随应力强度因子范围 ΔK 的降低而迅速降低。当 $\Delta K \leqslant \Delta K_{th}$ 时,$da/dN = 0$,因而 ΔK_{th} 即定义为疲劳裂纹扩展门槛值。在Ⅲ区,裂纹扩展速率随 ΔK 的升高而快速升高。当应力强度因子的最大值达到断裂韧性时,即 $K_{max} = K_{IC}(K_C)$,试件发生断裂。由此可见,ΔK_{th} 和 $K_{IC}(K_C)$

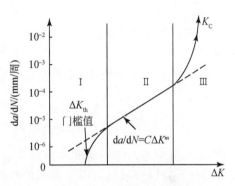

图 6-1　金属材料的典型的疲劳裂纹扩展
曲线示意图[15,18]

分别是疲劳裂纹扩展速率曲线的上、下边界。在Ⅱ区,裂纹扩展速率随 ΔK 的升高而稳步地升高,并可表示为 ΔK 的幂函数。Paris 和 Erdogan[19] 率先将断裂力学参数引入疲劳裂纹扩展的研究,使疲劳裂纹扩展的研究进入全新的阶段。

6.2.2　疲劳裂纹扩展速率表达式

目前,在文献中常见的疲劳裂纹扩展速率表达式是 Paris 和 Erdogan[19] 率先提出的,通常简称为 Paris 公式:
$$da/dN = C \Delta K^m \tag{6-1}$$
式中,C、m 是由试验确定的系数和指数。由图 6-1 可见,Paris 公式可很好地拟合Ⅱ区中疲劳裂纹扩展的试验结果,但不适用于Ⅰ区和Ⅲ区。其原因可能是,在Ⅰ区、Ⅱ区和Ⅲ区的裂纹扩展机理和影响裂纹扩展机理的某些主要因素有所不同。对于金属材料,现有的大多数裂纹扩展模型预测 m 值为 2 或 4[8],而实测值则为 1.41~9.66[20,21]。并且,Paris 公式无法提供影响裂纹扩展速率的内部因素和外部因素方面的信息。

考虑到带裂纹试件的断裂条件,Forman 等[22] 提出了疲劳裂纹扩展速率的经验关系式:
$$\frac{da}{dN} = \frac{C \Delta K^m}{(1-R)K_C - \Delta K} \tag{6-2}$$

Forman 公式可描述裂纹在 II 区和 III 区内的扩展,尤其是表明应力比对疲劳裂纹扩展速率的影响。然而,Forman 公式不能描述裂纹在 I 区内的扩展。

考虑到疲劳裂纹扩展门槛值的存在,Klesnil 和 Lukáš[23] 提出疲劳裂纹扩展速率表达式为

$$da/dN = A(\Delta K^n - \Delta K_0^n) \tag{6-3}$$

式中,ΔK_{th} 表示疲劳裂纹扩展门槛值;A、n 为拟合疲劳裂纹扩展试验结果得到的常数,但物理意义不详。

基于无载状态下裂纹尖端仍存在残余张开位移的假设,Donahue 等[24] 导出裂纹扩展速率的表达式:

$$da/dN = \frac{A}{E\sigma_s}(\Delta K^2 - \Delta K_0^2) \tag{6-4}$$

式中,E、σ_s 分别为弹性模量和屈服强度;A 为一常数但定义不详。式(6-4)表明裂纹扩展速率将随金属材料屈服强度的升高而降低。但试验结果显示,金属材料的屈服强度对 II 区的裂纹扩展速率无明显的影响[25,26],甚至可能提高 I 区内的裂纹扩展速率[17]。

Smith 等[27] 拟合角焊缝裂纹扩展速率的试验结果,得出疲劳裂纹扩展速率的表达式:

$$da/dN = C(\Delta K - \Delta K_{th})^m \tag{6-5}$$

式(6-5)中的指数 m 值接近 2.0。式(6-3)~式(6-5)均可描述裂纹在 I 区和 II 区的扩展。

曾做出很多努力,试图找到能描述包含 I 区、II 区和 III 区在内的、整个裂纹扩展速率曲线的表达式,其中之一如下式所示[8,9]:

$$\frac{da}{dN} = C\,\frac{\Delta K^n - \Delta K_{th}^n}{(1-R)K_c - \Delta K} \tag{6-6}$$

可以认为,式(6-6)乃是式(6-2)和式(6-3)的组合。最近,仍在研究能描述包含 I 区、II 区和 III 区在内的、整个裂纹扩展速率曲线的表达式,并能根据材料的其他性能参数预测疲劳裂纹扩展速率[12]。

6.3　影响疲劳裂纹扩展速率的因素

影响疲劳裂纹扩展速率的因素很多,可分为内部因素和外部因素加以讨论。内部因素主要有材料的显微组织和力学性能等。外部因素则包括试件的厚度、应力比、加载频率等。关于环境对疲劳裂纹扩展速率的影响,将在第9章中讨论。

6.3.1　内部因素对疲劳裂纹扩展速率的影响

此处所提的内部因素是指金属的显微组织和力学性能。通常,金属的显微组

织对 Ⅱ 区内的裂纹扩展速率没有明显的影响,但对 Ⅰ 区和 Ⅲ 区内的裂纹扩展速率有很大的影响[6,17,18,25]。然而,若金属的显微组织的变化引起其塑性的急剧下降和裂纹扩展机理的改变,则会给裂纹扩展速率带来巨大变化,见表 6-1[6]。显微组织对 Ⅰ 区和 Ⅲ 区内的裂纹扩展速率的影响,取决于显微组织对 ΔK_{th} 和 K_C 的影响。关于显微组织对 ΔK_{th} 的影响将在以后讨论。

表 6-1 具有不同组织的 1.0%C 钢疲劳裂纹扩展速率的试验结果[6]

$\Delta K/(MPa \cdot \sqrt{m})$	$K_{max}/(MPa \cdot \sqrt{m})$	da/dN/(mm/周)		
		粒状珠光体	粒状珠光体＋片状珠光体	粗片状珠光体
28.84	31.05	1.00×10^{-4}	1.67×10^{-4}	3.89×10^{-4}
37.26	43.46	3.20×10^{-4}	6.25×10^{-4}	2.32×10^{-3}
49.67	55.88	6.25×10^{-4}	1.88×10^{-3}	断裂

曾有文献报道[8],裂纹扩展速率和 Paris 公式中的指数 m 随 K_{IC} 的升高而降低,如图 6-2 所示。这一现象是可以理解的,因为 K_{IC} 的升高延迟了裂纹快速扩展的开始点,且将 Ⅱ 区推向更高的 ΔK 区(见图 6-1)[12,17]。

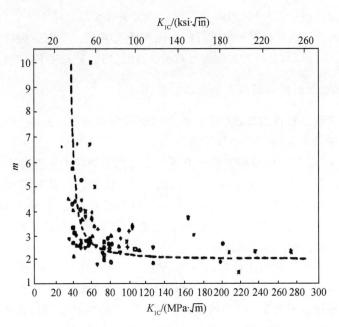

图 6-2 K_{IC} 对 Paris 公式中指数 m 的影响[8]

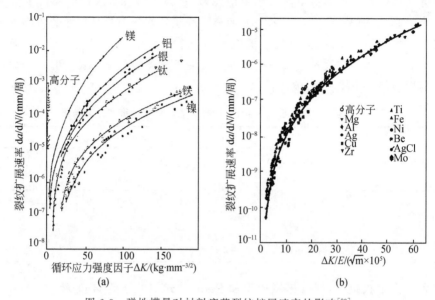

图 6-3　弹性模量对材料疲劳裂纹扩展速率的影响[29]

（a）具有不同弹性模量材料的裂纹扩展速率曲线；（b）用 $\Delta K/E$ 归一化的裂纹扩展速率曲线

具有高弹性模量的材料，通常具有低的疲劳裂纹扩展速率[28,29]。用参数 $\Delta K/E$ 对不同材料的疲劳裂纹扩展速率进行归一化，则可形成统一的疲劳裂纹扩展曲线，如图 6-3 所示[29]。然而，材料的屈服强度对裂纹在Ⅱ区内的扩展速率影响很小。

6.3.2　外部因素对疲劳裂纹扩展速率的影响

外部因素包括试件的厚度、应力比、加载频率和环境等。外部因素对疲劳裂纹扩展速率的影响在文献[6,8,9]中作了总结。

正火的 15MnVN 钢厚板试件的厚度对Ⅰ区内的裂纹扩展速率有显著的影响，但对Ⅱ区内的裂纹扩展速率影响不大，如图 6-4 所示[14,30]。提高应力比，Ⅱ区内的裂纹扩展速率稍稍升高，但Ⅰ区内的裂纹扩展速率显著地提高，见图 6-5 [14,30]。同样的试验结果也在文献[6,17,26,31]中也作了报道。这是因为裂纹扩展门槛值随着试件的厚度、应力比的增大而降低。

在裂纹尖端被中性介质冷却，裂纹尖端的材料温度不致升高的情况下，或者裂纹尖端的材料温度虽然有所升高但不影响材料的弹性模量的情况下，加载频率对疲劳裂纹扩展速率没有影响，如图 6-6 所示[32-34]。温度对疲劳裂纹扩展速率的影响，可根据温度对弹性模量的影响进行预测。温度降低，弹性模量升高，疲劳裂纹扩展速率降低[35]。

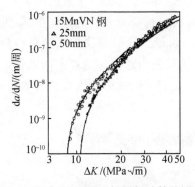

图 6-4　正火 15MnVN 钢厚板试件的厚度
　　　　对疲劳裂纹扩展速率的影响[14,30]

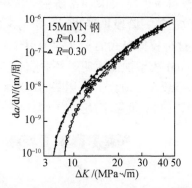

图 6-5　应力比对正火 15MnVN 钢厚板疲劳
　　　　裂纹扩展速率的影响[14,30]

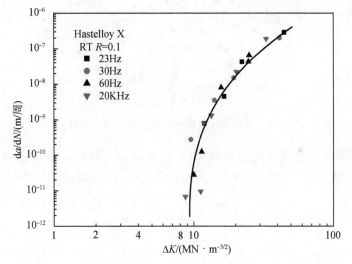

图 6-6　加载频率对耐热合金 Hastelloy X 疲劳裂纹扩展速率的影响[34]

6.4　疲劳裂纹扩展的机理

疲劳裂纹扩展机理与裂纹尖端的力学状态、材料的显微组织和力学性能有关。曾用光滑试件和带裂纹的试件,观察、研究了疲劳裂纹扩展的机理,获得了丰富的关于疲劳裂纹扩展过程和机理的认识,分别论述如下。

6.4.1　疲劳裂纹的初期扩展

在光滑试件中,疲劳裂纹形成以后,初期沿着与拉应力呈一定角度(约 45°)方向的滑移面扩展,如图 6-7 所示。这种切变方式的扩展称为裂纹扩展的第一阶段。当裂纹的第一阶段扩展达到一定的深度后,即转向与拉应力垂直的方向扩展,见图6-7。这种拉伸形式的扩展称为裂纹扩展的第二阶段。疲劳裂纹扩展的第一阶段可用 Gell 模型加以说明[36,37],它认为沿滑移面的反复滑移引起滑移面间结合力的降低,导致在正应力的作用下沿滑移面开裂。关于疲劳裂纹第一阶段扩展的机理,在文献[18]中也做了论述。

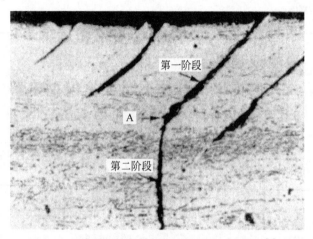

图 6-7　光滑试件中疲劳裂纹扩展的两个阶段[2]

当光滑试件所受的循环应力增大时,裂纹在第一阶段扩展到达的深度 a_1 减小,如图 6-8 所示[38]。由此可见,在高的循环应力下,很难观察到疲劳裂纹扩展的

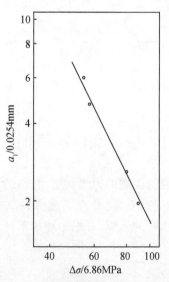

图 6-8　循环应力对第一阶段疲劳裂纹扩展深度的影响[38]

第一阶段。所以,在光滑试件中,疲劳裂纹以滑移带开裂的方式形成(见图 4-2),但疲劳裂纹扩展的第一阶段并不必然发生。

6.4.2　疲劳裂纹在近门槛区的扩展机理

在疲劳裂纹扩展曲线的每个区中,疲劳裂纹扩展机理有所不同,以下将分别讨论。在近门槛区,也就是在 I 区(见图 6-1),ΔK 和 K_{max} 都很小,裂纹尖端塑性区的宽度很小,相当于晶粒尺度[39],因而裂纹尖端处于平面应变状态,所以裂纹尖端塑性区内的材料元倾向于脆性断裂[3]。在电子显微镜下观察疲劳断口的结果在文献[39]和[40]中作了报道。铝合金、黄铜、耐热合金、钛合金及某些铁合金的疲劳断口上显示出结晶小平面和河流状形貌,这些是解理或准解理断裂的特征[40]。在低碳钢、淬火与回火低合金钢、α-Ti 和某些具有面心立方晶格的合金中,也观察到裂纹以晶间分离的方式扩展[39,40]。

Beevers[39]总结了穿晶小平面的一些有关资料,表明这些小平面通常是原子密排的晶面或近密排的晶面:在具有面心立方晶格的金属中为{001}、{111},在体心立方的金属中为{001}、{110},在密排六方金属中为{0001},原子密排的晶面通常是滑移面。因此,一些研究者试图用 Gell 提出的模型解释上述穿晶小平面的形成[7,39]。然而,Gell 模型无法解释某些具有立方晶格的金属中{001}小平面的形成,因为{001}面并不一定是滑移面。考虑到晶体结构、层错能和合金的滑移类型,颜明皋[7]用 Cottrell 提出的裂纹形成的位错反应模型,解释沿{001}面的开裂。应当注意的是,在裂纹扩展的外部条件方面,尽管 Gell 模型也被用于解释疲劳裂纹在近门槛区的扩展,但是近门槛区的裂纹扩展与光滑试件中裂纹的第一阶段扩展是不同的。

在真空中进行裂纹扩展试验时,观察不到某些金属中沿晶开裂而引起的裂纹扩展[39,40]。这表明环境是影响近门槛区内沿晶开裂的重要因素。

6.4.3　疲劳裂纹在稳态扩展区的扩展机理

在中部区即 II 区疲劳裂纹可能有四种扩展机理,即塑性条带机理、微孔连接机理、微区解理机理和晶间分离机理[6]。在以塑性相为其连续基体的合金中,疲劳裂纹常以塑性条带机理扩展[6,16]。程序块谱下的疲劳试验表明[41],每循环的拉伸加载产生一个疲劳条带,见图 6-9。当疲劳裂纹以塑性条带机理扩展时,疲劳裂纹扩展速率最低,见表 6-1。

业已提出两个模型解释疲劳条带的形成,如图 6-10 和图 6-11 所示;其一是 Laird 模型,仍被广泛引用[42],另一个是 McMillan 和 Pelloux 提出的模型,但图 6-11 所示模型鲜为人知[5,6]。根据 Laird 模型,由于裂尖区的交替剪切,加载时裂尖扩大并张开,卸载时裂尖锐化并闭合(见图 6-10)。由此可见,在每次循环的拉伸加载时形成一个

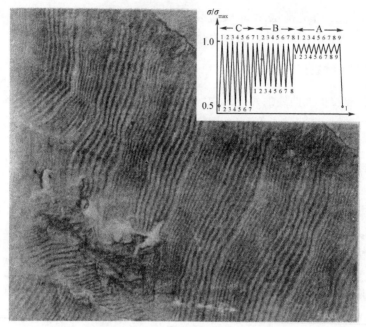

图 6-9　按图中程序加载时铝合金中的疲劳条带[41]

疲劳条带,这与试验观察一致。然而,在 Laird 模型中,裂尖钝化是在最大拉伸载荷下突然形成的(见图 6-10),这是难以理解的,也与裂尖钝化随载荷的升高而增大的情况不符(见图 6-12)[43]。根据 Laird 模型,裂纹扩展速率应随材料屈服强度的升高而下降,但这一预期并未为被试验结果所证实[17,25,26]。因此,Laird 模型不能被认为是一个好的疲劳裂纹扩展模型。另一方面,在 McMillan 和 Pelloux 的模型中,循环加载时裂尖钝化和卸载时裂尖锐化的细节没有清楚地说明。

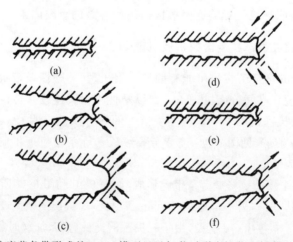

图 6-10　塑性疲劳条带形成的 Laird 模型显示加载时裂尖钝化和卸载时裂尖锐化[42]

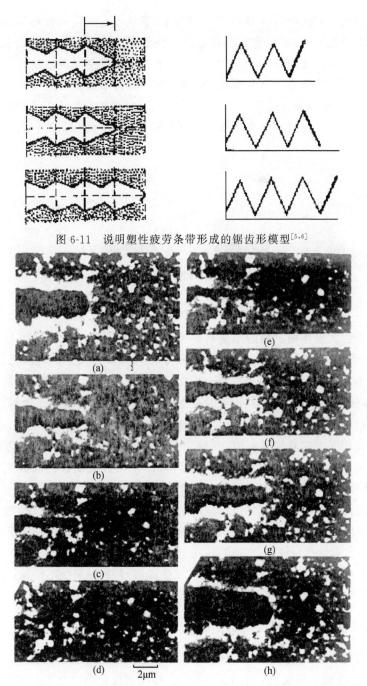

图 6-11　说明塑性疲劳条带形成的锯齿形模型[5,6]

图 6-12　真空环境中每一应力循环下裂纹张开、钝化、闭合与锐化的顺序照片[43]

(a)$K_{max}=32.6MN \cdot m^{-3/2}$;(b)$K=12.4MN \cdot m^{-3/2}$;(c)$K=4.6MN \cdot m^{-3/2}$;(d)$K=0$;(e)$K=11.7MN \cdot m^{-3/2}$;

(f)$K=19.5MN \cdot m^{-3/2}$;(g)$K=26.0MN \cdot m^{-3/2}$;(h)$K_{max}=32.6MN \cdot m^{-3/2}$

图中分布在表面上的白色小方块为氧化镁晶体,用作参考点疲劳裂纹扩展的微孔连接机理如图 6-13 所示。它表明塑性疲劳裂纹扩展类似于塑性断裂过程：在裂尖前方三轴应力区内形成微孔，微孔长大，微孔与裂尖之间的韧带变薄而最终断裂，从而导致裂纹扩展并形成疲劳条带。这一模型能够解释 Laird 模型所能解释的试验观测结果，还表明疲劳裂纹扩展速率与材料的屈服强度无关，而与抗断裂性能相关[2,6]。更加重要的是，疲劳裂纹扩展的微孔连接模型所预示的裂尖钝化过程与直接的试验观测结果基本一致（见图 6-12）。

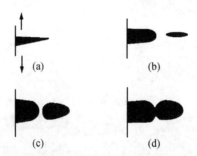

图 6-13 疲劳裂纹扩展的微孔连接机理示意图[2,6]

在含有粗大脆性第二相的金属材料中，例如粗片状珠光体钢和某些高强度铝合金中，疲劳裂纹以微区解理的机理扩展[6]。疲劳裂纹以微区解理的机理扩展时，疲劳裂纹扩展速率大大提高[6]。表 6-1 中的数据表明，1.0%C 钢具有粒状珠光体时，裂纹以塑性条带机理扩展，裂纹扩展速率低，而具有粗片状珠光体时，裂纹以微区解理的机理扩展，裂纹扩展速率大为提高。

在淬火和回火的高强度钢中，观察到疲劳裂纹以晶间分离的机理扩展[6]。空气中存在水蒸气，夹杂物颗粒沿晶界偏聚，会促使疲劳裂纹以晶间分离的机理扩展，并且疲劳裂纹扩展速率升高[6]。

简言之，疲劳裂纹在中部区或以韧性条带机理扩展，或以脆性机理扩展。当裂纹以韧性条带机理扩展时，疲劳裂纹扩展速率最低。对疲劳裂纹韧性条带机理的研究，给出关于疲劳裂纹扩展最重要的信息，可归结为以下三点：①每循环加载一次，裂纹扩展一段距离 Δa；②仅在拉伸加载时裂纹发生扩展，卸载时裂纹不扩展；③压缩加载对裂纹扩展没有贡献或裂纹不扩展，这为文献[6]中的试验数据所证实。

6.4.4 疲劳裂纹在快速扩展区的扩展机理

在较高的 ΔK 下或 $da/dN \geqslant 10^{-6}$ m/周时，疲劳裂纹开始快速扩展。在快速扩展区，在塑性金属的疲劳断口上出现韧窝，而在高强度低塑性金属的疲劳断口上则观察到河流状形貌。塑性金属的疲劳断口上韧窝的形成，也可用图 6-13 中的微孔连接机理加以说明。Hertzberg[44] 曾试图找出韧窝尺寸与疲劳裂纹扩展速率之间的关系，但未成功。

6.5　疲劳裂纹扩展的力学模型

6.5.1　疲劳裂纹扩展的静态断裂模型

Lal 和 Weiss[45]提出，每一应力循环裂纹扩展一段距离，在这段距离上材料所受的正应力 σ 超过材料的临界断裂应力 σ_{ff}，即 $\sigma \geqslant \sigma_{ff}$，如图 6-14 所示。这个模型称为疲劳裂纹扩展的静态断裂模型。Lal 和 Weiss[45]应用弹性理论计算了裂纹尖端的应力分布，用 Neuber[46]提出的微观支撑效应长度来考虑裂纹尖端的塑性。在该长度上，应力趋于平均化。在疲劳加载的情况与静载的模型相似，Lal 和 Weiss 引进虚拟长度 ρ_f。当裂纹尖端的应力 σ_y 超过某一临界应力时，裂纹尖端的材料断裂而引起裂纹扩展。

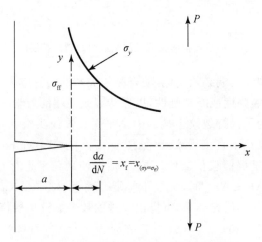

图 6-14　疲劳裂纹扩展的静态断裂模型[45]

于是，Lal 和 Weiss[45]给出疲劳裂纹扩展速率表达式为

$$\mathrm{d}a/\mathrm{d}N = \alpha \left(\frac{\sigma_{net}}{\sigma_{ff}}\right)^{(n_f+1)/n_f} f\left(\frac{a}{w}\right) - \rho_f/2 \tag{6-7}$$

式中，σ_{net} 为净断面平均应力；$f(a/w)$ 是与试件几何有关的函数。在式(6-7)中，σ_{ff}、n_f 和 ρ_f 等参数均无明确的定义，也无法试验测定或估算。Lal 和 Weiss 也未考虑裂纹尖端的钝化，而这在扫描电镜下已经观察到(见图 6-12)。

可以设想，疲劳裂纹扩展是由于裂纹尖端虚拟的疲劳元的断裂引起的，如图 6-15 所示[14,15]。倘若裂纹尖端假想的疲劳元不发生断裂，则裂纹尖端不能向前运动，裂纹无从扩展。这一模型，是 Liu 等[47]最先提出的。但是，Liu 等认为，裂纹尖端前方的疲劳元在循环载荷下，受到循环应变的作用而发生疲劳损伤。当疲劳元前进到裂纹尖端时，累积损伤度达到临界值而发生疲劳断裂，从而引起裂纹扩展[47]。在作者的模型中,在循环加载时,处于裂纹尖端的疲劳元由拉应力引起断裂而使裂纹扩展。这是综合了前述两个模型的基本点而提出的。在每一加载循环,裂纹扩展的距离或者说疲劳元的尺度为 x_f,此即裂纹扩展速率

$$da/dN = x_f = x_{(\sigma_y = \sigma_{ff})} \tag{6-8}$$

这与 Lal 和 Weiss 静态断裂模型给出的结果相同(见图 6-14)。由式(6-8)可见,疲劳裂纹扩展速率取决于裂纹尖端的拉应力、σ_y 和材料的有效断裂抗力 σ_{ff}。

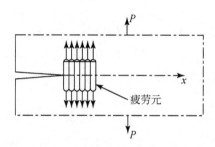

图 6-15　裂纹尖端虚拟的疲劳元的断裂引起裂纹扩展的示意图[15]

但是,加载时裂纹尖端必须钝化,使得裂纹尖端的临界应力或临界应变值等于或略低于材料的断裂强度或断裂延性,以保持裂纹尖端的力学平衡;而卸载时裂纹尖端必须锐化,也为了保持裂纹尖端的力学平衡。裂纹尖端在加载时钝化和卸载时锐化,已在扫描电镜下直接观察到(见图 6-12)[43]。Schwalbe[48]指出,不仅在循环载荷下存在裂纹扩展门槛值 ΔK_{th},在单轴拉伸载荷下也存在裂纹扩展门槛值 K_o。当 $K \leqslant K_o$ 或 $\Delta K \leqslant \Delta K_{th}$ 时,裂纹不扩展。而且,K_o 与 ΔK_{th} 具有可比性,即两者近似相等。根据前述研究结果,可提出改进的疲劳裂纹扩展模型,以描述疲劳裂纹扩展的过程(见图 6-16)[14,15]。这里首先讨论 $R=0$ 的特殊情况,然后再推广应用到一般情况。

如图 6-16(a)所示,在不受力的情况下,裂纹闭合,裂尖半径很小。加载到 b 点,K 达到门槛值 K_{th},裂纹张开,裂尖钝化,从而使得裂尖的正应力得以降低并等于材料的临界断裂应力 σ_{ff}。在这一阶段,裂纹尚未扩展(见图 6-16 中的 b 点)。当载荷继续升高到 b 点以上,裂尖前移并进一步钝化(见图 6-16 中的 c 点)。最后,载荷达到最大值,裂尖前移到 O'' 点且半径更大(见图 6-16 中的 d 点)。卸载时,裂尖逐步锐化但不移动,裂纹逐步闭合(见图 6-16 中的 d 点~g 点)。在任何情况下,$\sigma \leqslant \sigma_{ff}$。仅当裂纹张开时,裂纹才会扩展[49]。因此,可以认为,裂纹扩展的控制参数应是最大应力强度因子与裂纹扩展门槛值之差,它可称为有效应力强度因子。在 $R=0$ 的情况下,即为 $K_{eff} = K_{max} - K_{th}$[14,15]。

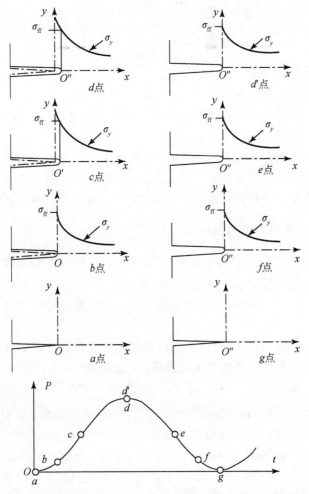

图 6-16　考虑裂尖钝化和力学平衡的疲劳裂纹扩展的静态断裂模型[15]

6.5.2　疲劳裂纹扩展速率公式

　　基于前述改进的裂纹扩展的静态断裂模型,只要知道裂尖前方沿 x 轴的正应力分布和材料的临界断裂应力,便可很方便地导出疲劳裂纹扩展速率公式。根据线弹性断裂力学[50],沿 x 轴、在 y 方向上的正应力 σ_y 分布可表示为

$$\sigma_y = \frac{K_1}{\sqrt{2\pi x}} \tag{6-9}$$

　　因为有效应力强度因子是裂纹扩展的控制参数,故式(6-9)中的 K_1 应当用有效应力强度因子 K_{eff} 来取代。据此,当 $x = x_{\mathrm{f}} = \mathrm{d}a/\mathrm{d}N$,式(6-8)可改写为[15]

$$\frac{\mathrm{d}a}{\mathrm{d}N} = \frac{1}{2\pi\sigma_{\mathrm{ff}}^2} K_{\mathrm{eff}}^2 = B\,(K_{\max} - K_{\mathrm{th}})^2 \tag{6-10a}$$

$$B = \frac{1}{2\pi\sigma_{\mathrm{eff}}^2} \tag{6-10b}$$

在 $R=0$ 的情况下

$$K_{\max} = \Delta K, \quad K_{\mathrm{th}} = \Delta K_{\mathrm{th}}, \quad K_{\mathrm{eff}} = \Delta K_{\mathrm{eff}} \tag{6-11}$$

将式(6-11)代入式(6-10),即可得到疲劳裂纹扩展速率公式的一般形式[15]:

$$\mathrm{d}a/\mathrm{d}N = B\Delta K_{\mathrm{eff}}^2 = B\,(\Delta K - \Delta K_{\mathrm{th}})^2 \tag{6-12}$$

业已表明[14,16],式(6-12)可很好地拟合不同应力比下疲劳裂纹扩展速率的试验结果。McEvily[28]也指出,式(6-12)比式(6-4)能更好地拟合疲劳裂纹扩展速率的试验结果。文献[27]中的试验结果也为式(6-12)提供了客观的证明。

6.5.3　疲劳裂纹扩展系数和门槛值

由式(6-12)可以看出,B 和 ΔK_{th} 可分别称为疲劳裂纹扩展系数和疲劳裂纹扩展门槛值。它们是疲劳裂纹扩展的控制因素,也可认为是材料对裂纹扩展的阻力。因此,如何确定式(6-10)中的临界断裂应力 σ_{ff},在疲劳研究中便具有理论和实际意义。

若将钝化的裂纹当作尖切口,则切口根部的裂纹起始准则即可用于疲劳裂纹扩展研究。文献[51-53]给出的切口根部的裂纹起始准则为

$$K_{\mathrm{t}} S = \sqrt{E\sigma_{\mathrm{f}}\varepsilon_{\mathrm{f}}} \tag{6-13}$$

式中,K_{t} 是理论应力集中系数;S 是加于试件的名义应力;σ_{f} 和 ε_{f} 分别为材料的断裂强度和断裂延性。$(E\sigma_{\mathrm{f}}\varepsilon_{\mathrm{f}})^{1/2}$ 值可认为是工业材料的理论强度[52,53]。若切口根部的虚拟的弹性应力 $K_{\mathrm{t}}S$ 高于材料的理论强度,则切口根部材料元将发生断裂而形成裂纹。这一论点与 Griffith 的假设一致[54]。若钝化裂纹尖端处的虚拟弹性应力不超过 $(E\sigma_{\mathrm{f}}\varepsilon_{\mathrm{f}})^{1/2}$,则裂纹不扩展。据此,$(E\sigma_{\mathrm{f}}\varepsilon_{\mathrm{f}})^{1/2}$ 可用作改进的疲劳裂纹扩展模型中的临界断裂应力 σ_{ff}。于是,可得

$$\sigma_{\mathrm{ff}} = \sqrt{E\sigma_{\mathrm{f}}\varepsilon_{\mathrm{f}}} \tag{6-14}$$

将式(6-14)代入式(6-10b),可得疲劳裂纹扩展系数与拉伸性能间的关系[39]:

$$B = \frac{1}{2\pi E\sigma_{\mathrm{f}}\varepsilon_{\mathrm{f}}} \tag{6-15a}$$

Pelloux[55]指出,当裂纹尖端塑性区的宽度小于质点间距时,铝合金中的疲劳裂纹扩展受基体相性能的控制。基体相的理论强度可以 $0.1E$ 作为估计值[56]。当裂纹以塑性条带机理扩展时,式(6-10b)中的 σ_{ff} 应取为 $0.1E$[15,16]。于是,有

$$B = \frac{1}{2\pi(0.1E)^2} \tag{6-15b}$$

由以上的讨论可以看出,疲劳裂纹扩展系数 B 是决定于拉伸性能和Ⅱ区内裂纹扩展机理的常数。裂纹以塑性条带机理扩展时,可用式(6-15b)预测 B;裂纹以其他机理扩展时,可用式(6-15a)预测 B。

在近门槛区的裂纹扩展速率主要受裂纹扩展门槛值 ΔK_{th} 的影响。由式(6-12)可见,随 ΔK_{th} 的升高,近门槛区的裂纹扩展速率大为降低。疲劳裂纹扩展门槛值的存在,首先被 Schmidt 和 Paris[57] 的试验结果所证实。关于疲劳裂纹扩展门槛值,将在以后讨论。

通常, $\sqrt{E\sigma_f \varepsilon_f} \leqslant 0.1E$ 。因此,用式(6-15b)预测的 B 值将低于用式(6-15a)预测的 B 值。这就很好地解释了疲劳裂纹以塑性条带机理扩展时,疲劳裂纹扩展速率最低的原因(见表 6-1)[6]。若疲劳裂纹以塑性条带机理扩展,略去不同材料的 $\Delta K_{th}/E$ 值之间的差异,则疲劳裂纹扩展速率可表示为 $\Delta K/E$ 的函数。这就很好地解释了图 6-3 所示的试验结果。

由式(6-12)还可看出,疲劳裂纹在Ⅰ区和Ⅱ区内扩展的驱动力为应力强度因子范围 ΔK 。但是,材料具有对疲劳裂纹扩展的阻力。在Ⅰ区,疲劳裂纹扩展的阻力可认为是疲劳裂纹扩展门槛值 ΔK_{th} 。材料的 ΔK_{th} 越高,Ⅰ区疲劳裂纹扩展速率越低;在Ⅱ区,材料的疲劳裂纹扩展阻力,取决于材料的有效断裂强度值,见式(6-11)。而有效断裂强度值则与Ⅱ区内材料中的疲劳裂纹扩展机理和弹性模量或复合参量 $\sqrt{E\sigma_f \varepsilon_f}$ 相关,见式(6-15a)和式(6-15b)。

由式(6-12)还可看出,若 $\Delta K_{th}=0$,则式(6-12)将简化为式(6-1),即 Paris 公式,且指数 $m=2$ 。通常, $\Delta K_{th}>0$,所以 $m>2$,这也解释了图 6-2 中的试验结果。倘若, $m<2$,则应检查试验结果是否会有系统误差[16]。

6.5.4　应力比对疲劳裂纹扩展速率和门槛值的影响

式(6-12)中的 ΔK_{th} 是对应力比敏感的材料常数。试验测定的疲劳裂纹扩展门槛值(记为 ΔK_{thE})随应力比的升高而降低[6,16-18,57-62]。根据试验结果, ΔK_{th} 与应力比 R 之间的关系可表示为[39,58-61]

$$\Delta K_{th} = \Delta K_{th0}(1-R)^\gamma \tag{6-16}$$

式中, ΔK_{th0} 为 $R=0$ 时的疲劳裂纹扩展门槛值; γ 为常数,在 $0\sim1$ 变化[39,58]。将式(6-16)代入式(6-12),得

$$da/dN = B[\Delta K - \Delta K_{th0}(1-R)^\gamma]^2 \tag{6-17}$$

由式(6-17)可见,当 R 升高时, ΔK_{th} 减小,疲劳裂纹扩展速率升高。但是, ΔK_{th} 随 R 的变化对Ⅰ区的裂纹扩展速率影响很大,而对Ⅱ区的裂纹扩展速率影响很小。按式(6-17)预测的疲劳裂纹扩展速率随 R 的变化趋势,与试验结果一致[6,16,31,59,62]。

文献[62]给出了 300M 钢的拉伸性能和不同应力比下的 ΔK_{th} 值。因为 300M 钢的显微组织中片状马氏体占主要部分,疲劳裂纹可能以微区解理机理扩展,故 B 值要用式(6-15a)估算。将 B 和 ΔK_{th} 代入式(6-12),即得 300M 钢的疲劳裂纹扩展速率表达式如下[15]:

当 $R=0.05$ 时

$$da/dN = 4.05(\Delta K - 2.58)^2 \tag{6-18a}$$

当 $R=0.7$ 时

$$da/dN = 4.05(\Delta K - 1.80)^2 \tag{6-18b}$$

由式(6-18a)和式(6-18b)预测的 300M 钢的疲劳裂纹扩展速率曲线与试验结果符合得很好(见图 6-17)。这表明式(6-12)能很好地表示 300M 钢的疲劳裂纹扩展的试验结果,式(6-15)能用于预测超高强度钢的疲劳裂纹扩展系数。然而,应当指出,由于定义的不同,式(6-18a)和式(6-18b)中的 ΔK_{th} 值低于试验测定值。通常,试验测定的疲劳裂纹扩展门槛值 ΔK_{thE} 定义为 $da/dN = 10^{-8} \sim 10^{-7}$ mm/周时的 ΔK 值,而式(6-12)中的 ΔK_{th} 值为 $da/dN = 0$ 时 ΔK 的最大值。

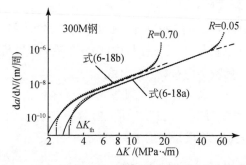

图 6-17 300M 钢(870℃油淬、300℃回火)的疲劳裂纹扩展速率预测曲线和试验结果[15,62]

6.6 钢的疲劳裂纹扩展速率

6.6.1 试验数据的分析方法

式(6-12)两边取对数,得

$$\lg(da/dN) = \lg B - 2\lg(\Delta K - \Delta K_{th}) \tag{6-19}$$

式(6-19)在 $\lg(da/dN)$-$\lg(\Delta K - \Delta K_{th})$ 双对数坐标上代表一斜率为 2 的直线。应用尾差法编写一进行线性回归分析的计算机程序,在斜率为 2 ± 0.004 的条件下求得 B 和 ΔK_{th} 的值[15]。

6.6.2　高强度低合金钢的疲劳裂纹扩展速率

16Mn 和 15MnVN 是高强度低合金（HSLA）钢，在国内广泛地用于制造工程结构，尤其是焊接结构。为精确预测结构件的疲劳裂纹扩展寿命，需要测定高强度低合金钢在 Ⅰ 区和 Ⅱ 区的疲劳裂纹扩展速率，并用适当的公式予以表述[27]。16Mn 和 15MnVN 钢疲劳裂纹扩展速率的试验结果示于图 6-4、图 6-5 和图 6-18。

应用式（6-19）和 6.6.1 节中的方法，对 16Mn 钢疲劳裂纹扩展速率的试验结果进行回归分析，所得结果列入表 6-2，16Mn 钢和 15MnVN 钢的拉伸性能见表 4-3。由表 6-2 可以看出，式（6-12）可很好地表示疲劳裂纹在 Ⅰ 区和 Ⅱ 区的扩展，应力比对 B 值没有明显的影响，而对 ΔK_{th} 值有很大的影响。应力比对热轧态 16Mn 钢 ΔK_{th} 值的影响可近似地表示为[63]

$$\Delta K_{th} = 10.1(1 - R), \quad 0 \leqslant R \leqslant 0.4 \tag{6-20a}$$

$$\Delta K_{th} = 5.8, \quad R > 0.4 \tag{6-20b}$$

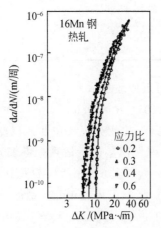
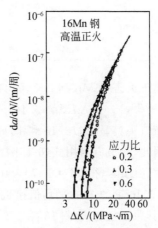

图 6-18　16Mn 钢在不同应力比下的疲劳裂纹扩展速率的试验结果与回归分析结果[63]

表 6-2　15MnVN 和 16Mn 钢疲劳裂纹扩展速率试验的回归分析结果[30,63]

材料	R	$B/10^{-10}$ · MPa^{-2}	ΔK_{th} /(MPa·$\sqrt{m}$)	r	s	ΔK_{thE} /(MPa·$\sqrt{m}$)	ΔK_{thC} /(MPa·$\sqrt{m}$)
	0.20	5.21	8.8	0.987	0.139	9.6	9.57
16Mn 热轧态 (hot rolled)	0.30	3.85	6.0	0.954	0.265	7.7	7.56
	0.40	3.54	6.0	0.980	0.151	6.9	6.89
	0.60	3.33	5.7	0.987	0.140	6.7	6.69

材料	R	$B/10^{-10}$ · MPa^{-2}	ΔK_{th} /(MPa · $\sqrt{m}$)	r	s	ΔK_{thE} /(MPa · $\sqrt{m}$)	ΔK_{thC} /(MPa · $\sqrt{m}$)
16Mn 高温正火态 (H. T. N)	0.20	1.45	6.8	0.993	0.071	8.1	
	0.30	1.25	5.0	0.993	0.107	6.8	
	0.40	1.35	4.3	0.982	0.113	5.6	
	0.60	1.25	3.0	0.985	0.004	4.4	
15MnVN 50mm 厚试件	0.11	4.75	10.2	0.980	0.114	9.8	10.96
	0.13	3.64	9.7	0.998	0.100	—	—
	0.30	3.21	7.7	0.992	0.065	8.4	8.66
	0.33	3.58	8.1	0.992	0.063	—	—
15MnVN 25mm 厚试件	0.12	4.01	7.8	0.990	0.127	8.9	8.89
	0.12	3.94	8.1	0.990	0.110	8.9	9.32
	0.30	3.89	6.6	0.993	0.087	7.5	7.20
	0.30	3.32	6.2	0.991	0.099	7.0	7.33
	0.30	3.61	6.6	0.995	0.077	7.5	7.48

　　对高温正火态 16Mn 钢 ΔK_{th} 值的影响可近似地表示为[63]

$$\Delta K_{th} = 7.4(1-R), \quad 0 \leqslant R \leqslant 0.6 \tag{6-21}$$

　　疲劳断口观察显示,16Mn 和 15MnVN 钢中的疲劳裂纹在 Ⅱ 区以塑性条带机理扩展。因此,B 值应当用式(6-15b)和钢的弹性模量进行估算。将表 4-3 中弹性模量代入式(6-15b),得:$B = 3.75 \times 10^{10} \mathrm{MPa}^{-2}$,与表 6-2 中所列 B 值接近,尤其是与热轧态 16Mn 钢的 B 的平均值接近。然而,高温正火态 16Mn 钢的 B 值低于 B 的预测值,其原因已在文献[16]和[30]中作了说明。高温正火态 16Mn 钢的 B 值仍应为 $3.75 \times 10^{-10} \mathrm{MPa}^{-2}$。

　　将 $B = 3.75 \times 10^{10} \mathrm{MPa}^{-2}$,以及式(6-20)、式(6-21)代入式(6-12),可得热轧态 16Mn 钢的疲劳裂纹扩展速率的一般表达式如下[63]:

$$\mathrm{d}a/\mathrm{d}N = 3.75 \times 10^{-10} \left[\Delta K - 10.1(1-R)\right]^2, \quad 0 \leqslant R \leqslant 0.4 \tag{6-22a}$$

$$\mathrm{d}a/\mathrm{d}N = 3.75 \times 10^{-10} \left[\Delta K - 5.8(1-R)\right]^2, \quad R > 0.4 \tag{6-22b}$$

　　对高温正火态 16Mn 钢,其疲劳裂纹扩展速率的一般表达式为

$$\mathrm{d}a/\mathrm{d}N = 3.75 \times 10^{-10} \left[\Delta K - 7.4(1-R)\right]^2, \quad 0 \leqslant R \leqslant 0.6 \tag{6-23}$$

　　由图 6-18 可见,16Mn 钢在 Ⅰ 区的疲劳裂纹扩展速率随应力比的升高而大幅度提高,但在 Ⅱ 区的疲劳裂纹扩展速率则提高甚微。这一变化规律与文献[6-62]报道的试验结果一致。应当注意的是,高温正火态 16Mn 钢的疲劳裂纹扩展性能较热轧态 16Mn 钢的要差。应当指出,高温正火态 16Mn 钢的显微组织与焊趾处的

基本相同[63]。因此,式(6-23)可用于预测 16Mn 钢焊接接头的疲劳裂纹扩展寿命[64]。15MnVN 钢的疲劳裂纹扩展速率的一般表达式也可用上述方法求得。

倘若将疲劳裂纹扩展速率的试验结果表示为有效应力强度因子范围 ΔK_{eff} 的函数,其中 $\Delta K_{eff} = \Delta K - \Delta K_{th}$,则在 $\lg(da/dN)$-$\lg\Delta K_{eff}$ 双对数坐标上,在不同应力比下测定的疲劳裂纹扩展速率为一斜率为 2 的直线,直线的截距为 $\lg B$[见式(6-12)]。图 6-19 为 16Mn 钢和 15MnVN 钢的疲劳裂纹扩展速率的预测线,即式(6-12)与试验结果,其中 $B = 3.75 \times 10^{10}$ MPa^{-2}[见式(6-22a)、式(6-22b)和式(6-23)][16]。

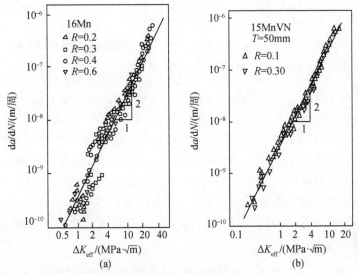

图 6-19 疲劳裂纹扩展速率与有效应力强度因子范围 ΔK_{eff} 间的关系[16]

(a)15MnVN 钢;(b)16Mn 钢

由图 6-19 可见,16Mn 钢和 15MnVN 钢在不同应力比下的疲劳裂纹扩展速率试验结果均分布在预测线的两侧。这给式(6-12)的有效性提供了又一证明。最近的研究工作表明[65],式(6-12)也可用于表示石油管线钢的疲劳裂纹扩展速率的试验结果。

6.6.3 超高强度钢的疲劳裂纹扩展速率

图 6-17 显示,式(6-12)能很好地拟合超高强度钢 300M 在不同应力比下疲劳裂纹扩展速率的试验结果。超高强度钢 30CrMnSiNi2A 常用于制造飞机的起落架及一些焊接件。试验测定了 30CrMnSiNi2A 钢基材,对焊接头的焊缝金属和熔合线的疲劳裂纹扩展速率,如图 6-20 所示[66]。热处理后,30CrMnSiNi2A 钢的拉伸性能见表 4-5。

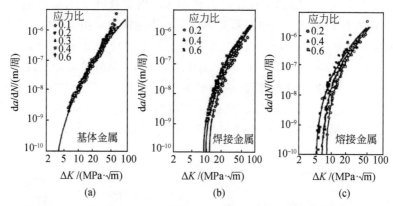

图 6-20　30CrMnSiNi2A 对焊接头中不同区域疲劳裂纹扩展速率的
试验结果与拟合曲线[66]

　　应用式(6-12)和 6.6.1 节的方法,可求得 30CrMnSiNi2A 钢基材,对焊接头的
焊缝金属和熔合线的 B 和 ΔK_{th} 值(见表 6-3)[66]。可以看出,式(6-12)可很好地拟
合 30CrMnSiNi2A 钢基材,对焊接头的焊缝金属和熔合线的疲劳裂纹扩展速率试
验结果,应力比对 B 值无明显的影响,但应力比对 ΔK_{th} 的影响则有所不同。对
30CrMnSiNi2A 钢基材,不同应力比下的 ΔK_{th} 近似地相等;对焊缝金属和熔合线,
ΔK_{th} 的值随应力比升高而降低。因此,应力比对 30CrMnSiNi2A 钢基材的疲劳裂
纹扩展速率没有影响,焊缝金属和熔合线处的疲劳裂纹扩展速率则随应力比升高
而升高(见图 6-20)。

表 6-3　30CrMnSiNi2A 对焊接头中不同区域疲劳裂纹扩展速率的
试验结果与回归分析结果[66]

材料	R	$B/10^{-10}$ $\cdot$ MPa^{-2}	ΔK_{th} /(MPa $\cdot \sqrt{m}$)	r	s	ΔK_{thE} /(MPa $\cdot \sqrt{m}$)	ΔK_{thC} /(MPa $\cdot \sqrt{m}$)
基材	0.1	2.00	3.29	0.994	0.053	—	—
	0.2	2.28	3.21	0.991	0.068	—	—
	0.3	3.62	3.27	0.990	0.070	—	—
	0.4	3.05	3.45	0.994	0.053	—	—
	0.6	3.61	3.50	0.996	0.045	—	—
焊缝金属	0.2	2.26	10.34	0.973	0.069	—	—
	0.4	4.43	9.26	0.973	0.100	—	—
	0.6	4.13	8.42	0.969	0.053	—	—
熔合线	0.2	6.76	7.39	0.967	0.196	7.88	8.05
	0.4	9.22	6.20	0.902	0.346	6.78	6.77
	0.6	8.89	5.12	0.969	0.228	5.51	5.70

业已指出[66]，30CrMnSiNi2A 钢基材和焊缝金属的 B 值可用式(6-15b)和弹性模量进行估算，得 $B = 3.75 \times 10^{-10} \sim 3.98 \times 10^{-10} \mathrm{MPa}^{-2}$，与表 6-3 中所列的试验测定值符合较好。沿熔合线的疲劳裂纹可能以脆性机理扩展，因而其 B 值要用式(6-15a)和拉伸性能估算。用式(6-15a)估算的 B 值要比用式(6-15b)和弹性模量估算的 B 值大。但熔合线处材料的拉伸性能无法精确测定，故 B 值无从估算。

在工程应用中，一般有焊缝加强高度存在，焊缝处所受应力较小，沿熔合线形成疲劳裂纹的可能性较小。再则，30CrMnSiNi2A 钢基材的 ΔK_{th} 值较低，因而在基材中形成疲劳裂纹后，裂纹在较低的 ΔK 下开始并以较高的速率扩展。

将 B 值和 ΔK_{th} 值代入式(6-12)，可得 30CrMnSiNi2A 钢对焊接头不同区域的疲劳裂纹扩展速率表达式。图 6-20 中的疲劳裂纹扩展曲线就是按这些表达式画出的。

6.7 铝合金的疲劳裂纹扩展速率

LY12CZ 和 LC4CS 铝合金的化学成分和显微组织，分别与 2024-T3 和 7075-T6 的相似。这些铝合金广泛用于航空航天工业中。LY12CZ 和 LC4CS 铝合金的拉伸性能见表 4-1。在 Amsler 422 型高频震动疲劳试验机上，对 4.0mm 厚的 LY12CZ 和 LC4CS 板材的疲劳裂纹扩展速率和门槛值进行了测定。试验结果按式(6-19)进行分析，所得结果列入表 6-4 中[14,67,68]。图 6-21 为 LY12CZ 板材的疲劳裂纹扩展速率的试验结果和回归分析结果。

表 6-4 铝合金 LY12CZ 和 LC4CS 板材的疲劳裂纹扩展速率和门槛值的试验结果和回归分析结果[14,67,68]

材料	R	$B/10^{-9}$ · MPa^{-2}	ΔK_{th} /(MPa · $\sqrt{m}$)	r	s	ΔK_{thE} /(MPa · $\sqrt{m}$)	ΔK_{thC} /(MPa · $\sqrt{m}$)
	0.1	1.20	2.5	0.942	0.218	2.9	2.8
LC4CS	0.3	1.65	2.0	0.930	0.195	2.4	2.3
	0.5	1.81	1.6	0.937	0.172	1.9	1.9
	0.7	1.77	1.1	0.887	0.214	1.5	1.4
	0.2	2.58	2.70	0.952	0.144	3.14	3.04
LY12CZ	0.2	2.11	2.27	0.983	0.098	2.45	2.64
(包铝)	0.5	2.53	2.20	0.997	0.064	2.73	2.55
	0.5	2.05	2.39	0.981	0.097	2.24	2.79

材料	R	$B/10^{-9}$ $\cdot$ MPa^{-2}	ΔK_{th} /(MPa $\cdot \sqrt{m}$)	r	s	ΔK_{thE} /(MPa $\cdot \sqrt{m}$)	ΔK_{thC} /(MPa $\cdot \sqrt{m}$)
	0.2	1.62	2.36	0.947	0.136	2.67	2.79
	0.2	2.04	2.48	0.971	0.117	2.61	2.79
LY12CZ	0.4	1.40	1.71	0.965	0.103	2.14	2.17
	0.5	1.37	1.49	0.965	0.118	1.83	1.96
	0.5	1.78	1.61	0.956	0.142	1.80	2.02

　　断口观察表明,LY12CZ 和 LC4CS 铝合金中的疲劳裂纹,在 Ⅱ 区以塑性条带机理扩展[14,67,68]。因此,这些合金的 B 值应按式(6-15b)计算。取 $E=69.4$GPa,求得 $B=3.30\times10^{-9}$MPa^{-2}。预测的 B 值高于表 6-4 中的试验测定值。究其原因,主要是用 Amsler 422 型高频震动疲劳试验机测定 Ⅱ 区的裂纹扩展速率,会给出较低的结果[14,16]。因此,由裂纹扩展速率的试验数据经回归分析而得的 B 值,要低于按式(6-15a)求得的 B 值。在 6.10.1 节中,还将进一步表明铝合金的 B 值应为 3.30×10^{-9}MPa^{-2}。

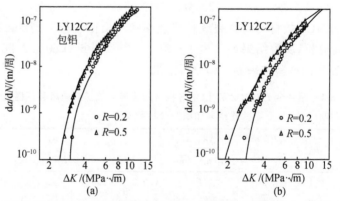

图 6-21　LY12CZ 板材的疲劳裂纹扩展速率的试验结果和拟合曲线[16,67]
(a)LY12CZ 铝合金包铝板材;(b)LY12CZ 铝合金板材

　　表 6-4 显示,LY12CZ 和 LC4CS 铝合金的 ΔK_{th} 值随应力比的升高而降低。ΔK_{th} 与应力比 R 之间的关系可表示为:

LY12CZ 铝合金板材[67]

$$\Delta K_{th}=2.9(1-R)^{0.933},\quad R=0\sim0.5 \tag{6-24}$$

　　将 $B=3.30\times10^{-9}$MPa^{-2} 和式(6-24),分别代入式(6-12),可得铝合金裂纹扩展速率的一般表达式[66]:

$$da/dN = 3.30 \times 10^{-9} \left[\Delta K - 2.9 (1-R)^{0.933} \right]^2, \quad R = 0 \sim 0.5$$

$$(6-25)$$

LC4CS 铝合金板材[68]

$$\Delta K_{th} = 2.7 (1-R)^{0.74}, \quad R = 0 \sim 0.7 \tag{6-26}$$

将 $B = 3.30 \times 10^{-9} \mathrm{MPa}^{-2}$ 和式(6-26)代入式(6-12),于是,得到 LC4CS 铝合金板材铝合金裂纹扩展速率的一般表达式[68]:

$$da/dN = 3.30 \times 10^{-9} \left[\Delta K - 2.7 (1-R)^{0.74} \right]^2, \quad R = 0 \sim 0.7$$

$$(6-27)$$

如图 6-22 所示[67],若将裂纹扩展速率 da/dN 对有效应力强度因子 ΔK_{eff}($= \Delta K - \Delta K_{th}$)作图,则在双对数坐标上,不同应力比下的疲劳裂纹扩展速率的所有试验数据,均应分布在同一直线的两侧,且直线的斜率为 2。

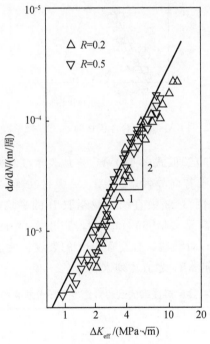

图 6-22 LY12CZ 铝合金包铝板材的 da/dN-ΔK_{eff}曲线[67]

6.8 钛合金疲劳裂纹扩展速率

文献[69]给出了 Ti-6Al-4V 钛合金板材裂纹扩展速率的试验数据,按式(6-12)进行回归分析求得的常数 B 和 ΔK_{th} 列入表 6-5 中[16,70]。图 6-23 为 Ti-6Al-4V 钛合金板材的疲劳裂纹扩展速率的试验结果,以及按 da/dN-ΔK_{eff}画出的疲劳裂纹扩展速率曲线。

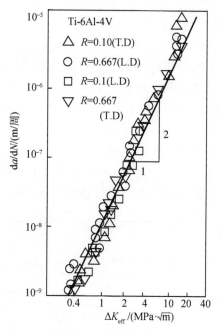

图 6-23　Ti-6Al-4V 钛合金板材的 da/dN-ΔK_{eff} 曲线[16]

　　由表 6-5 可见,式(6-12)或式(6-19)可很好地表示 Ti-6Al-4V 板材疲劳裂纹扩展速率的试验结果。由于各向异性,Ti-6Al-4V 板材在横向上的 B 值稍高于纵向上的 B 值,但差异很小,图 6-23 中直线的截距取 B 的平均值。Ti-6Al-4V 板材在横向和纵向上的拉伸性能见文献[69]和[70]。Ti-6Al-4V 的 ΔK_{th} 值也随应力比的升高而降低。按式(6-19)对锻造钛合金 TC-11 的裂纹扩展速率的试验数据进行回归分析,求得的常数 B 和 ΔK_{th} 之值也列入表 6-5。

表 6-5　Ti-6Al-4V 板材裂纹扩展速率的试验数据经回归分析求得的 B 和 ΔK_{th} 之值[16,70]

材料	R	B/MPa^{-2}	ΔK_{th} /(MPa · $\sqrt{m}$)	r	s	B^* /MPa^{-2}
Ti-6Al-4V	0.10	1.95×10^{-9}	8.26	0.974	0.108	9.26×10^{-10}
(横向)	0.67	1.09×10^{-9}	2.91	0.960	0.168	9.26×10^{-10}
Ti-6Al-4V	0.10	1.60×10^{-9}	7.90	0.985	0.080	1.42×10^{-9}
(纵向)	0.67	7.74×10^{-10}	3.18	0.960	0.200	1.42×10^{-9}
TC-11	0.20	8.26×10^{-10}	3.17	0.985	0.157	9.86×10^{-10}

上述钛合金中的疲劳裂纹在 II 区是以塑性条带机理扩展的[16]。故其 B 值应按式(6-15b)进行预测,预测的 B 值记为 B^*,也列入表 6-5 中。可见,B^* 与试验测定值接近。

根据前述对具有不同晶格结构的结构钢、铝合金和钛合金疲劳裂纹扩展试验结果的分析,可以认为,式(6-12)可用于表示各种金属材料疲劳裂纹扩展的试验结果。决定于疲劳裂纹扩展机理,式(6-12)中疲劳裂纹扩展系数 B 也可用式(6-15a)或式(6-15b)预测。

6.9 疲劳裂纹扩展门槛值

由式(6-12)可见,疲劳裂纹扩展门槛值 ΔK_{th} 是影响近门槛区疲劳裂纹扩展的主要因素。显然,需要研究材料的显微组织和力学性能对 ΔK_{th} 的影响,以便找到提高 ΔK_{th} 和降低疲劳裂纹扩展速率的途径,从而延长结构件的疲劳裂纹扩展寿命。应当说明,本节中提到的疲劳裂纹扩展门槛值是试验测定值,较式(6-12)中的 ΔK_{th} 值高,这是因为两者的定义不同。关于疲劳裂纹扩展门槛值概念的提出和研究工作的进展,在文献[8]中作了介绍。

6.9.1 显微组织对疲劳裂纹扩展门槛值的影响

晶粒尺寸 d 对工业纯钛 ΔK_{thE} 和 $\sigma_{0.2}$ 的影响如图 6-24 所示。随着晶粒尺寸 d 的增大,ΔK_{th} 升高而 $\sigma_{0.2}$ 降低。晶粒尺寸与 ΔK_{thE} 间的关系可表示为[71]

$$\Delta K_{thE} = \Delta K_0 + k_f d^{1/2} \tag{6-28}$$

式(6-28)中 ΔK_0 和 k_f 是拟合 ΔK_{thE} 的试验结果得到的常数。相同的研究结果也在文献[58]和[59]中作了报道。

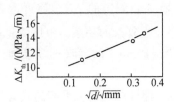 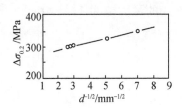

图 6-24 工业纯钛的晶粒尺寸 d 对 ΔK_{thE} 和 $\sigma_{0.2}$ 的影响[71]

退火和正火亚共析钢的显微组织由铁素体和珠光体组成。铁素体和珠光体的体积百分数对亚共析钢 ΔK_{thE} 的影响可用下式表示[61]:

$$\Delta K_{thE0} = f_\alpha \varphi_\alpha + f_p \Phi_p = f_\alpha \varphi_\alpha + (1 - f_\alpha)\phi_\alpha \tag{6-29}$$

式中,ΔK_{thE0} 是应力比 $R=0$ 时的 ΔK_{thE} 值;f_α、f_p 分别是铁素体和珠光体的体积百分数;ϕ_α、Φ_p 分别是铁素体和珠光体对门槛值 ΔK_{thE0} 贡献的系数。实际上,ϕ_α、Φ_p 就

是铁素体和珠光体的门槛值。当 $f_\alpha = 1.0$ 时，$\phi_\alpha = \Delta K_{thE0}$，是铁素体的门槛值；当 $f_\alpha = 0$ 时，$\Phi_p = \Delta K_{thE0}$，是珠光体的门槛值。

研究了 $R \to 0$ 时的 ΔK_{thE} 与超高强度钢显微组织之间的关系，颜鸣皋等给出下列经验关系式[71]：

$$\Delta K_{thE} = 1.95 f_M + 7.53 f_B + 14.1 f_A \tag{6-30}$$

式中，f_M、f_B 和 f_A 分别为马氏体、贝氏体和残余奥氏体的体积百分数。由式(6-30)可见，马氏体、贝氏体和残余奥氏体对 ΔK_{thE} 的贡献成 1：4：7 的比例。尽管残余奥氏体有利于 ΔK_{thE} 的提高，但过多的残余奥氏体会降低超高强度钢的屈服强度，缩短疲劳裂纹形成寿命[36]。

王中光等[72]研究了双相钢的裂纹扩展门槛值，发现它随着马氏体的体积分数的增加，门槛值先升高而后降低，约在马氏体的体积分数为 35% 时达最大值。根据试验结果，给出铁素体-马氏体双相钢的 ΔK_{thE} 与马氏体的体积分数 V_m 间的关系如下[72]：

$$\Delta K_{thE} = a + b(1 - V_m)^{1/2} + c V_m \tag{6-31}$$

式中，a、b 和 c 是取决于应力比的常数。

6.9.2　力学性能对疲劳裂纹扩展门槛值的影响

根据 6.9.1 节中的研究结果，可以预期，ΔK_{thE} 将随屈服强度的升高而降低。钢在 $R = 0.05 \sim 0.10$ 时的 ΔK_{thE} 值与 $\sigma_{0.2}$ 间的经验关系如下[73]：

$$\Delta K_{thE} = 11.4 - 4.6 \times 10^{-3} \sigma_{0.2} \tag{6-32}$$

对于铝合金[74]

$$\Delta K_{thE} = 3.4 - 1.5 \times 10^{-3} \sigma_{0.2} \tag{6-33}$$

应当指出，ΔK_{thE} 的很多试验数据偏离式(6-32)和式(6-33)[73,74]。例如，按式(6-32)，ΔK_{thE} 的最大值为 11.4MPa·$\sqrt{m}$，而试验测定的 ΔK_{thE} 值可达 20MPa·$\sqrt{m}$ [21]。这意味着 ΔK_{thE} 与力学性能之间存在更复杂的关系。曾试图建立各种金属的 $\Delta K_{thE}/E$ 与 $\sigma_{0.2}$ 之间的关系，但并未能给出比式(6-32)和(6-33)更加令人满意的结果[73]。

文献[75]给出了疲劳裂纹扩展门槛值与拉伸性能间的关系表达式为

$$\Delta K_{th} = \sqrt{8 \pi E b \sigma_b} \tag{6-34}$$

式中，b 为点阵常数(lattice distance)。利用式(6-34)计算的疲劳裂纹扩展门槛值与试验结果的比较，得到下列近似表达式[75]：

$$\Delta K_{th}(试验值) \approx 5 \times \Delta K_{th}(预测值) \tag{6-35}$$

应当注意，对于同一类材料，例如结构钢和铝合金等，E 和 b 值差别不大，因而同一类材料的 ΔK_{th} 值将与 σ_b 的平方根成正比。这与多数文献中的试验结果不一致，例如文献[17]、[73]和[74]。其他的预测公式表明，ΔK_{th} 正比于屈服强度的平方根[8],这也与多数文献中的试验结果不一致,例如文献[17]、[73]和[74]。

6.9.3 疲劳裂纹扩展门槛值的力学模型

如前所述,加载时裂纹尖端必然要钝化。当裂纹尖端钝化半径达到临界值 ρ_c,含裂纹的试件或结构件发生断裂[51-53]。裂纹尖端临界半径 ρ_c 是与材料的显微组织和力学性能有关的常数[51-53]。Donahue 等[24]设想,无载时裂尖存在残余张开位移。据此,可以假定裂纹尖端在无载时也会有一定的残余钝化半径 ρ_0。加载时裂纹张开、裂尖钝化;仅当裂尖钝化半径超过 ρ_0 时,裂纹才会向前扩展,见图 6-14。根据上述假设,可导出疲劳裂纹扩展门槛值的表达式。对于钝化的裂纹,裂尖的正应力可表示为[51-53]

$$\sigma_y = K_t S = 2K_I / \sqrt{\pi \rho} \tag{6-36}$$

显然,裂尖的正应力不超过材料的临界断裂应力 σ_{ff} 时,裂纹不会扩展。由6.4.2 节可知,在近门槛区裂纹尖端处于平面应变状态。因此,材料的临界断裂应力 σ_{ff} 可表示为[51-53]

$$\sigma_{ff} = 0.64 \sqrt{E \sigma_f \varepsilon_f} \tag{6-37}$$

文献[76]给出了应力比 $R = 0$ 时的裂纹扩展门槛值的表达式:

$$\Delta K_{th0} = 0.32 \sqrt{E \sigma_f \varepsilon_f \rho_0} \tag{6-38}$$

式中,ρ_0 的值可由 ΔK_{th0} 和材料力学性能加以确定。对于高强度低合金钢,$\rho_0 \approx 10^{-4}$ mm 的量级[76]。曾经提出[61],位错胞是疲劳裂纹扩展的障碍。文献[1]给出了在疲劳断口上测定的位错胞的尺寸,约为 10^{-4} mm 的量级,与 ρ_0 为同一量级。据此,可以假定 ρ_0 是与位错胞尺寸相关的常数,但这需要进一步的试验证明。

6.9.4 关于疲劳裂纹扩展门槛值与裂纹张开应力强度因子间的关系

由疲劳裂纹扩展的力学模型(见图 6-15),可以预期,在裂纹张开应力强度因子以下,即 $K \leqslant K_{op}$,裂纹将不扩展;K_{op} 为裂纹张开应力强度因子。所以,从物理概念上,K_{op} 应当等于单向拉伸和循环载荷下的裂纹扩展门槛值。在循环载荷下,当 $R = 0$ 时,有

$$\Delta K_{th0} = K_{op} = 常数 \tag{6-39}$$

一般认为,在长裂纹区,疲劳裂纹扩展门槛值是材料常数,与裂纹长度无关。所以,K_{op} 之值也应与裂纹长度无关。已有试验结果表明,K_{op} 之值与裂纹长度无关,如图 6-25 所示[77]。这给式(6-39)以初步的、间接的证明。但是,关于疲劳裂纹扩展门槛值与裂纹张开应力强度因子间的关系,还需要更多的研究。

倘若式(6-39)成立,则应力比对疲劳裂纹扩展门槛值的影响应如下式所示:

$$\Delta K_{th} = \Delta K_{th0}(1 - R) \tag{6-40}$$

即式(6-16)中的指数 $\gamma=1$。图 6-26 中的试验结果表明,式(6-40)在 $R=-1\sim0.8$ 时可能是有效的、适用的。这给式(6-39)提供了另一个证明。至于欠时效(UA)的 7075 铝合金裂纹扩展门槛值在 $R<0.5$ 时的反常行为,用显微组织对裂纹扩展机理的影响做了解释[31]。

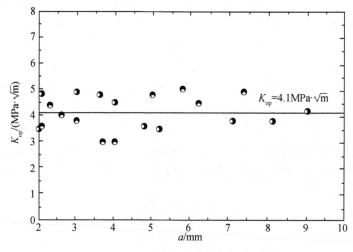

图 6-25　K_{op} 之值与裂纹长度的关系[77]

对于很多材料,尤其是塑性好的金属材料,在卸载过程中两裂纹面相互挤压,使得裂纹尖端残余钝化半径 $\rho_r<\rho_0$。于是,$\Delta K_{th0}>K_{op}$。当 $K_{min}<K_{op}$ 时,应力比对疲劳裂纹扩展门槛值的影响可用式(6-40)表示,而当 $K_{min}>K_{op}$ 时,ΔK_{th} 为常数。这就是所谓的 Schmidt-Paris 关系[18,57]。

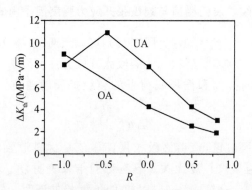

图 6-26　应力比对过时效(OA)和欠时效(UA)的 7075 铝
合金裂纹扩展门槛值的影响[31]

但是,在高的应力比下,即当 $K_{min}>K_{op}$ 时,疲劳裂纹是在裂纹张开的情况下发生扩展,何以也存在裂纹扩展门槛值? 这是需要研究的另一个问题。从前述的试验结果可以看出,式(6-16)中指数 γ 并不总是等于1,而是取决于材料的性质、热处理、显微组织、表面处理以及环境介质等多种因素。因此,对于近门槛区的疲劳裂纹扩展机理需要进行更多、更深入的研究,以建立完善的疲劳裂纹扩展门槛值模型,从而对疲劳裂纹扩展门槛值进行精确的预测。

6.10 金属材料疲劳裂纹扩展速率的预测

业已证实式(6-12)可很好地表示具有不同晶格、显微组织和力学性能的金属材料中的疲劳裂纹在Ⅰ区和Ⅱ区内的扩展。而且式(6-12)的形式简单、仅含两个材料常数,即疲劳裂纹扩展系数 B 和门槛值 ΔK_{th}。对于塑性金属材料,B 可用式(6-15b)进行预测;对于具有片状马氏体组织的高强度钢,如 300M 钢,B 可用式(6-15a)进行预测[14,15]。若已知或能精确地预测门槛值 ΔK_{th},则将 B 和 ΔK_{th} 代入式(6-12),即可很方便地求得疲劳裂纹扩展速率的表达式。这将为设计师在选用材料、剩余寿命评估等方面,带来很大的便利,因而具有重要的实际意义。

6.10.1 铝合金疲劳裂纹扩展速率与门槛值的预测

在 6.7 节中,已经给出了铝合金疲劳裂纹扩展系数之值,$B = 3.3 \times 10^{-9}$ MPa^{-2}。直到现在,还没有一个模型可精确地预测铝合金的门槛值 ΔK_{th}。因此,铝合金的门槛值 ΔK_{th} 暂时用式(6-33)作近似估算。应当指出,式(6-33)中的 ΔK_{thE} 值要高于式(6-12)中的 ΔK_{th} 值。但是,由式(6-33)给出的 ΔK_{thE} 值趋于试验结果分散带的下限[74]。因而式(6-33)给出的 ΔK_{thE} 值可近似地取作 ΔK_{th0}。应力比的影响用式(6-16)进行估算,其中 γ 取为 1.0[18,57,58]。于是,铝合金的门槛值 ΔK_{th} 可根据其屈服强度作近似估算[78]:

$$\Delta K_{th} = (3.4 - 1.5 \times 10^{-3} \sigma_{0.2})(1 - R) \tag{6-41}$$

将 B 值和式(6-41)代入式(6-12),即得铝合金疲劳裂纹扩展速率的一般表达式如下[78]:

$$da/dN = 3.30 \times 10^{-9} [\Delta K - (3.4 - 1.5 \times 10^{-3} \sigma_{0.2})(1 - R)]^2 \tag{6-42}$$

根据式(6-42)预测的几个铝合金的疲劳裂纹扩展速率曲线如图 6-27 所示,更多的预测结果请参阅文献[77]。可以看出,预测的裂纹扩展速率曲线在Ⅱ区内与试验结果符合很好。这表明取 $B = 3.30 \times 10^{-9} MPa^{-2}$ 是合理的、在工程中是可以接受的。但用式(6-42)预测的铝合金在Ⅰ区的疲劳裂纹扩展速率高于试验结果。这是因为式(6-41)低估了 ΔK_{th} 值。

可以预期,式(6-42)可用于精确预测含裂纹铝合金结构件的剩余寿命,但用于预测铝合金结构件的疲劳裂纹扩展寿命则有可能给出保守的预测结果,但在工程中偏于安全。

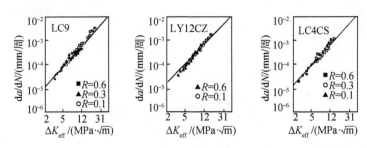

图 6-27　根据式(6-42)预测的铝合金疲劳裂纹扩展速率曲线与试验结果[78]

6.10.2　钢的疲劳裂纹扩展速率的预测

由于钢的化学成分和热处理工艺在很大的范围内变化,所以钢的显微组织和力学性能也有巨大的差异。因此,钢在Ⅱ区的扩展机理各不相同。在 6.4.3 节中,已将疲劳裂纹在Ⅱ区的扩展机理分为塑性条带机理和脆性机理两类。对于较低强度和高塑性的结构钢、低碳马氏体钢、不锈钢和淬火＋高温回火钢,Ⅱ区的扩展机理主要是塑性条带机理[6,14,16]。故 B 值可用式(6-15b)预测。于是,$B=3.75\times10^{-10}\,\text{MPa}^{-2}$。对于上述那些钢,疲劳裂纹扩展速率表达式可写为

$$da/dN=3.75\times10^{-10}(\Delta K-\Delta K_{th})^2 \tag{6-43}$$

若已知钢的 ΔK_{th} 之值,则将 ΔK_{th} 值代入式(6-43),即可得到钢的疲劳裂纹扩展速率表达式,并画出钢的疲劳裂纹扩展曲线。文献[79]中给出了一些预测钢的疲劳裂纹扩展曲线的实例。在 ΔK_{th} 值未知的情况下,钢的 ΔK_{th} 值只能用经验公式进行估算,如式(6-32)所示。

考虑到应力比的影响,估算钢的 ΔK_{th} 的公式可写为

$$\Delta K_{th}=(11.4-4.6\times10^{-3}\sigma_{0.2})(1-R)^{\gamma} \tag{6-44}$$

式中,γ 用经验公式估算[79,80]

$$\gamma=1.67\times\lg\Delta K_{th0}-0.7 \tag{6-45}$$

将式(6-44)代入式(6-43),即得预测钢的疲劳裂纹扩展速率表达式为

$$da/dN=3.75\times10^{-10}\left[\Delta K-(11.4-4.6\times10^{-3}\sigma_{0.2})(1-R)^{\gamma}\right]^2 \tag{6-46}$$

根据式(6-46)预测钢的疲劳裂纹扩展速率曲线,如图 6-28 所示。由此可见,预测的疲劳裂纹扩展速率曲线在Ⅱ区与试验结果符合良好。然而,很多有关 ΔK_{th} 的试验结果偏离式(6-32)[73]。因此,很难用式(6-46)精确地预测在Ⅰ区的疲劳裂纹扩展速率。这说明需要作进一步的研究工作,提出精确预测 ΔK_{th} 的模型。

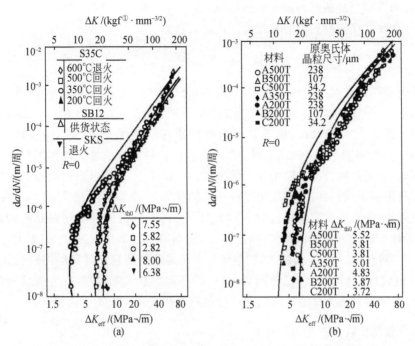

图 6-28 根据式(6-46)预测钢的疲劳裂纹扩展速率曲线与试验结果[70,79]

6.11 描述材料完整疲劳裂纹扩展行为的新公式

6.11.1 疲劳裂纹扩展三个基本要素

裂纹能否扩展以及裂纹以多大的速率扩展,受到许多因素的影响。裂纹扩展对一些因素敏感而对另一些因素不敏感,且在不同的扩展区可能表现有所不同。进一步的分析表明,在所有影响裂纹扩展的因素中,弹性模量、扩展门槛值和断裂韧性三个因素的变化,会直接导致裂纹扩展行为的变化,而其他因素对裂纹扩展的影响则是间接的。其他因素的这种间接影响可以理解为,这些因素的变化导致上述三种直接因素中的一个或几个产生变化,进而间接地影响到裂纹扩展的行为。可以把上述三种因素称为裂纹扩展的三个基本要素[12]。

1. 弹性模量对扩展速率的影响

通常,裂纹扩展速率随弹性模量的升高而下降。弹性模量对裂纹扩展速率的这种影响可以理解为:裂纹尖端必须张开(钝化)裂纹才能扩展,而为了达到一定的

---

① 1kgf=9.8N。

张开量,弹性模量高的材料就需要施加较大的外载,即在相同的外加应力强度因子条件下,高弹性模量材料具有较低的裂纹扩展速率。

2. 裂纹扩展速率曲线的上边界和下边界

疲劳裂纹扩展速率曲线存在上、下边界,分别为$(1-R)K_C$和ΔK_{th},如图 6-1 所示。其中,R 为应力比,K_C 为材料的断裂韧性(平面应变条件下为 K_{Ic}),ΔK_{th} 为裂纹扩展门槛值。K_C 和 ΔK_{th} 是与材料内在因素相关的参量,材料不同,其 K_C 和 ΔK_{th} 值会有所不同。K_C 和 ΔK_{th} 的变化将对裂纹扩展速率曲线的具体形状产生很大的影响,即对扩展行为会产生很大的影响。可以认为,若不考虑弹性模量 E 对裂纹扩展的影响,不同材料所表现出来的不同扩展行为,从根本上说是 K_C 和 ΔK_{th} 的不同引起的,而其他因素则通过对 K_C 和 ΔK_{th} 值的影响进而影响到裂纹的扩展速率。K_C 和 ΔK_{th} 的变化对裂纹扩展行为产生的影响主要体现在:ΔK_{th} 值越大,则裂纹越不容易产生扩展;K_C 值越大,则裂纹越不容易产生高速扩展和最终断裂,Paris 指数 m 值较低;$(\Delta K_{th}/K_C)$ 之值越大,则中部稳定扩展区就越窄,疲劳裂纹一旦出现扩展,就很容易进入高速扩展区并产生最终断裂,Paris 指数 m 值较高。

6.11.2　裂纹扩展的驱动力和阻力

裂纹扩展的一般规律是对裂纹扩展行为或现象所进行的一种综合性描述,而形成这一规律的内在扩展抗力与外界施加的驱动力之间的矛盾运动,则是裂纹扩展运动的本质。抗力是材料的内在属性,而驱动力则是由外界加载条件提供的。

由 6.11.1 关于裂纹扩展的三个基本要素的讨论可得出如下结论:弹性模量 E、门槛值 ΔK_{th} 和断裂韧性 K_C 是裂纹扩展的内在基本抗力参量,而加载应力强度因子幅 ΔK 则是裂纹扩展的驱动力。若将裂纹扩展行为用裂纹扩展速率 da/dN 的变化来描述,以函数 Φ 表示内在扩展抗力与外界施加的驱动力之间的矛盾运动规律,那么可构造出如下的函数关系式:

$$\frac{da}{dN} = \Phi(\Delta K, E, \Delta K_{th}, K_C) \tag{6-47}$$

在上述函数关系中,若把 ΔK 作为自变量,da/dN 作为因变量,E、K_C 和 ΔK_{th} 作为阻力参量,那么函数 Φ 就应该表示了图 6-1 中裂纹扩展曲线的变化规律。

若将三个区的各个阻力参量分离,以函数 f_1、f_2 和 f_3 表示各阻力参量与驱动力的矛盾运动规律,那么可作如下的定义:

$$\frac{da}{dN} = \Phi(\Delta K, E, \Delta K_{th}, K_C) = f_1(\Delta K, E) \cdot f_2(\Delta K, \Delta K_{th}) \cdot f_3(\Delta K, K_C)$$

$$\tag{6-48}$$

式中,在近门槛区有 $f_2(\Delta K, \Delta K_{th})$;在中部区有 $f_1(\Delta K, E)$;在快速扩展区有 $f_3(\Delta K, K_C)$。

6.11.3　三个区域疲劳裂纹扩展规律的描述

1. 中部裂纹扩展区规律的描述

假设含裂纹的连续介质理想固体受到远场循环应力作用产生了裂纹扩展。该理想固体的含义是指在分子、原子或是更小的尺度上仍为均匀的连续介质固体,即去除了分子、原子,作为实际固体材料基本分割单元的存在。那么,其裂纹扩展速率的变化也是连续的,且以条带机制扩展,满足由钝化开裂模型推出的裂纹扩展表达式(6-49)[15]

$$\frac{da}{dN} = \frac{15.9}{E^2}(\Delta K - \Delta K_{th})^2 \tag{6-49}$$

对于上述理想固体可进一步假设其门槛值 ΔK_{th} 趋近于零,则由 $\Delta K_{th} = 0$ 代入式(6-49)得到

$$\frac{da}{dN} = \frac{15.9}{E^2}\Delta K^2 \tag{6-50}$$

式(6-50)即为裂尖钝化开裂机制作用下的理想固体疲劳裂纹扩展宏观规律的表达式,它明确地显示了疲劳裂纹扩展在中部区的基本扩展动力与扩展阻力的函数关系。将这一函数关系式定义为 $f_1(\Delta K, E)$,即

$$\frac{da}{dN} = f_1(\Delta K, E) = \frac{15.9}{E^2}\Delta K^2 \tag{6-51}$$

式(6-51)在 da/dN-ΔK 双对数坐标中为一斜率为 2 的直线。

2. 近门槛区裂纹扩展规律的描述

近门槛区的裂纹扩展行为微观上可以看成是中部区扩展随着 ΔK 的降低在裂纹前沿线上的个别点出现非连续扩展,而这样一种非连续扩展随着 ΔK 的进一步减低,在裂纹扩展的前沿线上蔓延,并最终导致扩展全面停止的过程。在这一过程中的某一 ΔK 值时,裂纹前沿线上的哪些点扩展,哪些点不扩展,以及各扩展点分别以多大的扩展速率向前扩展是受某种概率分布函数控制的,并且是非独立事件,相互影响较大。上述过程可称为中部区扩展退化机制。近门槛区裂纹扩展行为宏观上的变化趋势如图 6-29 中粗实曲线所示,此粗实线可看成是由两条函数曲线 $f_1(\Delta K, E)$ 和 $f_2(\Delta K, \Delta K_{th})$ 合成的,如图 6-29 所示,即

$$\frac{da}{dN} = f_1(\Delta K, E) \cdot f_2(\Delta K, \Delta K_{th}) \tag{6-52}$$

函数 $f_1(\Delta K, E)$ 即为中部区裂纹扩展宏观规律[见式(6-51)],而函数 $f_2(\Delta K, \Delta K_{th})$ 就是在单独的中部区扩展退化机制作用下近门槛区裂纹扩展的基本变化规律。函数 $f_2(\Delta K, \Delta K_{th})$ 应具备如下的基本特性:

(1)函数 $f_2(\Delta K,\Delta K_{th})$ 应能体现裂纹在近门槛区扩展的动力 ΔK 与阻力 ΔK_{th} 之间的联系。

(2)要能体现裂纹扩展下限 ΔK_{th} 的存在,即当 ΔK 趋近于 ΔK_{th} 时,函数 $f_2(\Delta K,\Delta K_{th})$ 趋近于零。

(3)当 ΔK 远离 $f_2(\Delta K,\Delta K_{th})$ 时,要能体现退化机制的消失,即函数 $f_2(\Delta K,\Delta K_{th})$ 趋近于1。

(4)函数 $f_2(\Delta K,\Delta K_{th})$ 随 ΔK 降低而退化的速率应与试验结果相吻合。

由以上的几点,可构建如下函数关系式来描述近门槛区退化机制的基本变化规律:

$$f_2(\Delta K,\Delta K_{th})=\left(1-\frac{\Delta K_{th}}{\Delta K}\right)^m \tag{6-53}$$

式中,m 是与退化速率相关的常数,需由试验结果确定。将式(6-51)和式(6-53)代入式(6-52)得到

$$\frac{\mathrm{d}a}{\mathrm{d}N}=\left(\frac{15.9}{E^2}\Delta K^2\right)\cdot\left(1-\frac{\Delta K_{th}}{\Delta K}\right)^m \tag{6-54}$$

式(6-54)即为近门槛区裂纹扩展宏观规律的数学模型。

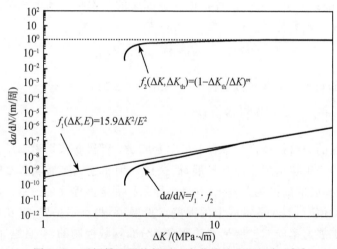

图 6-29　近门槛区平均扩展速率曲线的分解与合成[12]

3. 快速扩展区裂纹扩展规律的描述

快速扩展区占裂纹扩展总寿命的极小一部分,并且,对于许多实际机件而言,此时机件的结构稳定性已经失去,处于实际上的失效状态,因而,其寿命估算已失去实际意义。尽管如此,对快速扩展区的扩展机制及扩展行为的研究依然具有重要价值,因为快速扩展区的扩展是疲劳裂纹扩展这一完整问题的重要组成部分,只有对三个扩展区的扩展行为都进行认真研究,才能对疲劳裂纹扩展的总规律有正

确的认识。

快速区裂纹扩展的微观机制可描述为,随 ΔK 增加,在裂纹扩展前沿线上的某些点(小区域)在总体多数点(区域)以条带机制扩展的同时产生了静态断裂模式的扩展和损伤,这一情况随 ΔK 的进一步增大而以某种分布概率形式在裂纹扩展前沿线上蔓延开,同时,先期出现静态断裂和损伤的点此时则以更高的静态扩展速率向前扩展,最终当 K_{max} 达到临界应力强度因子 $K_{IC}(K_C)$ 值时失稳开裂发生。$K_{IC}(K_C)$ 值的高低既决定了中部区和快速扩展区 da/dN 值的高低,也决定了中部区和快速扩展区裂纹扩展的断裂方式,体现出裂纹抗静态模式断裂的能力。因此,可构建一个函数 $f_3(\Delta K, K_C)$ 来描述裂纹扩展动力参量 ΔK 与阻力参量 $K_{IC}(K_C)$ 在快速扩展区的关系:

$$f_3(\Delta K, K_C) = \left(\frac{\alpha K_C}{K_C - K_{max}}\right)^n \tag{6-55}$$

式中,α 为拟合得到的参数;n 是与加速扩展速率相关的参数,可由试验结果确定。

该函数关系式(6-55)具备以下的基本特征:

(1)函数 $f_3(\Delta K, K_C)$ 应能体现裂纹在快速扩展区扩展的动力 ΔK 与阻力参量 $K_{IC}(K_C)$ 之间的联系。

(2)要能体现裂纹扩展上限 $K_{IC}(K_C)$ 的存在,即当 K_{max} 趋近于 $K_{IC}(K_C)$ 时,函数 $f_3(\Delta K, K_C)$ 值逐步趋近于无穷大。

(3)当 $K_{max} \leqslant \alpha K_C$ 时,$f_3(\Delta K, K_C)$ 值接近于 1 且变化不大。

(4)当 $K_{max} \geqslant \alpha K_C$ 时,$f_3(\Delta K, K_C) \geqslant 1$ 且随 K_{max} 增加而加速增大。

式(6-55)所描述的函数关系曲线见图 6-30。式(6-55)并不能直接用于扩展速率的描述,它必须与近门槛区和中部区的扩展速率表达式相叠加,才能对一个实际裂纹的扩展进行有效而可靠的描述。

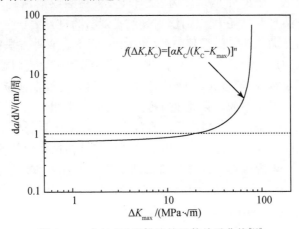

图 6-30 式(6-55)所描述的函数关系曲线[12]

将式(6-51)、式(6-53)和式(6-55)代入式(6-48),得

$$\frac{da}{dN} = \frac{15.9}{E^2} \Delta K^2 \left(1 - \frac{\Delta K_{th}}{\Delta K}\right)^m \left(\frac{\alpha K_C}{K_C - K_{max}}\right)^n \tag{6-56}$$

$$K_{max} = \Delta K/(1-R) \tag{6-57}$$

将式(6-57)代入式(6-56),得

$$\frac{da}{dN} = \frac{15.9}{E^2} \Delta K^2 \left(1 - \frac{\Delta K_{th}}{\Delta K}\right)^m \left[\frac{\alpha(1-R)K_C}{(1-R)K_C - \Delta K}\right]^n \tag{6-58}$$

选择闭合效应较小的多种材料在较高的应力比条件下的试验结果,且已知材料的 E、K_C、ΔK_{th} 和 R,指数 m、n 和系数 α 可以通过非线性拟合得到最佳值。大量的拟合结果表明,m、n 和 α 值不发散,各自收敛在某一区间内。最终,确定 m 应取值为 $1/2$,n 值应取为 $3/2$,α 值应为 0.45。代入式(6-58)并整理后得到

$$\frac{da}{dN} = \frac{4.8}{E^2} \Delta K^2 \left(1 - \frac{\Delta K_{th}}{\Delta K}\right)^{\frac{1}{2}} \left[\frac{(1-R)K_C}{(1-R)K_C - \Delta K}\right]^{\frac{3}{2}} \tag{6-59}$$

或

$$\frac{da}{dN} = \frac{4.8}{E^2} (\Delta K - \Delta K_{th})^{\frac{1}{2}} \left[\frac{1}{\Delta K} - \frac{1}{(1-R)K_C}\right]^{-\frac{3}{2}} \tag{6-60}$$

式(6-60)就是描述三个区裂纹扩展行为的公式。它由材料的本征性能量(弹性模量 E,门槛值 ΔK_{th},断裂韧度 K_C)和外部加载参量(循环应力度因子幅 ΔK,应力比 R)所构成的函数关系确定。

6.11.4　全范围裂纹扩展速率试验数据验证及预测

式(6-60)是非线性函数,包含四个参数弹性模量 E、门槛值 ΔK_{th},断裂韧度 K_C 和应力比 R。通常弹性模量 E 可通过简单的拉伸试验测出,应力比 R 为已知试验参数。断裂韧性 K_{IC} 或 K_C 的测试较为复杂,涉及疲劳裂纹的预制;而门槛值 ΔK_{th} 的测定就更为复杂且费时耗力。因此,对裂纹扩展行为进行表征及估算,主要涉及门槛值和断裂韧性的估算。门槛值 ΔK_{th} 和 K_C 的值可由两种方法得到:①通过试验直接测得或是利用其他简单力学性能进行估算;②利用含近门槛区和快速扩展区的疲劳裂纹扩展数据,通过式(6-60)进行拟合求得。这四个参量一旦确定,某种材料的疲劳裂纹扩展速率的变化规律就可进行表征和预测了。

疲劳裂纹扩展门槛值与材料组织和常规力学性能的关系及估算方法在 6.9 节中已讨论。文献[81]提出了使用有机玻璃材料切口圆棒试样的拉伸性能来估算其断裂韧性的方法。当圆棒切口试样切口根部半径小于临界切口半径 ρ_c 时,尖切口可看成裂纹处理,尖切口试件的拉伸断裂可理解成含裂纹件的失稳断裂,因此断裂韧性与切口强度具有内在的联系。在国际上这种方法已形成相关标准 ASTM E602,并在相关的材料质量控制标准中应用,如 AMS 4101(经固溶热处理、拉伸、沉淀热处理的铝合金厚板 4.4Cu-1.5Mg-0.60Mn(2124-T851))。文献[82]研究了

2124 铝合金屈强比与断裂韧性的相关性,得到了屈强比在一定范围内与材料的断裂韧性呈线性关系的结论。

对式(6-60)取对数,即得

$$\lg\left(\frac{da}{dN}\right)=\lg\left(\frac{4.8}{E^2}\right)+\frac{1}{2}\lg(\Delta K-\Delta K_{th})-\frac{3}{2}\lg\left(\frac{1}{\Delta K}-\frac{1}{(1-R)K_c}\right)$$

(6-61)

式中,E 和 R 是已知常量;ΔK_{th} 和 K_c 当成变量,利用含近门槛区和快速扩展区的裂纹扩展数据通过计算机程序进行非线性回归处理,即可求得 ΔK_{th} 和 K_c 之值。

1. 铝合金的疲劳裂纹扩展速率

文献[12]给出了 LY12CZ 板材在应力比 $R=0.1$ 和 $R=0.7$ 时的全范围疲劳裂纹扩展速率数据,如图 6-31 所示,图中曲线是使用式(6-61)进行非线性回归分析得到的曲线。由图中数据和拟合结果可以看出,式(6-60)对近门槛区、中部扩展区和快速扩展区的疲劳裂纹扩展数据均能给予较好的描述。

按照式(6-61)对硬铝 LY12CZ 板材疲劳裂纹扩展速率的试验数据进行回归分析(ΔK_{th} 和 K_c 当成变量),给出了其全范围裂纹扩展表达式:

$$\frac{da}{dN}=9.16\times10^{-10}(\Delta K-2.212)^{\frac{1}{2}}\left(\frac{1}{\Delta K}-0.0265\right)^{-\frac{3}{2}},\quad R=0.1$$

(6-62a)

$$\frac{da}{dN}=9.16\times10^{-10}\cdot(\Delta K-1.494)^{\frac{1}{2}}\cdot\left(\frac{1}{\Delta K}-0.0796\right)^{-\frac{3}{2}},\quad R=0.7$$

(6-62b)

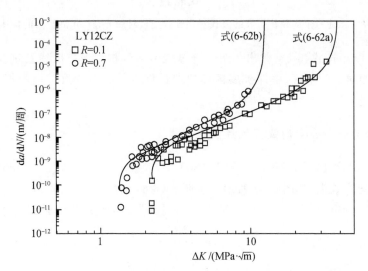

图 6-31　描述三个区裂纹扩展的公式对硬铝 LY12CZ 板材疲劳裂纹扩展行为的描述[12]

文献[83]给出了铝锂合金2090和2090+Ce两种材料在应力比 $R=0.1$ 时的疲劳裂纹扩展速率数据,如图6-32所示。按照式(6-61)对疲劳裂纹扩展速率的试验数据进行回归分析(E、ΔK_{th} 和 K_C 当成变量),给出了其全范围裂纹扩展表达式[12]:

$$\frac{da}{dN} = \frac{4.8}{136000^2}(\Delta K - 2.21)^{\frac{1}{2}}\left(\frac{1}{\Delta K} - 0.0715\right)^{-\frac{3}{2}}, \quad 2090 \quad (6\text{-}63a)$$

$$\frac{da}{dN} = \frac{4.8}{158000^2}(\Delta K - 3.46)^{\frac{1}{2}}\left(\frac{1}{\Delta K} - 0.0604\right)^{-\frac{3}{2}}, \quad 2090 + Ce \quad (6\text{-}63b)$$

可见回归结果给出的弹性模量高出实际值一倍左右,表明实际的裂纹扩展速率明显低于弹性模量估算的扩展速率,这可能与裂尖后部产生的闭合效应有关,如何修正估算值,则有待进一步研究。

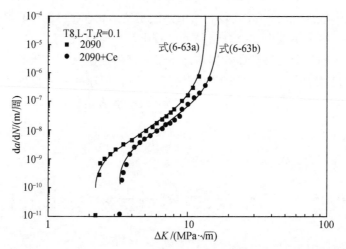

图 6-32 描述三个区裂纹扩展的公式对铝锂合金板材疲劳裂纹扩展行为的描述[12,83]

图 6-32 中按式(6-63)画出了铝锂合金疲劳裂纹扩展速率曲线及试验结果,可见式(6-60)对近门槛区、中部扩展区和快速扩展区的疲劳裂纹扩展数据均能给予较好的描述。

2. 粉末高温合金的疲劳裂纹扩展速率

文献[12]给出了FGH95材料在550℃,应力比 $R=-1$ 和 $R=0.06$ 时的疲劳裂纹扩展速率数据,如图6-33所示。按照式(6-61)对疲劳裂纹扩展速率的试验数据进行回归分析(E、ΔK_{th} 和 K_C 当成变量),给出了其全范围裂纹扩展表达式[12]:

$$\frac{da}{dN} = 3.08 \times 10^{-11}(\Delta K - 8.75)^{\frac{1}{2}}\left(\frac{1}{\Delta K} - 0.00132\right)^{-\frac{3}{2}}, \quad R = -1 \quad (6\text{-}64a)$$

$$\frac{\mathrm{d}a}{\mathrm{d}N} = 1.25 \times 10^{-10} (\Delta K - 7.62)^{\frac{1}{2}} \left(\frac{1}{\Delta K} - 0.00222\right)^{-\frac{3}{2}}, \quad R = 0.06 \quad (6\text{-}64\mathrm{b})$$

图 6-33 中按式(6-64)画出了 FGH95 高温合金高温疲劳裂纹扩展速率曲线及试验结果,可见式(6-60)对近门槛区、中部扩展区和快速扩展区的疲劳裂纹扩展数据均能给予较好的描述。

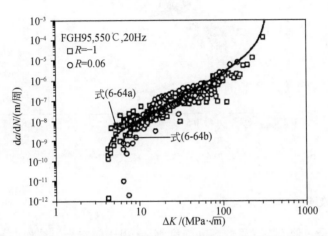

图 6-33　描述三个区裂纹扩展的公式对 FGH95 高温合金疲劳裂纹扩展行为的描述[12]

3. 有机高分子材料的疲劳裂纹扩展速率

文献[84]给出了有机玻璃两种材料(YB 和 DYB)在应力比 $R = 0.1$ 时的疲劳裂纹扩展速率数据,如图 6-34 所示。按照式(6-61)对疲劳裂纹扩展速率的试验数据进行回归分析(E、ΔK_{th} 和 K_{C} 当成变量),给出了其全范围裂纹扩展表达式[12]:

$$\frac{\mathrm{d}a}{\mathrm{d}N} = 2.41 \times 10^{-7} (\Delta K - 0.36)^{\frac{1}{2}} \left(\frac{1}{\Delta K} - 0.958\right)^{-\frac{3}{2}}, \quad \mathrm{YB} \quad (6\text{-}65\mathrm{a})$$

$$\frac{\mathrm{d}a}{\mathrm{d}N} = 1.71 \times 10^{-7} (\Delta K - 0.41)^{\frac{1}{2}} \left(\frac{1}{\Delta K} - 0.532\right)^{-\frac{3}{2}}, \quad \mathrm{DYB} \quad (6\text{-}65\mathrm{b})$$

若将弹性模量 3.1GPa 代入式(6-60)中得到系数 $4.8/E^2 = 4.99 \times 10^{-7}$,可见实际的扩展速率低于估算值,且定向有机玻璃更为明显,这可能与其裂纹面的粗糙度有关。估算的曲线如图 6-34 中的虚线所示。

图 6-34 中按式(6-64)画出了 PMMA 有机玻璃疲劳裂纹扩展速率曲线及试验结果,可见式(6-60)对近门槛区、中部扩展区和快速扩展区的疲劳裂纹扩展数据均能给予较好的描述。

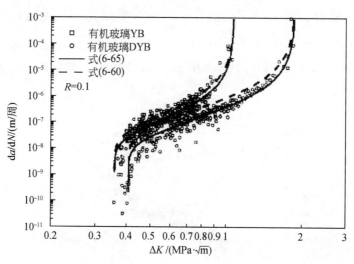

图 6-34　描述三个区裂纹扩展的公式对有机玻璃疲劳裂纹扩展行为的描述[12,84]

4. 钢的疲劳裂纹扩展速率

300M 钢是一种美国牌号的超高强度纲,常用于航空受力结构件的制造。文献[15]和[17]给出了应力比为 0.05 和 0.7 时的疲劳裂纹扩展试验数据。利用式(6-60)对试验数据进行回归分析结果见表 6-6 及图 6-35,弹性模量 E 取 206GPa[12]。

表 6-6　300M 钢疲劳裂纹扩展数据回归分析结果[12]

R	$\Delta K_{th}/(MPa \cdot \sqrt{m})$	$K_C/(MPa \cdot \sqrt{m})$
0.05	3.065	77.11
0.7	2.304	80.01

5. 钛合金的疲劳裂纹扩展速率

文献[85]给出了 Ti-1023 钛合金在应力比 $R=0.1$、0.3 和 0.5 条件下的疲劳裂纹扩展速率数据,并使用式(6-60)对裂纹扩展数据进行回归分析,弹性模量 E 取 106GPa,回归分析得出疲劳裂纹扩展表达式为

$$\frac{da}{dN} = \frac{4.8}{106000^2}(\Delta K - 136)^{\frac{1}{2}}\left(\frac{1}{\Delta K} - 0.0004\right)^{-\frac{3}{2}}, \quad R = 0.1 \quad (6\text{-}66a)$$

$$\frac{da}{dN} = \frac{4.8}{106000^2}(\Delta K - 126)^{\frac{1}{2}}\left(\frac{1}{\Delta K} - 0.00062\right)^{-\frac{3}{2}}, \quad R = 0.3 \quad (6\text{-}66b)$$

$$\frac{da}{dN} = \frac{4.8}{106000^2}(\Delta K - 110)^{\frac{1}{2}}\left(\frac{1}{\Delta K} - 0.00092\right)^{-\frac{3}{2}}, \quad R = 0.5 \quad (6\text{-}66c)$$

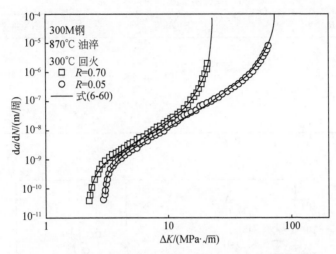

图 6-35　式(6-60)对 300M 钢疲劳裂纹扩展行为的描述[12]

图 6-36 中按式(6-66a)～式(6-66c)画出了 Ti-1023 疲劳裂纹扩展速率曲线及试验结果,可见式(6-60)对近门槛区、中部扩展区和快速扩展区的疲劳裂纹扩展数据均能给予较好的描述。

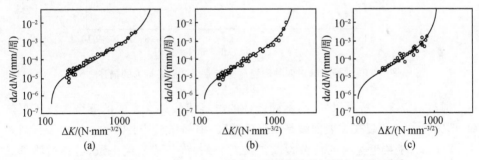

图 6-36　式(6-60)对 Ti-1023 钛合金疲劳裂纹扩展行为的描述[85]

(a)R=0.1;(b)R=0.3;(c)R=0.5

6. 无机非金属材料的疲劳裂纹扩展速率

文献[86]给出了四种陶瓷材料在应力比 $R=0.1$ 条件下的疲劳裂纹扩展的试验结果。同时给出了其 E 和 K_c 值,见表 6-7。将表 6-7 中数据代入式(6-60)对 ΔK_{th} 进行拟合得到四条曲线[12],与试验结果一并绘入图 6-37 中。可见式(6-60)对试验结果给予了较好的描述。

表 6-7　　四种陶瓷材料的力学性能[12,86]

R	E/GPa	$K_{\text{C}}/(\text{MPa} \cdot \sqrt{\text{m}})$
$\text{Si}_3\text{N}_4\text{-A}$	320	7.2
$\text{Si}_3\text{N}_4\text{-B}$	318	6.4
TiB_2	530	4.6
Al_2O_3	343	5.7

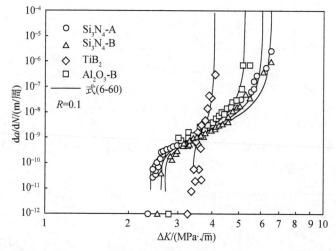

图 6-37　式(6-60)对四种陶瓷材料疲劳裂纹扩展行为的描述[12]

　　通过对以上分析可以发现:不同特性的材料依然具有相同的疲劳裂纹扩展规律,即完整的疲劳裂纹扩展曲线是由近门槛区、中部稳定扩展区和快速扩展区所构成;式(6-60)是接近完善的疲劳裂纹扩展新公式,该公式量纲一致,各参量物理意义明确,能用于描述并预测不同特性材料的全范围疲劳裂纹扩展曲线,其有效性得到试验数据的充分检验。

6.12　关于疲劳短裂纹问题

6.12.1　疲劳短裂纹的定义

　　根据疲劳裂纹扩展门槛值的概念,当 $\Delta K < \Delta K_{\text{th}}$ 时,裂纹不扩展。对于从自由表面生长的裂纹,有 $\Delta K = 1.12\Delta\sigma\sqrt{\pi a}$ 。于是,可得出门槛应力 $\Delta\sigma_{\text{th}}$ 为

$$\Delta\sigma_{th} = \frac{\Delta K_{th}}{1.12\sqrt{\pi a}}$$ (6-67)

可见,当加于构件上的应力幅 $\Delta\sigma < \Delta\sigma_{th}$ 时,裂纹不会扩展,构件也不会断裂。但当裂纹长度很短,$\Delta\sigma_{th}$ 之值很大,以至超过光滑试件的疲劳极限,如图 6-38(a) 所示。事实上,门槛应力 $\Delta\sigma_{th}$ 不可能超过疲劳极限。所以图 6-38(a) 中的实线以下是安全区,即裂纹不扩展;实线以上是不安全区。两条实线的交点对应的裂纹长度 a_0 是长、短裂纹的分界点。短裂纹 a_0 的尺寸可以根据图 6-38,由下式求得[87]

$$a_0 = \frac{1}{4}\left(\frac{\Delta K_{th}}{\Delta\sigma_{th}}\right)^2$$ (6-68)

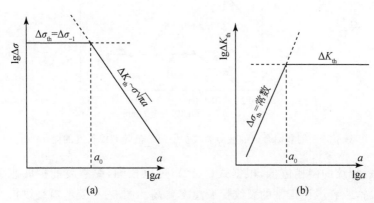

图 6-38 裂纹长度对门槛应力和疲劳裂纹扩展门槛值的影响[87]

(a)对门槛应力的影响;(b)对疲劳裂纹扩展门槛值的影响

对于软钢,由于其 ΔK_{th} 值较高,而疲劳极限值较低,故 a_0 之值较大,约为 0.2mm;而对高强度钢,其 ΔK_{th} 值较低,疲劳极限高,故 a_0 值低,最小仅为 $6\mu m$,小于一个晶粒直径[80]。所以,在高强度材料中,短裂纹扩展的问题可不予考虑。这也可能是对短裂纹扩展的试验研究均采用低强度材料,而不采用高强度材料的原因。

当 $a > a_0$ 时,可用裂纹扩展门槛值的概念判断裂纹是否扩展。当 $a < a_0$ 时,要用短裂纹概念来处理问题。

6.12.2 疲劳短裂纹的扩展

在短裂纹范围内,裂纹扩展门槛值已不再是常数,而是随着裂纹长度的减小而降低。不同合金的裂纹扩展门槛值的试验结果证实了这一预测,如图 6-39 所示。

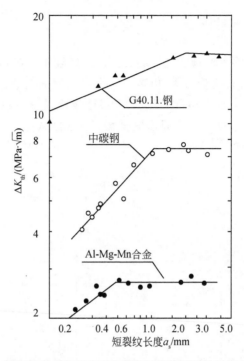

图 6-39　钢和铝合金的疲劳裂纹扩展门槛值随裂纹长度的变化[88]

由于短裂纹的门槛值低,根据式(6-12),可以预测,短裂纹的扩展速率将比长裂纹的要高,或者说比正常的裂纹扩展速率要高。图 6-40 表示短裂纹扩展具有与长裂纹不同的规律;当裂纹很短时,裂纹扩展速率很高,随着裂纹长大,裂纹扩展速率降低,最后与长裂纹扩展曲线汇合。

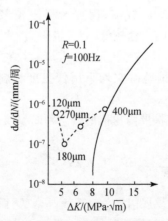

图 6-40　镍铝铜短裂纹(虚线)与长裂纹(实线)扩展速率的试验结果[89]

6.13 结　语

对于金属的疲劳裂纹扩展行为已作过广泛的研究,取得重要的研究与应用成果。本章对金属疲劳裂纹扩展研究的某些共识和结论作了简要的述评。基于对疲劳裂纹扩展机理的研究结果和对裂纹尖端钝化的直接观察,并考虑到裂纹扩展门槛值的存在,以及保持裂纹尖端力学平衡的必要性,文献[14]、[15]和[60]中提出了改进的疲劳裂纹扩展的静态断裂模型。根据这一模型和线弹性断裂力学,给出了精确的、能描述裂纹在近门槛区和中部区扩展的疲劳裂纹扩展速率表达式,即式(6-12),和描述材料完整疲劳裂纹扩展行为的新公式,即式(6-60),用具有不同显微组织的金属材料和不同特性材料的疲劳裂纹扩展的试验结果证实。很多关于疲劳裂纹扩展的试验规律和现象,均可用上述模型很好地加以解释。

在本章中介绍的上述疲劳裂纹扩展速率表达式,揭示了疲劳裂纹扩展速率与应力强度因子范围 ΔK、应力比 R、疲劳裂纹扩展门槛值 ΔK_{th}、断裂韧度 K_C、拉伸性能的相互关系,并能根据拉伸性能预测金属材料在近门槛区、中部区和快速扩展区的疲劳裂纹扩展速率,进而给出一些预测疲劳裂纹扩展速率的结果。疲劳裂纹扩展门槛值 ΔK_{th} 和断裂韧度 K_C,也可利用本章中介绍的疲劳裂纹扩展速率表达式,即式(6-12)或式(6-60),拟合疲劳裂纹扩展的试验结果而求得。此外,还提出了疲劳裂纹扩展门槛值与裂尖张开应力强度因子间的相关性,并给出了间接的证据。

也许有必要指出,应进一步开展疲劳裂纹扩展的研究,其中包括:①进一步研究近门槛区和快速扩展区的疲劳裂纹扩展机理,提出关于 K_C 和 ΔK_{th} 微观力学模型,这一模型会涉及显微组织参数和拉伸性能;②研究稳态扩展区的裂纹扩展机理、显微组织和拉伸性能之间的交互作用,并表示为疲劳裂纹扩展机理图;③关于疲劳裂纹扩展门槛值与裂纹张开应力强度因子间的关系。上述研究将为研发新的具有高疲劳抗力的金属材料,也为精确地预测金属材料的疲劳裂纹扩展速率以及结构件的疲劳裂纹扩展寿命,提供有用的手段。

参 考 文 献

[1]Frost N E, Marsh K J, Pook L P. Metal Fatigue. Oxford: Clarendon Press, 1974.

[2]Smith R A. Fatigue Crack Growth. Oxford: Pergamon Press, 1984.

[3]周惠久,黄明志. 金属材料强度学. 北京:科学出版社,1989.

[4]Klesnil M, Lukáš. Fatigue of Metallic Materials. London: Elsevier Scientific Publishing Company, 1980.

[5]McMillan J C, Pelloux R M N. Fatigue crack propagation under program and random loads. ASTM STP 415,Phladelphia PA,1967: 505-521.

［6］Richards C F，Lindley T C. Influence of stress intensity and microstructure on fatigue crack propagation in ferritic materials. Engineer Fracture Mechanics，1972，4：952-978.

［7］颜鸣皋. 航空结构材料的疲劳裂纹扩展机理及其工程应用//师昌绪. 材料科学进展. 北京：科学出版社，1986：133-158.

［8］Bathias C. Mécanique et mécanismes de la fissuration par fatigue//Bathias C et，Bailon J P. La fatigue des materiaux et des structures. Les Presses D'Université De Montreal，1981：163-200.

［9］Msounave J，Bailon J P，Dikson J I. Les lois de la fissuration par fatigue//Bathias C et，Bailon J P. La fatigue des materiaux et des structures. Les Presses D'Université De Montreal，1981：201-236.

［10］Zheng X L，Yan J H，Zhao K. Crack growth rate and cracking velocity in fatigue for a class of ceramics. Theoretical and Applied Fracture Mechanics，1999，32：65-73.

［11］Maymon G. A′unified′and a $(\Delta K^+ \cdot K_{max})^{1/2}$ crack growth models for aluminum 2024-T351. International Journal of Fatigue，2005，27(6)：629-638.

［12］王泓. 材料疲劳裂纹扩展和断裂定量规律的研究. 西安：西北工业大学博士学位论文，2002.

［13］Kujawski D. A new $(\Delta K^+ \Delta K_{max})$ driving force parameter for crack growth in aluminum alloys. International Journal of Fatigue，2001，23：733-740.

［14］Zheng X L. Mechanical model for fatigue crack propagation in metals//Carpinteri A. Handbook of Fatigue Crack Propagation in Metallic Structures. Amsterdam：Elsevier Science Publisher，1993：363-395.

［15］Zheng X L，Hirt M A. Fatigue crack propagation in steels. Engineer Fracture Mechanics，1983，18(5)：965-973.

［16］Zheng X L. A simple formula for fatigue crack propagation and a new method for determining ΔK_{th}. Engineer Fracture Mechanics，1987，27：465-475.

［17］Ritchie R O. Influence of microstructure on near-threshold fatigue crack propagation in ultra-high strength steel. Metal Science，1977，Aug/Sept：368-381.

［18］Suresh S. Fatigue of Materials. 2nd Editon. Cambridge：Cambridge University Press，1998.

［19］Paris P，Erdogan F. Critical analysis of crack propagation laws. Transactions of the ASME，Journal of Basic Engineering，1963，85：528.

［20］Clark Jr W O. Fatigue crack growth characteristics of rotor steel. Engineer Fracture Mechanics，1971，2：287-290.

［21］Suzuki H，McEvily A J. Microstructure effects on fatigue crack growth in a low carbon steel. Metallurgical Transactions A-Physical Metallurgy，1979，10A：475-481.

［22］Forman R G，Kearney V E，Engle R M. Numerical analysis of crack propagation in cyclic load structures. Transactions of the ASME，Journal of Basic Engineering，1967，89：459-464.

［23］Klesnil M，Lukáš P. Influence of strength and stress history on growth and stabilization of fatigue cracks. Engineer Fracture Mechanics，1972，4：77-92.

［24］Donahue R J，Clark H M，Atanmo P，et al. Crack opening displacement and the rate of fatigue crack growth. International Journal of Fracture Mechanics，1972，8：209-215.

［25］Maddox S J. Fatigue crack propagation data obtained from parent plate，weld metal and HAZ in structural steels. Weld Research International，1974，4：36-60.

［26］Tanaka Y，Soya I. Metallurgical and mechanical factors affecting fatigue crack propagation and crack closure in various structural steels//FATIGUE'90. Birmingham：Engineering Publications Ltd.，1990：1143.

[27]Smith I F C, Smith R A. Fatigue crack growth in a fillet welded joint. Engineer Fracture Mechanics, 1983, 18:861-869.

[28]McEvilyA J. On the quantitative analysis of fatigue crack propagation. ASTM STP 811,1983:283-312.

[29] Speidel M O. Fatigue crack growth at high temperature//High Temperature Materials in Gas Turbines. Amsterdam: Elsevier Science Publishers B V,1977:252-255.

[30]郑修麟,陈永茂,张建国,等.15MnVN 钢 56mm 厚板的疲劳裂纹扩展速度与门槛值. 机械强度,1987,9 (3): 29-33.

[31]Stanzl-Tschegg S E, Tschegg E K, Plasser O, et al. Influence of microstructure, stress ratio and environment on fatigue thresholds of structural aluminum alloys//Wu X R, Wang Z G. Proceedings of 7th International Fatigue Congress FATIGUE'99. Beijing: Higher Education Press,1999: 555-561.

[32]Wang Q Y, Sun Z D, Bathias C, et al. Fatigue crack initiation and growth behaviour of a thin steel sheet at ultrasonic frequency//Wu X R, Wang Z G. Proceedings of 7th International Fatigue Congress FA-TIGUE'99. Beijing: Higher Education Press,1999:169-174.

[33]RitchieR O, Stanzl S E. Ultrasonic method for determination of near-threshold fatigue crack growth rates//Backlund J, Blom A F, Beevers C J. Proceedings of 1st International Conference on Fatigue Threshold. Sweden: EMAS Ltd, 1981: 99-112.

[34]Hoffelner W. The influence of frequency on fatigue crack propagation of some heat resisting alloys using ultrasonic fatigue//Wells J M. Ultrasonic Fatigue,New York,1981: 461-472.

[35]Lu B T, Zheng X L. Predicting fatigue crack growth rates and thresholds at low temperatures. Materials Science and Engineering, 1991, A148:179-188.

[36]郑修麟. 关于疲劳无裂纹寿命. 机械强度,1978, 79: 54-69.

[37] Gell M, Leverant G R. The fatigue of the nickel-base superalloy Mar-M200 in single-crystal and columnar-grained forms at room temperature. Transaction of the Metallurgical Society of AIME, 1969, 242: 1869-1879.

[38]Hayden H W, Floreen S. The fatigue behavior of fine-grained two-phase alloys. Metallurgical and Materials Transactions B, 1973, 4: 561-568.

[39]Beevers C J. Fatigue crack growth characteristics at low stress intensities of metals and alloys. Metal Science, 1997, 8-9: 362-367.

[40]Hertzberg R W, Mills R J. Character of fatigue fracture surface micromorphology in ultra-low growth rate regime. ASTM STP 600,Philadelphia, PA,1975: 200-234.

[41]McMillan J C, Pelloux R M N. Fatigue crack propagation under program and random loads. ASTM STP 415,Phladelphia, PA,1967: 505-521.

[42]Laird C. The influence of metallurgical structure on the mechanisms of fatigue crack propagation, ASTM STP 415,1967: 131-168.

[43]Kikukawa M, Jono M, Adachi M. Direct observation and mechanism of fatigue crack propagation. ASTM STP675,Philadelphia,PA,1979: 234-253.

[44]Hertzberg R W. Fatigue fracture surface appearance. ASTM STP 415,Philadelphia,PA,1967: 205-224.

[45]LalD N, Weiss V. A notch analysis of fracture approach to fatigue crack propagation. Metallurgical and Materials Transactions, 1973, 9A: 413-426.

[46]Neuber H. Theoretical determination of fatigue strength at stress concentration. AFML-TR-68-20, 1968.

[47]Liu H W, Iino N. A mechanical model for fatiguse crack propagation//Proceedings of 2nd International Conference on Fracture,London,1969: 812-823.

[48]Schwalbe K H. Some aspects of crack propagation under monotonic and cyclic load. Engineer Fracture Mechanics，1977，9：547-556.

[49]Elber W. Fatigue crack closure under cyclic tension. Engineer Fracture Mechanics，1970，2：37-44.

[50]Paris P C，Sih G C. Stress analysis of cracks. ASTM STP 381，Philadelphia，PA，1965：30-81.

[51]Zheng X L. On an unified model for predicting notch strength and fracture toughness. Engineer Fracture Mechanics，1989，33(5)：685-695.

[52]郑修麟. 切口件的断裂力学. 西安：西北工业大学出版社，2005.

[53]Zheng X L，Wang H，Zheng M S，et al. Notch Strength and Notch Sensitivity of Materials—Fracture Criterion of Notched Elements. Beijing：Science Press，2008.

[54] Mclintock F A，Argon A S. Mechanical Behavior of Materials. Massachusetts：Addison-Wesley Publishing Company，1966.

[55]Pelloux R. Fractographic analysis of the influence constituent particles on fatigue crack propagation in aluminum alloys. Transactions of the ASM，1964，57：511-518.

[56] Ashby M P. Micromechanisms of fracture in static and cyclic failure//Fracture Mechanics. Oxford：Pergamon Press，1979.

[57]Schmidt R A，Paris P C. Threshold for fatigue crack propagation and the effects of load ratio and frequency. American Society for Testing Materials. ASTM STP 536，Philadelphia，PA，1973：79-94.

[58] LiawP K，Leax T R，Williams R S，et al. Near-threshold fatigue crack growth behavior in copper. Metallurgical and Materials Transactions，1982，13A：1607-1618.

[59]Priddle E K. The influence of grain size on threshold stress intensity for fatigue crack growth in AISI 316 stainless steel. Scripta Metall，1978，12：49-56.

[60]Ohta A，Sasaki E. Influence of stress ratio on the threshold level for fatigue crack propagation in high strength steels. Engineer Fracture Mechanics，1977，9：307-315.

[61]Bailon J P，Masounave J，Dickson J I. Le seuil de propagation//Bathias C，Bailon J P. Le Fatigue des Materiaux et des Structures. Canada：Les Presses De L'Universite de Montreal，1981：237-270.

[62]RitchieR O. Near-threshold fatigue in ultra-high strength steel. Transaction of the ASME，Journal of Engineering Materials and Technology，1977，99：195-204.

[63]Lu B T，Lu X Y，Zheng X L. Effects of microstructure on fatigue crack initiation and propagation of 16Mn steel. Metallurgical and Materials Transactions，1989，20A(2)：413-419.

[64]Zheng X L，Lu B T，Cai T X，et al. Fatigue tests and life prediction of butt welds without crack-like defect. International Journal of Fracture，1994，69：275-285.

[65]陈美宝，王荣. 预拉伸变形后 X60 管线钢疲劳裂纹扩展特性. 机械工程材料，2004，28(7)：18-20.

[66]Lu B T，Zheng X L. Fatigue crack initiation and propagation in butt welds of an ultrahigh strength steel. Welding Journal，1993，72(2)：793-865.

[67]郑修麟，郭力夫，余永健. LY12CZ 铝合金板材中的疲劳裂纹扩展. 西北工业大学学报，1986，4(2)：163-170.

[68]吕宝桐，郑修麟. LC4CS 铝合金的疲劳裂纹扩展速率表达式. 西北工业大学学报，1989，7(2)：206-214.

[69]WanhillR J H，Meulman A E. Fatigue crack propagation data for titanium sheet alloys. NLR TR 740480，The Netherlands，1974.

[70]艾素华，王中光. 不同晶粒尺寸工业纯钛门槛值的研究//中国力学学会，中国航空学会，中国金属学会，中国机械工程学会. 第三届全国疲劳学术交流会议论文集，桂林，1986.

[71]Yan M G，Gu M，Liu C. Influence of stress ratio，m～crostructure and shot-peening on the threshold

stress intensity factor range in high strength steels//Backlund J, Blom A F, Beevers C J. Fatigue Threshold. Stockholm: EMAS Ltd, 1981: 615-627.

[72]Wang Z G, Chen D L, Jiang X X, et al. The effect of martensite content on the strength and fatigue threshold of dual-phase steels//FATIGUE' 90. Birmingham ： Engineering Publications Ltd, 1990: 1363-1367.

[73]Minakawa K, McEvily A J. On near-threshold fatigue crack growth in steels and aluminum alloys// EMAS. Fatigue Threshold, UK, 1981: 373-390.

[74]Tschegg E L, Stanzl S E. Near threshold fatigue crack growth determination at ultrasonic frequencies// Wells J M. Ultrasonic Fatigue, New York, 1981: 473-480.

[75]李涛. 低温下金属材料的疲劳裂纹扩展研究. 西安:西北工业大学硕士学位论文,1990.

[76]Clement P, Angeli J P, Pineau A. Short crack behaviour in nodular cast iron. Fatigue & Fracture of Engineering Materials & Structures,1984,7(4): 251-265.

[77]凌超,郑修麟. 根据拉伸性能预测铝合金板材的疲劳裂纹扩展速率. 西北工业大学学报,1990,8(1): 115-120.

[78]Lu B T, Zheng X L. Prediction of fatigue crack growth rate in steels. International Journal of Fatigue, 1992, 55(2):R21-R31.

[79]Murakami R, Kizono A. Influence of prior austenite grain size and stress ratio on near threshold fatigue crack growth behaviour of high strength steels. Journal of the Society of Materials Science (Japan), 1980, 29:1011-1017.

[80]SmithR A. Fatigue threshold — A design engineer's guide through jungle//Backlund J, Blom A F, Beevers C J. Fatigue Threshold. Stockholm: EMAS Ltd, 1981: 33-44.

[81]王泓,鄢君辉,郑修麟. 切口圆棒试样测聚甲酯丙烯酸甲脂断裂韧性可行性分析. 理化检测-物理分册, 2000,36(10):435-437.

[82]刘小山,王泓,张建国,等. 2124-T851 合金断裂韧性与屈强比的关系. 金属热处理,2011,36(2):63-66.

[83]倪永峰,王泓,陈铮. 铈对铝锂合金裂纹闭合效应及本征疲劳裂纹扩展抗力的影响. 稀有金属材料与工程,1993, 22(5): 40-44.

[84]王泓,鄢君辉,郑修麟. 有机玻璃疲劳裂纹扩展表达式及控制参量. 航空学报,2001,22(1): 83-86.

[85]张仕朝,张建国,郭伟彬,等. Ti-1023 钛合金的疲劳裂纹扩展行为. 热加工工艺,2009,38(6): 43-47.

[86]Mutoh Y, Takahashi M, Takeuchi M. Fatigue crack growth in several ceramic materials. Fatigue & Fraeture of Engineering Materials & Structures, 1993, 16(8): 875-890.

[87] BlomA F. Fatigue threshold concept applied to metal structures. Fatigue of Steel and Concrete Structures,1982: 201-210.

[88] TaylorD, Knott J E. Fatigue crack propagation behaviour of short cracks: The effect of microstructures. Fatigue & Fracture of Engineering Materials & Structures, 1981, 4(2): 147-155.

[89]James M R, Morris W I. Effect of fracture surface roughness on growth of short fatigue crack. Metallurgical and Materials Transactions, 1983, 14A: 153-155.

第7章 热疲劳寿命表达式

7.1 引　　言

热动力机械中的某些结构件,如涡轮发动机的热部件(叶片、涡轮盘等)服役时,在启动和停机时,这些结构件的温度会发生急剧变化。由于温度的急剧变化,使结构件受到交变热应力的作用。在交变热应力的作用下所引起的零部件的疲劳失效,称为热疲劳(thermal fatigue)[1]。热疲劳比一般的力学疲劳(mechanical fatigue)要复杂得多。首先,在高温下,材料的组织结构会发生变化,引起材料疲劳抗力的降低。尤其是在高温下,晶界可能弱化和发生塑性流动,引起疲劳失效,由穿晶型转变为沿晶型。再则,由于温度的急剧变化,在结构件的截面上存在温度梯度。在最大温度梯度处,会造成应力和应变集中;在厚壁结构件中还会形成三向拉应力[1]。三向拉应力导致材料塑性降低[2]。上述这些因素都会加速零部件的热疲劳失效。

热疲劳现象比较普遍存在于机械工业中。除上述热动力机械中的热部件以外,锅炉中的管道,机械制造中热锻模、压铸模,冶金工业中的钢锭模、热轧辊以及火车车轮等,在服役过程中均有可能发生热疲劳失效[1]。

为提高涡轮发动机的热部件,如叶片和涡轮盘等的使用温度,延长其使用寿命,常在这些热部件上涂覆热障涂层和抗氧化涂层。随着温度的急剧变化,在这些结构件和涂层中形成不均匀的温度场,并且结构件与涂层材料具有不同的热膨胀系数,从而在涂层中引起热应力。涂层的抗热疲劳性能是评价热障涂层的一个重要性能指标。涡轮发动机的热部件和涂层的热疲劳,也是疲劳研究的一个重要课题。关于涂层,尤其是陶瓷热障涂层抗热疲劳性能的研究,近来也是热疲劳研究的活跃分支[3-6]。

本章将总结有关材料和涂层热冲击失效寿命表达式的研究结果,探讨影响材料和涂层热疲劳失效的因素,为改善材料和涂层抗热冲击失效性能,提供初步理论依据。

7.2 模具钢的热寿命表达式

在锻压金属时,热锻模的型腔表面与高温金属接触,因而模具表层常被加热到

300～400℃,局部可高达 600℃以上。金属被锻打成型后取出,要喷水或喷压缩空气冷却热锻模的型腔表面,以降低其型腔表面的温度。热锻模型腔表面温度的急剧变化会引起热应力,从而热锻模会发生热疲劳失效。因此,如何提高热作模具钢的热疲劳抗力,一直是热作模具材料领域关注的研究课题之一,在国内也很受关注[7,8]。

7.2.1　热疲劳裂纹起始寿命的表达式

由于热疲劳可能涉及高温蠕变及高温氧化等多种因素,目前对热疲劳寿命的定量分析研究报道还很少。通常,人们是将热疲劳数据按应变疲劳方法处理[1]。对于自约束型热疲劳试验,应当研究试样的热疲劳寿命与表面温度变化 ΔT 之间的定量关系[7]。

热疲劳裂纹是在热应力作用下导致反复塑性变形,造成材料内部结构损伤而产生的。对于试样缺口根部,热应力引起的热应变为[7]

$$\Delta \varepsilon = K_{\varepsilon} \eta \alpha \Delta T \tag{7-1}$$

式中,K_{ε} 为应变集中系数;η 为约束系数;α 为线性热膨胀系数;ΔT 为试样表面温度变化。应变疲劳寿命与循环局部应变 $\Delta \varepsilon$ 间的关系已由式(2-12)给出。根据应变疲劳试验的基本思路(见图 2-1)和局部应力-应变法的基本假设[9-11],切口试样的疲劳裂纹起始寿命(N_i)为[7]

$$N_i = \varepsilon_f^2 (\Delta \varepsilon - \Delta \varepsilon_c)^{-2} \tag{7-2}$$

假定式(7-2)可用于热疲劳研究,于是,将式(7-1)代入式(7-2),得到切口试样的热疲劳裂纹起始寿命表达式[7]:

$$N_i = C_t (\Delta T - \Delta T_c)^{-2} \tag{7-3}$$

式中

$$C_t = \varepsilon_f^2 (K_{\varepsilon} \eta \alpha)^{-2} \tag{7-4}$$

C_t 可称为热疲劳抗力系数;ΔT_c 是与理论应变疲劳极限 $\Delta \varepsilon_c$ 对应的热疲劳损伤限,用临界温差 ΔT_c 表示;ΔT 是试样表面温度变化范围。由式(7-4)可见,C_t 是与缺口几何(K_{ε},η)和材料性能(ε_f,α)有关的常数。当 $\Delta T \leqslant \Delta T_c$ 时,热疲劳裂纹起始寿命趋于无限,即 $N_i \rightarrow \infty$。这就是 ΔT_c 的物理意义与实用意义。因此,ΔT_c 可称为理论热疲劳极限或热疲劳门槛值,它应为材料常数。

式(7-3)的两端取对数,得

$$\lg N_i = \lg C_t - 2\lg(\Delta T - \Delta T_c) \tag{7-5}$$

在 $\lg N_i$-$\lg(\Delta T - \Delta T_c)$ 双对数坐标轴上,式(7-5)代表斜率为 −2 的直线。因此,可按 2.4.3 节中的方法对热疲劳裂纹起始寿命的试验结果进行回归分析,在斜率为 −2±0.004 条件下,可求得常数 C_t 和 ΔT_c 之值。

7.2.2 热疲劳裂纹起始寿命的试验测定

文献[7]报道了热锻模钢 4Cr2NiMoV 热疲劳裂纹起始寿命的研究结果。4Cr2NiMoV 钢的热处理工艺为：①910℃淬火、580℃回火；②960℃淬火、610℃回火。

热疲劳试验时，将试件由 25℃加热到指定的上限温度，然后冷却到 25℃，试件即经历一次温差为 ΔT 的热循环。从第一次热循环直至热疲劳裂纹在切口根部形成，试件所经历热循环数即定义为热疲劳裂纹起始寿命[7]。

热疲劳裂纹在切口根部形成，且往往形成较多的小裂纹。当裂纹长度在 0.1 mm 以下，很难断定哪个小裂纹将演变成主裂纹。从工程应用角度考虑，定义形成长度 0.25 mm 的裂纹的温度变化次数为热疲劳裂纹起始寿命，这可直接观测，又便于模具的现场检测。在疲劳研究的其他领域，这一定义也已广泛采用，见第 4 章。4Cr2NiMoV 钢热疲劳裂纹起始寿命测定的细节，参见文献[7]。

7.2.3 热疲劳裂纹起始寿命的表达式的试验验证

4Cr2NiMoV 钢热疲劳裂纹起始寿命的试验结果如图 7-1[7]所示。由图可见，随 ΔT 增加，热疲劳裂纹起始寿命降低，而在低 ΔT 区，裂纹起始寿命延长。可以设想，存在一个与热疲劳损伤极限对应的临界温差 ΔT_c，由 ΔT_c 所引起的热应力、热应变不会在材料内部造成损伤，所以，$N_i \rightarrow \infty$。

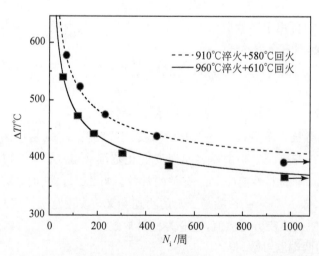

图 7-1　4Cr2NiMoV 钢的热疲劳裂纹起始寿命曲线与试验结果[7]

采用 2.4.3 节的回归分析方法，可得出图 7-1 中 4Cr2NiMoV 钢热疲劳裂纹起始寿命曲线的表达式如下[7]：

对于 910℃淬火、580℃回火的试样

$$N_i = 3.55 \times 10^6 (\Delta T - 350)^{-2} \qquad (7\text{-}6a)$$

对于 960℃淬火、610℃回火的试样

$$N_i = 2.81 \times 10^6 (\Delta T - 320)^{-2} \qquad (7\text{-}6b)$$

按式(7-6a)和式(7-6b)画出的 4Cr2NiMoV 钢的热疲劳裂纹起始寿命曲线见图 7-1。由此可见,热处理工艺对 4Cr2NiMoV 钢的抗热疲劳裂纹起始寿命的影响重大;经 910℃淬火、580℃回火热处理后,4Cr2NiMoV 钢的热疲劳抗力系数与理论热疲劳极限 ΔT_c 均较高。因此,从改善 4Cr2NiMoV 钢的热疲劳性能考虑,应选用 910℃淬火、580℃回火的热处理工艺。这为热作模具的热疲劳寿命设计、热作模具钢的热处理工艺的改善提供了依据,对热疲劳定量化研究也具有十分重要的意义。

7.3　热障涂层的热疲劳寿命表达式

7.3.1　关于热障涂层的热疲劳寿命预测

陶瓷材料能耐高温、抗氧化,所以陶瓷涂层目前主要用作热障涂层的外表面层。然而,陶瓷材料的线膨胀系数要比基体金属的低得多[12],因此在高温下,会在陶瓷涂层和基体金属中引起较大的热应力。加热时,在陶瓷涂层中引起拉伸应力,而基体金属中则引起压缩应力;冷却时则相反。在反复加热和冷却的服役条件下,则在陶瓷涂层和基体金属中引起交变热应力,以致引起陶瓷涂层的热疲劳失效。为改善陶瓷涂层热疲劳抗力,研究了涂层材料成分设计、涂层结构设计,以及涂层的热疲劳失效机理和热疲劳性能的评价[13-19]。

在文献[3]中,对热障涂层的寿命预测方法与思路做了简要的述评。用断裂力学方法预测热障涂层的寿命,要求对热障涂层的热疲劳失效机理有全面的认识和理解。热障涂层的热疲劳失效机理十分复杂[3]。因此,用断裂力学方法预测热障涂层的寿命,要获得精确的预测结果,目前看来还很困难。

用传统的局部应变法或名义应力法预测热障涂层的寿命[4,5],无须对热障涂层的热疲劳失效机理有全面的认识。虽然给出了热障涂层的热疲劳寿命的经验公式,能拟合给定条件下热疲劳寿命的试验结果,但公式中含有难以用试验确定的经验常数[3]。

Liu 等[4]用有限元法计算热障涂层中的陶瓷表层、黏结层和基体中的应力随温度的变化。计算结果表明,在接近黏结层的陶瓷层中循环拉应力最大,促使疲劳裂纹形成。Liu 等[4]还用 Basquin 公式对热障涂层的热疲劳寿命进行预测。但热疲劳条件下,用循环热应力范围取代 Basquin 公式中的应力范围。

7.3.2　循环热应力的估算

陶瓷涂层的大量热疲劳试验结果表明[5,13,14],涂层中的裂纹在陶瓷与黏结层的界面处形成,然后裂纹扩展导致涂层剥落。这是由于金属与陶瓷热膨胀量不匹配,在涂层内产生热应力。虽然用有限元法能精确地计算热障涂层中的应力随温度的变化,但无法建立热障涂层的热疲劳寿命与温度变化范围 ΔT 间的关系表达式。因此,采用文献中经验公式估算陶瓷层内的热应力[13,20]:

$$\sigma_{\Delta T} = \Delta T \Delta \alpha E / (1 - \nu) \tag{7-7}$$

式中,$\sigma_{\Delta T}$ 为由温度变化引起的热应力;ΔT 为最高加热温度与试样冷却后温度(即室温)之差;$\Delta \alpha$ 为金属与陶瓷热膨胀系数之差;E 为陶瓷涂层材料的弹性模量;ν 为陶瓷涂层材料的泊松比。由式(7-7)可见,在涂层材料系确定的前提下,涂层内热应力的大小与 ΔT 有关。

　　试验结果分析表明[21],陶瓷材料有确定的疲劳极限。当循环应力幅低于疲劳极限时,陶瓷材料不会发生疲劳失效。当带有陶瓷涂层的试样加热到温度 T,随后再冷却到室温,陶瓷涂层中的热应力也将发生周期性的变化,其变化幅度可表示为[20]

$$\Delta \sigma_{\Delta T} = \gamma \sigma_{\Delta T} = \gamma \Delta T \Delta \alpha E / (1 - \nu) \tag{7-8}$$

式中,γ 为一常数,可能与试件结构和热循环波形相关。当加热温度低于某一临界值 ΔT_c 时,陶瓷层的热应力变化范围 $\Delta \sigma_{\Delta T}$ 等于或低于疲劳极限,则陶瓷层内不会产生裂纹而引起失效。$\Delta \sigma_{\Delta T_c}$ 可表示为

$$\Delta \sigma_{\Delta T_c} = \gamma \Delta T_c \cdot \Delta \alpha E / (1 - \nu) \tag{7-9}$$

7.3.3　涂层热疲劳寿命公式

　　热疲劳试验是在某一恒定温差下进行急冷急热的重复试验,直至涂层失效,即出现宏观裂纹或剥落。因此,热疲劳试验时,涂层内的温度发生周期性地变化,致使涂层内的应力呈现周期性变化,即涂层经受循环热应力的作用。所以,涂层的热疲劳寿命 N_f 与循环应力的大小有关,也就是与热疲劳试验时的加热温度与室温之差 ΔT 有关。

　　第 5 章给出了应力疲劳寿命公式,现重写如下:

$$N_f = C_f (S_a - S_{ac})^{-2} = \frac{C_f}{4} (\Delta S - \Delta S_c)^{-2} \tag{7-10}$$

将式(7-8)和式(7-9)代入式(7-10),可得涂层热震失效寿命 N_f 的公式为[20]

$$N_f = C_f^* (\Delta T - \Delta T_c)^{-2} \tag{7-11}$$

式中,C_f^* 为涂层热疲劳抗力系数,是与材料的物理性能和涂层结构相关的常数;ΔT_c 为用临界温差范围表示的热疲劳极限。在低于 ΔT_c 的温差下进行加热和冷却,涂层不致热疲劳失效,即当 $\Delta T \leqslant \Delta T_c$ 时,$N_f \to \infty$。式(7-11)与式(7-3)具有相同的形式,但式中的热疲劳抗力系数则有所不同,主要与材料的性质有关。

7.3.4 涂层热疲劳失效寿命公式的试验验证

文献[16]的作者,采用等离子喷涂法在两种不同形状的试件,即浸蚀棒试件(erosion bar)和叶片型试件(aerofoil specimen)上制备了 ZrO_2-8%[①]Y_2O_3/Co-32Ni-21Cr-8Al-0.5Y 双层热障涂层,并在五个温差 ΔT 条件下进行了热疲劳试验。按前述方法对上述双层热障涂层的热疲劳寿命的试验结果进行再分析,以对公式(7-11)的正确性和有效性作客观的检验。再分析的结果列入表 7-1。回归分析给出的线性相关系数分别为 -0.995 和 -0.979(见表 7-1),均高于线性相关系数的起码值[20]。这说明式(7-11)能很好地拟合陶瓷涂层疲劳失效寿命的试验结果。

将表 7-1 中的 C_t^* 和 ΔT_c 代入式(7-11),给出双层热障涂层热疲劳失效寿命的表达式如下[20]:

对叶片型试件

$$N_f = 2.08 \times 10^5 (\Delta T - 979.9)^{-2} \tag{7-12}$$

对浸蚀棒型试件

$$N_f = 5.71 \times 10^4 (\Delta T - 874.2)^{-2} \tag{7-13}$$

按式(7-12)和式(7-13)画出的双层热障涂层热疲劳失效寿命曲线与相应的试验结果,示于图 7-2。可以看出,式(7-12)和式(7-13)与试验结果符合得很好。

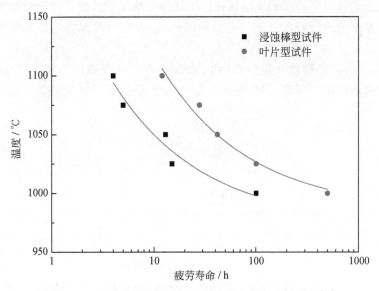

图 7-2 双层热障涂层热疲劳失效寿命曲线与试验结果[20]

---

① 书中若无特别说明,均表示质量分数。

表 7-1　双层热障涂层热疲劳寿命试验结果的回归分析结果[20]

试件类型	回归分析结果		
	C_t^*	$\Delta T_c/℃$	r
叶片型试件	2.08×10^5	979.9	-0.995
浸蚀棒型试件	5.71×10^4	874.2	-0.979

由式(7-12)、式(7-13)和图 7-2 还可看出,叶片型试件上的热障涂层具有较长的热疲劳失效寿命和较高的理论热疲劳极限。这表明零件的结构对热疲劳失效寿命有很大的影响。因此,改良零件的结构细节,以减小应力集中系数,将是提高热障涂层热疲劳失效寿命和理论热疲劳极限的有效途径之一。

7.4　结　　语

本章介绍了塑性材料和脆性陶瓷涂层的热疲劳公式。它们分别是在分析塑性材料切口根部的热应变和脆性陶瓷涂层中的热应力的基础上,结合塑性材料的疲劳裂纹起始寿命公式和脆性材料的疲劳寿命公式,进而导出了塑性材料热疲劳裂纹起始寿命公式和陶瓷涂层的热疲劳寿命公式,即式(7-3)和式(7-11)。对上述两个热疲劳公式进行了初步的试验验证。上述两个热疲劳公式可用于对塑性材料和脆性陶瓷涂层的热疲劳抗力进行定量的评估,也可作为零部件的抗热疲劳设计时的参考。

然而,实际的结构件及其热障涂层服役时,不仅经受温度的循环变化,还要经受循环载荷的作用。因此,要考虑到实际的服役条件,研究结构件及其热障涂层的热疲劳寿命。

参 考 文 献

[1]周惠久,黄明志. 金属材料强度学. 北京:科学出版社,1989.

[2]Zheng X L. On an unified model for predicting notch strength and fracture toughness. Engineer Fracture Mechanics,1989,33(5):685-695.

[3]KaysserW A,Bartsch M. Fatigue of thermal barrier coatings//Wu X R,Wang Z G. Proceedings of the 7th International Fatigue Congress,FATIGUE' 99,Beijing,1999,3:1897-1904.

[4]Liu L,Persson C,Gualco C,et al. Life prediction of thermally cycled thermal barrier coatings//Wu X R, Wang Z G. Proceedings of the 7th International Fatigue Congress,FATIGUE' 99,1999,3:1927-1932.

[5]Zhang Y H,Withers P J,Knowles D M. Thermomechanical fatigue of coated superalloy//Wu X R,Wang Z G. Proceedings of the 7th International Fatigue Congress,FATIGUE' 99,1945-1950.

[6]Bressers J,Timm J,Williams S J,et al. Effects of cycle type and coating on the lives of a single crystal nickel based gas turbine blade alloy. ASTM STP 1263,1996:56-67.

[7]凌超,李香芝,李国彬. 新型热作模具钢 4Cr2NiMoV 综合性能研究(Ⅱ)——热疲劳性能的探讨. 机械工程材料,1995,19(3):29-31.

[8]唐明华,汪新衡,历春元. 热处理工艺对 3Cr2W8 热疲劳性能的影响. 机械工程材料,2003,27(9):33-35.

[9]赵名沣. 应变疲劳分析手册. 北京:科学出版社,1987.

[10]Landgraf R W. Control of fatigue resistance through microstructure-ferrous alloys//Fatigue and Microstructures. ASM,1978,1:439-465.

[11]Standnick S T,Morrow J. Techniques for smooth specimen simulation of fatigue behavior of notched members. ASTM STP 515,1972,1:229-252.

[12]Mechanical Properties Data Center. Aerospace Structural Materials Handbook(Ⅰ),(Ⅱ),(Ⅲ). Travers City:Belfour Stulen Inc.,1970.

[13]Miller R A,Lowell C E. Failure mechanisms of thermal barrier Coatings exposed to elevated temperature. Thin Solid Films,1982,95:265-273.

[14]Pekshev P,Tcherniakov S V. Plasma-sprayed multilager protective coatings for gas turbine units. Surface and Coatings Technology,1994,64:5-9.

[15]Kishitake K,Era H,Baba S. Tensile strength of plasma-sprayed alumina and/or zirconia coatings on titanium. Journal of Thermal Spray Technology,1995,4(4):353-357.

[16]Haynes J A. Oxidation and degradation of a plasma-spraged thermal barrier coating system. Surface and Coatings Technology,1996,86-87:102-108.

[17]Wu B C,Chang E. Thermal cyclic response of yttria-stabilized zirconia/CoNiCrAlY thermal barrier coatings. Thin Solid Films,1989,172:185-196.

[18]黎远哲,王泓,鄢君辉,等. 搅拌速率对 FSP 制备 ZrO_2/2024 表层复合材料的影响. 机械科学与技术,2011,30(2):262-264.

[19]王泓,鄢君辉. NiCrAlY+ZrO_2 摩擦搅拌处理的铝基体微观结构形态. 机械科学与技术,2007,26(5):646-649.

[20]王引真,孙永兴,鄢君辉,等. 热障涂层失效寿命定量计算的研究. 无机材料学报,1999,14(1):138-142.

[21]Zheng Q X,Zheng X L,Wang F H. On the expressions of fatigue life of ceramics with given survivability. Engineer Fracture Mechanics,1996,53(1):49-55.

第二部分　特殊服役条件下的疲劳

工程结构的零部件,常在复杂的环境中服役。例如,飞机在高空中飞行时,机舱外的温度可低到$-60℃$以下;在近海或海上飞行,飞机结构会受到环境介质的腐蚀作用。某些结构的零部件,会受到冲击载荷的作用。其他机械和工程结构的零部件,也会在复杂的环境中服役。例如,高寒地区的服役桥梁、压力容器,海洋工程结构等,也都会经受低温和腐蚀环境的作用。在交变载荷作用下,结构中的铆接接头和螺栓连接的连接件之间会发生相对的微幅位移。这不仅引起表面磨损,还会引起疲劳强度的下降和疲劳寿命的缩短。这种现象称为微动疲劳。因此,研究特殊服役环境中材料的疲劳,具有重要的工程实用意义。故本书的第二部分将总结国内外,主要是总结作者及其研究生对低温疲劳、腐蚀疲劳、冲击疲劳以及微动疲劳所做的一些研究工作,介绍相关的疲劳公式、疲劳性能的变化规律及其工程实用意义。

第8章 金属的低温疲劳

8.1 引 言

Boone 和 Wishart[1] 于 1935 年,发表了有关硬铝、轨道钢和铸铁低温疲劳的试验研究结果。这可能是关于低温疲劳的最早的研究报道。直到 20 世纪 60 年代末,对低温疲劳的研究,主要是探讨金属材料的疲劳极限和 S-N 曲线随温度降低而变化的规律[2-6]。试验结果表明,材料在低温下的疲劳极限升高。所以,人们沿用室温下结构的疲劳设计方法,根据材料的室温疲劳性能,进行低温结构的疲劳设计[7]。再则,测定材料在低温下的疲劳极限和 S-N 曲线,十分昂贵。因此,在相当长的一段时间内,对材料低温疲劳的研究工作很少。

20 世纪 70 年代以后,随着高技术的发展,很多新材料在低温工程中获得应用,如液化天然气贮箱、空间飞船、核反应堆和航天飞机的液氧、液氢贮箱等[8-11]。并且,用室温下结构的疲劳设计方法进行低温结构的疲劳设计,可能会造成事故[8]。因此,低温疲劳的研究受到国内外学术界和工程界的关注。低温疲劳的研究内容,不仅有疲劳极限和 S-N 曲线随温度降低而变化的规律,还包括低温应变疲劳、低温疲劳裂纹起始寿命、低温疲劳裂纹扩展速率,以及低温疲劳机理及其韧脆转变等。

考虑到飞机在高空中飞行时,机舱外的温度可能低到 -60℃ 以下。用室温下材料的疲劳性能,预测低温下飞机结构的疲劳寿命,会产生怎样的影响,需要加以研究。因此,20 世纪 80 年代中后期,作者及其研究生开展了低温疲劳的研究工作,重点是研讨前述的基本疲劳公式用于低温疲劳研究的可能性,定量地分析了材料低温疲劳性能的变化规律,以及低温疲劳性能的预测方法。同时,也研讨材料特性与低温疲劳的微观机理及其转变规律间的关系,低温疲劳的微观机理及其转变规律与低温疲劳性能的变化规律之间的相互关系等[12,13]。本章将对上述研究结果加以论述,为优选低温结构材料,简化低温疲劳试验以节约人力物力和经费,同时也为结构件低温疲劳寿命的预测,提供依据。考虑到低温结构疲劳寿命的预测,也会采用两阶段寿命预测模型,因而将重点讨论低温疲劳裂纹起始寿命与扩展速率,及其随温度的变化规律。

8.2　低温下金属材料的拉伸性能与疲劳极限

由第 2 章和第 4 章中的相关公式,可以看出,拉伸性能对金属的疲劳极限和疲劳寿命有重大影响,而且有可能根据拉伸性能预测金属的疲劳极限和疲劳寿命。因此,研究金属材料的低温疲劳,应先研究低温下拉伸性能变化的一般规律。

8.2.1　低温下金属材料的拉伸性能

金属材料的强度随着温度的降低而升高,但温度降低对金属材料的塑性和断裂延性的影响比较复杂。但是,可根据低温下是否发生韧-脆转变,将金属材料分为两类[14,15]:

(1)具有稳定面心立方晶格的金属,如铝合金、镍合金和奥氏体不锈钢等,随着温度的降低,这类金属材料的强度升高,塑性和断裂延性虽有所降低,但降低的幅度不大,甚至有所升高,如图 8-1 所示。也就是说,这类在金属材料低温下不发生韧脆转变。

(2)具有体心立方晶格的金属,如 Fe、W、Mo,尤其是结构钢,在低温下会发生韧脆转变。随着温度的降低,这类金属材料的强度升高,而塑性和断裂延性降低幅度大;在韧脆转变温度以下,这类金属材料的塑性和断裂延性甚至降低到零,如图 8-1 所示。某些金属材料,虽具有面心立方晶格,但在低温或超低温下要发生相变,因而塑性也会降低[16]。

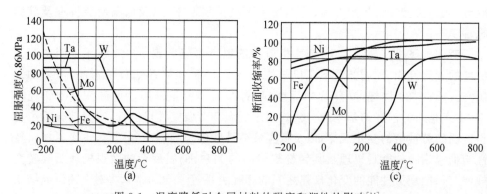

图 8-1　温度降低对金属材料的强度和塑性的影响[14]

低温下金属材料的韧脆转变,将改变其变形和断裂特性。所以,不同类型的金属材料,低温下疲劳性能将有不同的变化规律。然而,对于某一具体的材料,其拉伸性能随温度降低而变化的幅度,以及韧脆转变温度均各不相同,低温下疲劳性能也各不相同。因此,各个在低温下使用的金属材料,其低温拉伸性能和疲劳性能均应加以研究。

8.2.2　低温对金属材料疲劳极限的影响

金属材料的疲劳极限与其强度基本成正比(见第 5 章)。因此,试验测定的金属材料的疲劳极限随着温度的降低而升高,见表 8-1[2],因而理论应变疲劳极限也升高。在低温下,由于疲劳极限升高,金属材料在长寿命区的疲劳寿命也因而延长,见式(5-13)。

表 8-1　低温对金属疲劳极限或疲劳强度的影响[2]

材料	疲劳极限 σ_{-1} /MPa					
	20℃	−40℃	−78℃	−188℃	−253℃	−269℃
铜	100	—	—	145	240	260
黄铜	175	185	—	—	—	—
铸铁	60	75	—	—	—	—
低碳钢	185		255	570		
碳钢	230	—	290	625	—	—
镍铬钢	540		580	765		
杜拉铝	115	145	—	—	—	—
2014-T6	100			170	310	
2020-T6	125			155	280	
7075-T6	85			140	240	

8.2.3　低温下金属材料疲劳极限的预测

众所周知,用升降法测定室温下的疲劳极限 σ_{-1},要耗费大量的人力、物力和财力。而要用升降法测定低温下的疲劳极限 σ_{-1},则耗费更大。因此,要寻求预测低温下疲劳极限的方法。根据疲劳极限的热激活模型[16],金属的疲劳极限 σ_{-1} 与流动应力同样具有热激活性质,因为两者都是对微量塑性变形的抗力。所以,疲劳极限也可近似地表示为非热激活分量和热激活分量的线性叠加。非热激活分量是材料常数,与试验温度和加载速率(循环加载频率)无关。而热激活分量则对试验温度和加载速率(循环加载频率)敏感,其值近似地等于屈服强度 $\sigma_s(\sigma_{0.2})$ 或循环屈服强度 σ_{cy} 的热激活分量。因此,疲劳极限的增量应与屈服强度的增量相等。据此,低温疲劳极限 $\sigma_{-1}(T)$ 可用下式近似地估算[12,16-18]:

$$\sigma_{-1}(T) = \sigma_{-1}(T_o) + \Delta\sigma_y \tag{8-1a}$$

或

$$\sigma_{ac}(T) = \sigma_{ac}(T_o) + \Delta\sigma_y \tag{8-1b}$$

式中，T、T_o 分别表示低温和室温；$\sigma_{-1}(T_o)$ 为室温下的疲劳极限；$\Delta\sigma_y$ 为低温屈服强度与室温屈服强度之差，即

$$\Delta\sigma_y = \sigma_y(T) - \sigma_y(T_o) \tag{8-2}$$

根据式（8-1a）和低温下的拉伸性能，估算的金属材料的低温疲劳极限如图 8-2 所示[12,16-18]。由图 8-2 可见，估算的金属材料的低温疲劳极限与试验结果符合良好，但在估算非铁金属材料的低温疲劳极限时精度稍差。

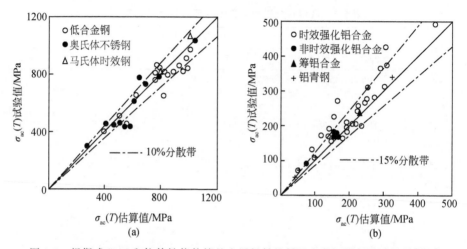

图 8-2　根据式（8-1）和拉伸性能估算的金属材料的低温疲劳极限与试验结果[12,18]

前已指出，钢的疲劳极限与比例极限、循环比例极限近似相等（见 5.6 节）。这一关系是否适用于低温和其他金属材料，值得进一步研究。测定低温下金属材料的比例极限、循环比例极限，毕竟要简便、易行，而且经济得多。

8.3　低温下金属材料的应变疲劳

材料的低温应变疲劳试验数据及相关的表达式，是用局部应变法预测结构件低温疲劳裂纹起始寿命的主要依据之一。因此，对各种金属材料的低温应变疲劳性能，进行了试验研究，并用 Manson-Coffin 公式，即式（2-2），表述试验结果[19-22]。为能表述长寿命区的试验结果，也采用修正的 Manson-Coffin 公式，即式（2-6），表述试验结果[21,22]。Nachtigall[22] 还用通用斜率法，预测材料的低温应变疲劳寿命。如前所述，Manson-Coffin 公式未能表明疲劳极限的存在；用 Manson-Coffin 公式表述或预测材料的低温应变疲劳寿命，在长寿命范围内，会给出偏于保守的结果。因此，试图用表明疲劳极限存在的应变疲劳公式，即式（2-12），表述或预测材料的低温应变疲劳寿命及其变化规律。

8.3.1　低温对应变疲劳寿命影响的一般规律

为阐明金属材料低温应变疲劳性能的一般变化规律,现将式(2-12)重写如下:

$$N_f = A (\Delta\varepsilon - \Delta\varepsilon_c)^{-2} \tag{8-3a}$$

式中

$$A = \varepsilon_f^2 \tag{8-3b}$$

可见,式(8-3a)中应变疲劳抗力系数 A 为取决于材料断裂延性的常数,而理论应变疲劳极限 $\Delta\varepsilon_c$ 则与材料的强度有关。一般地说,温度降低,金属材料的强度提高,疲劳极限提高(见第 5 章),其理论应变疲劳极限也提高,见式(2-15)。据此,可以定性地预测金属材料低温应变疲劳性能的变化规律。

文献[12]给出了一些重要的金属结构材料的低温应变疲劳寿命的试验结果。应用式(8-3a)和 2.4.3 节中的回归分析方法,对文献[12]中的试验数据进行再分析,所得结果列入表 8-2。

表 8-2　金属结构材料的低温应变疲劳寿命的试验数据的回归分析结果[12,18]

材料	温度/K	E/GPa	ε_f	A	$\Delta\varepsilon_c(\times 10^{-3})$	r	s	ε_f'	σ_{ac}/MPa
2014-T6 铝合金	300	74.4	0.38	0.064	7.3	−0.990	0.217	0.26	272
	77	81.8	0.26	0.058	10.1	−0.977	0.326	0.24	414
	4	82.8	0.16*	0.044	11.9	−0.981	0.331	0.21	490
2219-T851 铝合金	300	70.8	0.36	0.199	5.4	−0.999	0.054	0.45	190
	77	78.6	0.49	0.205	6.3	−1.000	0.016	0.46	247
	4	82.0	0.44	0.165	9.0	−0.993	0.170	0.41	367
光谱 纯铜	300	113.7	2.00	0.363	1.2	−0.999	0.063	0.60	70
	77	116.5	1.96	0.412	4.0	−0.966	0.383	0.64	234
	4	138.5	1.80	0.410	5.8	−0.968	0.309	0.64	400
镍 270	300	206.8	2.40	0.454	0.7	−0.996	0.118	0.67	7.5
	77	222.7	2.10	0.345	1.8	−0.999	0.059	0.59	202
	4	222.4	1.53	0.267	2.9	−0.998	0.067	0.53	327
Inconel 718 镍合金	300	204.1	0.50	0.40	3.2	−0.979	0.206	0.63	322
	77	212.3	0.51	0.45	6.0	−0.998	0.067	0.67	641
	4	210.9	0.35	0.61	8.4	−0.998	0.064	0.78	884
18Ni 马氏体 时效钢	300	189.6	0.79	0.62	5.8	−0.996	0.093	0.79	545
	77	194.3	0.51	0.36	9.4	−0.978	0.209	0.60	914
	4	196.4	0.061	0.025	10.9	−0.971	0.347	0.16	1069
Ti-5Al- 2.5Sn 钛合金	300	119.2	0.60	0.45	3.1	−0.987	0.151	0.67	182
	77	126.2	0.45	0.21	11.8	−0.986	0.151	0.46	744
	4	128.9	0.37	0.29	11.6	−0.986	0.116	0.54	746

续表

材料	温度/K	E/GPa	ε_f	A	$\Delta\varepsilon_c(\times10^{-3})$	r	s	ε_f'	σ_{ac}/MPa
Ti-6Al-4V	300	109.2	0.60	0.34	6.9	-0.980	0.170	0.57	377
钛合金	77	118.2	0.45	0.09	16.2	-0.976	0.229	0.30	960
	4	119.6	0.14	0.16	12.6	-0.977	0.174	0.41	750
AISI304L	300	190.2	1.56	0.28	2.6	-0.999	0.058	0.59	245
奥氏体	77	205.1	0.98	0.22	5.2	-0.996	0.131	0.46	531
不锈钢	4	210.3	0.75	0.16	5.8	-0.988	0.210	0.41	583
AISI310	300	143.7	1.35	0.48	2.6	-0.996	0.093	0.69	188
奥氏体	77	205.5	1.10	1.04	4.0	-0.977	0.209	1.02	406
不锈钢	4	205.5	0.90	0.87	9.0	-0.971	0.347	0.87	928

* 原文为 0.016。但此合金无韧脆转变,可能为 0.16 之笔误。

　　表 8-2 中的线性相关系数的绝对值均在 0.965 以上,高于相应的线性相关系数起码值。这表明式(8-3a)用于拟合各种金属材料的低温应变疲劳寿命的试验数据是有效的,或者说式(8-3a)也适用于低温应变疲劳,因而是通用的应变疲劳公式。考虑到应变疲劳寿命的试验数据较少(见图 8-2),可以认为,根据回归分析给出的应变疲劳抗力系数值和式(8-3b)求得的断裂延性 ε_f' 之值,与试验测定值 ε_f 基本相符,但断裂延性特高的材料除外。

　　将表 8-2 中 A 和 $\Delta\varepsilon_c$ 的值代入式(8-3a),即可得到金属材料低温应变疲劳表达式,并据此画出材料的低温应变疲劳寿命曲线,如图 8-3 所示[12,18];其中绝大多数属于第一类金属材料。这类金属材料在低温下的塑性降低较少、甚至不降低,故其应变疲劳抗力系数 A 之值降低很少,甚至有所升高。所以,在短寿命或低循环疲劳区,这类金属材料的低温应变疲劳寿命缩短甚少,甚至有所延长。而在中、长寿命区,随着低温度的降低,由于强度和疲劳极限升高,其低温应变疲劳寿命随着低温度的降低而延长。所以,随着温度降低,第一类金属材料的应变疲劳寿命曲线上升,且互不相交(见图 8-3)。

　　18Ni 马氏体时效钢在超低温下会发生马氏体相变,引起塑性降低,故马氏体时效钢应属于第二类金属材料。随着温度降低,由于强度和疲劳极限升高,故在长寿命区,其低温应变疲劳寿命随着温度的降低而延长。但在很低的温度下,由于塑性降低,这类金属材料的应变疲劳抗力系数 A 之值将大为降低。所以,在短寿命区或低循环疲劳区,这类金属材料的低温应变疲劳寿命大为缩短,低温下的应变疲劳寿命曲线将相互交叉(见图 8-3)。在后续的讨论中,还将进一步表明,上述金属材料的分类是适当的,材料低温疲劳性能的变化也大致遵循上述两种规律。

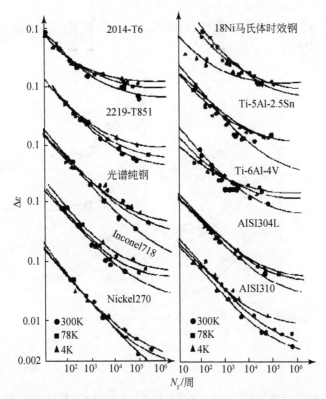

图 8-3　金属材料的低温应变疲劳试验结果与按式(8-3a)拟合所得的寿命曲线[12,18]

8.3.2　低温金属材料应变疲劳寿命的预测

原则上,应用 2.4.3 节中的方法,可预测低温应变疲劳寿命。式(8-3a)中的应变疲劳抗力系数 A 为取决于材料断裂延性的常数,可根据式(8-3b)和低温拉伸试验测定的断裂延性 ε_f 而求得。室温下的理论应变疲劳极限 $\Delta\varepsilon_c$ 可根据式(2-20)和疲劳极限而求得。现将式(2-20)重写如下[12,18]:

$$\Delta\varepsilon_c(T_o) = \frac{2\sigma_{-1}(T_o)}{E(T_o)} - \frac{\varepsilon_f(T_o)}{10^{3.5}} \tag{8-4a}$$

而室温下的理论应力疲劳极限 $\sigma_{ac}(T_o)$ 为

$$\sigma_{ac}(T_o) = E(T_o)\frac{\Delta\varepsilon_c(T_o)}{2} \tag{8-4b}$$

根据式(8-1a)、式(8-2)和式(8-4a)和相关的拉伸性能(见表 8-3),即可估算低温应变疲劳极限 $\Delta\varepsilon(T)$,估算结果列入表 8-3。可以看出,估算的低温应变疲劳极限与试验结果符合较好。再按式(8-3b)估算低温应变疲劳抗力系数 $A(T)$ 之值。将 $\Delta\varepsilon(T)$ 和 $A(T)$ 之值代入式(8-3a),即得低温应变疲劳寿命表达式。图 8-4 为几种材料的估算的低温应变疲劳寿命曲线与试验结果。可以认为,估算的低温应变疲劳寿命曲线与试验结果基本相符;但对 AISI310 不锈钢,估算的低温应变疲劳寿命曲线则偏于保守,其原因已如前述。

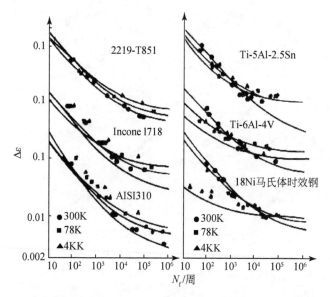

图 8-4　几种材料的估算低温应变疲劳寿命曲线与试验结果[12,18]

表 8-3　金属结构材料的低温应变疲劳极限和相关的拉伸性能[12,18]

材料	温度/K	E/GPa	ε_f	$\sigma_{0.2}$/MPa	σ_{ac}/MPa		$\Delta\varepsilon_c$（×10^{-3}）	
					试验值	估算值	试验值	估算值
2219-T851 铝合金	300	70.8	0.35	361	192	—	5.5	—
	77	78.6	0.48	414	247	245	6.3	6.23
	4	82.0	0.44	454	367	285	9.0	6.95
AISI310 不锈钢	300	143.7	1.35	230	188	—	2.6	—
	77	205.5	1.10	517	406	470	4.0	4.5
	4	205.5	0.90	730	928	688	9.0	6.7
18％Ni 马氏体 时效钢	300	189.6	0.79	1933	545	—	5.8	—
	77	194.3	0.60	2344	914	956	9.4	9.8
	4	196.4	0.061	2378	1069	990	10.9	10.1

8.4　金属材料的低温疲劳裂纹起始寿命

一些研究者采用切口试件测定了钢在低温下的疲劳裂纹起始寿命[20,23]。两种奥氏体不锈钢的低温疲劳裂纹起始寿命随着温度的降低而延长,疲劳裂纹起始门槛值也呈升高的趋势[23]。两种奥氏体不锈钢疲劳裂纹起始寿命随温度的变化趋势,与应变疲劳寿命随着温度的降低的变化趋势基本相同(见图 8-3),可能与这两种钢在低温下不发生韧脆转变有关。下面将对低温疲劳裂纹起始寿命作定量的描述。

8.4.1　低温下金属的疲劳裂纹起始寿命表达式

疲劳裂纹起始力学模型的设计和疲劳裂纹起始寿命公式的导出过程,并未设定特定的环境。再则,导出疲劳裂纹起始寿命公式所依据的应变疲劳寿命公式,在低温下也应当是适用的。因此,疲劳裂纹起始寿命公式,即式(4-10)原则上也能用于拟合和表示低温疲劳裂纹起始寿命的试验结果。因为要用式(4-10)拟合低温疲劳裂纹起始寿命的试验结果,故重写如下:

$$N_i = C_i \left[\Delta\sigma_{eqv}^{2/(1+n)} - (\Delta\sigma_{eqv})_{th}^{2/(1+n)} \right]^{-2} \tag{8-5}$$

式中的疲劳裂纹起始抗力系数和门槛值,可根据拉伸性能估算(见 4.4 节)。

为试验验证式(8-5)可用于表示金属的低温疲劳裂纹起始寿命的试验结果,选择了 LY12CZ 铝合金和工程中广泛使用的高强度低合金钢 16Mn 钢,测定了低温拉伸性能和疲劳裂纹起始寿命[12]。选择这两个材料研究低温疲劳裂纹起始寿命,主要是因为 LY12CZ 铝合金在低温下不发生韧脆转变,属第一类材料;而 16Mn 钢在低温下将发生韧脆转变,属第二类材料。LY12CZ 铝合金和 16Mn 钢在低温下的拉伸性能列入表 8-4。

表 8-4　LY12CZ 铝合金和 16Mn 钢在低温下的拉伸性能[12,24,25]

材料	温度/K	σ_y/MPa	σ_b/MPa	ψ/%	σ_f/MPa	ε_f	n	E/GPa
LY12CZ 铝合金	293	326	459	22.9	564	0.26	0.114	71.0
	253	328	467	22.8	573	0.26	0.114	72.3
	213	342	470	23.6	582	0.27	0.108	74.0
	153	361	489	22.4	599	0.25	0.107	75.4
16Mn 钢 热轧板材	298	375	546	75.8	771	1.42	0.167	209
	253	389	568	74.2	798	1.36	0.162	210
	213	426	602	70.8	848	1.23	0.152	228
	153	474	649	66.4	911	1.09	0.140	236
	133	492	694	64.1	952	1.02	0.134	240
16Mn 钢 高温正火 板材	293	350	579	73.4	817	1.32	—	209
	213	386	632	72.9	931	1.31	—	228
	173	429	698	72.3	993	1.28	—	230
	148	469	758	70.6	1099	1.23	—	236

由表 8-4 可见,在所试验的温度范围内,LY12CZ 铝合金和 16Mn 钢在低温下的弹性模量和强度随温度的降低而升高,而塑性没有明显的降低。若按拉伸塑性判断,则上述两种材料所试验的低温下,均未发生韧脆转变。

将表 8-4 中应变硬化指数 n 之值代入式(8-5),再按式(8-5)和 4.5.1 节中的方法,对 LY12CZ 铝合金和 16Mn 钢的低温疲劳裂纹起始寿命的试验数据进行回归分析,所得结果列入表 8-5。回归分析给出的线性相关系数(见表 8-5),均大于线性相关系数的起码值[26]。这表明式(8-5)能很好地拟合上述两种典型金属材料的低温疲劳裂纹起始寿命的试验结果。

表 8-5　金属材料的低温疲劳裂纹起始寿命的试验数据的回归分析结果[12,24,25]

材料	温度/K	$C/(MPa)^2$		$(\Delta\sigma_{eqv})_{th}/MPa$		r	s
		实测值	预测值	实测值	预测值		
LY12CZ 铝合金	293	1.76×10^{13}	1.68×10^{13}	171	176	-0.992	0.138
	213	2.68×10^{13}	2.32×10^{13}	208	195	-0.984	0.171
16Mn 钢	293	5.92×10^{13}	5.25×10^{13}	389	344	-0.983	0.175
	213	9.68×10^{13}	8.72×10^{13}	504	460	-0.991	0.128

8.4.2　低温下铝合金的疲劳裂纹起始寿命

将回归分析得到的 LY12CZ 铝合金疲劳裂纹起始抗力系数 C_i 和门槛值 $(\Delta\sigma_{eqv})_{th}$ 之值代入式(8-5),即得 LY12CZ 铝合金室温和低温疲劳裂纹起始寿命的表达式如下:

当温度为 293K(20℃)时

$$N_i = 1.76\times10^{13}(\Delta\sigma_{eqv}^{1.80} - 171^{1.80})^{-2} \qquad (8\text{-}6a)$$

当温度为 213K(−60℃)时

$$N_i = 2.68\times10^{13}(\Delta\sigma_{eqv}^{1.81} - 208^{1.81})^{-2} \qquad (8\text{-}6b)$$

按式(8-6a)和式(8-6b)画出的 LY12CZ 铝合金室温和低温下的疲劳裂纹起始寿命曲线,如图 8-5 所示,图中也给出了试验结果。这表明第 4 章中提出的疲劳裂纹起始寿命表达式,即式(8-5),不仅能很好地表示铝合金室温下的疲劳裂纹起始寿命的试验结果,还能很好地表示低温下的疲劳裂纹起始寿命的试验结果,具有广泛的适用性。表 8-4 中的试验结果表明,随着温度降低,LY12CZ 铝合金的塑性没有明显的变化,而强度和弹性模量升高。因此,在低温下,LY12CZ 铝合金的疲劳裂纹起始抗力系数和门槛值均提高(见表 8-5)。所以,随着温度降低,LY12CZ 铝合金的疲劳裂纹起始寿命曲线上升且互不相交,如图 8-5 所示。

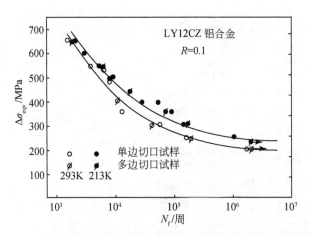

图 8-5　LY12CZ 铝合金的室温和低温下的疲劳裂纹起始寿命曲线与试验结果[12,24]

8.4.3　低温下高强度低合金钢的疲劳裂纹起始寿命

由表 8-4 中所列的拉伸性能数据,可以认为,在热轧状态和高温正火状态下,16Mn 钢均处于良好的塑性状态,并未发生韧脆转变。将回归分析给出的疲劳裂纹起始抗力系数和门槛值(见表 8-5)代入式(8-5),于是,得到 16Mn 钢室温和低温疲劳裂纹起始寿命的表达式如下:

当温度为 293K(20℃)时

$$N_i = 2.68 \times 10^{13}(\Delta\sigma_{eqv}^{1.71} - 389^{1.71})^{-2} \tag{8-7a}$$

当温度为 213K(−60℃)时

$$N_i = 9.68 \times 10^{13}(\Delta\sigma_{eqv}^{1.73} - 504^{1.73})^{-2} \tag{8-7b}$$

按式(8-7a)和式(8-7b)画出 16Mn 钢的疲劳裂纹起始寿命曲线,如图 8-6 所示,图中也给出了相应的试验结果,两者符合很好。这表明疲劳裂纹起始寿命表达式,即式(8-5),也能很好地表示 16Mn 钢室温和低温下的疲劳裂纹起始寿命试验结果。

因为在所试验的温度范围内,16Mn 钢并未发生韧脆转变,所以随着温度的降低,钢的强度和弹性模量升高,而塑性无明显的变化(见表 8-4)。因此,在−60℃的低温下,16Mn 钢的疲劳裂纹起始抗力系数 C_i 和门槛值 $(\Delta\sigma_{eqv})_{th}$ 均提高,疲劳裂纹起始寿命延长,疲劳裂纹起始寿命曲线互不相交。

上述试验结果表明,对于第一类金属材料,其疲劳裂纹起始寿命和门槛值随着温度的降低而延长,疲劳裂纹起始门槛值升高;而第二类金属材料,只要在低温下未发生韧脆转变,其疲劳裂纹起始寿命也将随着温度的降低而延长,疲劳裂纹起始门槛值升高。这表明低温下服役的金属结构,其疲劳裂纹起始寿命将比室温下服役的要长。如果采用金属材料室温下的疲劳性能数据,不论是应变疲劳寿命的数

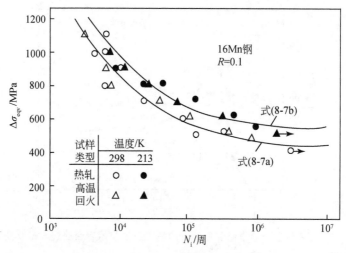

图 8-6　按式(8-7a)和式(8-7b)画出 16Mn 钢室温和低温下的疲劳裂纹起始寿命曲线
与试验结果[12,25]

据或是疲劳裂纹起始寿命的数据,预测低温下服役的金属结构的疲劳裂纹起始寿命,将会给出偏于保守的结果,当然也是偏于安全的结果。但是,对有效而经济地利用金属结构,却是不利的。如何在结构设计中,考虑低温对金属材料疲劳性能的有利影响,也是重要的研究课题。

8.5　低温疲劳裂纹起始寿命的预测

由式(8-5)可见,预测金属的低温疲劳裂纹起始寿命,实际上就是预测低温下疲劳裂纹起始抗力系数 C_i 和门槛值 $(\Delta\sigma_{eqv})_{th}$ 之值。而疲劳裂纹起始抗力系数和门槛值,不仅与拉伸性能有关,也与裂纹的形成机理有关;门槛值与金属材料的显微组织相关,见第 4 章。

8.5.1　铝合金低温疲劳裂纹起始寿命预测

航空航天器结构用的铝合金绝大多数为变形铝合金。这类铝合金的显微组织一般均由具有面心立方晶格的固溶体基体加强化相所组成,此外还含有少量的夹杂物和未溶强化相的颗粒。LY12CZ 铝合金可认为是典型的变形铝合金,在航空航天器结构中广为应用。同样的合金在美国为 2024-T3,在俄罗斯为 Д16T。前已指出,在中、短寿命区,LY12CZ 铝合金中的疲劳裂纹一般在滑移带中形成,而且,LY12CZ 铝合金在低温下不发生韧脆转变。因此,LY12CZ 铝合金的低温疲劳裂纹起始抗力系数 C_i 可由式(4-31)预测:

$$C_i = \frac{1}{4}(0.1E)^{4/(1+n)} \tag{8-8}$$

按式(8-8)估算的 C_i 值列入表 8-5。可以看出,LY12CZ 铝合金的 C_i 的估算值与实测值符合得很好。

低温下金属材料的疲劳裂纹起始门槛值 $(\Delta\sigma_{eqv})_{th}$,采用下式,也即式(4-12)预测:

$$(\Delta\sigma_{eqv})_{th} = \sqrt{E\sigma_f\varepsilon_f}\left(\frac{\Delta\varepsilon_c}{2\varepsilon_f}\right)^{(1+n)/2} \tag{8-9}$$

低温下的弹性模量 E、断裂强度 σ_f、断裂延性 ε_f 和应变硬化指数 n 之值均已试验测定(见表 8-4)。而理论应变疲劳极限可根据式(8-1a)、式(8-1b)、式(8-2)、式(8-4a)和式(8-4b),室温下的疲劳极限 $(\sigma_{-1}\approx 100\text{MPa}^{[27]})$,以及低温与室温屈服强度(见表 8-4)之差估算。LY12CZ 铝合金疲劳裂纹起始门槛值 $(\Delta\sigma_{eqv})_{th}$ 的预测结果也列入表 8-5。将预测的疲劳裂纹起始抗力系数 C_i 和门槛值 $(\Delta\sigma_{eqv})_{th}$ 代入式(8-5),即得 LY12CZ 铝合金疲劳裂纹起始寿命的表达式如下:

当温度为 293K(20℃)时

$$N_i = 1.68\times10^{13}(\Delta\sigma_{eqv}^{1.80} - 176^{1.80})^{-2} \tag{8-10a}$$

当温度为 213K(−60℃)时

$$N_i = 2.32\times10^{13}(\Delta\sigma_{eqv}^{1.81} - 193^{1.81})^{-2} \tag{8-10b}$$

图 8-7 中按式(8-10a)和式(8-10b)画出了预测的 LY12CZ 铝合金的疲劳裂纹起始寿命曲线与试验结果,两者符合良好,但稍偏于保守。

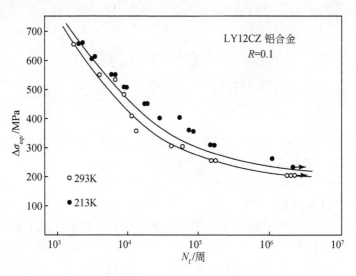

图 8-7　预测的 LY12CZ 铝合金的疲劳裂纹起始寿命曲线与试验结果[12,24]

8.5.2 低合金高强度钢低温疲劳裂纹起始寿命预测

16Mn 钢是低合金高强度钢,具有复相组织,故其室温下的疲劳裂纹起始抗力系数 C_i 可由下式估算[27]:

$$C_i = \frac{1}{4}(E\sigma_f\varepsilon_f)^{4/(1+n)} \tag{8-11}$$

表 8-4 中的数据表明,在 133K 的低温下,16Mn 钢热轧板材仍具有很高的塑性。可以设想,在 133K 以上,16Mn 钢热轧板材未发生韧脆转变,其裂纹形成机理也不致发生变化。因此,在 133K 以上,式(8-11)也可用于估算 16Mn 钢热轧板材的疲劳裂纹起始抗力系数 C_i。疲劳裂纹起始抗力系数的估算结果与试验结果符合良好(见表 8-5)。

试验观察表明[28],像 16Mn 钢这样的铁素体和珠光体组织的低碳结构钢,在循环应力略高于疲劳极限时,疲劳裂纹通常在铁素体相中形成。在这种情况下,预测疲劳裂纹起始门槛值的公式、即式(8-9)中的 $\sqrt{E\sigma_f\varepsilon_f}$ 项应以 $0.1E$ 取代(见第 4章)。于是,可得预测 16Mn 钢疲劳裂纹起始门槛值 $(\Delta\sigma_{eqv})_{th}$ 的公式如下:

$$(\Delta\sigma_{eqv})_{th} = 0.1E\left(\frac{\Delta\varepsilon_{ac}}{2\varepsilon_f}\right)^{(1+n)/2} \tag{8-12}$$

16Mn 钢的疲劳裂纹起始抗力系数和门槛值的预测结果也列入表 8-5。将预测的疲劳裂纹起始抗力系数 C_i 和门槛值 $(\Delta\sigma_{eqv})_{th}$ 代入式(8-5),即得 16Mn 钢的疲劳裂纹起始寿命的表达式如下:

当温度为 293K(20℃)时

$$N_i = 5.25 \times 10^{13}(\Delta\sigma_{eqv}^{1.71} - 344^{1.71})^{-2} \tag{8-13a}$$

当温度为 213K(−60℃)时

$$N_i = 8.72 \times 10^{13}(\Delta\sigma_{eqv}^{1.73} - 460^{1.73})^{-2} \tag{8-13b}$$

图 8-8 按式(8-13a)、式(8-13b)画出了预测的 16Mn 钢的疲劳裂纹起始寿命曲线与试验结果,两者符合良好,但较偏于保守。

式(8-11)中的 E 和 σ_f 均随温度的下降而升高;但在 133K 以上,随温度的下降,16Mn 钢热轧板材的 ε_f 值虽也降低,但降低幅度较小(见表 8-4)。因此,16Mn 钢热轧板材的疲劳裂纹起始抗力系数 C_i 值随温度的下降而升高(见表 8-5)。当温度降低到韧脆转变温度以下,断裂延性 ε_f 值急剧降低,则 C_i 值急剧降低,疲劳裂纹起始寿命缩短。关于疲劳裂纹起始和扩展机理的韧脆转变,以后还将进一步讨论。

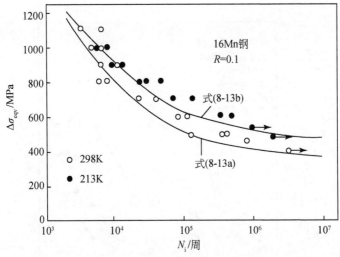

图 8-8　预测的 16Mn 钢的疲劳裂纹起始寿命曲线与试验结果[12,25]

8.6　低温下金属材料疲劳裂纹扩展的一般规律

在本节中,首先对金属在低温下疲劳裂纹扩展行为做简要述评,进而考察第 6 章给出的疲劳裂纹扩展速率公式用于表述金属低温疲劳裂纹扩展行为的可能性。最后,根据上述疲劳裂纹扩展速率公式,给出预测疲劳裂纹扩展速率的方法,并给出一些实例。

8.6.1　低温对金属材料的疲劳裂纹扩展速率和门槛值的影响

Esaklul 等[29]在低温和不同的应力比下测定了高强度低合金钢以及铁合金的疲劳裂纹扩展速率和门槛值。高强度低合金钢(0.07C、0.51Mn、0.03Si、0.01Al、0.014Nb、0.01P、0.01S)的疲劳裂纹扩展速率和门槛值的试验结果示于图 8-9 和表 8-6。由图 8-9 可见,在低温下,高强度低合金钢在近门槛区的疲劳裂纹扩展规律与室温下的相同,即随着 ΔK 的增大,疲劳裂纹扩展速率迅速升高;随着应力比的增大,疲劳裂纹扩展门槛值降低,疲劳裂纹扩展速率升高。

高强度低合金钢的疲劳裂纹扩展门槛值随着温度的降低而升高(见表 8-6)。在同一温度下,粗晶粒钢具有较高的疲劳裂纹扩展门槛值。这也与室温下疲劳裂纹扩展门槛值随晶粒度的变化规律相似(见图 6-24)。值得注意的是,具有同一晶粒尺寸的高强度低合金钢的屈服强度也随着温度的降低而升高,与疲劳裂纹扩展门槛值随温度的变化规律相似(见表 8-6)。但是,在同一试验温度下,晶粒粗大、屈服强度低的钢具有较高的疲劳裂纹扩展门槛值。这与式(6-28)给出的经验关系一致。

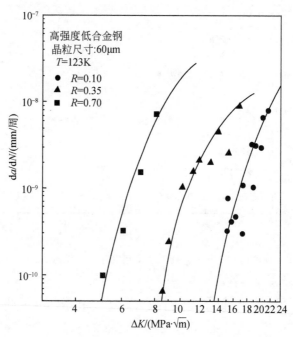

图 8-9　晶粒尺寸为 60μm 的高强度低合金钢在 123 K 下的疲劳裂纹扩展速率曲线[29]

表 8-6　低温下高强度低合金钢的疲劳裂纹扩展门槛值的试验结果[29]

晶粒尺寸/μm	试验温度/K	σ_s/MPa	ΔK_{th}/(MPa·$\sqrt{m}$)		
			$R=0.1$	$R=0.35$	$R=0.7$
10	300	365	5.5	4.0	4.0
10	233	440	6.0	—	—
10	173	512	7.0	—	—
10	123	660	9.0	6.0	6.0
60	300	230	6.5	5.0	4.5
60	233	300	8.0	—	—
60	173	350	10.0	—	—
60	123	535	13.0	8.5	5.0

　　图 8-10 为 A533B 钢在室温和－196℃（77K）的低温下的疲劳裂纹扩展速率曲线。由此可见，在－196℃（77K）的低温下，A533B 钢的疲劳裂纹扩展速率曲线非常陡峭。这可能表明 A533B 钢在－196℃（77K）的低温下已发生了韧脆转变，钢已经脆化，引起断裂韧性的大幅度降低，直至接近疲劳裂纹扩展门槛值。因此，在－196℃（77K）的低温下，A533B 钢的疲劳裂纹扩展速率曲线被局限在很小的 ΔK

范围内,形成非常陡峭的疲劳裂纹扩展速率曲线。

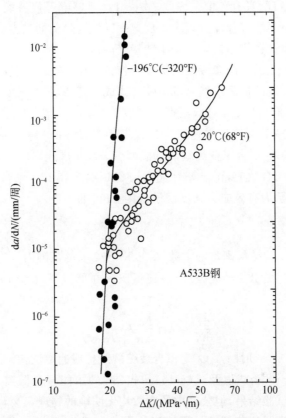

图 8-10　A533B 钢在室温和－196℃(77K)的低温下的疲劳裂纹扩展速率曲线[30]

据上所述,可以认为,金属材料在低温下的疲劳裂纹扩展规律与室温的基本相同。因此,有可能采用室温下疲劳裂纹扩展速率公式,表示低温下的疲劳裂纹扩展速率的试验结果。

8.6.2　低温下金属材料的疲劳裂纹扩展速率公式

大多数金属材料低温下的疲劳裂纹扩展速率的试验结果,是在 Ⅱ 区范围内测定的,即在 da/dN= $10^{-8}\sim 10^{-6}$ m/周的范围内,因而 Paris 公式能很好地拟合这些试验结果[8,31,32]。

为表示低温对金属材料疲劳裂纹扩展速率的影响,Yokobori 等[33]根据位错动力学概念,提出的疲劳裂纹扩展速率表达式如下:

$$\lg \frac{\mathrm{d}a}{\mathrm{d}N} = \lg C + m \lg \Delta K - \frac{U_\circ - a_\circ \ln \Delta K}{KT} \qquad (8-14)$$

式中,C、m 和 $a_\circ$ 是与材料有关的常数,C、m 实际上是 Paris 公式中的常数;$U_\circ$ 是激活能；K 是 Boltzmann 常量；T 是热力学温度。

通常，激活能 U_0 具有正值。因此，式(8-14)能够解释疲劳裂纹扩展速率随温度降低而降低，但不能解释疲劳裂纹扩展速率随温度降低而升高。在后一情况下，激活能应为负值，这在物理概念上是不能接受的。

在第 6 章中，业已指出疲劳裂纹扩展门槛值 ΔK_{th} 是疲劳裂纹扩展速率的重要控制参数，尤其在近门槛区。然而，Paris 公式或上述 Yokobori 公式，即式(8-14)，均未表明 ΔK_{th} 的存在，及其对低温疲劳裂纹扩展速率的影响。因此，应提出表明 ΔK_{th} 存在的低温疲劳裂纹扩展速率表达式[11,34,35]。Lukas 等[34] 应用 Klesnil 提出的表达式，即式(6-3)拟合工业纯铜的低温疲劳裂纹扩展速率的试验结果。

考虑到裂纹闭合效应，Jata 等[32] 将 Ti-30Mo 合金在 123～340K 范围内的疲劳裂纹扩展速率表示为有效应力强度因子范围 ΔK_{eff} 的函数：

$$\frac{\mathrm{d}a}{\mathrm{d}N} = A_2 \left(\Delta K_{eff} - \Delta K_{eff,th}\right)^\beta \tag{8-15}$$

式中，A_2、β 是由试验结果确定的常数，β 在 2.0～2.5 的范围内。

Yarema 等[35] 提出一经验公式，描述低碳钢在低温下、$R \approx 0$ 时的整个疲劳裂纹扩展曲线：

$$\frac{\mathrm{d}a}{\mathrm{d}N} = A_3 \left(\frac{K_{max} - K_{th}}{K_{FC} - K_{max}}\right)^\lambda \tag{8-16}$$

式中，K_{FC} 是疲劳断裂韧性；A_3、λ 是拟合疲劳裂纹扩展速率试验结果得到的常数。

应当指出，Paris 公式以及式(8-14)～式(8-16)虽能拟合低温下金属材料的疲劳裂纹扩展速率试验结果，但公式中的常数均无明确的物理定义，而且也不能表示疲劳裂纹扩展机理对疲劳裂纹扩展速率的影响。因此，上述这些公式无法用于预测金属材料低温下的疲劳裂纹扩展速率。

低温下金属材料的疲劳裂纹扩展速率试验结果和分析表明[12,17,36]，在第 6 章中提出的疲劳裂纹扩展速率公式，即式(6-12)，可用于拟合金属材料在低温下的疲劳裂纹扩展速率试验结果，且能很好地说明金属材料在低温下的疲劳裂纹扩展的一般规律。为讨论的方便，现将式(6-12)重写如下：

$$\frac{\mathrm{d}a}{\mathrm{d}N} = B(\Delta K - \Delta K_{th})^2 \tag{8-17}$$

式中，B、ΔK_{th} 分别为疲劳裂纹扩展系数和门槛值。疲劳裂纹扩展系数 B 可分别按下式预测[37]：

当疲劳裂纹以韧性条带机理扩展时

$$B = 15.9/E^2 \tag{8-18}$$

当疲劳裂纹以脆性机理，如微区解理或晶间分离机理扩展时

$$B = \frac{1}{2\pi E\sigma_f\varepsilon_f} = \frac{0.159}{E\sigma_f\varepsilon_f} \tag{8-19}$$

利用式(8-17)~式(8-19)以及金属材料的拉伸性能随温度的变化,可以完美地解释低温对金属材料疲劳裂纹扩展影响的一般规律(见图 8-10)。而且,更有意义的是,利用式(8-17)~式(8-19)和式(6-38)以及低温拉伸性能,可以预测低温下金属材料的疲劳裂纹扩展速率[17,36]。

8.6.3　低温对金属疲劳裂纹扩展行为影响的一般规律

在第 6 章中,业已指出,金属中的疲劳裂纹在稳态扩展区,即Ⅱ区的扩展机理对疲劳裂纹扩展速率有很大的影响。当疲劳裂纹以韧性条带机理扩展时,裂纹扩展速率低;而疲劳裂纹以非条带机理,如微区解理或晶间分离等脆性机理扩展时,则裂纹扩展速率升高,而且疲劳裂纹扩展系数的预测公式也不同。在低温下,某些金属材料的疲劳裂纹扩展机理发生变化,与室温下的有显著的差别[7-10]。Tobler等[31]分析了很多金属材料在稳态扩展区,即Ⅱ区的裂纹扩展机理后,认为可将金属材料分为四类:

(1)具有面心立方晶格的金属,如铝合金、铜合金和镍合金等;

(2)奥氏体不锈钢;

(3)具有体心立方晶格的结构钢;

(4)钛合金。

从疲劳裂纹扩展机理的细节考虑,上述的金属材料的分类方法也许是有道理的。但是,研究低温对金属材料疲劳裂纹扩展速率影响的宏观规律时,上述的分类方法显得烦琐,难以反映低温对金属材料疲劳裂纹扩展速率影响的物理本质。

一般地说,若金属材料的基体是连续的韧性相,则疲劳裂纹以韧性条带机理扩展[37]。若金属材料在低温下不发生韧脆转变,且有足够的塑性,例如具有面心立方晶格的金属,则在温度降低到 4K 时,疲劳裂纹仍以韧性条带机理扩展,也就是说,疲劳裂纹扩展机理在低温下不发生转变,则疲劳裂纹在Ⅱ区的扩展速率随温度的降低而降低,示意地表示于图 8-11(a)[12,17]。

若金属材料在低温下发生韧脆转变,塑性和韧性大幅度降低,例如碳钢与合金结构钢,则疲劳裂纹由韧性条带机理扩展转化为微区解理或晶间分离等脆性机理扩展。这种现象称为疲劳裂纹扩展机理的韧脆转变(DBFT)。图 8-12 为16Mn 钢热轧板材低温下的疲劳断口形貌[12,17]。可以看出,16Mn 钢热轧板材在低温下发生了疲劳裂纹扩展机理的韧脆转变;疲劳裂纹扩展机理的转变温度约为 133~125K,低于用夏比冲击韧性测定的韧脆转变温度(181K)[13]。疲劳裂纹扩展机理的韧脆转变引起疲劳裂纹在Ⅱ区的扩展速率大幅度升高[见图 8-10 和图 8-11(b)]。

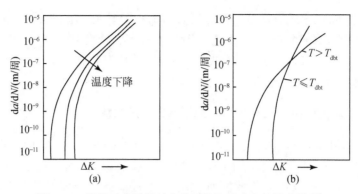

图 8-11　低温对金属材料疲劳裂纹扩展速率的影响[12,17]
(a)低温下疲劳裂纹扩展机理不发生韧脆转变的金属；(b)低温下疲劳裂纹扩展机理发生韧脆转变的金属
T_{dbt}为韧脆转变温度

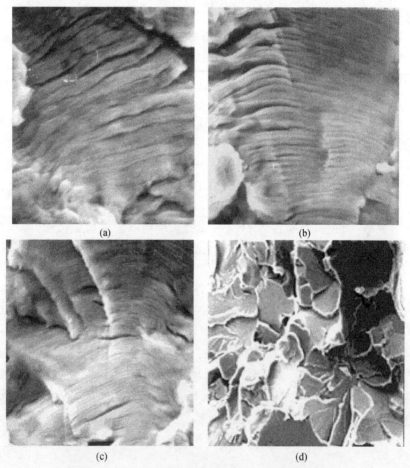

图 8-12　16Mn 钢热轧板材低温下的疲劳断口形貌[12,17]
(a)室温；(b)213K；(c)133K；(d)125K

现有的试验结果表明[10,11,29,38]，金属材料的疲劳裂纹扩展门槛值 ΔK_{th} 随着温度的下降而升高，因而近门槛区的疲劳裂纹扩展速率降低[见表 8-6 和图 8-11（a）]。但也有个别材料，在疲劳裂纹扩展机理的韧脆转变温度以下，疲劳裂纹扩展门槛值降低[32]。由此可见，式(8-18)和式(8-19)可以很好地解释低温下金属材料疲劳裂纹扩展的变化规律。

综上所述，可见在研究金属材料的低温疲劳裂纹扩展宏观规律时，重点应是疲劳裂纹在 Ⅱ 区的扩展机理低温下是否发生韧脆转变。低温下不发生韧脆转变的金属材料，即低温下不发生疲劳裂纹扩展机理的韧脆转变；低温下发生韧脆转变的金属材料，低温下也发生疲劳裂纹扩展机理的韧脆转变。因此，在研究金属材料的疲劳裂纹扩展宏观规律时，采用 8.2.1 节中的方法，按低温下是否发生韧脆转变，将金属材料分成两类，研究低温下金属材料的疲劳裂纹扩展规律，看来是合理的。

8.7　低温下铝合金的疲劳裂纹扩展速率

8.7.1　低温对铝合金疲劳裂纹扩展速率的影响

用单边裂纹试件测定了铝合金 LY12CZ 板材（厚度为 4.0 mm）的低温疲劳裂纹扩展速率，试验结果如图 8-13 所示[12,17,39]。应用式(8-17)和 6.6.1 节中方法，对图 8-13 中的试验数据进行回归分析，所得结果列入表 8-7。其中，回归分析给出的线性相关系数均大于线性相关系数的起码值[26]。这表明式(8-17)可于用拟合铝合金 LY12CZ 板材的低温疲劳裂纹扩展速率试验结果。

表 8-7　铝合金 LY12CZ 板材低温疲劳裂纹扩展速率试验数据的回归分析结果[12,17,39]

试验温度/K	$B/(MPa)^{-2}$	$\Delta K_{th}/(MPa \cdot \sqrt{m})$	r	s
室温	2.50×10^{-9}	2.7	0.985	0.168
213K	1.98×10^{-9}	3.8	0.991	0.125
153K	1.52×10^{-9}	4.8	0.985	0.159

将表 8-7 中的 B 和 ΔK_{th} 代入式(8-17)，即得 LY12CZ 铝合金板材的低温疲劳裂纹扩展速率表达式：

当温度为室温时

$$\frac{da}{dN} = 2.50 \times 10^{-9} (\Delta K - 2.7)^2 \tag{8-20a}$$

当温度为 213K 时

$$\frac{da}{dN} = 1.98 \times 10^{-9} (\Delta K - 3.8)^2 \tag{8-20b}$$

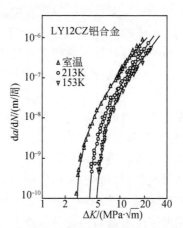

图 8-13　LY12CZ 铝合金板材的低温疲劳裂纹扩展速率曲线与试验结果[17,39]

当温度为 153K 时

$$\frac{\mathrm{d}a}{\mathrm{d}N} = 1.52 \times 10^{-9} (\Delta K - 4.8)^2 \tag{8-20c}$$

按照式(8-20a)～式(8-20c),可以画出铝合金 LY12CZ 板材的低温疲劳裂纹扩展速率曲线,如图 8-13 所示。由此可见,式(8-17)能够很好地表示具有面心立方晶格的铝合金的低温疲劳裂纹扩展速率的试验结果。LY12CZ 铝合金属于第一类材料,也就是不发生疲劳裂纹扩展机理的韧脆转变(DBTF)。因此,随着温度降低,疲劳裂纹扩展系数 B 降低,而门槛值 ΔK_{th} 值升高,因而疲劳裂纹扩展速率随着温度的下降而降低,如图 8-13 所示。

8.7.2　低温下铝-锂合金的疲劳裂纹扩展速率

铝-锂合金(Al-Cu-Li-Zr 系)2090-T8E41 的疲劳裂纹扩展速率试验结果,如图 8-14 所示[40]。由此可见,随着温度的降低,铝-锂合金 2090-T8E41 的疲劳裂纹扩展门槛值升高,而疲劳裂纹扩展速率降低,与温度对 LY12CZ 铝合金板材的低温疲劳裂纹扩展速率的影响规律相同。与高强度铝合金 7475-T651 比较,铝-锂合金 2090-T8E41 的疲劳裂纹扩展门槛值略低,而近门槛区的疲劳裂纹扩展速率略高,但差异并不显著,应在试验误差的范围内(见图 8-14)。

随着温度的降低,铝-锂合金 2090-T8E41 的屈服强度、延伸率和断裂韧性均提高,如图 8-15 所示[40]。看来,铝-锂合金 2090-T8E41 有可能在低温结构中应用。

然而,要使铝-锂合金成功地在结构中得到应用,仍有两大问题需要解决,即减小力学性能的各向异性和降低切口敏感性[41,42]。在低温下,尽管铝-锂合金 2090-T8E41 的塑性提高,但其塑性的各向异性增大(见图 8-15),且长-横向的塑性提高甚少。在 $T=4\mathrm{K}$,长-横向的 $\delta=6.5\%$。因此,2090-T8E41 合金在长-横向仍是低

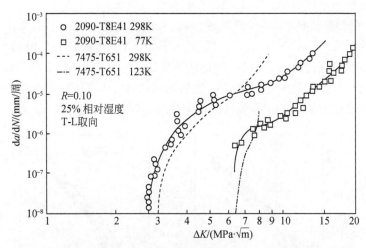

图 8-14　铝-锂合金 2090-T8E41 的疲劳裂纹扩展速率试验结果[40]

塑性材料。低塑性的铝-锂合金的切口敏感度系数低,因而切口敏感性高[41,42]。

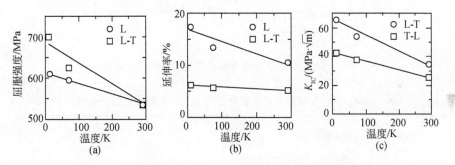

图 8-15　温度对铝-锂合金 2090-T8E41 力学性能的影响[40]
(a)对屈服强度的影响;(b)延伸率的影响;(c)对断裂韧性的影响

8.8　低温下高强度低合金钢的疲劳裂纹扩展速率

在 4.6.1 节中已指出,16Mn 钢广泛地用于生产焊接结构。某些焊接结构要在低温下服役,所以要研究焊接件的低温疲劳性能。不仅要研究焊接件的基材的低温疲劳性能,更要研究焊接件的焊接热影响区中材料的低温疲劳性能,以获得预测焊接件疲劳寿命所需的数据。根据金属材料的力学性能取决于其显微组织,即组织相似,力学性能也相似的原则,采用高温正火的热处理工艺,对 16Mn 钢进行热处理,获得显微组织近似于热影响区的 16Mn 钢疲劳试件。用这种高温正火的16Mn 钢疲劳试件,测定了显微组织近似于热影响区的 16Mn 钢的疲劳性能,包括低温疲劳裂纹起始寿命(见 8.4.3 节)和低温疲劳裂纹扩展速率。

16Mn 钢热轧板材(焊接件的基材)和经高温正火的 16Mn 钢的低温疲劳裂纹扩展速率的试验结果如图 8-16[17,43] 所示。用式(8-17)和 6.6.1 节中的方法,对图 8-16 中的试验数据进行回归分析,所得结果见表 8-8。回归分析给出的线性相关系数均大于线性相关系数的起码值[38]。这表明式(8-17)也可于用拟合 16Mn 钢热轧板材和经高温正火的 16Mn 钢板材的低温疲劳裂纹扩展速率试验结果。

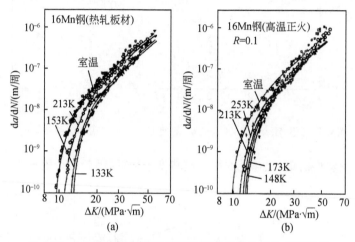

图 8-16　16Mn 钢的低温疲劳裂纹扩展速率的试验结果[17,43]

表 8-8　16Mn 钢的低温疲劳裂纹扩展速率的试验数据的回归分析结果[17,43]

材料和热处理状态	试验温度/K	B /$(MPa)^{-2}$	ΔK_{th} /$(MPa \cdot \sqrt{m})$	r	s
16Mn 钢热轧板材 (32mm 厚)	室温	3.47×10^{-10}	8.7	0.990	0.108
	213	3.25×10^{-10}	10.4	0.989	0.110
	153	2.58×10^{-10}	11.8	0.993	0.091
	133	2.53×10^{-10}	12.5	0.992	0.107
16Mn 钢高温正火	室温	3.66×10^{-10}	9.2	0.997	0.153
	253	2.88×10^{-10}	10.7	0.982	0.185
	213	2.97×10^{-10}	10.4	0.978	0.144
	173	2.83×10^{-10}	11.9	0.991	0.104
	148	2.81×10^{-10}	12.3	0.991	0.084

将表 8-8 中的 B 和 ΔK_{th} 代入式(8-17),即得低温下 16Mn 钢的疲劳裂纹扩展速率表达式如下:

1)对于 16Mn 钢热轧板材

当温度为室温时

$$\frac{\mathrm{d}a}{\mathrm{d}N} = 3.47 \times 10^{-10} (\Delta K - 8.7)^2 \tag{8-21a}$$

当温度为 213K 时

$$\frac{\mathrm{d}a}{\mathrm{d}N} = 3.25 \times 10^{-10} (\Delta K - 10.4)^2 \tag{8-21b}$$

当温度为 153K 时

$$\frac{\mathrm{d}a}{\mathrm{d}N} = 2.58 \times 10^{-10} (\Delta K - 11.9)^2 \tag{8-21c}$$

当温度为 133K 时

$$\frac{\mathrm{d}a}{\mathrm{d}N} = 2.53 \times 10^{-10} (\Delta K - 12.3)^2 \tag{8-21d}$$

2)对于高温正火的 16Mn 钢

当温度为室温时

$$\frac{\mathrm{d}a}{\mathrm{d}N} = 3.66 \times 10^{-10} (\Delta K - 9.2)^2 \tag{8-22a}$$

当温度为 253K 时

$$\frac{\mathrm{d}a}{\mathrm{d}N} = 2.88 \times 10^{-10} (\Delta K - 10.7)^2 \tag{8-22b}$$

当温度为 213K 时

$$\frac{\mathrm{d}a}{\mathrm{d}N} = 2.97 \times 10^{-10} (\Delta K - 10.4)^2 \tag{8-22c}$$

当温度为 173K 时

$$\frac{\mathrm{d}a}{\mathrm{d}N} = 2.83 \times 10^{-10} (\Delta K - 11.9)^2 \tag{8-22d}$$

当温度为 148K 时

$$\frac{\mathrm{d}a}{\mathrm{d}N} = 2.81 \times 10^{-10} (\Delta K - 12.3)^2 \tag{8-22e}$$

图 8-16 中按式(8-21a)～式(8-22e)画出了 16Mn 钢的室温和低温下疲劳裂纹扩展速率曲线。由图 8-16 可见,在所研究的低温范围内,式(8-21a)～式(8-21d)和式(8-22a)～式(8-22e)能很好地表示 16Mn 钢在室温和低温下疲劳裂纹扩展速率的试验结果。这也进一步证明式(8-17)有着广泛的适用性。试验结果和分析还表明,当疲劳裂纹扩展未发生韧脆转变时,B 随温度的降低而降低,而 ΔK_{th} 随温度的降低而升高。

当试验温度降低到疲劳裂纹扩展韧脆转变温度以下,B 应按式(8-19)计算。此时,钢的塑性大幅度降低,因而在疲劳裂纹扩展韧脆转变温度以下,B 急剧升高时[见图 8-10 和图 8-11(b)],疲劳断裂韧性也大幅度降低,如图 8-17 所示。将图 8-17 与图

8-12 对比,可以看出,带裂纹的疲劳试件发生韧脆转变温度与断裂韧性急剧下降的温度相对应;对于 16Mn 钢,疲劳裂纹扩展韧脆转变温度为 130～140K。在这种情况下,测定 16Mn 钢的低温疲劳裂纹扩展速率将十分困难。

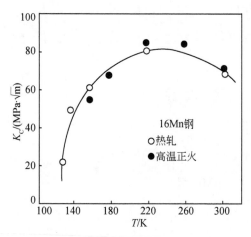

图 8-17　试验温度对 16Mn 钢疲劳断裂韧性的影响[12,17]

8.9　低温下金属的疲劳裂纹扩展门槛值

在第 6 章中已指出,金属材料的疲劳裂纹扩展门槛值 ΔK_{th} 是疲劳裂纹扩展的控制参量和阻力,尤其在近门槛区。并且,疲劳裂纹扩展寿命的大部分消耗在近门槛区。再则,试验测定 ΔK_{th} 要耗费大量的时间和经费,尤其在低温环境中。因此,需要寻求预测低温下金属的疲劳裂纹扩展门槛值的力学模型,以精确地预测低温下的 ΔK_{th}。

8.9.1　预测低温下非铁金属和奥氏体钢的疲劳裂纹扩展门槛值的力学模型

在文献[12]和[13]中,根据修订的疲劳裂纹扩展的静态断裂模型,提出了预测疲劳裂纹扩展门槛值的表达式如下:

$$\Delta K_{th0} = 0.32 \sqrt{\pi E \sigma_f \varepsilon_f \rho_0} \qquad (8-23)$$

式中,ΔK_{th0} 是应力比 $R = 0$ 时疲劳裂纹扩展门槛值;ρ_0 是裂纹尖端的最小固有半径,它应是材料常数。应力比对金属材料疲劳裂纹扩展门槛值的影响可表示为[见式(6-16)]

$$\Delta K_{th} = \Delta K_{th0} (1 - R)^\gamma \qquad (8-24)$$

式中，γ 为 0~1 的常数。作为近似估计，可取 $\gamma=1$。在较高的应力比下，取 $\gamma=1$，某些材料 ΔK_{th} 的预测值将偏低。于是，可用式(8-23)和式(8-24)估算 ΔK_{th}。若已知 ΔK_{th0} 和拉伸性能，则可计算 ρ_0。计算结果表明[13]，16Mn 钢的 ρ_0 在低温下变化不大。表 8-9 中列出了一些合金的 ΔK_{th} 和 ρ_0；其中，ρ_0 是根据式(8-23)和表 8-9 中的拉伸性能数据计算得到的。由此可见，ρ_0 可近似地视为常数，与试验温度无关[12,43]。

因为 ρ_0 是与材料有关的常数，所以室温(T_0)与低温(T)下金属材料疲劳裂纹扩展门槛值可表示为

$$\Delta K_{th}(T_0) = 0.32\sqrt{\pi E(T_0)\sigma_f(T_0)\varepsilon_f(T_0)\rho_0} \tag{8-25}$$

$$\Delta K_{th}(T) = 0.32\sqrt{\pi E(T)\sigma_f(T)\varepsilon_f(T)\rho_0} \tag{8-26}$$

将式(8-25)除以式(8-26)，可得由室温下的 $\Delta K_{th}(T_0)$ 以及室温与低温下的拉伸性能预测低温下 $\Delta K_{th}(T)$ 的表达式如下[17,37]：

$$\Delta K_{th}(T) = \Delta K_{th}(T_0)\sqrt{\frac{E(T)\sigma_f(T)\varepsilon_f(T)}{E(T_0)\sigma_f(T_0)\varepsilon_f(T_0)}} \tag{8-27}$$

运用式(8-27)预测具有面心立方晶格的一些金属材料的低温疲劳裂纹扩展门槛值，与试验结果基本相符(见表 8-9)。

表 8-9　金属材料的低温疲劳裂纹扩展门槛值的预测值与试验结果[12,17]

材料	温度/K	R^*	E/GPa	σ_f/MPa	ε_f	$\rho_0/\mu m$	$\Delta K_{th}/(MPa\cdot\sqrt{m})$	
							实测值	预测值
Cu(99.9%)	293	−1	128.2	235	0.48	1.16	2.7	
	77	−1	137.6	518	0.60	0.66	3.0	3.9
JBK75(BM)	295	0.1	192.8	1578	0.38	1.59	7.7	—
	77	0.1	205.0	1861	0.39	1.10	7.7	8.7
	4	0.1	206.0	2024	0.42	1.81	10.1	9.5
JBK75(GTAW)	295	0.1	192.8	1304	0.21	1.85	5.6	—
	77	0.1	205.0	1661	0.16	2.24	6.3	5.7
	4	0.1	206.0	1815	0.22	2.18	7.6	7.0
Type304 SS	295	−1	190.2	1061	0.55	1.37	7.0	—
	77	−1	205.0	2215	0.39	1.27	8.5	8.8
Ti-5Al-2.5Sn	室温	0.05	119.3	1093	0.56	4.25	10.0	—
(ELI)**	20	0.05	130.3	1803	0.33	4.17	10.2	10.3

*表示当 $R=-1$ 时，循环应力的压应力未加考虑；** 为钛合金。

这表明式(8-27)可有效地用于预测具有面心立方晶格的一些金属材料的低温疲劳裂纹扩展门槛值。如何确定裂纹尖端的最小固有半径 ρ_0 的精确值及其随温度的变化规律,应进一步的研究。

8.9.2　预测低温下低碳钢的疲劳裂纹扩展门槛值的力学模型

室温下钢的疲劳裂纹扩展门槛值 $\Delta K_{th}(T_0)$ 与疲劳极限 $\Delta\sigma_c(T_0)$ 之间的关系,可表述如下[44]:

$$\Delta K_{th}(T_0) = 1.12\Delta\sigma_c(T_0)\sqrt{\pi l_0} \tag{8-28}$$

式中,l_0 是所谓的断裂单元尺寸,是决定于金属显微组织的常数。如果温度降低,金属的显微组织不发生变化,则可近似地视为与温度无关的常数。不同应力比下疲劳极限可用下式表示[27]

$$\Delta\sigma_c = 2\sigma_{-1}\sqrt{1/2(1-R)} \tag{8-29}$$

低温下的疲劳极限 σ_{-1} 可用式(8-1a)估算(见 8.2 节)。所以,将低碳钢低温下的疲劳极限,$\Delta\sigma_c(T)$ 代入式(8-28),即得低碳钢低温下的疲劳裂纹扩展门槛值 $\Delta K_{th}(T)$ 的预测公式如下[12,17,43]:

$$\Delta K_{th}(T) = \Delta K_{th}(T_0)\frac{\Delta\sigma_c(T)}{\Delta\sigma_c(T_0)} = \Delta K_{th}(T_0)\left[1 + \frac{\Delta\sigma_y}{\sigma_{-1}(T_0)}\right] \tag{8-30}$$

若已知 $\Delta K_{th}(T_0)$、$\sigma_{-1}(T_0)$ 和 $\Delta\sigma_y$,则可利用式(8-30)预测低碳钢低温下的疲劳裂纹扩展门值 $\Delta K_{th}(T)$;预测结果与试验结果均见表 8-10。由此可见,低碳钢低温下的疲劳裂纹扩展门值 $\Delta K_{th}(T)$ 的预测结果与试验结果符合很好。

表 8-10　低碳钢低温下的疲劳裂纹扩展门槛值 $\Delta K_{th}(T)$ 的预测结果与试验结果[12,17,43]

材料	T/K	σ_y/MPa	σ_b/MPa	σ_{-1}/MPa	$\Delta\sigma_y$/MPa	ΔK_{th}/(MPa·$\sqrt{m}$)		E/GPa
						实测值	预测值	
80P(0.08C)	室温	294	363	182*	—	8.3	—	214
钢	113	449	568	284*	155	18.3	19.9	222
	室温	375	546	260	—	8.7		209
16Mn 钢	213	426	602	268	51	10.4	10.5	228
(热轧)	153	474	649	320	99	11.8	12.1	236
	133	492	687	377	117	12.5	12.2	240
	室温	350	579	290	—	9.2		209
16Mn 钢	213	386	632	316	36	10.4	10.5	228
(高温正火)	173	429	698	349	79	11.9	12.0	236
	148	469	758	379	119	12.3	13.4	240

8.10　具有面心立方晶格金属的低温疲劳裂纹扩展速率的预测

疲劳裂纹扩展速率公式,即式(8-17)中仅含两个材料常数,即疲劳裂纹扩展系数 B 和门槛值 ΔK_{th}。在低温下,这两个材料常数可根据式(8-18)、式(8-19)、式(8-27)或式(8-30),室温和低温拉伸性能、室温下疲劳裂纹扩展门槛值 $\Delta K_{th}(T_0)$ 进行预测。将低温下疲劳裂纹扩展系数和门槛值的预测值代入式(8-17),可得疲劳裂纹扩展速率表达式,并据以画出疲劳裂纹扩展速率曲线。下面给出一些实例。

8.10.1　铝合金的低温疲劳裂纹扩展速率的预测

具有面心立方晶格的金属,在低温下不发生韧脆转变,因而也不发生疲劳裂纹扩展机理的韧脆转变。这类金属的低温下疲劳裂纹扩展系数,可按下式估算:

$$B(T) = \frac{15.9}{\left[E(T)\right]^2} \tag{8-31}$$

LY12CZ 铝合金的低温弹性模量和疲劳裂纹扩展系数的预测结果列入表 8-11。低温下 LY12CZ 铝合金的 $\Delta K_{th}(T_0)$ 可按式(8-27)预测,预测结果见表 8-11。

表 8-11　LY12CZ 铝合金的低温拉伸性能和疲劳裂纹扩展系数和门槛值的预测结果[12,17,39]

温度/K	σ_y/MPa	σ_b/MPa	σ_f/MPa	ε_f	E/GPa	B/(MPa)$^{-2}$	ΔK_{th}/(MPa·$\sqrt{m}$)
293	326	459	564	0.26	71.0	3.15×10^{-9}	2.7
253	328	467	573	0.26	72.3	3.04×10^{-9}	2.8
213	342	470	582	0.27	74.0	2.90×10^{-9}	3.3
153	361	489	599	0.25	75.4	2.80×10^{-9}	4.1

将表 8-11 中的疲劳裂纹扩展系数和门槛值的预测值代入式(8-17),即得 LY12CZ 铝合金的低温疲劳裂纹扩展速率表达式如下:

当温度为室温时

$$\frac{da}{dN} = 3.15\times10^{-9}(\Delta K - 2.7)^2 \tag{8-32a}$$

当温度为 213K 时

$$\frac{da}{dN} = 2.90\times10^{-9}(\Delta K - 3.3)^2 \tag{8-32b}$$

当温度为 153K 时

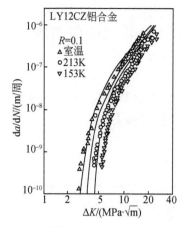

图 8-18　预测的 LY12CZ 铝合金的低温疲劳裂纹扩展速率曲线与试验结果[12,17]

$$\frac{da}{dN} = 2.80 \times 10^{-9} (\Delta K - 4.1)^2$$

$$(8\text{-}32c)$$

图 8-18 中按式(8-32a)～式(8-32c)画出了 LY12CZ 铝合金的低温疲劳裂纹扩展速率曲线和试验结果[17,39]。由图 8-18 可见,LY12CZ 铝合金的低温疲劳裂纹扩展速率的预测曲线位于试验结果的左侧,但仍在可接受的偏差范围内。低温下疲劳裂纹扩展门槛值的预测值偏低(见表 8-7 和表 8-11),是 LY12CZ 铝合金的低温疲劳裂纹扩展速率的预测曲线偏于保守的主要原因。

8.10.2　某些具有面心立方晶格金属材料的低温疲劳裂纹扩展速率的预测

具有面心立方晶格的金属材料,以及在低温下不发生疲劳裂纹扩展机理韧脆转变的金属材料,低温的疲劳裂纹扩展速率曲线也可用上述公式和方法预测。表 8-9 中列出了一些具有面心立方晶格的金属材料和个别钛合金的低温弹性模量。将低温弹性模量代入式(8-31),即得低温下疲劳裂纹扩展系数 $B(T)$。再将 $B(T)$ 和 $\Delta K_{th}(T)$(见表 8-9)代入式(8-17),即得这些金属材料的低温疲劳裂纹扩展速率表达式,进而可画出低温疲劳裂纹扩展速率的预测曲线,如图 8-19 所示。

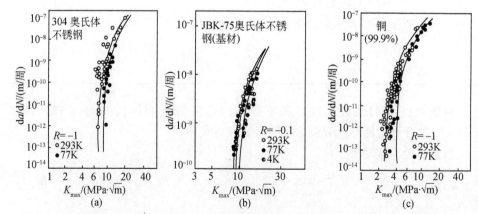

图 8-19　某些具有面心立方晶格的金属材料的低温疲劳裂纹扩展速率的预测曲线与试验结果[17,36]

8.11　低碳钢的低温疲劳裂纹扩展速率的预测

8.11.1　16Mn 钢的低温疲劳裂纹扩展速率的预测

低温下,低碳钢将发生疲劳裂纹扩展机理的韧脆转变。在疲劳裂纹扩展机理的韧脆转变温度(T_{dbt})以上,即 $T > T_{dbt}$,疲劳裂纹将以韧性条带机理扩展,因而 B 可用式(8-31)预测。而在疲劳裂纹扩展机理的韧脆转变温度以下,即 $T < T_{dbt}$,疲劳裂纹将以脆性机理扩展,因而 B 应当用式(8-19)预测,即

$$B(T) = \frac{0.159}{E(T)\sigma_f(T)\varepsilon_f(T)} \qquad (8\text{-}33)$$

低温下,低碳钢的疲劳裂纹扩展门槛值用式(8-30)预测(见 8.9.2 节)。16Mn 钢的热轧板材的 $T_{dbt} < 133K$,经高温正火后,$T_{dbt} < 148K$。因此,在上述 T_{dbt} 温度以上,16Mn 钢的 B 值可用式(8-31)预测。将预测的 $B(T)$ 和 $\Delta K_{th}(T)$(见表 8-10)代入式(8-17),即得低温下 16Mn 钢的疲劳裂纹扩展速率表达式,进而画出 16Mn 钢的低温疲劳裂纹扩展速率的预测曲线,如图 8-20 所示。

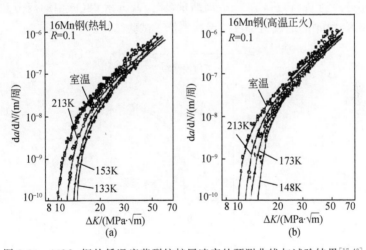

图 8-20　16Mn 钢的低温疲劳裂纹扩展速率的预测曲线与试验结果[17,43]

8.11.2　低碳钢的低温疲劳裂纹扩展速率的预测

试验观察表明[43],低碳钢 08Oп 在室温下疲劳裂纹以韧性条带机理扩展,而 113K 时其疲劳裂纹以微区解理机理扩展。因此,在 113K 的温度下,低碳钢 08Oп 的 $B(T)$ 应当用式(8-33)计算,而室温下的 $B(T_0)$ 则用式(8-31)计算。低碳钢 08Oп 的拉伸性能和计算的 $B(T)$ 见表 8-12。

表 8-12　　低碳钢 08Оп 的拉伸性能和计算的疲劳裂纹扩展系数值[12,17,36]

温度	σ_b/MPa	σ_s/MPa	σ_f/MPa	ε_f	E/GPa	$B/(MPa)^{-2}$
室温	363	294	510	1.20	214.0	3.47×10^{-10}
113K	568	549	785	0.92	222.1	9.91×10^{-10}

　　将预测的疲劳裂纹扩展系数值和表 8-10 中预测的疲劳裂纹扩展门槛值代入式(8-17),即得低碳钢 08Оп 的疲劳裂纹扩展速率表达式

　　当温度为室温时

$$\frac{da}{dN} = 3.47 \times 10^{-10} (\Delta K - 8.3)^2 \tag{8-34a}$$

　　当温度为 113K 时

$$\frac{da}{dN} = 9.91 \times 10^{-10} (\Delta K - 19.9)^2 \tag{8-34b}$$

　　按式(8-34a)和式(8-34b)画出的低碳钢 08Оп 的室温和低温下的疲劳裂纹扩展速率的预测曲线,如图 8-21 所示,图中也给出了相应的试验结果。可以看出,在近门槛区和稳态扩展区,预测的低碳钢 08Оп 的室温和低温下的疲劳裂纹扩展速率曲线与试验结果相符。当 $da/dN \geq 10^{-7}$ m/周的量级时,低碳钢 08Оп 中的疲劳裂纹扩展进入快速扩展区,故预测的疲劳裂纹扩展速率低于试验结果。

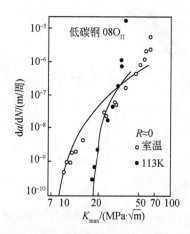

图 8-21　低碳钢 08Оп 的室温和低温下的疲劳裂纹扩展速率的预测曲线与试验结果[17,36]

　　在文献[36]中,给出了更多关于预测金属材料的低温疲劳裂纹扩展速率曲线的细节和实例,有兴趣的读者可参看该文献。

8.12　低温下疲劳裂纹扩展的韧脆转变

　　通常,在具有体心立方晶格的金属材料中,有时也在具有密排六方晶格的金属

材料中,发生疲劳裂纹扩展机理的韧脆转变。但令人意外的是,在某个 7000 系列的铝合金中,也观察到疲劳裂纹扩展机理的韧脆转变[45]。对于这一现象,甚少解释。疲劳裂纹扩展机理的韧脆转变温度,一般定义为引起疲劳裂纹在稳态的扩展机理发生韧脆转变的温度,记为 T_{dbt}[7,45]。由于裂纹尖端较切口根部的塑性应变受到更强的约束,且裂尖处的应力状态柔性系数较切口根部的大[41,42],所以,切口根部疲劳裂纹起始机理的韧脆转变温度要低于疲劳裂纹扩展机理的韧脆转变温度。在绝大多数情况下,由冲击韧性测定的金属材料的低温韧脆转变温度要高于疲劳裂纹扩展机理的韧脆转变温度[6-8,13,32]。考其原因,主要是切口根部的塑性应变速率在冲击加载时要比循环加载时大得多。

　　在第 6 章中已指出,在单向拉伸和循环载荷下,裂纹的扩展是由处于裂尖的材料元的断裂引起的。试验结果也显示[7],铁素体钢的 T_{dbt} 非常接近单向载荷下引起裂纹扩展机理的韧脆转变温度。因此,有理由假定[12,36],在上述两种载荷下,裂纹扩展的韧脆转变遵循相同的机理,倘若裂纹尖端的等效应变速率相等,裂纹扩展机理的韧脆转变温度应近似相等。断口分析表明[46],解理断裂发生时,解理源并不在裂尖,而在裂尖与解理源之间有一伸展区(stretch zone)。这意味着在裂尖周围的局部区域内要发生塑性变形,因而裂尖钝化,而且在启动解理源之前裂尖钝化半径要达到临界值 ρ_c,如图 8-22 所示[12,17]。ρ_c 与伸展区宽度(SZW)间的关系可粗略地表示如下[12,17]:

$$\rho_c = \frac{\sqrt{2}}{2}\mathrm{SZW} = \alpha\,\frac{K_c^2}{E\sigma_s} \tag{8-35}$$

式中,K_c 是试件的断裂韧性;α 是决定于试件应力状态的常数。式(8-35)表明了断裂韧性与裂尖材料元的塑性变形能力、裂尖钝化能力间的关系。试验结果还表明[45],在裂纹体断裂机理发生韧脆转变的温度范围内,SZW 随温度的降低而急剧地减小,同时断裂韧性也急剧地降低。

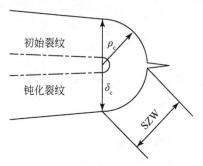

初始裂纹　　　ρ_c

钝化裂纹　　　δ_c

SZW

图 8-22　裂纹尖端钝化与开裂示意图[12,17]

　　断裂韧性与温度和加载速率的关系取决于裂尖区域塑性变形的热激活性质,低碳钢断裂韧性可以表示为非热激活分量和热激活分量之和[46];前者与温度和加载速率无关,而后者则对温度和加载速率敏感。当温度下降到临界温度时,裂尖钝化半径和断裂韧性将急剧降低到零[46,47]。试验结果表明,16Mn 钢的 $T_{dbt} \approx 130K$,而在 130K 时,16Mn 钢的断裂韧性 $K_{IC} = 23\ MPa \cdot \sqrt{m}$(见图 8-12 和图 8-17)。这一数值与低碳钢断裂韧性的非热激活分量十分接近[46]。因此,可将 T_{dbt} 定义为断裂韧性或疲劳断裂韧性(K_{FC})的热激活分量降低到零的上限温度。

另一方面,T_{dbt} 还与加载速率或加载频率有关。T_{dbt} 与裂尖的等效应变速率 $\dot{\varepsilon}$ 间的关系可表示为[47]

$$T_{dbt} = \frac{\Delta G}{K \ln(\dot{\varepsilon}_0/\dot{\varepsilon})} \tag{8-36}$$

式中,$\dot{\varepsilon}_0$ 为材料常数;ΔG 为与流动应力有关的自由激活熵;K 为 Boltzmann 常量。$\dot{\varepsilon}_0$ 和 ΔG 之值可由控制应变速率的拉伸试验或带裂纹试件的冲击弯曲试验确定。有限元计算和试验结果表明[46],对于 16Mn 钢,$\dot{\varepsilon}_0 = 4.3 \times 10\ s^{-1}$;从而求得 $\Delta G \approx 0.24eV$[12]。在平面应变状态下,裂尖的等效应变速率可按下式估计[12,17]:

$$\dot{\varepsilon} = 0.6\varepsilon_f f \tag{8-37}$$

式中,f 为循环加载频率。当 $f = 15Hz$ 时,可求得 16Mn 钢的疲劳裂纹扩展机理的韧脆转变温度 $T_{dbt} = 139K$[17,42]。这一数值与疲劳断口的观察结果(见图 8-12)十分接近。

由式(8-36)还可看出,加载速率越高,T_{dbt} 值越低。试验结果也证明了这一结论[45]。再如,用冲击韧性 A_k 值测定的 16Mn 钢的韧脆转变温度为 -92℃(181K)[13]。而疲劳裂纹扩展机理的韧脆转变温度约为 -140℃(133K)(见图 8-13),低于用冲击韧性 A_k 值测定的 16Mn 钢的韧脆转变温度。因此,高强度低合金钢的结构件,在用冲击韧性 A_k 值测定的韧脆转变温度以上的温度服役,不致引起疲劳机理的韧脆转变,是安全的。应当指出,前述的高强度低合金钢的韧脆转变模型,还需要进一步的试验验证。

8.13　结　语

在室温以下,金属材料的疲劳极限、应变疲劳寿命、疲劳裂纹起始寿命和门槛值,以及疲劳裂纹扩展速率和门槛值随温度的变化规律,分别用第 2、第 4 和第 6 章中的有关公式,在本章中做了分析和讨论。

金属材料疲劳极限与其强度成正比,因而温度降低,疲劳极限升高。根据金属材料疲劳极限的热激活模型,提出的预测低温疲劳极限的公式表明,随着温度的降低,疲劳极限升高。用上述公式预测的金属材料的低温疲劳极限,与试验结果符合良好。

根据拉伸性能随温度降低而变化的规律,可将金属材料分为两大类:①低温下不发生韧脆转变的材料,主要是具有面心立方晶格的金属材料,如铝合金、铜合金、镍合金、奥氏体不锈钢,以及某些钛合金等,此为第一类金属材料;②低温下发生韧脆转变的材料,主要是具有体心立方晶格的金属材料,如结构钢和某些钛合金等,此为第二类金属材料。利用第 2 章中提出的应变疲劳公式,也即式(8-3a)和式(8-3b)对这两类金属材料的低温应变疲劳的试验数据进行分析。分析结果表明,第一类金属材料的低温应变疲劳寿命,不论在中、长寿命区或短寿命区都将延长,至少在短寿命区不致有明显的缩短。对于第二类金属材料,在韧脆转变温度以上,其低温应变疲劳寿命随温度降低而变化的规律与上述的相同;但在韧脆转变温度以下,由于材料的塑性大幅度降低,在短寿命区的应变疲劳寿命将有明显的缩短。

　　试验测定了 LY12CZ 铝合金(第一类金属材料)和 16Mn 钢(第二类金属材料)的低温疲劳裂纹起始寿命和裂纹扩展速率,并观察了疲劳断口。断口观察表明,在所研究的温度范围内,LY12CZ 铝合金未发生疲劳裂纹扩展机理的韧脆转变,而16Mn 钢则在约 133K 发生疲劳裂纹扩展机理的韧脆转变。

　　分别用第 4 章和第 6 章中的公式,也即式(8-5)和式(8-17)对低温疲劳裂纹起始寿命和裂纹扩展速率试验结果进行了分析。分析结果表明,式(8-5)和式(8-17)能可靠地表示上述两类金属材料的低温疲劳裂纹起始寿命和裂纹扩展速率的试验结果及其随温度的变化规律。在疲劳裂纹扩展机理的韧脆转变温度以上,第二金属材料的低温疲劳裂纹起始寿命和裂纹扩展速率随温度的变化规律,与第一金属材料的相同,即随着温度的降低,疲劳裂纹起始寿命延长,疲劳裂纹起始门槛值升高,裂纹扩展速率降低,裂纹扩展门槛值升高。

　　更为重要的是,利用上述疲劳公式,可以根据室温下的疲劳极限以及室温和低温下的拉伸性能,预测金属材料的低温应变疲劳寿命、疲劳裂纹起始寿命和裂纹扩展速率,预测结果与试验结果相符,或略偏于保守。这在工程中有重要实用价值,也进一步证明上述疲劳公式可用于低温疲劳的研究和应用。

　　文献[12]中提出的疲劳裂纹扩展机理的韧脆转变模型,需要更多的试验结果予以验证。具有密排六方晶格的金属材料,尤其是钛合金中的韧脆转变,也需要更多的研究。所幸,疲劳扩展机理的韧脆转变温度,通常低于用冲击韧性法确定的韧脆转变温度。如果按照冲击韧性确定的韧脆转变温度,确定金属材料使用温度的下限,则不致发生疲劳裂纹扩展机理的韧脆转变,不致引起疲劳裂纹扩展速率的升高。

参 考 文 献

[1]Boone W D, Wishart H B. High-speed fatigue tests of several ferrous and non-ferrous metals at low temperature. Proceedings of American Society for Testing and Materials,1935, 35: 147-152.

[2]Frost N E, Marsh K J, Pook L P. Metal Fatigue. Oxford: Clarendon Press, 1974.

［3］ Durham T F. Cryogenic Material Data Handbook，AD 609526. Washington：US Department of Commerce,1961.

［4］Forrost P G. Fatigue of Metals. New York ：Pergamon Press，1964.

［5］Nachtigall A J，Klima S J，Freche J C. Fatigue behavior of rocket engine materials to-452F(4K). Journal of Materials Chemistry, 1968,3(12)：425-443.

［6］Reed R P，Clark A F，et al. Materials at Low Temperatures. ASM，1983.

［7］Stephens R I，Chung J H，Glinka G. Low temperature fatigue behavior of steels. Paper 790517，SAE Trans，1980，88：1892-1900.

［8］Stephens R I. Fatigue at Low Temperatures. ASTM STP 857，1985.

［9］Verkin R L，Brinberg N M，Serdyuk V A,et al. Low temperature fatigue fracture of metals and alloys. Materials Science and Engineering，1983，48：145-170.

［10］Ostash O P，Zhmur-Kinmenko V T. Growth of fatigue crack in metals at low temperature. Fiz-Khim Mekh Mater，1988，24(2)：17-21.

［11］Liaw P K，Logsdon W A. Fatigue crack growth threshold at cryogenic temperatures：A review. Engineer Fracture Mechanics，1985，22(4)：585-594.

［12］吕宝桐. 低温下金属疲劳行为的预测模型. 西安:西北工业大学博士学位论文,1991.

［13］李涛. 低温下金属材料的疲劳裂纹扩展研究. 西安:西北工业大学硕士学位论文,1990.

［14］Dieter G E J. Mechanical Metallurgy. New York ：McGraw-Hill Company，1963.

［15］郑修麟. 工程材料的力学行为. 西安:西北工业大学出版社,2004.

［16］Lu B T，Zheng X L. Thermal activation model of endurance limit. Metallurgical and Materials Transactions，1992，23A：2597-2605.

［17］Zheng X L，Lu B T. Fatigue crack propagation in metals at low temperatures//Carpinteri A. Handbook of Fatigue Crack Propagation in Metallic Structures. Amsterdam：Elsevier Science Publisher，1993：1385-1412.

［18］吕宝桐,郑修麟. 估算低温下金属应变疲劳寿命及疲劳极限的新方法. 西北工业大学学报,1992,10(3)：294-302.

［19］Polak J，Klesnil M. The dynamics of cyclic plastic deformation and fatigue life of low carbon steel at low temperature. Materials Science and Engineering,1976，26：157-166.

［20］Lee J K，Bhat S P，Veaux R,et al. Mechanisms of cyclic softening in precipitation-hardening alloys-A ball model approach and tests at 78K. International Journal of Fatigue,1981，17(2)：121-141.

［21］Lukas P，Kunz L. Effect of low temperatures on the cyclic-stress strain response and high cycle fatigue life of polycrystalline copper. Materials Science and Engineering，1988，103A：233-239.

［22］Nachtigall A J. Strain cycling fatigue behavior of ten structural metals tested in liquid helium(4K)，in liquid nitrogen(77K) and in ambient air(300K). NASA TN D-7352，1974.

［23］Tobler R L，Su Q S. Fatigue crack initiation from notches in austenitic stainless steels. Cryogenics，1986，26：396-401.

［24］Lu B T,Zheng X L. Predicting fatigue crack initiation life of an aluminium alloy below room temperature. Fatigue and Fracture of Engineering Materials and Structures，1992，15(12)：1213-1221.

［25］Lu B T，Zheng X L. An approach for predicting fatigue crack initiation life of a low carbon steel below room temperature. Engineer Fracture Mechanics，1993，46(2)：339-346.

［26］邓勃. 分析测试数据的统计处理方法. 北京:清华大学出版社,1995.

［27］Zheng X L，Lu B T. On the fatigue formula under stress cycling. International Journal of Fatigue,1987，9

（3）：169-174.

[28]Kocanda S. Fatigue failure of metals. Sijthoff-Noordhoff：Alphen aan den Rijn,1978.

[29]Esaklul K A，Yu W K，Gerberich W W. Effect of low temperature on apparent fatigue threshold stress intensity factors. ASTM STP 857，Philadelphia ，PA，1985：63-83.

[30]Dowling N E. Mechanical Behavior of Materials. 2nd Ed. New Jersey：Prentice Hall，1998.

[31]Tobler R L，Reed R P. Fatigue crack growth resistance of structural alloys at cryogenic temperatures. Advances in Coryogenic Engineering，1979，24：82-90.

[32]Jata K V，Gerbrich W W，Beevers C J. Low temperature fatigue crack propagation in a β-Titanium alloy. ASTM STP 857,Philadelphia,PA,1985：102-120.

[33]Yokobori T，Maekawa I，Tanabe Y,et al. Fatigue crack propagation of 25Mn-5Cr-1Ni austenitic steel at low temperatures. ASTM STP 857, Philadelphia,PA,1985；121-135.

[34]Lukas J P，Gerbrich W W. Fatigue crack propagation rate and crack tip plastic strain amplitude in polycrystaline copper. Materials Science and Engineering，1981，51：203-212.

[35]Yarema S Y，Kracovskii A Y，Ostash O P,et al. Growth of fatigue crack in a low carbon steel under room and low temperatures. Russian ：Problemy Prochinosti，1977，3：21-26.

[36]Lu B T，Zheng X L. Predicting fatigue crack growth rates and thresholds at low temperatures. Materials Science and Enginering，1991，A148：179-188.

[37]Zheng X L. Mechanical model for fatigue crack propagation in metals//Carpinteri A. Handbook of Fatigue Crack Propagation in Metallic Structures. Amsterdam：Elsevier Science Publisher，1993：363-395.

[38]Gerbrich W W，Yu W，Esaklul K A. Fatigue threshold studies in Fe，Fe-Si and HSLA steel；part I，effect of strength and asperities on closure. Metallurgical and Materials Transactions，1984，15A：875-888.

[39]吕宝桐，郑修麟. 低温下 LY12CZ 铝合金的疲劳裂纹扩展. 宇航学报，1993，1：76-80.

[40]Glazer J，Verzasconi S L，Dalder E N C,et al. Cryogenic mechanical properties of Al-Cu-Li-Zr alloy 2090//Cryogentic Engineering Conference and International Cryogentic Materials Conference，Boston,1985.

[41]郑修麟. 切口件的断裂力学. 西安：西北工业大学出版社，2005.

[42]Zheng X L，Wang H，Zheng M S,et al. Notch Strength and Notch Sensitivity of Materials—Fracture Criterion of Notched Elements. Beijing：Science Press,2008.

[43]Lu B T，Zheng X L. A model for predicting fatigue crack growth behavior of a low alloy steel at low temperatures. Engineer Fracture Mechanics，1992，42：1001-1009.

[44]Li N，Du B P，Zhou H J. On the relationship between fatigue limit，threshold and microstructure of low carbon Cr-Ni steel. International Journal of Fatigue,1984，6：89-94.

[45]Cox J M，Pittit D E，Langenbeck S L. Effect of temperature on the fatigue and fracture properties of 7475-7761 aluminum. ASTM STP 857，Pheladelphia,PA,1985：241-256.

[46]林君山. 低合金钢低温下形变和断裂的动态效应研究. 西安：西安交通大学博士学位论文，1989.

[47]柳永宁，朱金华，周惠九. 低碳钢断裂韧性与温度和加载速率间的关系. 金属学报，1990,20：A198-A204.

第9章 金属的腐蚀疲劳

9.1 引 言

机械和工程结构都是在一定的环境中服役。大多数环境对金属都有不同程度的腐蚀性。金属在腐蚀性的介质和循环应力的共同作用下所产生的疲劳失效称为腐蚀疲劳。应当注意,腐蚀疲劳与应力腐蚀之间的差异,后者是在恒定的应力或残余应力的作用下发生的裂纹起始与扩展,最终导致试件或结构件的断裂。腐蚀疲劳与受腐蚀材料的疲劳也是不同的,尽管腐蚀引起的表面损伤也缩短疲劳裂纹起始寿命。通常,腐蚀性的环境加快疲劳裂纹的形成和扩展,缩短金属的疲劳寿命,降低金属的疲劳性能[1-7]。在预测结构件的疲劳寿命时,若不考虑环境效应,将有可能导致重大失误。

国外研究者对腐蚀疲劳做了大量的研究,20世纪80年代前的研究成果在文献[1]～[6]中做了总结。关于飞机结构件的腐蚀疲劳,北大西洋公约组织(NATO)和美国海军也做了相当多的研究工作[8-10]。国内关于飞机结构件的腐蚀疲劳的研究工作总结在文献[6]中。研究内容涉及腐蚀环境中的疲劳裂纹形成与扩展机理[2-6]、环境对应变疲劳、应力疲劳和疲劳极限的影响[6-10]、腐蚀疲劳裂纹起始寿命与扩展速率[8-13],以及腐蚀疲劳寿命预测[6,9,10,14-19]等诸多方面。试验结果表明[8],在人工海水中,铝合金切口件的腐蚀疲劳裂纹起始寿命至少占总寿命的30%以上,在工程应用中不能被忽略。

环境和金属材料是多种多样的,每种环境对不同金属的影响有显著的差异。每一种环境和每一种金属材料,都可能组成一个具有不同化学性质的环境——金属系统,显示不同的腐蚀疲劳行为。再则,有很多因素对金属的腐蚀疲劳行为发生影响,例如,加载频率与波形都对金属材料的腐蚀疲劳行为产生影响[20,21]。所以,直到目前,还没有一个较好的理论模型,可用来阐明金属疲劳的环境效应。因此,在金属的腐蚀疲劳研究与工程应用中,仍然采用试验方法确定某种具体环境对金属的腐蚀疲劳行为的影响。

作者于20世纪80年代末与研究生一道,主要是结合航空工业总公司"AFFD系统工程",开展金属腐蚀疲劳的研究工作。研究工作的重点,主要是试图建立较完善的腐蚀疲劳裂纹起始寿命与扩展速率表达式,提出结构件的腐蚀疲劳寿命预测模型[16,17,22]。本章先对金属腐蚀疲劳的研究成果做简要的述评,再重点讨论腐蚀疲劳裂纹起始寿命与腐蚀疲劳裂纹扩展速率表达式。

9.2　气体环境对金属疲劳性能的影响

绝大多数疲劳试验是在室温下的实验室大气中进行的,有时要注明大气的湿度。大气中的氧、水蒸气对于某些材料也是活性介质。再则,工业废气会造成大气污染,使大气中含有硫、二氧化硫、一氧化碳、二氧化碳等有害成分[6]。因此,有必要研究气体环境对金属材料疲劳性能的影响。

9.2.1　气体环境对金属应力疲劳寿命的影响

气体环境对金属应力疲劳寿命的影响,可以近似地看做是对疲劳裂纹起始寿命的影响。因为小尺寸疲劳试件的疲劳寿命,可以近似地看做是疲劳裂纹起始寿命,尤其在长寿命区内[1]。在真空或惰性气体中进行疲劳试验,通常给出较长的疲劳寿命和较高的疲劳极限(见图 9-1)。可以看出,相对于惰性气体氮气而言,实验室空气也可认为是腐蚀性的环境,因而在空气中 7075-T6 铝合金的疲劳寿命缩短、疲劳极限降低。

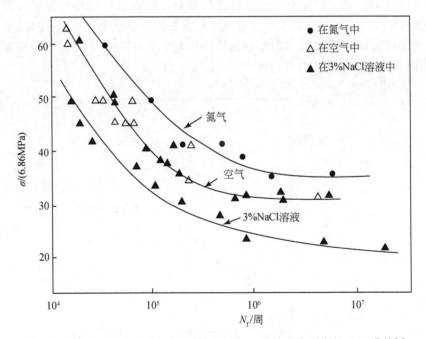

图 9-1　7075-T6 铝合金在氮气、空气和 3% NaCl 溶液中测定的 S-N 曲线[4]

环境对疲劳寿命和疲劳极限的影响,还取决于金属材料的组织状态。含 4% Cu 的铝合金分别在 100℃时效 100h 形成 G-P 区和 160℃时效 30h 形成 θ″相后,在真空和空气中测定 S-N 曲线,如图 9-2 所示[5]。这表明环境对经不同时效处理、具有不同组织和性能的铝合金(4％Cu)疲劳性能的影响程度,有所不同;经 100℃时效 100h 形成 G-P 区、强度较高的铝合金,在空气中的疲劳寿命和疲劳极限降低较多。

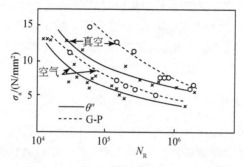

图 9-2　含 4％Cu 的铝合金经不同时效处理(分别在 100℃时效 100h 形成 G-P 区和160℃时效 30h 形成 θ' 相)后在真空和空气中测定 S-N 曲线[5]

图 9-3 表明环境和洛氏硬度对 4140 钢疲劳极限的影响[4]。当硬度较低(低于 35～40HRC)时,在实验室空气和干燥空气中测定的疲劳极限几无差别。而当硬度较高(高于 40HRC)时,在实验室空气中测定的疲劳极限大为降低;硬度越高,疲劳极限降低的幅度也越大。因此,在腐蚀性环境中使用的钢,不可热处理成高硬度状态;除非采取特别的防腐蚀措施。

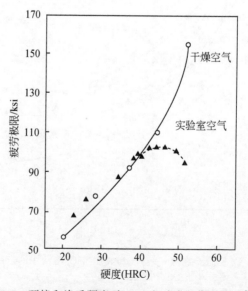

图 9-3　环境和洛氏硬度对 4140 钢疲劳极限的影响[4]

9.2.2　气体环境中疲劳裂纹的成核模型

关于气体环境对疲劳裂纹成核的影响,存在两种相互对立的观点:一种认为气体环境对疲劳裂纹成核有强烈的影响,而另一种观点则认为气体环境对疲劳裂纹成核没有影响[2]。图 9-4 表明金属在真空和空气中疲劳裂纹的成核模型。相对于真空而言,在空气中疲劳裂纹成核的差别在于,金属在循环应力作用下,形成的表面循环滑移带中产生微孔,进而变为高氧浓度区。溶解的氧阻止两裂纹面的重焊(rewelding),从而加速疲劳裂纹的成核,缩短疲劳寿命。

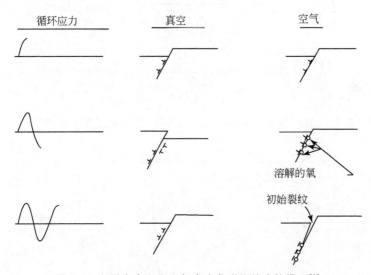

图 9-4　金属在真空和空气中疲劳裂纹的成核模型[2]

空气中的氧与金属或合金的表面发生化学反应,生成氧化膜。在循环应力作用下,位错塞积在具有较高强度的氧化膜层下面而形成大量微孔,促使疲劳裂纹形成(见图 9-5)[2]。在真空中循环加载,由于金属或合金的表面没有氧化膜,位错易于从表面逸出,从而延缓疲劳裂纹形成。空气中的水蒸气对时效强化的铝合金的疲劳裂纹成核过程有重大影响。水蒸气或者使滑移台阶氧化,或者分解而形成氢,被金属吸收而使金属变脆,促使疲劳裂纹早期形成[2]。

也有研究者认为,气体环境对疲劳裂纹形成没有影响,而是加速第一阶段的裂纹长大;甚至有的研究者认为,气体环境对疲劳裂纹形成和第一阶段的裂纹长大都没有影响[2]。然而,图 9-6 中的 2024 铝合金的裂纹扩展曲线表明,在真空中疲劳裂纹起始被大大推迟[5]。认为气体环境对疲劳裂纹形成没有影响,看来与上述试验结果是不相符的。

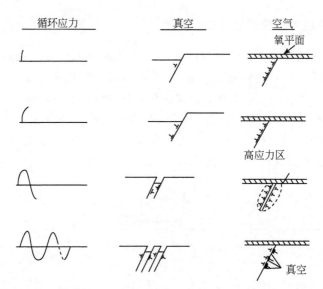

图 9-5　在空气中金属表面氧化膜下的位错塞积与空洞成核模型[2]

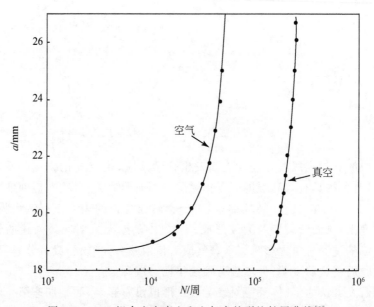

图 9-6　2024 铝合金在真空和空气中的裂纹扩展曲线[5]

9.2.3　气体环境对金属疲劳裂纹扩展速率的影响

在气体环境中,很多参数对金属的疲劳裂纹扩展速率产生影响。这些参数可分为三类:①与环境相关的参数,包括气体成分、压力、温度、pH、夹杂物、流动速度等;②与金属材料相关的参数,包括合金元素、热处理状态、显微组织以及屈服强度;③与加载条件相关的参数,包括加载频率、加载波形、应力比以及结构件几何等。以下就主要因素的影响分别讨论。

1. 气体成分的影响

各种气体成分对 A514B 钢疲劳裂纹扩展速率的影响,如图 9-7 所示[3]。取钢在真空中疲劳裂纹扩展速率作为比较基准,可以看出,富氢的气氛使钢的疲劳裂纹扩展速率大为提高。

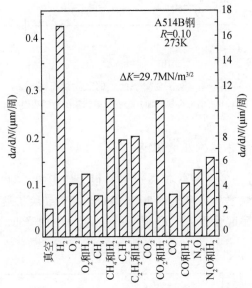

图 9-7　各种气体环境对 A514B 钢疲劳裂纹扩展速率的影响[3]

气体分子吸附到金属表面,是气体环境对金属的疲劳裂纹扩展速率产生影响的必要条件。这个过程可分几个重要的步骤,依次进行。首先,发生分子的物理吸附;在某些情况下,随后可能发生化学吸附。然后,吸附的分子发生分解,形成原子吸附。当然,逆过程也可能同时发生。图 9-8(a)示意地表示氢的吸附行为[3]。当表面存在其他元素时,可能改变吸附行为引起表面活性元素浓度的变化。图 9-8(b)示意地表示在硫覆盖的表面上,氢的吸附情形。

环境的主要作用是给裂纹尖端供应活性原子。随后,活性原子与裂纹尖端交互作用,使蜕化(degradation)机制得以产生。下一个步骤是将活性原子输送到裂纹尖端附近的金属内。有两种可能的输送机制(见图 9-8)。第一是通过正常的扩散机制,扩散的特征长度为 $(Dt)^{1/2}$,其中 D 为扩散系数,t 为扩散时间。这种输送方式由于裂纹尖端存在浓密的位错网所形成的管式扩散而加快。另一种可能的机制是位错卷入（sweep-in）机制，夹杂物元素的原子被运动的位错卷入金属中[3]。

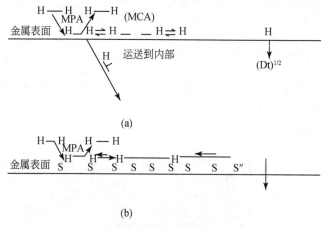

(a)

(b)

图 9-8　氢在金属表面上的吸附示意图[3]

(a) 清洁的金属表面；(b) 在被硫污染的金属表面

2. 频率和活性气体蒸汽压的影响

水蒸气对铝合金的疲劳裂纹扩展速率有很大的影响。图 9-9 表明，在水蒸气存在的情况下，加载频率和蒸汽压对 5070 铝合金疲劳裂纹扩展速率的影响。在一定的范围内，加载频率起着重大的影响，而且随着 ΔK 的降低，加载频率的影响也增大。

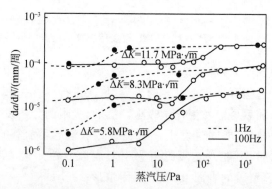

图 9-9　水蒸气存在时加载频率和蒸汽压对 5070 铝合金疲劳裂纹扩展速率的影响[5]

气体环境引起在稳态扩展区疲劳断口发生明显的变化[5]。疲劳断口的变化反映着疲劳裂纹扩展机理的变化，从而影响到疲劳裂纹扩展系数之值，以及稳态扩展区疲劳裂纹扩展速率，详见 6.4.3 节。

气体环境对近门槛区疲劳裂纹扩展速率的影响如图 9-10 所示[23]。由图 9-10

可见,在湿空气环境中,在低的应力比下,钢的近门槛区疲劳裂纹扩展速率较低,而疲劳裂纹扩展门槛值较高。这是因为在湿空气环境中钢的裂纹表面形成氧化物,诱发了裂纹的闭合。而在高应力比下,疲劳裂纹在裂纹张开的情况下扩展,在钢的裂纹表面是否形成氧化物对疲劳裂纹扩展没有影响。

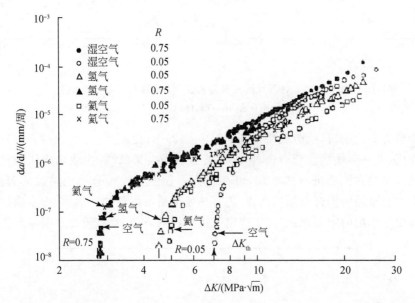

图 9-10 气体环境对 $2\frac{1}{4}$Cr-Mo 钢(马氏体组织、$\sigma_{0.2}=769$MPa)近门槛区疲劳
裂纹扩展速率的影响[23]

关于气体环境对近门槛区疲劳裂纹扩展速率的影响以及相关的模型,在文献[24]中做了介绍。

9.3 液体环境对金属疲劳性能的影响

液体环境对金属疲劳性能的影响取决于很多因素,其中主要的可能是环境介质的腐蚀性和合金的抗蚀性。

9.3.1 液体环境对金属疲劳寿命的影响

通常以 3.5% NaCl 水溶液模拟海水环境。试验结果表明[11,12],3.5% NaCl 水溶液缩短 7075-T7651 铝合金的疲劳裂纹起始寿命,如图 9-11(a)所示,而 3.5% NaCl 水溶液对 Ti-6Al-4V 的疲劳裂纹起始寿命则没有影响,如图 9-11(b)所示。

预腐蚀对高强度铝合金的疲劳寿命有很大的影响。在海水环境中,预腐蚀在高强度铝合金的表面形成蚀坑后,无论在空气中或在 3.5% NaCl 水溶液环境中测

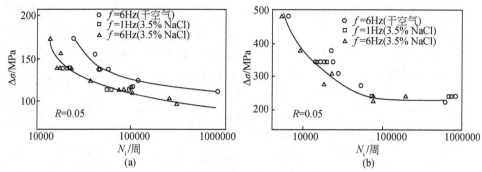

图 9-11　3.5% NaCl 水溶液对金属疲劳裂纹起始寿命的影响[11,12]

(a)铝合金 7075-T6；(b)Ti-6Al-4V

定的疲劳寿命均缩短,疲劳极限降低(见图 9-12)[4];也就是说,腐蚀与疲劳发生了
交互作用,进一步缩短疲劳寿命,降低了疲劳极限。文献[2]中也给出了相似的试
验结果。在预腐蚀后进行热处理,可在相当的程度上改善合金的腐蚀疲劳抗力。
对于大型受腐蚀的铝合金结构而言,进行热处理是不可行的。然而,探索腐蚀与疲
劳之间交互作用的定量规律,对于确定飞机结构的寿命,具有重要的实际意义。

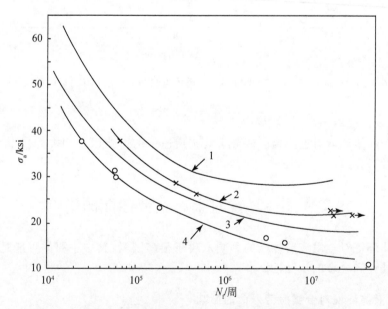

图 9-12　预腐蚀对高强度铝合金 7075-T6 的疲劳寿命的影响[4]

1. 空气中测定的 S-N 曲线;2. 预腐蚀后在空气中测定的 S-N 曲线;3. 在 3.5% NaCl 水溶液中
测定的 S-N 曲线;4. 预腐蚀后在 3.5% NaCl 水溶液中测定的 S-N 曲线

　　对于低碳钢和中碳低合金钢的研究表明[4],若钢的均匀腐蚀速率足够低,则其
腐蚀疲劳抗力与空气中的疲劳抗力相等。在脱氧的 3% NaCl 水溶液中,低碳钢

1015 的疲劳抗力与空气中的疲劳抗力相同；而含氧的 3% NaCl 水溶液中，其疲劳抗力则大为降低（见图 9-13）。4140 钢的疲劳试验结果也显示基本相同的规律（见图 9-14）。

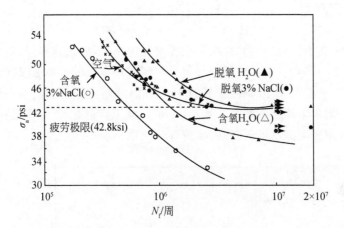

图 9-13　在空气、含氧和脱氧水、含氧和脱氧的 3% NaCl 水溶液中测定的低碳钢 1015 的 S-N 曲线[4]

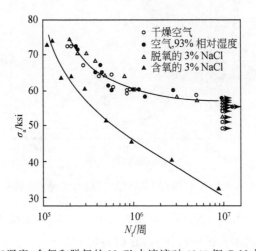

图 9-14　空气湿度、含氧和脱氧的 NaCl 水溶液对 4140 钢 S-N 曲线的影响[4]

含氧和脱氧的液体环境对钢的腐蚀疲劳抗力的巨大影响，与钢在含氧和脱氧的液体环境中的均匀腐蚀速率的差异有关。例如，在含氧的 NaCl 水溶液中，1015 钢的均匀腐蚀速率为 100mg/(dm² · d)；而在脱氧的 NaCl 水溶液中，其均匀腐蚀速率为 1mg/(dm² · d)。均匀腐蚀速率的差异与不同的阴极反应有关[4]。在含氧的水溶液中，pH 低时，其阴极反应为

$$2H^+ + 1/2O_2 + 2e^- \longrightarrow H_2O$$

在 pH 高时

$$H_2O + 1/2O_2 + 2e^- \longrightarrow 2HO^-$$

在脱氧的水溶液中

$$2H^+ + 2e^- \longrightarrow H_2$$

$$2H_2O + 2e^- \longrightarrow H_2 + HO^-$$

根据这一观察,可以认为,存在一临界腐蚀速率;低于该速率时,钢的疲劳抗力不受腐蚀速率的影响。临界腐蚀速率可用控制阳极电流的试验加以确定。图 9-15 表示阳极电流密度对 4140 钢在脱氧的 3% NaCl 水溶液中疲劳寿命的影响[4]。由此可见,临界阳极电流密度约为 2.5 $\mu A/cm^2$。低于该值时,疲劳极限存在;而高于该值时,随着阳极电流密度的提高,疲劳寿命急剧缩短。

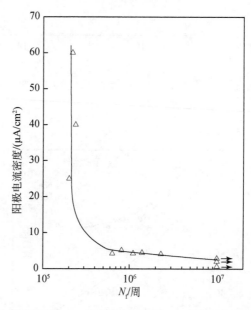

图 9-15　阳极电流密度对 4140 钢在脱氧的 3% NaCl 溶液中疲劳寿命的影响[4]

pH 对低碳钢在 NaCl+NaOH 水溶液中疲劳寿命的影响如图 9-16 所示。在 pH=12.1 时,显示出通常的疲劳极限;在更高的 pH 下,疲劳极限进一步提高。但是,关于 pH 对钢的腐蚀疲劳性能的影响,还需做更多的研究[2]。

一般地说,在给定的时间内,高的加载频率造成更多的损伤;在给定加载循环数下,低的加载频率造成更多的损伤。低合金钢在新鲜水中,加载频率为 1450 周/min 时,在 11.5h、经历 10^6 周后断裂,而加载频率为 5 周/min 时,在 400h、经历 1.1×10^5 周后断裂[2]。加载频率变化较小时,对 7075-T6 铝合金腐蚀疲劳裂纹起始寿命的影响很小(见图 9-11)。

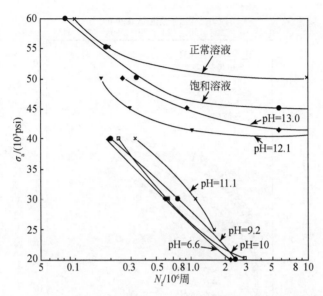

图 9-16　pH 对低碳钢在 NaCl＋NaOH 水溶液中疲劳寿命的影响[2]

在液体环境中,金属材料疲劳寿命的缩短和疲劳极限的降低,常用下列模型加以解释:

(1)在腐蚀性的介质中,在金属的表面上产生蚀坑,引起应力集中,从而缩短疲劳裂纹起始寿命,因而缩短疲劳寿命。

(2)塑性变形活化腐蚀模型,即塑性变形区内的金属为阳极,而未塑性变形区内的金属为阴极,组成微电池,阳极不断溶解而形成疲劳裂纹。

(3)表面保护膜破裂而引起的电化学腐蚀。

(4)表面活性吸附模型,环境中的活性物质吸附于金属表面,使得金属的表面能降低,促使疲劳裂纹形成。

上述四个模型的细节,有兴趣的读者可参阅文献[6]和[25]。

9.3.2　液体环境对金属疲劳裂纹扩展速率的影响

在液体环境中,溶液与裂纹尖端的金属起电化学作用。图 9-17 表明[3],溶液中的不同离子对高强度铝合金疲劳裂纹扩展速率的影响。可取干燥氩气中的疲劳裂纹扩展速率曲线作为无环境效应的参考线。由此可见,不同离子对高强度铝合金 7079-T651 疲劳裂纹扩展速率的影响,主要表现在稳态扩展区,而对近门槛区的疲劳裂纹扩展速率的影响较小。若加一外电势,疲劳裂纹扩展速率可变化一个量级,如图 9-18 所示。

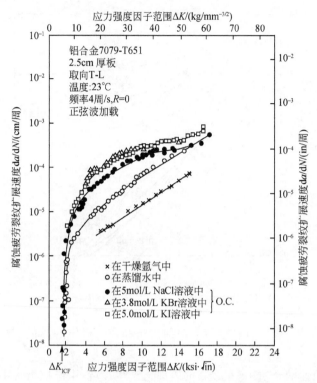

图 9-17　溶液成分对高强度铝合金 7079-T651 疲劳裂纹扩展速率的影响[3]

　　液体环境对金属疲劳裂纹扩展速率的影响,与液体环境对金属的疲劳裂纹扩展机理的影响相关。观察了液体环境中 7075-T6 铝合金疲劳断口形貌的变化[4]。在 3% NaCl 水溶液中,7075-T6 铝合金的疲劳裂纹以韧性和脆性条带混合机理扩展;而加±500μA 的外电流(频率为 1Hz,每 10 次加载循环阴、阳极倒置一次)后,疲劳断口具有晶体学特征,也就是说,疲劳裂纹完全以脆性机理扩展。金属疲劳裂纹扩展机理的变化,必然在很大程度上影响疲劳裂纹扩展速率,详见第 6 章。

　　影响金属在液体环境中疲劳裂纹扩展速率的另一个重要因素是加载频率。加载频率对 13Cr pH 不锈钢在 3% NaCl 水溶液中疲劳裂纹扩展速率的影响,如图 9-19所示[26]。加载频率越低,疲劳裂纹扩展速率越高,环境的影响也越大。因为加载频率较低时,溶液中离子可以有较充分的时间与裂尖处的金属发生交互作用,从而对疲劳裂纹扩展速率有较大的影响。加载频率对马氏体时效钢在 3% NaCl 水溶液中疲劳裂纹扩展速率的影响,与图 9-19 所示的规律性相似[3]。

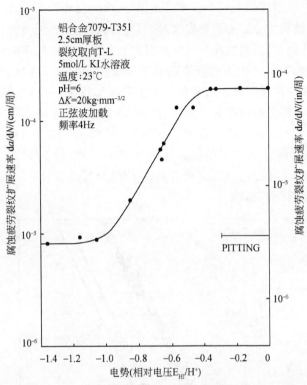

图 9-18　外加电势对 7079-T651 高强度铝合金在 KI 溶液中疲劳裂纹扩展速率的影响[3]

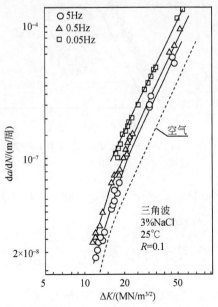

图 9-19　加载频率对 13Cr pH 不锈钢在 3％ NaCl 水溶液中
疲劳裂纹扩展速率的影响[26]

加载波形对钢的腐蚀疲劳裂纹扩展速率影响的试验结果如图 9-20 所示。由此可见,当加载波形为方波和负锯齿波时,与室温大气中(各种波形)的疲劳裂纹扩展速率的试验数据相比,腐蚀环境对钢的腐蚀疲劳裂纹扩展速率的影响很小,可以忽略。而正弦波、三角波和正锯齿波则显著地提高 12Cr-5Ni-3Mo 钢在 3% NaCl 溶液中的疲劳裂纹扩展速率。当循环应力上升足够缓慢,使得介质有充分的时间发挥作用,环境可促进裂纹扩展。对于方波和负锯齿波,加载瞬间完成,介质不能充分发挥作用[21]。应予注意的是,对于强度较低的 12Cr-5Ni-3Mo 钢,在 $K_{max} \ll K_{ISCC}$(K_{ISCC} 为应力腐蚀条件下的临界应力强度因子)的情况下,疲劳裂纹已经扩展。这表明 NaCl 溶液已经促进了疲劳裂纹扩展,可能是裂纹顶端的保护膜在循环载荷作用下不断破裂引起的[21]。

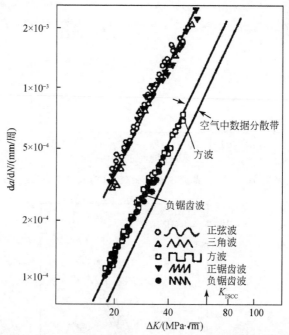

图 9-20　加载波形对 12Cr-5Ni-3Mo 钢 3% NaCl 溶液中的疲劳裂纹扩展速率的影响[21]
试验条件:室温,加载频率 $f = 0.1Hz$

根据对腐蚀疲劳裂纹扩展的试验结果和分析,认为可能有六个因素影响到腐蚀疲劳裂纹扩展过程,详见文献[6]。

9.4　腐蚀环境中金属的应变疲劳寿命

9.4.1　表示腐蚀应变疲劳寿命的 Manson-Coffin 公式

工程应用中,局部应变法仍用于预测结构件的腐蚀疲劳裂纹起始寿命[6,16]。

金属在腐蚀环境中的应变疲劳寿命表达式,是用局部应变法预测结构件的腐蚀剂疲劳裂纹起始寿命的主要依据之一。文献[6]中采用 Manson-Coffin 公式,即式(2-6),拟合腐蚀环境中应变疲劳寿命的试验结果,给出相应的表达式。用 Manson-Coffin 公式拟合 7075-T651 铝合金室温下腐蚀环境中应变疲劳寿命试验结果所得的常数列入表 9-1,按 Manson-Coffin 公式画出的 7075-T651 铝合金腐蚀应变疲劳寿命曲线与试验结果如图 9-21 所示,其中也画出了试验结果的分散带[6]。

表 9-1　用 Manson-Coffin 公式拟合 7075-T651 铝合金应变疲劳寿命试验结果所得的常数[6]

试验环境	b	σ_f'/E	c	ε_f'
干燥空气	-0.1505	0.02403	-1.2049	3.4142
3.5% NaCl 溶液	-0.1878	0.02742	-1.4047	7.0381

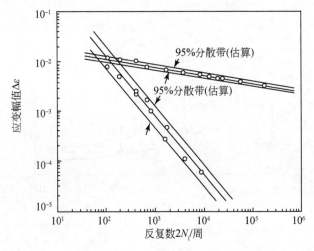

图 9-21　按 Manson-Coffin 公式画出的 7075-T651 铝合金腐蚀应变疲劳寿命曲线
与试验结果及其分散带[6]

上述试验结果和分析表明,金属材料在腐蚀环境中的应变疲劳遵循与大气中的应变疲劳相同或相似的规律,只是 Manson-Coffin 公式中的四个常数的数值有所不同。然而,如前所述,Manson-Coffin 公式未能反映疲劳极限的存在,它用于拟合长寿命区的试验结果时偏于保守。因此,在本章中,将用式(2-12)拟合金属在腐蚀环境中应变疲劳寿命的试验结果,同时也考核式(2-12)的通用性。

9.4.2　腐蚀环境对金属应变疲劳寿命影响的一般规律

为研究腐蚀环境对金属应变疲劳寿命的影响,现将式(2-12)改写如下:

$$N_{cf} = A_{cf}(\Delta\varepsilon - \Delta\varepsilon_{cf})^{-2} \tag{9-1}$$

式中,常数 A_{cf} 是腐蚀应变疲劳抗力系数,其物理意义是 $N_f=1/4$ 周时的应变幅 ε_a 之值。加载 1/4 周所需时间是很短的,显然,腐蚀环境对应变疲劳抗力系数 A_{cf} 的影响应是很小的。故有

$$A_{cf} = \varepsilon_f^2 \tag{9-2}$$

前已指出,金属材料在腐蚀环境中的应变疲劳遵循与大气中的应变疲劳相同或相似的规律。能否应用式(9-1)表示腐蚀环境中金属应变疲劳寿命的试验结果,主要问题在于,在腐蚀环境中是否存在疲劳极限。试验结果表明[27],腐蚀环境中存在疲劳极限,但要在更高的加载循环数下疲劳寿命曲线才趋向水平线,如图 9-22 所示。腐蚀环境虽然降低疲劳极限,但疲劳极限总是存在的[1]。一般的说,在腐蚀环境中,$\Delta\varepsilon_c \geqslant 0$;极而言之,$\Delta\varepsilon_c = 0$。

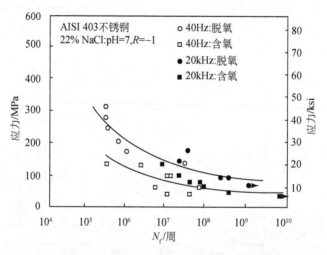

图 9-22　腐蚀环境中金属材料的疲劳寿命曲线与疲劳极限的存在[27]

腐蚀环境对应变疲劳抗力系数的影响很小,故对中、短寿命区的应变疲劳寿命影响较小。由于腐蚀环境降低疲劳极限,故缩短长寿命区的疲劳寿命,如式(9-1)所示。文献[1]中关于高强度低合金钢的腐蚀疲劳试验结果也表明,在腐蚀环境中钢的疲劳极限降低,故缩短长寿命区的疲劳寿命,但对中、短寿命区的应变疲劳寿命影响较小。

加载频率是影响腐蚀环境中金属应变疲劳寿命的另一个重要因素。加载频率越低,腐蚀环境作用的时间越长,因而腐蚀环境中应变疲劳寿命越短(见图 9-23[22,28])。试验结果[28]与分析[22]表明,加载频率对低循环范围内的腐蚀应变疲劳寿命的影响较小,而对高循环范围内的腐蚀应变疲劳寿命的影响较大,尤其是 AH36-GL 钢[见图 9-23(a)]。这表明加载频率对腐蚀环境中的疲劳极限或门槛值的影响很大,而对应变疲劳抗力系数的影响很小。加载频率越低,腐蚀环境中的疲劳极限或门槛值越低。腐蚀环境和加载频率对金属应变疲劳寿命的影响,还决定

于合金的性质;例如,加载频率对 AH36-GL 钢腐蚀应变疲劳寿命的影响大,而对 13CrMn44 钢及其焊缝的影响较小[见图 9-23(a)、(b)和(c)]。

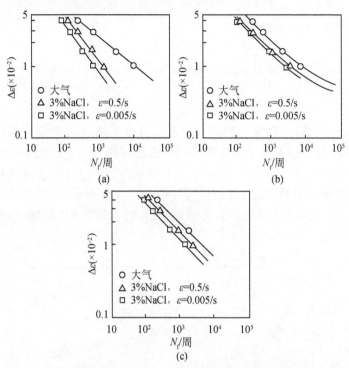

图 9-23　加载频率对腐蚀环境中钢的应变疲劳寿命的影响[22,28]

(a)AH36-GL 钢的影响;(b)对 13CrMn44 钢的影响;(c)对 13CrMn44 钢焊缝的影响

9.4.3　腐蚀环境中应变疲劳试验数据的再分析

文献[11]给出了铝合金和钛合金的腐蚀应变疲劳寿命的试验数据。利用 2.4.3 节中的方法对上述试验数据进行再分析,所得结果列入表 9-2。

表 9-2　铝合金和钛合金的腐蚀应变疲劳寿命的试验数据[11]的再分析结果[22]

环境	材料	A_{cf}	$\Delta\varepsilon_{cf}(\times 10^{-3})$	r	s
干燥空气	7075-T651	0.0643	6.81	0.990	0.136
	Ti-6Al-4V	0.0495	8.51	0.937	0.263
3%NaCl	7075-T651	0.0605	6.05	0.940	0.389
水溶液	Ti-6Al-4V	0.0495	8.51	0.937	0.263

由表 9-2 中的线性相关系数的数据,可以看出,用式(9-1)拟合金属腐蚀应变疲劳寿命的试验数据是有效的[22]。将 A_{cf} 和 $\Delta\varepsilon_{cf}$ 代入式(9-1),即得铝合金和钛合金

的腐蚀应变疲劳寿命的表达式。对于 7075-T651 铝合金：

在干燥空气中

$$N_f = 0.0643(\Delta\varepsilon - 6.81 \times 10^{-3})^{-2} \qquad (9\text{-}3a)$$

在 3% NaCl 水溶液中

$$N_f = 0.06053(\Delta\varepsilon - 6.05 \times 10^{-3})^{-2} \qquad (9\text{-}3b)$$

不论在干燥空气中还是在 3% NaCl 水溶液中，Ti-6Al-4V 钛合金的腐蚀应变疲劳寿命的表达式为

$$N_f = 0.0495(\Delta\varepsilon - 8.51 \times 10^{-3})^{-2} \qquad (9\text{-}4)$$

按式(9-3)和式(9-4)画出的铝合金和钛合金的腐蚀应变疲劳寿命曲线如图 9-24 所示，图中也给出了相应的试验结果。由此可见，式(9-1)能很好地表示金属腐蚀应变疲劳寿命的试验结果。同时，式(9-3)和式(9-4)也反映液体环境对金属腐蚀应变疲劳寿命影响。对于 7075-T651 铝合金，3% NaCl 水溶液降低理论应变疲劳极限，而对应变疲劳抗力系数无明显的影响。3% NaCl 水溶液对 Ti-6Al-4V 钛合金的应变疲劳寿命没有影响。

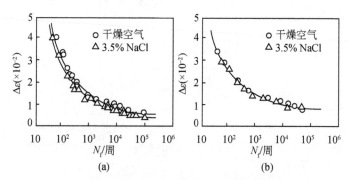

图 9-24　铝合金和钛合金的腐蚀应变疲劳寿命曲线与试验结果[11,22]

(a) 7075-T651 铝合金；(b) Ti-6Al-4V 钛合金

9.5　金属材料的腐蚀疲劳裂纹起始寿命

9.5.1　关于腐蚀环境中金属材料的疲劳裂纹起始寿命

采用切口试件测定金属的腐蚀疲劳裂纹起始寿命的研究工作，早在 20 世纪 80 年代已开始[8-13]。这些工作主要研究铝合金、钛合金和超高强度钢等飞机结构材料的腐蚀疲劳裂纹起始寿命，试图给出腐蚀疲劳裂纹起始寿命的表达式，以及变幅载荷下结构件的腐蚀疲劳裂纹起始寿命新的预测方法。文献[11]和[12]给出了腐蚀疲劳裂纹起始寿命表达式，见式(4-4)。

Hirose 等[13]在研究超高强度钢的腐蚀疲劳裂纹起始寿命时，给出下列表

达式:

$$B_1 + B_2 \ln N_i = \left[\Delta K_{IA} / \sqrt{\rho} - (\Delta K_{IA} / \sqrt{\rho})_{th} \right] \tag{9-5}$$

式中,B_1 和 B_2 是与加载频率和氢的扩散系数有关的常数。但是,式(4-4)和式(9-5)均未能表明应力集中系数和应力比或平均应力的影响。因此,在应用式(4-4)或式(9-5)预测结构件的腐蚀疲劳裂纹起始寿命时,应力比或平均应力的影响均无从考虑,从而会引起寿命预测的误差。或者,应在不同的应力比下测定腐蚀疲劳裂纹起始寿命曲线若干条,用于预测结构件的腐蚀疲劳裂纹起始寿命。

9.5.2　腐蚀环境中铝合金的疲劳裂纹起始寿命表达式

在提出的疲劳裂纹起始的力学模型时,并未设定任何特定的环境,或做出任何关于环境的假设,参见第 4 章。因此,根据上述疲劳裂纹起始的力学模型导出的疲劳裂纹起始寿命表达式(4-10),原则上应可用于表示腐蚀环境中金属的疲劳裂纹起始寿命[22,29,30]。在腐蚀疲劳试验条件下,式(4-10)应改写为[30]

$$N_i = C_{icf} \left[\Delta \sigma_{eqv}^{2/(1+n)} - (\Delta \sigma_{eqv})_{thcf}^{2/(1+n)} \right]^{-2} \tag{9-6}$$

式中,C_{icf} 为腐蚀疲劳裂纹起始抗力系数;$(\Delta \sigma_{eqv})_{thcf}$ 为用当量应力幅表示的腐蚀疲劳裂纹起始门槛值。

文献[16]给出了 LY12CZ 铝合金腐蚀疲劳裂纹起始寿命的试验结果,并用式(9-6)和 4.5.1 节中的方法对前述试验结果进行回归分析,所得结果列入表9-3[29,30];其中也列出了在大气中 LY12CZ 铝合金疲劳裂纹起始寿命的试验数据的回归分析结果。由此可见,用式(9-6)拟合 LY12CZ 铝合金腐蚀疲劳裂纹起始寿命的试验结果,是有效的。

表 9-3　**LY12CZ 铝合金腐蚀疲劳裂纹起始寿命的试验数据的回归分析结果**[29,30]

环境	$C_{icf}(\times 10^{13})$	$(\Delta \sigma_{eqv})_{thcf}/MPa$	r	s
3.5% NaCl 溶液	1.89	111	−0.908	0.214
实验室空气*	1.83	180	—	—

* 引自第 4 章。

将表 9-3 中的 C_{icf} 和 $(\Delta \sigma_{eqv})_{thcf}$ 之值,代入式(9-6),即得 LY12CZ 铝合金腐蚀疲劳裂纹起始寿命的表达式:

$$N_i = 1.89 \times 10^{13} (\Delta \sigma_{eqv}^{1.78} - 111^{1.78})^{-2} \tag{9-7}$$

作为比较,将实验室空气中 LY12CZ 铝合金疲劳裂纹起始寿命的表达式重写如下:

$$N_i = 1.83 \times 10^{13} (\Delta \sigma_{eqv}^{1.78} - 180^{1.78})^{-2} \tag{9-8}$$

按式(9-7)和式(9-8)画出了 LY12CZ 铝合金在 3.5% NaCl 溶液中的腐蚀疲劳裂纹起始寿命曲线和试验结果,如图 9-25 所示。作为比较,图 9-25 中也画出了 LY12CZ 铝合金在实验室空气中的疲劳裂纹起始寿命曲线[30]。

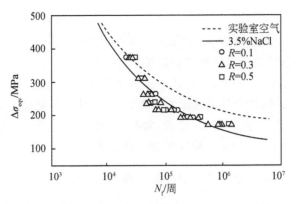

图 9-25　LY12CZ 铝合金在 3.5% NaCl 溶液中的疲劳裂纹起始寿命曲线和试验结果[30]
频率为 10Hz

　　由式(9-7)、式(9-8)和图 9-25 可见,式(9-6)可很好地表示 LY12CZ 铝合金的
腐蚀疲劳裂纹起始寿命试验结果。腐蚀环境对 LY12CZ 铝合金的疲劳裂纹起始抗
力系数无明显的影响。这可从疲劳裂纹起始抗力系数的定义来加以理解。但是,
腐蚀环境降低 LY12CZ 铝合金的疲劳裂纹起始门槛值,缩短长寿命区的疲劳裂纹
起始寿命。这是因为在 3.5% NaCl 中,在 LY12CZ 铝合金(与 2024-T3 铝合金相
似)试件的切口根部表面形成了腐蚀坑[31],造成表面损伤和附加的应力集中。腐
蚀坑越大,疲劳寿命越短[31]。

　　文献[16]和[22]也报道了加载频率对 LY12CZ 铝合金在 3.5% NaCl 溶液中
的疲劳裂纹起始寿命影响的试验结果,如图 9-26 所示,图中画出了频率为 10Hz 时
的腐蚀疲劳裂纹起始寿命曲线及 2s 分散带。由图可见,加载频率为 1Hz 时测定的
腐蚀疲劳裂纹起始寿命均落在 2s 分散带内。据此,可以认为,加载频率在 1~
10Hz 范围内,对 LY12CZ 铝合金在 3.5% NaCl 溶液中的疲劳裂纹起始寿命没有
明显的影响。这与图 9-11(a)中的试验结果相似。

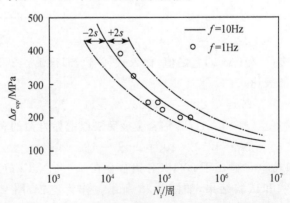

图 9-26　加载频率对铝合金 LY12CZ 在 3.5% NaCl 溶液中的疲劳裂纹起始寿命的影响[22]

9.5.3　腐蚀疲劳裂纹起始寿命公式的再验证

文献[9]~[11]给出了铝合金、钛合金和超高强度钢的拉伸性能(见表 9-4),以及在 3.5% NaCl 溶液中的腐蚀疲劳裂纹起始寿命的试验结果。对腐蚀疲劳裂纹起始寿命的试验结果进行再分析,可对疲劳裂纹起始寿命公式,即式(4-10)或式(9-6)作进一步的客观验证,再分析的结果列入表 9-5。

表 9-4　铝合金、钛合金和超高强度钢的拉伸性能[9,10,12,13]

材料	E/GPa	σ_b/MPa	σ_s/MPa	$\delta/\%$	$\psi/\%$	n
Ti-6Al-4V[9,10]	109	938	858	10	17.7	0.050
7075-T651[9,10]	68.6	529	457	12	31.6	0.072
7475-T7351[12]	69.7	506	428	14.4	36.0	0.077
4340 钢[13]	199	1880	1530	4.5	—	0.077

表 9-5　金属的腐蚀疲劳裂纹起始寿命试验数据的再分析结果[16,22]

材料	R	f/Hz	环境	C_{icf}	$(\Delta\sigma_{eqv})_{th}/\text{MPa}$	$C_{icf,p}$
Ti-6Al-4V	0.05	6	3.5% NaCl 溶液	6.02×10^{14}	324	5.92×10^{14}
			干燥大气	5.58×10^{14}	352	
7075-T651	0.05	6	3.5% NaCl 溶液	1.96×10^{13}	113	5.19×10^{13}
			干燥大气	2.88×10^{13}	142	
7075-T735	0.05	10	3.5% NaCl 溶液	1.85×10^{13}	137	4.95×10^{13}
			干燥大气	2.20×10^{13}	193	
4340 钢	0.10	0.1	3.5% NaCl 溶液	1.33×10^{15}	500	2.45×10^{15}

将表 9-5 中的疲劳裂纹起始抗力系数和门槛值代入式(9-6),即得腐蚀疲劳裂纹起始寿命的表达式。图 9-27 中画出了在 3.5% NaCl 溶液和干燥大气中金属的疲劳裂纹起始寿命曲线和试验结果。

由表 9-5 和图 9-27 可以看出,3.5% NaCl 溶液主要是降低铝合金和超高强度钢的疲劳裂纹起始门槛值,而对其疲劳裂纹起始抗力系数无显著的影响。至于 Ti-6Al-4V 钛合金,3.5% NaCl 溶液对其疲劳裂纹起始寿命均无显著的影响[11]。表 9-5 中所列疲劳裂纹起始抗力系数和门槛值的数值上的很小的差别,主要是试验数据的分散性引起的。再则,上述金属的疲劳裂纹起始寿命的试验数据相对较少(见图 9-27),也会带来分析误差。

考虑到铝合金、钛合金和超高强度钢具有不同的晶格结构和显微组织,而式(4-10),亦即式(9-6)可很好地表示上述合金的腐蚀疲劳裂纹起始寿命的试验结果,从而进一步证明,疲劳裂纹起始寿命公式,即式(4-10)具有普遍的适用性。

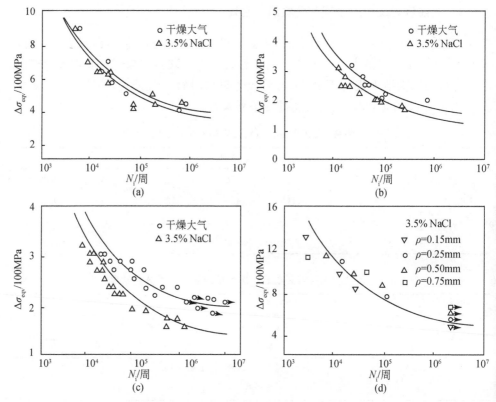

图 9-27　3.5％ NaCl 溶液和干燥大气中金属的疲劳裂纹起始寿命曲线和试验结果[9,10,12,13,22]
(a)Ti-6Al-4V[6];(b)7075-T651[6];(c)7475-T7351[46];(d)4340 钢[31]

9.6　关于腐蚀疲劳裂纹起始抗力系数和门槛值

前述试验结果和分析已证明,腐蚀环境对金属材料的疲劳裂纹起始抗力系数的影响很小。因此,金属材料的腐蚀疲劳裂纹起始抗力系数 C_{ief},也可根据材料的拉伸性能进行预测。取决于疲劳裂纹在短寿命区的形成机理,腐蚀疲劳裂纹起始抗力系数可用式(4-11)或式(4-31)进行预测,详见 4.9.1 节。根据材料的拉伸性能预测的腐蚀疲劳裂纹起始抗力系数 C_{ief} 与试验结果的对比,如表 9-5 和图 9-28 所示[22]。由此可见,预测的腐蚀疲劳裂纹起始抗力系数与试验结果相差很小。考虑到腐蚀疲劳裂纹起始寿命的试验数据较少,且腐蚀疲劳裂纹起始寿命的试验数据的分散性,预测的腐蚀疲劳裂纹起始抗力系数与试验结果之间出现较小的偏差也在预料之中,也是可以接受的[22]。

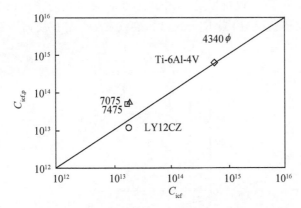

图 9-28　根据材料的拉伸性能预测的腐蚀疲劳裂纹起始抗力系数 $C_{\text{icf,p}}$ 与试验结果的对比[22]

　　金属材料的腐蚀疲劳裂纹起始门槛值，首先取决于材料在该环境中的抗蚀性。例如，在人工海水中（3.5% NaCl 溶液），钛合金具有极好的抗蚀性。所以，钛合金在人工海水中的疲劳裂纹起始门槛值并未下降，或降低很少，见图 9-11 和表 9-5。而铝合金在 3.5% NaCl 溶液中的抗蚀性较差，所以它的腐蚀疲劳裂纹起始门槛值呈现较大幅度的降低，见图 9-27 和表 9-5。在 3.5% NaCl 溶液中，铝合金疲劳裂纹起始门槛值降低的幅度，则与合金的化学成分和热处理状态有关。由此可见，在腐蚀环境中，金属材料的疲劳裂纹起始门槛值的变化十分复杂。迄今，还未能找到预测金属材料腐蚀疲劳裂纹起始门槛值的力学或力学-化学模型。文献[22]根据对少量试验数据的分析，给出了金属材料的腐蚀疲劳裂纹起始门槛值为屈服强度的 25%～35%，即 $(\Delta\sigma_{\text{eqv}})_{\text{thcf}} = 0.25 \sim 0.35\sigma_{0.2}$。

9.7　腐蚀环境中金属的疲劳裂纹扩展一般规律

9.7.1　金属材料的腐蚀疲劳裂纹扩展曲线

　　在干燥的大气中，在循环载荷的作用下，金属中的裂纹发生扩展。典型的疲劳裂纹扩展曲线示于图 6-1。在腐蚀环境中，在静载荷的作用下，金属中的裂纹也发生扩展，这一现象通常称为应力腐蚀开裂。典型的应力腐蚀开裂曲线示于图 9-29，图中的纵坐标为应力腐蚀裂纹扩展速率 da/dt，横坐标为 K_{I}，这与疲劳裂纹扩展曲线图中的坐标是不同的。在干燥的大气中，在静载荷的作用下，金属中的裂纹不发生扩展。

　　由图 9-29 可见，当 $K_{\text{I}} \leqslant K_{\text{ISCC}}$ 时，不发生应力腐蚀裂纹扩展。所以，K_{ISCC} 称为应力腐蚀裂纹扩展门槛值。对于多数金属材料，$K_{\text{ISCC}} \geqslant \Delta K_{\text{th}}$。应力腐蚀裂纹扩展曲线可分为三个区：在 I 区，$da/dt$ 随着 K_{I} 的增大而迅速上升，力学因素起着主导作用;在Ⅱ区,$\mathrm{d}a/\mathrm{d}t$ 基本保持恒定,化学因素起着决定性的作用;在Ⅲ区,$\mathrm{d}a/\mathrm{d}t$ 随着 K_{I} 的增大复又迅速上升,当 $K_{\mathrm{I}}=K_{\mathrm{IC}}$ 时,裂纹发生失稳扩展而引发断裂。

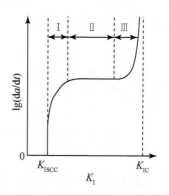

图 9-29　典型的应力腐蚀裂纹扩展曲线

在腐蚀环境和循环载荷的复合作用下,金属材料的腐蚀疲劳裂纹扩展曲线可能有三种典型的形式,如图 9-30 所示。①腐蚀疲劳型,如图 9-30(a)所示。腐蚀疲劳裂纹扩展速率$(\mathrm{d}a/\mathrm{d}N)_{\mathrm{cf}}$随 ΔK 的变化规律与单纯的力学疲劳相似。②应力腐蚀型,如图 9-30(b)所示。$(\mathrm{d}a/\mathrm{d}N)_{\mathrm{cf}}$随 ΔK 的变化与应力腐蚀裂纹扩展曲线类似。当 $\Delta K > K_{\mathrm{ISCC}}(1-R)$ 时,腐蚀性的介质对腐蚀疲劳裂纹扩展速率的影响极大,在腐蚀疲劳裂纹扩展曲线出现平台,形成具有应力腐蚀特征的腐蚀疲劳裂纹扩展曲线。③混合型,如图 9-30(c)所示。事实上,应力腐蚀型和混合型的腐蚀疲劳裂纹扩展曲线可归为一类。

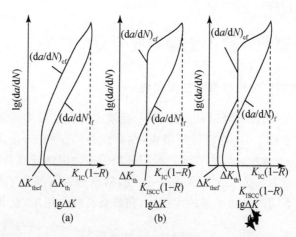

图 9-30　金属材料的腐蚀疲劳裂纹扩展曲线三种可能的型式[6,21,22]

(a)腐蚀疲劳型;(b)应力腐蚀型;(c)混合型

应当考虑到,静加载是循环加载的特殊情况。静加载时,有 $K_{min}=K_{max}$,$\Delta K=0$ 以及 $R=1.0$。所以,在高的应力比(或平均应力)和低的加载频率下,才可能在腐蚀疲劳裂纹扩展曲线上形成具有应力腐蚀裂纹扩展特征的平台。但是,在很多金属材料,包括铝合金、钛合金、结构钢和不锈钢的腐蚀疲劳裂纹扩展曲线上并不出现具有应力腐蚀裂纹扩展特征的平台[32-40]。腐蚀疲劳裂纹扩展曲线上形成具有应力腐蚀裂纹扩展特征的平台与否,主要取决于材料-环境体系。例如,在 3%NaCl 溶液中,即使在很低的频率下,13Cr pH 不锈钢的腐蚀疲劳裂纹扩展曲线上也不出现具有应力腐蚀裂纹扩展特征的平台(见图 9-19)。

9.7.2　金属材料的腐蚀疲劳裂纹扩展速率表达式

腐蚀环境中金属的疲劳裂纹扩展曲线也存在三个区,即近门槛区、稳态扩展区或中部区,以及快速扩展区,如图 9-29 所示。一般地说,环境和加载频率对近门槛区、稳态扩展区或中部区的疲劳裂纹扩展速率影响很大,而对快速扩展区的扩展速率影响很小。腐蚀性的环境和低的加载频率提高金属在中部区的疲劳裂纹扩展速率。这是因为腐蚀环境与裂尖金属发生交互作用,引起了疲劳裂纹扩展机理的变化[4]。前已指出,在近门槛区,疲劳裂纹扩展门槛值是影响疲劳裂纹扩展速率的主要因素。环境对疲劳裂纹扩展门槛值的影响可能有两种不同的情况:①环境与裂尖金属交互作用形成的氧化膜或其他腐蚀产物诱发裂纹闭合[21,40],或者裂尖发生局部溶解[6],从而使裂尖最小半径 ρ_0 加大,提高或不降低裂纹扩展门槛值,因而降低或不影响近门槛区的裂纹扩展速率。②裂尖金属吸氢,导致局部氢脆[6],从而降低裂纹扩展门槛值,提高近门槛区的裂纹扩展速率。在快速扩展区,金属的疲劳裂纹扩展速率很高,在 $10^{-3}\sim10^{-2}$ mm/周的量级,环境与裂尖金属交互作用时间短,而且交互作用只限于很薄的表面层,因而环境和加载频率对裂纹在快速扩展区的扩展速率影响很小。

由图 9-19 和图 9-20 可见,在中部区腐蚀疲劳裂纹扩展速率的控制参数是 ΔK,腐蚀疲劳裂纹扩展速率可用 Paris 公式表示。此外,还有根据位错偶子模型导出的腐蚀疲劳裂纹扩展速率表达式[13],但该式中含有较多的由试验确定的常数,而且认为腐蚀疲劳裂纹扩展门槛值与腐蚀开裂门槛值 K_{ISCC} 基本相符,似与多数试验结果不符。

Petit 等[38]根据叠加模型提出的腐蚀疲劳裂纹扩展速率表达式。Wei 等[31]在估算受到腐蚀损伤的铝合金的疲劳寿命时,采用下列腐蚀疲劳裂纹扩展速率表达式:

$$\frac{da}{dN}=C_F(\Delta K-\Delta K_{th})^{n_c} \tag{9-9}$$

式(9-9)的优点是表明了腐蚀环境中也存在疲劳裂纹扩展门槛值,能用于疲劳裂纹在近门槛区和稳态扩展区的试验结果。但是,式中的 C_F、n_c 和 ΔK_{th} 都是经验常数,在估算受到腐蚀损伤的铝合金的疲劳寿命时,C_F、n_c 和 ΔK_{th} 均采用了估计值[31]。因此,需要寻求新的腐蚀疲劳裂纹扩展速率表达式。

在提出金属的疲劳裂纹扩展的力学模型时,也未设定任何特定的环境,或做出任何关于环境的假设(参看第 6 章)。而且,多数金属的腐蚀疲劳裂纹扩展曲线显示出与空气中的疲劳裂纹扩展曲线相似的规律性。因此,根据上述疲劳裂纹扩展的力学模型导出的疲劳裂纹扩展速率表达式,即式(6-12),原则上应可用于表示腐蚀环境中金属的疲劳裂纹扩展速率[8,32-39]。为考虑腐蚀环境对金属的疲劳裂纹扩展速率的影响,现将式(6-12)改写如下:

$$da/dN = B_{cf}(\Delta K - \Delta K_{thcf})^2 \tag{9-10}$$

式中,B_{cf}、ΔK_{thcf} 表示腐蚀环境中的疲劳裂纹扩展系数和门槛值。式(9-10)可用于表示大部分金属材料腐蚀环境中的疲劳裂纹扩展速率的试验结果。

9.8　腐蚀环境中铝合金的疲劳裂纹扩展速率

9.8.1　铝合金腐蚀疲劳裂纹扩展速率表达式

文献[16]和[32]给出了铝合金在 3.5% NaCl 溶液中的腐蚀疲劳裂纹扩展速率的试验结果,并用式(9-10)和 6.6.1 节中的方法对试验结果进行回归分析,所得常数列入表 9-6。由表 9-6 可见,式(9-10)可有效地拟合铝合金板材的腐蚀疲劳裂纹扩展速率的试验结果。

表 9-6　铝合金板材的腐蚀疲劳裂纹扩展速率的试验数据回归分析结果[16,32]

材料	R	$B_{cf}/10^{-9}(MPa)^{-2}$	ΔK_{thcf} /(MPa·$\sqrt{m}$)	r	s
	0.1	2.96	2.10	0.988	0.107
	0.3	3.12	1.82	0.947	0.186
LY12CZ	0.5	3.05	1.51	0.976	0.124
	0.7	2.88	1.12	0.955	0.174
	0.1	6.57	2.25	0.983	0.125
	0.3	6.74	1.60	0.968	0.167
LC4CS	0.5	6.79	1.41	0.965	0.189
	0.7	6.86	1.18	0.931	0.210

将 B_{cf} 和 ΔK_{thcf} 代入式(9-10),可得铝合金板材在 3.5% NaCl 溶液中的腐蚀疲劳裂纹扩展速率表达式。对于 LY12CZ 铝合金板材:

当 $R=0.1$ 时

$$da/dN = 2.96 \times 10^{-9}(\Delta K - 2.10)^2 \tag{9-11a}$$

当 $R=0.3$ 时

$$\mathrm{d}a/\mathrm{d}N = 3.12 \times 10^{-9} (\Delta K - 1.82)^2 \qquad (9\text{-}11\mathrm{b})$$

当 $R=0.5$ 时

$$\mathrm{d}a/\mathrm{d}N = 3.05 \times 10^{-9} (\Delta K - 1.51)^2 \qquad (9\text{-}11\mathrm{c})$$

当 $R=0.7$ 时

$$\mathrm{d}a/\mathrm{d}N = 2.88 \times 10^{-9} (\Delta K - 1.12)^2 \qquad (9\text{-}11\mathrm{d})$$

图 9-31(a)表示 LY12CZ 铝合金板材在 3.5% NaCl 溶液中的疲劳裂纹扩展速率曲线,即式(9-11a)～式(9-11d)与试验结果[16,32]。同理,可得 LC4CS 铝合金板材在 3.5% NaCl 溶液中的腐蚀疲劳裂纹扩展速率表达式,并画出腐蚀疲劳裂纹扩展速率曲线,如图 9-31(b)所示[16,32]。若以 $\lg(\mathrm{d}a/\mathrm{d}N)$-$\lg\Delta K_{\mathrm{eff}}$($\Delta K_{\mathrm{eff}} = \Delta K - \Delta K_{\mathrm{th}}$)作图,则 LY12CZ 和 LC4CS 铝合金板材在所有应力比下的腐蚀疲劳裂纹扩展速率的试验结果均应分布在斜率为 2 的直线的两侧,如图 9-32 所示[16]。由图 9-31 和图 9-32 可见,式(9-10)能很好地表示铝合金腐蚀疲劳裂纹扩展速率的试验结果。

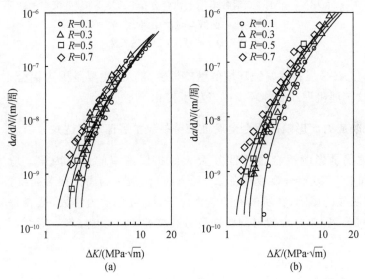

图 9-31　铝合金在 3.5% NaCl 溶液中的疲劳裂纹扩展速率曲线与试验结果[16,32]

(a)LY12CZ 板材;(b)LC4CS 板材

将表 9-6 中的 LY12CZ 和 LC4CS 铝合金板材在 3.5% NaCl 溶液中的腐蚀疲劳裂纹扩展抗力系数 B_{cf} 和门槛值 ΔK_{thcf} 与表 6-4 中相应的疲劳裂纹扩展抗力系数 B 和门槛值 ΔK_{th} 作比较可以看出,3.5% NaCl 溶液提高了疲劳裂纹扩展抗力系数 B 之值,而降低了疲劳裂纹扩展门槛值 ΔK_{th} 之值。因此,3.5% NaCl 溶液提高了 LY12CZ 和 LC4CS 铝合金板材在近门槛区和中部区的疲劳裂纹扩展速率。但是,3.5% NaCl 溶液对提高 LC4CS 板材在中部区的疲劳裂纹扩展速率的幅度更大。

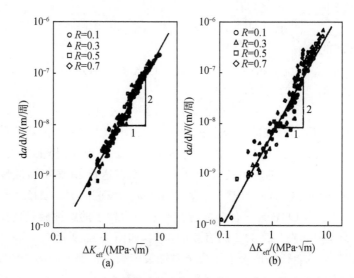

图 9-32　在 $\lg(da/dN)$-$\lg\Delta K_{eff}$ 双对数坐标上铝合金在 3.5% NaCl 溶液中的疲劳裂纹扩展
速率曲线与试验结果[16]

(a)LY12CZ 板材；(b)LC4CS 板材

也就是说，LC4CS 板材对腐蚀环境的敏感性更高。这主要是因为铝合金在稳态扩展区的裂纹扩展机理在腐蚀环境中发生了变化[16]。

9.8.2　反映应力比影响的铝合金腐蚀疲劳裂纹扩展速率表达式

应力比仍是影响铝合金腐蚀疲劳裂纹扩展速率的重要因素。应力比 R 对 LY12CZ 和 LC4CS 铝合金板材在 3.5% NaCl 溶液中的腐蚀疲劳裂纹扩展抗力系数 B_{cf} 没有明显的影响；在所试验的应力比下，B_{cf} 近似地为常数，见表 9-6。但随着应力比 R 的升高，铝合金板材的腐蚀疲劳裂纹扩展门槛值 ΔK_{thcf} 降低，并可用下式表示[16]：

对于 LY12CZ 铝合金板材

$$\Delta K_{thcf} = 2.23(1-R)^{0.57} \tag{9-12a}$$

对于 LC4CS 铝合金板材

$$\Delta K_{thcf} = 2.15(1-R)^{0.54} \tag{9-12b}$$

与表 6-4 中列出的疲劳裂纹扩展门槛值 ΔK_{th} 作比较，3.5% NaCl 溶液降低了所有应力比下的疲劳裂纹扩展门槛值。

将表 9-7 中铝合金的腐蚀疲劳裂纹扩展抗力系数取对数平均值，再将该平均值和式(9-12a)～式(9-12b)代入式(9-10)，即得反映应力比影响的铝合金腐蚀疲劳裂纹扩展速率表达式：

对于 LY12CZ 铝合金板材

$$\frac{da}{dN} = 3.00 \times 10^{-9} [\Delta K - 2.23 \times (1-R)^{0.57}]^2 \tag{9-13a}$$

对于 LC4CS 铝合金板材

$$\frac{da}{dN} = 6.74 \times 10^{-9} [\Delta K - 2.15 \times (1-R)^{0.54}]^2 \tag{9-13b}$$

上述表达式可用于变幅载荷下铝合金结构件的腐蚀疲劳裂纹扩展寿命的预测。

9.8.3　加载频率对铝合金腐蚀疲劳裂纹扩展速率的影响

加载频率在 $1 \sim 15 \text{Hz}$ 的范围内，对 LY12CZ 铝合金在 3.5% NaCl 溶液中的腐蚀疲劳裂纹扩展速率没有明显的影响（见图 9-33[16]）。关于加载频率对铝合金腐蚀疲劳裂纹扩展速率的影响，在文献[16]和[33]中做了初步的定量分析，有兴趣的读者可以参阅。

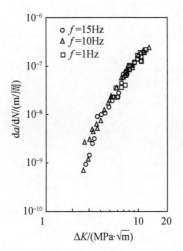

图 9-33　加载频率对 LY12CZ 铝合金板材在 3.5% NaCl 溶液中的腐蚀疲劳
裂纹扩展速率的影响[16]

9.8.4　铝合金的腐蚀疲劳裂纹扩展速率试验结果的再分析

将文献[8]、[34]和[35]中给出的铝合金的腐蚀疲劳裂纹扩展速率的试验结果，用式(9-10)和 6.6.1 节中的方法对上述试验结果进行再分析，所得常数分别列入表 9-7。将表 9-7 中 B_{cf} 和 ΔK_{thcf} 之值代入式(9-10)，并据以画出铝合金的腐蚀疲劳裂纹扩展速率曲线，如图 9-34 所示。

表 9-7　铝合金腐蚀疲劳裂纹扩展速率的试验数据的再分析结果[16,33]

材料	环境	R	f/Hz	B_{cf} /(MPa)$^{-2}$	ΔK_{thcf} /(MPa·$\sqrt{\text{m}}$)
7049-T73	3.5% NaCl 溶液	0	10	1.37×10^{-8}	4.07
	3.5% NaCl 溶液	0	1	1.84×10^{-8}	4.07
	3.5% NaCl 溶液	0	0.1	2.11×10^{-8}	4.07
	干燥空气	0	10	1.63×10^{-9}	3.71
7075-T651	3.5% NaCl 溶液	0	10	8.18×10^{-9}	2.51
	3.5% NaCl 溶液	0	1	1.16×10^{-8}	2.53
	3.5% NaCl 溶液	0	0.1	1.31×10^{-8}	2.55
	干燥空气	0	10	5.45×10^{-9}	5.34
	3.5% NaCl 溶液	0.1	20	4.04×10^{-9}	2.58
	3.5% NaCl 溶液	0.1	2	7.25×10^{-9}	2.58
7017-T651	3.5% NaCl 溶液	0.1	10~70	9.35×10^{-9}	6.17
	3.5% NaCl 溶液	0.1	1	1.69×10^{-8}	6.17
	3.5% NaCl 溶液	0.1	0.1	2.61×10^{-8}	6.17
	干燥空气	0.1	10~70	1.25×10^{-9}	5.57
2024-T3 （包铝）	实验室空气	0.1	13	2.0×10^{-9}	2.6
	实验室空气	0.5	13	2.0×10^{-9}	1.7
	人造海水	0.1	13	3.4×10^{-9}	2.8
	油箱积水	0.1	13	8.6×10^{-9}	3.4
	油箱积水	0.5	13	8.6×10^{-9}	2.4
7475-T761	实验室空气	0.1	13	3.0×10^{-9}	1.6
	实验室空气	0.5	13	3.0×10^{-9}	1.2
	人造海水	0.1	13	4.1×10^{-8}	2.0
	油箱积水	0.1	13	1.4×10^{-8}	2.9
	油箱积水	0.5	13	1.4×10^{-8}	2.0
7075-T6RRA	干燥氩气	0.1	20	3.3×10^{-9}	5.0
	3.5% NaCl 溶液	0.1	20	3.3×10^{-9}	2.0
	3.5% NaCl 溶液	0.1	2	6.5×10^{-9}	3.2
	3.5% NaCl 溶液	0.5	2	6.5×10^{-9}	1.6
7075-T7351	干燥氩气	0.1	20	3.3×10^{-9}	5.0
	3.5% NaCl 溶液	0.1	20	4.0×10^{-9}	2.0
	3.5% NaCl 溶液	0.1	2	6.5×10^{-9}	2.6
	3.5% NaCl 溶液	0.5	2	6.5×10^{-9}	1.8

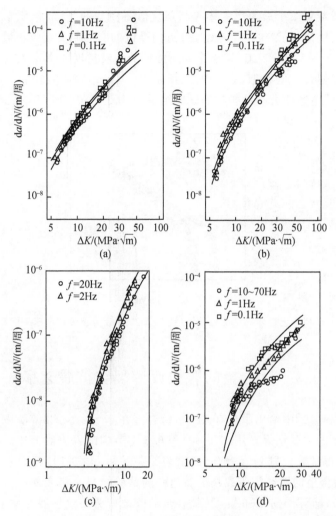

图 9-34　铝合金在 3.5％ NaCl 溶液中的腐蚀疲劳裂纹扩展速率曲线[16]
(a)7049-T73；(b)7075-T651；(c)7075-T651；(d)7017-T651

由图 9-34 可见，式(9-10)可很好地表示铝合金在 3.5％ NaCl 溶液中的腐蚀疲劳裂纹扩展速率的试验结果。与干燥空气中的试验结果比较，3.5％ NaCl 溶液提高了腐蚀疲劳裂纹扩展抗力系数 B_{cf}，但对腐蚀疲劳裂纹扩展门槛值 ΔK_{thcf} 的影响，似与铝合金的化学成分和热处理状态有关(见表 9-7)。这与 3.5％ NaCl 溶液对 LY12CZ 和 LC4CS 铝合金板材腐蚀疲劳裂纹扩展抗力系数 B_{cf} 和门槛值 ΔK_{thcf} 的影响规律有所不同(见表 9-6)。

表 9-7 中的数据表明，加载频率升高对铝合金在 3.5％ NaCl 溶液中的腐蚀疲劳裂纹扩展门槛值 ΔK_{thcf} 没有影响或稍稍提高腐蚀疲劳裂纹扩展门槛值，而降低

腐蚀疲劳裂纹扩展抗力系数 B_{cf}。这与图 9-19 所示的加载频率对钢在 3% NaCl 溶液中的腐蚀疲劳裂纹扩展速率的影响相似。值得注意的是,油箱积水提高腐蚀疲劳裂纹扩展门槛值(见表 9-7),从而降低近门槛区的腐蚀疲劳裂纹扩展速率。

铝-锂合金在 3.5% NaCl 溶液中的腐蚀疲劳裂纹扩展速率 da/dN 随 ΔK 的变化趋势与前述铝合金的相似,如图 9-35 所示[37]。因此,式(9-10)也有可能用于描述铝-锂合金的腐蚀疲劳裂纹扩展的试验结果。

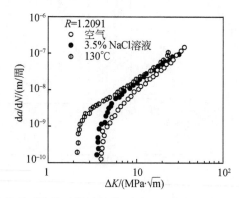

图 9-35　环境和温度对峰值时效的铝-锂合金 2091 疲劳裂纹扩展速率的影响[37]

9.9　钛合金的腐蚀疲劳裂纹扩展速率

文献[9]和[10]中给出了 Ti-6Al-4V 钛合金在 3.5% NaCl 溶液中的腐蚀疲劳裂纹扩展速率的试验结果。用式(9-10)和 6.6.1 节中的方法对上述试验结果进行回归分析,所得常数分别列入表 9-8。由表 9-8 可见,式(9-10)可用于有效地拟合 Ti-6Al-4V 钛合金的腐蚀疲劳裂纹扩展速率的试验结果。将表 9-8 中 B_{cf} 和 ΔK_{thcf} 代入式(9-10),即可得到 Ti-6Al-4V 钛合金的腐蚀疲劳裂纹扩展速率表达式,并据以画出 Ti-6Al-4V 钛合金的腐蚀疲劳裂纹扩展速率曲线,如图 9-36 所示。

表 9-8　Ti-6Al-4V 钛合金的腐蚀疲劳裂纹扩展速率试验数据的再分析结果[16]

R	f/Hz	B_{cf} /$10^{-9}(\text{MPa})^{-2}$	ΔK_{thcf} /(MPa $\cdot \sqrt{\text{m}}$)	r	s
0.05	10	2.33	9.94	0.988	0.108
0.2	10	2.16	8.80	0.932	0.247
0.4	10	2.25	6.12	0.954	0.193

　　由图 9-36,可以看出,式(9-10)可用于表示 Ti-6Al-4V 钛合金的腐蚀疲劳裂纹
扩展速率的试验结果。应力比提高,降低腐蚀疲劳裂纹扩展门槛值,但对腐蚀疲劳
裂纹扩展系数无明显的影响,其平均值为 2.25×10^{-9} $(MPa)^{-2}$。这与 3.5% NaCl
溶液对 LY12CZ 和 LC4CS 铝合金板材腐蚀疲劳裂纹扩展抗力系数 B_{cf} 和门槛值
ΔK_{thcf} 的影响规律一致(见表 9-6)。应力比对 Ti-6Al-4V 钛合金的腐蚀疲劳裂纹扩
展门槛值的影响,可近似地表示为

$$\Delta K_{th} = 10.5(1 - R) \tag{9-14}$$

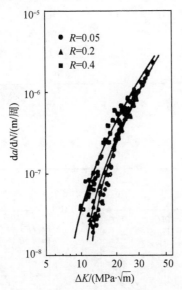

图 9-36　Ti-6Al-4V 钛合金的腐蚀疲劳裂纹扩展速率曲线与试验结果[16]

　　将 Ti-6Al-4V 钛合金的腐蚀疲劳裂纹扩展抗力系数的平均值和式(9-14)代入
式(9-10),即得反映应力比影响的 Ti-6Al-4V 钛合金的腐蚀疲劳裂纹扩展速率表
达式

$$\frac{da}{dN} = 2.25 \times 10^{-9} \left[\Delta K - 10.5(1 - R) \right]^2 \tag{9-15}$$

9.10　腐蚀环境中钢的疲劳裂纹扩展速率

　　采用式(9-10)和 6.6.1 节中的方法,对文献中有关钢在 3.5% NaCl 溶液中的
腐蚀疲劳裂纹扩展速率试验结果进行回归分析,所得常数分别列入表 9-9。将表
9-9 中 B_{cf} 和 ΔK_{thcf} 之值代入式(9-10),并据以画出钢的腐蚀疲劳裂纹扩展速率曲
线,如图 9-37 所示。可见,式(9-10)可用于表示钢在 3.5% NaCl 溶液中的腐蚀疲
劳裂纹扩展速率试验结果。

表 9-9 中的数据还表明,在高的加载频率($f=10\mathrm{Hz}$)下,3.5% NaCl 溶液对钢的腐蚀疲劳裂纹扩展速率没有影响。随着加载频率降低,腐蚀疲劳裂纹扩展系数升高,这与图 9-19 中的试验结果相似。加载频率对于钢在 3.5% NaCl 溶液中的腐蚀疲劳裂纹扩展门槛值似乎并无影响。

表 9-9　钢的腐蚀疲劳裂纹扩展速率试验结果进行再分析所得常数[16]

材料	环境	R	f/Hz	$B_{cf}/10^{-10}(\mathrm{MPa})^{-2}$	ΔK_{thef} /(MPa·$\sqrt{\mathrm{m}}$)
HP9-4-0.3	3.5% NaCl 溶液	0	10	3.35	5.42
	3.5% NaCl 溶液	0	1	4.84	5.42
	3.5% NaCl 溶液	0	0.1	7.09	5.42
	干燥空气	0	10	3.35	5.42
A537 焊缝	3.5% NaCl 溶液	—	10	2.07	11.23
	3.5% NaCl 溶液	—	1	5.05	11.23
	3.5% NaCl 溶液	—	0.1	9.82	11.23
	干燥空气	—	10	2.07	11.23

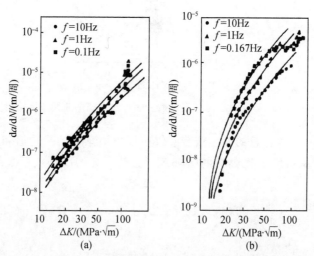

图 9-37　钢在 3.5% NaCl 溶液中的腐蚀疲劳裂纹扩展速率曲线[16]
(a)HP9-4-0.3;(b)A537 焊缝

Wang 等[37] 研究了具有不同显微组织(分别记为 A、B、C 和热轧状态)的双相钢的腐蚀疲劳裂纹扩展速率,试验结果如图 9-38 所示。将图 9-38 与图 9-33、图 9-35、图 9-36 和图 9-37 比较,可以看出,双相钢的腐蚀疲劳裂纹扩展所遵循规律,与其他金属材料的相似。因此,可以预期,式(9-10)也可用于表示双相钢的腐蚀疲劳裂纹扩展速率的试验结果。

　　双相钢的腐蚀疲劳裂纹扩展门槛值的试验结果列入表 9-10[37]。由此可见,在 3.5％NaCl 溶液中,不论双相钢具有怎样的显微组织,其腐蚀疲劳裂纹扩展门槛值均升高,因而双相钢在近门槛区的腐蚀疲劳裂纹扩展速率降低。这有利于延长双相钢结构件的腐蚀疲劳裂纹扩展寿命。双相钢的腐蚀疲劳裂纹扩展门槛值升高的作用机理,认为是腐蚀产物增大了裂纹闭合[8]。再则,表 9-10 中的试验结果还表明,热处理是提高双相钢的腐蚀疲劳裂纹扩展门槛值和降低近门槛区的腐蚀疲劳裂纹扩展速率的有效手段。

表 9-10　双相钢的腐蚀疲劳裂纹扩展门槛值的试验结果[37]

试件状态	A	B	C	轧制
实验室大气中的 $\Delta K_{th}/(MPa \cdot \sqrt{m})$	16.0	17.0	12.8	8.1
3.5％ NaCl 溶液中的 $\Delta K_{th}/(MPa \cdot \sqrt{m})$	23.0	21.4	17.5	9.7

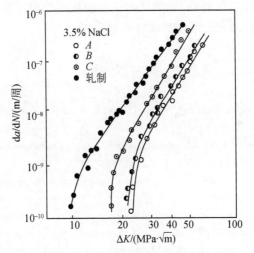

图 9-38　具有不同显微组织的双相钢的腐蚀疲劳裂纹扩展速率的试验结果[37]

　　前述试验结果和分析表明,第 6 章中提出的疲劳裂纹扩展速率公式(6-12),即式(9-10),能用于表示金属材料腐蚀疲劳裂纹扩展速率的试验结果,从而证明式(6-12)的广泛适用性。但是,腐蚀性的环境对疲劳裂纹扩展机理产生重大的影响,因而影响到腐蚀疲劳裂纹扩展系数和门槛值的具体数值。目前,还无法预测金属材料的腐蚀疲劳裂纹扩展系数和门槛值。

9.11　结　　语

　　在本章中,首先对金属材料的腐蚀疲劳的研究工作进行了简要的述评,进而介绍了腐蚀疲劳表达式,包括腐蚀应变疲劳表达式、腐蚀疲劳裂纹起始寿命表达式和腐蚀疲劳裂纹扩展速率表达式。这些腐蚀疲劳表达式可用于结构件的腐蚀疲劳寿命预测。

腐蚀性的环境介质通常降低金属材料的疲劳极限、疲劳裂纹起始门槛值,提高疲劳裂纹扩展系数,对应变疲劳抗力系数、疲劳裂纹起始系数没有明显的影响,对疲劳裂纹扩展门槛值的影响较小。然而,由于材料-环境系统的多样性,环境与循环载荷的交互作用,使得金属材料的腐蚀疲劳行为十分复杂。迄今,尚难以提出预测金属材料腐蚀疲劳行为的通用的力学或力学-化学模型。另一方面,也有待于试验数据和资料的积累。

由于环境介质降低金属材料的疲劳极限和疲劳裂纹起始门槛值,因而大大地缩短结构件在变幅载荷下的疲劳裂纹起始寿命。所以,在工程实践中,要重点研究结构的腐蚀防护系统,以使构件在变幅载荷下的疲劳裂纹起始寿命不会大幅度地缩短,甚至有所延长。但是,在疲劳裂纹在结构中形成以后,防护膜遭到破坏,则腐蚀性的环境介质渗入裂纹尖端,导致结构件腐蚀疲劳裂纹扩展寿命的缩短。结构的腐蚀防护系统对腐蚀疲劳裂纹扩展将不起作用。

参 考 文 献

[1] Rolfe S T, Barsom J M. Fracture and Fatigue Control in Structures. Englewood Cliffs: Prentice Hall, 1977: 205-231.

[2] Duquette D J. Environment effects (I): General fatigue resistance and crack nucleation in metals and alloys. Fatigue and Microstructure, ASM, 1978: 335-363.

[3] Marcus H L. Environment effects (II): Fatigue crack growth in metals and alloys. Fatigue and Microstructure, ASM, 1978: 365-383.

[4] Pelloux R M. Fatigue-corrosion, dans "La fatigue des materiaux et des structures". French: Les Presses D'Universite de Montreal, 1981: 271-289.

[5] Fougue J D. Effect D'Environment, dans "La fatigue des materiaux et des structures". French : Les Presses D'Universite de Montreal, 1981: 290-311.

[6] 蒋祖国. 飞机结构腐蚀疲劳. 北京: 国防工业出版社, 1991.

[7] Balitskii A I. Corrosion fatigue of high strength steel in chloride solution//Wu X R, Wang Z G. Proceedings of 7th International Fatigue Congress. FATIGUE'99, Beijing, 1999, 4: 2359-2363.

[8] Wanhill R J H, De L J J, Russo M T. The fatigue in aircraft corrosion testing (FACT) programme. AGARD Report, 1989, 713: AD-A208-359.

[9] Kim Y H, Speaker S M, Gordon D E, et al. Development of fatigue and crack propagation design and analysis methodology in a corrosive environment for typical mechanically-fastened joints. Report No NADC-83126-60, 1983, 1: AD-A136414.

[10] Kim Y H, Speaker S M, Gordon D E, et al. Development of fatigue and crack propagation design and analysis methodology in a corrosive environment for typical mechanically-fastened joints (Assessment of art state). Report No. NADC-83126-60, 1983, 2: AD-A136415.

[11]Gordon D E, Manning S D, Wei R P. Effects of salt water environment and loading frequency on crack initiation in 7075-7951 aluminum alloy and Ti-6Al-4V //Goel V S. Proceedings of the International Conference and Exposition on Fatigue,Corrosion Cracking,Fracture Mechanics and Failure Analysis. Salt Lake City: ASM, 1985: 157-168.

[12]Lee E U. Corrosion fatigue and stress corrosion cracking of 7475-T7351 aluminum alloy//Goel V S. Proceedings of the International Conference and Exposition on Fatigue,Corrosion Cracking,Fracture Mechanics and Failure Analysis. Salt Lake City: ASM, 1985: 123-128.

[13]Hirose Y, Mura T. Crack nucleation and propagation of corrosion fatigue in high-strength steel. Engineer Fracture Mechanics, 1985, 22(5): 859-870.

[14]Murtaza G, Akid R. Empirical corrosion fatigue life prediction models of high strength steel. Engineer Fracture Mechanics, 2000, 67(5): 461-474.

[15]Hagn L. Life prediction methods for aqueous environment. Materials Science and Engineering, 1988, A103(1): 193-205.

[16]王荣. 铝合金腐蚀疲劳定量规律研究. 西安:西北工业大学博士学位论文, 1994.

[17]Zheng X L, Wang R. Overload effects on corrosion fatigue crack initiation life and life prediction of aluminum notched elements under variable amplitude loading. Engineer Fracture Mechanics, 1999, 63: 557-572.

[18]Han E H, Ke W. Methodologies for predicting corrosion fatigue life//Wu X R, Wang Z G. Proceedings of 7th International Fatigue Congress, FATIGUE'99,Beijing,1999,4: 2229-2236.

[19]Khan Z, Younas M. Corrosion fatigue life prediction for notched components based on the local strain and linear elastic fracture mechanics concepts. International Journal of Fatigue,1996, 18(7): 491-496.

[20]Schijve J. Fatigue of Structures and Materials. Boston:Kluwer Academic Publishers, 2001.

[21]Suresh S. Fatigue of Materials. 2nd Edition. Cambridge: Cambridge University Press, 1998.

[22]王荣. 金属材料的腐蚀疲劳. 西安:西北工业大学出版社,2002.

[23]Suresh S, Zamiski G F, Ritchie R O. Oxide-induced crack closure, an explanation for near threshold corrosion fatigue crack growth behavior. Metallurgical and Materials Transaction, 1981, 12A: 1435-1443.

[24]Ritchie R O. Environmental effects on near-threshold fatigue crack propagation in steels: A reassessment. Stockholm: Fatigue Thresholds, 1981: 503-526.

[25]王才虎,邱明世. 金属的腐蚀疲劳断裂. 机械强度,疲劳专辑(下),1980,11:60-65.

[26]Kawai S. Effects of waveform and frequency on corrosion fatigue crack growth for 13CrPH stainless steel//Wells J M. Ultrasonic Fatigue,New York, 1981: 541-552.

[27]Yeske R A,Roth L D. Environmental effect on fatigue of stainless steel at very high frequencies//Wells J M. Ultrasonic Fatigue,New York,1981: 365-386.

[28]Lachmann E, Rie K T. The low cycle corrosion fatigue of AH36-GL and 13CrMo44 steel in 3% NaCl solution. Corrosion Science, 1983, 23(6): 637-644.

[29]王荣,郑修麟,刘文宾. 腐蚀疲劳裂纹起始的力学模型. 固体力学学报,1985,16(增刊):197-201.

[30]Zheng X L, Wang R. On the corrosion fatigue crack initiation model and expression of metallic notched elements. Engineer Fracture Mechanics, 1997, 57(6):617-624.

[31]Wei R P, Harlow D G. Corrosion and corrosion fatigue of aluminum alloys-An aging aircraft issue//Wu X R, Wang Z G. Proceedings of 7th International Fatigue Congress, FATIGUE'99, Beijing, 1999, 4: 2197-2204.

[32]Zheng X L，Wang R. Corrosion fatigue crack propagation in aluminum alloys. Proceedings of the TMS Fall Meeting，High-Cycle Fatigue of Structural Materials，Indianapolis，1997：247-259.

[33]吕宝桐，郑修麟. 铝合金中腐蚀疲劳裂纹扩展. 西北工业大学学报，1995，13(1)：13-16.

[34]Dill H D，Saff C R. Environment—load interaction effects on crack growth. AFFDL-TR-78-137，1978.

[35]Holroyd N J H，Hardie D. Factors controlling crack velocity in 7000 series aluminum alloys during fatigue in an aggressive environment. Corrosion Science，1983，23(6)：527-546.

[36]臧启山，刘慷，柯伟，等. 国产海洋用钢 362 焊缝腐蚀疲劳裂纹扩展的研究. 金属学报，1991，27(5)：B316-319.

[37] Wang Z G，Yan M G. Fatigue crack propagation in advanced structural materials//Carpinteri A. Handbook of Fatigue Crack Propagation in Metallic Structures. Amsterdam：Elsevier Science Publisher，1994，1：323-360.

[38]Petit J，Sarrazin C，Henaff G. An overview on environmentally-assisted fatigue crack propagation//Wu X R，Wang Z G. Proceeding of 7th International Fatigue Congress，FATIGUE'99，Beijing，1999，4：2221-2228.

[39] Lin C K，Fan W C，Tsai W J. Corrosion fatigue of Precipitation-hardening martensitic stainless steel. Corrosion，2002，58：904-911.

[40]Nakajima M，Shimizu T，Tokaji K. Effect of specimen thickness on corrosion fatigue crack growth behaviour in titanium alloys//Wu X R，Wang Z G. Proceedings of 7th International Fatigue Congress，FATIGUE'99，Beijing，1999，4：2329-2334.

第 10 章　金属在冲击载荷下的疲劳

10.1　引　言

工程中有很多机械的零件或构件是在多次冲击载荷下服役的。典型的例子是飞机起落架的零构件、锻锤杆、锻模和冲模、气动工具零部件以及大型电器设备的开关齿轮(switchgear) 等[1-3]。国外对多次冲击的研究已有 70 多年的历史,国内则于 40 多年前由西安交通大学对金属材料进行小能量多次冲击的研究[1]。小能量多次冲击实质上是冲击疲劳[1-4]。冲击疲劳也是疲劳研究和工程应用领域中的重要课题,国内外对冲击疲劳仍在进行研究,作为评定材料性能的重要的力学性能指标,以及结构件抗冲击疲劳的主要依据[1-7]。

冲击疲劳载荷下试件或构件的失效过程也包含三个阶段[8]:疲劳裂纹在试件的切口根部形成,已形成裂纹的亚临界扩展和试件的最后断裂。因此,冲击疲劳寿命也可分为疲劳裂纹起始寿命和裂纹扩展寿命分别加以研究,并将它们表示为工程中常用的力学参量的函数,为设计承受冲击疲劳载荷的零构件提供依据。对冲击疲劳本身进行深入的研究,这也是十分必要和重要的。

本章根据作者的研究结果[9,10],介绍利用小能量冲击疲劳试验机测定疲劳裂纹起始寿命及裂纹扩展速率的原理和方法,以及部分国内外的试验研究结果。

10.2　关于冲击疲劳的研究

10.2.1　冲击疲劳寿命

所谓小能量多次冲击或冲击疲劳,是以一定的能量冲击试件,直至试件断裂。将试件断裂前所经历的冲击次数,定义为冲击疲劳寿命。钢的冲击疲劳寿命与冲击能 E 的关系曲线, N_f-E 曲线,如图 10-1 所示[2,4]。图 10-1 中的三条曲线分别是淬火和低温回火的 T8 工具钢、经调质处理的 45 钢和正火的 25 钢的冲击疲劳寿命曲线。可以看出,上述三种钢的冲击疲劳寿命曲线彼此相交;在交点左边,塑性高的钢,例如 25 钢、45 钢有较长的冲击疲劳寿命,而在交点的右边,强度高的钢,例如 T8 钢、45 钢有较长的冲击疲劳寿命。这一变化规律与材料的塑性和强度对应变疲劳寿命的影响规律相同。

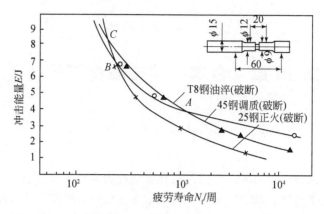

图 10-1　钢的冲击疲劳寿命与冲击能的关系曲线[2]

　　但正如文献[2]所指出的,上述冲击疲劳寿命与冲击能的关系曲线,其力学意义并不清楚,因为首先即使在相同的冲击能量下,由于试件的几何和刚度的不同,试件承受的冲击载荷也可能不同,因而无法与通常的应力疲劳或应变疲劳进行比较;其次,它无法提供可用于构件设计所需的冲击疲劳强度的指标,而只能在十分固定的试验条件下提供试验数据,作为材料和工艺改进的依据[5]。这样,就使冲击疲劳试验结果的应用受到限制。

　　Okabe[3]采用光滑试件和切口试件,在可产生六种加载波形的三种冲击疲劳试验机上,测定了碳素结构钢和复合材料的冲击疲劳寿命。在冲击拉伸应力下测定的S20C碳钢的冲击疲劳寿命曲线如图 10-2 所示。图 10-2(a)为冲击疲劳寿命与拉伸应力幅的关系曲线,即 N_f-σ_T 曲线,可以看出,冲击疲劳寿命随着在最大拉伸应力下停留时间 T 的延长而缩短。图 10-2(b)为冲击疲劳寿命和最大拉伸应力下停留时间 T 的乘积与拉伸应力幅的关系曲线,即 $N_f T$-σ_T 曲线,可以看出,冲击疲劳寿命和最大拉伸应力下停留时间的乘积与拉伸应力幅之间呈良好的线性关系。图 10-2(c)为切口试件的 N_f-σ_T 曲线,与图 10-2(a)比较,曲线更陡峭。

　　一般地说,加载波形,包括矩形波对室温大气中金属材料的疲劳寿命没有明显的影响。何以在冲击疲劳试验条件下,在最大拉伸应力下的停留时间对 S20C 碳钢的冲击疲劳寿命有明显的影响? 可能,这与冲击疲劳试验条件的选定相关。Okabe[3]指出,大型电器设备的开关齿轮所要求的设计寿命通常低于 10000~20000 周。所以,冲击疲劳试验时,加于试件上的最大拉伸应力绝大多数已高于 S20C 碳钢的屈服强度(σ_s＝309MPa),因而大部分试件在冲击疲劳试验时已经全面屈服。而塑性变形需要一定的时间。这可能是在冲击疲劳试验条件下,在毫秒、微秒量级范围内,在最大拉伸应力下的停留时间对 S20C 碳钢的冲击疲劳寿命有明显影响的原因。Okabe[3]还研究了应力比对冲击疲劳寿命的影响,但未给出应力比对疲劳寿命影响的表达式。

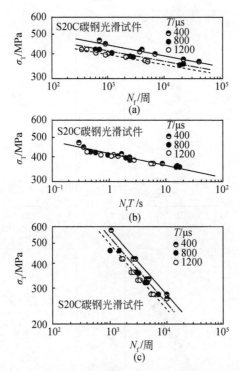

图 10-2　在冲击拉伸应力下测定的 S20C 碳钢的冲击疲劳寿命曲线

（应力波形为矩形波，$R=0$）[3]

（a）光滑试件的 N_f-σ_T 曲线；（b）光滑试件的 $N_f T$-σ_T 曲线；（c）切口试件的 N_f-σ_T 曲线

10.2.2　冲击疲劳裂纹扩展速率

　　冲击疲劳试验条件下，钢的疲劳裂纹扩展速率的试验结果如图 10-3 所示。作为比较，图 10-3 中也给出了低速加载时的试验结果。冲击加载时的载荷作用时间为 0.001～0.0015s，而低速加载时的载荷作用时间为 0.125s，两者相差两个量级[4]。

　　由图 10-3 可见，冲击加载并未改变钢的疲劳裂纹扩展的规律，仅对疲劳裂纹扩展门槛值和近门槛区的裂纹扩展速率产生影响。对于塑性较高、强度较低的钢，例如，18-8 不锈钢和经淬火和 600℃ 回火的 45Cr 钢，在冲击加载条件下，其疲劳裂纹扩展门槛值稍有提高，而近门槛区的裂纹扩展速率降低。对于塑性较低、强度较高的钢，例如经淬火和 500℃ 回火 45Cr 钢和经淬火和 500℃ 回火 GCr15 钢，在冲击加载条件下，其疲劳裂纹扩展门槛值稍稍降低，而近门槛区的裂纹扩展速率提高。只要高速加载不改变钢的疲劳裂纹扩展机理，则加载速率不致对疲劳裂纹扩展速率产生明显的影响，图 6-6 中的试验结果对此提供了佐证。

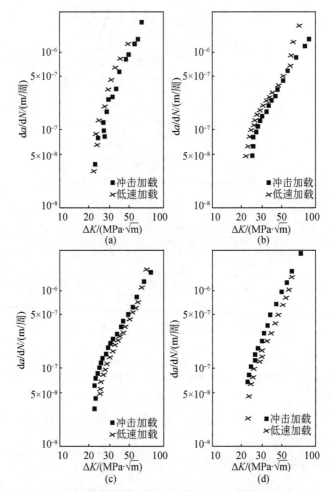

图 10-3　钢的冲击加载与低速加载下的疲劳裂纹扩展速率曲线[4]

(a)18-8 不锈钢；(b)45Cr 钢,淬火和 600℃回火；(c)45Cr 钢,淬火和 500℃回火；

(d)GCr15 钢,淬火和 600℃回火

10.3　试件柔度的计算与试验标定

　　利用小能量多次冲击试验机测定金属材料的疲劳裂纹起始寿命和裂纹扩展速率,并使冲击疲劳试验获得的结果能与通常的应力疲劳试验结果做比较,应将光滑试件的冲击疲劳寿命表示为名义应力的函数,或将切口试件的冲击疲劳寿命表示为局部应力的函数。因此,要将试件所受的冲击能换算为试件所受的力,而换算的基本依据是能量守恒定律。常用的冲击疲劳试件为圆柱形试件或三点弯曲试件,

试件可以是光滑的或带切口的[2,10]。下面以单边切口三点弯曲试件为例,讨论试件柔度和冲击力的计算以及试验标定。

10.3.1　基本假设

金属的弹性变形是以介质中的声速传播的,例如,在钢中的传播速度约为 5000m/s[1-2]。因此,可以假设[9,10],金属在弹性范围内受到冲击能(E)的作用时,加载速率对金属的弹性常数没有影响,且遵守胡克定律。据此,下式应当成立:

$$P = C^{-1}\delta \tag{10-1}$$

式中,P 为试件所受冲击力;C 为试件的柔度,是与试件几何和材料弹性常数有关的常数,单位为 mm/N;δ 为试件的变形量,对于三点弯曲试件,δ 即为挠度,单位为 mm。

在冲击力 P 的作用下,试件产生了挠度 δ。于是,冲击力 P 所做的功为

$$W_I = \frac{1}{2}P\delta \tag{10-2}$$

根据能量守恒定律,W_I 在数值上应与冲击能(E)相等,单位为 N·mm。在冲击疲劳试验机上进行弯曲疲劳试验时,冲头的冲击能转化为试件的弹性能。略去冲击过程中的能量损耗,可假设试件的弹性能在数值上等于冲头的冲击能(以后用 W_I 表示)。于是,有[10]

$$W_I = \frac{1}{2}P_{max}\delta_{max} = \frac{1}{2}CP_{max}^2 \tag{10-3}$$

式中,P_{max} 为试件所受的最大冲击力;δ_{max} 为试件的最大挠度。

冲击疲劳试验时,冲击能之值业已选定,并在试验过程中保持恒定,是个已知的量。因此,只要求出试件的柔度,即可由式(10-3)求得试件在恒定的冲击能下所受到的最大冲击力,进而根据试件几何计算出切口根部的局部应力或当量应力幅,或带裂纹试件的裂纹尖端应力强度因子 K_I 或 ΔK_I。

10.3.2　试件柔度的计算

用于测定冲击疲劳裂纹起始寿命的试件,为带切口的三点弯曲试件,如图 10-4 所示。切口深度和切口根部半径,根据试验要求、材料性能等条件决定。测定冲击疲劳裂纹扩展速率的试件,外形尺寸与如图 10-4 所示的相同,但应以裂纹替代切口;或者在切口根部形成裂纹后再继续试验,以测定裂纹扩展速率。

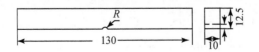

图 10-4　用于测定冲击疲劳裂纹起始寿命的单边切口三点弯曲试件[9]

关于三点弯曲试件的柔度计算,可分下列三种情况,分别予以讨论。

(1)对于光滑的矩形截面三点弯曲试件,其柔度 C_0 可由材料力学给出

$$C_0 = \frac{s^3}{4EBw^3} \tag{10-4}$$

式中,s 为两支点间的跨距;B 为试件的厚度;w 为试件的高度。

(2)带裂纹的矩形截面三点弯曲试件,其柔度 C 可根据线弹性断裂力学的基本公式导出[11,12]

$$G_{\mathrm{I}} = \frac{P^2}{2B} \frac{\mathrm{d}C}{\mathrm{d}a} = \frac{K_{\mathrm{I}}^2}{E'} \tag{10-5}$$

$$K_{\mathrm{I}} = Y\sigma\sqrt{a} \tag{10-6}$$

式中,a 为裂纹长度;E' 为弹性常数,在平面应力状态下,$E' = E$,而在平面应变状态下,$E' = \dfrac{E}{1-\nu^2}$,此处的 σ 为试件所受的最大毛应力

$$\sigma = \frac{6Ps}{4Bw^2} \tag{10-7}$$

Y 为试件的几何修正因子[13]。

当 $s/w = 4$ 时

$$Y = 1.93 - 3.07x + 14.53x^2 - 25.11x^3 + 25.80x^4 \tag{10-8}$$

当 $s/w = 8$ 时

$$Y = 1.96 - 2.75x + 13.66x^2 - 23.98x^3 + 25.22x^4 \tag{10-9}$$

式中,$x = a/w$,为裂纹的相对深度。

由式(10-5)~式(10-7),可以求得带裂纹三点弯曲试件的柔度表达式为

$$C = \frac{9}{2} \frac{s^2}{Bw^2 E'} \int Y^2 x \mathrm{d}x + C_0 = \frac{9}{2} \frac{s^2}{Bw^2 E'} f(x) + C_0 \tag{10-10}$$

式(10-10)由两项组成。式中积分常数 C_0,无裂纹三点弯曲试件的柔度,可由式(10-4)给出,而第一项为引发裂纹后试件柔度的增量 ΔC。ΔC 可表示为

$$\Delta C = \frac{9}{2} \frac{s^2}{Bw^2 E'} f(x) \tag{10-11}$$

式中

$$f(x) = \int Y^2 x \mathrm{d}x \tag{10-12}$$

当 $s/w = 4$ 时

$$f(x) = 1.86x^2 - 3.95x^3 + 16.38x^4 - 37.23x^5 + 77.48x^6$$
$$- 126.87x^7 + 172.53x^8 - 143.96x^9 + 66.56x^{10} \tag{10-13}$$

当 $s/w = 8$ 时

$$f(x) = 1.92x^2 - 3.59x^3 + 15.28x^4 - 33.83x^5 + 69.56x^6$$
$$- 113.41x^7 + 158.00x^8 - 134.40x^9 + 63.61x^{10} \qquad (10\text{-}14)$$

用式(10-10)和式(10-14)计算的带裂纹的矩形截面三点弯曲试件($s/w=8$)的柔度列入表 10-1。随着裂纹深度的增大,试件的柔度增高。

(3)带切口的矩形截面三点弯曲试件的柔度,原则上也可用上述公式进行计算,因为裂纹和切口并无本质差别,只是裂纹和切口顶端的曲率半径有所不同;若切口顶端半径大于裂纹顶端的临界钝化半径 ρ_c,即可认为是切口;反之,即为裂纹[14]。且带裂纹试件的柔度标定,一般均采用钼丝切割的尖切口来模拟裂纹,因而这一标定结果可以推广应用于钝切口试件。

10.3.3 试件柔度的试验标定

用钼丝线切割的三点弯曲试件($s/w=8$),在冲击疲劳试验机上对柔度进行试验标定,标定的结果也列入表 10-1[14]。由此可见,柔度的计算值与试验标定值符合得很好,尤其在 $a/w < 0.50$ 时。据此认为,式(10-10)可以精确地计算带裂纹三点弯曲试件的柔度。但应指出的是,随着裂纹深度的增大,柔度的计算值渐渐高于试验标定值。其原因可能是用于柔度标定的试件为 40CrNiMoA 钢经调质处理[14],其屈服强度较低,故当裂纹深度较大时尖切口根部的塑性区增大,故柔度标定误差增大。

表 10-1 带线切割缝的三点弯曲试件($s/w=8$)的柔度计算值与在冲击疲劳
条件下进行柔度标定的结果[14]

$x = a/w$	0.091	0.179	0.293	0.392	0.479	0.602	0.680
CEB(计算值)	131.7	142.9	166.1	202.5	256.2	395.2	604.2
CEB(实测值)	131.5	144.1	163.1	190.5	240.0	352.0	540.0
$\Delta C/C/\%$	0.15	−0.84	1.81	5.92	6.32	11.35	10.61

为了进一步检查应用上述公式计算切口三点弯曲试件柔度的可行性与精确度,采用一组钝切口(切口根部半径 $\rho \geqslant 1.00\text{mm}$)三点弯曲试件作了静态柔度标定。按式(10-10)计算的切口试件($s/w=8$)的柔度值与静态标定值,均列入表 10-2。由表 10-2 可见,按式(10-10)计算得到的切口三点弯曲试件的柔度值与试验标定值符合得很好。但柔度的标定值略高于计算值,两者之差近似地等于常数(见图 10-5)。这是因为切口试件的柔度标定值中包含有试验装置的柔度,未加以扣除;若扣除试验装置的柔度值,则切口试件柔度的计算值与试验标定值将更加接近[10]。据此认为,式(10-10)也可用于精确地计算切口试件的柔度值。

表 10-2　切口三点弯曲试件($s/w=8$)的柔度计算值与静态标定值[9,10]

$x=a/w$	0.08	0.16	0.24	0.344	0.452
CEB(计算值)	130.8	140.1	154.3	184.5	224.7
CEB(实测值)	140.0	149.1	162.7	193.7	240.0
ΔCEB	9.2	9.0	8.4	9.2	15.3

注:用于柔度标定的试件经淬火+低温回火,故取 $E=196$ GPa。

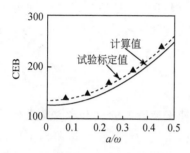

图 10-5　切口三点弯曲试件柔度的
计算值与试验标定值的比较[9,10]

文献[12]和[15]表明,切口根部附近区域应力场的表达式与裂纹顶端应力场的表达式具有相同的形式,只是附加了一个修正项。再则,切口三点弯曲试件柔度的计算值与试验标定值之间只差一个常数,故柔度的计算曲线与试验标定曲线是平行的,它们具有相同的斜率(见图 10-5)。这表明切口三点弯曲试件的应力强度因子 K_I 可按裂纹试件的应力强度因子表达式进行计算,但要以切口深度代替裂纹深度。

10.4　冲击力的计算与测定

确定了试件的柔度,带切口或带裂纹三点弯曲试件在冲击能 W_I 的作用下所受的冲击力,即可根据下式计算:

$$P_{\max}=\sqrt{2W_I/C} \tag{10-15}$$

冲击力的计算结果列入表 10-3。在 DSWO-150 型冲击疲劳试验机上,用钼丝线切割试件,在 1225N·mm 冲击能的作用下,试验测定了冲击力。冲击力的测定结果列入表 10-3,其中也列入了冲击力的计算结果[9,10]。冲击力的计算值与实测值的平均值相差仅 3.6%。可以认为,两者是符合得很好的。这也再次证明本节中所作的假设以及由此导出的柔度和冲击力计算公式是有效的、实用的。

表 10-3　冲击力的计算值与在 DSWO-150 型冲击疲劳试验机上测定的结果
($W_I=1225$N·mm)[9,10]

裂纹深度	a/mm	0	1.00	2.50	5.00	6.25
	a/w	0	0.08	0.20	0.40	0.50
$P_{\max}/kN$	计算值	6.37	6.43	6.11	5.15	4.46
	测定值	6.74	6.47	6.31	5.25	4.72
相对误差	$\Delta P/P/\%$	−5.8	−0.6	−3.3	−1.9	−5.8

10.5　冲击疲劳试验条件下 K_I 的表达式

根据上述公式计算出切口或带裂纹的三点弯曲试件所受的冲击力,再由式 (10-7)计算出试件所受的毛应力。最后,将毛应力、试件的几何修正因子 Y 代入式 (10-6),即可求出切口和带裂纹的三点弯曲试件的 K_I 表达式如下[9,10]:

$$K_I = \sqrt{\frac{EW_I}{A_0}}\,\varphi(x) \tag{10-16}$$

式中,A_0 为试件的初始横截面积,$A_0 = Bw$;$\varphi(x)$ 为在冲击疲劳试验条件下切口或带裂纹三点弯曲试件的几何修正因子。

在平面应变状态下

$$\varphi(x) = Y\sqrt{x}\left[(1-\nu^2)f(x)+\frac{s}{18w}\right]^{-1/2} \tag{10-17}$$

在平面应力状态下

$$\varphi(x) = Y\sqrt{x}\left[f(x)+\frac{s}{18w}\right]^{-1/2} \tag{10-18}$$

根据式(10-8)或式(10-9)计算 Y 值,根据式(10-13)或式(10-14)计算 $f(x)$ 之值,代入式(10-17),即可计算出平面应变状态下的(取 $\nu=0.3$)$\varphi(x)$。所得的 $\varphi(x)$ 之值列入表 10-4 和表 10-5。

表 10-4　平面应变状态下 $s/w=4$ 时的 $\varphi(x)$

$x=a/w$	0.10	0.20	0.30	0.40	0.50	0.60	0.70
$\varphi(x)$	1.127	1.477	1.711	1.916	2.145	2.402	2.632

表 10-5　平面应变状态下 $s/w=8$ 时的 $\varphi(x)$

$x=a/w$	0.06	0.08	0.10	0.20	0.30	0.40	0.50
$\varphi(x)$	0.595	0.758	0.839	1.139	1.380	1.615	1.878

按式(10-16)和式(10-17),可以计算出切口或带裂纹三点弯曲试件的 K_I 值。表 10-6 中列出了冲击能 $W_I=1225\mathrm{N}\cdot\mathrm{mm}$ 和不同的 $x=a/w$ 值时的 K_I 计算值;同时,也列出了试验标定的结果[10]。可以看出,K_I 的计算值与试验标定值符合得很好;当 $a/w<0.6$ 时,最大偏差不超过 5.5%。因此,式(10-16)很好地表示了 K_I 值与冲击能 W_I 之间的定量关系。

表 10-6　冲击疲劳加载时 K_I 的计算值与试验标定值($W_I=1225\mathrm{N}\cdot\mathrm{mm}$,$s/w=8$)[9,10]

$x=a/w$	0.091	0.179	0.293	0.392	0.479	0.602	0.680
K_I(计)/(MPa·$\sqrt{\mathrm{m}}$)	35.2	47.3	60.1	70.2	80.1	96.9	107.8

续表

$x=a/w$	0.091	0.179	0.293	0.392	0.479	0.602	0.680
K_{I}(实)/(MPa·$\sqrt{\mathrm{m}}$)	33.2	49.7	60.2	73.3	80.4	101.9	114.6
$\Delta K_{\mathrm{I}}/K_{\mathrm{I}}$(计)/%	5.7	−5.1	−0.2	−4.4	−0.4	−5.2	−6.3

还应指出,在冲击疲劳试验条件下,载荷比或应力比 $R=0$,故有 $K_{\mathrm{I}}=\Delta K_{\mathrm{I}}$。因此,式(10-16)可以用于在冲击疲劳载荷下疲劳裂纹起始和扩展的研究,并建立相应的疲劳裂纹起始寿命和裂纹扩展速率表达式。

10.6　冲击疲劳载荷下的疲劳裂纹起始寿命

10.6.1　冲击疲劳裂纹起始寿命的测定方法

关于冲击疲劳试验机及其附加装置,已在文献[16]中作了较详细的描述。用于测定裂纹起始寿命的试件,为带切口的矩形截面三点弯曲试件,如图 10-4 所示。试验时支点间的跨距为 $s=100\mathrm{mm}$,$s/w=8$,以便利用前述公式计算冲击力或 K_{I} 之值。关于小能量冲击疲劳试验机及其附加装置,已在文献[14]中作了较详细的描述。试验时的加载波形为正弦波,应力比 $R=0$。

试验前选定冲击能 W_{I} 之值。在试验过程中,当试件经受若干次冲击之后,取下试件在显微镜下观测其切口根部是否出现裂纹。当切口根部出现 $0.2\sim$ $0.25\mathrm{mm}$ 深的裂纹时,试件所经受的冲击次数即定义为冲击疲劳裂纹起始寿命 N_{i}。在冲击疲劳试验条件下,由于试件受冲击能的作用而发生振动,故观察裂纹和测定裂纹长度均很困难。因此,确定冲击疲劳裂纹起始寿命,要采用特别的方法,此法的细节可参阅文献[16]。

试验结束后,按式(10-16)计算每个试件的 ΔK_{I} 之值,或按式(10-15)计算出每个试验件所受的冲击力,按式(10-7)求得名义应力,进而求得 $K_{\mathrm{t}}\sigma$ 之值。最后,求得冲击疲劳裂纹起始寿命的表达式或曲线。

10.6.2　30CrMnSiNi2A 钢的冲击疲劳裂纹起始寿命

30CrMnSiNi2A 超高强度钢常用作飞机起落架的零部件。因此,有必要研究其冲击疲劳性能。试验用的 30CrMnSiNi2A 钢,其化学质量比为 0.30%C、1.09% Cr、1.16%Mn、1.09%Si、1.51%Ni。试件的最终热处理为 900℃保温 20min 奥氏体化、油中淬火,200℃回火 3h。经上述热处理后,其拉伸性能为 $\sigma_{\mathrm{b}}=1695\mathrm{MPa}$、$\sigma_{0.2}=1357\mathrm{MPa}$、$\psi=45.7\%$。试件的切口深度分别为 $1.0\mathrm{mm}$ 和 $2.0\mathrm{mm}$,切口根部半径为 $1.0\mathrm{mm}$。冲击疲劳试验在 DSWO-150 型冲击疲劳试验机上进行,冲击频率为 $7.5\mathrm{Hz}$,应力比 $R=0$。冲击疲劳裂纹起始寿命的试验结果,如图 10-6 所示。

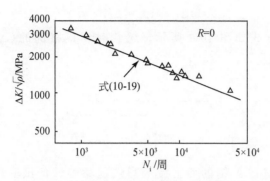

图 10-6　30CrMnSiNi2A 钢的冲击疲劳裂纹起始寿命的试验结果及其最小二乘法拟合[10]

对图 10-6 中的试验结果进行回归分析,得出 30CrMnSiNi2A 钢的冲击疲劳裂纹起始寿命的表达式如下[9,10]:

$$N_i = 1.82 \times 10^{14} (\Delta K_I / \sqrt{\rho})^{-3.26} \qquad (10\text{-}19)$$

由此可见,和普通疲劳相似,在短寿命范围内,30CrMnSiNi2A 钢的冲击疲劳裂纹起始寿命也可表示为参数$(\Delta K_I / \sqrt{\rho})$的幂函数,与文献[17]中报道的一致。最近的研究还表明[7],300M 钢的冲击疲劳裂纹起始寿命,在短寿命范围内,可表示为$\Delta K_I / \sqrt{\rho}$的幂函数。

10.6.3　冲击疲劳裂纹起始的超载效应

文献[16]中报道了超载对 30CrMnSiA 钢冲击疲劳裂纹起始寿命影响的试验结果。30CrMnSiA 钢经调质处理为 880℃奥氏体化、油中淬火、530℃回火。未经超载的 30CrMnSiA 钢切口试件的冲击疲劳寿命的试验结果如图 10-7 所示。经回归分析后,给出 30CrMnSiA 钢的冲击疲劳裂纹起始寿命的表达式如下[16]:

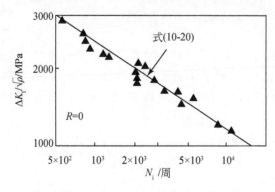

图 10-7　30CrMnSiA 钢的冲击疲劳始裂寿命的试验结果及最小二乘法拟合[16]

$$N_i = 9.27 \times 10^{12} (\Delta K_I / \sqrt{\rho})^{-2.94} \qquad (10\text{-}20)$$

超载的加载方式如图 10-8 所示。超载时切口根部的 $(\Delta K_I / \sqrt{\rho})_{OL} = 2254$ MPa，近似为一常数。

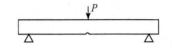

图 10-8　正超载的加载方式示意图[16]

超载后 30CrMnSiA 钢的冲击疲劳裂纹起始寿命的试验结果如图 10-9 所示[16]。若试验时的 $\Delta K_I / \sqrt{\rho} > (\Delta K_I / \sqrt{\rho})_{OL}$，超载实际上变为欠载(subloading)，而欠载对 30CrMnSiA 钢的冲击疲劳裂纹起始寿命无明显的影响(见图 10-7)，而当 $\Delta K_I / \sqrt{\rho} < (\Delta K_I / \sqrt{\rho})_{OL}$ 时，即为超载，冲击疲劳裂纹起始寿命延长(见图 10-7)。对超载后 30CrMnSiA 钢的冲击疲劳裂纹起始寿命的试验结果作回归分析，给出下列表达式[16]：

$$N_i = 1.74 \times 10^{16} (\Delta K_I / \sqrt{\rho})^{-3.85} \qquad (10\text{-}21)$$

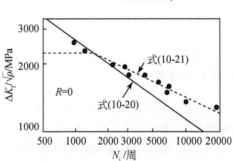

图 10-9　经 $(\Delta K_I / \sqrt{\rho})_{OL} = 2254$MPa 的正超载后 30CrMnSiA(调质)的冲击疲劳裂纹起始寿命的试验结果与最小二乘法拟合[16]

文献[16]认为，正超载改变了冲击疲劳裂纹起始寿命表达式中的指数值[见式(10-20)和式(10-21)]。这很难用残留应力与外加应力的叠加模型予以解释。应当考虑到，超载引起了切口根部金属材料发生较大的塑性应变，提高了切口根部金属材料的屈服强度，减小了应变硬化指数值[18]，从而引起冲击疲劳裂纹起始寿命表达式中的指数值的变化。正超载也延长 GC4 超高强度钢冲击疲劳裂纹起始寿命，超载越大，冲击疲劳裂纹起始寿命越长[19]。

上述冲击疲劳裂纹起始寿命的试验结果，原则上也可采用式(4-10)进行拟合。但是，上述冲击疲劳试验，仅在很短的寿命范围内，测定了冲击疲劳始裂寿命，$N_i <$ 10^4 周。因此，若采用式(4-10)拟合很短的寿命范围内的冲击疲劳始裂寿命的试验

结果,会在长寿命范围内引起较大的偏差。进一步的研究,应降低冲击能之值或加大试件的尺寸,以便能在较长的寿命范围内,测定冲击疲劳始裂寿命,并用式(4-10)拟合试验结果。

10.7　预测冲击疲劳裂纹起始寿命的可能性

文献[20]中给出了预测中、短寿命范围内的疲劳裂纹起始寿命公式,现将该式重写如下:

$$N_i = C_p \, (K_t \Delta S)^{k_p} \tag{10-22}$$

式中,k_p 和 C_p 是材料常数,$k_p = 2/(1+n)c$,$C_p = (\sqrt{E\sigma_f \varepsilon_f})^{k_p}$,其中 n 为应变硬化指数,可由式(4-38)估算,c 为疲劳延性指数,可由式(2-19c)估算[21]。

邹远鹏等[6]在应用式(10-22)预测钢的冲击疲劳始裂寿命时,为考虑应变速率的影响,加了一修正项,即

$$N_i = \nu \, C_p \, (K_t \Delta S)^{k_p} \tag{10-23}$$

式中

$$\nu = (\sigma_b / \sigma_{0.2})^\chi \tag{10-24a}$$

$$\chi = (W_I - W_{I,min}) / W_{I,min} \tag{10-24b}$$

式(10-24b)中 W_I 为试验时选定的冲击能;$W_{I,min}$ 为试验机的最小冲击能;对于所使用的试验机,$W_{I,min} = 1225$ J。

应用式(10-23)～式(10-24b)以及试验用钢的拉伸性能(见表 10-7),预测0.4C-铬镍钼硅钢的冲击疲劳裂纹起始寿命,预测的冲击疲劳裂纹起始寿命曲线与试验结果如图 10-10 所示。可以看出,预测的 0.4C-铬镍钼硅钢的冲击疲劳裂纹起始寿命曲线与试验结果符合得很好。

表 10-7　试验用钢的热处理与拉伸性能[6]

序号	热处理工艺		σ_b/MPa	$\sigma_{0.2}$/MPa	ψ/%	δ_5/%
	淬火	回火				
1	870℃,油淬	300℃回火二次	1931	1627	52.75	12.25
2	250℃等温 1h,热水冷	300℃回火二次	1750	1418	50.15	13.52

应当指出,提出应变速率修正系数 ν,即式(10-24a)的根据在文献[6]中并未给出说明。若在冲击疲劳试验时,选定 $W_I = W_{I,min}$,则 $\nu = 1$。在这种情况下,是否不需要考虑应变速率修正?在其他情况下,$\nu > 1$,则钢的冲击疲劳裂纹起始寿命较在通常的应力疲劳试验中测定的疲劳裂纹起始寿命要长。这与其他的试验结果[22]相矛盾。文献[22]中的试验结果表明,30CrMnSiNi2A 钢的冲击疲劳裂纹起始寿命,较常规疲劳试验条件下测定的疲劳裂纹起始寿命要短。此外,文献[6]中

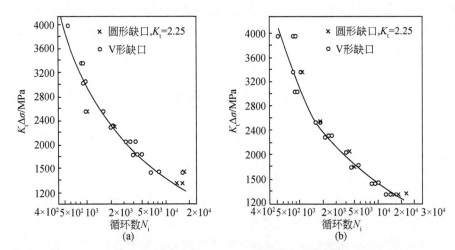

图 10-10　预测的 0.4C-铬镍钼硅钢的冲击疲劳裂纹起始寿命曲线与试验结果[6]

(a)870℃,油淬＋300℃回火两次;(b)250℃等温 1h,热水冷＋300℃回水两次

还对疲劳延性指数 c 的估算公式做了修正。总之,钢的冲击疲劳裂纹起始寿命的预测,还需要更多的研究。

10.8　冲击疲劳载荷下金属的疲劳裂纹扩展速率

10.8.1　冲击疲劳裂纹扩展速率的测定方法

冲击疲劳裂纹扩展速率也在冲击疲劳试验机上测定。用于测定冲击疲劳裂纹扩展速率的试件,与测定冲击疲劳裂纹起始寿命的试件基本相同(见图 10-4);也可在测定冲击疲劳裂纹起始寿命之后,用同一试件测定冲击疲劳裂纹速率。有时为加快裂纹形成,可采用钼丝线切割方法,在试件上制造尖切口。

冲击疲劳裂纹扩展速率也可在 DSWO-150 型冲击疲劳试验机上测定。试验前选定冲击能 W_1 之值。试验过程中,试件每经受若干次冲击后,取下试件测定裂纹长度 a,作出 a-N 曲线(见图 10-11)。根据这一曲线,可求出一定裂纹长度 a 时的 da/dN,并将 a 值代入式(10-16)计算出 K_I 之值。因为在 DSWO-150 型冲击疲劳试验机上进行冲击疲劳试验时,$R=0$,故有 $K_I=\Delta K$。最后,可做出 da/dN-ΔK 关系曲线,即冲击疲劳裂纹扩展速率曲线。

10.8.2　超高强度钢的冲击疲劳裂纹扩展速率

试验测定的 300M 钢(870℃、保温 20min 奥氏体化、250℃等温 60min,300℃、120min 回火两次)和 GC-4 钢(920℃、保温 20min 奥氏体化、300℃等温 60min、260℃回火 4h)的冲击疲劳裂纹扩展速率,如图 10-12 所示。

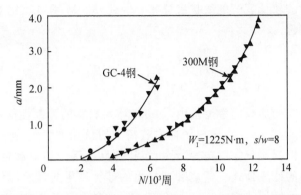

图 10-11　冲击疲劳载荷下 300M 钢和 GC-4 钢的 a-N 曲线[10]

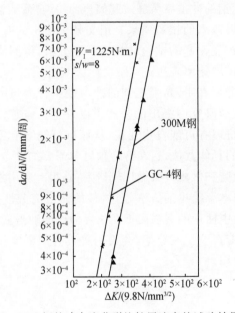

图 10-12　300M 钢和 GC-4 钢的冲击疲劳裂纹扩展速率的试验结果与最小二乘拟合[10]

用 Paris 公式拟合上述试验结果,得到下列表达式:

对于 300M 钢

$$\frac{\mathrm{d}a}{\mathrm{d}N} = 3.10 \times 10^{-15} \Delta K^{4.94} \tag{10-25}$$

对于 GC-4 钢

$$\frac{\mathrm{d}a}{\mathrm{d}N} = 2.32 \times 10^{-15} \Delta K^{5.18} \tag{10-26}$$

由图 10-11 和图 10-12 可以看出,在冲击疲劳载荷下,300M 钢具有较长的疲劳裂纹起始寿命和较低疲劳裂纹扩展速率。因此,300M 钢可能比 GC-4 钢更适宜作起落架的零部件。

10.9　结　　语

假定在所研究的加载速率范围内,加载速率对材料的弹性性能没有影响,根据线弹性断裂力学的基本公式,导出了冲击载荷下切口和带裂纹的三点弯曲试件的柔度计算公式。根据能量守恒定律,给出了线弹性范围内切口和带裂纹的三点弯曲试件的冲击力的计算公式。柔度和冲击力的计算结果与试验测定结果吻合,进而导出了三点弯曲试件的应力强度因子 K_I 与冲击能的关系表达式。

在上述工作的基础上,提出了冲击疲劳裂纹起始寿命和裂纹扩展速率的试验方法,并介绍了高强度钢的冲击疲劳裂纹起始寿命、冲击疲劳裂纹起始的超载效应以及冲击疲劳裂纹扩展速率的试验结果。用文献中给出的有关公式,对冲击疲劳裂纹起始寿命和裂纹扩展速率的试验结果进行了分析,得到高强度钢的冲击疲劳裂纹起始寿命和裂纹扩展速率表达式。

上述试验结果和分析表明,高强度钢的冲击疲劳行为与一般疲劳行为没有质的区别,均可用一般疲劳研究中提出的公式予以表达。但是,在冲击疲劳载荷下,疲劳裂纹形成和扩展机理有可能发生变化,从而有可能影响到冲击疲劳裂纹起始寿命和裂纹扩展速率的具体数值,这在寿命预测时需要加以考虑。因此,从宏观和微观两方面,对冲击疲劳和常规疲劳做比较研究,是很有实用意义的工作。

应当指出的是,用本章提出的方法,对材料的冲击疲劳性能作进一步研究,例如,测定航空航天工业中使用的高强度钢在长寿命区的冲击疲劳裂纹起始寿命,测定近门槛区的冲击疲劳裂纹扩展速率,会得到更具有工程实用价值的规律和试验数据,供结构件设计使用。

参 考 文 献

[1]周惠久,黄明志. 金属材料强度学. 北京:科学出版社,1989.

[2]黄明志,石德珂,志浩. 金属力学性能. 西安:西安交通大学出版社,1986.

[3] Okabe N. Failure probability estimation of impact fatigue strength for structural carbon steels and insulating structural materials//Tanaka T, Nishijima S, Ichikawa M. Statistical Research on Fatigue and Fracture. London : Elsevier Applied Science, 1987: 177-210.

[4]邓增杰,周敬恩. 金属材料的断裂与疲劳. 北京:机械工业出版社,1995.

[5]周惠久,涂铭旌,邓增杰,等. 再论发挥金属材料强度潜力问题. 西安交通大学学报,1979,4: 1-17.

[6]邹远鹏,胡光立. 0.4C-铬镍钼硅钢多冲疲劳裂纹起始寿命估算. 航空学报, 1989,10(9): A487-A492.

[7]余朝辉,张建国,王泓,等. 38CrMoAlA 钢表面氮化多冲疲劳性能研究. 热加工工艺,2010,39(14):155-157+165.

[8]郑修麟,乔生儒,张建国,等. 高强度马氏体钢(30CrMnSiNi2A)钢的塑性变形、微裂纹形成与疲劳无裂纹寿命. 西北工业大学学报,1979,1:79-86.

[9]郑修麟. 金属疲劳的定量理论. 西安:西北工业大学出版社,1994.

[10]Zheng X L. Fatigue crack initiation and propagation under impact fatigue loading. Aeronautical Science and Technology, Note HJB931135, 1996.

[11]Paris P C, Sih G C. Stress analysis of cracks. ASTM STP 381, Philadelphia,PA,1965:30-81.

[12]肖纪美. 金属的韧性与韧化. 上海:上海科学技术出版社,1982.

[13]Brown W F J, Srawly J E. Plane strain crack toughness of high strength metallic materials. ASTM STP 410,Pheladelphia,PA,1968.

[14]杨峥. 用多次冲击法测定金属断裂韧性. 金属学报, 1978, 14(4):409-419.

[15]Frost N E, Marsh K J, Pook L P. Metal Fatigue. Oxford:Clarendon Press, 1974.

[16]郑修麟,张建国. 超载方向对 30CrMnSiA 钢疲劳裂纹起始寿命影响. 西北工业大学学报,1987,5 (2):149-156.

[17]Barnby J T, Dinsdale K. Fatigue crack initiation from notch in two titanium alloys. Materials Science and Engineering, 1976, 26:245-250.

[18]胡志忠,曹淑珍. 形变硬化指数与强度的关系. 西安交通大学学报,1993,27(6):71-76.

[19]谭若兵. 超高强度钢中准贝氏体组织的疲劳性能研究. 西安:西北工业大学博士学位论文,1990,6.

[20]郑修麟. 循环局部应力-应变与疲劳裂纹起始寿命. 固体力学学报,1984,(2):175-184.

[21]Zheng X L. On an unified model for predicting notch strength and fracture toughness. Engineer Fracture Mechanics,1989, 33(5):685-695.

[22]李大宝. 30CrMnSiNi2A 钢焊接件疲劳性能的研究. 西安:西北工业大学硕士学位论文,1988.

第 11 章　金属的微动疲劳

11.1　引　言

在压力下,静结合的两个零件,在交变应力作用下,因弹性变形的差异,接合面间会产生反复的相对位移。相对位移的幅度很小,一般在微米量级,所以是微幅运动,简称微动。两接合面间发生相对运动必然会引起摩擦。摩擦导致金属表面的损伤。这种因微动而引起的表面损伤,称为微动损伤(fretting damage),在有的书中将空气中产生的微动损伤称为微动腐蚀(fretting corrosion)[1-3]。

微动损伤是个现实问题,因为微动损伤可能引起疲劳裂纹起始部位的转移,引起结构件的疲劳强度降低和疲劳寿命缩短。这种现象可称为金属疲劳的微动效应,或简称微动疲劳。微动损伤和微动疲劳普遍存在于飞机、发动机以及一般机械中。因此,早在 20 世纪初,国外对微动损伤和微动疲劳已进行了研究[2]。迄今,微动疲劳仍是疲劳研究中的一个重要领域[3]。

本章简介微动损伤的微观特征和机理,影响金属微动疲劳强度的因素和某些研究结果,防止微动损伤和提高微动疲劳强度的特征,以及微动疲劳的研究方法。

11.2　微动损伤的特征与机理

11.2.1　微动损伤产生的部位

机械和结构零件之间需要相互连接。连接的形式有以下三种:即螺栓连接、铆接连接和焊接连接。螺栓连接的应用最为普遍,铆接连接仍在飞机结构中应用,而焊接连接日益增多。关于焊接连接件的疲劳问题将列专章讨论。螺栓连接和铆接连接的特点,是在压力作用下将两个零件连接起来。这种在压力下静结合的两个零件,在交变应力作用下,因弹性变形的差异,接合面间会产生反复的相对位移。图 11-1 为铆接连接可能产生的部位微动损伤。

航空发动机中叶片根部的榫头与涡轮盘的榫槽、机械中花键与花键轴、耳片连接、叠片弹簧和钢丝绳等,各相互连接的零部件在运行中会有微幅的相对运动,因而也会出现微动损伤和微动疲劳的问题,均应加以注意。

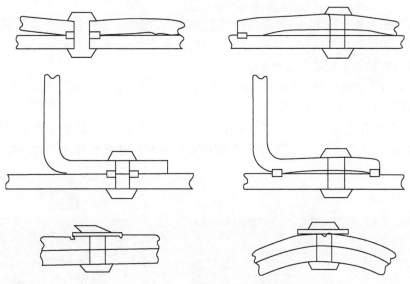

图 11-1　铆接接头中可能产生微动磨损的部位[1]

11.2.2　微动磨损的机理

在压紧的表面之间由于微动而发生的磨损称为微动磨损。在一些机器的紧配合处,它们之间虽然没有明显的相对位移,但在外加循环载荷和振动的作用下,在配合面的某些局部地区将会发生微幅相对滑动。图 11-2 表示一平板在一端被夹紧,另一端受到拉伸载荷;拉伸载荷通过摩擦力,沿配合面 AB 传递到两夹板上。在平板自由端的拉伸应变为 $\varepsilon_x = S/E$,横向应变为 $\varepsilon_y = -\nu S/E$。由于这横向收缩,芯板的自由端、包括 AA 截面稍稍变薄。在夹紧区内,拉伸应力逐渐降低,在 B 端降低到零。因此,横向收缩在 A、B 之间也由大变到零。在 A 端,芯板被稍稍拉出夹紧区。可以设想,夹紧力将可阻止这一位移,但在 A 点纵、横向的位移需要协

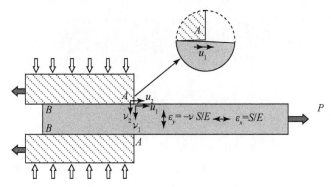

图 11-2　微动磨损的发生[3]

调,即 $v_2 = v_1$、$u_2 = u_1$[3]。这意味着芯板和夹板将变成一个整体。实际上,这是不可能的。在循环作用下,配合面之间发生周期性的滑动,芯板和夹板之间在 A 端的接触也将周期性地变化。这些相对滑动的位移非常小,在微米量级,但它足以在两材料的接触面上造成微动磨损。

研究认为,微动磨损是黏着、磨料、腐蚀和表面疲劳的复合磨损过程。一般认为,它可能出现三个过程[1-3]:

(1)在压力作用下两接触面上的微凸体发生塑性变形,表面氧化膜破裂,使金属直接接触,进而黏着。随后,因微动而引起的切向位移使黏着点脱落,如图 11-3所示。

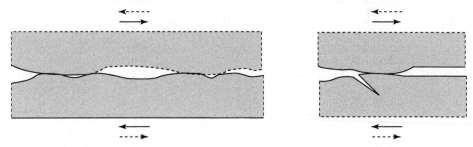

图 11-3　微动磨损模型示意图[1,4,6]

(2)脱落的颗粒具有较大的活性,很快与大气中的氧起反应生成氧化物;对于钢件,其颜色为红褐色;而对于铝或镁合金则为黑色。由于两摩擦面不脱离接触,在随后的相对位移过程中,发生脱落的颗粒将起磨料作用。如有高湿度的环境,还会发生腐蚀,加剧表面剥落。

(3)接触区产生疲劳。观察表明,微动损伤区与无微动损伤区存在明显的边界(见图 11-4);在微动损伤区内有大量磨粒和黏着剥落现象(见图 11-5),而在边界处最严重,因边界附近受到的交变切应力也最大,因而成为微裂纹的源区。裂纹形成后,与表面成近似垂直方向向内部扩展,最后导致试件或结构件的疲劳失效。

图 11-4　LC4CS合金表面上的微动损伤区与无微动损伤区的边界[4]

图 11-5　LY12CZ 合金微动磨损区形貌(其中有大量磨粒和黏着剥落)[4]

应当指出,根据两接触面所处环境和外界机械作用的不同,微动磨损失效并不必然包括上述三个过程,可能只出现其中某一种或两种磨损形式为主的微动磨损。于是,微动磨损便出现不同的术语,如以化学反应为主的微动磨损称为微动磨蚀;当磨损和疲劳同时发生作用时,则称微动疲劳磨损等。

11.3　微动疲劳的试验方法

微动疲劳试件可以是平板试件,也可用圆柱试件。圆柱形微动疲劳试件如图 11-6 所示;在试件上磨出宽约 5mm 的平台,以便安装微动桥 (fretting pad),见图 11-7[5]。由此可见,疲劳试验时,试件的两侧面分别与微动桥的表面接触,并施加法向压力。法向压力的大小,可通过调节螺钉进行调整。

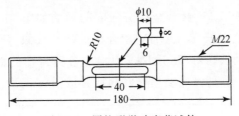

图 11-6　圆柱形微动疲劳试件

疲劳试验时,整个微动疲劳试验装置装在疲劳试验机上。当试件受到循环应力作用而发生弹性伸缩时,试件与微动桥脚的接触面间即产生微幅的相对滑动,从而造成微动疲劳损伤。试件断裂时的加载循环数,即为微动疲劳寿命。若要在特定的环境中进行微动疲劳试验,则在微动疲劳试验装置之外,再加一环境箱。可用于各种环境介质中的微动疲劳试验装置如图 11-7 所示[5]。

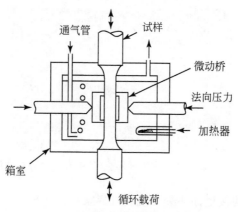

图 11-7　微动疲劳试验装置示意图[6]

11.4　影响微动损伤的因素

上述情况表明,微动损伤导致材料表面状态恶化,例如疏松、蚀坑,以及微裂纹,见图 11-4 和图 11-5。可以预期,微动损伤不仅使零件精度下降,还将引起应力集中,导致疲劳强度降低。通常,微动损伤主要是缩短疲劳裂纹起始寿命,降低疲劳裂纹起始门槛值,而对疲劳裂纹扩展速率和裂纹扩展寿命则影响较小。

11.4.1　微动损伤对疲劳强度影响的一般规律

微动损伤对 Ti-6Al-4V 钛合金疲劳强度的影响如图 11-8 所示[3,7]。由此可见,微动损伤大幅度地降低 Ti-6Al-4V 钛合金的疲劳极限,降低幅度达到 50% 以上,而在短寿命区微动损伤对 Ti-6Al-4V 钛合金疲劳寿命的影响则较小。通常用微动疲劳强度缩减因子,即无微动损伤时的疲劳极限 σ_r 与微动疲劳极限 σ_{rf} 之比,

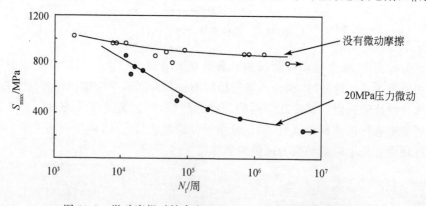

图 11-8　微动磨损对钛合金 Ti-6Al-4V 疲劳强度的影响[3,7]

来评定微动损伤对材料疲劳强度的影响。

微动损伤对 0.25C-0.25Cr-0.25Ni-1.0Mn 钢疲劳强度的影响如图 11-9 所示[2]。图 11-9 表示微动损伤对疲劳强度的影响，表明微动损伤降低了疲劳强度。疲劳寿命越长，微动损伤降低疲劳强度的作用也越大，而在高应力、短寿命区，微动疲劳强度与常规疲劳强度接近。

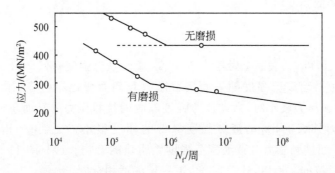

图 11-9 微动损伤对钢(0.25C-0.25Cr-0.25Ni-1.0Mn)疲劳强度的影响[2]

表 11-1 中的试验结果表明[7]，微动损伤大大缩短铝合金的疲劳寿命，由 $N_f = 8 \times 10^6$ 周缩短到 $N_f = 1 \times 10^5$ 周。而且在微动疲劳试验的初期，微动损伤即已造成。例如，微动疲劳试验循环数仅为 $N_f = 1.2 \times 10^4$ 周，铝合金的微动疲劳寿命就由 $N_f = 8 \times 10^6$ 周缩短到 $N_f = 1.3 \times 10^6$ 周，为无微动损伤时疲劳寿命的 16.3%。再则，很小的表面接触压力即造成表面的微动损伤，可见表面接触压力对微动疲劳寿命影响之大。

表 11-1 微动损伤对 Al-Cu 合金疲劳寿命的影响[7]

Al-Cu 合金光滑试件的疲劳试验结果	N_f/周
无微动损伤	8×10^6
微动疲劳试验直到试件断裂	1×10^5
微动疲劳试验 $N_f = 1.2 \times 10^4$ 周后，除去微动桥	1.3×10^6
微动疲劳试验 $N_f = 3 \times 10^4$ 周后，除去微动桥	1.1×10^5

注：试验参数：应力幅 $S_a = 134\text{MPa}$，平均应力 $S_m = 193\text{MPa}$，表面接触压力为 4MPa。

11.4.2 各种因素对微动疲劳强度的影响

影响微动疲劳强度的因素比较多，也比较复杂。根据前述的微动损伤过程和机理，下列因素将影响微动损伤，进而影响疲劳强度[3]：①两接触表面所受的压力(clamping pressure)；②微动的幅度；③相互接触的材料的性质；④接触表面的粗糙度；⑤环境介质的腐蚀性；⑥表面处理等。文献[7]给出各有关因素与微动疲劳强度间的定量关系式如下：

$$\sigma_{rf} = \sigma_r - 2\mu P \left[1 - \exp\left(-\frac{L}{R}\right) \right] \tag{11-1}$$

式中，σ_{rf}、σ_r 分别为某一应力比下的微动疲劳强度和无微动磨损时的疲劳强度；P 为表面法向接触压力；μ 为摩擦系数；L 为两摩擦面相对滑动量，即微动幅度；R 为气体常数。可以看出，接触压力 P、摩擦系数 μ 和滑移幅度 L 增大，都将导致微动疲劳强度的降低幅度增大。

1. 表面接触压力

由式(11-1)可见，表面接触压力 P 升高，微动疲劳强度降低。图 11-10 中的试验结果表明了微动疲劳强度随表面接触压力升高而变化的趋势。由图 11-10 可见，当表面接触压力较小时，微动疲劳强度随表面接触压力升高而急剧地下降；当表面接触压力较大时，微动疲劳强度降低的幅度很小。文献[8]指出，当 $P \geqslant 50MPa$ 时，表面接触压力对微动疲劳强度无明显的影响。这与图 11-10 中的试验结果看来是相符的。所以，式(11-1)也有一定的适用范围。

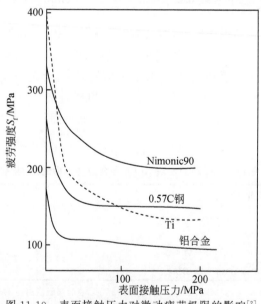

图 11-10　表面接触压力对微动疲劳极限的影响[2]

2. 微动幅度的影响

式(11-1)也表明，微动幅度增大，微动疲劳强度降低。图 11-11 中的试验结果显示，随着微动幅度增大，碳钢的微动疲劳强度降低。但是，微动幅度由零增大到 $10\mu m$，碳钢的微动疲劳强度大幅度地降低；而当微动幅度由 $10\mu m$ 增大到 $20\mu m$ 时，微动疲劳强度降低相对较少。

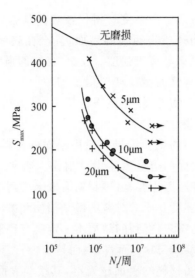

图 11-11 微动幅度对 0.35％C 钢微动疲劳寿命曲线的影响（$S_{min}=0$）

表面接触压力为 50MPa[3]

11.4.3 材料对微动损伤的敏感性

材料对微动损伤的敏感性决定于它的性质。图 11-12 表明[2,3]，微动疲劳强度缩减因子，即无微动损伤时的疲劳极限 σ_r 与微动疲劳极限 σ_{rf} 之比，有随材料强度升高而增大的趋势。

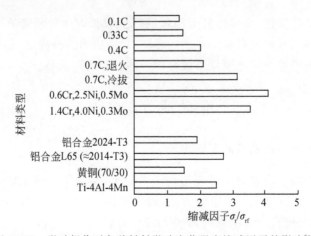

图 11-12 微动损伤对各种材料微动疲劳强度缩减因子的影响[2,3]

高强度材料的微动疲劳强度缩减因子为 2～4，而低强度材料的微动疲劳强度缩减因子约为 1.5。高强度材料之所以有较大的微动疲劳强度缩减因子，主要是因为它对表面状态十分敏感。高强度材料仅在表面状态完好的情况下,才能达到高的疲劳强度。微动损伤造成很粗糙的表面,甚至在表面形成微裂纹(见图 11-4 和图 11-5),因而大大降低微动疲劳强度。反之,材料的强度低,并不一定意味着它对微动损伤不敏感,即具有低的微动疲劳强度缩减因子。材料对微动损伤是否敏感,可能还取决于它的表面物理-化学性质。但是,表面损伤对低强度材料的疲劳强度的影响,终究要小一些。

应当说明,图 11-12 中的试验结果仅适用于同一材料两表面间微动损伤的情况。而两种不同材料的表面间也会发生微动损伤。通常,软材料的微动损伤较严重,而硬材料则较轻微,其原因主要是,硬材料有较高的耐磨性。

此外,表面粗糙度和环境介质对材料的微动损伤和微动疲劳强度均有影响,但对这些因素影响的研究还不多,得到的结果不一定具有普遍的意义。例如,粗糙度对微动疲劳强度的影响,就式(11-1)而言,表面越粗糙,摩擦系数越大,微动疲劳强度越低。实际上,某些金属材料的表面越光滑,其接触表面越易于粘连,造成更严重的微动损伤。

研究表明,钢的微动疲劳寿命与滑移幅度之间呈现较为复杂的关系[9]。式(11-1)很难用于描述钢的微动疲劳寿命与接触压力、滑移幅度之间较为复杂的关系。式(11-1)只不过是表示相关因素对微动疲劳强度影响的一般规律,且有一定的适用范围。

材料的硬度或强度可能影响疲劳强度 σ_r,从而影响微动疲劳强度,但与微动疲劳强度之间不存在直接的、定量的关系,因而不能从材料硬度或强度中去评价抗微动磨损能力。

微动损伤的严重性,主要由疲劳极限的降低和长寿命区疲劳寿命的缩减程度加以确定。上述因素对材料疲劳性能的影响,目前仍由试验确定,还不能从理论上进行预测。下节中将介绍金属微动疲劳的一些试验研究成果。

11.5　微动疲劳寿命表达式

11.5.1　微动疲劳寿命曲线的定量表示

为定量地分析金属材料微动疲劳的试验结果,文献[10]利用应力疲劳寿命表达式,即式(5-10),按 2.4.3 节中的方法,对常用的金属结构材料的微动疲劳试验数据进行了回归分析,所得结果列入表 11-2。将表 11-2 中的 C_f、$(\sigma_{eqv})_c$ 之值代入式(5-10),即可得到微动疲劳寿命表达式。例如,当 $P=40\text{MPa}$ 时,LC4CS 铝合金的微动疲劳寿命表达式为

$$N_f = 1.94 \times 10^8 (\sigma_{eqv} - 38)^{-2} \tag{11-2a}$$

当 $P=0\text{MPa}$ 时

$$N_f = 4.04 \times 10^8 (\sigma_{eqv} - 56)^{-2} \tag{11-2b}$$

表 11-2　金属结构材料的微动疲劳试验数据的回归分析结果[10,11]

材料	R	P/MPa	$C_i/(\text{MPa})^2$	$(\sigma_{eqv})_c/\text{MPa}$	r	s
16Mn 钢	-1	0	7.16×10^8	251	-0.992	0.143
	-1	40	5.86×10^9	162	-0.966	0.172
45 钢	0.1	0	7.97×10^8	178	-0.949	0.143
	0.1	20	2.36×10^8	95	-0.948	0.372
	0.1	40	3.60×10^9	67	-0.935	0.179
LC4CS 铝合金	0.1	0	4.04×10^8	56	-0.961	0.183
	0.1	40	1.94×10^8	38	-0.989	0.095
7075-T6	0.1	10.4~20.7	1.20×10^9	57	-0.951	0.233
Ti-6Al-4V	0.1	20.7~41.4	3.18×10^9	176	-0.917	0.347
Ti-6Al-4V	0.05	0	7.39×10^8	413	-0.948	0.284
		10.4~20.7	5.17×10^9	203	-0.914	0.319
Ti-6Al-4V 喷丸	0.05	0	6.33×10^8	462	-0.908	0.308
		10.4~20.7	2.57×10^9	349	-0.923	0.227

　　使用同样的方法,可以求得表 11-2 中其他金属材料的微动疲劳寿命表达式。图 11-13 为按微动疲劳寿命表达式画出的表 11-2 中列出的金属材料的微动疲劳寿命曲线。由表 11-2、图 11-13 和式(11-2),可以看出,当表面法向接触压力增大时,微动疲劳强度降低幅度增大,在长寿命区内的疲劳寿命缩短。但是,当表面法向接触压力高于 50MPa 时,微动疲劳强度不再有明显的降低,见图 11-10。

11.5.2　平均应力对微动疲劳寿命的影响

　　图 11-13 中的微动疲劳寿命试验结果是在 $R=-1$ 的条件下取得的。但是,结构的零部件可能在不同的应力比或平均应力下服役,因此,有必要研究应力比或平均应力对金属微动疲劳寿命的影响。平均应力对 3.5NiCrV 钢($\sigma_b = 733\text{MPa}$)微动疲劳寿命影响的试验结果示于图 11-14。

　　由图 11-14 可见,在同一寿命和高的平均应力下,3.5NiCrV 钢所能承受的应力幅降低,疲劳极限降低了 63.6%。文献[3]对 3.5NiCrV 钢微动疲劳寿命的平均应力效应做了定性的解释。按照式(5-10),当平均应力较高时,当量应力幅之值较大,疲劳寿命缩短,因而式(5-10)可定量地解释图 11-13 中的试验结果。若将图 11-14 中不同平均应力下的疲劳极限换算成当量应力幅,则两者的差异很小。然而,可否用式(5-10)表示平均应力或应力比对金属材料的微动疲劳寿命,还需要进一步的研究。

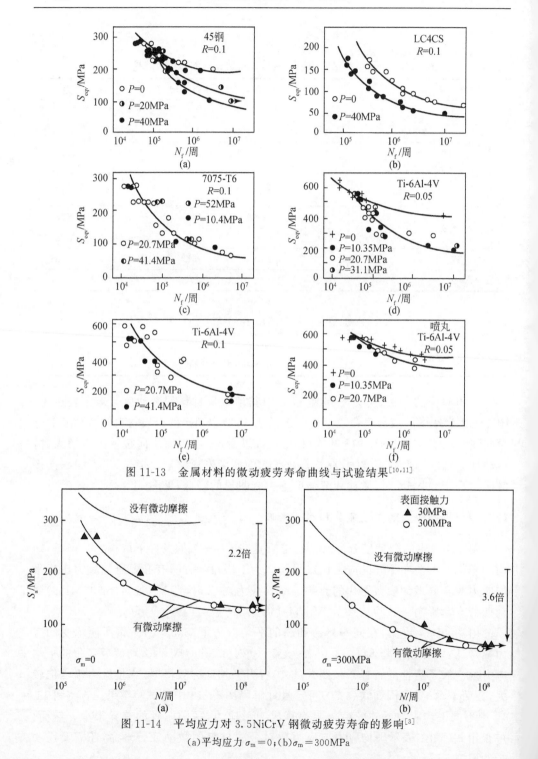

图 11-13　金属材料的微动疲劳寿命曲线与试验结果[10,11]

图 11-14　平均应力对 3.5NiCrV 钢微动疲劳寿命的影响[3]

(a)平均应力 $\sigma_m = 0$；(b)$\sigma_m = 300$MPa

11.6　微动疲劳损伤的防治

11.6.1　防治微动疲劳损伤的技术措施

文献[3]、[8]和[12]中均给出了防治微动疲劳损伤的较具体的技术措施。原则上,防治金属材料或结构件微动疲劳损伤的思路主要是:①防止微动损伤的发生;②在无法防止微动损伤的发生时,降低以至消除微动损伤的有害影响。

要完全防止微动损伤的发生,看来是不可能的,因为两个相互连接的零部件,其表面总要发生接触。目前,主要从结构件的设计和制造工艺上采取措施,提高连接件的微动疲劳强度。主要的技术措施有[12]:

(1)防止两金属表面间的直接接触。例如,在两摩擦面插进一种弹性高的材料,如橡胶或聚合物材料,以吸收切向位移能量,提高微动疲劳强度。

(2)采用表面强化方法,如表面滚压、化学热处理,大大提高微动疲劳强度,有时能完全消除微动磨损的不利影响。

(3)采用表面涂层,以减小摩擦系数和提高表层抗微动损伤的抗力。

(4)对接触表面进行润滑,任何润滑剂和坚硬固体膜都能减少黏着力,因而也减少了微动损伤。

这些处理工艺可使表面层产生很薄的富有活性元素的化合物层或非金属涂层,避免金属之间的直接接触和摩擦。例如在室温下真空中,不锈钢-不锈钢清洁表面黏着磨损系数 $K=10^{-3}$,若表面覆以 Sn 的薄膜,$K=10^{-7}$,若覆以 MoS_2,$K=10^{-9} \sim 10^{-10[12]}$。

11.6.2　实例

在机械工业和航空航天工业中,耳片连接是一种典型的连接形式。微动损伤会严重地降低耳片的疲劳强度,因而有研究和改善其疲劳强度的必要。因此,将防止耳片的微动损伤,提高其微动疲劳强度的技术措施,作为一个实例介绍如下。

正常的 2024-T3 铝合金耳片的微动疲劳寿命曲线如图 11-15 所示[3]。可以看出,由于耳片孔与销钉之间的微动损伤,耳片的疲劳极限降低到约 13MPa,疲劳寿命大为缩短。为避免耳片孔中的微动损伤,尤其是在关键部位的微动损伤,故在耳片孔内开狭缝,见图 11-15。耳片孔内开狭缝后,耳片的疲劳极限升高到约 32MPa,约为正常的、未开狭缝耳片的 2.5 倍,疲劳寿命大大地延长,如图 11-15 所示。实际上,在耳片孔内开狭缝的作用,是将产生微动损伤的部位由受力最大的 B^* 点转移到受切向力较小的 G 点,从而使疲劳极限得以升高,疲劳寿命得以延长。

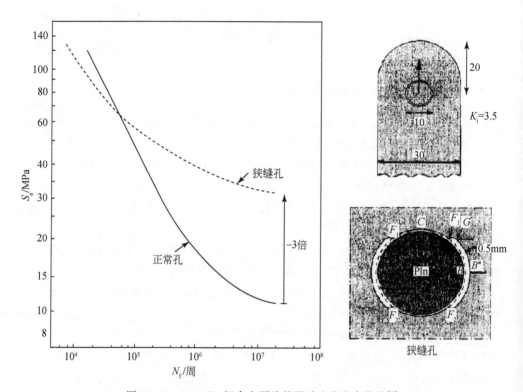

图 11-15　2024-T3 铝合金耳片的微动疲劳寿命曲线[3]

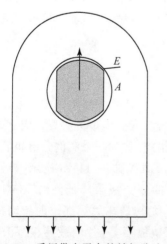

图 11-16　采用带有平台的销钉防止在
受力最大的 A 点发生微动损伤[6]

然而,在耳片孔内开狭缝的工艺比较复杂,生产成本较高,厂家难以采用。因此,采用带有平台的销钉,使得受力最大的 A 点及邻近部位不致发生微动损伤如图 11-15 所示[3]。采用带有平台的销钉与在耳片孔内开狭缝的作用相同,也是将发生微动损伤的部位由受力最大的 A 点转移到受切向力较小的 E 点(见图 11-16)。但应注意,带有平台的销钉在耳片孔内不能转动,尤其不能转动 90°。此外,在耳片中加衬套、对耳片孔进行冷挤压,也是提高耳片微动疲劳强度的有效的技术措施。

11.7　结　　语

　　因微动磨损而在金属表面造成微动损伤,引起疲劳极限的降低和疲劳寿命的缩短。这种现象称为金属疲劳的微动效应,简称金属的微动疲劳。微动损伤普遍存在于飞机、发动机和一般机械的零部件中。所以,对金属的微动疲劳要给予注意、研究并加以防止。

　　在等幅载荷下,用光滑试件对金属的微动疲劳做了较多的研究,得到了一些规律性的认识。但是,由于影响金属微动疲劳强度的因素多,而且各因素之间可能发生交互影响,因而关于金属微动疲劳强度的一些规律性的认识有其局限。变幅载荷下,对金属微动疲劳所做的研究较少。最好用实际零部件进行微动疲劳的研究,所得的微动疲劳寿命的试验结果,采用适当的公式,如式(5-10)或式(5-13)进行拟合,给出微动疲劳曲线及其表达式。由此而得的微动疲劳曲线及其表达式,有可能用于变幅载荷下该零部件微动疲劳寿命的预测。初步的试验结果与分析表明,式(5-13)可用于拟合金属微动疲劳寿命的试验结果。

　　最近,对于微动疲劳的研究还在进行。研究金属的微动疲劳,重在找到防止表面微动损伤的产生,至少将表面微动损伤降低到尽可能低的程度,以免疲劳强度降低过大,微动疲劳寿命缩短过多。关于防治微动损伤的技术措施,已有一些共识,但也要研究更有效的防治微动损伤的技术措施。

参 考 文 献

[1]孙家枢. 金属的磨损. 北京:冶金工业出版社,1992.

[2]Waterhouse R B. Fretting Corrosion. New York:Pergamon Press,1972.

[3]Schijve J. Fatigue of Structures and Materials. Boston:Kluwer Academic Publishers,2001.

[4]郑修麟. 工程材料的力学行为. 西安:西北工业大学出版社,2004.

[5]Nakazawa K,Sumita M,Maruyama N. Fatigue and fretting fatigue of austenitic stainless steels in pseudo-body fluid// Wu X R,Wang Z G. Proceedings of 7th International Congress. FATIGUE'99,Beijing:High Education Press,EMAS,1999:1359-1364.

[6]Nishioka K, Hirakama K. Fundamental investigation of fretting fatigue. Japanese Society of Mechanical Engineer,1969,12(50),Part 1-5.

[7]Hoeppner D W,Gates F L. Fretting fatigue consideration in engineering design. Wear,1981,70:155-164.

[8]赵少汴,王忠保. 疲劳设计. 北京:机械工业出版社,1992.

[9]Gao H S,Gu H C,Zhou H J. Effect of slip amplitude on fretting fatigue. Wear,1991,148:15-23.

[10]吕宝桐,李东紫,郑修麟. 16Mn 钢的微动疲劳寿命. 机械强度,1991,13(4):45-50.

[11]郑修麟. 金属疲劳的定量理论. 西安:西北工业大学出版社,1994.

[12]周惠久,黄明志. 金属材料强度学. 北京:科学出版社,1989.

第三部分　疲劳数据的统计分析与带存活率的疲劳寿命曲线表达式

结构的抗疲劳设计已从安全系数法进步到可靠性设计[1]。安全系数也是根据载荷与疲劳强度干涉模型确定的[1,2]。为此，需要研究载荷与疲劳强度的统计分布规律。载荷的统计分布规律，与特定的结构及服役条件相关，因而其研究工作一般是由结构设计工程师进行。而疲劳强度的统计分布规律的研究，则是材料科学工作者分内的事。

试验结果和分析表明[3]，在变幅载荷下，结构件的疲劳裂纹起始寿命和疲劳裂纹扩展寿命遵循对数正态分布。要预测变幅载荷下结构件的疲劳裂纹起始寿命的概率分布，需要具有给定存活率的疲劳裂纹起始寿命曲线和表达式[4]；要预测变幅载荷下结构件的疲劳裂纹扩展寿命的概率分布，相应地，需要具有给定存活率的疲劳裂纹扩展速率曲线和表达式。

众所周知，疲劳试验数据具有相当大的分散性。在后续章节中，将要分析疲劳试验数据分散性的来源，减小疲劳试验数据分散性的措施；简要介绍疲劳试验数据的统计分析方法；进而讨论利用疲劳寿命公式求取带存活率的疲劳寿命曲线与疲劳强度的概率分布的方法，并探讨预测带存活率的疲劳寿命曲线与疲劳强度的概率分布的可能性。

第 12 章　疲劳试验数据的统计分析方法

12.1　引　　言

大量试验结果表明[5-10],疲劳寿命的试验数据具有很大的分散性。为了可靠地评价和改善材料,也为了预测变幅载荷下结构件的疲劳寿命的概率分布与疲劳可靠性评估,需要对疲劳寿命的试验数据做统计分析,求得其统计分布特征,进而可求得带存活率的疲劳寿命曲线与疲劳强度的概率分布[11-13]。

然而,材料疲劳强度的概率分布,至今仍不能由试验直接确定[1,2,5,14,15]。这是因为不能事先估计试件在指定寿命下发生疲劳失效所能承受的循环应力。根据等同性假设[1,2,5,14,15],可以根据疲劳寿命的概率分布理论上推导出疲劳强度的概率分布。在工程应用中,假设疲劳强度也遵循对数正态分布,与疲劳寿命的相同;疲劳强度的平均值由存活率为 50% 的疲劳寿命曲线确定,标准差由疲劳寿命的标准差除以疲劳寿命曲线的斜率而得到[1,2,5]。确定了疲劳强度的概率分布、平均值和标准差,即可很方便地求得具有给定存活率的疲劳强度之值。然而,在长寿命区,疲劳寿命的概率分布不能用试验加以确定[1,2,6,8],因而疲劳强度的概率分布很难甚至于不能按上述方法确定。

通常,用某一疲劳寿命公式拟合疲劳寿命的试验数据,而求得的金属材料疲劳寿命表达式仅具有 50% 的存活率[5,6,10-13]。用这样的疲劳寿命表达式预测变幅载荷下结构件的疲劳寿命,也只具有 50% 的存活率[13]。换句话说,在结构件达到预测的寿命前,可能已有一半发生疲劳失效。为预测变幅载荷下结构件的疲劳寿命的概率分布,以确定结构件的具有给定存活率的疲劳寿命,需要有材料的具有给定存活率的疲劳寿命曲线和相应的表达式[4,10,13]。而且,具有给定存活率的疲劳寿命曲线和相应的表达式,也是确定疲劳强度概率分布的依据。

本章首先分析疲劳试验数据分散性的来源以及减小疲劳试验数据分散性的途径。继而,介绍疲劳试验数据统计分析的一般概念和方法,并结合疲劳寿命的概率分布加以讨论。最后,介绍疲劳极限及其概率分布的试验测定方法。

12.2　疲劳试验数据的分散性

12.2.1　疲劳试验数据分散性及其来源

众所周知,疲劳寿命的试验数据具有很大的分散性。在不同的循环应力下或不同的寿命区,疲劳寿命试验数据的分散性也不相同,在长寿命区疲劳寿命试验数据的分散性高于中、短寿命区的分散性,如图 12-1 所示。

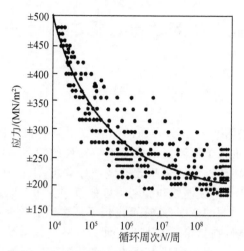

图 12-1　低碳钢在不同的循环应力下旋转弯曲疲劳试验结果[16]

疲劳寿命试验数据的分散性与疲劳寿命随循环应力的变化规律相关。对疲劳寿命公式,即式(5-10)进行全微分,得[17]

$$\frac{\Delta N_f}{N_f} = \frac{\Delta C_f}{C_f} - \frac{2\Delta(\Delta S_{eqv})}{[\Delta S_{eqv} - (\Delta S_{eqv})_c]} + \frac{2\Delta(\Delta S_{eqv})_c}{[\Delta S_{eqv} - (\Delta S_{eqv})_c]} \qquad (12\text{-}1)$$

式(12-1)表明,随着当量应力幅的降低并接近理论疲劳极限,亦即随着疲劳寿命的延长,疲劳寿命试验数据的分散性增大。这与图 12-1 中所示的试验结果是一致的,也与文献[5]中的试验结果一致。

由式(12-1),可以看出,疲劳寿命试验数据分散性产生的原因有三,其中两项与材料组织和性能的不均匀性以及试件的制备工艺有关,另一项与疲劳试验设备和技术有关,分别讨论如下。

式(12-1)右面第一项表明,材料的疲劳抗力系数的波动引起疲劳寿命试验数据的分散性。而疲劳抗力系数是与拉伸性能有关的材料常数,见 5.3.2 节。因此,材料组织和性能的不均匀性和试件取样部位的不同,都可以引起拉伸性能的波动,进而引起疲劳抗力系数的波动。然而,材料的疲劳抗力系数的波动引起疲劳寿命试验数据的分散性,在全部寿命范围内是相等的。

式(12-1)右面第三项表明,理论疲劳极限的波动对疲劳寿命试验数据的分散性的影响。它随着当量应力幅的降低和疲劳寿命的延长而增大。疲劳极限是与材料组织和拉伸性能相关的材料常数(见第 5 章),同时又受到试件表面状态的影响很大。因此,材料组织和性能的不均匀性,尤其是表面状态的不均匀性,都可以引起疲劳极限的波动。试件的表面金属的应变硬化、粗糙度和残余应力等,合称为表面完整性。表面完整性的波动也在很大程度上会引起疲劳极限的波动,从而影响到疲劳寿命,尤其是在长寿命区疲劳试验结果的分散性。各个科研和生产单位的试件加工的设备和技术力量是有差别的,因而不同单位测定的同一材料疲劳极限和在长寿命区疲劳试验结果存在差异[6],而且试件的加工和生产中零部件的加工也存在差异。因此,在使用手册中材料的疲劳寿命曲线和表达式预测结构件在变幅载荷下的疲劳寿命时,要注意到上述差别,慎选手册中材料的疲劳寿命曲线和表达式。

式(12-1)右面第二项表明,当量应力幅的波动引起疲劳寿命试验数据的分散性。它是由试验误差引起的,也随着当量应力幅的降低和疲劳寿命的延长而增大。当量应力幅的波动与循环加载的精度和稳定性、试件的加工误差(包括尺寸和形位误差),以及试件夹持的同心度等因素有关。所以,疲劳试验设备是否保持完好和稳定的状态,实验室工作人员的技术和责任感,对疲劳试验数据的分散性也有重大的影响。

12. 2. 2　减小疲劳试验数据分散性的途径

为减小疲劳寿命试验数据的分散性,应针对其产生的原因采取如下应对措施:

第一,要提高金属材料的冶金质量,尤其要降低铸锭的偏析。在后续的热加工过程中,包括轧制、锻造和热处理等工艺过程中,应尽可能降低化学成分、显微组织和力学性能的不均匀性,从而减小材料的疲劳抗力系数和疲劳极限的波动。不仅要提高同一炉批的材料的均匀性,还要尽可能减小不同炉批材料均匀性之间的差异。

第二,要提高疲劳试件的机械加工精度,减小表面完整性的波动,进一步稳定疲劳极限和疲劳裂纹起始门槛值。而且,疲劳试件的机械加工工艺要接近机械零部件的机械加工工艺,从而使疲劳试验结果具有代表性。

第三,要提高疲劳试验机的加载精度,并作定期检查。应当改善试验技术规范,提高试验人员的理论和试验技术水平,以减小试验误差引起的疲劳试验结果的分散性。

以后各节关于疲劳寿命试验数据的统计分析,原则上也适用于疲劳裂纹起始寿命试验数据的统计分析。Schijve[5]从疲劳机理的角度,对疲劳寿命试验数据的分散性做了简要的分析。

12.3　疲劳试验数据的统计分析基础

由于疲劳试验数据具有较大的分散性,所以要研究它的统计分布规律。试验结果和分析表明[5,6,8,13],疲劳寿命试验结果的对数符合正态分布(或对数正态分布），也符合 Weibull 分布。疲劳裂纹起始寿命符合对数正态分布[10,16]，看来不符合 Weibull 分布[16]。在介绍这两种分布函数前，先介绍统计学中常用名词和概念[6,8,18,19]。

1. 随机变量

随偶然因素而变化的量称为随机变量。随机变量有两个重要的特征：①在同等条件下测定的少量数据参差不齐，具有偶然性、波动性；②在大量重复性试验中，测得的数据具有某种统计规律性。前述引起疲劳寿命分散性的因素，可看做是偶然因素。疲劳寿命的测定值就是随前述偶然因素而变化，具有偶然性，所以疲劳寿命是随机变量。统计分析就是用数学分析方法，去探求随机变量的规律性。

2. 母体、个体和子样

研究对象的全体称为总体，又称母体。构成母体的基本单元称为个体。构成母体的个体必须在某些或某一方面具有共同的性质。这是构成母体的必要条件或前提。例如，要研究某种钢的疲劳性能，则该钢的化学成分、制备工艺必须基本相同。同时，各个个体之间又必然会存在差异。例如，每个疲劳试件由于材料的化学成分和显微组织的不均匀性、取样部位的不同，必然与另一个疲劳试件之间存在差异，测定的疲劳寿命也会不同。正是存在这种差异，才需要进行统计分析。再则，母体中必须包含相当数量的个体。根据少量个体测得的数据或信息，难以、甚至不能显示母体的规律性或做出关于母体的规律性的结论。

母体中包含的个体可以是无限的，即为无限母体；也可以是有限的，即为有限母体。要研究无限母体中的每一个个体，工作量过大以至于不可能。即使是有限母体，在某种情况下，也不可能研究每一个个体。例如，产品或结构件的破坏性试验，如疲劳试验，显然不能全部进行。为研究母体的性质，常从母体中抽取一部分个体加以研究。这部分被抽取出来而加以研究的个体，称为子样或样本。子样所包含的个体数目称为子样的大小或样本容量。

由样本对母体或总体进行统计推断，其可靠性需用概率来评定。评定统计推断可靠性的概率，称为置信概率或置信度。

3. 平均值

在相同的试验条件下，测定一组试件的性能数据为 $x_1, x_2, \cdots, x_i, \cdots, x_n$。这组数据即构成一个大小为 n 的子样，其中每个性能数据即相当于一个个体。这组数据的平均值即为子样的平均值 $\bar{x}$，可用下式求得

$$\bar{x} = \frac{x_1 + x_2 + \cdots + x_i + \cdots + x_n}{n} = \frac{1}{n}\sum_{i=1}^{n} x_i \tag{12-2}$$

由子样推断母体性质时，母体的平均值由子样的平均值加以估计。n 值越大，

子样的平均值越接近母体的平均值。有时,测定值中有些数值相等,如以 x_1, $x_2,\cdots,x_i,\cdots,x_m$ 表示测定值的大小,$V_1,V_2,\cdots,V_i,\cdots,V_m$ 表示各测定值的数目, 则有

$$\bar{x} = \frac{V_1 x_1 + V_2 x_2 + \cdots + V_i x_i + \cdots + V_n x_n}{V_1 + V_2 + \cdots + V_i + \cdots + V_n} = \sum_{i=1}^{n} V_i x_i \Big/ \sum_{i=1}^{n} V_i \tag{12-3}$$

式中,V_i 称为权,式(12-3)表示的平均值称为加权平均值。

4. 中值

一组测定值按由小到大的顺序排列,若测定值的数目 n 为奇数,则居中的那个 值即为中位值或中值。当 n 为偶数,则取居中两个值的平均值为中值。中值是一 组测定值中的最佳值,对测定值的波动大小不敏感。在测定值遵循正态分布时,中 值与算术平均值是一致的。

5. 方差和标准差

每个测定值与平均值之差称为偏差或离差,以 d_i 表示。可以证明偏差之和等 于零

$$\sum_{i=1}^{n} d_i = 0 \tag{12-4}$$

由此可见,n 个偏差只有 $n-1$ 个是独立的,亦即 n 个偏差中的 $n-1$ 个确定之 后,另一个可由式(12-4)给出。因此,n 个偏差有 $n-1$ 个自由度。

由于偏差的总和为零,故不能用偏差和来表征试验测定值的分散性。因此,在 数理统计中,采用子样方差来度量试验数据的分散性。子样方差的定义如下:

$$S^2 = \frac{\sum_{i=1}^{n} d_i^2}{n-1} = \frac{\sum_{i=1}^{n} (x_i - \bar{x})^2}{n-1} \tag{12-5}$$

此即偏差平方和除以自由度。子样方差的平方根即为子样的标准差。利用偏差的 定义,可求得偏差平方和如下:

$$\sum_{i=1}^{n} d_i^2 = \sum_{i=1}^{n} (x_i - \bar{x})^2 = \sum_{i=1}^{n} x_i^2 - \frac{1}{n} \Big(\sum_{i=1}^{n} x_i \Big)^2 \tag{12-6}$$

将式(12-6)代入式(12-5),可得子样方差和标准差的计算公式为

$$S^2 = \frac{\sum_{i=1}^{n} x_i^2 - \frac{1}{n} \Big(\sum_{i=1}^{n} x_i \Big)^2}{n-1} \tag{12-7}$$

$$S = \sqrt{\frac{\sum_{i=1}^{n} x_i^2 - \frac{1}{n} \Big(\sum_{i=1}^{n} x_i \Big)^2}{n-1}} \tag{12-8}$$

　　显然,子样的方差和标准差越大,则试验数据的分散性越大。当用子样来推断母体性质时,子样的标准差可用作母体标准差的估计值。n 的值越大,子样的标准差越接近母体的标准差。

　　6. 频数、频率与概率

　　将 n 个试验数据由小到大排列:$x_{min}, x_1, x_2, \cdots, x_i, \cdots, x_{max}$。再将 n 个试验数据分成 m 组。m 值可按下式估算[19]:

$$m = 1.52(n-1)^{2/5} \tag{12-9}$$

　　然后,根据极差 $R = x_{max} - x_{min}$ 和分组数 m,确定分组宽度 $\Delta x = R/m$。Δx 应取为整数,同时也要使 x_i 不要落在分组界面上。于是,可以数出落在各分组内的试验数据的数目 n_i,此即频数。比值 n_i/n 则称为相对频数或频率。随着测定次数 n 的增加,分组数 m 增加而分组宽度 Δx 减小。此时,频率逐渐趋近于一稳定值。这种特性称为频率的稳定性。而频率的稳定值即称为概率。当 $n \to \infty$,频率与概率趋于一致。

12.4　正 态 分 布

12.4.1　正态分布的概率密度函数

　　对疲劳试验数据进行统计分析时,要确定这些数据遵循什么样的分布函数。前已指出,疲劳寿命和疲劳裂纹起始寿命均遵循对数正态分布。正态分布的概率密度函数如下式所示:

$$f(x) = \frac{1}{\sigma\sqrt{2\pi}} \exp\left(-\frac{(x-\mu)^2}{2\sigma^2}\right) \tag{12-10}$$

式中,x 是从正态分布母体中随机抽取的样本值;μ 是正态分布母体的平均值;此处的 σ 是正态分布母体的标准差。以 μ 为平均值、σ^2 为方差的正态分布记为 $N(\mu, \sigma^2)$。按式(12-10)画出的正态分布的概率密度曲线示于图 12-2。

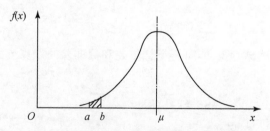

图 12-2　正态分布的概率密度曲线[18,19]

　　测定值与母体平均值之差为测定误差,即 $\varepsilon = x - \mu$。测定误差 ε 也是随机变量,也遵循正态分布[19]。

下面通过图 12-2 来形象地说明正态分布的概率密度函数的特性及其在疲劳统计分析中的应用。图 12-2 中的曲线以 $x=\mu$ 为对称轴,在该处有极大值;曲线两端延伸至无限远处,并以横坐标轴为渐近线。这表明这一随机变量,如对数疲劳寿命的可能的取值范围。曲线与横坐标所包围的面积等于 1,表示疲劳寿命在 $0 \rightarrow \infty$ 之间取值的概率等于 1,即必然事件。而疲劳寿命在区间 $[a,b]$ 取值的概率为图 12-2 中阴影线所表示的面积。区间 $[a,b]$ 离平均值越近,则 x 在区间 $[a,b]$ 取值的概率越大;反之,则越小。

母体平均值是曲线的位置参数;μ 值越大,曲线对称轴离纵坐标越远。母体标准差是曲线的形状参数;σ 值越大,曲线变得越平缓,表明测定值的分散性越大;反之,则曲线越陡峭,分散性越小,见图 12-3。

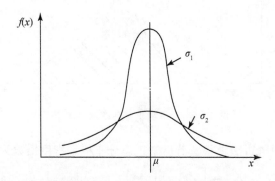

图 12-3　母体标准差对正态分布概率密度曲线的影响 $(\sigma_2 > \sigma_1)$[18]

疲劳试验,尤其是在中、长寿命区的疲劳试验,要耗费大量人力、物力和经费。由于人力、物力和经费的限制,一般情况下,疲劳试验的子样比较小,在每个应力幅下测定疲劳寿命的试件一般不超过 20 件。在所试验的循环应力下,试验件数均相等,以便于对疲劳试验数据做统计分析,得到带存活率的疲劳寿命曲线表达式[11,12]。

所以在处理疲劳试验数据时,要根据先前的试验结果和分析,假定疲劳寿命的试验结果遵循对数正态分布。进而,要用数理统计分析方法,证明所得的疲劳试验数据确实遵循对数正态分布。于是,母体的平均值和标准差可分别用子样的平均值和标准差来估计。最后,表示母体性质的正态分布概率密度函数和曲线即可确定。

12.4.2　失效概率与存活率

令 ξ 表示作为随机变量的对数疲劳寿命,用 $S_v(\xi > x_p)$ 表示 ξ 大于某一对数疲劳寿命 x_p 的概率。若已知对数疲劳寿命正态分布概率密度函数和曲线,即可用解析法或图解法求得 $S_v(\xi > x_p)$ 之值。图 12-4 中阴影覆盖的面积即表示 $S_v(\xi > x_p)$；反之，给定 $S_v(\xi > x_p)$ 之值，亦可求得 x_p。若令 $S_v(\xi > x_p) = 90\%$，这意味着 90％试件的对数疲劳寿命高于 x_p；或者说 90％试件试验到对数疲劳寿命为 x_p 时未发生疲劳断裂。因此，将 $S_v(\xi > x_p)$ 定义为存活率。由于正态分布概率密度曲线下的面积为 1，故图 12-4 中 x_p 左边的空白面积等于 $1 - S_v(\xi > x_p)$。它表示 $\xi < x_p$ 的概率 $P(\xi < x_p)$。若 $S_v(\xi > x_p) = 90\%$，则 $P(\xi < x_p) = 10\%$。这意味着有 10％的试件的对数疲劳寿命低于 x_p，或者说有 10％的试件在对数疲劳寿命达到 x_p 之前发生疲劳断裂。故将 $P(\xi < x_p)$ 称为失效概率。存活率与失效概率之和等于 1。

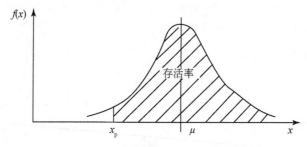

图 12-4　图解法求存活率示意图[18]

存活率也可用解析法求得。若已知正态分布概率密度函数为 $f(x)$，则有[18]

$$S_v(\xi > x_p) = \int_{x_p}^{\infty} f(x)\,\mathrm{d}x = \int_{x_p}^{\mu} f(x)\,\mathrm{d}x + \int_{\mu}^{\infty} f(x)\,\mathrm{d}x \tag{12-11}$$

由图 12-2 可知，$\int_{\mu}^{\infty} f(x)\,\mathrm{d}x = 1/2$。将这一数值和式(12-11)代入式(12-10)，于是有

$$S_v(\xi > x_p) = 0.5 + \int_{x_p}^{\mu} \frac{1}{\sigma\sqrt{2\pi}} \exp\left(-\frac{(x-\mu)^2}{2\sigma^2}\right) \mathrm{d}x \tag{12-12}$$

令

$$u = \frac{x - \mu}{\sigma} \tag{12-13}$$

则有

$$\mathrm{d}u = \mathrm{d}x/\sigma, \quad \mathrm{d}x = \sigma\mathrm{d}u \tag{12-14}$$

将式(12-13)和式(12-14)代入式(12-12)，于是得

$$S_v(\xi > x_p) = 0.5 + \int_{\mu_p}^{0} \frac{1}{\sqrt{2\pi}} \exp\left(-\frac{u^2}{2}\right) \mathrm{d}u \tag{12-15}$$

由此可见，式(12-15)中的积分上限为 0，而下限为 μ_p。根据式(12-13)，当 $x = \mu$ 时，$u = 0$；而当 $x = x_p$ 时，则 $u = \mu_p$。于是，μ_p 称为与存活率相关的标准正态偏量，可用下式表示：

$$\mu_p = \frac{x_p - \mu}{\sigma} \qquad (12\text{-}16)$$

式(12-15)中的右边第二项可先按麦克劳林级数展开,然后逐项积分。但当 μ_p 较大时,采用数值积分比较方便。存活率与标准正态偏量 μ_p 间的关系如表 12-1 所示。

表 12-1　存活率与标准正态偏量 μ_p 间的关系[18]

S_v	0.10	0.20	0.30	0.40	0.50	0.60	0.70
μ_p	1.282	0.842	0.524	0.253	0	-0.253	-0.524
S_v	0.80	0.841	0.90	0.95	0.99	0.999	0.9999
μ_p	-0.842	-1	-1.282	-1.645	-2.326	-3.090	-3.7190

实际上,通过式(12-13)所进行的变量代换,将 $N(\mu, \sigma^2)$ 分布转换为标准的 $N(0,1)$ 分布。因此,可利用标准正态分布表[19],求得存活率与标准正态偏量 μ_p 间的相互关系。

如前所述,疲劳试验的试件数是有限的。如何确定这有限观测值的存活率或失效概率,是要讨论的又一问题。在给定的循环应力下,得到一组 n 个疲劳寿命的试验结果。然后,按由小到大的顺序排列如下: $x_1 < x_2 < x_3 < \cdots < x_i < \cdots < x_n$。理论分析表明[18],无论母体遵从何种分布,观测值 x_i 失效概率可用平均秩来估计

$$P = \frac{i}{n+1} \qquad (12\text{-}17)$$

式中, i 为测定值排列顺序中的顺序数。当子样较小时,采用下式估算累积失效概率[5]:

$$P = \frac{i - 0.5}{n} \qquad (12\text{-}18)$$

而对应于任一测定值 x_i,其存活率 $S_v = 1 - P$。

12.4.3　正态分布的图解检验法

正态分布的图解检验要用到正态概率坐标纸。根据前述分析得到的结果(表 12-1),画出存活率与标准正态偏量间的关系曲线,如图 12-5(a)所示。为了使这条曲线变成直线,可按下述方法将纵坐标加以改变:①在横坐标上等间距地标明 μ_p 之值, $\mu_p = -3.0$、-2.0、-1.0、0、1.0、2.0、3.0 等;②在纵坐标上定出 $\mu_p = 0$, $S_v = 50\%$ 的位置,即 A 点[见图 12-5(b)];③通过 A 点作一斜线,按表 12-1 中的数据对纵坐标加以标定,例如,当 $\mu_p = -1.282$、$S_v = 90\%$, $\mu_p = -0.842$、$S_v = 80\%$ 等。于是,得到正态概率坐标纸的纵坐标,而横坐标通常是等间距的或是以 10 为底的对数刻度,如图 12-6 所示。现在,可利用有关的计算机软件,在计算机上直接绘制正态概率坐标纸。

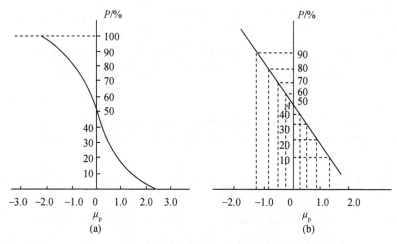

图 12-5　正态概率坐标纸的制作原理与方法[18]

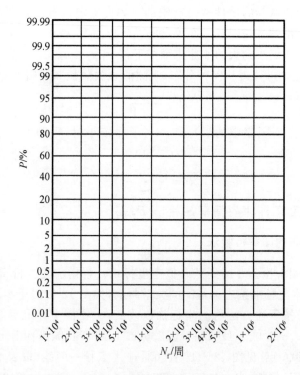

图 12-6　正态概率坐标纸[18]

　　若一随机变量,如对数疲劳寿命 $\lg N_{\mathrm{f,p}}$ 与标准正态偏量 μ_{p} 之间呈线性关系,则这一随机变量遵循正态分布。在正态概率坐标纸上,若一随机变量,如对数疲劳寿

命 $\lg N_{f,p}$ 与存活率 S_v 或失效概率 P 之间也必为一直线。在疲劳寿命试验数据的统计处理中,常利用这一性质,来判断被抽样的母体是否符合对数正态分布[5,18,19]。

文献[11]中给出了 16Mn 钢疲劳寿命试验数据,将疲劳寿命试验数据按升高的顺序排列并取对数,并按式(12-17)或式(12-18)计算出失效概率,画在正态概率坐标纸上,如图 12-7 所示。可以看出,在 $\lg N_f$ 和 μ_p 之间呈良好的线性关系。对图 12-7 中 $\lg N_f$ 和 μ_p 的数据进行线性回归分析,若所得的线性相关系数 r 高于给定的子样大小和置信度下的线性相关系数的起码值 r_{cr},即 $r \geqslant r_{cr}$,则可认为疲劳寿命的试验结果遵循对数正态分布[18,19]。回归分析给出的线性相关系数均高于线性相关系数的起码值[11]。因此,可以认为,在各个应力幅下,对测定的 16Mn 钢疲劳寿命均遵循对数正态分布。测定值是否遵循对数正态分布,还可用其他方法作进一步检验。

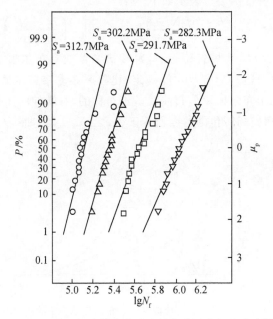

图 12-7　16Mn 钢疲劳寿命试验数据的对数正态分布[11]

12.4.4　正态分布的其他检验方法

一组观测数据是否遵循正态分布,还可用其他方法检验[17],其中夏皮罗-威尔克(Shapiro-Wilk)方法较为简便且较严格。夏皮罗-威尔克方法的要点如下[19]:

首先计算参量 W 之值

$$W = \Big[\sum_{i=1}^{k} C_{i,n}(x_{n-i+1} - x_i) \Big]^2 \Big/ \sum_{i=1}^{n} (x_i - \bar{x})^2 \qquad (12\text{-}19)$$

式中，$C_{i,n}$是与试验数据的个数 n 和试验数据排位顺序数 i 有关的系数，可查表求得[19]；x_i为第 i 个试验结果；$\bar{x}$ 为平均值。

其次，将求得 W 值与相应的 W 的起码值 W_c 作比较。若 $W > W_c$，则这组观测数据服从正态分布。W_c 值也可查表求得，详见文献[19]和附录。但是，夏皮罗-威尔克方法仅能用于检验个体数在 50 以下的样本是否遵循正态分布。对于个体数大于 50 的样本，可采用 χ^2 检验法进行检验。关于 χ^2 检验法和其他方法检验样本是否遵循正态分布的细节，可参阅文献[19]。

12.5 韦布尔分布

疲劳寿命的试验结果 N，尤其是接触疲劳寿命的试验结果也遵循韦布尔分布[5]。韦布尔概率密度函数可表示如下[18]：

$$f(N) = \frac{b}{N_a - N_0} \left(\frac{N - N_0}{N_a - N_0} \right)^{b-1} \exp\left(-\left(\frac{N - N_0}{N_a - N_0} \right)^b \right) \tag{12-20}$$

式中，N_0 为最短寿命；N_a 为特征寿命；b 为形状参数或韦布尔模数。可见，韦布尔概率密度函数要由上述三个参数才能确定，比较复杂。韦布尔概率分布曲线如图 12-8 所示。它表明韦布尔概率分布曲线是不对称的，右端伸向无穷远处，以横坐标为渐近线；曲线与横坐标所包围的面积等于 1。当 $b > 1$ 时，曲线左端与横坐标相交于 N_0。

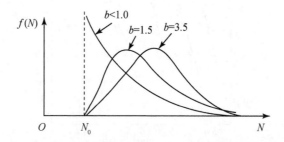

图 12-8　不同形状参数下的韦布尔概率分布曲线[18]

当疲劳寿命的试验结果遵循韦布尔分布时，存活率可用图解法或解析法求得。给定疲劳寿命 N_p，用图解法求得存活率 $S_v(\xi \geqslant N_p)$ 的原理和方法示于图 12-9。当疲劳寿命的试验结果遵循韦布尔分布时，用解析法求得存活率 $S_v(\xi \geqslant N_p)$ 的原理和方法如下：

对式(12-20)积分，有

$$S_v(\xi \geqslant N_p) = \int_{N_p}^{\infty} \frac{b}{N_a - N_0} \left(\frac{N - N_0}{N_a - N_0} \right)^{b-1} \exp\left(-\frac{N - N_0}{N_a - N_0} \right)^b \mathrm{d}N \tag{12-21}$$

令

$$Z = \left(\frac{N - N_0}{N_a - N_0}\right)^b \tag{12-22}$$

故有

$$\frac{N - N_0}{N_a - N_0} = Z^{1/b} \tag{12-23}$$

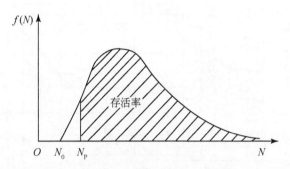

图 12-9　当疲劳寿命遵循韦布尔分布时求得存活率的方法[18]

当 $N = N_p$ 时，则 $Z = Z_p$。由式（12-22）得

$$Z_p = \left(\frac{N_p - N_0}{N_a - N_0}\right)^b \tag{12-24}$$

对式（12-23）微分，得

$$\frac{\mathrm{d}N}{N_a - N_0} = \frac{1}{b} Z^{\frac{1-b}{b}} \mathrm{d}Z \tag{12-25}$$

将式（12-22）、式（12-23）和式（12-25）代入式（12-21）并代换积分的下限，得

$$S_v = \int_{Z_p}^{\infty} \exp(-Z)\mathrm{d}Z = \exp(-Z_p) = \exp\left(-\left(\frac{N_p - N_0}{N_a - N_0}\right)^b\right) \tag{12-26}$$

当 $N_p = N_0$ 时，$S_v = 1$。可见，最小寿命 N_0 就是存活率 $S_v = 100\%$ 的疲劳寿命。当 $N_p = N_a$ 时，$S_v = 1/e = 36.8\%$，也就是说，特征寿命是存活率为 36.8% 的疲劳寿命。根据上述分析，可以看出，韦布尔概率密度函数的优点，是存在存活率为 100% 的最小寿命 N_0，但函数形式复杂。

研究表明，疲劳寿命既符合韦布尔分布，但更好地符合对数正态分布[20]。实际上，在疲劳寿命正态分布和韦布尔分布曲线的大部分区段，两条分布曲线很接近，甚至重合；仅在两条分布曲线的端部，即很高（$>99\%\ S_v$）和很低存活率（$<1\%\ S_v$）的情况下，有较显著的差别，如图 12-10 所示。

12.6　绘制安全寿命曲线的作图法

前已指出，经过试验点中间绘制的疲劳寿命曲线，仅有 50% 的存活率。若用这样的疲劳寿命曲线作为预测结构件疲劳寿命的依据，则预测的结构件的疲劳寿

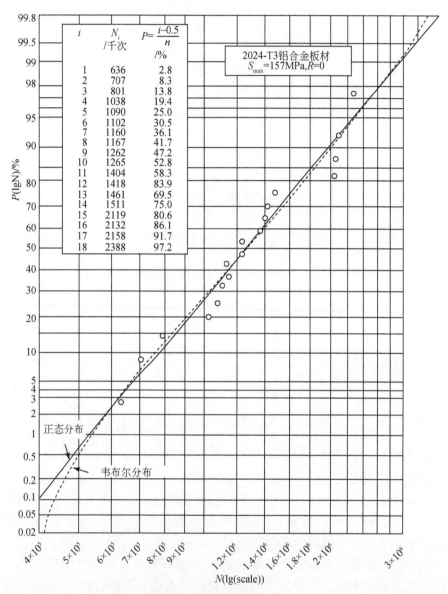

图 12-10　在正态概率坐标纸上画出的带包铝层 2024-T3 铝合金板
材疲劳寿命的试验结果[5]

命也只有 50％的存活率[4,13]。这意味着可能有 50％结构件在达到设计寿命之前
发生疲劳断裂。而在生产中,总是要求产品具有高的存活率,如 95％、99％,甚至
99.9％,依据产品的重要性由权威部门确定。设计具有高存活率的结构,需要有相
应的高存活率的疲劳寿命曲线,简称安全寿命曲线,或 P-S-N 曲线。在本章中,仅

介绍绘制安全寿命曲线的作图法。

若确定了存活率,即可查表求得 μ_p ,进而根据式(12-16)求得具有给定存活率的疲劳寿命 x_p

$$x_\mathrm{p} = \mu + \mu_\mathrm{p}\sigma \tag{12-27}$$

当存活率 $S_\mathrm{v} = 50\%$, $\mu_\mathrm{p} = 0$, $x_{\mathrm{p}=50} = \mu$ 。由此可见,当对数疲劳寿命遵循正态分布时,母体平均值相当于 $S_\mathrm{v} = 50\%$ 的对数疲劳寿命 $x_{\mathrm{p}=50}$,即母体中有 50% 的个体的对数疲劳寿命较 $x_{\mathrm{p}=50}$ 长,而另有 50% 的个体的对数疲劳寿命较 $x_{\mathrm{p}=50}$ 短。

疲劳试验中,在给定的循环应力下,测定一组疲劳寿命数据 $N_1, N_2, N_3, \cdots,$ $N_i, \cdots, N_n$ 。将这组疲劳寿命数据取对数后,分别代入式(12-2)和式(12-8),可以求得这组数据,即子样的平均值和标准差,并取作母体平均值 μ 和标准差 σ 的估计值。再由式(12-27)求得具有任一存活率的对数疲劳寿命 x_p 。

为测定 $P\text{-}S\text{-}N$ 曲线,在每一循环应力下,测定疲劳寿命的一组试件一般不少于 6 件[18] ;试验结果分散性较大时,试件应多一些[11] 。按上述方法,求得具有给定存活率的对数疲劳寿命 x_p 。连接不同循环应力下、具有相同存活率的疲劳寿命的点,即得具有给定存活率的疲劳寿命曲线,或 $P\text{-}S\text{-}N$ 曲线,如图 12-11 所示。

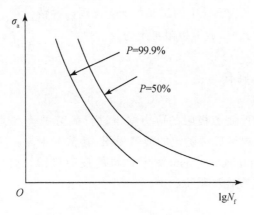

图 12-11　$P\text{-}S\text{-}N$ 曲线的示意图[6,18]

用作图法绘制 $P\text{-}S\text{-}N$ 曲线,首先要根据疲劳寿命的概率分布求得带存活率的疲劳寿命,然后才能绘制 $P\text{-}S\text{-}N$ 曲线。因此,在不能确定疲劳寿命的概率分布的长寿命区时,$P\text{-}S\text{-}N$ 曲线也无法绘制。这是用作图法绘制 $P\text{-}S\text{-}N$ 曲线遇到的第一个问题。其次,用作图法绘制 $P\text{-}S\text{-}N$ 曲线,只能是被动地反映试验结果,包括误差在内。尤其是疲劳寿命试验结果分散性很大的陶瓷材料和复合材料,用作图法绘制 $P\text{-}S\text{-}N$ 曲线难以反映疲劳失效的一般规律[21] 。因此,将在第 13 章中介绍求得 $P\text{-}S\text{-}N$ 曲线的解析法。

12.7　疲劳极限的试验测定

如前所述,疲劳极限是材料疲劳性能最重要的参数之一。因此,材料的疲劳性能手册中,都要给出各种材料疲劳极限之值[6-8]。通常,将 $N_f = 10^7$ 周时的循环应力幅定义为试验测定的疲劳极限。下面以测定 $R = -1$ 时的疲劳极限为例,简介疲劳极限的试验测定方法。

12.7.1　简单试验法

试验前,按第 5 章中的经验公式,估计材料的疲劳极限值,以确定循环加载应力幅。试验时,若试件在 $N < 10^7$ 周的情况下断裂,则另取一试件并降低应力幅,重新试验。若在应力幅 σ_i 时,$N < 10^7$ 周,而在应力幅 σ_{i+1} 时,$N > 10^7$ 周;后一种情况称为越出(run-out)。若 $\sigma_i - \sigma_{i+1} < 5\% \ \sigma_{i+1}$,则可将疲劳极限定为[6]

$$\sigma_{-1} = (\sigma_i + \sigma_{i+1})/2 \qquad (12\text{-}28a)$$

若 $\sigma_i - \sigma_{i+1} > 5\% \ \sigma_{i+1}$,则需再做一次试验。试验时的应力幅取为,$\sigma_{i+2} = (\sigma_i + \sigma_{i+1})/2$。在应力幅为 σ_{i+2} 下的试验可能会出现两种情况:

(1) $N_f > 10^7$ 周,此时,疲劳极限可定为

$$\sigma_{-1} = (\sigma_i + \sigma_{i+2})/2 \qquad (12\text{-}28b)$$

(2) $N_f < 10^7$ 周,则有

$$\sigma_{-1} = (\sigma_{i+1} + \sigma_{i+2})/2 \qquad (12\text{-}28c)$$

前已指出,在接近疲劳极限的应力幅下进行疲劳试验,试验结果的分散性很大。因此,用这一简单试验法确定的疲劳极限,其精度不高。所以,常采用所谓的升降法(sequential staircase test)测定材料的疲劳极限。升降法(up and down method)一词较早出现在文献[22]中。

12.7.2　升降法

用升降法可较为精确地测定材料的疲劳极限或中值疲劳强度。用升降法测定材料的疲劳极限的过程如下:

试验从高于疲劳极限的应力幅开始,然后逐渐降低,如图 12-12 所示。在第一级应力幅 σ_1 下,试件的疲劳寿命 $N_f < 10^7$ 周时,在低一级的应力幅 σ_2 下测试第二个试件,以此类推。在应力幅 σ_4 下进行试验时,$N_f > 10^7$ 周,即越出,故第五个试件应在高一级的应力幅 σ_3 下进行试验(见图 12-12)。总之,凡试件的寿命未达到 10^7 周时,则后一个试件应在低一级的应力幅下进行试验;反之,试件的寿命达到 10^7 周时,则后一个试件应在高一级的应力幅下进行试验,直至全部试验完毕。各级应力幅之差称为应力幅增量,在试验过程中保持恒定。

图 12-12 中表示 16 个试件的试验结果。在第一对相反的结果 3 点和 4 点的应力幅的平均值 $(\sigma_3 + \sigma_4)/2$，就是简单试验法定出的疲劳极限。于是，将所有出现相反结果的邻近两个数据点都配对：如 7 和 8、10 和 11、12 和 13、15 和 16；不相邻的 9 和 14 也可配成一对。每一对应力幅的平均值，就是简单试验法确定的疲劳极限。总共可确定 7 个疲劳极限之值，再求平均值

$$\sigma_{-1} = \frac{1}{7} \left[\frac{4(\sigma_3 + \sigma_4)}{2} + \frac{(\sigma_2 + \sigma_3)}{2} + \frac{2(\sigma_4 + \sigma_5)}{2} \right] \tag{12-29}$$

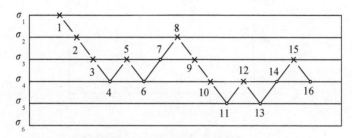

图 12-12 升降法测定材料疲劳极限的过程示意图[5,18]

指定寿命为 $N_f = 10^7$ 周；○越出；×试件寿命为 $N_f < 10^7$ 周

由式(12-29)求得的 σ_{-1}，可以认为是疲劳极限的精确值。由此可见，测定材料疲劳极限的升降法，实质上是简单试验法的多次重复。然而，用升降法测定的疲劳极限也只有 50% 的存活率[5,11,18]。用升降法测定材料的疲劳极限时，至少要用 10 个试件，试验最好在 4～5 级应力幅下进行，以显示试验结果的分散性。

12.7.3 疲劳极限概率分布的试验测定

文献[22]中报道了用概率单位法(probit method)试验测定疲劳极限概率分布，该法的要点与步骤如下[5]：①在疲劳极限上下，选定几个应力值；②在每一个选定的应力值下，试验一组试件至指定的寿命，例如 $N = 10^7$ 周；③将在 $N = 10^7$ 周之前断裂的试件数除以该组试件的总数，可得失效概率的估计值，所得结果列入表 12-2；④将表 12-2 中的应力幅和失效概率的数据画在正态概率坐标纸上，即得指定寿命下疲劳极限的概率分布曲线，如图 12-13 所示。

表 12-2 用概率单元法测定疲劳极限概率分布的试验结果[5]

σ_a/MPa	试件总数	在 $N = 10^7$ 周之前断裂的试件数	失效概率/%
280	15	1	6.7
290	8	2	25
300	5	2	40
310	8	6	75
320	15	14	93.3

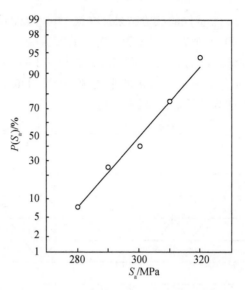

图 12-13　　概率单位法求得的疲劳极限的概率分布[5]

　　用概率单元法求得疲劳极限的概率分布，需要试验较多的试件，时间和经费耗费多。若要求疲劳极限的概率分布，可考虑将升降法和概率单元法配合使用。

12.7.4　测定疲劳极限概率分布的新方法

　　文献[23]报道了采用红外热像仪测定低碳钢对焊接头疲劳极限的试验结果。低碳钢对焊接头疲劳极限试验结果按升高的顺序重新排列，画在正态概率坐标纸上，如图 12-14 所示，图中的疲劳极限用 $\Delta\sigma$ 表示，失效概率用式(12-18)估算。将失效概率转化为标准正态偏量 μ_p，然后进行回归分析，所得线性相关系数分别为0.939 和 0.941，均高于线性相关系数的起码值[19]。这表明低碳钢对焊接头疲劳极限遵循对数正态分布[见图 12-14(a)]，也遵循正态分布[见图 12-14(b)]；后者与图 12-13 中的结果一致。

　　用夏皮罗-威尔克方法做进一步的检验[19]，检验结果表明，低碳钢对焊接头的疲劳极限遵循对数正态分布和正态分布。由此可见，用红外热像仪测定一组试件的疲劳极限，可以确定某一材料或结构件疲劳极限的概率分布，从而大大地减少试验工作量，节约大量的人力和物力。用红外热像仪不仅可测定材料的疲劳极限，还可测定结构件的疲劳极限。而且，用红外热像仪测定疲劳极限的试验是非破坏性的试验，疲劳极限测定后，试件或结构件仍可使用。这一测定疲劳极限的试验方法的特点和优点，是其他试验方法难以企及的。也许，巴克豪森(Barkhausen)噪声法可用于测定材料和结构件的疲劳极限[24]，它可能也具有红外热像仪测定疲劳极限的特点和优点，需要进一步的注意和研究。

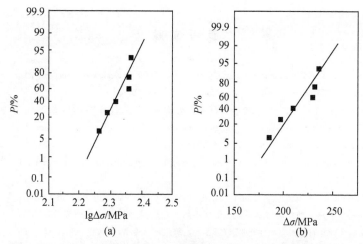

图 12-14　用红外热像仪测定的低碳钢对焊接头疲劳极限的概率分布
(a)对数正态分布;(b)正态分布

12.8　结　　语

众所周知,疲劳试验结果有相当大分散性。因此,从理论上对疲劳试验结果分散性的来源进行了分析,并提出了减小疲劳试验结果分散性的技术措施。尤其指出,不同单位试件加工技术的差异,会造成不同单位测定的同一材料疲劳极限和长寿命区疲劳寿命试验结果的差异。试件加工技术与零部件的生产技术也有差异。因此,要慎选手册中的等幅载荷下疲劳疲劳寿命曲线和表达式,用于预测变幅载荷下结构件的疲劳寿命。

因为疲劳试验结果有相当大分散性,所以要对疲劳试验结果进行统计分析。在本章中,对统计分析的基本概念,两个统计分布规律,即正态分布和韦布尔分布,做了简要的介绍。疲劳寿命的试验结果和分析表明,疲劳寿命的对数遵循正态分布和韦布尔分布。而且,两条分布曲线的大部分区段重合或十分接近,仅在存活率高于 99% 和低于 1% 的两端差别较大。再则,韦布尔分布函数的数学形式复杂。所以,疲劳寿命的对数遵循正态分布,常被工程界采用。

无论在研究工作或工程应用中,疲劳极限都是重要的材料参数和疲劳设计参数。因此,这里介绍了疲劳极限及其概率分布的试验测定方法。用红外热像仪测定材料和结构件疲劳极限,是非破坏性的试验,疲劳极限测定后,试件或结构件仍可使用。用红外热像仪测定一组试件的疲劳极限,可以确定某一材料或结构件疲劳极限的概率分布,从而大大地减少试验工作量,节约大量的人力和物力。这是用红外热像仪测定疲劳极限概率分布的特点和优点。这一测定疲劳极限及其概率分布的试验方法的特点和优点,是其他试验方法难以企及的。

参 考 文 献

[1]Technical Committee 6-Fatigue. recommendations for Fatigue Design of Steel Structures. 1st Edition. Brussel：European Convention for Constructional Steelwork,1985.

[2]Albrecht P. S-N fatigue reliability analysis of highway bridges. ASTM STP,1983,798：184-204.

[3]Schütz W. The prediction of fatigue life in the crack initiation and propagation stages-A survey of the art state. Engineer Fracture Mechanics,1979,11(2)：405-421.

[4]Zheng X L. On some basic problems of fatigue research in engineering. International Journal of Fatigue, 2001,23：751-766.

[5]Schijve J. Fatigue of Structures and Materials. Boston：Kluwer Academic Publishers,2001.

[6]北京航空材料研究所．航空金属材料疲劳性能手册．北京：北京航空材料研究所,1982.

[7]吴学仁．飞机结构金属材料力学性能手册(第1卷)：静强度・疲劳/耐久性．北京：航空工业出版社,1996.

[8]高镇同,蒋新桐,熊峻江,等．疲劳性能试验设计和数据处理——直升机金属材料疲劳性能可靠性手册，北京：北京航空航天大学出版社,1999.

[9]Zheng X L,Lu B T. On the fatigue formula under stress cycling. International Journal of Fatigue,1987, 9(3)：169-174.

[10]魏建锋．变幅载荷下疲劳寿命概率分布的预测模型．西安：西北工业大学博士学位论文,1996.

[11]Zheng X L,Lu B T,Jiang H. Determination of probability distribution of fatigue strength and expressions of *P-S-N* curves. Engineer Fracture Mechanics,1995,50(4)：483-491.

[12]Zheng Q X,Zheng X L. Determination of probability distribution of fatigue strength and expressions of *P-S-N* curves under repeated torsion. Engineer Fracture Mechanics,1993,44(4)：521-528.

[13]Zheng X L,Li Z,Lu B T. Prediction of probability distribution of fatigue life of 15MnVN steel notched elements under variable amplitude loading. International Journal of Fatigue,1996,18 (2)：81-86.

[14]王钧利,诸德培．疲劳强度概率分布的统计推断．航空学报,1990,11(6)：B237-241.

[15]鄢文彬,涂铭旌,李全安．低合金高强度钢的疲劳强度统计特性研究．机械工程学报,1991,27(6)：28-32.

[16]Lieurade H P. Estimation des caracteristiques de résistance et d'endurance en fatigue,dans La fatigue des materiaux et des structures. Presses D'Université De Montreal,1981：31-70.

[17]郑修麟．金属疲劳的定量理论．西安：西北工业大学出版社,1994.

[18]高镇同．疲劳应用统计学．北京：国防工业出版业,1985.

[19]邓勃．分析测试数据的统计处理方法．北京：清华大学出版社,1995.

[20]Schijve J. A normal distribution or a Weibull distribution for fatigue lives. Fatigue & Fracture of Engineering Materials & Structures,1993,16(8)：851-859.

[21]Sakai T,Fujitani K. A statistical aspect on fatigue behavior of alumina ceramics in rotating bending. Engineer Fracture Mechanics,1989,32：499-508.

[22]McClintock F A. The statistical planning and interpretation of fatigue tests//Waisman J L,Sines G. Metal Fatigue. New York：McGraw-Hill,1959：112-141.

[23]La Rosa G,Risitano A. Thermographic methodology for rapid determination of the fatigue limit of materials and mechanical components. International Journal of Fatigue,2000,22(1)：65-73.

[24]Palma E S,Mansur T R,Ferreira Silva S Jr,et al. Fatigue damage assessment in AISI 8620 steel using Barkhausen noise. International Journal of Fatigue,2005,27(6)：659-665.

第 13 章　带存活率的疲劳寿命曲线与疲劳强度的概率分布

13.1　引　　言

在第 12 章中,业已指出,结构疲劳可靠性评估中,采用所谓的"等效应力范围"与疲劳强度干涉模型。因此,应当确定疲劳强度的概率分布,以满足结构件疲劳可靠性评估的需要。至今,材料疲劳强度的概率分布仍不能由试验直接确定,这是因为无法预先确定试件在指定寿命发生失效所能承受的循环应力。通常,根据疲劳寿命的概率分布,在等同性假设的基础上,推导出疲劳强度的概率分布。在工程应用中,假定疲劳强度也遵从对数正态分布,与疲劳寿命的相同;疲劳强度的平均值由 50% 存活率的疲劳寿命曲线确定,而疲劳强度的标准差由疲劳寿命的标准差除以疲劳寿命曲线的斜率而求得。因此,在疲劳寿命曲线及其表达式的适用范围内,疲劳强度的标准差为常数。而且,在长寿命区,由于一些试件不发生疲劳断裂,无法确定其疲劳寿命的概率分布,因而难以确定疲劳强度的概率分布。

文献[1]和[2]指出,某些结构件在服役条件下的疲劳寿命,可长到 $10^9 \sim 10^{10}$ 周,因而需要有能覆盖长寿命区的、带存活率的疲劳寿命曲线及其表达式。但是,在长寿命区,用作图法确定带存活率的疲劳寿命曲线几乎是不可能的[2,3]。然而,要能精确地确定全寿命范围内的带存活率的疲劳寿命曲线及其表达式,必须采用好的疲劳寿命公式拟合疲劳试验结果,进而对所得结果作进一步的分析,即采用所谓的解析法确定带存活率的疲劳寿命曲线及其表达式。根据带存活率的疲劳寿命曲线及其表达式,可以确定任一给定寿命下的疲劳强度的概率分布,为结构件疲劳的可靠性评估以及带存活率的疲劳寿命预测提供依据[4-7]。

本章运用第 4 章和第 5 章中的疲劳寿命公式,确定适用于全部寿命区、包括长寿命区在内的带存活率的疲劳寿命曲线的原理和方法,以及确定任何给定的疲劳寿命下的疲劳强度概率分布的方法。同时,也给出几种材料的带存活率的疲劳寿命曲线和疲劳强度概率分布的实例。在以后的章节中,还将讨论如何利用带存活率的疲劳寿命曲线,预测变幅载荷下结构件疲劳寿命的概率分布。

13.2　绘制带存活率的疲劳寿命曲线的解析法(Ⅰ)

文献[4]和[5]给出了 16Mn 钢旋转弯曲疲劳寿命的试验数据,共计 15 组;将这些数据按疲劳寿命升高的顺序重新排列后列入表 13-1。对上述疲劳试验数据取对数后,画在正态概率坐标纸上,如图 12-7 所示。对图 12-7 中的数据进行分析,表明 16Mn 钢疲劳寿命的试验结果遵循对数正态分布[5]。文献[6]～[10]中的疲劳寿命试验结果和分析也表明,几乎所有材料、包括陶瓷材料和复合材料的疲劳寿命试验结果,均遵循对数正态分布。

表 13-1　16Mn 钢疲劳寿命的试验结果与回归分析得到的 C_f 和 S_{ac} 之值[4,5]

组号	在下列应力幅下的疲劳寿命 $N_f/10^3$ 周				$C_f /(MPa)^2$	S_{ac}/MPa	r
	312.7*	302.3*	291.7*	282.3*			
1	100.8	155.6	334.1	689.1	$2.60×10^8$	262.3	−0.996
2	104.2	159.7	336.1	751.9	$2.57×10^8$	263.0	−0.998
3	105.4	176.3	338.2	780.1	$2.69×10^8$	262.9	−0.999
4	114.3	183.7	347.3	860.5	$2.80×10^8$	263.3	−0.999
5	115.4	189.4	354.9	938.3	$2.72×10^8$	264.2	−0.999
6	116.5	196.1	370.0	949.0	$2.79×10^8$	264.2	−0.999
7	118.6	197.6	406.2	1044.2	$2.71×10^8$	265.3	−0.999
8	119.9	204.1	437.3	1059.0	$2.78×10^8$	265.4	−0.998
9	123.2	210.4	444.8	1099.1	$2.84×10^8$	265.5	−0.998
10	123.5	223.8	472.9	1279.3	$2.71×10^8$	267.0	−0.999
11	124.5	247.1	483.8	1332.0	$2.83×10^8$	267.0	−0.997
12	130.7	251.4	611.9	1575.2	$2.81×10^8$	268.5	−0.994
13	160.1	275.7	645.0	1662.3	$3.44×10^8$	267.3	−0.997
14	257.4	283.6	680.3	1686.9	$5.46×10^8$	263.0	−0.984
15	268.3	336.5	730.9	1764.7	$6.17×10^8$	262.4	−0.993

* 指循环应力幅 S_a,单位为 MPa。

13.2.1　一般原理和方法

根据第 5 章中给出的应力疲劳公式,可以形成绘制带存活率的疲劳寿命曲线的解析法的理论依据和具体的方法。为此,将应力疲劳公式,即式(5-10)重写如下:

$$N_f = C_f [\Delta S_{eqv} - (\Delta S_{eqv})_c]^{-2} \tag{13-1}$$

当 $R=-1$ 时,式(13-1)可简化为

$$N_f = C_f (S_a - S_{ac})^{-2} \tag{13-2}$$

业已证明,式(13-2)[即式(5-13)]中应力疲劳抗力系数 C_f 和理论疲劳极限 S_{ac} 是材料常数[4]。它们也必然是随机变量,并遵从一定的统计分布。若能求得应力疲劳抗力系数 C_f 和理论疲劳极限 S_{ac} 的概率分布,进而可求得带存活率的 C_f、S_{ac} 之值。最后,将带存活率的 C_f、S_{ac} 之值回代入式(13-2),即可得出带存活率的疲劳寿

命表达式,并画出带存活率的疲劳寿命曲线,即 P-S-N 曲线。

用解析法绘制带存活率的疲劳寿命曲线,具体做法可分以下几个步骤[5]:

(1)将制备好的试件分成若干组,每组试件有 n 个。

(2)在若干个循环应力下,测得 n 组疲劳寿命的试验数据。

(3)按第 12 章中的程序,求得疲劳寿命的概率分布。

(4)按式(13-2)和 2.4.3 节中的方法,对每一组疲劳寿命的试验数据进行拟合,可得 n 对 C_f、S_{ac} 之值。

(5)将 n 对 C_f、S_{ac} 之值按升高的顺序重新排列,画在正态概率坐标纸上,求取 C_f、S_{ac} 的概率分布,以及带存活率的 C_f、S_{ac} 之值。

(6)将带存活率的 C_f、S_{ac} 之值回代入式(13-1)或式(13-2)即可得出带存活率的疲劳寿命表达式。

13.2.2　疲劳抗力系数与理论疲劳极限的概率分布

按式(13-2)和 2.4.3 节中的方法,对每一组数据进行拟合,得到的应力疲劳抗力系数 C_f 和理论疲劳极限 S_{ac} 之值也列入表 13-1。表中给出的线性相关系数均大于线性相关系数的起码值 $r_{0.05,2} = -0.950$。这表明用式(13-2)和 2.4.3 节中的方法,拟合 16Mn 钢 15 组疲劳试验数据都是有效的。

将表 13-1 中的 C_f、S_{ac} 之值取对数,按升高的顺序重新排列后,画在正态概率坐标纸上,如图 13-1 所示。

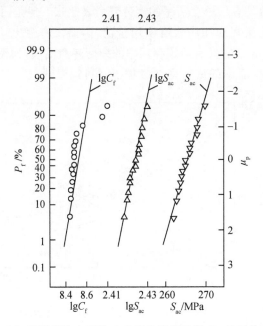

图 13-1　16Mn 钢疲劳抗力系数 C_f 和理论疲劳极限 S_{ac} 的对数正态分布[5]

将失效概率转化为标准正态偏量,然后进行回归分析,得出下列表达式[5]:

$$\lg C_f = 8.4873 + 0.1018\mu_p, \quad r = 0.760 \tag{13-3}$$

$$\lg S_{ac} = 2.4228 + 0.0036\mu_p, \quad r = 0.881 \tag{13-4a}$$

$$S_{ac} = 264.8 + 2.226\mu_p, \quad r = 0.970 \tag{13-4b}$$

上述回归分析给出的线性相关系数绝对值均大于起码值 $r_{0.05,13} = -0.514$[3]。这表明 16Mn 钢的疲劳抗力系数 C_f 和理论疲劳极限 S_{ac} 遵循对数正态分布,理论疲劳极限也遵循正态分布[5]。

13.2.3　*P-S-N* 曲线与表达式

将疲劳抗力系数 C_f 和理论疲劳极限 S_{ac} 的平均值代入式(13-2),即得 16Mn 钢存活率 $S_v = 50\%$ 的疲劳寿命表达式:

$$\lg N_f = 3.07 \times 10^8 (S_a - 264.8)^{-2} \tag{13-5a}$$

从 C_f 和 S_{ac} 的平均值分别减去 1.645 和 3.09 倍标准差,即得存活率分别为 $S_v = 95\%$ 和 99.9% 的 C_f 和 S_{ac} 的值。将这些具有给定存活率的 C_f 和 S_{ac} 的值代入式(13-2),可得具有相应存活率的 16Mn 钢的疲劳寿命表达式:

当 $S_v = 95\%$ 时

$$\lg N_f = 1.98 \times 10^8 (S_a - 261.5)^{-2} \tag{13-5b}$$

当 $S_v = 99.9\%$ 时

$$\lg N_f = 1.34 \times 10^8 (S_a - 258.6)^{-2} \tag{13-5c}$$

仿此,可以求得具有任一存活率的疲劳寿命表达式。但是,低存活率的疲劳寿命曲线和表达式,在工程应用中没有实用价值,因而没有写出。按式(13-5a)~式(13-5c)画出的 16Mn 钢的具有给定存活率的疲劳寿命曲线,如图 13-2 所示。其中也给出了具有相应存活率的疲劳寿命数据点。可以看出,当 $S_v = 50\%$ 时,疲劳寿

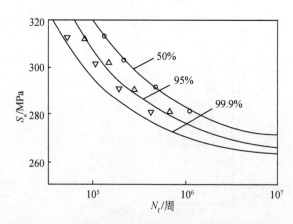

图 13-2　16Mn 钢的具有给定存活率的疲劳寿命曲线[5]

命曲线与试验结果符合很好;当 S_v=95％时,疲劳寿命曲线显得比较保守,而当 S_v=99.9％时则更为保守。其中的原因将在 13.3 节中讨论。

13.3　疲劳强度的概率分布

根据前述的关于 16Mn 钢疲劳寿命的试验结果和分析,可以提出两个确定疲劳强度概率分布的具体方法。兹分述如下:

将表 13-1 中每对疲劳抗力系数 C_f 和理论疲劳极限 S_{ac} 的值依次代入式(13-2),并给定疲劳寿命之值,即可计算出指定寿命下疲劳强度。将计算结果按升高的顺序重新排列,画在正态概率坐标纸上,如图 13-3 所示[5]。

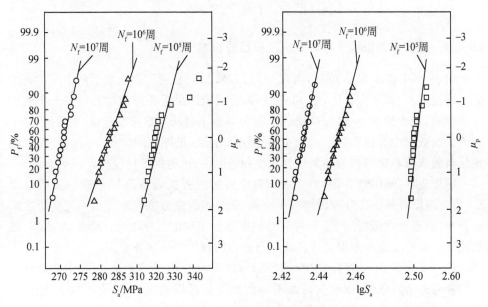

图 13-3　16Mn 钢疲劳强度的概率分布[5]

按 13.2.2 节中的方法,对图 13-3 中的疲劳强度数据进行回归分析,得到以下的结果:

当 N_f=10^5 周时

$$S_a=320.7+8.062\mu_p , \qquad r=0.868 \qquad (13\text{-}6a)$$
$$\lg S_a=2.5061+0.0108\mu_p , \quad r=0.868 \qquad (13\text{-}6b)$$

当 N_f=10^6 周时

$$S_a=282.4+3.194\mu_p , \qquad r=0.988 \qquad (13\text{-}7a)$$
$$\lg S_a=2.45091+0.0049\mu_p , \quad r=0.989 \qquad (13\text{-}7b)$$

当 N_f=10^7 周时

$$S_a = 270.4 + 2.168\mu_p, \qquad\qquad r = 0.987 \tag{13-8a}$$

$$\lg S_a = 2.4319 + 0.0035\mu_p, \qquad r = 0.987 \tag{13-8b}$$

回归分析给出的线性相关系数均大于其起码值。据此,可以认为在中、长寿命范围内,16Mn 钢的疲劳强度遵从正态分布,也遵从对数正态分布。

另一种求取疲劳强度概率分布的方法是,先按 13.2 节中的方法求得一系列的具有给定存活率的疲劳寿命表达式,然后给定疲劳寿命,进而回代入上述疲劳寿命表达式计算出给定寿命下、具给定存活率的疲劳强度,最后确定疲劳强度的概率分布。

13.4　疲劳寿命概率分布对 *P-S-N* 曲线和疲劳强度概率分布的影响

13.4.1　疲劳寿命概率分布对 *P-S-N* 曲线的影响

由表 13-1 和图 13-1 可见,当 $S_a = 312.7 \text{MPa}$ 时疲劳寿命出现了两个反常高的值。用夏皮罗-威尔克方法,对 16Mn 钢疲劳试验结果是否遵循对数正态分布做进一步检验,观察到 $S_a = 312.7 \text{MPa}$ 时,疲劳寿命不遵从对数正态分布,主要是 15 个疲劳试验数据中有两个很长的疲劳寿命试验结果(见图 13-1)[5]。考其原因,可能是材料的成分和组织均匀性欠佳。在这种情况下,试验的子样应更大一些。

用夏皮罗-威尔克方法,对 16Mn 钢疲劳的疲劳抗力系数 C_f 和理论疲劳极限 S_{ac} 是否遵循对数正态分布做进一步检验,观察到的疲劳抗力系数 C_f 不遵从对数正态分布,而理论疲劳极限 S_{ac} 仍遵从对数正态分布和正态分布[5]。看来,夏皮罗-威尔克方法是检验试验数据是否遵从正态分布的较为严格的方法。

进一步分析 $S_a = 312.7 \text{MPa}$ 时疲劳寿命试验结果,观察到表 13-1 中两个反常高的疲劳寿命对数值,落在其对数平均值加 2 倍标准差之外,因而可以舍去[5,11]。表 13-1 中的第 14、第 15 两组数据舍去后,16Mn 钢疲劳寿命试验结果的概率分布如图 13-4 所示。再用夏皮罗-威尔克方法进行检验,则在所有四个应力幅下的疲劳寿命试验结果均遵循对数正态分布。

将表 13-1 中的第 14、第 15 两组疲劳抗力系数 C_f 和理论疲劳极限 S_{ac} 的数据也舍去,再用夏皮罗-威尔克方法进行检验,结果表明 C_f 和 S_{ac} 均遵循对数正态分布,S_{ac} 还遵循正态分布,如图 13-5 所示。

按 13.2 节中的方法,可以求得具有给定存活率的 16Mn 钢疲劳寿命表达式。

当 $S_v = 50\%$ 时

$$\lg N_f = 2.78 \times 10^8 (S_a - 265.1)^{-2} \tag{13-9a}$$

当 $S_v = 95\%$ 时

$$\lg N_f = 2.47 \times 10^8 (S_a - 261.9)^{-2} \tag{13-9b}$$

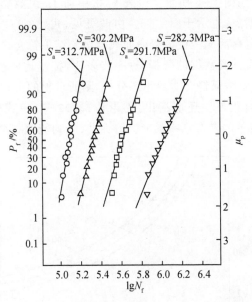

图 13-4　16Mn 钢疲劳寿命试验结果(13 组)的对数正态分布[5]

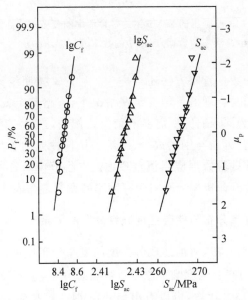

图 13-5　16Mn 钢疲劳抗力系数 C_f 和理论疲劳极限 S_{ac} (13 组数据)的概率分布[5]

当 $S_v = 99.9\%$ 时

$$\lg N_f = 2.22 \times 10^8 (S_a - 295.1)^{-2} \tag{13-9c}$$

按式(13-9)画出的存活率分别为 $S_v = 50\%$、$S_v = 95\%$ 和 $S_v = 99.9\%$ 的 16Mn

钢的疲劳寿命曲线,如图 13-6 所示。按表 13-1 中前 13 组数据求出的具有相应存活率的疲劳寿命数据点,也示于图 13-6。由此可见,式(13-9a)～式(13-9c)所表示的 16Mn 钢具有给定存活率的疲劳寿命曲线与试验结果符合很好。

　　上述对疲劳寿命试验数据的分析,进一步表明,按夏皮罗-威尔克方法进行检验,若疲劳寿命的试验结果符合对数正态分布,则所求得的带存活率的疲劳寿命曲线将与试验结果符合很好。还应指出,无论是式(13-5a)～式(13-5c)还是式(13-9a)～式(13-9c)所表示的带存活率的疲劳寿命曲线,均能覆盖全部寿命范围。

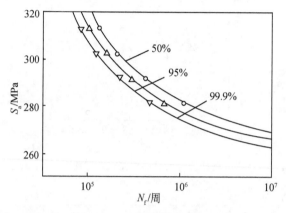

图 13-6　按式(13-9)画出的 16Mn 钢的带存活率的疲劳寿命曲线与具有相应
存活率的数据点(图中的数字表示存活率)[5]

　　本小节中所用的数据省略方法还可进一步讨论。按照统计学原则,省略某个或某些反常试验数据是合理的。但在某些情况下,省略某个或某些反常试验数据也许带走了可贵的、为深入研究所需要的信息。例如,16Mn 钢的疲劳试验结果之所以出现反常高的值,可能与钢的成分、组织和拉伸性能的不均匀性有关。所以,省略某个或某些反常试验数据应当慎重考虑。本小节中所省略的反常试验数据,主要目的是讨论疲劳寿命概率分布对带存活率的疲劳寿命表达式和曲线的影响。

13.4.2　疲劳寿命概率分布与疲劳强度概率分布的关系

　　用夏皮罗-威尔克方法,对前述疲劳强度的概率分布作进一步检验,观察到 N_f $=10^5$ 周时 16Mn 钢的疲劳强度既不遵循对数正态分布,也不遵循正态分布。将图 12-7 与图 13-1 和图 13-2 比较,可以看出,16Mn 钢在较高应力幅和较短寿命下的疲劳强度的概率分布,与在较高应力幅下的疲劳寿命、疲劳抗力系数的分布相似。因此,16Mn 钢在较高应力幅下的疲劳寿命的分布,影响疲劳抗力系数和在较高应力幅与较短寿命下的疲劳强度的概率分布。

　　类似地,舍去表 13-1 中的第 14、第 15 两组数据后,将表 13-1 中的前 13 对疲劳

抗力系数 C_f 和理论疲劳极限 S_{ac} 的值依次代入式(13-2)，并给定疲劳寿命之值，即可计算出指定寿命下疲劳强度。按 13.3 节中的方法，可以求得舍去两组数据后，16Mn 钢的疲劳强度的概率分布，如图 13-7 所示。

再用夏皮罗-威尔克方法，对图 13-7 中 16Mn 钢疲劳强度的概率分布作进一步检验。检验结果表明，在中、长寿命范围内，16Mn 钢疲劳强度遵循对数正态分布，也遵循正态分布。这与图 12-13 中疲劳极限概率分布的试验结果是一致的。

上述分析说明，疲劳强度的概率分布与疲劳寿命的概率分布密切相关。假定疲劳寿命遵循对数正态分布，是合理的、可以接受的。但假定疲劳强度的对数标准差是常数，则可能是有问题的[5]。对此，还将作进一步讨论。

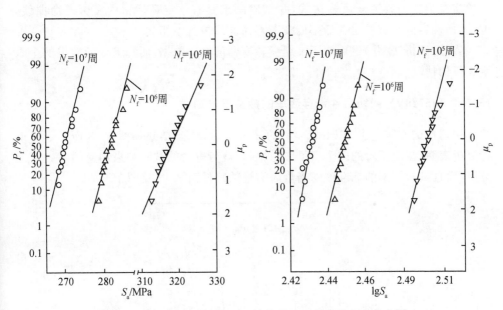

图 13-7　舍去两组数据后 16Mn 钢的疲劳强度的概率分布[5]

13.5　绘制带存活率的疲劳寿命曲线的解析法(Ⅱ)

13.5.1　原理和方法

如果在 n 个循环应力下，测得 n 组疲劳寿命的试验数据，但每组试验数据的个数并不相等。在这种情况下，就不能用 13.2.1 节中的原理和方法求得材料的带存活率的疲劳寿命表达式。文献[6]中提出另一种确定带存活率的疲劳寿命表达式的方法，暂且称为解析法(Ⅱ)。而 13.2.1 节中给出的确定带存活率的疲劳寿命表达式的方法暂且称为解析法(Ⅰ)。解析法(Ⅱ)的要点如下[6]：

(1)对每一组疲劳试验数据作统计分析，确定每一组疲劳寿命的试验数据是否遵循对数正态分布。

(2)如果 n 组疲劳寿命的试验数据都遵循对数正态分布,则计算每一组疲劳寿命的试验数据的平均值 $\bar{x}$ 和标准差 s,作为母体平均值和标准差的估计值。但是,试验数据的标准差应随循环应力的降低而增大。

(3)按式(13-10)求得 n 组具有给定存活率的对数疲劳寿命

$$x_p = \bar{x} + \mu_p s \tag{13-10}$$

(4)求对数疲劳寿命的反对数,得到具有给定存活率的疲劳寿命。

(5)将 n 组具有给定存活率的疲劳寿命的数据与 n 个循环应力值,用式(13-1)与 4.5.1 节中的方法或式(13-2)与 2.4.3 节中的方法,进行回归分析,即可求得具有给定存活率的疲劳寿命表达式,并据以画出具有给定存活率的疲劳寿命曲线。但是,所确定的具有给定存活率的疲劳寿命曲线彼此不相交。

当然,解析法(Ⅱ)也可用于 n 组疲劳寿命的试验数据,而每组试验数据的个数皆相等的情况。

13.5.2 15MnVN 钢切口件带存活率的疲劳寿命曲线

用切口试件测定了 15MnVN 钢的疲劳寿命,试验结果如图 13-8 所示[6]。统计分析表明,在所试验的四个当量应力幅下,疲劳寿命的试验结果均遵循对数正态分布,而且试验结果的标准差随当量应力幅的降低而增大(见图 13-8)。

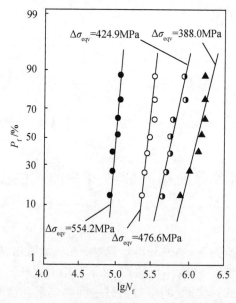

图 13-8 15MnVN 钢切口件疲劳寿命试验结果的对数正态分布[6]

按 13.5.1 节中给出的方法,计算每个当量应力幅下具有给定存活率的疲劳寿命。因为疲劳寿命是用切口试件测定的，所以要用式(4-10)与 13.5.1 节中的方法，对具有给定存活率的疲劳寿命进行拟合，以求得 15MnVN 钢切口件具有给定存活率的疲劳寿命表达式[6]：

当存活率为 50% 时

$$N_f = 5.55 \times 10^{14} (\Delta\sigma_{eqv}^{1.83} - 304^{1.83})^{-2} \tag{13-11a}$$

当存活率为 95% 时

$$N_f = 5.36 \times 10^{14} (\Delta\sigma_{eqv}^{1.83} - 278^{1.83})^{-2} \tag{13-11b}$$

当存活率为 5% 时

$$N_f = 6.07 \times 10^{14} (\Delta\sigma_{eqv}^{1.83} - 322^{1.83})^{-2} \tag{13-11c}$$

当存活率为 99.9% 时

$$N_f = 5.20 \times 10^{14} (\Delta\sigma_{eqv}^{1.83} - 244^{1.83})^{-2} \tag{13-11d}$$

当存活率为 0.1% 时

$$N_f = 6.69 \times 10^{14} (\Delta\sigma_{eqv}^{1.83} - 333^{1.83})^{-2} \tag{13-11e}$$

图 13-9 中按式(13-11a)～式(13-11e)画出了 15MnVN 钢切口件具有给定存活率的疲劳寿命曲线，以及具有相应存活率的疲劳寿命数据点。可以看到，其与试验结果符合很好。式(13-11a)～式(13-11e)可用于预测变幅载荷下 15MnVN 钢切口件疲劳寿命的概率分布[6]。

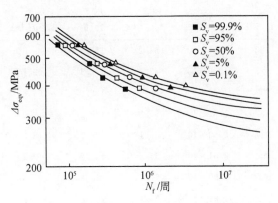

图 13-9　15MnVN 钢切口件具有给定存活率的疲劳寿命曲线与试验结果[6]

13.6　确定带存活率疲劳寿命曲线和疲劳强度概率分布的简化解析法

13.6.1　原理和方法

前两节中的分析与讨论说明，只要确定疲劳抗力系数 C_f 和理论疲劳极限 S_{ac}

的概率分布,便可很方便地求得带存活率的疲劳寿命曲线和疲劳强度概率分布。由疲劳寿命公式,即式(13-1)和式(13-2)可以看出,只要在两个不同的循环应力下测定疲劳寿命之值,代入式(13-1)或式(13-2)即可得到一对 C_f 与 S_{ac} 之值。要确定疲劳抗力系数 C_f 和理论疲劳极限 S_{ac} 的概率分布,需要有 n 对 C_f 与 S_{ac} 之值。因此,要在两个不同的循环应力下,用两组相同数量的试件测定疲劳寿命之值,获得两组疲劳寿命的试验数据。

根据先前的分析,这两组疲劳试验数据应当满足下列要求[4,12]:①在两个不同的循环应力下,测定两组疲劳试验数据相等,均为 n 个,而且两个循环应力之差要尽可能大一些;②两组疲劳试验数据均应遵循对数正态分布;③试验数据的标准差应随循环应力的降低而增大。

13.6.2　铝合金的带存活率的疲劳寿命曲线

文献[14]给出了应力比 $R=0.02$ 时,测定的 LY12CZ 铝合金板材的疲劳寿命试验数据。按上述第一条要求,选出其中的两组数据,共有 11 对(见表 13-2)。

表 13-2　LY12CZ 铝合金板材的疲劳寿命试验数据[13] 与疲劳性能参数的计算结果[4,12]

编号	$N_f/10^3$ 周		C_f /(MPa)^2	$(S_{eqv})_c$ /MPa	疲劳强度 S_{eqv} /MPa			
	$S_a=$ 192.9MPa	$S_a=$ 101.3MPa			$N_f=$ 10^5周	$N_f=$ 5×10^5周	$N_f=$ 10^6周	$N_f=$ 10^7周
1	58	462	1.16×10^9	51.2	158.9	99.4	85.3	62.0
2	72	697	1.30×10^9	58.1	172.1	109.1	94.2	69.5
3	77	707	1.43×10^9	56.3	175.9	109.8	94.1	68.3
4	85	757	1.61×10^9	55.3	182.2	112.0	95.4	68.0
5	105	931	2.00×10^9	55.1	196.6	118.3	99.8	69.3
6	108	994	2.01×10^9	56.4	198.2	119.8	101.2	70.6
7	109	1044	1.99×10^9	57.7	198.8	120.8	102.3	71.6
8	114	1323	1.91×10^9	63.4	201.6	125.2	107.1	77.2
9	122	1410	2.05×10^9	63.4	206.9	127.3	108.6	77.6
10	151	1867	2.47×10^9	65.0	222.2	135.3	114.7	80.7
11	164	2456	2.50×10^9	69.5	227.6	140.2	119.5	85.3
$\overline{x}*$	5.0060*	6.0139*	9.2570*	59.2	194.6	119.7	102.0	72.7
$s**$	0.1362**	0.2089**	0.1087**	5.4	20.8	12.0	9.94	6.7

　*为对数平均值;**为标准差。

按式(5-11)计算出当量应力幅之值(见表 13-2)。用夏皮罗-威尔克方法检验表 13-2 中的两组疲劳寿命试验数据,结果表明这两组数据均符合对数正态分布。

于是,求得这两组疲劳寿命试验数据的对数平均值和标准差。可见,在较低当量应力幅下的标准差较较高当量应力幅下的大。因此,表 13-2 中的两组疲劳寿命试验数据满足上述三条要求。

将表 13-2 中的两组疲劳寿命试验数据依次代入式(13-1),可求得(LY12CZ)铝合金板材的 11 对 C_f 与 $(S_{eqv})_c$ 之值。按升高的顺序重新排列 C_f 与 $(S_{eqv})_c$ 之值,并画在正态概率坐标纸上,如图 13-10 所示;其中以平均秩作为失效概率的估计值。由图 13-10 可见,LY12CZ 铝合金板材的疲劳抗力系数 C_f 和遵从对数正态分布,理论疲劳极限 $(S_{eqv})_c$ 遵从对数正态分布和正态分布。用夏皮罗-威尔克方法做进一步检验,也证明上述结论是正确的。

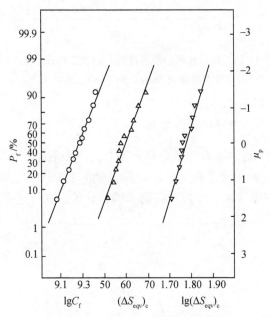

图 13-10　LY12CZ 铝合金疲劳抗力系数 C_f 和理论疲劳极限 $(S_{eqv})_c$ 的概率分布[4,12]

运用 13.2.3 节中的方法,可求得 LY12CZ 铝合金板材的带存活率的疲劳寿命曲线表达式。

当 $S_v = 50\%$ 时

$$N_f = 1.81 \times 10^9 (\Delta S_{eqv} - 59.2)^{-2} \qquad (13\text{-}12a)$$

当 $S_v = 95\%$ 时

$$N_f = 1.20 \times 10^9 (\Delta S_{eqv} - 50.3)^{-2} \qquad (13\text{-}12b)$$

当 $S_v = 99.9\%$ 时

$$N_f = 8.28 \times 10^8 (\Delta S_{eqv} - 42.5)^{-2} \qquad (13\text{-}12c)$$

按式(13-12a)～式(13-12c)画出的 LY12CZ 铝合金板材的带存活率的疲劳寿

命曲线,与按文献[13]中的试验结果求得的具有相应存活率的疲劳寿命符合得很好,如图 13-11 所示。由此看来,用简便解析法求取带存活率的疲劳寿命曲线是可行的。

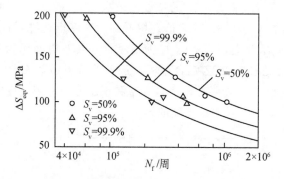

图 13-11　用简化解析法求得的 LY12CZ 铝合金板材的
带存活率的疲劳寿命曲线[4,12]与试验结果[13]

13.6.3　铝合金的疲劳强度的概率分布

按 13.3 节中的方法,求得在指定寿命下 LY12CZ 铝合金板材的带存活率的疲劳强度之值,也列入表 13-2。将这些疲劳强度对数之值画在正态概率坐标纸上,如图 13-12 所示;其中以平均秩作为失效概率的估计值。在指定寿命下,LY12CZ 铝

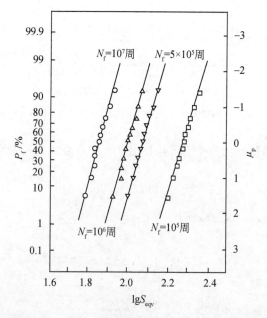

图 13-12　指定寿命下铝合金 LY12CZ 板材的疲劳强度的概率分布[4,12]

合金板材的疲劳强度与标准正态偏量之间呈良好的线性关系。这表示 LY12CZ 铝合金板材的疲劳强度遵从对数正态分布。用夏皮罗-威尔克方法做进一步检验,也证明这一结论是正确的。用同样的方法,也可证明 LY12CZ 铝合金板材的疲劳强度遵从正态分布。

　　这种简化的确定带存活率的疲劳寿命曲线的方法,在求得分散性很大的陶瓷材料的 P-S-N 曲线时,尤其成功[9]。

13.7　确定带存活率的疲劳寿命曲线的三种方法的趋同性

　　Tanaka 等[14]给出了在三个应力幅、$R=-1$ 的条件下测定的白铜丝疲劳寿命的试验结果,每个应力幅下做出 200 个疲劳试验数据,根据试验结果画出了白铜丝的疲劳寿命曲线,但未给出白铜丝的疲劳寿命表达式。Tanaka 等希望,研究界的同行可对他们的试验结果进行再分析。

13.7.1　白铜丝疲劳寿命的概率分布

　　Tanaka 等[15]对白铜丝疲劳寿命试验结果的概率分布做了分析,认为白铜丝疲劳寿命的试验结果遵循对数正态分布,如图 13-13 所示。于是,可求得白铜丝疲劳寿命的对数平均值和标准差(见表 13-3)[15,16]。由此可见,随着应力幅的减小,白铜丝疲劳寿命的对数平均值和对数标准差增大,尤其是对数标准差的增大,这与12.2.1 节中所做的分析一致。

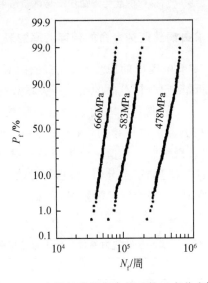

图 13-13　白铜丝疲劳寿命的对数正态分布[16]

表 13-3　　白铜丝疲劳寿命的对数平均值和对数标准差[16]

参　数	$S_a = 666\mathrm{MPa}$	$S_a = 583\mathrm{MPa}$	$S_a = 478\mathrm{MPa}$
对数平均值	4.7832	5.0891	5.6385
对数标准差	0.05274	0.08786	0.09419

13.7.2　白铜丝的疲劳寿命表达式

按式(13-2)对白铜丝疲劳寿命的 200 个试验数据进行回归分析,给出疲劳寿命的表达式如下[15]:

$$N_f = 4.945 \times 10^9 (S_a - 372.4)^{-2} \tag{13-13}$$

回归分析给出的线性相关系数为 $r = -0.997$,远大于线性相关系数的起码值[11]。这表明式(13-2)可以很好地表示白铜丝疲劳寿命的试验结果。图 13-14 为白铜丝的疲劳寿命曲线与试验结果[15]。

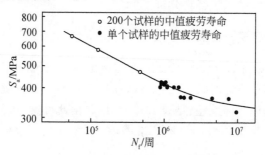

图 13-14　白铜丝的疲劳寿命曲线与试验结果[15]

13.7.3　用解析法(Ⅰ)求白铜丝疲劳寿命的带存活率的表达式

用式(13-2)和 13.2.1 节中提出的原理和方法,依次对白铜丝疲劳寿命的 200 组试验数据进行回归分析,回归分析给出的线性相关系数均大于其起码值,表明所做的回归分析有效[15,16]。于是,得到 200 组疲劳抗力系数 C_f 和理论疲劳极限 S_{ac} 之值。将 C_f 和 S_{ac} 之值按升高的顺序排列,画在正态概率坐标纸上,如图 13-15 所示,其中以平均秩作为失效概率的估计值。分析结果表明,疲劳抗力系数遵循对数正态分布,而理论疲劳极限既遵循正态分布,也遵循对数正态分布[15]。于是,可求得白铜丝的疲劳抗力系数 C_f 和理论疲劳极限 S_{ac} 的概率分布参数和给定存活率下的白铜丝的疲劳抗力系数和理论疲劳极限之值,见表 13-4。

表 13-4　　白铜丝的具有存活率的疲劳抗力系数和理论疲劳极限及概率分布参数[15]

参数	$S_v = 99.9\%$	$S_v = 95\%$	$S_v = 50\%$	$S_v = 5\%$	$S_v = 0.1\%$	$\bar{x}$	s
$\lg C_f$	9.50866	9.59561	9.69461	9.79358	9.88053	9.69461	0.0602
$\lg S_{ac}$	2.5536	2.5617	2.5708	2.5799	2.5878	2.5708	0.0055

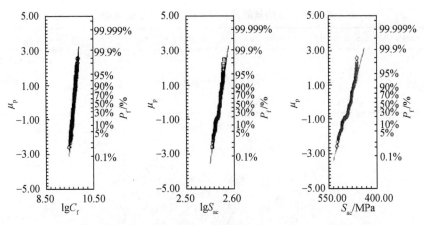

图 13-15　白铜丝的疲劳抗力系数 C_f 和理论疲劳极限 S_{ac} 的概率分布[15,16]

将表 13-4 中的白铜丝的具有存活率的疲劳抗力系数和理论疲劳极限的对数值取反对数，代入式(13-2)，可得具有相应存活率的疲劳寿命表达式[15]：

当存活率为 50% 时

$$N_f = 4.950 \times 10^9 (S_a - 372.2)^{-2} \tag{13-14a}$$

当存活率为 99.9% 时

$$N_f = 3.226 \times 10^9 (S_a - 357.8)^{-2} \tag{13-14b}$$

当存活率为 95% 时

$$N_f = 3.941 \times 10^9 (S_a - 364.5)^{-2} \tag{13-14c}$$

当存活率为 5% 时

$$N_f = 6.217 \times 10^9 (S_a - 380.1)^{-2} \tag{13-14d}$$

当存活率为 0.1% 时

$$N_f = 7.595 \times 10^9 (S_a - 387.1)^{-2} \tag{13-14e}$$

按式(13-14a)～式(13-14e)画出的白铜丝的带存活率的疲劳寿命曲线和相应存活率的疲劳寿命试验数据点(见表 13-5)，示于图 13-16[15]。按式(13-14a)～式(13-14e)可计算出在表 13-4 所示的应力幅下，白铜丝的具有给定存活率的疲劳寿命。计算结果表明，式(13-14a)～式(13-14e)与试验结果相符。

13.7.4　用解析法(Ⅱ)求白铜丝疲劳寿命的带存活率的表达式

根据式(13-10)和白铜丝疲劳寿命的概率分布参数(见表 13-3)，可求得白铜丝的具有给定存活率的疲劳寿命，如表 13-5 所示[15]。

按式(13-2)对白铜丝的具有给定存活率的疲劳寿命的数据进行回归分析，给出具有给定存活率的疲劳寿命表达式如下[15]：

表 13-5　白铜丝的具有给定存活率的疲劳寿命[15]　　　　（单位：周）

S_a/MPa	$S_v=99.9\%$	$S_v=95\%$	$S_v=50\%$	$S_v=5\%$	$S_v=0.1\%$
666	33905	42414	54729	70619	88343
583	65701	88012	122769	171250	229403
478	222514	304491	435023	621512	850256

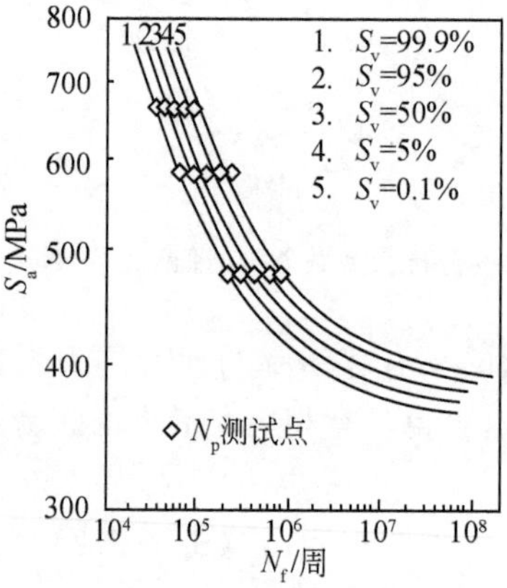

图 13-16　白铜丝的存活率的疲劳寿命曲线和相应存活率的疲劳寿命数据点[15]

当存活率为 50% 时

$$N_f = 4.945 \times 10^9 (S_a - 372.4)^{-2} \tag{13-15a}$$

当存活率为 99.9% 时

$$N_f = 3.245 \times 10^9 (S_a - 357.1)^{-2} \tag{13-15b}$$

当存活率为 95% 时

$$N_f = 3.943 \times 10^9 (S_a - 364.6)^{-2} \tag{13-15c}$$

当存活率为 5% 时

$$N_f = 6.227 \times 10^9 (S_a - 379.4)^{-2} \tag{13-15d}$$

当存活率为 0.1% 时

$$N_f = 7.654 \times 10^9 (S_a - 385.0)^{-2} \tag{13-15e}$$

将式（13-15a）~式（13-15e）和式（13-14a）~式（13-14e）比较，无论是式（13-15a）~式（13-15e）和式（13-14a）~式（13-14e）中的白铜丝的疲劳抗力系数或是理论疲劳极限，两者之差均低于 1%。据此，可以认为，在大子样的条件下，用解析法（Ⅰ）或解析法（Ⅱ）求得的带存活率的疲劳寿命表达式近似相同。

13.7.5　用简化解析法求白铜丝疲劳寿命的带存活率的表达式

根据图 13-14 和表 13-3，可以看出，可选定应力幅为 666MPa 和 478MPa 测定的白铜丝的两组疲劳试验数据,用 13.6.1 节所叙述的原理和方法求得 200 对白铜丝的疲劳抗力系数 C_f 和理论疲劳极限 S_{ac} 之值。按 C_f 和 S_{ac} 值升高的顺序重新进行排列,再按式(12-18)估算失效概率,然后将失效概率换算为标准正态偏量,画在正态概率坐标纸上,如图 13-17 所示。回归分析给出下列方程:

$$\lg C_f = 9.6673 + 0.0523\mu_p, \qquad r = 0.997 \qquad (13\text{-}16)$$

$$\lg S_{ac} = 2.5733 + 0.0059\mu_p, \qquad r = 0.963 \qquad (13\text{-}17)$$

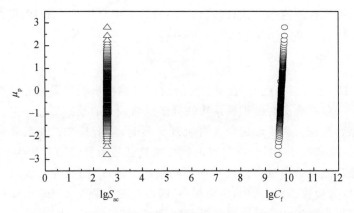

图 13-17　理论疲劳极限和疲劳抗力系数的对数正态分布

于是,可求得白铜丝的带存活率的疲劳寿命曲线表达式如下:

当存活率为 50% 时

$$N_f = 4.65 \times 10^9 (S_a - 374.4)^{-2} \qquad (13\text{-}18a)$$

当存活率为 99.9% 时

$$N_f = 3.20 \times 10^9 (S_a - 359.0)^{-2} \qquad (13\text{-}18b)$$

当存活率为 95% 时

$$N_f = 3.81 \times 10^9 (S_a - 366.1)^{-2} \qquad (13\text{-}18c)$$

当存活率为 5% 时

$$N_f = 5.67 \times 10^9 (S_a - 382.9)^{-2} \qquad (13\text{-}18d)$$

当存活率为 0.1% 时

$$N_f = 6.75 \times 10^9 (S_a - 390.0)^{-2} \qquad (13\text{-}18e)$$

将式(13-18a)~式(13-18e)与式(13-14a)~式(13-14e)或式(13-15a)~式(13-15e)比较,可以看出,三者十分接近。但是,在具有工程实用意义的高存活率下,用简化解析法求得的疲劳抗力系数值略低,低约 1.4%,而理论疲劳极限值略高,高 0.5%~0.6%。根据上述分析结果,可以认为,在两级应力幅下,采用大子样试验及 13.6.1 节所述的分析方法,也可求得精确的具有高存活率的疲劳寿命曲线表达式。

再则,求得具有存活率的疲劳寿命曲线表达式有三种方法,即解析法（Ⅰ）、解析法（Ⅱ）和简化的解析法，在大子样试验的条件下，可得到几乎相同的具有给定存活率的疲劳寿命曲线表达式。但是，子样应当有多大，需要进一步的研究。

13.8　关于疲劳裂纹扩展速率的分散性与 P-ΔK-$\mathrm{d}a/\mathrm{d}N$ 曲线

13.8.1　疲劳裂纹扩展速率的分散性的来源

对疲劳裂纹扩展速率公式，即式（6-12）进行全微分并以式（6-12）除两端，可得

$$\frac{\Delta \mathrm{d}a/\mathrm{d}N}{\mathrm{d}a/\mathrm{d}N} = \frac{\Delta B}{B} + \frac{2\Delta(\Delta K)}{\Delta K - \Delta K_{\mathrm{th}}} + \frac{2\Delta(\Delta K_{\mathrm{th}})}{\Delta K - \Delta K_{\mathrm{th}}} \qquad (13\text{-}19)$$

式（13-19）的右端有三项，表明疲劳裂纹扩展速率试验结果的分散性有三个源头。右端第一项是疲劳裂纹扩展系数的分散性对疲劳裂纹扩展速率试验结果的分散性的贡献。当疲劳裂纹以韧性条带机理扩展时，疲劳裂纹扩展系数与材料的弹性模量相关［见式（6-15b）］。而材料的弹性模量是较为稳定的力学性能参量，材料的化学组成和微观结构对弹性模量的影响很小。因此，当疲劳裂纹以韧性条带机理扩展时，疲劳裂纹扩展系数的波动很小，因而对疲劳裂纹扩展速率试验结果的分散性的贡献很小。当疲劳裂纹以非条带机理扩展时，疲劳裂纹扩展系数与材料的弹性模量、断裂强度和断裂延性有关［见式（6-15a）］。而材料的化学组成和微观结构的不均匀性，会引起断裂强度和断裂延性较大的变化，从而引起疲劳裂纹扩展系数较大的波动。因此，当疲劳裂纹以非条带机理扩展时，材料的化学组成和微观结构的不均匀性，会使疲劳裂纹扩展速率试验结果出现较大的分散性。由式（13-19）还可看出，疲劳裂纹扩展系数的分散性对疲劳裂纹扩展速率试验结果的分散性的贡献，在疲劳裂纹扩展的近门槛区和稳态扩展区，是等量的。

右端第二项是应力强度因子范围 ΔK 的波动对疲劳裂纹扩展速率试验结果的分散性的贡献。而 ΔK 的波动与试件的加工精度、加载精度以及裂纹的测量精度有关。右端第二项是疲劳裂纹扩展门槛值的波动对疲劳裂纹扩展速率试验结果分散性的贡献。ΔK_{th} 是对材料的化学组成和微观结构、环境介质等十分敏感的力学参量。因此，材料的化学组成和微观结构的不均匀性，会引起 ΔK_{th} 较大的变化，从而引起疲劳裂纹扩展速率试验结果的较大的分散性。而 ΔK 和 ΔK_{th} 的波动引起的疲劳裂纹扩展速率试验结果的分散性随着 ΔK 的降低而增大。所以，在近门槛区，疲劳裂纹扩展速率试验结果的分散性较大，而在稳态扩展区则较小。

关于减小疲劳裂纹扩展速率试验结果的分散性的措施，基本上与减小疲劳寿命试验结果分散性相同，详见 12.2.2 节。

13.8.2　关于 P-ΔK-$\mathrm{d}a/\mathrm{d}N$ 曲线的求解方法

文献［17］和［18］中对 16Mn 钢疲劳裂纹扩展速率的试验结果做了分析。分析

结果表明,在恒定的 ΔK 下,16Mn 钢疲劳裂纹扩展速率的试验结果遵循对数正态分布,如图 13-18 所示。

因为在恒定的 ΔK 下,16Mn 钢疲劳裂纹扩展速率的试验结果遵循对数正态分布,所以,原则上,可用前述求得 P-S-N 曲线的解析方法求得带存活率的疲劳裂纹扩展速率曲线,可简写为 P-ΔK-da/dN 曲线。但是,如前所述,在近门槛区,疲劳裂纹扩展速率的试验结果的分散性较大。因此,最好采用恒 K 的试件,在近门槛区测定疲劳裂纹扩展速率的概率分布,然后按前述方法求得 P-ΔK-da/dN 曲线。这样求得的 P-ΔK-da/dN 曲线,精度会高一些,尤其在近门槛区。

另一种方法是,用若干个试件,在相同的条件下测定疲劳裂纹扩展速率,用式 (6-12)拟合试验结果,以求得若干对 B 和 ΔK_{th} 之值,再考察 B 和 ΔK_{th},然后按前述方法求得 P-ΔK-da/dN 曲线。

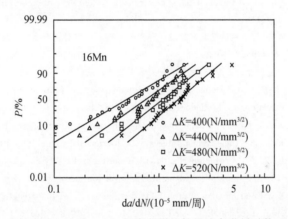

图 13-18　在恒定的 ΔK 下 16Mn 钢疲劳裂纹扩展速率遵循对数正态分布[18]

13.9　结　　语

根据第 4 章、第 5 章中给出的疲劳寿命公式,提出了三个求解具有给定存活率的疲劳寿命表达式的方法,即解析法(Ⅰ)、解析法(Ⅱ)和简化解析法。在本章中,对上述三个方法做了详细的介绍。

对大量的试验结果的分析表明,若疲劳寿命的试验结果遵从对数正态分布,则应力疲劳抗力系数遵从对数正态分布,理论疲劳极限和指定寿命下的疲劳强度遵从正态分布和对数正态分布。

由应力疲劳抗力系数和理论疲劳强度的概率分布,可以求得具有给定存活率的疲劳寿命表达式,即所谓的 P-S-N 曲线。这些表达式可以覆盖不能确定疲劳寿命概率分布的长寿命区。在长寿命区的疲劳强度的概率分布,也可用本章介绍的方法求得。这是本章介绍的确定疲劳强度概率分布和具有给定存活率的疲劳寿命表达式的主要优点和特点。对于低碳钢这类具有不连续应变硬化特性的材料,应用 Miner 定则和用切口试件测定具有给定存活率的疲劳寿命曲线或表达式,即可估算具有相应存活率的构件的疲劳寿命及其概率分布曲线。在大子样试验的条件下,用上述三种方法求得的 P-S-N 曲线近似相同。此外,还简要地介绍了疲劳裂纹扩展速率分散性的来源,以及求得带存活率的疲劳裂纹扩展速率曲线的方法。

参 考 文 献

[1]Bathias C,Drouillac L,François P. How and why the fatigue S-N curve does not approach a horizontal asymptote. International Journal of Fatigue,2001,23(supplement 1):143-151.

[2]Marines I,Bin X,Bathias C. An understanding of very high cycle fatigue of metals. International Journal of Fatigue,2003,25(9-11):1101-1107.

[3]高镇同,蒋新桐,熊峻江,等. 疲劳性能试验设计和数据处理——直升机金属材料疲劳性能可靠性手册. 北京:北京航空航天大学出版社,1999.

[4]郑修麟. 金属疲劳的定量理论. 西安:西北工业大学出版社,1994.

[5]Zheng X L,Lu B T,Jiang H. Determination of probility distribution of fatigue strength and expressions of P-S-N curves. Engineer Fracture Mechanics,1995,50(4):483-491.

[6]Zheng X L,Li Z,Lu B T. Prediction of probability distribution of fatigue life of 15MnVN steel notched elements under variable amplitude loading. International Journal of Fatigue,1996,18 (2):81-86.

[7]Yan,J H,Zheng X L,Zhao K. Prediction of fatigue life and its probability distribution of notched friction welded joints under variable-amplitude loading. International Journal of Fatigue,2000,22:481-494.

[8]Zheng Q X,Zheng X L. Determination of probability distribution of fatigue strength and expressions of P-S-N curves under repeated torsion. Engineer Fracture Mechanics,1993,44(4):521-528.

[9]Zheng Q X,Zheng X L,Wang F H. On the expressions of fatigue life of ceramics with given survivability. Engineer Fracture Mechanics,1996,53(1):49-55.

[10]魏建锋. 变幅载荷下疲劳寿命概率分布的预测模型. 西安:西北工业大学博士学位论文,1996.

[11]邓勃. 分析测试数据的统计处理方法. 北京:清华大学出版社,1995.

[12]郑修麟,吕宝桐. 确定疲劳强度概率分布和 P-S-N 曲线表达式的简便方法. 机械强度,1992,14(3):60-65.

[13]北京航空材料研究所. 航空金属材料疲劳性能手册. 北京:北京航空材料研究所,1982.

[14]Tanaka S,Ichkawa M,Akita S. A probabilistic investigation of fatigue life and cumulative cycle ratio. Engineer Fracture Mechanics,1984,20(3):501-515.

[15]魏建锋. 变幅载荷下疲劳寿命概率分布的预测模型. 西安:西北工业大学博士学位论文,1996.

[16]魏建锋,郑修麟. 白铜弹簧丝两级载荷下累积疲劳损伤预测模型. 应用力学学报,1999,4:157-162.

[17]李涛. 低温下金属材料的疲劳裂纹扩展研究. 西安:西北工业大学硕士学位论文,1990.

[18]王立君. 焊趾的缺口效应及其疲劳裂纹扩展的统计分析. 天津:天津大学博士学位论文,1990.

第四部分　变幅载荷下疲劳寿命估算模型

　　前已指出，大多数机械和工程结构都是在变幅载荷下服役。如何精确地预测变幅载荷下结构的疲劳寿命，一直是工程界和学术界关注的课题[1-4]，最近仍在进行研究[5-7]。精确地预测变幅载荷下结构的疲劳寿命，需要研究并解决三大问题：结构的载荷谱、完好的疲劳寿命表达式，以及累积疲劳损伤定则[8]。对上述三个问题中某一个，已做了很多的研究工作。前已指出，结构的载荷谱与特定的结构及服役条件相关[1,9-11]，因而其研究工作一般是由结构设计工程师进行。完好的疲劳寿命表达式已分别在第2～7章中做了介绍和讨论。关于累积疲劳损伤定则的研究概况，在文献[8]做了总结。

　　此外，可能还应包括小载荷省略准则。对于小载荷省略准则已经做了很多研究工作，但仍未取得一致的认识，关键在于未能采用好的疲劳寿命公式和有效的试验研究方法。对此，将在"小载荷省略准则"一章中再做讨论。

　　对变幅载荷下结构件疲劳寿命预测所做的研究中，没有考虑到材料的特性以及结构件的几何效应，更缺少对上述三个问题的综合性的研究，因而还不能说业已解决了精确地预测变幅载荷下结构疲劳寿命这一工程中的重要问题。在以后的几章中，将结合工程应用的实际情况，首先研究几个基本问题，如疲劳裂纹起始的超载效应，进而研究累积疲劳损伤定则和提出变幅载荷下疲劳寿命估算模型，最后，专题讨论疲劳寿命估算中的小载荷省略准则。

第14章 疲劳裂纹起始的超载效应

14.1 引 言

在服役过程中,机械和工程结构所受到的最大载荷,相对于后续的正常工作载荷而言,即为超载。例如,战斗机做机动飞行时,最大正超载可达 9g,而负超载仅为 $-2g$[9]。船舶、桥梁等结构中的重要零部件,都受到大的拉伸超载[1,10,11]。又如,压力容器的耐压试验时所受的压力是正常工作压力的 $1.5\sim2.0$ 倍[12],耐压试验时的压力也可看做是超载。因此,研究超载对疲劳寿命和疲劳裂纹起始寿命的影响,即疲劳和疲劳裂纹起始的超载效应,具有工程实际意义。

疲劳和疲劳裂纹起始超载效应的研究始于 20 世纪 40 年代[13]。此后,这项研究一直进行着,研究内容涉及诸多方面,例如,材料、超载方向、超载幅度、超载方式、超载对各种接头以及结构疲劳寿命和疲劳裂纹起始寿命的影响[14-19]。80 年代以前的大部分研究工作,在文献[20]中做了总结。但是,以前关于疲劳裂纹起始超载效应的研究,包括国内的一些研究,主要是研究超载对疲劳寿命和疲劳裂纹起始寿命的影响规律和机理。在大多数关于疲劳裂纹起始超载效应的研究中,没有将这一研究与变幅载荷下结构件疲劳裂纹起始寿命的预测相联系,而是当作一种延寿方法[14,17,19,21]。Boissonat[15] 曾在超载效应的研究中,测定了不同超载幅度下飞机结构材料的疲劳寿命曲线,并将其用于预测变幅载荷下结构件的疲劳寿命,预测精度有所改善。但是,未能采用好的疲劳寿命公式分析试验结果,故未能给出超载效应的定量评定方法。

作者于 20 世纪 70 年代后期开始研究疲劳裂纹起始超载效应[22],以后与研究生一道共同研究了超载后金属疲劳裂纹起始寿命的表达式[23],定义了超载效应因子[24-26],研究了金属的应变硬化特性对超载效应因子的影响[8,24-26],以及新的疲劳裂纹起始寿命的预测模型[8,24-26]等。本章首先介绍对疲劳和疲劳裂纹起始超载效应的研究概况,进而总结作者与研究生关于疲劳裂纹起始超载效应的研究工作。关于疲劳裂纹起始寿命的预测模型,将在第 15 章中论述。

14.2 疲劳裂纹起始的超载效应研究的简要回顾

前已指出,机械和工程结构中的受力构件大多是在变幅载荷下服役的。图 14-1

为实测的飞机结构件的载荷谱[9]，其中的最大载荷与较小的载荷比较，即可认为是超载。超载后构件所受的循环载荷，在多数情况下，也是不规则的。再则，大多数机械和工程结构不是连续作业的，要停机加油、保养维护，以至夜间停止作业。所以要建立构件在变幅载荷下始裂寿命的精确估算模型，必须考虑上述实际服役载荷情况[24]。研究者采用切口试件、焊接接头、铆接接头、螺栓接头以及飞机尾翼等，研究了超载对疲劳裂纹起始寿命的影响，得到一些规律性的认识，现简介如下。

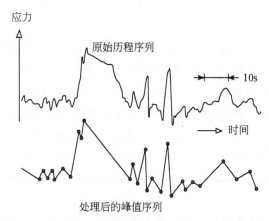

图 14-1　实测的飞机结构件的载荷谱（50 飞行小时）[9]

14.2.1　超载方向的影响

超载时在试件的切口根部形成拉伸应力和应变，卸载后在切口根部形成残留压应力，则可称为拉伸超载。反之，则为压缩超载。Crews[14]研究了超载和超载方向对铝合金 2024-T3 疲劳裂纹起始寿命 N_i 的影响，所用试件和加载方式如图 14-2所示，试验结果列入表 14-1。

上述试验设计与试验结果说明，在多次反复超载的条件下，最后半个循环的加载方向对疲劳裂纹起始寿命起着决定性的影响的；若为拉伸超载，则延长疲劳裂纹起始寿命，若为压缩超载，则缩短疲劳裂纹起始寿命。文献[22]中的试验结果也表明，拉伸超载延长疲劳裂纹起始寿命，而压缩超载则缩短疲劳裂纹起始寿命。

由图 14-2 和表 14-1 还可看出，拉伸超载对疲劳寿命和疲劳裂纹起始寿命的有利影响，可被等幅的压缩超载所抵消，而压缩超载对疲劳寿命和疲劳裂纹起始寿命的有害影响，也可被等幅的拉伸超载所消除。

然而，也有文献报道，压缩超载对疲劳寿命和疲劳裂纹起始寿命没有明显的影响[27]，或没有影响[28]。至于压缩超载对压-压载荷下的疲劳寿命和疲劳裂纹起始寿命有何影响，未见有文献报道。为方便起见，以后将拉伸超载简称超载。

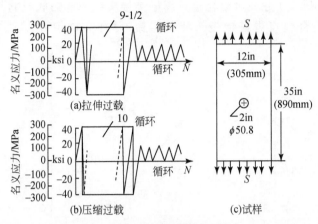

图 14-2　超载效应试验设计[14]

(a)在±276MPa(40ksi)交变应力下加载 9.5 周,再在 $\Delta S = S_{max} = 138$MPa 进行疲劳试验;
(b)在±276MPa(40ksi)交变应力下加载 10 周,疲劳试验条件同上;(c)疲劳试件

表 14-1　超载对铝合金 2024-T3 疲劳裂纹起始寿命影响的试验结果[14]

试验条件	无超载	拉伸超载[图 14-1(a)]	压缩超载[图 14-1(b)]
$N_i/10^3$ 周	115.6	458.9	62.9

14.2.2　超载幅度的影响

　　文献[15]报道了超载幅度对超高强度钢、钛合金和铝合金切口试件疲劳寿命影响的研究结果。超载幅度以抗拉强度的百分数表示,研究表明超载幅度越大,疲劳寿命越长,疲劳极限越高。文献[29]和[30]也报道了超载对超高强度钢切口试件冲击疲劳裂纹起始寿命影响的研究结果。试验结果表明,超载延长了超高强度钢切口试件冲击疲劳裂纹起始寿命,超载幅度越大,冲击疲劳裂纹起始寿命越长[30]。但是,文献[15]未能给出超载幅度与疲劳寿命以及疲劳极限之间的定量关系。

14.2.3　超载对焊接接头疲劳寿命的影响

　　焊接是一种高效而又经济的结构制造技术。然而,由于焊接接头中存在焊接缺陷、残余应力以及应力集中,因而焊接接头的疲劳寿命较短、疲劳强度较低。所以要采取各种技术措施,如焊前预热、焊后热处理、焊趾重熔或打磨焊趾、喷丸强化、锤击强化和超载等,以延长焊接接头的疲劳寿命,提高焊接接头的疲劳强度[17,21]。比较了各种延寿技术后,Webber[17]认为,超载是延长 Al-Zn-Mg 合金焊接接头疲劳寿命的有效方法之一。

　　Forrest[13]研究了超载对铝合金点焊搭接接头疲劳寿命的影响。试验结果表明,超载延长铝合金点焊搭接接头疲劳寿命,并提高许用应力 50%,如图 14-3 所示。

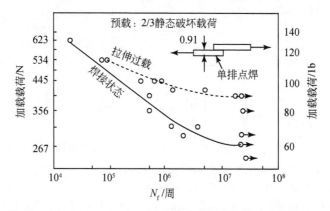

图 14-3　超载对 D. T. D54AA 铝合金点焊搭接接头疲劳寿命和
疲劳强度的影响(试验时 $R=0$)[13]

　　Werchniak[27]也研究了超载对 HY-80 钢 T 型焊接接头疲劳寿命的影响。Werchniak 的试验结果表明,拉伸超载延长 HY-80 钢 T 型焊接接头的疲劳寿命,而压缩超载对 HY-80 钢 T 型焊接接头的疲劳寿命几无影响[27]。

14. 2. 4　超载对铆接接头疲劳寿命的影响

　　Smith[16]研究拉伸超载对 7075-T6 铝合金铆接接头疲劳寿命的影响,试验结果如图 14-4 所示。由此可见,较小的拉伸超载缩短铝合金铆接接头的疲劳寿命,而较大的拉伸超载则延长铝合金铆接接头的疲劳寿命。

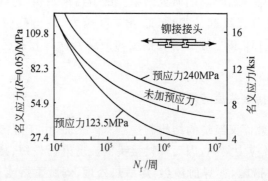

图 14-4　拉伸超载和超载幅度对 7075-T6 铝合金铆接接头疲劳寿命的影响[16]

　　Smith[16]认为,铆接时铆钉的鼓胀对铆钉孔壁起了"支撑"作用,减小了循环应力幅。较小的超载恰好消除了这种"支撑"效应,而又未形成有利的残留应力,故疲劳寿命缩短。而在大的超载下,在孔壁应力集中处形成有利的残留应力,故疲劳寿命延长[14]。

14.2.5　超载对结构疲劳寿命的影响

Raithby 等[18]试验了 62 只 Meteor 飞机的尾翼,该尾翼为铝合金双梁结构,与机翼类似。试验按两种方法进行:①疲劳试验前加一次一定的静态极限破坏载荷,这种情况可称为简单超载;②周期地施加一定的静态极限载荷,这种情况称为周期超载。疲劳试验结果如图 14-5 所示。

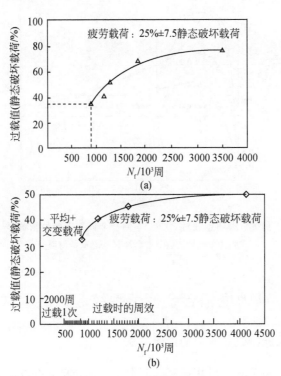

图 14-5　超载对 Meteor 飞机尾翼疲劳寿命的影响[18]

(a)简单超载;(b)周期超载

由此可见,超载幅度越大,尾翼的疲劳寿命越长。简单超载时,超载值为 75% 的静态极限破坏载荷时,可延长尾翼的疲劳寿命达 5 倍;周期超载时,超载值为 50% 的静态极限破坏载荷时,可延长尾翼的疲劳达 6 倍。Raithby 等[18]认为,简单超载时尾翼疲劳寿命的延长,可部分地归因于超载延迟了蒙皮疲劳裂纹的形成,即延长了裂纹起始寿命;周期超载时尾翼疲劳寿命的延长,可部分地归因于蒙皮裂纹起始寿命的延长和裂纹扩展速率的降低[18]。

14.2.6　周期超载对疲劳寿命的影响

Potter[19]研究周期超载对 2024-T4 铝合金疲劳寿命的影响时,观察到超载周期为未超载试件疲劳寿命的 5%～10%时,可以得到最长的疲劳寿命,如图 14-6 所示。超载周期太短,超载本身造成的疲劳损伤大,对延寿作用很小,甚至产生负面作用;超载周期过长,则周期超载与简单超载的效果近似相当。Schijve[31]也研究了超载对疲劳寿命的影响,也观察到周期超载可大幅度地延长切口件的疲劳寿命,甚至延长 9.9 倍。

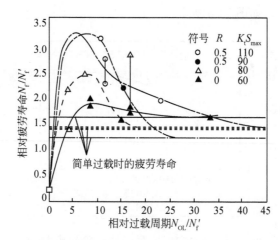

图 14-6　周期超载对 2024-T4 铝合金疲劳寿命的影响[19]

N_f'为未超载的疲劳寿命;N_{OL}为超载的周期

14.3　高强度铝合金疲劳裂纹起始的超载效应

14.3.1　疲劳裂纹起始超载效应的试验方法

研究裂纹起始超载效应所用的切口试件,与测定疲劳裂纹起始寿命所用的试件相同,但试件应具有确定的应力集中系数 K_t。疲劳试验前,先进行拉伸超载,如图 14-7 所示。超载时切口根部的当量应力幅$(\Delta\sigma_{eqv})_{OL}$可按下式计算[24]:

$$(\Delta\sigma_{eqv})_{OL} = \frac{\sqrt{2}}{2}K_t S_{OL} \qquad (14-1)$$

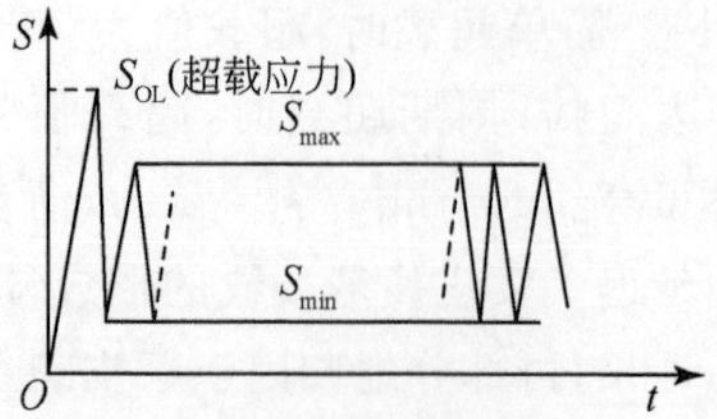

由图 14-7 可见,拉伸超载时,$R=0$,$\Delta\sigma_{OL}=\sigma_{OL}$。将这些数值代入式(3-26),即得式(14-1)。

一般认为,疲劳裂纹起始的超载效应,与超

图 14-7　拉伸超载试验过程示意图[24]　载在切口根部引起的残留应力和材料的性能变

化有关。所以,同一组试件超载时的当量应力幅应相同,从而使超载在切口根部产生相同的局部应变,见式(3-22)。这样,可在切口根部造成近似相同的残留应力和材料性能的变化,也是定量地研究疲劳裂纹起始超载效应的重要依据。

14.3.2　超载对铝合金疲劳裂纹起始寿命的影响

超载对 LY12CZ 和 LC4CS 铝合金板材疲劳裂纹起始寿命影响的试验结果,如图 14-8 和图 14-9 所示。由此可见,超载当量应力幅越大,疲劳裂纹起始门槛值越高,疲劳裂纹起始寿命越长。

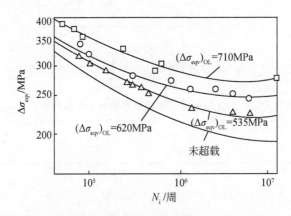

图 14-8　超载对 LY12CZ 铝合金板材疲劳裂纹起始寿命影响的试验结果及回归分析结果[24,25]

文献[23]表明,疲劳裂纹起始寿命公式,即式(4-10),可用于拟合超载后疲劳裂纹起始寿命的试验结果。而且,超载主要是提高疲劳裂纹起始门槛值($\Delta\sigma_{eqv}$)$_{th}$,而对疲劳裂纹起始抗力系数无明显的影响。利用式(4-10),对超载后 LY12CZ 和 LC4CS 铝合金板材疲劳裂纹起始寿命的试验结果,作回归分析,所得常数列入表 14-2。将表 14-2 中的 C_i、($\Delta\sigma_{eqv}$)$_{th}$ 和 n 代入式(4-10),即可得到经不同当量应力幅超载后铝合金的疲劳裂纹起始寿命表达式。对于 LY12CZ 铝合金板材:

经 ($\Delta\sigma_{eqv}$)$_{OL}$ =710MPa 超载后

$$N_i = 1.74 \times 10^{13} (\Delta\sigma_{eqv}^{1.78} - 261^{1.78})^{-2} \tag{14-2a}$$

经 ($\Delta\sigma_{eqv}$)$_{OL}$ =620MPa 超载后

$$N_i = 1.27 \times 10^{13} (\Delta\sigma_{eqv}^{1.78} - 237^{1.78})^{-2} \tag{14-2b}$$

经 ($\Delta\sigma_{eqv}$)$_{OL}$ =535MPa 超载后

$$N_i = 1.47 \times 10^{13} (\Delta\sigma_{eqv}^{1.78} - 213^{1.78})^{-2} \tag{14-2c}$$

为了比较,将未经超载的 LY12CZ 铝合金板材的疲劳裂纹起始寿命表达式,即式(4-18)重写如下:

$$N_i = 1.83 \times 10^{13} (\Delta\sigma_{eqv}^{1.78} - 180^{1.78})^{-2} \tag{14-2d}$$

图 14-8 中按式(14-2)画出了 LY12CZ 铝合金板材经不同当量应力幅超载后

的疲劳裂纹起始寿命曲线。用同样的方法,可写 LC4CS 铝合金板材经不同当量应力幅超载后的疲劳裂纹起始寿命表达式,并在图 14-9 中画出相应的疲劳裂纹起始寿命曲线。

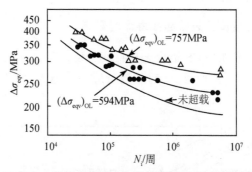

图 14-9　超载对 LC4CS 铝合金板材疲劳裂纹起始寿命影响的试验结果及回归分析结果[25,32]

表 14-2　超载后铝合金板材疲劳裂纹起始寿命试验数据的回归分析结果[24,32]

材料	$(\Delta\sigma_{eqv})_{OL}$ /MPa	C_i	$(\Delta\sigma_{eqv})_{th}$ /MPa	r	s	ε_{OL}	n
LY12CZ	未超载	1.83×10^{13}	180	-0.932	0.220	—	0.123
	535	1.47×10^{13}	213	-0.932	0.178	0.0210	—
	620	1.27×10^{13}	237	-0.932	0.293	0.0273	—
	710	1.74×10^{13}	261	-0.932	0.442	0.0348	—
LC4CS	未超载	$4.7. \times 10^{13}$	176.8	-0.917	0.280	0	0.061
	594	5.3×10^{13}	218.5	-0.915	0.262	0.0175	—
	757	7.5×10^{13}	260.0	-0.917	0.172	0.0288	—

由表 14-2 和图 14-8、图 14-9 可见,第 4 章中提出的疲劳裂纹起始寿命表达式,即式(4-10),可很好地拟合超载后疲劳裂纹起始寿命的试验结果。而且,超载主要是提高疲劳裂纹起始门槛值,对疲劳裂纹起始抗力系数似无明显的影响[24,25]。超载当量应力幅越高,疲劳裂纹起始门槛值越高,见图 14-8 和图 14-9。由于超载提高了疲劳裂纹起始门槛值,因而大大延长中、长寿命范围内的疲劳裂纹起始寿命。

14.4　超载效应因子

14.4.1　疲劳裂纹起始门槛值与超载时局部应变幅的关系

如前所述,拉伸超载引起疲劳裂纹起始寿命的延长和门槛值的升高,其原因是超载在切口根部形成有利的残留应力分布和材料的应变硬化。因此,应探讨超载后的疲劳裂纹起始门槛值与超载在切口根部引起的局部应变 ε_{OL} 之间的关系。

根据式(3-22),可以算出超载在切口根部引起的应变量为

$$\varepsilon_{OL} = 2 \left[\frac{1}{EK} (\Delta\sigma_{eqv})_{OL}^2 \right]^{1/(1+n)} \tag{14-3}$$

按式(14-3)求得的 ε_{OL} 值也列入表 14-2。图 14-10 表明,超载后铝合金板材的疲劳裂纹起始门槛值与 ε_{OL} 之间呈良好的线性关系[24,25,32]。回归分析给出下列经验关系式:

对于 LY12CZ 铝合金板材[24]

$$(\Delta\sigma_{eqv})_{th} = 176 + 2260\,\varepsilon_{OL} \tag{14-4a}$$

对于 LC4CS 铝合金板材[32]

$$(\Delta\sigma_{eqv})_{th} = 174 + 2775\,\varepsilon_{OL} \tag{14-4b}$$

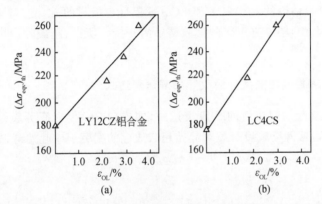

图 14-10　超载后铝合金板材的疲劳裂纹起始门槛值与超载在切口根部引起的局部应变
ε_{OL} 之间的关系[24,25,32]

(a)LY12CZ 铝合金板材;(b)LC4CS 铝合金板材

将式(14-4a)和式(14-4b)写成一般形式,则有

$$(\Delta\sigma_{eqv})_{th} = (\Delta\sigma_{eqv})_{th0} + z^* \varepsilon_{OL} \tag{14-5}$$

式中的首项为未经超载的材料的疲劳裂纹起始门槛值,第二项为超载引起疲劳裂纹起始门槛值的升高,其中,z^* 可称为超载效应因子。

14.4.2　疲劳裂纹起始门槛值与超载当量应力幅的关系

为便于工程应用,应给出疲劳裂纹起始门槛值与超载当量应力幅间的关系。将式(14-3)代入式(14-5),可得

$$(\Delta\sigma_{eqv})_{th} = (\Delta\sigma_{eqv})_{th0} + z (\Delta\sigma_{eqv})_{OL}^{2/(1+n)} \tag{14-6}$$

式中,z 为超载效应因子,但数值和量纲均与 z^* 有所不同。z 与 z^* 之间的关系,可由式(14-3)、式(14-5)和式(14-6)给出如下:

$$z = 2z^* (EK)^{-1/(1+n)} \tag{14-7}$$

由 z^* 值和拉伸性能，按式(14-5)求得的 z 值为：LY12CZ 板材，$z = 6.57 \times 10^{-4}$，LC4CS 板材，$z = 2.98 \times 10^{-4}$[32]。进而可求得 LY12CZ 板材的疲劳裂纹起始门槛值与超载当量应力幅之间的关系为

$$(\Delta\sigma_{eqv})_{th} = 176 + 6.57 \times 10^{-4} (\Delta\sigma_{eqv})_{OL}^{1.78} \tag{14-8}$$

对于 LC4CS 铝合金板材，其疲劳裂纹起始门槛值可表示为

$$(\Delta\sigma_{eqv})_{th} = 174 + 2.98 \times 10^{-4} (\Delta\sigma_{eqv})_{OL}^{1.89} \tag{14-9}$$

文献[32]应用量纲分析法，给出根据拉伸性能估算铝合金超载效应因子 z^* 的经验公式如下：

$$z^* = 0.1E \sqrt{\frac{n}{\varepsilon_f}} \left(\frac{\sigma_{0.2}}{\sigma_b}\right)^2 \tag{14-10}$$

按式(14-10)估算的 LY12CZ 和 LC4CS 铝合金板材的 z^* 值，与试验结果很接近。然而式(14-10)还要有更多的试验结果的支持。所以，超载效应因子目前仍要由试验确定。

14.4.3　考虑超载效应的疲劳裂纹起始寿命表达式

将疲劳裂纹起始门槛值的一般表达式，即式(14-6)代入疲劳裂纹起始寿命公式，即式(4-10)，可得反映疲劳裂纹起始超载效应的疲劳裂纹起始寿命的表达式

$$N_i = C_i \left\{ \Delta\sigma_{eqv}^{2/(1+n)} - \left[(\Delta\sigma_{eqv})_{th0} + z^* \varepsilon_{OL} \right]^{2/(1+n)} \right\}^{-2} \tag{14-11a}$$

或

$$N_i = C_i \left\{ \Delta\sigma_{eqv}^{2/(1+n)} - \left[(\Delta\sigma_{eqv})_{th0} + z (\Delta\sigma_{eqv})_{OL}^{2/(1+n)} \right]^{2/(1+n)} \right\}^{-2} \tag{14-11b}$$

式(14-11a)和式(14-11b)揭示了疲劳裂纹起始寿命与构件几何、循环加载条件、拉伸性能、疲劳裂纹起始门槛值以及超载效应之间的关系。而超载效应可定量地表征载荷谱中的大、小载荷间的交互作用效应[24,25]。因此，可以认为，式(14-11a)和式(14-11b)是完善的疲劳裂纹起始寿命表达式。

将表 14-2 中的疲劳裂纹起始抗力系数 C_i 取对数平均值，并将这平均值和疲劳裂纹起始门槛值表达式，即式(14-8)和式(14-9)代入疲劳裂纹起始寿命表达式，可得铝合金的完善的疲劳裂纹起始寿命表达式如下：

对于 LY12CZ 铝合金板材

$$N_i = 1.56 \times 10^{13} \left\{ \Delta\sigma_{eqv}^{1.78} - \left[176 + 6.57 \times 10^{-4} (\Delta\sigma_{eqv})_{OL}^{1.78} \right]^{1.78} \right\}^{-2} \tag{14-12}$$

对于 LC4CS 铝合金板材

$$N_i = 5.72 \times 10^{13} \left\{ \Delta\sigma_{eqv}^{1.89} - \left[174 + 2.89 \times 10^{-4} (\Delta\sigma_{eqv})_{OL}^{1.89} \right]^{1.89} \right\}^{-2} \tag{14-13}$$

14.5　高强度低合金钢疲劳裂纹起始的超载效应

高强度低合金钢广泛地用于生产各类工程结构的构件，尤其是焊接结构。因

此,试验研究这类钢的疲劳裂纹起始的超载效应;对于建立这类钢及其焊接件的疲劳裂纹起始寿命估算模型,有着重要的实际意义。再则,高强度低合金钢有着不同于铝合金、钛合金和超高强度钢的应变硬化特性;前者的拉伸曲线上有屈服平台,具有不连续应变硬化特性,而后者的拉伸曲线上没有屈服平台,具有连续应变硬化特性。因此,研究高强度低合金钢的疲劳裂纹起始超载效应,也有助于阐明疲劳裂纹起始的超载效应与材料的应变硬化特性间的关系。

14.5.1 超载对高强度低合金钢疲劳裂纹起始寿命的影响

用平板状切口试件,在拉-拉应力状态下,研究了超载对高强度低合金钢 15MnVN 和 16Mn 疲劳裂纹起始寿命的影响,试验结果如图 14-11 所示[26,33]。由此可见,超载对高强度低合金钢的疲劳裂纹起始寿命无明显的影响。

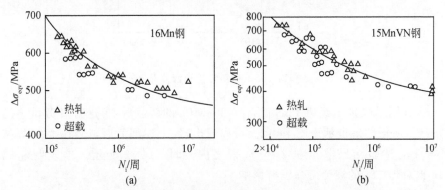

图 14-11 超载对高强度低合金钢切口试件疲劳裂纹起始寿命的影响[26,33]

(a)16Mn 钢热轧板材(32mm 厚),$(\Delta\sigma_{eqv})_{OL} = 635MPa$;

(b)15MnVN 钢正火板材(56mm 厚),$(\Delta\sigma_{eqv})_{OL} = 745MPa$

应用 4.5.1 节中的方法,对超载后高强度低合金钢疲劳裂纹起始寿命的试验结果进行回归分析,所得结果列入表 14-3[26,33]。回归分析结果也表明,超载对高强度低合金的疲劳裂纹起始抗力系数和门槛值没有明显的影响。

表 14-3 超载对高强度低合金钢疲劳裂纹起始寿命试验结果的回归分析结果[26,33]

材料	状态	C_i (×10^{14})	$(\Delta\sigma_{eqv})_{th}$ /MPa	r	s
16Mn	热轧,未超载	3.3	459	−0.976	0.106
	经 635MPa 超载	2.3	462	−0.970	0.149
15MnVN	正火,未超载	5.6	361	−0.897	0.252
	经 745MPa 超载	6.2	342	−0.895	0.252

14.5.2 超载对高强度低合金钢对焊接头疲劳寿命的影响

在文献[34]中,给出了 16Mn 钢对焊接头疲劳寿命的试验结果,如图 14-12 所示,回归分析给出下列表达式：

$$N_f = 1.66 \times 10^{15} \Delta\sigma'_{eqv}$$ (14-14a)

对于对焊接头而言，其应力集中系数可取作常数，故式(14-14a)中的 $\Delta\sigma'_{eqv}$ 可称为当量名义应力幅，可用下式表示：

$$\Delta\sigma'_{eqv} = \sqrt{\frac{1}{2(1-R)}} \Delta S$$ (14-14b)

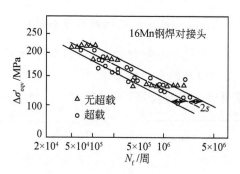

图 14-12　超载对 16Mn 钢对焊接头疲劳寿命的影响[34]

16Mn 钢对焊接头经历（ΔS_{eqv}）$_{OL}$ ＝358MPa 的超载后，再进行疲劳试验测定疲劳寿命，所得结果也示于图 14-12。可以看出，经上述超载后，16Mn 钢对焊接头疲劳寿命的试验结果散布在 $2s$ 分散带之内，如图 14-12 所示。这表明超载对16Mn 钢对焊接头的疲劳寿命没有影响。

前述的试验研究结果表明，疲劳裂纹起始的超载效应与材料的应变硬化特性有关。对于连续应变硬化的材料，例如铝合金、钛合金和超高强度钢及其铆接接头、螺接接头和焊接接头，其超载效应因子 $z > 0$，见图 14-2～图 14-4；而对于不连续应变硬化的材料及其焊接接头，$z = 0$。在后续章节中，还将提供更多的实例。

14.5.3　试件几何和超载对高强度低合金钢疲劳寿命的影响

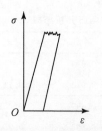

图 14-13　应力等于屈服强度的超载引起试件发生屈服应变的示意图[26]

前已指出，在长寿命范围内，小尺寸的光滑试件的疲劳寿命接近于疲劳裂纹起始寿命。因此，超载对这类钢光滑试件疲劳寿命的影响，近似地反映超载对疲劳裂纹起始寿命的影响。对 16Mn 和 15MnVN 钢光滑试件施加一次应力等于屈服强度的超载，此时，试件发生塑性变形，其值等于屈服应变，为 3%～4%，如图 14-13 所示。超载后，在旋转弯曲疲劳试验机上进行疲劳试验，试验结果如图 14-14 所示[26,35]。

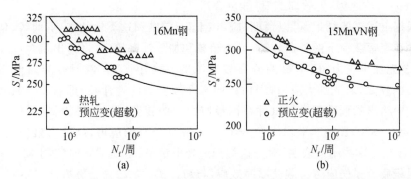

图 14-14 应力等于屈服强度的超载对高强度低合金钢疲劳寿命的影响的试验结果[26,33]

(a)16 Mn 钢;(b)15MnVN 钢

由图 14-14 可见,超载引起试件的微量塑性应变,缩短 16Mn 和 15MnVN 钢光滑试件的疲劳寿命,降低其疲劳极限。应用 2.4.3 节中的方法,对图 14-14 中的试验结果进行回归分析,可得超载后的疲劳寿命表达式:

对于 16Mn 钢[26,33]

$$N_f = 5.30 \times 10^6 (\sigma_a - 237)^{-2} \tag{14-15a}$$

对于 15MnVN 钢

$$N_f = 7.89 \times 10^6 (\sigma_a - 231)^{-2} \tag{14-15b}$$

将式(14-15a)和式(14-15b)与式(5-14)和式(5-15)比较,可以看出,应力等于屈服强度的超载引起的微量塑性应变,主要是降低理论疲劳极限,从而缩短疲劳寿命。文献[36]中也给出了类似的试验结果。换句话说,拉伸超载对高强度低合金钢光滑试件的疲劳寿命产生负效应,即超载效应因子 $z < 0$。拉伸超载引起的小塑性应变,导致理论疲劳极限下降,$z < 0$ 的原因与包申格效应有关。表 14-4 中列出了 16Mn 和 15MnVN 钢在小塑性应变前后比例极限之值,以及理论疲劳极限之值。由此可见,小塑性应变后,比例极限降低,而且理论疲劳极限近似地等于比例极限。

表 14-4 小塑性应变(3%~4%)对钢的比例极限与理论疲劳极限的影响[33]

参数	16Mn 钢		15MnVN 钢	
	热轧	超载	正火	超载
σ_p /MPa*	254	227	264	208
σ_{ac} /MPa	265	237	270	231

* 表示压应力状态下测定的比例极限。

另一方面,这类钢的光滑试件在低于或等于疲劳极限的应力幅下循环加载,会发生应变时效,使疲劳寿命延长[37]。这种现象在文献[37]中称为"训练

(coexing)"，称之为"欠载训练"可能更合适。

根据上述试验结果，可以预期，应用 Miner 定则和这类钢的 S-N 曲线，估算光滑试件在变幅载荷下的寿命，若不考虑超载和加载顺序效应，将给出偏短或偏长的结果；若先加小应力，则估算的寿命较实测的寿命短，即有累积疲劳损伤临界值 $D_c > 1.0$；反之，若先加大应力，则估算的寿命较实测的寿命长，即有 $D_c < 1.0$。文献[38]中给出的低碳钢光滑试件在两级应力下的疲劳试验结果为：先加较大的应力，$D_c = 0.687 \sim 1.233$，平均值 $\overline{D}_c = 0.837$；先加较小的应力，$D_c = 1.123 \sim 2.204$，$\overline{D}_c = 1.632$。这些结果表明，对于这类钢的光滑试件，寿命估算时应用 Miner 定则计算累积疲劳损伤应考虑载荷顺序效应，与切口试件的寿命估算方法是不同的。

根据上述试验结果和讨论，可以认为，对于具有不连续应变硬化特性的材料，超载效应还与试件几何相关。这类材料的切口试件，$z = 0$；而光滑试件的超载对疲劳寿命产生负效应，而欠载对疲劳寿命产生正效应。不论在等幅或变幅载荷下，加载顺序对光滑试件的疲劳寿命都有很大的影响。因此，试图用光滑试件的疲劳试验结果，建立损伤模型，模拟切口试件的累积疲劳损伤，可能难以取得成功[36,39]。

14.5.4　关于高强度低合金钢超载效应的机制

为阐明超载对高强度低合金钢切口试件的疲劳裂纹起始寿命产生零效应的原因，研究了预应变(-3.0%)对 15MnVN 钢疲劳裂纹起始寿命的影响。试验所用的试件为带中心孔的平板试件，应力集中系数 $K_t = 2.53$。钻孔前施加预应变，因而试件产生均匀的应变；钻孔后在孔边不会造成局应变而引起局部残余应力。然后，在拉-拉循环加载条件下进行疲劳试验。图 14-15 表示预应变(-3.0%)对 15MnVN 钢疲劳裂纹起始寿命影响的试验结果，其中的曲线是未超载的 15MnVN 钢的疲劳裂纹起始寿命曲线。

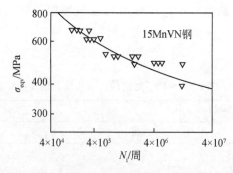

图 14-15　预应变(-3.0%)对 15MnVN 钢疲劳裂纹起始寿命影响的试验结果[40,41]
图中的曲线是未超载的 15 MnVN 钢的疲劳裂纹起始寿命曲线

由图 14-15 可见，预应变对 15MnVN 钢疲劳裂纹起始寿命无明显的影响。上述试验可认为是模拟试验。按式(3-22)和 15MnVN 钢的拉伸性能(见表 4-2)计算,745MPa 当量应力幅的超载,可在切口根部造成约 3% 的应变。比较图 14-11(b)和图 14-15 可见,−3.0% 微量预应变大致相当于 $(\Delta\sigma_{eqv})_{OL}=745$MPa 的超载在切口根部引起的局部应变,对疲劳裂纹起始寿命的影响近乎相同。这表明残余应力对 15MnVN 钢的疲劳裂纹起始寿命无明显的影响;超载对高强度低合金钢的疲劳裂纹起始寿命产生零效应,与切口根部金属的性能变化有关。

微量预应变对弹性模量 E、断裂强度 σ_f 与断裂延性 ε_f 均无明显的影响,但屈服强度上升到 464MPa[40]。根据式(4-33)计算,应变硬化指数 $n=0.078$。将预应变后的疲劳极限 σ_{ac}、应变硬化指数 n,以及其他拉伸性能值代入式(4-11)和式(4-12),求得 $C_i=7.11\times10^{14}$,$(\Delta\sigma_{eqv})_{th}=325$MPa,与实测的 C_i 和 $(\Delta\sigma_{eqv})_{th}$ 值接近(见表 4-4),从而间接证明了高强度低合金钢疲劳裂纹起始寿命的零超载效应,与切口根部金属的力学性能在超载时发生变化有关。文献[42]中的试验结果也表明,微量预应变对 45 钢切口件的疲劳寿命没有影响。这可能给上述论点提供另一个证据。

14.6 中碳钢疲劳裂纹起始的超载效应

45 钢是机械制造业中广泛使用的一种中碳钢。45 钢的淬透性低。小尺寸的 45 钢零件经调质处理后使用,而大尺寸的 45 钢铸、锻件则在正火状态下使用。因此,研究调质和正火状态下 45 钢的疲劳行为,具有实用意义。

众所周知,正火状态下的 45 钢也具有不连续应变硬化的特性。用切口试件,在旋转弯曲应力状态下,研究了超载对正火状态下的 45 钢疲劳寿命的影响,试验结果如图 14-16 所示[42]。

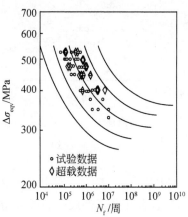

图 14-16 超载对正火状态 45 钢切口件疲劳寿命的影响[42]

前已指出,对于小尺寸的试件,尤其是小尺寸的切口试件,其疲劳寿命可近似地看做疲劳裂纹起始寿命。图 14-16 中的试验结果说明,超载对正火 45 碳钢切口件疲劳寿命的没有明显的影响。这再次证明,具有不连续应变硬化特性的 45 钢,其疲劳裂纹起始的超载效应因子 $z=0$。超载后的循环加载应力状态(不论是拉-拉应力或是旋转弯曲应力状态)对超载效应因子没有影响。这表明超载效应因子是与材料的应变硬化特性相关的材料特性,与循环加载时的应力状态无关。

文献[42]中的试验结果表明,超载对调质状态 45 钢切口件的疲劳寿命没有影响。这再次表明,疲劳裂纹起始的超载效应与金属材料的应变硬化特性以及试件几何相关。

14.7　铝合金孔挤压件疲劳裂纹起始的超载效应

铝合金构件的孔壁挤压,是航空工业中经常采用的强化工艺,以延长疲劳寿命[1,43]。此前的工作,主要是试验研究孔壁挤压对构件的疲劳裂纹起始寿命或疲劳寿命的影响,未能给出孔挤压件的始裂寿命表达式,以及变幅载荷下的疲劳裂纹起始寿命估算模型。文献[44]报道了孔挤压工艺对 LY12CZ 铝合金疲劳裂纹起始寿命的试验研究结果。试件用 LY12CZ 铝合金 4.0mm 厚的板材制造,沿纵向切取毛坯,加工成带 $\phi 6.0$ 中心孔的试件。试件的应力集中系数为,$K_t=2.60$[41,45]。按文献[44]中的研究结果,孔挤压量应为 2.0%。孔挤压件的疲劳裂纹起始寿命试验结果见图 14-17[41,46]。为了比较,图 14-17 也画出了未经孔挤压的 LY12CZ 的疲劳裂纹起始寿命曲线,即图中的虚线,按式(4-18)画出。

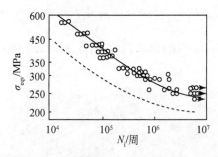

图 14-17　孔挤压($\delta=2.0\%$)和超载[$(\Delta\sigma_{eqv})_{OL}=495MPa$]对 LY12CZ 铝合金
疲劳裂纹起始寿命的影响[41,46]

用式(4-10)和 4.5.1 节中的方法,拟合了经孔挤压的铝合金的疲劳裂纹起始寿命的试验结果,给出下列铝合金孔挤压件疲劳裂纹起始寿命的表达式:

$$N_i=7.7\times 10^{13}\,(\Delta\sigma_{eqv}^{1.78}-217^{1.78})^{-2} \qquad (14\text{-}16)$$

为研究超载的影响,孔挤压后施加一次超载。超载时所加的名义应力为,S_{OL}

＝270MPa，换算成当量应力幅为 $(\Delta\sigma_{eqv})_{OL}$＝495MPa。超载后，LY12CZ 孔挤压件疲劳裂纹起始寿命的试验结果，也示于图 14-20[41,46]。由此可见，$(\Delta\sigma_{eqv})_{OL}$＝495MPa 的超载对孔挤压件（$\delta$＝2.0%）的疲劳裂纹起始寿命无明显的影响。

　　文献[28]的研究结果表明，若后续载荷不高于超载时的载荷，则后续载荷在切口根部引起的应变量也不会高于超载在切口根部引起的应变量，则后续载荷对疲劳裂纹起始寿命没有影响。当孔挤压量为 2.0% 时，在孔边引起的应变量 ε＝3.3%[44]。按式(3-27)计算，495MPa 当量应力幅在孔边引起的应变量为 ε＝1.8%。孔挤压时在孔边引起的应变量高于超载在孔边引起的应变量，故 $(\Delta\sigma_{eqv})_{OL}$＝495MPa 的超载对 δ＝2.0% 孔挤压件的疲劳裂纹起始寿命无明显的影响，故有 z＝0。文献[47]也给出了类似的试验结果。

　　将式(14-16)与式(4-18)对比，可以看出，孔挤压不仅大大提高了 LY12CZ 铝合金疲劳裂纹起始抗力系数，也提高了 LY12CZ 铝合金疲劳裂纹起始门槛值，因而大大延长疲劳裂纹起始寿命。所以，孔挤压是延长铝合金结构件变幅载荷下疲劳裂纹起始寿命的经济而有效的方法。

14.8　结　　语

　　本章首先总结了超载对金属材料的疲劳裂纹起始寿命和疲劳寿命影响的试验研究结果。用具有连续应变硬化特性的铝合金板材制备切口试件，设计了研究超载效应的试验研究方法，研究了超载对铝合金疲劳裂纹起始寿命的影响。通过对铝合金的疲劳试验结果的分析，定义了超载效应因子 z。

　　超载效应因子 z 之值，与材料的应变硬化特性、试件或结构件的几何、切口根部表面强化状态、接头形式和超载幅度等因素有关。对于切口件，具有连续应变硬化特性的材料，z＞0；具有不连续应变硬化特性的材料，如低碳钢、高强度低合金钢、中碳钢等的切口件，z＝0。对于具有不连续应变硬化特性的材料，z 还与试件或构件几何有关，即使对切口件 z＝0，而对光滑试件，z＜0。对于经表面强化的切口件，若表面强化时的应变量，高于超载在切口根部引起的应变量，则有 z＝0。对于铝合金铆接接头，在大的超载下，z＞0；而在小的超载下，z＜0。金属材料的超载效应是其疲劳特性之一，与循环加载条件无关。

　　研究超载效应，不仅可提出经济而有效的延长结构件疲劳裂纹起始寿命和疲劳寿命影响的方法，还可为研究结构件的精确的疲劳裂纹起始寿命预测模型做准备。

参 考 文 献

[1]Schijve J. Fatigue of Structures and Materials. Boston：Kluwer Academic Publishers，2001.

[2]Suresh S. Fatigue of Materials. 2nd Edition. Cambridge：Cambridge University Press，1998.

[3]Dowling N E. Mechanical Behavior of Materials. 2nd Edition. Upper Saddle River：Prentice Hall，1998.

[4]赵名洋. 应变疲劳分析手册. 北京：科学出版社，1987.

[5]Liao M，Shi G，Xiong Y. Analytical methodology for predicting fatigue life distribution of fuselage splices. International Journal of Fatigue，2001，23：S172-S185.

[6]Lazzarin P，Tovo R，Meneghetti G. Fatigue crack initiation and propagation phases near notches in metals with low notch sensitivity. International Journal of Fatigue，1997，19(8/9)：647-657.

[7]Laz P J，Craig B A，Rahrbaugh S M，et al. The development of a total fatigue life approach accounting for nucleation and propagation//Wu X R，Wang Z G. Proceedings of 7th International Fatigue Congress. Beijing：High Education Press，1999：991-1000.

[8]Zheng X L. On some basic problems of fatigue research in engineering. International Journal of Fatigue，2001，23：751-766.

[9]Dijk G M，Jonge J B. Introduction to a fighter aircraft loading standard for fatigue evaluation. "FALSTAFF"，NLR MP 705176U，The Netherlands，1975.

[10]史永吉. 铁路钢桥疲劳与剩余寿命评估. 铁道建筑，1995，增刊：1-104.

[11]Tomita Y，Fujimoto Y. Prediction of fatigue life of ship structural members from developed crack length//Goel V S. Proceedings of International Conference and Exposition on Fatigue，Corrosion Cracking，Fracture Mechanics and Failure Analysis. Salt Lake City：ASM，1985：37-46.

[12]肖纪美. 金属的韧性与韧化. 上海：上海科学技术出版社，1982.

[13]Forrest G J. Some experiments on the effects of residual stresses on the fatigue of aluminium alloy. Journal of the Institute of Metals，1946，72：498-527.

[14]Crews J H. Crack initiation lot stress concentrations as influence by prior local plasticity//Achievement of High Fatigue Resistance in Metals and Alloys. ASTM STP467. Philadelphia：American Society for Testing Materials，1970：37-52.

[15]Boissonat J. Experimental research on the effects of static preloading on the fatigue life of structural components//Barrois W，Repley E L. Fatigue of Aircraft Structures. Oxford：Pergamon Press，1963：97-113.

[16]Smith C R. A Method for Estimating the Fatigue Life of 7075-T6 Aluminum Alloy. Report ARL-64-55，Oxio，1964.

[17]Webber D. Evaluation of possible life improvement methods for alum inum-zinc-magnesium fillet-welded detail//Hoeppner D W. Fatigue Testing of Weldments. Philadelphia：American Society for Testing Materials，1978：78-88.

[18]Raithby K R，Longson J. Some fatigue characteristics of a two-spar light alloy structures，in Aeronautical Research Council. Current Paper 258，Melbune，1956.

[19]Potter J M. ASTM STP519. Philadelphia (PA)：American Society for Testing Materials，1973：109-132.

[20]郑修麟. 过载——延长疲劳寿命的有效方法. 机械强度，1982，2：15-22.

[21]Smith I F C，Hirt M A. A review of fatigue strength improvement methods. Canadian Journal of Civil Engineering，1985，12：166-183.

[22]郑修麟，乔生儒，张建国，等. 高强度马氏体钢30CrMnSiNi2A的塑性变形、微裂纹形成与疲劳无裂纹寿命. 西北工业大学学报，1979，(1)：79-86.

[23]Zheng X L，Ling C. On the expression of fatigue crack initiation life considering the factor of overloading effect. Engineer Fracture Mechanics，1988，31(6)：959-966.

[24]郑修麟，陈德广，凌超. 疲劳裂纹起始的超载效应与新的寿命估算模型. 西北工业大学学报，1990，8

(2):199-208.

[25]Zheng X L. Modeling fatigue crack initiation life. International Journal of Fatigue,1993,15(6):461-466.

[26]Zheng X L. Overload effect on fatigue behaviour and life prediction model of low carbon steels. International Journal of Fatigue,1995,17(5):331-337.

[27]Werchniak W. Effect prestress on low-cycle fatigue. Engineer Fracture Mechanics,1972,4(4):841-851.

[28]郑修麟,张建国. 超载方向对30CrMnSiA钢疲劳裂纹起始寿命的影响. 西北工业大学学报,1993,5(2):149-156.

[29]朱子新,胡光立. 300M钢冲击疲劳裂纹起始的超载效应. 机械工程学报,1991,27(6):23-27.

[30]谭若兵. 超高强度钢中准贝氏体组织的疲劳性能研究. 西安:西北工业大学博士学位论文,1990.

[31]Schijve J. Endurance under program fatigue testing//Plantma F J,Schijve J. Full Scale Fatigue Testing of Aircraft Structures. London:Pergamon Press,1961:41-59.

[32]凌超,郑修麟. LC4CS铝合金的疲劳裂纹起始寿命及超载效应因子的估算. 西北工业大学学报,1991,9(1):30-35.

[33]郑修麟,凌超,江泓. 预应变和超载对低合金钢疲劳性能的影响. 西北工业大学学报,1993,11(3):293-298.

[34]Zheng X L,Lu B T,Cui T X,et al. Fatigue tests and life prediction of 16Mn steel butt welds without crack-like defect. International Journal of Fatigue,1994,68:275-285.

[35]郑修麟,凌超,吕宝桐,等. 低碳低合金钢及焊接件的寿命估算. 机械强度,1993,15(3):70-75.

[36]Frost N E,Marsh K J,Pook L P. Metal Fatigue. Oxford:Clarendon Press,1974.

[37]Pompetzki M A,Topper T H,De Duquesnay D L. The effect of compressive underloads and tensile overloads on fatigue damage accumulation in SAE 1045 steel. International Journal of Fatigue,1990,12(3):207-213.

[38]Richart F E,Newmark N M. Hypothesis for the determination of cumulative damage in fatigue//Proceedings of American Society for Testing Materials,1948,48:767-801.

[39]吴富民. 结构疲劳强度. 西安:西北工业大学出版社,1983.

[40]吕宝桐,张建国,凌超,等. 15MnVN钢疲劳性能的试验研究. 机械强度,1992,15(3):64-67.

[41]郑修麟. 金属疲劳的定量理论. 西安:西北工业大学出版社,1994.

[42]魏建锋. 变幅载荷下疲劳寿命概率分布的预测模型. 西安:西北工业大学博士学位论文,1996.

[43]Dupart D,Campassens D,Balzano M,et al. Fatigue life prediction of interference fit fastener and cold worked holes. International Journal of Fatigue,1996,18(5):515-521.

[44]凌超,张保法,郑修麟. 变幅载荷下孔挤压件疲劳裂纹起始寿命的估算方法. 金属学报,1990,27(1):A75-A77.

[45]凌超,郑修麟. 挤压强化对LY12CZ板材疲劳裂纹起始寿命的影响. 航空学报,1991,12(1):A83-A86.

[46]凌超,郑修麟. 孔挤压与超载复合强化对LY12CZ板材疲劳裂纹起始寿命的影响. 机械工程材料,1990,14(4):57-59.

[47]Nawwar A M,Shewchuk J. The effect of preload on fatigue strength of residually stressed specimens. Experimental Mechanics,1983,409-413.

第15章 变幅载荷下疲劳寿命及概率分布的预测

15.1 引 言

前已指出,大多数机械和工程结构都是在变幅载荷下服役。如何精确地预测变幅载荷下结构的疲劳寿命,一直是工程界和学术界关注的课题[1-6]。结构的疲劳寿命取决于关键结构件的疲劳寿命。所有的结构件都是用材料制成的,而材料具有其自身的特性;例如,具有不同应变硬化特性的材料,对超载有着不同的反应。因此,需要结合结构件的几何、所用材料的特性以及具体的载荷环境等因素,对疲劳寿命预测模型进行研究。

工程实践中,结构件的疲劳寿命通常将分为疲劳裂纹起始寿命和疲劳裂纹扩展寿命,分别进行预测,然后求和得出总寿命,已如前述。众所周知,在估算构件的疲劳裂纹起始寿命时,目前仍采用 Miner 定则,计算变幅载荷下的累积损伤。然而,试验结果表明[7],在不同的变幅载荷下,累积损伤的临界值并不等于 1.0,而是在相当大的范围内变化,最大达 9.90。考其原因,主要是 Miner 定则没有考虑载荷谱中的大、小载荷间的交互作用效应(简称载荷交互作用效应)。所以文献[8]中的结果表明,用局部应变法预测变幅载荷下结构件的疲劳裂纹起始寿命时,尽管局部应变范围计算精确,但疲劳裂纹起始寿命的估算结果仍与试验结果相差很大,其原因可能也在于载荷交互作用效应未能考虑。试验结果也表明[9,10],载荷的交互作用效应可用超载效应因子加以表征。

在寿命预测中,结构细节的影响也要加以考虑。例如,对于同样的铝合金铆接头,在不同的飞机结构中,可能有不同的裂纹起始寿命;在战斗机中,由于有大的超载,$z > 0$,变幅载荷下裂纹起始寿命长;而在运输机中,由于超载小,$z < 0$,故变幅载荷下裂纹起始寿命短。所以应根据材料特性、结构细节等具体情况,应用 Miner 定则,以获得精确的寿命预测结果。

由于金属材料的化学成分允许在一定的范围内波动,以及制备工艺参数的变动,因而引起材料组织和力学性能的不均一性。无论在等幅或变幅载荷下,金属材料的疲劳寿命的试验结果均具有很大的分散性,金属材料的疲劳寿命是随机变量,并遵循对数正态分布[10-13]。用等幅载荷下测定的疲劳寿命曲线,预测变幅载荷下结构件的疲劳寿命,即使预测结果与试验结果的平均值符合良好,但仍很难得出关于寿命预测模型的精确度和可靠性的结论。这是因为用于预测变幅载荷下疲劳寿命的、等幅载荷下测定的疲劳寿命曲线也只有 50% 的存活率[10]。所以，变幅载荷下结构件的疲劳寿命的预测结果和试验结果都只有 50% 的存活率。因此，要研究结构件变幅载荷下疲劳寿命概率分布的预测模型，并加以试验验证。

　　根据作者多年的研究成果，本章介绍变幅载荷下结构件疲劳裂纹起始寿命及其概率分布的预测模型，以及试验验证结果。内容包括不同材料切口件和光滑试件，主要是切口件以及孔挤压件等，在变幅载荷下的寿命估算模型，并用作者的试验结果或文献中的试验数据进行验证。可以预期，本章提出的寿命预测模型，尤其是具有不连续应变硬化特性的高强度低合金钢、中碳钢切口件的疲劳寿命及概率分布的预测模型，将会有广阔的应用前景。然而，本章也指出了尚需研究的课题，以进一步提高裂纹起始寿命的估算精度。

15.2　寿命预测中应考虑的因素

　　结构件所承受的变幅载荷如图 15-1 所示。所以结构件疲劳裂纹起始寿命的预测，必须考虑具体的载荷环境。尽管结构件所承受的变幅载荷往往是不规则的，但总能找到某些共同点，并加以研究。例如，图中的最大载荷相对于后续的小载荷，即可认为是超载。关于超载对疲劳裂纹起始寿命的影响，已在第 14 章中做了详细的总结。

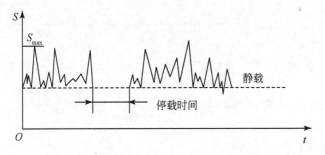

图 15-1　结构件所承受的变幅载荷示意图[9,11]

　　大多数机械和工程结构运行一段时间后，要停机加油、保养维护，以至夜间停止作业。所以停歇时间对疲劳裂纹起始寿命的影响是需要考虑的另一个重要因素。再则，超载后加于结构件的载荷仍然是不规则的。因此，要建立精确的寿命预测模型，不仅要研究超载对疲劳裂纹起始寿命的影响，还要研究超载后的停歇时间和加载方式的影响[9]。

15.2.1　超载后停歇时间的影响

　　文献[14]报道了疲劳试验中的停歇对 7075-T6 铝合金疲劳寿命的影响。在

343MPa(50ksi)的最大应力下进行旋转弯曲疲劳试验;试验分两组进行:一组试件一直试验到断裂,中间不停歇;另一组每试验 10000 次后在室温下停歇 24h 再试验,如此反复,直到试件断裂。试验结果的统计分析表明,在室温下停歇对疲劳寿命的平均值没有影响,而减小试验结果的分散性。这表明疲劳试验中的停歇对7075-T6 铝合金疲劳寿命没有明显的影响。Waisman[14]还指出,试验结果还表明,在室温下停歇对某些钢的疲劳寿命没有影响。但是,超载后的停歇对铝合金的疲劳裂纹起始寿命和疲劳寿命有何影响,需要做进一步的研究。

采用 LY12CZ 铝合金切口试件,按图 14-10 所示的加载方式,先加 $(\Delta\sigma_{eqv})_{OL} =$ 535MPa 的超载,卸载后停歇 1～15h,再进行疲劳试验,测定疲劳裂纹起始寿命。超载后的停歇时间对疲劳裂纹起始寿命影响的试验结果如图 15-2 所示[9,11]。作为比较,图 15-2 中也画出了经 $(\Delta\sigma_{eqv})_{OL}=535$MPa 的超载后,LY12CZ 铝合金的疲劳裂纹起始寿命曲线,即式(14-2c)。由此可见,超载后的停歇时间对 LY12CZ 铝合金的疲劳裂纹起始寿命无明显的影响。

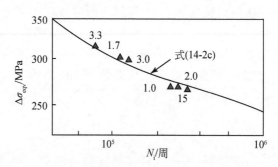

图 15-2　经 535MPa 的超载后停歇 1～15h 对 LY12CZ 铝合金的疲劳裂
纹起始寿命的影响[9,11]

图中曲线为经相同超载后的疲劳裂纹起始寿命曲线,即式(14-2c)

15.2.2　超载后加载方式的影响

由图 15-1 可见,超载后加于结构件的载荷是不规则的,无法一一加以研究。因此,只能选择一两种典型情况进行试验研究。试验程序如下:所有 LY12CZ 铝合金的切口试件先经受 $(\Delta\sigma_{eqv})_{OL}=620$MPa 后,进行疲劳试验;试验时加于第一组切口试件上的最大名义应力与应力集中系数的乘积保持不变,$K_t\sigma_{max}=607$MPa,加于第二组切口试件上的最小名义应力与应力集中系数的乘积保持不变,$K_t\sigma_{min}=$ 181MPa,分别改变最小和最大名义应力以获得不同的当量应力幅。按上述两种不同方式(见图 15-3)进行疲劳试验,测定疲劳裂纹起始寿命,所得结果示于图15-4,试验数据的回归分析结果列入表 15-1。

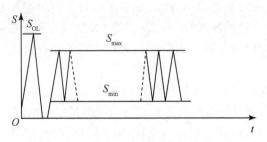

图 15-3　超载后加载方式对 LY12CZ 铝合金疲劳裂纹起始寿命影响的试验程序[9,11]

先经 $(\Delta\sigma_{eqv})_{OL}=620\text{MPa}$ 后,然后分别用加载 $K_t S_{max}=607\text{MPa}$ 和 $K_t S_{min}=181\text{MPa}$

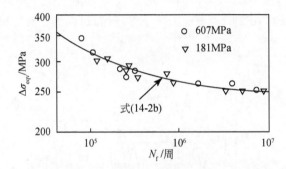

图 15-4　超载后加载方式对 LY12CZ 铝合金疲劳裂纹起始寿命影响的试验结果[9,11]

图中曲线按式(14-2b)画出

图 15-4 和表 15-1 中的试验和分析结果表明,超载后的加载方式对 LY12CZ 铝合金疲劳裂纹起始寿命没有明显的影响。因为超载时的当量应力幅较大,使切口根部金属产生较大的塑性变形,在切口根部形成较大的塑性区。只要后续的循环加载时的当量应力幅不超过超载时的当量应力幅,即 $\Delta\sigma_{eqv} < (\Delta\sigma_{eqv})_{OL}$,不致引起切口根部金属性能的变化和塑性区的扩大,则超载后的加载方式不会对疲劳裂纹起始寿命产生影响。文献[15]中试验结果给上述论点提供了一个佐证。

表 15-1　超载后加载方式对 LY12CZ 铝合金疲劳裂纹起始寿命影响的试验数据的回归分析结果[9,11]

超载后加载方式	$C_i(\times 10^{13})$	$(\Delta\sigma_{eqv})_{th}$/MPa	r	s	r_{cr}
$K_t\sigma_{max}=607\text{MPa}$	1.29	238	-0.806	0.361	-0.606
$K_t\sigma_{min}=181\text{MPa}$	1.12	238	-0.908	0.234	-0.623
全部数据	1.27	237	-0.857	0.293	-0.456

15.2.3　超载后疲劳裂纹起始门槛值的物理意义与工程实用意义

在 4.9.2 节中业已证明,疲劳裂纹起始门槛值是在切口根部材料中不造成疲劳损伤的最大当量应力幅之值。因此,在等于或低于疲劳裂纹起始门槛值的当量应力幅下循环加载任意循环次数,即 $\Delta\sigma_{eqv} \leqslant (\Delta\sigma_{eqv})_{th}$,不会在切口根部材料中造成疲劳损伤,也不会影响在随后的高于疲劳裂纹起始门槛值的当量应力幅下疲劳裂纹起始寿命。

然而,由超载提高了的疲劳裂纹起始门槛值 $(\Delta\sigma_{eqv})_{th}$,是否仍具有原来的物理意义,即在切口根部材料不造成疲劳损伤的上限当量应力幅值,还需要进一步的试验研究。为此,采用 LY12CZ 铝合金板材,制备切口试件,按图 15-5 所示的程序加载。先对 LY12CZ 铝合金切口试件施加一次 $(\Delta\sigma_{eqv})_{OL} = 620\text{MPa}$ 的超载。经 $(\Delta\sigma_{eqv})_{OL} = 620\text{MPa}$ 的超载后,LY12CZ 铝合金的疲劳裂纹起始门槛值 $(\Delta\sigma_{eqv})_{th} = 237\text{MPa}$。第二步,在 $\Delta\sigma_{eqv} \leqslant 237\text{MPa}$ 的当量应力幅下循环加载 $N = 5 \times 10^6$ 周。最后,在 $\Delta\sigma_{eqv} > 237\text{MPa}$ 的当量应力幅下循环加载,以测定疲劳裂纹起始寿命。

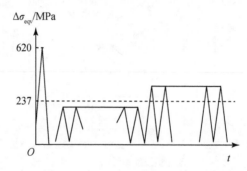

图 15-5   研究次载对 LY12CZ 铝合金切口试件疲劳裂纹起始寿命影响的试验程序示意图

按图 15-5 所示的程序循环加载,测定的疲劳裂纹起始寿命如图 15-6 所示[9]。由此可见,经超载后的 LY12CZ 铝合金切口试件,在等于或低于超载提高了的疲劳裂纹起始门槛值的当量应力幅下循环加载,对后续的高于超载提高了的疲劳裂纹起始门槛值的当量应力幅下的疲劳裂纹起始寿命并没有影响。这表明超载提高了

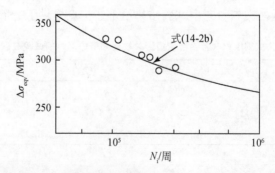

图 15-6   按图 15-5 所示的程序下加载测定的 LY12CZ 铝合金疲劳裂纹起始寿命[9]

的疲劳裂纹起始门槛值,仍然是在切口根部金属中不造成疲劳损伤的最大当量应力幅之值。在结构件的寿命预测和变幅载荷下的疲劳试验中,超载提高了的疲劳裂纹起始门槛值,仍可作为小载荷截除准则加以应用。

根据上述载荷情况所做的研究结果,可以认为,只有超载效应因子 z 才能定量地表征载荷谱中的大、小载荷间的交互作用。因此,对于这两类具有不同应变硬化特性的材料,应采用不同的方法,计算变幅载荷下的累积损伤。对于 $z>0$ 的材料,应考虑载荷谱中的大、小载荷间的交互作用效应,已如前述。而对 $z=0$ 的材料,如低碳钢、包括微合金化低碳钢的切口件,在计算变幅载荷下的累积疲劳损伤时,无须考虑载荷谱中的大、小载荷间的交互作用效应,可直接按材料的疲劳裂纹起始寿命曲线和 Miner 定则计算累积损伤。

15.3　变幅载荷下铝合金切口件疲劳裂纹起始寿命的预测模型

15.3.1　累积疲劳损伤定则

机械和工程结构的零部件大多是在应力幅和应力比随时间而变化的载荷下服役的[9]。这种载荷简称为变幅载荷。如何定义和计算变幅载荷下的疲劳损伤,则是预测变幅载荷下结构的零部件疲劳寿命的关键问题。

通常材料的力学性能手册中给出的是等幅载荷下测定的疲劳性能的数据、图表和曲线,而结构件的几何与所受载荷情况是千变万化的。因此,要按工程应用的需要,对疲劳损伤进行定义,而且要有一个定则,将变幅载荷下的疲劳损伤换算为等幅载荷下的疲劳损伤,并给出疲劳损伤的临界值。这个定则就是累积疲劳损伤定则,由 Miner 提出,故常称 Miner 定则,阐述如下:

图 15-7 为一材料的疲劳寿命曲线,可见,在应力幅疲劳寿命 σ_1 下,疲劳寿命为 N_{f1}。在应力幅 σ_1 下循环加载 1 次,则疲劳寿命减少 1 次,减少的分数为 $1/N_{f1}$,即造成的疲劳损伤度为 $D_1=1/N_{f1}$。若在 σ_1 下循环加载 n_1 次,则造成的疲劳损伤为 $n_1 D_1$。若在 σ_2 下循环加载 n_2 次,则造成的疲劳损伤为 $n_2 D_2$。依此类推。若结构件所受的变幅载荷含有 k 级循环应力,相应的加载循环数为 $n_1, n_2, \cdots, n_j, \cdots, n_m$,则累积疲劳损伤为

$$D = \sum_{j=1}^{k} \frac{n_j}{N_{fj}} = \sum_{j=1}^{k} n_j D_j \tag{15-1}$$

当疲劳累积损伤达到临界值时,疲劳断裂发生。设若试件在应力幅 σ_1 下循环加载 N_{f1} 次,即该应力幅下的疲劳寿命,显然试件应发生疲劳断裂。此时,疲劳损伤度为 1.0。故取累积疲劳损伤的临界值为 1.0。于是,有

$$D_c = \sum_{j=1}^{k} \frac{n_j}{N_{fj}} = \sum_{j=1}^{k} n_j D_j = 1.0 \tag{15-2}$$

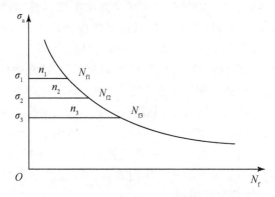

图 15-7　Miner 定则的数学描述示意图

式(15-2)就是 Miner 定则的数学描述。应当指出,导出式(15-2)时,各循环应力下的疲劳损伤是线性叠加,没有考虑各循环应力,尤其是大、小应力间的交互作用效应。因此,在不同的循环应力谱下,试验结果给出的累积疲劳损伤的临界值不等于 1.0,而是在 0.1～10.0 变化[7,16]。试验结果还表明[17,18],累积疲劳损伤的临界值与试件几何和加载顺序有关。但是,Miner 定则的形式简单,而且目前也没有更好的累积疲劳损伤定则可以替代 Miner 定则[17]。因此,在工程中,Miner 定则仍广泛地用于结构件变幅载荷下疲劳寿命的预测[12,19,20]。众所周知,应力比或平均应力对材料的疲劳寿命和疲劳裂纹起始寿命有重大的影响(见第 4 章和第 5 章)。因此,能否精确地计算累积疲劳损伤,关键是要有一个能反映应力比影响的、好的疲劳寿命表达式[10]。再则,载荷谱中大、小载荷的交互作用效应也必须考虑[10]。关于这一定则的适用性与精确度,将做深入研讨。

15.3.2　疲劳损伤函数

如前所述,战斗机在做机动飞行时,最大拉伸超载可达 9g,而压缩超载仅为 −2g。由于拉伸超载幅度远超过压缩超载幅度,因而拉伸超载的有利的延寿作用不会被压缩超载所消除[21]。其他结构的受载情况,如船舶、桥梁结构,与上述情况类似者甚多。因此,在预测变幅载荷下结构件的疲劳裂纹起始寿命时,应考虑超载效应的有利影响;否则,将会给出保守的预测结果。

与结构件服役的载荷环境有关的其他因素,如超载后的停歇时间、加载方式,均对铝合金的疲劳裂纹起始寿命没有影响,已如前述。据此,可以认为,超载效应因子可用于定量地表征载荷谱中大、小载荷的交互作用效应。也就是说,要用经历同等当量应力幅超载后的疲劳裂纹起始寿命曲线和相关的表达式,按 Miner 线性累积损伤定则计算变幅载荷下累积疲劳损伤,可以得到精确的寿命预测结果。

为预测切口结构件的疲劳裂纹起始寿命,根据 Miner 线性累积损伤定则和疲

劳裂纹起始寿命表达式,即式(4-15),可定义疲劳损伤函数如下[10]:

$$D_j = \frac{1}{N_{i,j}} = \frac{1}{C_i \left\{ \Delta\sigma_{eqv}^{2/(1+n)} - \left[(\Delta\sigma_{eqv})_{th0} + z\,(\Delta\sigma_{eqv})_{OL}^{2/(1+n)} \right]^{2/(1+n)} \right\}^{-2}} \quad (15\text{-}3)$$

按照 Miner 线性累积疲劳损伤定则,累积疲劳损伤可按下式计算:

$$D_c = \sum_{j=1}^{k} n_j D_j = \sum_{j=1}^{k} \frac{n_j}{C_i \left\{ \Delta\sigma_{eqv,j}^{2/(1+n)} - \left[(\Delta\sigma_{eqv0} + z\,(\Delta\sigma_{eqv})_{OL}^{2/(1+n)} \right]^{2/(1+n)} \right\}^{-2}}$$

$$(15\text{-}4)$$

式中,k 是当量应力幅的级数。由式(15-4)可见,一个好的疲劳裂纹起始寿命表达式是精确地计算累积疲劳损伤和预测结构件在变幅载荷下疲劳寿命的关键所在。Boissonat[22]曾用超载后的疲劳寿命曲线预测切口件的疲劳寿命。但是,Boissonat未能提出或采用完好的疲劳寿命公式表示超载后的疲劳寿命曲线,因而,未能得到精确的寿命预测结果,并给出相应的寿命预测模型,尽管寿命预测的精度有所改善。由此可见,没有好的疲劳裂纹起始寿命或疲劳寿命表达式,要精确预测变幅载荷下疲劳寿命将是不可能的。

15.3.3　LY12CZ 铝合金切口件的疲劳裂纹起始寿命预测

　　LY12CZ 铝合金是具有连续应变硬化特性的金属,其超载效应因子大于零,$z > 0$。因此,在预测 LY12CZ 铝合金切口件的疲劳裂纹起始寿命时,载荷谱中大、小载荷的交互作用应予以考虑。在这种情况下,应将考虑超载效应的 LY12CZ 铝合金的疲劳裂纹起始寿命表达式代入式(15-4),用于计算累积疲劳损伤。预测变幅载荷下 LY12CZ 铝合金切口件疲劳裂纹起始寿命的具体方法如下[10,11]:

　　(1)根据结构件所承受的谱,求出最大名义应力。将结构件的应力集中系数和所受的最大名义应力代入式(14-1),计算出超载时的当量应力幅之值 $(\Delta\sigma_{eqv})_{OL}$ = 786.3MPa。

　　(2)将当量应力幅 $(\Delta\sigma_{eqv})_{OL}$ 代入式(14-12),求得经历超载的 LY12CZ 铝合金的疲劳裂纹起始寿命表达式

$$N_i = 1.56 \times 10^{13} (\Delta\sigma_{eqv}^{1.78} - 271^{1.78})^{-2} \quad (15\text{-}5)$$

　　(3)将结构件的应力集中系数和名义应力谱中所有名义应力范围与应力比,代入式(3-26),以求出当量应力幅谱,并略去全部低于或等于超载后疲劳裂纹起始门槛值的当量应力幅之值,即略去所有的 $\Delta\sigma_{eqv} \leqslant 271\text{MPa}$。

　　(4)将超载后的 LY12CZ 铝合金的疲劳裂纹起始寿命表达式,即式(15-5)代入式(15-4),得

$$D_c = \sum_{j=1}^{k} \frac{n_j}{1.56 \times 10^{13} (\Delta\sigma_{eqv,j}^{1.78} - 271^{1.78})^{-2}} \quad (15\text{-}6)$$

　　(5)根据当量应力幅谱和式(15-4)计算累积疲劳损伤,当累积疲劳损伤之值 D_c

＝1.0 时，即得 LY12CZ 铝合金切口件的疲劳裂纹起始寿命。

　　上述预测变幅载荷下切口件疲劳裂纹起始寿命的方法，可称为当量应力法[11]。用此法预测的飞续飞谱下的 LY12CZ 铝合金切口件的疲劳裂纹起始寿命与试验结果列入表 15-2[9,11]。为说明超载效应对变幅载荷下 LY12CZ 铝合金切口件的疲劳裂纹起始寿命预测结果的影响，表 15-2 中也列出了用未经历超载的疲劳裂纹起始寿命表达式的预测结果。同时，还列出了用局部应变法做出的预测结果。

表 15-2　预测的飞续飞谱下的 LY12CZ 铝合金切口件的疲劳裂纹起始寿命与试验结果[9]

序号	寿命预测方法	K_t	加载顺序	寿命预测结果/飞行小时	预测寿命/实测寿命
1	当量应力法,考虑超载效应	4.0	最大-最大	1442	0.78
2	当量应力法,未考虑超载效应	4.0	最大-最大	869	0.47
3	局部应变法[23]	4.0	最大-最大	702～984	0.38～0.53
4	随机加载的试验结果	4.0	自然顺序	1848	—

　　表 15-2 中的试验结果是在随机谱下进行疲劳试验测定的。每个谱块含有 2213 个峰谷点，代表战斗机 50 飞行小时的机动载荷谱；其中最大超载为 8g，名义应力为 278MPa，约等于 61% 的抗拉强度，最小超载为 －0.8g。由表 15-2 可见，采用当量应力法并考虑到疲劳裂纹起始的超载效应，寿命预测精度大为提高，达到实测寿命的 78%。若考虑到等幅与变幅载荷下疲劳试验结果的分散性[12]，上述预测结果与试验结果基本相符。若采用当量应力法但不考虑疲劳裂纹起始的超载效应，则寿命预测精度与局部应变法的接近，与试验结果相差较大。

　　上述结果与分析证明，疲劳裂纹起始的超载效应可以定量地表征载荷谱中的大-小载荷的交互作用，而疲劳裂纹起始的超载效应可用超载效应因子 z 定量地予以表征。

15.4　变幅载荷下低合金高强度钢的切口件疲劳裂纹起始寿命的预测

　　低碳、中碳钢，包括工程中广泛应用的低合金高强度钢，在拉伸曲线上有明显的屈服平台，因而属于具有不连续应变硬化特性的金属材料。超载对这类材料的疲劳裂纹起始寿命没有显著的影响，亦即其超载效应因子等于零，即 $z=0$[10,24]。因此，这类材料结构件的疲劳裂纹起始寿命预测模型比较简单。

15.4.1　具有不连续应变硬化特性的钢切口件的寿命预测模型

　　由于低合金高强度钢和 45 钢的超载效应因子等于零，即 $z=0$（见第 14 章），故其切口件的疲劳裂纹起始寿命的预测模型较具有连续应变硬化特性的金属材料——LY12CZ 铝合金切口件的简单。下面说明具有不连续应变硬化特性的金属材料的切口件的疲劳裂纹起始寿命预测的具体方法[10]：

(1)将结构件的应力集中系数和名义应力谱中所有名义应力范围与应力比,代入式(3-26)以求出当量应力幅谱,并略去全部低于或等于疲劳裂纹起始门槛值的所有当量应力幅。

(2)将低合金高强度钢的疲劳裂纹起始寿命表达式代入式(15-4),即得累积疲劳损伤的计算公式为

$$D = \sum_{j=1}^{k} \frac{n_j}{C_i \left[\Delta\sigma_{\mathrm{eqv},j}^{2/(1+n)} - (\Delta\sigma_{\mathrm{eqv}})_{\mathrm{th}}^{2/(1+n)} \right]^{-2}} \tag{15-7}$$

(3)根据当量应力幅谱和式(15-7)计算累积疲劳损伤,并略去所有低于和等于疲劳裂纹起始门槛值的当量应力幅。

(4)当累积疲劳损伤之值达到 1.0 时,即得具有不连续应变硬化特性的钢切口件的疲劳裂纹起始寿命。

15.4.2 低合金高强度钢切口件的寿命预测模型

15MnVN 钢是低合金高强度钢,其超载效应因子 $z = 0$(见图 14-17)。因此,可用上述寿命预测模型,对 15MnVN 钢切口件的疲劳裂纹起始寿命进行预测。文献[25]中报道了用小尺寸的切口圆柱试件,在旋转弯曲条件下,测定疲劳寿命的试验结果,并用式(5-34)和 4.5.1 节的方法拟合试验结果,给出下列疲劳寿命表达式[25]：

$$N_f = 5.57 \times 10^{14} \left(\Delta\sigma_{\mathrm{eqv}}^{1.83} - 304^{1.83} \right)^{-2} \tag{15-8}$$

前已指出,用小尺寸的疲劳试件、尤其是小尺寸的切口圆柱试件测定疲劳寿命,可以近似地看成是疲劳裂纹起始寿命。将式(15-8)代入式(15-4),并取 $z = 0$,即得损伤函数为

$$D = \sum_{j=1}^{k} \frac{n_j}{5.57 \times 10^{14} \left(\Delta\sigma_{\mathrm{eqv},j}^{1.83} - 304^{1.83} \right)^{-2}} \tag{15-9}$$

图 15-8 为测定变幅载荷下 15MnVN 钢切口件的疲劳寿命所用的两种名义应力谱,图中所示为一个载荷块。将图 15-8 中的循环应力的数据和切口件的应力集中系数 $K_t = 1.88$ 代入式(3-26),即得当量应力幅谱。应用式(15-9),并按上述方法预测的 15MnVN 钢切口件的疲劳裂纹起始寿命列入表 15-3。

由表 15-3 可见,按前述方法预测的 15MnVN 钢切口件的疲劳累积损伤值与试验结果的平均值符合得相当好,从而进一步证明疲劳裂纹起始的超载效应可以定量地表征载荷谱中的大、小载荷的交互作用。对于 $z = 0$ 的具有不连续应变硬化特性的金属材料,Miner 可直接用于预测其切口结构件的疲劳裂纹起始寿命,而无须考虑载荷谱中的大、小载荷的交互作用或载荷顺序效应。

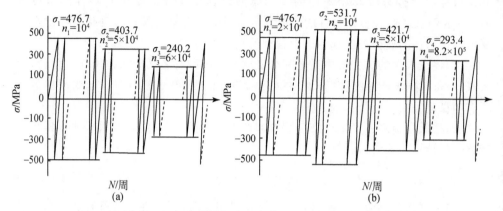

图 15-8　测定 15MnVN 钢切口件的疲劳寿命所用的两种程序块谱[25]

图中所示为一个程序块

表 15-3　15MnVN 钢切口件变幅载荷下的疲劳寿命与临界疲劳累积损伤值

的预测与试验结果[25]

载荷谱型	疲劳寿命 N_f（谱块数）		临界累积损伤值 D_c	
	预测结果	试验结果	预测结果	试验结果
图 15-8(a)	10.69	12.04	1.0	1.117
图 15-8(b)	4.32	3.91	1.0	0.904

　　文献[11]和[17]中给出了低碳钢切口件两级载荷下的疲劳试验结果。这些试验结果表明，先加较大的循环应力，临界疲劳累积损伤值在 0.770～1.334 变化，平均值为 1.029；而先加较小的循环应力，临界累积损伤值在 0.770～1.334 变化，平均值为 0.924。由此可见，无论先加较大的循环应力或较小的循环应力，临界疲劳累积损伤值的平均值均接近预测值 1.0。这也间接但客观地证明，上述预测高强度低合金钢等具有不连续应变硬化特性材料切口件疲劳裂纹起始寿命的预测模型，是有效的。

　　将式(15-8)与式(13-11a)作比较，可以看出，拟合全部疲劳寿命的试验结果得到的疲劳寿命表达式，仅有 50% 的存活率。再则，表 15-3 中的 15MnVN 钢切口件变幅载荷下的疲劳寿命的预测结果与试验结果，对于结构件而言，即为疲劳裂纹起始寿命的预测结果与试验结果。

15.4.3　低合金高强度钢切口件多级拉-拉载荷下的寿命预测

　　在 15.4.2 节中，在旋转弯曲试验条件下，测定了疲劳寿命的试验结果，并给出了疲劳寿命表达式，即式(15-8)，预测了在变幅旋转弯曲试验条件下 15MnVN 钢切口件变幅载荷下疲劳寿命,获得了很好的结果。但是,式(15-8)能否用于预测变幅拉-拉载荷下 15MnVN 钢切口件的疲劳寿命,有待进一步研究。为此,设计了图15-9所示的程序块谱,表 15-4 中给出了每一级的加载参数。将图 15-9 中的循环应力的数据和切口件的应力集中系数 $K_t = 1.6$ 代入式(3-26),即得当量应力幅谱。于是,应用式(15-9)预测了图 15-9 所示的程序块谱下 15MnVN 钢切口件($K_t = 1.6$)的疲劳寿命,所得结果为:$N_f = 9.57$ 块;按图 15-9 所示的程序块谱加载测定疲劳寿命,五个试件的平均值为 9.17 块[24,26]。预测结果与试验结果符合得相当好。

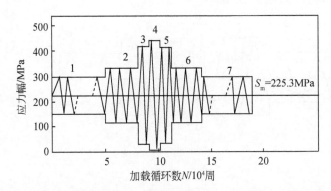

图 15-9　用于预测和试验测定 15MnVN 钢切口件拉-拉变幅载荷下疲劳寿命的程序块谱[24]

表 15-4　图 15-9 中每一级载荷的应力幅与加载循环数的说明[24,26]

加载级数	1	2	3	4	5	6	7
应力幅/MPa	330.2	336.8	415.6	444.8	415.6	336.8	330.2
加载循环数/10^4 周	5	3	1	1	1	3	5

上述试验结果具有很大的实际意义。因为现有很多疲劳试验数据手册中,有相当数量的疲劳试验数据是在旋转弯曲试验条件下测定的,如果用式(5-34)和 4.5.1 节的方法拟合这些试验结果,则所得的疲劳寿命表达式可用于预测工程中结构件的疲劳裂纹起始寿命,无须重新在等幅载荷下试验测定材料的疲劳裂纹起始寿命。

15.5　变幅载荷下中碳钢切口件的疲劳寿命的预测

15.5.1　变幅载荷下正火 45 钢切口件的寿命预测

45 钢是机械工业中广泛采用的一种碳素结构钢。在正火状态下,45 钢也具有不连续应变硬化特性,故其超载效应因子 $z = 0$,见第 14 章。因此,45 钢切口件的疲劳裂纹起始寿命也可用 15.4 节中给出的方法,以及式(15-4)进行预测。试验测

定的 45 钢的疲劳寿命,可用式(5-34)和 4.5.1 节的方法进行拟合,得到下列表
达式[24,27]:

$$N_f = 2.39 \times 10^{14} \, (\Delta\sigma_{eqv}^{1.736} - 303^{1.736})^{-2} \tag{15-10}$$

图 15-10 表示用于预测和试验测定正火 45 钢切口件变幅载荷下疲劳寿命的
载荷谱,它表明平均应力 $\sigma_m = 0$,表 15-5 中给出了每一级的加载参数。用于测定变
幅载荷下正火 45 钢切口件的应力集中系数 $K_t = 2.0$。

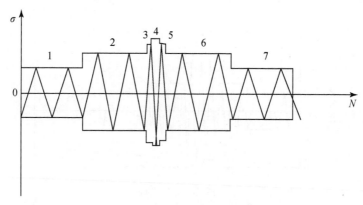

图 15-10　用于预测和试验测定正火 45 钢切口件变幅载荷下疲劳寿命的程序块谱[24]

表 15-5　图 15-10 中每一级载荷的应力幅与加载循环数的说明[24,26]

加载级数	1	2	3	4	5	6	7
应力幅/MPa	120.2	175.8	200	250	200	175.8	120.2
加载循环数/10⁴ 周	10	8	2.5	1	2.5	8	10

将表 15-5 中的应力幅值、试件的应力集中系数之值等数据代入式(3-26),即得
当量应力幅谱。将式(15-10)代入式(15-4),即可得到累积疲劳损伤的计算公式
如下:

$$D = \sum_{j=1}^{k} \frac{n_j}{2.39 \times 10^{14} \, (\Delta\sigma_{eqv,j}^{1.736} - 303^{1.736})^{-2}} \tag{15-11}$$

然后按式(15-11)和当量应力幅谱计算累积疲劳损伤值。当累积疲劳损伤值达到
1.0,即得疲劳寿命之值。在图 15-10 所示的载荷谱下,预测的 45 钢切口件的疲劳
寿命为 11.2 块,而 9 个试件测定的疲劳寿命的平均值为 12.3 块、对数平均值为
10.6 块[24,27]。可以认为,45 钢切口件的疲劳寿命的预测结果与试验结果相符。应
当指出,按上述方法和式(15-11)预测的 45 钢切口件的疲劳寿命,对于实际的 45
钢结构件仍应为疲劳裂纹起始寿命。

15.5.2　变幅载荷下调质 45 钢切口件的寿命预测

在调质状态下,45 钢的拉伸性能列入表 15-6。试验测定的 45 钢的疲劳寿命

可用下式表示[24,27]：

$$N_{\mathrm{f}} = 2.39 \times 10^{14} \, (\Delta\sigma_{\mathrm{eqv}}^{1.736} - 303^{1.736})^{-2} \tag{15-12}$$

表 15-6　调质状态下 45 钢的拉伸性能[24]

σ_{s} /MPa	σ_{b} /MPa	δ /%	ψ /%	ε_{f}	σ_{f} /MPa	n
500	710	23.6	65.1	1.052	993	0.1095

在调质状态下，45 钢也具有不连续应变硬化特性，故其超载效应因子 $z=0$[24]。因此，45 钢切口件的疲劳裂纹起始寿命也可用 15.4 节中给出的方法以及式 (15-4) 进行预测。

图 15-10 表示的载荷谱，也用于预测和试验测定调质状态下 45 钢切口件变幅载荷下疲劳寿命；它表明平均应力 $\sigma_{\mathrm{m}} = 0$，但每一级载荷下的加载参数不同。表 15-7 中给出了每一级的加载参数。用于测定变幅载荷下调质状态的 45 钢切口件的应力集中系数 $K_{\mathrm{t}} = 2.0$。

表 15-7　用于预测和试验测定调质 45 钢切口件疲劳寿命载荷谱
(图 15-10)中每一级加载的应力幅与加载循环数[24]

加载级数	1	2	3	4	5	6	7
应力幅/MPa	130	200	250	275	250	200	130
加载循环数/10^4 周	10	10	1	1	1	10	10

将表 15-7 中的应力幅值、试件的应力集中系数之值等数据代入式(3-26)，即得当量应力幅谱。将式(15-12)代入式(15-4)，即可得到累积疲劳损伤的计算公式如下：

$$D = \sum_{j=1}^{k} \frac{n_j}{2.39 \times 10^{14} \, (\Delta\sigma_{\mathrm{eqv},j}^{1.736} - 303^{1.736})^{-2}} \tag{15-13}$$

然后按式(15-13)和当量应力幅谱计算累积疲劳损伤值。当累积疲劳损伤值达到 1.0，即得调质 45 钢的疲劳寿命之值。在图 15-10 所示的载荷谱下，预测的调值 45 钢切口件的疲劳寿命为 5.30 块，而 9 个试件测定的疲劳寿命的平均值为 5.16 块、对数平均值为 4.99 块[24]。可以认为，调质 45 钢切口件的疲劳寿命的预测结果与试验结果相符，两者之差为 2.6%～5.8%。

15.5.3　变幅载荷下 45 钢摩擦焊接头的疲劳的寿命预测

Yan 等[28]用切口试件测定了 45 钢摩擦焊接头的疲劳寿命，试验结果如图 15-11所示。用式(5-36)和 4.5.1 节的方法拟合试验结果，可得 45 钢摩擦焊接头切口件的疲劳寿命表达式如下：

$$N_{\mathrm{f}} = 2.18 \times 10^{14} \, (\Delta\sigma_{\mathrm{eqv}}^{1.764} - 411.7^{1.764})^{-2} \tag{15-14}$$

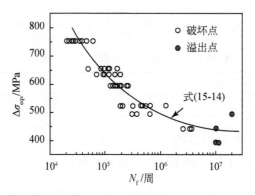

图 15-11　45 钢摩擦焊接头切口试件疲劳寿命的试验结果与回归分析结果[28]

　　根据文献[24]中给出的超载对正火 45 钢和调质 45 钢疲劳寿命影响的试验结果，可以认为，45 钢摩擦焊接头切口试件的超载效应因子 $z=0$。因此，Miner 线性累积损伤定则，可用于计算变幅载荷下 45 钢摩擦焊接头切口件的疲劳寿命，而无须考虑载荷谱中大、小载荷的交互作用。将式(15-14)代入式(15-4)，即得 45 钢摩擦焊接头切口件疲劳损伤函数如下：

$$D = \sum_{j=1}^{k} \frac{n_j}{2.18 \times 10^{14} \, (\Delta\sigma_{\mathrm{eqv},j}^{1.764} - 411.7^{1.764})^{-2}} \tag{15-15}$$

　　用于测定变幅载荷下 45 钢摩擦焊接头疲劳寿命的切口试件，其应力集中系数为 $K_t = 2.0$；名义应力谱如图 15-12 所示[28]。将试件的应力集中系数和图 15-12 中的各名义应力幅代入式(3-26)，可得 45 钢摩擦焊接头疲劳寿命的切口试件的当量应力幅谱。于是，按式(15-15)和当量应力幅谱，计算累积疲劳损伤。当累积疲劳损伤达到临界值 $D_c = 1.0$ 时，即得带切口的 45 钢摩擦焊接头的疲劳寿命。预测的带切口的 45 钢摩擦焊接头的疲劳寿命为 7.27 块，而 6 个试件测定的疲劳寿命的平均值为 7.197 块；两者符合很好。前述试验结果再次证明，Miner 线性累积损伤

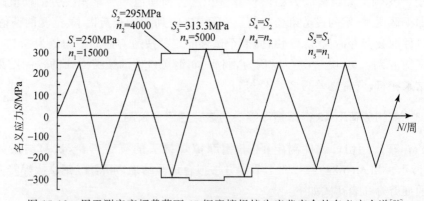

图 15-12　用于测定变幅载荷下 45 钢摩擦焊接头疲劳寿命的名义应力谱[28]

定则,可直接用于预测变幅载荷下具有不连续应变硬化特性的金属材料切口件疲劳寿命,而无须考虑载荷谱中大、小载荷的交互作用效应。

15.6　铝合金孔壁挤压件的寿命预测

图 14-20 中的试验结果表明,LY12CZ 铝合金孔壁挤压($\delta = 2.0\%$)件的超载效应因子 $z=0$。因此,在预测 LY12CZ 铝合金孔壁挤压($\delta = 2.0\%$)件的疲劳裂纹起始寿命时,可以不考虑载荷谱中的大、小载荷交互作用效应,直接将式(14-16)代入式(15-4),按当量应力幅谱计算累积疲劳损伤 D_c。当 $D_c = 1.0$ 时,即得LY12CZ 铝合金孔壁挤压($\delta = 2.0\%$)件的疲劳裂纹起始寿命。

为检验上述寿命估算方法的适用性,选用战斗机地-空混合随机载荷谱,作为疲劳试验谱;该谱一个块含有 2110 个峰谷点。疲劳试验在 MTS-810 型电液伺服疲劳试验机上进行,试验过程由计算机自动控制。四个 LY12CZ 铝合金孔壁挤压件测定的疲劳裂纹起始寿命为 485 块,而按上述方法估算的疲劳裂纹起始寿命为632 块。预测结果稍长于试测结果,但两者之约 30%[11,29]。应当指出的是,在上述方法中,所用的参数均有明确的物理意义,未作任何经验修正。在这种情况下,获得这样的寿命估算精度,是令人满意的。

也应注意到,LY12CZ 铝合金切口件在变幅载荷下的疲劳裂纹起始寿命预测结果(见 15.3 节),较实测结果稍短,而孔挤压件的疲劳裂纹起始寿命估算结果较实测结果稍长。这是否与切口根部的残余应力在变幅载荷下发生变化有关,或是与材料疲劳试验结果的分散性相关。另一方面,超载时的当量应力幅$(\Delta\sigma_{eqv})_{OL} > 495\text{MPa}$,超载后的疲劳裂纹起始门槛值$(\Delta\sigma_{eqv})_{th} > 217\text{MPa}$,因而使得预测的疲劳裂纹起始寿命较实测结果稍短。关于 LY12CZ 铝合金切口件在变幅载荷下的疲劳裂纹起始寿命预测精度,尚需进一步研究。

15.7　变幅载荷下铝合金疲劳裂纹起始寿命概率分布的预测

15.7.1　基本假设

前已指出,无论在等幅或变幅载荷下,金属材料的疲劳寿命的试验结果均具有很大的分散性。在变幅载荷下,即使金属材料的疲劳寿命的预测结果与试验结果的平均值符合良好,但仍很难得出关于寿命预测模型的精确度和可靠性的结论。这是因为用于预测变幅载荷下疲劳寿命的、等幅载荷下测定的疲劳寿命曲线也只有 50% 的存活率[11,24-28]。

在第 13 章业已指出,在等幅载荷下,金属材料的疲劳寿命和疲劳裂纹起始寿命是随机变量,并遵循对数正态分布。在变幅载荷下,金属材料的疲劳寿命和疲劳裂纹起始寿命或临界累积疲劳损伤值,以及疲劳裂纹扩展寿命也是随机变量,也遵循对数正态分布[12,13,24-28]。倘若预测的变幅载荷下切口件疲劳裂纹起始寿命的概率分布,与在相同的变幅载荷下测定的疲劳裂纹起始寿命的概率分布相符,那么,所提出的寿命预测模型即可认为是可靠的,可用于结构的可靠性评估。

可以假定,等幅载荷下测定的具有给定存活率的疲劳寿命曲线,即所谓的 P-S-N 曲线,用于预测变幅载荷下的疲劳寿命也具有相应的存活率。根据上述假设,如果不同存活率下的疲劳寿命已经确定,则疲劳寿命的概率分布即可确定。这一假设已为很多试验结果证明是有效的[25,28],也应当是实用的。

15.7.2　变幅载荷下铝合金切口件疲劳裂纹起始寿命概率分布的预测

铝合金具有连续应变硬化特性,所以,变幅载荷下铝合金切口件疲劳裂纹起始寿命的概率分布,原则上可根据上述假设和 15.3.2 节中的程序进行预测。但是,等幅载荷下的带存活率的疲劳裂纹起始寿命曲线,应当是在试件受到超载后试验测定的,而且超载时的当量应力幅应当与变幅载荷下试验的疲劳试件所经受的相同,以便能将载荷谱中的大、小载荷的交互作用在寿命预测中考虑到。

用于变幅载荷下的疲劳试验的载荷示意地表示于图 15-13,图中所示为一个程序块。用于变幅载荷下的疲劳试验的试件的应力集中系数为:$K_t = 2.78$。在进行变幅载荷下的疲劳试验之前,LY12CZ 铝合金切口件先进行一次 $(\Delta\sigma_{eqv})_{OL} = 620MPa$ 的超载。所以,用于测定等幅载荷下疲劳裂纹起始寿命的试件,在疲劳试验前,也要进行一次 $(\Delta\sigma_{eqv})_{OL} = 620MPa$ 的超载,见图 14-11。

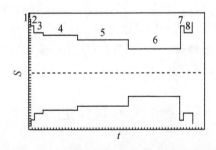

图 15-13　用于预测和测定的 LY12CZ 铝合金板材疲劳裂纹起始寿命的名义应力谱

各级加载参数见表 15-8[10,24]

表 15-8　由图 15-13 中的名义应力谱转化为当量应力幅谱的各级加载参数[24]

加载级数	1	2	3	4	5	6	7	8
$(\Delta\sigma_{eqv})_j$ /MPa	400	350	300	280	250	180	350	300
加载频率/Hz	0.5	1	8	12	15	15	1	8
N_j /周	30	60	480	2000	3000	3000	60	480

文献[24]中给出经历 $(\Delta\sigma_{eqv})_{OL} = 620MPa$ 的超载后,LY12CZ 铝合金疲劳裂纹起始寿命的试验结果,并用简化的解析法求得 LY12CZ 铝合金带存活率的疲劳裂纹起始寿命曲线的表达式如下:

当存活率 S_v 为 50％时

$$N_i = 3.71 \times 10^{13} (\Delta\sigma_{eqv}^{1.78} - 223.7^{1.78})^{-2} \tag{15-16a}$$

当存活率 S_v 为 95％时

$$N_i = 1.72 \times 10^{13} (\Delta\sigma_{eqv}^{1.78} - 196.1^{1.78})^{-2} \tag{15-16b}$$

当存活率 S_v 为 84.1％时

$$N_i = 2.28 \times 10^{13} (\Delta\sigma_{eqv}^{1.78} - 209.4^{1.78})^{-2} \tag{15-16c}$$

当存活率 S_v 为 15.9％时

$$N_i = 6.35 \times 10^{13} (\Delta\sigma_{eqv}^{1.78} - 233.5^{1.78})^{-2} \tag{15-16d}$$

当存活率 S_v 为 5％时

$$N_i = 9.18 \times 10^{13} (\Delta\sigma_{eqv}^{1.78} - 238.2^{1.78})^{-2} \tag{15-16e}$$

应用式(15-16a)～式(15-16e)和 15.3.3 节中的程序,依次将式(15-16a)～式(15-16e)代入式(15-4)。然后,按照图 15-13 所示的程序块谱和表 15-8 中的参数,预测 LY12CZ 铝合金切口件的疲劳裂纹起始寿命,预测结果列入表 15-9,其中也列入了试验结果[10,24]。带有给定存活率的疲劳裂纹起始寿命除以存活率为 50％的疲劳裂纹起始寿命,即得累积疲劳损伤值,所得结果也列入表 15-9。

表 15-9　变幅载荷(见图 15-13)下的 LY12CZ 铝合金切口件的疲劳裂纹起始寿命和累积疲劳损伤值的预测结果与试验结果[24]

	试件号	1	2	3	4	5		
预测结果	S_v/％	95	84.1	50	15.9	5		
	N_i/块	27.9	49.6	118	275	467		
	D_c	0.236	0.42	1.0	2.33	3.95		
	试件号	1	2	3	4	5	6	7
试验结果	S_v/％	87.5	75	62.5	50	37.5	25	12.5
	N_i/块	57.1	81.1	94.1	103.8	106.1	112.1	117.1
	D_c	0.550	0.781	0.907	1.0	1.022	1.080	1.128

将表 15-9 中的数据画在正态概率坐标纸上,可以看出,LY12CZ 铝合金切口件的疲劳裂纹起始寿命和累积疲劳损伤值的预测结果与试验结果均遵循对数正态分布,如图 15-14 所示[10,24]。预测的具有 50％存活率的 LY12CZ 铝合金切口件的疲劳裂纹起始寿命为 118 块,略高于试验结果 103.8 块,也高于七个试验结果的平均值 94 块。但是,所有的试验结果都在存活率为 15.9％和 84.1％的疲劳裂纹起始寿命的预测值之间,也就是在 ±1.0s 分散带之内。根据表 15-9 和图 15-14 中的结果,可以认为,预测的 LY12CZ 铝合金切口件的疲劳裂纹起始寿命的概率分布与试

验结果相符[10,24]。

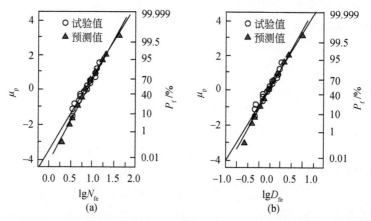

图 15-14　变幅载荷(见图 15-13)下 LY12CZ 铝合金切口件的疲劳裂纹起始寿命和累积
疲劳损伤值概率分布的预测结果与试验结果[10,24]

　　另外,在高的存活率下,变幅载荷下 LY12CZ 铝合金切口件的疲劳裂纹起始寿命的试验结果较预测结果稍长,而在低高的存活率下则相反,见表 15-9 和图15-14。形成这种差异的原因,与试验件数较少有关,也与 LY12CZ 铝合金板材的力学性能在较大的范围内波动有关;这从式(15-16a)与式(14-2b)的比较中即可看到。然而,上述初步试验结果和分析表明,本节中介绍的预测变幅载荷下 LY12CZ 铝合金切口件的疲劳裂纹起始寿命概率分布的模型,是可行的,也需要更多的试验结果加以验证。

　　应当指出,在工程实际中,加于不同结构件的最大名义应力是不相同的,而且事前无法预测。为预测变幅载荷下具有连续硬化特性的金属结构件,例如,铝合金结构件疲劳裂纹起始寿命概率分布,需要用疲劳试验测定在经历不同 $(\Delta\sigma_{eqv})_{OL}$ 的超载后、带存活率的疲劳裂纹起始寿命曲线,这将要耗费大量的人力、物力和经费。这个问题需要寻求新的途径加以解决。

　　在完好的疲劳裂纹起始寿命公式,即式(14-11a)中,有四个材料常数:疲劳裂纹起始抗力系数 C_i、疲劳裂纹起始门槛值 $(\Delta\sigma_{eqv})_{th0}$、超载效应因子 z 和应变硬化指数 n,它们必然要遵循某种概率分布。如果这些常数的概率分布能够预测或用试验加以确定,则根据上述材料常数的概率分布,即可求得经历不同 $(\Delta\sigma_{eqv})_{OL}$ 的超载后、带存活率的疲劳裂纹起始寿命表达式,用于预测变幅载荷下具有连续硬化特性的金属结构件疲劳裂纹起始寿命的概率分布[10]。应当说,有可能根据材料拉伸性能的概率分布,预测疲劳裂纹起始抗力系数 C_i、疲劳裂纹起始门槛值 $(\Delta\sigma_{eqv})_{th0}$、超载效应因子 z 的概率分布,因为这三个材料常数均可根据材料拉伸性能预测,见式(4-11)、式(4-12)和式(14-10)。

15.8 变幅载荷下高强度低合金钢疲劳寿命概率分布的预测

15.8.1 变幅载荷下高强度低合金钢切口件疲劳寿命概率分布的预测

根据 15.4.2 节中的假设,应用 15.4.1 节中的方法,将 15MnVN 钢切口件带存活率的疲劳寿命表达式,即式(13-11a)~式(13-11e)依次代入式(15-4),按给定的载荷谱计算累积疲劳损伤。当 $D_c=1.0$ 时,即得 15MnVN 钢切口件的具有给定存活率的疲劳寿命,进而求得 15MnVN 钢切口件疲劳寿命的概率分布。

图 15-8 为用于试验测定和预测 15MnVN 钢切口件疲劳寿命概率分布的两种程序块谱;其中图 15-8(a)为先加较大的载荷,记为 A 谱,图 15-8(b)则先加较小的载荷,记为 B 谱,以考察加载顺序对试验结果的影响[25,30]。变幅载荷下,15MnVN 钢切口件疲劳试验的细节在 15.4.2 节已做了说明。

在图 15-8 所示的载荷谱下,15MnVN 钢切口件疲劳寿命的试验结果列入表 15-10[25]。在图 15-8 中的 A 谱和 B 谱下,预测的 15MnVN 钢切口件疲劳寿命概率分布与试验结果示于图 15-15(a)和图 15-15(b),图中的失效概率用平均秩加以估计。带有给定存活率的疲劳裂纹起始寿命除以存活率为 50% 的疲劳裂纹起始寿命,即得累积疲劳损伤值。

表 15-10 图 15-8 所示的载荷谱下 15MnVN 钢切口件疲劳寿命的试验结果[25]

程序块谱 A			程序块谱 B*		
试件号	N_f/块	$\lg N_f$	试件号	N_f/块	$\lg N_f$
2-1	10.49	1.021	3-1	3.36	0.526
2-2	9.19	0.963	3-2	4.00	0.602
2-3	6.73	0.828	3-3	3.78	0.578
2-4	11.77	1.071	3-4	2.87	0.458
2-5	12.41	1.151	3-5	3.81	0.581
2-6	18.07	1.676	3-6	4.72	0.674
2-7	10.95	1.015	3-7	5.55	0.744
2-8	17.75	1.646	3-9	4.37	0.640
2-9	11.42	1.059	3-10	3.55	0.550
2-10	11.67	1.082	3-11	4.11	0.614
—	—	—	3-12	4.86	0.687
$\bar{x}$	12.04	1.065	$\bar{x}$	4.09	—
s	3.49	0.125	s	—	—

* 表示省略了一反常低的试验值。

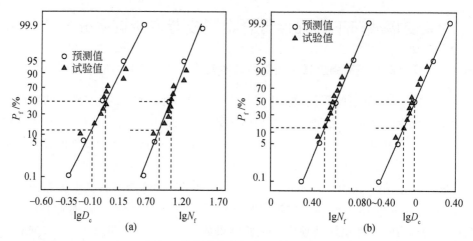

图 15-15　15MnVN 钢切口件疲劳寿命概率分布的预测结果与试验结果[25,30]

(a)谱 A 下的结果;(b)谱 B 下的结果

由图 15-15 可见,预测 15MnVN 钢切口件疲劳寿命和累积疲劳损伤临界值的概率分布与试验结果符合得很好;预测 15MnVN 钢切口件疲劳寿命和累积疲劳损伤临界值与试验结果均符合对数正态分布。统计分析表明[25],在 95% 的置信度下,图 15-15(a)和图 15-15(b)中的平均值和标准差均来自预测的母体。上述试验结果和分析表明,如已确定低合金高强度钢的 P-S-N 曲线并给定结构件的载荷谱,则可用 15.4.2 节中给出的程序,预测低合金高强度钢结构件的疲劳裂纹起始寿命及其概率分布。

图 15-15 还表明,先加较大的载荷,或先加较小的载荷,即加载顺序对 15MnVN 钢切口件疲劳寿命和累积疲劳损伤临界值的概率分布没有影响。

15.8.2　变幅拉-拉载荷下高强度低合金钢切口件疲劳裂纹起始寿命概率分布的预测

应当说明,15.8.1 节中试验结果,不论是在等幅载荷下还是在变幅载荷下,都是在旋转弯曲循环应力状态下测定的。因此,根据上述试验结果得出的结论,是否具有普遍的意义和适用性,还需要进一步的验证。为此,在变幅拉-拉载荷下,测定了高强度低合金钢切口件的疲劳寿命。试验用的程序块谱如图 15-9 所示,所用试件的应力集中系数 $K_t = 1.6$[24]。

同样地,根据 15.4.2 节中的假设,应用 15.4.1 节中的方法,将 15MnVN 钢切口件带存活率的疲劳寿命表达式,即式(13-11a)～式(13-11e)依次代入式(15-4),按图 15-9 给出的载荷谱转化为当量应力幅谱,然后计算累积疲劳损伤。当 $D_c = 1.0$ 时,即得 15MnVN 钢切口件的具有给定存活率的疲劳寿命,所得结果列入表 15-11。将表 15-11 中的预测的疲劳寿命取对数,画在正态概率坐标纸上,如图 15-16 所示。

表 15-11　15MnVN 钢切口件具有给定存活率的疲劳寿命的预测结果与试验结果[24]

	试件编号	1	2	3	4	5
预测结果	存活率/%	99.9	95	50	5	0.1
	N_f/块	5.14	7.09	9.57	12.67	16.03
	D_c	0.537	0.741	1.0	1.324	1.678
	试件编号	1	2	3	4	5
试验结果	存活率/%	90	70	50	30	10
	N_f/块	6.45	8.00	8.40	10.99	12.03
	D_c	0.672	0.833	0.875	1.145	1.253

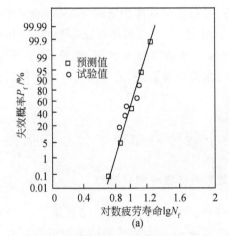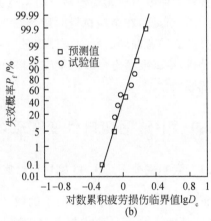

图 15-16　变幅拉-拉载荷下 15MnVN 钢切口件疲劳寿命的概率分布的预测结果与试验结果[24,26]
(a)疲劳寿命的对数正态分布;(b)累积疲劳损伤临界值的对数正态分布

　　由图 15-16 可见,在变幅拉-拉载荷下,预测的 15MnVN 钢切口件的疲劳寿命和累积疲劳损伤临界值遵循对数正态分布。对图 15-16 中预测的 15MnVN 钢切口件的疲劳寿命和累积疲劳损伤临界值做回归分析,给出下列表达式[26]:

$$\lg N_f = 0.9700 + 0.0792 \mu_p \tag{15-17a}$$

$$\lg D_c = -0.0109 + 0.0792 \mu_p \tag{15-17b}$$

　　回归分析给出的线性相关系数 $r = 0.998$,大于线性相关系数的起码值,标准差 $s = 0.0135$[31]。回归分析结果再次表明,图 15-16 中的 15MnVN 钢切口件的疲劳寿命和累积疲劳损伤临界值的预测结果遵循对数正态分布。

15MnVN 钢切口件的疲劳寿命和累积疲劳损伤临界值的试验结果,也示于图 15-16,图中的失效概率按式(12-18)估算。对 15MnVN 钢切口件的疲劳寿命和累积疲劳损伤临界值的试验结果进行回归分析,给出下列表达式:

$$\lg N_f = 0.9517 + 0.1093\mu_p \tag{15-18}$$

回归分析给出的线性相关系数 $r = 0.979$,大于线性相关系数的起码值[32],标准差 $s = 0.0257$。回归分析结果表明,图 15-16 中的 15MnVN 钢切口件的疲劳寿命和累积疲劳损伤临界值的试验结果遵循对数正态分布。统计检验表明,式(15-17a)和式(15-18)所代表的两条直线之间无显著的差异。

关于预测精度,有必要作进一步讨论。将表 15-11 中列出的各试件的存活率代入式(15-17a),即可计算出个各试件的疲劳寿命。计算结果与试验结果比较,误差不超过 15%。据此,可以认为,本节中给出的 15MnVN 钢切口件的疲劳寿命和累积疲劳损伤临界值的预测模型,是可靠的、具有广泛的适用性,不受循环加载应力状态和加载参数的影响。

旋转弯曲疲劳试验简便易行而又经济,可用切口试件测定疲劳寿命,给出相应的表达式。再则,在金属材料的疲劳性能手册中,有相当数量的试验数据,是用切口试件在旋转弯曲应力状态下测定的。可将这些疲劳试验数据,按照式(5-36)进行再分析,给出疲劳寿命和当量应力幅的相互关系表达式,进而用于预测变幅载荷下的疲劳寿命。

15.9　中碳钢切口件变幅载荷下疲劳寿命概率分布的预测

15.9.1　变幅载荷下正火 45 钢切口件疲劳寿命概率分布的预测

正火 45 钢切口件等幅载荷下的疲劳寿命试验结果如表 15-12 所示[24]。分析表明,在所有五个当量应力幅下,45 钢切口件疲劳寿命的试验结果均遵循对数正态分布[24]。用 13.2.1 节中介绍的解析法(Ⅰ)和式(5-7)分析 45 钢切口件的疲劳试验结果,可求得 45 钢切口件具有给定存活率的疲劳寿命表达式,现重写如下[24]:

当存活率 S_v 为 50% 时

$$N_f = 2.39 \times 10^{14} \left(\Delta\sigma_{eqv}^{1.736} - 301.2^{1.736}\right)^{-2} \tag{15-19a}$$

当存活率 S_v 为 99.9% 时

$$N_f = 1.76 \times 10^{13} \left(\Delta\sigma_{eqv}^{1.736} - 255.2^{1.736}\right)^{-2} \tag{15-19b}$$

当存活率 S_v 为 95% 时

$$N_f = 5.96 \times 10^{13} \left(\Delta\sigma_{eqv}^{1.736} - 275.6^{1.736}\right)^{-2} \tag{15-19c}$$

当存活率 S_v 为 5% 时

$$N_f = 9.59 \times 10^{14} \left(\Delta\sigma_{eqv}^{1.736} - 328.3^{1.736}\right)^{-2} \tag{15-19d}$$

当存活率 S_v 为 0.1% 时

$$N_f = 3.25 \times 10^{15} (\Delta\sigma_{eqv}^{1.736} - 354.5^{1.736})^{-2} \qquad (15\text{-}19e)$$

表 15-12　等幅载荷下 45 钢切口件等幅载荷下的疲劳寿命试验结果[24]

试件编号	在给定 $\Delta\sigma_{eqv}$ 下的对数疲劳寿命 $\lg N_f$				
	525MPa	500MPa	475MPa	450MPa	400MPa
1	4.8615	5.0237	5.2391	5.3522	5.7547
2	5.0126	5.0846	5.2949	5.4595	5.8529
3	5.1059	5.1427	5.3469	5.4929	5.9830
4	5.1358	5.3079	5.3508	5.5013	5.9874
5	5.1655	5.5103	5.4366	5.7822	6.0614
6	5.3461	5.5403	5.6690	5.8874	6.2864
7	5.5478	5.6652	5.8075	6.1497	6.2985
8	5.6580	5.8491	5.8693	6.1679	6.4020
9	5.6658	5.9033	5.9126	6.1715	6.4062
10	5.7712	5.9253	5.9787	6.2305	6.4996
$\bar{x}$	5.3274	5.4952	5.5906	5.8201	6.1532
s	0.3154	0.3429	0.2861	0.3471	0.2580
r	0.969	0.976	0.958	0.947	0.977

用于变幅载荷下 45 钢切口件($K_t = 2.0$)疲劳寿命的程序块谱示于图 15-10,相关的循环加载参数列入表 15-5。根据 15.7.1 节中的假设,应用 15.4.1 节中的方法,将 45 钢切口件带存活率的疲劳寿命表达式,即式(15-19a)~式(15-19e)依次代入式(15-4),按图 15-10 给出的载荷谱转化为当量应力幅谱,然后计算累积疲劳损伤。当 $D_c = 1.0$ 时,即得 45 钢切口件的具有给定存活率的疲劳寿命,所得结果列入表 15-13。变幅载荷下 45 钢切口件疲劳寿命的试验结果,见表 15-13[12]。表 15-13 中的失效概率用平均秩加以估计。将失效概率转化为标准正态偏量 μ_p,并将疲劳寿命的试验结果取对数,然后画在正态概率坐标纸上,如图 15-17 所示。由此可见,变幅载荷下 45 钢切口件疲劳寿命和临界累积损伤值的预测结果和试验结果遵循对数正态分布。

表 15-13 变幅载荷下 45 钢切口件疲劳寿命的试验结果和预测结果[24]

试件编号	P_f /%	μ_p	试验结果		预测结果	
			N_f /块	$\lg N_f$	N_f /块	$\lg N_f$
1	10	1.282	4.33	0.6365	2.51	0.3992
2	20	0.842	6.01	0.7789	4.06	0.6076
3	30	0.524	7.02	0.8463	5.82	0.7651
4	40	0.257	8.00	0.9031	7.84	0.8941
5	50	0	12.53	1.0980	10.68	1.0268
6	60	−0.257	13.41	1.1274	14.25	1.1538
7	70	−0.524	14.65	1.1658	19.56	1.2914
8	80	−0.842	16.00	1.2040	28.61	1.4565
9	90	−1.282	28.88	1.4606	49.13	1.6914
$\bar{x}$	—	—	12.31	1.0245	—	1.0320
s	—	—	—	0.2539	—	0.4135

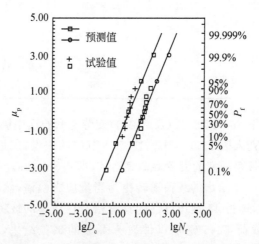

图 15-17 变幅载荷下正火 45 钢切口件疲劳寿命和累积损伤值的试验结果和
预测结果的概率分布[24,32]

对变幅载荷下 45 钢切口件疲劳寿命的试验结果进行回归分析,所得的线性相关系数为 $r=0.984$,大于线性相关系数的起码值[24,31]。这表明变幅载荷下 45 钢切口件疲劳寿命的试验结果遵循对数正态分布,与很多文献中报道的一致。但是,预测结果和试验结果的标准差比文献[12]中给出的数值要大得多,而且预测结果的标准差比试验结果的要大。考其原因,主要是正火 45 钢的组织和拉伸性能不够均匀。因此,在等幅载荷下,正火 45 钢疲劳寿命的标准差比较大;而且,随着应力幅的降低,标准差的变化也不符合一般的规律(见第 12 章)。另一个原因,可能是试验的子样较小,尤其是对于组织和拉伸性能不够均匀的材料,应当进行大子样的疲劳试验。

15.9.2　变幅载荷下调质 45 钢切口件疲劳寿命概率分布的预测

文献[24]中也给出了调质 45 钢切口件等幅载荷下的疲劳寿命试验结果。分析表明,在所有五个当量应力幅下,45 钢切口件疲劳寿命的试验结果均遵循对数正态分布[24]。用 13.2 节中介绍的解析法(Ⅰ)式(5-7)分析 45 钢切口件的疲劳试验结果,可求得 45 钢切口件具有给定存活率的疲劳寿命表达式,现重写如下[24]:

当存活率 S_v 为 50% 时

$$N_f = 3.627 \times 10^{14} (\Delta\sigma_{eqv}^{1.803} - 346.3^{1.803})^{-2} \tag{15-20a}$$

当存活率 S_v 为 99.9% 时

$$N_f = 2.736 \times 10^{14} (\Delta\sigma_{eqv}^{1.803} - 260.8^{1.803})^{-2} \tag{15-20b}$$

当存活率 S_v 为 95% 时

$$N_f = 3.122 \times 10^{14} (\Delta\sigma_{eqv}^{1.803} - 297.8^{1.803})^{-2} \tag{15-20c}$$

当存活率 S_v 为 5% 时

$$N_f = 4.217 \times 10^{14} (\Delta\sigma_{eqv}^{1.803} - 402.8^{1.803})^{-2} \tag{15-20d}$$

当存活率 S_v 为 0.1% 时

$$N_f = 4.809 \times 10^{14} (\Delta\sigma_{eqv}^{1.803} - 459.9^{1.803})^{-2} \tag{15-20e}$$

用于变幅载荷下调质 45 钢切口件($K_t = 2.0$)疲劳寿命的程序块谱示于图 15-10,相关的循环加载参数列入表 15-7。根据 15.7.1 节中的假设,应用 15.4.1 节中的方法,将调质 45 钢切口件带存活率的疲劳寿命表达式,即式(15-20a)～式(15-20e)依次代入式(15-4),按图 15-10 给出的载荷谱转化为当量应力幅谱,然后计算累积疲劳损伤。当 $D_c = 1.0$ 时,即得调质 45 钢切口件的具有给定存活率的疲劳寿命,所得结果列入表 15-14。变幅载荷下调质 45 钢切口件疲劳寿命的试验结果,见表 15-14[12]。表 15-14 中的失效概率用平均秩加以估计。将失效概率转化为标准正态偏量 μ_p,并将疲劳寿命的试验结果取对数,然后画在正态概率坐标纸上,如图 15-18 所示。由表 15-14 和图 15-18 可见,变幅载荷下调质 45 钢切口件疲劳寿命和临界累积损伤值的预测结果和试验结果均遵循对数正态分布,而且两者符合良好。

表 15-14　变幅载荷下 45 钢切口件疲劳寿命的试验结果和预测结果[24]

试件编号	试验结果				预测结果	
	N_f/块	$\lg N_f$	D_c	$\lg D_c$	P_f/%	N_f/块
1	3.76	0.5748	0.7089	−0.1500	0.1	1.18
2	3.83	0.5828	0.7212	−0.1419	5	2.00
3	4.00	0.6022	0.7541	−0.1226	50	4.84
4	4.95	0.6943	0.9324	−0.0304	95	16.65
5	5.52	0.7417	1.0398	0.0170	99.9	60.88
6	6.41	0.8068	1.2081	0.0821	—	—
7	7.68	0.8855	1.4479	0.1607	—	—
$\bar{x}$	5.16	0.6983	0.9731	−0.0264	—	—
s	1.48	0.1201	0.1201	0.1201	—	—

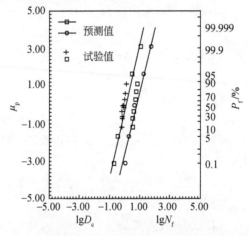

图 15-18　变幅载荷调质 45 钢切口件疲劳寿命和累积损伤值的
试验结果和预测结果的概率分布[24]

15.9.3　变幅载荷下 45 钢摩擦焊接头疲劳寿命概率分布的预测

在文献[28]中报道了 45 钢摩擦焊接头疲劳寿命的成组试验结果,并用 13.2
节中的解析法(Ⅰ)求得带存活率的疲劳寿命表达式,现重写如下:

当存活率 S_v 为 50% 时

$$N_f = 2.181 \times 10^{14} (\Delta\sigma_{eqv}^{1.764} - 409.2^{1.764})^{-2} \qquad (15\text{-}21a)$$

当存活率 S_v 为 99.9% 时

$$N_f = 1.098 \times 10^{14} (\Delta\sigma_{eqv}^{1.764} - 348.6^{1.764})^{-2} \qquad (15\text{-}21b)$$

当存活率 S_v 为 95% 时

$$N_f = 1.514 \times 10^{14} (\Delta\sigma_{eqv}^{1.764} - 375.7^{1.764})^{-2} \qquad (15\text{-}21c)$$

当存活率 S_v 为 5% 时

$$N_f = 3.143 \times 10^{14} (\Delta\sigma_{eqv}^{1.764} - 445.6^{1.764})^{-2} \qquad (15\text{-}21d)$$

当存活率 S_v 为 0.1% 时

$$N_f = 4.333 \times 10^{14} (\Delta\sigma_{eqv}^{1.764} - 480.2^{1.764})^{-2} \qquad (15\text{-}21e)$$

按式(15-21a)~式(15-21e)画出的 45 钢摩擦焊接头带存活率的疲劳寿命曲线与试验结果符合良好,如图 15-19 所示[28]。

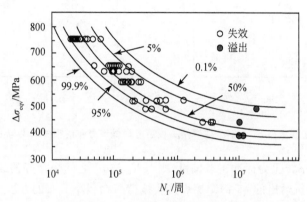

图 15-19　45 钢摩擦焊接头带存活率的疲劳寿命曲线与试验结果[28]

按图 15-12 所示的程序块谱,测定了 45 钢摩擦焊接头的疲劳寿命,试验结果列入表 15-15。根据 15.7.1 节中的假设,应用 15.4.1 节中的方法,将 45 钢摩擦焊接头带存活率的疲劳寿命表达式,即式(15-21a)~式(15-21e)依次代入式(15-4),按图 15-12 给出的载荷谱转化为当量应力幅谱,然后计算累积疲劳损伤。当 $D_c = 1.0$ 时,即得 45 钢摩擦焊接头的具有给定存活率的疲劳寿命,所得结果列入表 15-15。将表 15-15 中疲劳寿命的试验结果和预测结果的对数画在正态概率坐标纸上,如图 15-20 所示,图中的失效概率用平均秩加以估计。

表 15-15　变幅载荷下 45 钢摩擦焊接头疲劳寿命的试验结果和预测结果[28]

试件编号	试验结果				预测结果		
	N_f /块	$\lg N_f$	D_c	$\lg D_c$	P_f /%	N_f /块	D_c
1	3.717	0.5702	0.5111	−0.2915	0.1	1.18	0.275
2	5.189	0.7151	0.7136	−0.1466	5	2.00	0.483
3	6.729	0.8280	0.9254	−0.0337	50	4.84	1.0
4	7.452	0.8732	1.0248	0.0106	95	16.65	2.374
5	7.943	0.9000	1.0923	0.0383	99.9	60.88	5.914
6	12.151	1.0846	1.6709	0.2230	—	—	—
$\bar{x}$	7.197	0.8284	0.9731	−0.0333			
s	3.391	0.1745	0.1201	0.1745			

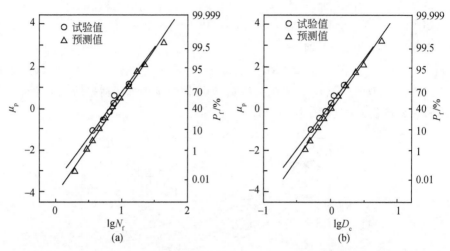

图 15-20　变幅载荷下 45 钢摩擦焊接头疲劳寿命概率分布的预测结果与试验结果[28]

将失效概率转化为标准正态偏量,则 $\lg N_f$ 与 μ_p 之间呈良好的线性关系,见图 15-20。回归分析给出的 45 钢摩擦焊接头疲劳寿命概率分布的方程式如下[28]:

对于预测的疲劳寿命概率分布

$$\mu_p = -4.211 + 4.602 \lg N_f \tag{15-22a}$$

对于试验测定的疲劳寿命概率分布

$$\mu_p = -3.602 + 4.348 \lg N_f \tag{15-22b}$$

回归分析给出的线性相关系数高于线性相关系数的临界值[28,31]。这表明上述回归分析是有效的。而且,变幅载荷下,45 钢摩擦焊接头疲劳寿命遵循对数正态分布。进一步的统计检验表明,上列两个回归方程式之间没有显著的差异[28]。这也再次证明,在变幅载荷下,不连续应变硬化材料切口件的疲劳寿命及其概率分布模型,是有效的、实用的。

15.10　白铜丝两级载荷下疲劳寿命概率分布的预测

由于白铜丝具有优异的导电性和弹性,因而可用作电话交换器的弹簧等零部件[33-35]。为保障电话通信的正常进行,需要对这些零部件进行可靠性评估。Tanaka 等[33]对白铜丝进行了大子样的疲劳试验,并给出了试验数据[35]。同时,Tanaka 等[35]希望其他研究者用自己的方法对他们的试验数据进行分析。

15.10.1　两级载荷下的白铜丝疲劳试验参数与疲劳寿命预测

试验材料为 $\phi 0.4$mm 的白铜丝。白铜丝实际上是镍-银合金,其化学成分为:56.44％Cu、25.74％Zn、17.75％Ni、0.33％Mn、0.01％Fe。经冷拔后,其 $\sigma_b =$

827MPa、$E = 131$GPa[33,35]。

　　疲劳试件的长度为 45mm。疲劳试验在悬臂梁式反复弯曲疲劳试验机上进行,$R = -1$。先进行等幅载荷下的疲劳试验,试验结果见 13.7.1 节。然后,进行高→低和低→高两级载荷下的疲劳试验,疲劳试验参数见表 15-16。进行高→低载荷下的疲劳试验时,控制高应力幅下的加载循环数,然后在低应力幅下加载至断裂;进行低→高载荷下的疲劳试验时,控制低应力幅下的加载循环数,然后在高应力幅下加载至断裂。

表 15-16　白铜丝两级载荷下的疲劳试验参数($R = -1$)[35]

加载顺序	序号	加载循环比	加载循环数/周
	1	$n_3/N_{f,3} = 0.24$	$n_3 = 13300$
高→低	2	$n_3/N_{f,3} = 0.48$	$n_3 = 26500$
$\sigma_{a,3} \rightarrow \sigma_{a,1}$	3	$n_3/N_{f,3} = 0.72$	$n_3 = 39800$
	4	$n_3/N_{f,3} = 1.00$	$n_3 = 55400$
	5	$n_1/N_{f,1} = 0.26$	$n_1 = 115000$
低→高	6	$n_1/N_{f,1} = 0.52$	$n_1 = 230000$
$\sigma_{a,1} \rightarrow \sigma_{a,3}$	7	$n_1/N_{f,1} = 0.78$	$n_1 = 345000$
	8	$n_1/N_{f,1} = 1.0$	$n_1 = 446000$

　　表中 n_1、n_3 分别表示在低、高应力幅下的加载循环数;N_{f1}、N_{f3} 分别表示在低、高应力幅下的疲劳寿命;$\sigma_{a,1}$、$\sigma_{a,3}$ 表示低、高应力幅,$\sigma_{a,1} = 478$MPa、$\sigma_{a,3} = 671$MPa。八种情况下的疲劳试验结果列入表 15-17。

表 15-17　白铜丝两级载荷下的疲劳试验结果和预测结果[24,35,36]

试验参数	1	2	3	4	5	6	7	8
加载循环数	n_1	n_1	n_1	n_1	n_3	n_3	n_3	n_3
试验结果/周	408581	211411	134031	0	43874	21948	10280	0
D_c（试验值）	1.156	0.954	1.020	1.0	1.050	0.916	0.965	1.0
预测结果/周	340527	238515	135730	0	42482	27602	12721	0

　　白铜丝在拉拔过程中受到强烈的塑性变形,而在应力疲劳试验时所受的应力幅一般低于材料的屈服应力。根据前述对孔壁挤压件的研究结果[29],有理由假设,Miner 定则可用于预测白铜丝在变幅载荷下的疲劳寿命,无须考虑载荷交互作用效应和加载顺序效应。于是,可利用 15.4.1 节中的程序,预测白铜丝在两级载荷下的疲劳寿命。将白铜丝的疲劳寿命表达式,即式(13-13)代入式(15-4),即得白铜丝的疲劳损伤函数如下:

$$D = \sum_{j=1}^{2} \frac{n_j}{4.495 \times 10^9 \, (S_a - 372.2)^{-2}} \tag{15-23}$$

当 $D = D_c = 1.0$ 时,即得白铜丝两级载荷下的疲劳寿命,预测结果列入表 15-17。按照 Miner 定则计算的疲劳累积损伤值也列入表 15-17。由此可见,白铜丝两级载荷下疲劳寿命的预测结果与试验结果符合得很好,疲劳累积损伤值在 1.0 上下波动,六个试验值的平均值为 1.01。这表明 Miner 定则可用于预测白铜丝变幅载荷下的疲劳寿命,而无须考虑载荷交互作用效应和加载顺序效应。

15.10.2　冷拔白铜丝两级载荷下的疲劳累积损伤度概率分布的预测

将白铜丝的具有给定存活率的疲劳寿命表达式,即式(13-14a)~式(13-14e)依次代入式(15-4),可得具有给定存活率的疲劳损伤函数表达式,用于计算白铜丝两级载荷下的疲劳寿命和疲劳累积损伤度的临界值。白铜丝两级载荷下的具有给定存活率的疲劳累积损伤度的预测结果列入表 15-18。

表 15-18　白铜丝两级载荷下的具有给定存活率的疲劳累积损伤度的预测结果[24]

加载情况	存活率 S_v/%				
	99.9	95	50	5	0.1
1	0.5196	0.7062	1.0	1.4136	1.9143
2	0.5396	0.7206	1.0	1.3847	1.8409
3	0.5614	0.7358	1.0	1.3567	1.7723
4	0.5892	0.7545	1.0	1.3253	1.6982
5	0.5660	0.7390	1.0	1.3512	1.7591
6	0.5414	0.7219	1.0	1.3823	1.8350
7	0.5188	0.7055	1.0	1.4149	1.9177
8	0.4979	0.6880	1.0	1.4353	1.9825

将表 15-18 中的疲劳累积损伤度之值取对数后,画在正态概率坐标纸上,如图 15-21 所示;图中也给出了白铜丝两级载荷下的疲劳累积损伤度的试验结果。由此可见,白铜丝两级载荷下的疲劳累积损伤度的预测结果与试验结果符合良好。关于白铜丝两级载荷下的疲劳累积损伤度的预测的细节,可参阅文献[24]和[36]。

这再次表明,白铜丝的具有给定存活率的疲劳寿命表达式,即式(13-14a)~式(13-14e)和 Miner 定则,可用于预测变幅载荷下白铜丝的具有给定存活率的疲劳寿命和疲劳累积损伤度的临界值。可以推测,上述预测变幅载荷下白铜丝的具有给定存活率的疲劳寿命和疲劳累积损伤度的临界值的方法,可推广应用于冷拔弹簧钢丝的疲劳寿命及其概率分布的预测。

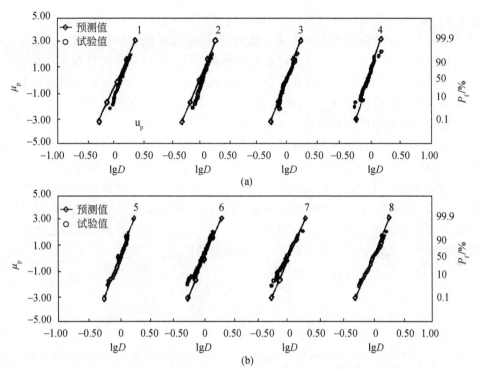

图 15-21　白铜丝两级载荷下的具有给定存活率的疲劳累积损伤度的预测结果与试验结果[24]

15.11　结　　语

本章介绍了变幅载荷下两类金属材料切口件的疲劳裂纹起始寿命的预测模型。对于连续应变硬化的金属材料的切口件,应用 Miner 定则预测变幅载荷下切口件的疲劳裂纹起始寿命时,载荷谱中的大、小载荷的交互作用效应必须加以考虑。而载荷谱中的大、小载荷的交互作用效应可用材料的超载效应因子和超载时的当量应力幅加以表征。对于不连续应变硬化的金属材料的切口件,应用 Miner 定则可直接用于预测变幅载荷下切口件的疲劳裂纹起始寿命,而载荷谱中的大、小载荷的交互作用效应无须加以考虑。

应当指出,若要精确地预测变幅载荷下金属材料切口件的疲劳裂纹起始寿命,需要有一个好的疲劳裂纹起始寿命表达式,它能反映疲劳裂纹起始门槛值的存在。这是精确地预测变幅载荷下金属材料切口件的疲劳裂纹起始寿命的必要条件。对于小尺寸的切口试件,其疲劳寿命近似地等于疲劳裂纹起始寿命。试验结果和分析表明,疲劳裂纹起始寿命表达式可用于拟合小尺寸的切口试件疲劳寿命的试验结果,用于预测变幅载荷下金属材料切口件的疲劳寿命,实际上是变幅载荷下金属材料切口件的疲劳裂纹起始寿命。

有了好的疲劳裂纹起始寿命和疲劳寿命表达式,即可求得带存活率的疲劳裂纹起始寿命和疲劳寿命表达式,用于精确地预测变幅载荷下金属材料切口件的疲劳裂纹起始寿命或疲劳寿命的概率分布;预测结果与试验结果符合很好。这也进一步证明第 4 章和第 5 章中给出的金属材料切口件的疲劳裂纹起始寿命和疲劳寿命表达式是较为完善的,第 13 章中介绍的求得带存活率的疲劳裂纹起始寿命和疲劳寿命表达式的程序是有效的,本章介绍的变幅载荷下两类金属材料切口件的疲劳裂纹起始寿命的预测模型是可靠的、精确的。

最后,还应说明,旋转弯曲疲劳试验简便易行而又经济,可用切口试件测定疲劳寿命,给出相应的表达式。再则,在金属材料的疲劳性能手册中,有相当数量的试验数据,是用切口试件在旋转弯曲应力状态下测定的。可将这些疲劳试验数据,按照式(5-37)进行再分析,给出疲劳寿命和当量应力幅的相互关系表达式,进而用于预测变幅载荷下,包括拉-拉变幅载荷下的疲劳寿命,实际上是切口件的疲劳裂纹起始寿命。这是有工程实际意义和经济效益的工作。

参 考 文 献

[1] Dupart D,Davy A,Boetsch R,et al. Fatigue damage calculation in stress concentration fields under uniaxial stress. International Journal of Fatigue,1996,18(4):245-253.

[2] James M N,Peterson A E,Suteliffe N. Constant and variable amplitude loading of 6261 aluminium alloy 1-beams with welded cover plate-Influence of weld quality and stress relief. International Journal of Fatigue,1997,19:125-133.

[3] Lazzarin P,Tovo R,Meneghetti G. Fatigue crack initiation and propagation phase near notches in metals with low notch sensitivity. International Journal of Fatigue,1997,19:647-657.

[4] Chen C H,Coffin L F. A new method for predicting fatigue life in notched geometries. Fatigue & Fracture of Engineering Materials Structures,1998,21:1-15.

[5] Laz P J,Craig B A,Rohrbaugh S M,et al. The development of a total fatigue life approach accounting for nucleation and propagation//Wu X R,Wang Z G. Proceedings of 7th International Fatigue Congress. FATIGUE'99 Beijing:High Education Press,1999:833-838.

[6] Nowack H. Development in variable amplitude prediction methods for light weight structures//Wu X R,Wang Z G. Proceedings of 7th International Fatigue Congress. FATIGUE'99 Beijing:High Education Press,1999:991-1000.

[7] Schijve J. Endurance under program fatigue testing//Plantma F J,Schijve J. Full Scale Fatigue Testing of Aircraft Structures. London:Pergamon Press,1961:41-59.

[8] Newport A,Glinka G. Effect of notch-strain calculation method on fatigue-crack-initiation predictions. Experimental Mechanics,1990,30(2):208-216.

[9] 郑修麟,陈德广,凌超. 疲劳裂纹起始的超载效应与新的寿命估算模型. 西北工业大学学报,1990,8(2):199-208.

[10] Zheng X L. On some basic problems of fatigue research in engineering. International Journal of Fatigue,2001,23:751-766.

[11] 郑修麟. 金属疲劳的定量理论. 西安:西北工业大学出版社,1994.

[12] Schijve J. Fatigue of Structures and Materials. Boston:Kluwer Academic Publishers,2001.

[13]Schütz W. The prediction of fatigue life in the crack initiation and propagation stages-A survey of the art state. Engineer Fracture Mechanics,1979,11(2):405-421.

[14]Waisman J L. Factors affecting fatigue strength//Waisman J L,Sines G. Metal Fatigue. New York: McGraw-Hill,1959:7-35.

[15]凌超,郑修麟. 孔挤压与超载复合强化对 LY12CZ 铝合金疲劳裂纹起始寿命的影响. 机械工程材料, 1990,14(4):57-59.

[16]Milton A,Miner. Estimation of fatigue life with particular emphasis on cumulative damage//Waisman J L,Sines G. Metal Fatigue. New York:McGraw-Hill,1959:278-289.

[17]Richart F E,Newmark N M. Hypothesis for the determination of cumulative damage in fatigue// Proceedings of American Society for Testing Materials,1948,48:767-801.

[18]Yang L,Fatemi A. Cumulative fatigue damage and life prediction theories:A survey of the state of the art for homogeneous materials. International Journal of Fatigue,1998,20(1):9-34.

[19]姚卫星. 结构疲劳寿命分析. 北京:国防工业出版社,2003.

[20]Suresh S. Fatigue of Materials. 2nd Edition. Cambridge:Cambridge University Press,1998.

[21]Crews J H Jr. Crack initiation at stress concentrations as influence by prior local plasticity//Achievement of High Fatigue Resistance in Metals anal Alloys. ASTM STP467. Philadelphia (PA):American Society for Testing Materials,1970:37-52.

[22]Boissonat J. Experimental research on the effects of static preloading on the fatigue life of structural component//Barrois W,Repley E L. Fatigue of Aircraft Structures. Oxford:Pergamon Press,1963:97-113.

[23]吴富民,张保法. 复杂载荷下疲劳寿命的估算. 固体力学学报,1984(2):231-237.

[24]魏建锋. 变幅载荷下疲劳寿命概率分布的预测模型. 西安:西北工业大学博士学位论文,1996.

[25]李臻. 低碳低合金钢制件的带存活率的疲劳寿命估算模型. 西安:西北工业大学博士学位论文,1994.

[26]Wei J F,Zheng X L. Statistical correlation of fatigue life of 15MnVN steel notched bar under variable amplitude tension-tension block loading. Theoretical and Applied Fracture Mechanics,1997,28:51-55.

[27]魏建锋,吕宝桐,郑修麟,等. 正火 45 钢切口件带存活率的寿命曲线表达式及寿命估算. 西北工业大学 学报,1996(2):179-184.

[28]Yan J H,Zheng X L,Zhao K. Prediction of fatigue life and its probability distribution of notched friction welded joints under variable-amplitude loading. International Journal of Fatigue,2000,22:481-494.

[29]Ling C,Zhang B F,Zheng X L. FCI life prediction of elements subjected to CEH under variable amplitude loading. Acta Metallurgica Sinica,1991,Series A,4(4):299-302.

[30]Zheng X L,Li Z,Lu B T. Prediction of probability distribution of fatigue life of 15MnVN steel notched elements under variable amplitude loading. International Journal of Fatigue,1996,18 (2):81-86.

[31]邓勃. 分析测试数据的统计处理方法. 北京:清华大学出版社,1995.

[32]魏建锋,郑修麟. 正火 45 钢切口件变幅载荷下疲劳寿命及其概率分布估算. 机械工程材料,1997,(2) 16-18.

[33]Tanaka S,Ishikawa M,Akita S. Statistical aspects of the fatigue life of nickel-silver wire under two-level loading. International Journal of Fatigue,1980,2(4):159-164.

[34]Shimokawa T,Tanaka S. A statistical consideration of Miner rule. International Journal of Fatigue,1980, 2(4):165.

[35]Tanaka S,Ishikawa M,Akita S. A probabilitic investigation of fatigue life and cumulative cycle ratio. Engineer Fracture Mechanics,1984,20(3):501-515.

[36]魏建锋,郑修麟. 白铜弹簧丝两级载荷下累积疲劳损伤预测模型. 应用力学学报,1994,4:157-162.

第16章 疲劳寿命预测中的小载荷省略准则

16.1 引 言

前已指出,机械和工程结构一般都在变幅载荷下服役。通常,载荷谱中具有低应力幅(常称小载荷)下的加载循环数占所有应力幅下总循环数中的绝大多数[1-6]。如何处理这些在载荷谱中占大多数以至绝大多数的小载荷循环,是在编制载荷谱或应力谱、寿命预测、变幅载荷下全尺寸结构件的疲劳试验和疲劳可靠性评估中,经常面临的一个重要问题[1-7]。在由原始记录的数据提出供疲劳试验的载荷谱,在结构、零件的长期变幅载荷下或随机谱下的疲劳试验中,为节省时间和经费,通常都要省略小载荷循环,这是经济而有效的方法[8-18]。小载荷的省略准则是一个工程实用问题,但它实质上是疲劳损伤机理、定义以及如何界定的问题。

以往,对小载荷省略的问题作过广泛的研究[1-18]。Schijve[11]对小载荷省略的研究做了全面的述评。为研究过应力(overstress)和欠应力(understress)对受到航空载荷谱的 2024-T3 铝合金切口试件疲劳损伤的影响,Schijve[11]等省略了不同百分比的小载荷循环数。以往,关于小载荷省略准则的研究工作带有经验性。例如,在编辑供飞机结构进行疲劳试验的载荷谱时,低于最大载荷 10% 的小载荷可以省略[3]。在不同的应力水平下进行疲劳试验,以考察省略不同幅度的小载荷,如最大载荷的 10%、13%、15%、18% 和 20% 等,对疲劳损伤的影响[18]。省略的小载荷低于 13% 的最大载荷时,未见疲劳试验结果有显著的差异;省略的小载荷约为最大载荷的 20% 时,疲劳寿命达到低"谷"[18]。

Heuler 等[5]试验研究了小载荷省略准则,但对不同的材料采用具有不同几何的试件,例如,对于低碳合金钢采用光滑试件,而对铝合金则用应力集中系数 $K_t=3.5$ 的切口试件。根据试验结果,Heuler 等[5]提出用光滑试件测定的疲劳极限的 50% 作为小载荷省略准则。但是,当试件和结构件的材料和几何改变时,上述结论是否有效是成问题的。文献[6]和[7]中给出的疲劳曲线也反映了小载荷省略准则的存在,然而也是经验性的。结构件的疲劳设计的主要根据是常规的疲劳极限[19-21]。通常,在高的循环应力下测定疲劳寿命曲线,然后按某种经验规律延伸到低循环应力、长寿命区,进而可确定给定寿命下(如 $N_f=10^8$ 周)的疲劳强度作为小载荷省略准则[6,7]。这样确定的小载荷省略准则,为保证安全,一般都给出偏低的数值。在寿命预测中应用这样确定的小载荷省略准则,一般都要给出保守的寿命预测结果[22]；用这样确定的小载荷省略准则，省略去的小载荷较少，因而会高估等效应力范围[7]，导致采用等效应力范围-疲劳强度干涉模型对短跨距的桥梁结构作疲劳可靠性评估时发生困难。

　　文献[1]和[23]指出，小载荷省略准则应当与寿命预测模型结合，进行综合性的研究，包括对疲劳寿命表达式和变幅载荷下的累积疲劳损伤计算方法，以获得有效的小载荷省略准则。同时，在研究中还应考虑到材料的应变硬化特性以及试件和结构件的几何。文献[24]以第 4 章和第 5 章中给出的疲劳裂纹起始寿命公式和切口件的疲劳寿命公式为依据，并结合材料的应变硬化特性，对小载荷省略准则做进一步的研究，重点研究具有不连续应变硬化特性材料切口件的小载荷省略准则。上述研究成果将在本章中予以介绍。

16.2　关于疲劳损伤的研究

　　关于疲劳损伤的研究，可能始于 20 世纪 30 年代。根据对钢的大量疲劳试验结果的分析，French[25] 提出，在一些钢中存在疲劳损伤线。图 16-1 表示过应力（overstress）对经淬火和低温回火的高碳镍钢（0.72C，2.09Ni，0.32Mo）疲劳寿命的影响。图中的黑点表示过应力状态，水平箭头表示过应力未造成疲劳损伤，箭头向下表示过应力造成了疲劳损伤。图中的虚线表示疲劳损伤线的可能位置，而实线即通常的疲劳寿命曲线。

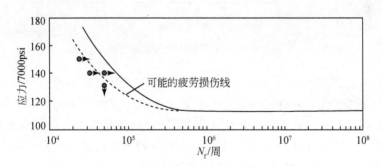

图 16-1　经淬火和低温回火的高碳镍钢的疲劳损伤线[25]

　　文献[25]介绍的测定疲劳损伤线的方法和程序是：首先测定通常的疲劳寿命曲线；随后将试件在高于疲劳极限的应力，即所谓的"过应力"下循环加载一定的次数；经受过应力循环的试件再在疲劳极限的应力下循环加载 10^7 周，若试件发生断裂，则先前的过应力在金属中造成疲劳损伤，若未断裂，则先前的过应力未在金属中造成疲劳损伤；未断的试件再在高应力下进行疲劳试验，以测定疲劳寿命，并与未经受过应力试件的疲劳寿命作比较。图 16-1 的虚线即为试验测定的高碳镍钢的疲劳损伤线，又称 French 线。

　　显然,疲劳损伤线越接近疲劳寿命曲线,则材料抗疲劳损伤能力越强。再则,加载循环数若不超过疲劳损伤线,因未在金属中造成疲劳损伤,则在寿命预测时这部分加载循环数可以略去不计。不过,按上述方法和程序测定疲劳损伤线,工作量过大,而且由于疲劳寿命试验结果的分散性,疲劳损伤线也难以精确地测定,所以疲劳损伤线的后续研究工作极少见到。

　　应力疲劳试验时,试件所受的循环最大应力一般不超过材料的屈服强度。因此,并不是疲劳试验刚开始即在材料中造成疲劳损伤。试件的电阻在交变扭转疲劳试验过程中的变化示于图 16-2[26]。试件电阻的变化可分为三个阶段:第一阶段是疲劳试验初期电阻的快速变化阶段;第二阶段是电阻呈现稳定阶段;第三阶段是电阻大幅度快速升高阶段,这显然是由于疲劳裂纹长大而引起试件截面积减小所致。在这种情况下,如何确定疲劳裂纹起始阶段的疲劳损伤与非损伤的界限是非常困难的,需要进行研究。文献[27]列举了定义和测定疲劳损伤方面存在的困难。但主要的问题在于,在疲劳微裂纹形成以前,难以对疲劳损伤给予确切的定义。

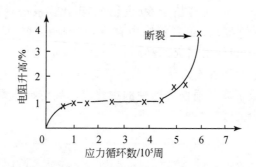

图 16-2　试件的电阻在交变扭转疲劳试验过程中的变化[26]

　　然而,考虑到图 16-1 中的疲劳损伤线在评价材料和精确预测结构件疲劳寿命方面,尤其是其研究思路有相当的参考意义,因而应寻求简便的确定疲劳损伤线的方法。尤其是,在疲劳极限的循环应力下,疲劳损伤线与疲劳寿命曲线重合(见图16-1),这是否意味着材料的疲劳极限可能是在材料中不造成疲劳损伤的上限应力幅值,值得注意。当然,材料的疲劳极限应当明确物理定义。

16.3　小载荷省略准则研究的理论基础

　　从理论上讲,小载荷省略准则的研究实际上是如何区分载荷谱中造成疲劳损伤的应力循环和不造成疲劳损伤的应力循环[5]。在工程应用中,小载荷省略准则用于省略结构件应力谱中小幅应力循环,用于变幅载荷下全尺寸结构件的寿命预测、可靠性评估以及疲劳试验。而载变幅载荷下,不仅应力幅在变化,而且应力比也在变化。因此,需要能反映应力比和应力集中系数对疲劳裂纹起始寿命和疲寿命影响,以及理论疲劳极限存在的疲劳寿命表达式。所以,研究小载荷省略准则的第一步,是要找到上述疲劳寿命表达式。

第 4 章中根据疲劳裂纹起始的力学模型,给出了反映应力比影响和疲劳裂纹起始存在的疲劳裂纹起始寿命表达式,即式(4-10),再次重写如下:

$$N_i = C_i \left[\Delta\sigma_{eqv}^{2/(1+n)} - (\Delta\sigma_{eqv})_{th}^{2/(1+n)} \right]^{-2} \tag{16-1}$$

$$\Delta\sigma_{eqv} = \sqrt{\frac{1}{2(1-R)}} K_t \Delta S = K_t \sqrt{S_a(S_a + S_m)} \tag{16-2}$$

业已证明,对于小尺寸的切口试件,其疲劳裂纹起始寿命占有疲劳寿命的绝大部分,尤其在长寿命区,式(16-1)可近似地用于拟合疲劳寿命的试验结果[2,28-30]。于是,得到切口试件的疲劳寿命公式,即式(5-36),现重写如下:

$$N_f \approx N_i = C_f \left[\Delta\sigma_{eqv}^{2/(1+n)} - (\Delta\sigma_{eqv})_c^{2/(1+n)} \right]^{-2} \tag{16-3}$$

在第 15 章业已证明,式(16-1)和式(16-3)可很方便地用于变幅载荷下结构件疲劳裂纹起始寿命的预测,因为它定量地表示了应力比和应力集中系数对金属疲劳裂纹起始寿命的影响,以及理论疲劳极限的存在。这就是研究小载荷省略准则所需要的疲劳寿命表达式。再则,疲劳裂纹起始门槛值的物理意义是,在切口根部的金属中不造成疲劳损伤的上限当量应力幅之值,故当 $\Delta\sigma_{eqv} \leqslant (\Delta\sigma_{eqv})_{th}$, $N_i \to \infty$ 。根据疲劳损伤度的定义[见式(16-1)],可以看出, $\Delta\sigma_{eqv} \leqslant (\Delta\sigma_{eqv})_{th}$ 的加载循环在金属材料中将不造成疲劳损伤,故在寿命预测时可以省略。疲劳裂纹起始门槛值的物理意义,在 4.9.2 节中已做了初步的试验验证。根据式(16-1)或式(16-3),当 $\Delta\sigma_{eqv} \geqslant (\Delta\sigma_{eqv})_{th}$ 时,式(16-1)可描述整个寿命范围内的疲劳损伤规律。

对于具有不连续应变硬化的金属材料,超载对疲劳裂纹起始门槛值没有明显的影响,因而式(16-1)中的疲劳裂纹起始门槛值理论上可以当作是小载荷省略准则。对于具有连续应变硬化的金属材料,超载提高了疲劳裂纹起始门槛值,因而超载后的疲劳裂纹起始门槛值理论上应取作小载荷省略准则。这已由 LY12CZ 铝合金板材切口件的试验结果所证明(见图 15-6),以及变幅载荷下 LY12CZ 铝合金板材切口件疲劳裂纹起始寿命的预测结果和试验结果所证明,见 15.3.3 节。

根据上述理论考虑,即可设计相应的疲劳试验,对疲劳裂纹起始门槛值作为小载荷省略准则的正确性与可靠性加以论证。

16.4　高强度低合金钢切口件的小载荷省略准则

高强度低合金钢是具有不连续应变硬化特性的金属材料, $z = 0$ 。因此,用式(16-1)拟合等幅载荷下的疲劳裂纹起始寿命的试验结果,获得的疲劳裂纹起始门槛值,即可作为小载荷省略准则。

根据上述理论考虑,即可设计疲劳试验程序,用于校核疲劳裂纹起始门槛值的物理定义,以及疲劳裂纹起始门槛值作为小载荷省略准则的可能性与实用性。最简单疲劳试验可在两级应力水平下进行,如图 4-19 所示;首先,在低于疲劳裂纹起始门槛值的当量应力幅下,即在 $\Delta\sigma_{eqv} \leqslant (\Delta\sigma_{eqv})_{th}$ 下循环 10^7 周或 5×10^6 周,若未观察到疲劳裂纹,然后在高于疲劳裂纹起始门槛值的当量应力幅下循环加载,直到疲劳裂纹在切口根部出现。按上述疲劳试验程序,测定了 15MnVN 钢正火板材切口件的疲劳裂纹起始寿命,试验结果如图 16-3 所示[2,31],图中的实线是 15MnVN 钢正火板材切口件的疲劳裂纹起始寿命曲线,是按式(4-24)画出的。由图 16-3 可见,先前在 $\Delta\sigma_{eqv} \leqslant (\Delta\sigma_{eqv})_{th}$ 的当量应力幅下循环加载,即使长达 $N=10^7$ 周,对随后在 $\Delta\sigma_{eqv} > (\Delta\sigma_{eqv})_{th}$ 的当量应力幅下循环加载测定的疲劳裂纹起始寿命没有明显的影响。

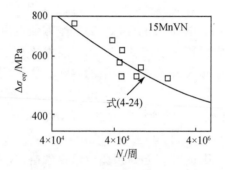

图 16-3　在 $\Delta\sigma_{eqv} > (\Delta\sigma_{eqv})_{th}$ 下预加载 10^7 周对 15MnVN 钢正火板材切口件
疲劳裂纹起始寿命的影响[2,31]

　　上述试验结果也表明,先前在 $\Delta\sigma_{eqv} \leqslant (\Delta\sigma_{eqv})_{th}$ 的当量应力幅下循环加载 10^7 周,并未在切口根部的金属中造成疲劳损伤,因而证实了疲劳裂纹起始门槛值的物理意义。这一结论可推广应用于其他不连续应变硬化的金属材料的切口件,例如,45 钢的切口件,在前一章中已做了初步的证明。在工程应用中,疲劳裂纹起始门槛值可作为不连续应变硬化的金属材料的切口件的小载荷的省略准则。

16.5　中碳钢切口件的小载荷省略准则

　　工程中服役的结构件所受的载荷比较复杂,两级载荷能否表征工程的复杂载荷需要进一步的研究。在研究寿命预测模型时,进行了多级载荷下的疲劳试验并对试验结果做了分析(见第 15 章)。但是,在疲劳试验中,在疲劳裂纹起始门槛值附近的当量应力幅下的加载循环较少,因而所造成的疲劳损伤对总损伤度的贡献很小,难以做出疲劳裂纹起始门槛值可作为小载荷的省略准则的令人信服的结论。所以,需要在较复杂的多级载荷下,对小载荷省略准则做更多的研究。

16.5.1　45 钢切口件的疲劳试验设计

45 碳钢是机械工业广泛应用的结构钢。45 钢也是具有不连续应变硬化特性的金属材料。因此，研究 45 钢切口件的小载荷省略准则，具有重要的实用价值。疲劳试件为切口圆柱试件，应力集中系数 $K_t = 1.72$，疲劳试验在多级拉-拉载荷谱下进行，如图 16-4 所示。

图 16-4 中的疲劳试验载荷谱按下述思路设计：①平均名义应力为 210MPa，在试验过程中保持恒定，而应力幅是变动的，因此，应力比 R 在 $0.113 \sim 0.3045$ 间变化；②最大名义应力低于 45 钢的屈服强度；③最小的当量应力幅应略低于 45 钢的疲劳裂纹起始门槛值，将图 16-4 中给出的数据 $S_m = 210$MPa，$S_{5,\max} = 308.6$MPa 和 $K_t = 1.72$ 代入式(16-2)，可求得 $\Delta\sigma_{\mathrm{eqv}} = 300$MPa，低于 45 钢的疲劳裂纹起始门槛值；④在每个载荷块中，每个循环应力水平下的加载循环数按等损伤原则确定，而在最小的当量应力幅下，即 $\Delta\sigma_{\mathrm{eqv}} \leqslant (\Delta\sigma_{\mathrm{eqv}})_{\mathrm{th}}$ 时，加载循环数为 $N = 5 \times 10^5$ 周，以研究疲劳裂纹起始门槛值 $(\Delta\sigma_{\mathrm{eqv}})_{\mathrm{th}}$ 作为小载荷省略准则的有效性。

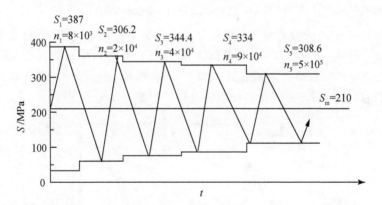

图 16-4　用于测定变幅载荷下 45 钢切口件疲劳寿命的多级拉-拉载荷谱[24]

16.5.2　变幅载荷下 45 钢切口件疲劳寿命的试验结果

在图 16-4 所示的载荷下测定了 45 钢切口件的疲劳寿命，所得结果列入表 16-1[24]。表 16-1 中的试验结果已按疲劳寿命升高的次序重新排列，取对数后画在正态概率坐标纸上，如图 16-5(a) 所示，图中的失效概率按式(12-17)估算。由图 16-5(a) 可见，图 16-4 所示的载荷下测定了 45 钢切口件的疲劳寿命遵循对数正态分布。用夏皮罗-威尔克方法进行检验，结果仍表明变幅载荷下 45 钢切口件的疲劳寿命遵循对数正态分布[24]。

表 16-1　变幅载荷下测定的 45 钢切口件的疲劳寿命和累积疲劳损伤临界值
（N_{be}、D_{ce}）以及寿命预测结果（N_b）[24]

编号	疲劳寿命 N_{be}/块	D_{ce}	lgN_{be}	lgD_{ce}	预测寿命 N_b/块
1	3.57	0.1846	0.5527	−0.7338	—
2	5.99	0.3097	0.7774	−0.5091	—
3	12.01	0.6210	1.0796	−0.2069	—
4	15.02	0.7766	1.1767	−0.1098	—
5	26.00	1.3444	1.4150	0.1285	—
6	27.00	1.3961	1.4314	0.1449	—
7	30.99	1.6024	1.4912	0.2048	—
8	58.05	3.0016	1.7638	0.4773	—
$\bar{x}$	—	—	1.2110	−0.0755	19.34
s			0.3989	0.3989	
W			0.9857	0.9857	

$\bar{x}$ 为平均值；s 为标准差；W 为用夏皮罗-威尔克方法进行检验给出的结果[24,32]。

　　将表 16-1 中的疲劳寿命的试验结果除以疲劳寿命的平均值（即对数平均值的反对数），可得每一个试件的临界累积疲劳损伤值，所得结果也列入表 16-1。将临界累积疲劳损伤值取对数后画在正态概率坐标纸上，如图 16-5(b)所示。由此可见，45 钢切口件的临界累积疲劳损伤值也遵循对数正态分布[24]。

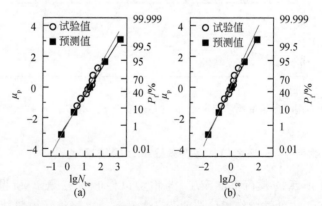

图 16-5　变幅载荷(见图 16-4)下测定的 45 钢切口件的疲劳寿命与临界累积损伤
值的试验结果与预测结果[24]

(a)疲劳寿命的对数正态分布；(b)临界累积损伤值的对数正态分布

16.5.3　考虑到小载荷省略准则的 45 钢切口件的疲劳寿命预测

　　用 $K_t=2.0$ 的切口试件，在旋转弯曲疲劳试验机上（$R=-1$）测定了正火 45

钢的疲劳寿命,并用式(16-3)拟合试验结果,给出以下的疲劳寿命表达式[24]:

$$N_f = 2.39 \times 10^{14} (\Delta\sigma_{eqv}^{1.736} - 301.2^{1.736})^{-2} \qquad (16\text{-}4)$$

尽管式(16-4)是拟合用 $K_t = 2.0$ 的 45 钢切口试件、在 $R = -1$ 的条件下测定的疲劳寿命的试验结果得到的,但它反映了应力集中系数和应力比对疲劳寿命的影响。所以,式(16-4)可预测具有不同应力集中系数的 45 钢切口试件拉-拉变幅载荷下疲劳寿命。按照 15.4.1 节中的方法,将式(16-4)代入式(15-4),预测图 16-4 所示的变幅载荷下、$K_t = 1.72$ 的 45 钢切口试件的疲劳寿命为 $N_f = 19.34/$ 块,取对数后 $\lg N_f = 1.2864$,与试验结果的平均值($N_f = 22.33$ 块)和对数平均值(见表 16-1)符合得很好。前已指出,第五级载荷换算为当量应力幅则为 $\Delta\sigma_{eqv} = 300$ MPa,略低于 45 钢的疲劳裂纹起始门槛值[见式(16-4)],故在寿命预测时可以省略,进而证明 45 钢的疲劳裂纹起始门槛值在复杂的载荷下仍可作为小载荷省略准则。

16.5.4　45 钢切口件的疲劳寿命概率分布的预测

变幅载荷下的疲劳试验结果具有很大的分散性,表 16-1 中的 45 钢切口试件变幅载荷下的疲劳寿命试验结果相差达到 11 倍之大。不论预测的平均疲劳寿命,即存活率为 50% 的疲劳寿命与试验结果的平均值相符与否,仍然难以做出关于寿命预测模型,包括小载荷省略准则的有效性和精度的结论。但若考虑到小载荷省略准则后,预测的变幅载荷下疲劳寿命的概率分布与试验结果相符,则寿命预测模型,包括小载荷省略准则将是可靠的、有效的。

按照 15.4.1 节中的方法,将式(15-19a)~式(15-19e)依次代入式(15-4)并取 $z = 0$,即可预测变幅载荷(见图 16-4)下 45 钢切口试件的具有相应存活率的疲劳寿命。因为图 16-4 中的第五级载荷换算为当量应力幅后,略低于 45 钢的疲劳裂纹起始门槛值,故在寿命预测时予以省略。预测的 45 钢切口试件的具有给定存活率的疲劳寿命,取对数后画在图 16-5(a)中;相应地,临界累积疲劳损伤值画在图 16-5 (b)中。由此可见,预测的 45 钢切口试件的具有给定存活率的疲劳寿命和临界累积疲劳损伤值遵循对数正态分布[24]。统计检验进一步表明[24,32],图 16-5(a)中的 45 钢切口试件的疲劳寿命试验结果的回归直线与预测结果的回归直线之间,没有显著的差异;同样的,图 16-5(b)中临界累积疲劳损伤值的回归直线与预测结果的回归直线之间,也没有显著的差异。

上述试验结果和分析表明,将低于疲劳裂纹起始门槛值的小载荷省略后,多级拉-拉载荷下,预测的 45 钢切口试件的疲劳寿命和临界累积疲劳损伤值的概率分布与试验结果相符。而且,在旋转弯曲疲劳试验条件下,确定的带存活率的疲劳寿命曲线,可用于预测拉-拉变幅载荷下的疲劳寿命及其概率分布。

16.6　中碳钢摩擦焊接头的小载荷省略准则

16.6.1　45 钢摩擦焊接头的疲劳试验设计

用于制备摩擦焊接头的 45 钢取自另一炉批,其拉伸性能为:$\sigma_b = 703\text{MPa}$,$\sigma_s = 441\text{MPa}$,$\delta_{10} = 15.3\%$,$\psi = 50.7\%$,$n = 0.134$,拉伸曲线上有明显的屈服平台。摩擦焊工艺参阅文献[24]。45 钢摩擦焊接头的拉伸断裂发生在基体金属处,因而起拉伸性能几与 45 钢的相同。这表明 45 钢摩擦焊接头的抗拉强度高于基材。45 钢摩擦焊接头也具有与基材相同的超载特性,即超载效应因子 $z = 0$。

焊接状态下的 45 钢摩擦焊接头经车削和磨削制成切口圆柱疲劳试件的毛坯。在用光学磨床制备切口前,用腐蚀方法显示焊接界面,使切口根部处于焊接界面上。切口试件的应力集中系数位 $K_t = 2.0$[24]。

45 钢摩擦焊接头等幅载荷下的疲劳试验在旋转弯曲疲劳试验机上进行,以测定疲劳寿命,进而求得带存活率的疲劳寿命及表达式[24]。而变幅载荷下的疲劳试验则按图 16-6 和图 16-7 所示的两种载荷谱进行;这两种载荷谱分别记为“谱 1”和“谱 2”。谱 1 和谱 2 与图 16-4 所示的载荷谱的设计思路基本相似,主要差别在于:图 16-4 所示的载荷谱是先加大载荷,而谱 1 和谱 2 则是先加小载荷。于是,可以根据这两类载荷谱下的疲劳试验结果,考察加载顺序对变幅载荷下疲劳寿命的影响,即所谓的加载顺序效应。

谱 1 和谱 2 的差别则是,在谱 2 中先在小的名义应力下循环加载 $N = 10^7$ 周。这小的名义应力对于 $K_t = 2.0$ 的切口试件而言,相当于 $\Delta\sigma_{\text{eqv}} = 390\text{MPa}$,而 45 钢摩擦焊接头等幅载荷下的疲劳门槛值为 $(\Delta\sigma_{\text{eqv}})_{\text{th}} = 409.2\text{MPa}$,故有 $\Delta\sigma_{\text{eqv}} \leqslant (\Delta\sigma_{\text{eqv}})_{\text{th}}$。因此,根据对谱 1 和谱 2 测定的疲劳试验结果的统计分析,可以得出关于 45 钢摩擦焊接头小载荷省略准则的结论。

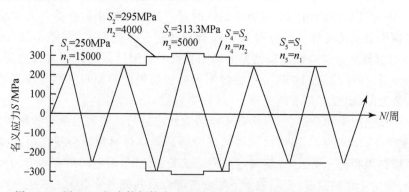

图 16-6　用于 45 钢摩擦焊接头疲劳试验的程序块谱的示意图(记为谱 1[24])

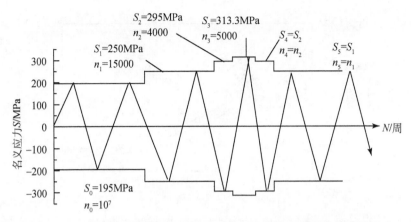

图 16-7　用于 45 钢摩擦焊接头疲劳试验的程序块谱的示意图(记为谱 2[24])

16.6.2　45 钢摩擦焊接头带存活率的疲劳寿命曲线与表达式

用 13.2.1 节中介绍的解析法,分析带切口的 45 钢摩擦焊接头的疲劳试验结果,给出具有给定存活率的疲劳寿命表达式如下[33]:

当存活率为 50% 时

$$N_f = 2.181 \times 10^{14} (\Delta\sigma_{eqv}^{1.764} - 409.2^{1.764})^{-2} \qquad (16\text{-}5a)$$

当存活率为 99.9% 时

$$N_f = 1.098 \times 10^{14} (\Delta\sigma_{eqv}^{1.764} - 348.6^{1.764})^{-2} \qquad (16\text{-}5b)$$

当存活率为 95% 时

$$N_f = 1.514 \times 10^{14} (\Delta\sigma_{eqv}^{1.764} - 375.7^{1.764})^{-2} \qquad (16\text{-}5c)$$

当存活率为 5% 时

$$N_f = 3.143 \times 10^{14} (\Delta\sigma_{eqv}^{1.764} - 445.6^{1.764})^{-2} \qquad (16\text{-}5d)$$

当存活率为 0.1% 时

$$N_f = 4.333 \times 10^{14} (\Delta\sigma_{eqv}^{1.764} - 480.2^{1.764})^{-2} \qquad (16\text{-}5e)$$

按照 13.2.1 节中的方法,可以求得 45 钢摩擦焊接头具有任一存活率的疲劳寿命表达式。在文献[33]中也给出了存活率为 97.7%、84.1%、69.1%、30.9%、15.9%、2.3% 的 45 钢摩擦焊接头的疲劳寿命表达式。按式(16-5a)~式(16-5e)画出的 45 钢摩擦焊接头带存活率的疲劳寿命曲线与试验结果示于图 16-8。式(16-5a)~式(16-5e)是预测 45 钢摩擦焊接头变幅载荷下疲劳寿命概率分布的主要依据。

16.6.3　变幅载荷下 45 钢摩擦焊接头的疲劳试验结果

在谱 1(见图 16-6)下测定的 45 钢摩擦焊接头疲劳寿命的试验结果,列入表

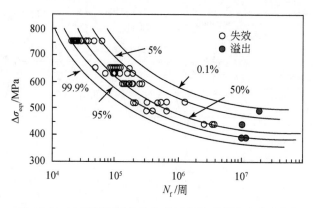

图 16-8　45 钢摩擦焊接头带存活率的疲劳寿命曲线[33]

16-2,而在谱 2(见图 16-7)下测定的 45 钢摩擦焊接头疲劳寿命的试验结果,列入表 16-3[24]。

表 16-2　在谱 1 下测定的 45 钢摩擦焊接头疲劳寿命(N_{be})和
临界累积损伤值(D_{ce})的试验结果[24]

编号	N_{be}/块	$\lg N_{be}$	D_{ce}	$\lg D_{ce}$
1	3.717	0.5702	0.5111	-0.2915
2	5.189	0.7151	0.7136	-0.1466
3	6.729	0.8280	0.9254	-0.0337
4	7.452	0.8732	1.0248	0.0106
5	7.943	0.9000	1.0923	0.0383
6	12.151	1.0846	1.6709	0.2230
$\bar{x}$	—	0.8284	—	-0.0333
s	—	0.1745	—	0.1745
W	—	0.9818	—	0.9819

表 16-3　在谱 2 下测定的 45 钢摩擦焊接头疲劳寿命(N_{be})和临界累积
损伤值(D_{ce})的试验结果[24]

编号	N_{be}/块	D_{ce}	$\lg N_{be}$	$\lg D_{ce}$
1	3.569	0.4907	0.5525	-0.3092
2	3.846	0.5289	0.5850	-0.2767
3	5.113	0.7032	0.7087	-0.1530
4	5.320	0.7316	0.7259	-0.1358

续表

编号	N_{be}/块	D_{ce}	$\lg N_{be}$	$\lg D_{ce}$
5	8.919	1.2264	0.9503	0.0886
6	8.919	1.2264	0.9503	0.0886
7	11.431	1.5720	1.0581	0.1964
8	13.219	1.8178	1.1212	0.2595
9	14.805	2.0359	1.1704	0.3087
$\bar{x}$	—	—	0.8692	0.0075
s	—	—	0.2320	0.2320

　　前已指出,变幅载荷下金属材料切口件和结构件的疲劳寿命遵循对数正态分布。将 45 钢摩擦焊接头疲劳寿命的试验结果按升高的顺序重新排列(见表 16-2 和表 16-3),取对数后画在正态概率坐标纸上,如图 16-9(a)和图 16-10(a)所示;图中的失效概率按式(12-17)估算。将失效概率转化为标准正态偏量 μ_p,则 $\lg N_f$-μ_p 应为一直线。由图 16-9(a)和图 16-10(a)可见,在谱 1 和谱 2 下,45 钢摩擦焊接头疲劳寿命的试验结果遵循对数正态分布。用夏皮罗-威尔克方法[32],对变幅载荷下 45 钢摩擦焊接头疲劳寿命的试验结果是否遵循对数正态分布作进一步检验。检验结果(见表 16-2 和表 16-3)表明,$W > W_{0.05,6}$(=0.788)。这再次表明,在谱 1 (见图 16-6)和谱 2(见图 16-7)下 45 钢摩擦焊接头疲劳寿命的试验结果遵循对数正态分布。

　　将表 16-2 和表 16-3 中的疲劳寿命的试验结果除以疲劳寿命的平均值(即对数平均值的反对数),可得每一个试件的临界累积疲劳损伤值,所得结果也列入表 16-2 和表 16-3。将临界累积疲劳损伤值取对数后画在正态概率坐标纸上,如

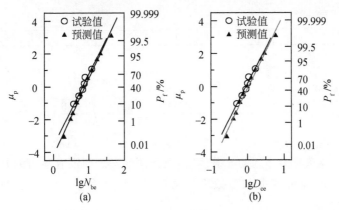

图 16-9　在谱 1 下 45 钢摩擦焊接头疲劳寿命和临界累积损伤值试验结果的对数正态分布[24]

(a)疲劳寿命;(b)临界累积损伤值

图 16-9(b)和图 16-10(b)所示[24]。由此可见,在图 16-6 和图 16-7 所示的谱 1 和谱 2 下,45 钢摩擦焊接头的临界累积疲劳损伤值也遵循对数正态分布[24]。

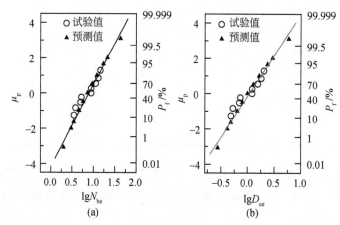

图 16-10　在谱 2 下 45 钢摩擦焊接头疲劳寿命和临界累积损伤值试验结果的对数正态分布[24]

(a)疲劳寿命;(b)临界累积损伤值

　　由表 16-2 和表 16-3 可见,在图 16-6 和图 16-7 所示的谱 1 和谱 2 下,45 钢摩擦焊接头的疲劳寿命的对数平均值彼此很接近。因此,要进一步检验两者之间是否有显著的差异。首先,用 F-检验法,检验在谱 1 和谱 2 下 45 钢摩擦焊接头的疲劳寿命的对数标准差之间是否有显著的差异[24,32]

$$F = s_1^2 / s_2^2 = 0.232^2 / 0.1745^2 = 1.768$$

　　根据 F-分布表[32],可以求得 $F_{0.05(8,5)} = 3.34$,故有 $F < F_{0.05(9,4)}$。这表明在 5% 的显著度下,上述两变量之间没有显著的差异。于是,用 t-检验法,进一步检验在谱 1 和谱 2 下测定的疲劳寿命的对数平均值之间是否有显著的差异[24,32]。首先,计算组合标准差

$$s = \sqrt{\frac{(n_1-1)s_1^2 + (n_2-1)s_2^2}{n_1+n_2-2}} = \sqrt{\frac{(9-1) \times 0.232^2 + (6-1) \times 0.1745^2}{9+6-2}} = 0.2117$$

进而可求得 t 之值如下[32]:

$$t = \frac{\overline{x}_1 - \overline{x}_2}{s} \sqrt{\frac{n_1 \times n_2}{n_1 + n_2}} = \frac{0.8629 - 0.8284}{0.2117} \sqrt{\frac{9 \times 6}{9+6}} = 0.3092$$

　　式中自由度 $f = n_1 + n_2 - 2 = 13$。根据 t-分布表[32],可得 $t_{0.05,9} = 2.160$,于是有 $t < t_{0.05,9}$。这表明在 5% 的显著度下,上述两变量之间没有显著的差异。在谱 1 和谱 2 下测定的疲劳寿命的对数平均值(见表 16-2 和表 16-3)之间没有显著的差异[24]。

　　根据上述疲劳试验结果和统计检验结果,可以认为,在图 16-6 和图 16-7 所示的谱 1 和谱 2 下,45 钢摩擦焊接头的疲劳寿命的试验结果来自同一母体;在低于

疲劳门槛值 $(\Delta\sigma_{eqv})_{th}$ 的当量应力幅下先循环加载 $N=10^7$ 周(见图 16-7),并未造成谱 1 和谱 2 下 45 钢摩擦焊接头的疲劳寿命的试验结果之间有显著的差异。同样地,也可证明,在谱 1 和谱 2 下,45 钢摩擦焊接头的累积损伤临界值的试验结果来自同一母体。换句话说,在低于疲劳门槛值 $(\Delta\sigma_{eqv})_{th}$ 的当量应力幅下先循环加载 $N=10^7$ 周,并未在 45 钢摩擦焊接头的切口根部造成疲劳损伤。这再次证明式(16-3)中的疲劳门槛值[对于带切口的 45 钢摩擦焊接头,$(\Delta\sigma_{eqv})_{th}=409.2\text{MPa}$],可以作为 45 钢摩擦焊接头的小载荷省略准则,也就是具有不连续应变硬化特性材料的小载荷省略准则。

16.6.4　变幅载荷下 45 钢摩擦焊接头的疲劳寿命及概率分布的预测

按照 15.4.1 节中的方法,将式(16-5a)～式(16-5e)依次代入式(15-4),即可预测变幅载荷(见图 16-6 和图 16-7)下 45 钢摩擦焊接头的具有相应存活率的疲劳寿命。因为图 16-7 中的第一级载荷换算为当量应力幅后,略低于 45 摩擦焊接头的疲劳门槛值,故在寿命预测时予以省略。因此,在谱 1 和谱 2 下,预测的带切口的45 钢摩擦焊接头的具有给定存活率的疲劳寿命将得到相同的结果。

预测的 45 钢切口试件的具有给定存活率的疲劳寿命,取对数后画在图 16-9(a)和图 16-10(a)中;相应地,临界累积疲劳损伤值画在图 16-9(b)和图 16-10(b)中。由此可见,预测的 45 钢切口试件的具有给定存活率的疲劳寿命和临界累积疲劳损伤值遵循对数正态分布[24]。统计检验进一步表明[24],图 16-9(a)和图 16-10(a)中的 45 钢摩擦焊接头的疲劳寿命试验结果的回归直线与预测结果的回归直线之间,没有显著的差异;同样地,图 16-9(b)和图 16-10(b)中临界累积疲劳损伤值的回归直线与预测结果的回归直线之间,也没有显著的差异。

根据概率论与统计分析原理[32],以及文献[33]中给出的带切口的 45 钢摩擦焊接头疲劳抗力系数和门槛值的正态分布参数,可以写出带切口的 45 钢摩擦焊接头具有任一存活率的疲劳寿命表达式,包括式(16-5a)～式(16-5e)。按照 15.4.1 节中的方法,将具有不同存活率的疲劳寿命表达式,依次代入式(15-4),可得具有相应存活率的 45 钢摩擦焊接头的疲劳寿命,所得结果列入表 16-4。根据 16.4.2 节中的方法,可相应地求得 45 钢摩擦焊接头具有相应存活率的累积损伤临界值,所得结果也列入表 16-4。

将表 16-4 中的疲劳寿命和临界累积疲劳损伤值取对数后,分别画在图 16-11(a)、(b)和图 16-10(a)、(b)中。由此可见,45 钢摩擦焊接头的具有给定存活率的疲劳寿命和临界累积疲劳损伤值的预测结果遵循对数正态分布[24]。用夏皮罗-威尔克方法做进一步的检验,检验结果表明(见表 16-4),在谱 1 和谱 2(见图 16-6 和图 16-7)下,预测的 45 钢摩擦焊接头的具有给定存活率的疲劳寿命和累积损伤临界值遵循对数正态分布。

**表 16-4　在谱 1 和谱 2 下预测的 45 钢摩擦焊接头的具有给定存活
率的疲劳寿命和累积损伤临界值[24]**

参数	$S_v/\%$											W^a
	99.9	97.7	95	84.1	69.1	50	30.9	15.9	5	2.3	0.1	
N_b	1.998	3.047	3.511	4.632	5.784	7.272	9.352	12.115	17.264	21.364	43.001	—
$\lg N_b$	0.301	0.484	0.545	0.666	0.762	0.862	0.971	1.083	1.237	1.330	1.633	0.983
D_c	0.275	0.419	0.483	0.637	0.795	1	1.286	1.666	2.374	2.938	5.914	—
$\lg D_c$	−0.561	−0.378	−0.316	−0.196	0.010	0.000	0.109	0.222	0.375	0.468	0.772	0.983

　　在 16.6.3 节中已经指出,在谱 1 和谱 2 下测定的 45 钢摩擦焊接头疲劳寿命
和累积损伤临界值的试验结果来自同一母体。因此,在谱 1 和谱 2 下,测定的 45
钢摩擦焊接头疲劳寿命和累积损伤临界值的全部试验结果可合并加以处理,如图
16-11 所示[24];图中也画出了 45 钢摩擦焊接头疲劳寿命和累积损伤临界值的预测
结果(见表 16-4)。

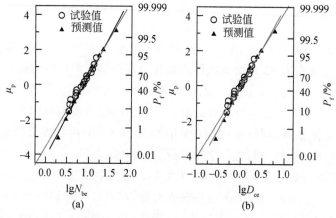

图 16-11　在谱 1 和谱 2 下测定的 45 钢摩擦焊接头疲劳寿命和累积损伤临界值的全部
试验结果和预测结果的对数正态分布[24]
(a)疲劳寿命;(b)累积损伤临界值

　　应用文献[32]中的统计检验方法,可以证明,图 16-11(a)中 45 钢摩擦焊接头
疲劳寿命试验结果回归直线与预测结果回归直线之间,没有显著的差异[24]。用同
样的方法,也可证明,45 钢摩擦焊接头累积损伤临界值试验结果回归直线与预测
结果回归直线之间,也没有显著的差异,见图 16-11(b)[24]。

　　前述的试验结果和分析表明,式(16-1)[即式(4-10)]中的疲劳裂纹起始门槛
值,或式(16-3)中的理论疲劳极限,在预测 45 钢摩擦焊接头变幅载荷下的疲劳寿
命及其概率分布时,可作为小载荷省略准则加以应用,但在寿命预测时应将名义应

力谱转化为当量应力幅谱。

此外,值得指出的是,图 16-11 中的 45 钢摩擦焊接头疲劳寿命的试验结果均在 $\pm 2s$ 分散带之内,这有着重要的实际意义。

16.7　结　　语

在本章中,对具有不连续应变硬化特性的金属材料切口件的小载荷省略准则,重点做了分析和讨论。根据式(16-1)中疲劳裂纹起始门槛值的定义,当 $\Delta\sigma_{eqv} \leqslant (\Delta\sigma_{eqv})_{th}$ 时,$N_i \to \infty$。据此,可以认为,在等于和低于疲劳裂纹起始门槛值的当量应力幅下循环加载,不会在切口根部的金属中造成疲劳损伤,因而疲劳裂纹起始门槛值可作为小载荷省略准则。

对于具有不连续应变硬化的金属材料,超载对疲劳裂纹起始门槛值没有明显的影响,即超载效应因子 $z=0$,因而式(16-1)中的疲劳裂纹起始门槛值理论上可以当作是小载荷省略准则。对于小尺寸的切口试件,其疲劳寿命公式具有与式(16-1)相同的形式,此即式(16-3)。式(16-3)中的疲劳门槛值也可定义为,当 $\Delta\sigma_{eqv} \leqslant (\Delta\sigma_{eqv})_c$ 时,$N_f \to \infty$。因而式(16-3)中的理论疲劳极限也可作为小载荷省略准则。用 15MnVN 钢、45 钢和 45 钢摩擦焊接头等具有不连续应变硬化特性材料的切口件,按上述分析设计了两级和多级程序块载荷下的疲劳试验,对疲劳裂纹起始门槛值或疲劳门槛值可作为小载荷省略准则的有效性,进行了试验验证。然而,应当指出,多级程序块载荷与某些实际结构件所受到的随机载荷仍存在一定的差异。因此,关于具于不连续应变硬化特性材料切口件的小载荷省略准则,将在后续章节中做进一步的讨论。

对于具有连续应变硬化特性材料的切口件,拉伸超载提高其疲劳裂纹起始门槛值。因此,应采用超载提高了的疲劳裂纹起始门槛,作为小载荷省略准则。这在15.2.3 节、15.3.3 节和 15.7 节中已经做了检验。当然,更希望用更多的随机谱下的疲劳试验结果作进一步的验证。

参 考 文 献

[1] Zheng X L. The small-load-omitting criterion in fatigue life prediction. Proceeding of the 8th National Fatigue Conference, Xi'an, 1997, 11:11-17.

[2] 郑修麟. 金属疲劳的定量理论. 西安:西北工业大学出版社, 1994.

[3] Dijk G M, Jonge J B. Introduction to a fighter aircraft loading standard for fatigue evaluation. FALSTAFF, NLR MP 705176U, The Netherlands, 1975.

[4] Tomita Y, Fujimoto Y. Prediction of fatigue life of ship structural members from developed crack length// Goel V S. Proceedings of the International Conference and Exposition on Fatigue, Corrosion Cracking Fracture Mechanics and Failure Analysis. Salt Lake City:ASM, 1985:37-46.

［5］Heuler P,Seager T. A criterion for omission of variable amplitude loading histories. International Journal of Fatigue,1986,8(4):225-230.

［6］赵少汴,王忠保. 疲劳设计. 北京:机械工业出版社,1992.

［7］Technical Commitee 6-Fatigue. Recommendations for the Fatigue Design of Steel Structures. 1st Edition. Brussels:European Convention for Constructional Steelwork,1985.

［8］Oppermann H. The reliable reduction of random local sequences for fatigue tests(in German). Fraunhofer-Inst fuer Betriebsfestigkeit,Darmstadt (Germany). Papers of the 5th LBF Colloquium,1988:31-49.

［9］Claude B,Madeleine C,Lawrence F,et al. Fatigue testing and life prediction for notched specimens of 2024 and 7010 alloys subjected to aeronautical spectra//Automation in Fatigue and Fracture: Testing and Analysis-Proceedings of the International Symposium, Paris, June 1992. Philadelphia, PA, American Society for Testing and Materials (ASTM Special Technical Publication,No. 1231),1994:508-530.

［10］Pao P S,Bayles R A,Gill S J,et al. Ripple load degradation in titanium alloys//Titanium'92:Science and Technology-Proceedings of the Symposium,World Titanium Conference,San Diego, 1992,3:69-76.

［11］Schijve J. The significance of flight-simulation fatigue tests//The 13th Symposium of International Committee on Aeronautical Fatigue,Pisa,1985.

［12］Siegl J,Schijve J,Padmadinata U H. Fractographic observations and predictions on fatigue crack growth in an aluminium alloy under miniTWIST flight-simulation loading. International Journal of Fatigue,1991, 13(2):139-147.

［13］Schijve J,Jarabs F A,Tromp. Flight-simulation on notched elements. NLRTR 74033 U FEB,1974.

［14］Conle F A. An examination of variable amplitude histories in fatigue[PhD Thesis]. Canada:University of Waterloo,1979.

［15］Socie D F,Artwohl P J. Effect of spectrum editing on fatigue crack initiation and propagation in notched member. ASTM STP 714. American Society for Testing and Materials,1980:3-23.

［16］Hewitt R L. Some effects of load spectrum representation on crack growth predictions and problems in prediction validation. International Journal of Fatigue,1987,9(3):157-162.

［17］Buch A,Seeger T,Vormwald M. Improvement of fatigue prediction accuracy for various realistic loading spectrum by use of correction factors. International Journal of Fatigue,1986,8(3):175-185.

［18］Wang Z,Chen Z W. Influence of small load cycle omission on fatigue damage accumulation//Wu X R, Wang Z G. Proceedings of the 7th International Fatigue Congress (2). FATIGUE'99. Beijing: High Education Press,1999:1113-1118.

［19］Sakai T,Takeda M,Shiozawa K,et al. Experimental evidence of duplex S-N characteristics in wide life region for high strength steels//Wu X R, Wang Z G. Proceedings of the 7th International Fatigue Congress(1). FATIGUE'99. Beijing:High Education Press,1999:573-578.

［20］Freitas de M,Li B,Santos J L. A new approach to evaluate the stress invariant based multi-axial fatigue limit//Wu X R, Wang Z G. Proceedings of the 7th International Fatigue Congress(1). FATIGUE'99. Beijing:High Education Press,1999:607-612.

［21］McDowell D L. Basic issues in the mechanics of high cycle metal fatigue. International Journal of Fatigue, 1996,80:103-115.

［22］Li Z. Predicting Models for Fatigue Life with Survivabilities of Low Carbon Low Alloy Steels under Variable Amplitude Loading[Ph. D. Thesis]. Xi'an:Northwestern Polytechnical University,1994.

［23］Yan X,Cordes T S,Vogel J H,et al. Proper fitting approach for improved estimates of small cycle fatigue damage. International Congress and Exposition, Detroit, MI, USA. SAE Technical Paper

Series. Warrendale:SAE,1992:1-10.

[24] Yan J H, Zheng X L, Zhao K. Experimental investigation on the small-load-omitting criterion. International Journal of Fatigue,2001,23:403-415.

[25]French H. Fatigue and the hardening of steels. Transactions of the American Society for Steel Treating, 1933,21:899-905.

[26]Rabbe P. Mécanisms et mécanique de la fatigue//dans Bathias C,et al. La Fatigue des Materiaux et des Structures. Montreal:Les Presses D'Université De Montreal,1981:1-30.

[27]Klesnil M,Lukas P. Fatigue of Metallic Materials. London:Elsevier Scientific Publishing Company,1980.

[28]Zheng X L,Li Z,Lu B. Prediction of probability distribution of fatigue life of 15MnVN steel notched elements under variable amplitude loading. International Journal of Fatigue,1996,18(2):81.

[29]Yan J H,Zheng X L,Zhao K. Prediction of fatigue life and its probability distribution of notched friction welded joints under variable amplitude loading. International Journal of Fatigue,2000,22:481-494.

[30]Wei J F,Zheng X L. Statistical correlation of fatigue life of 15MnVN steel notched bar under variable amplitude tension-tension block loading. Theoretical and Applied Fracture Mechanics,1997,28:51-55.

[31]吕宝桐,郑修麟. 15MnVN 钢疲劳性能的试验研究. 机械强度,1992,4(4):64-67.

[32]邓勃. 分析测试数据的统计处理方法. 北京:清华大学出版社,1995.

[33]Yan J H,Zheng X L,Zhao K. Prediction of fatigue life and its probability distribution of notched friction welded joints under variable-amplitude loading. International Journal of Fatigue,2000,22:481-494.

第 17 章　变幅载荷下铝合金腐蚀疲劳裂纹
起始寿命的预测

17.1　引　　言

飞机、船舶、海洋工程结构以及石油化工设备的结构件,都需要对腐蚀疲劳寿命进行预测。结构件的腐蚀疲劳寿命也分为腐蚀疲劳裂纹起始寿命和腐蚀疲劳裂纹扩展寿命两个阶段,分别进行预测,然后求和即得结构件腐蚀疲劳总寿命[1-8]。结构件的腐蚀疲劳裂纹扩展寿命,通常采用断裂力学方法进行预测[4],而结构件的腐蚀疲劳裂纹起始寿命常采用局部应变法进行预测[4,6]。然而,在室温大气中,可能有九条原因,使得局部应变法不能精确地预测结构件变幅载荷下疲劳裂纹起始寿命[9]。因此,必须做出某些修正,以改善局部应变法预测结构件变幅载荷下疲劳裂纹起始寿命的精度[10]。

Wanhill 等[3]用狗骨状试件模拟飞机的典型结构件,在等幅和变幅载荷下,测定了狗骨状试件的腐蚀疲劳裂纹起始寿命。试验结果表明[3],腐蚀疲劳裂纹起始寿命在腐蚀疲劳总寿命中占有相当的部分,为 30%～40%,因而不能被略去。在文献[1]和[2]中,提出用均方根应力法预测结构件的腐蚀疲劳裂纹起始寿命。在均方根应力法中,全部应力范围,$\Delta\sigma$ 以均方根的形式表示如下[2]:

$$\Delta\sigma_{rms} = \sqrt{\sum_{i=1}^{k} \frac{\Delta\sigma_i^2}{k}} \tag{17-1}$$

文献[2]指出,倘若有适当的方法能计及载荷交互作用效应,则均方根应力法可用于预测结构件变幅载荷下疲劳裂纹起始寿命。再则,用均方根应力法预测结构件,至少是铝合金切口件变幅载荷下疲劳裂纹起始寿命的有效性,并未获得试验结果的验证[1,3,4]。

将均方根应力法与等效应力法[10]相比较,可以看到,在均方根应力法中,每一应力范围 $\Delta\sigma$ 下的加载循环数对累积疲劳损伤的贡献未能加以考虑。因此,均方根应力法可能低估了低的 $\Delta\sigma$ 引起的疲劳损伤,而高估了高的 $\Delta\sigma$ 引起的疲劳损伤。这是因为载荷谱中的低应力范围 $\Delta\sigma$ 下的加载循环数,要比高应力范围 $\Delta\sigma$ 下的加载循环数多得多[11,12]。试验结果业已表明[13],用均方根应力法预测低碳钢焊接接头的腐蚀疲劳寿命,要比在等幅载荷下、人造海水中测定的同类焊接接头的疲劳寿命短得多。

第 14 章和第 15 章中的试验结果和分析表明,具有不同应变硬化特性的金属材料,对载荷谱中的大、小载荷交互作用效应有不同的响应;载荷谱中的大、小载荷的交互作用效应可用超载效应因子 z 加以表征。试验结果表明[5],超载延长了铝合金切口件的腐蚀疲劳裂纹起始寿命。这意味着,在预测铝合金切口件的腐蚀疲劳裂纹起始寿命时,载荷交互作用效应必须加以考虑。然而,在预测铝合金切口件的腐蚀疲劳裂纹起始寿命时,均方根应力法并未说明如何考虑载荷交互作用效应[2]。

对于具有不连续应变硬化特性的金属材料,例如,工程中常用的高强度低合金钢及其焊接件,其超载效应因子 $z=0$。因此,在预测变幅载荷下高强度低合金钢及其焊接件的腐蚀疲劳裂纹起始寿命时,载荷交互作用效可不予考虑。而在预测变幅载荷下具有不连续应变硬化特性的金属材料切口件的腐蚀疲劳裂纹起始寿命时,载荷交互作用效应必须加以考虑。所以,选择了 LY12CZ 铝合金,研究其切口件在变幅载荷下的腐蚀疲劳裂纹起始寿命预测程序和方法。首先要试验研究超载对铝合金切口件的腐蚀疲劳裂纹起始寿命的影响,确定超载效应因子。据此,提出变幅载荷下铝合金切口件的腐蚀疲劳裂纹起始寿命的预测模型,进而加以试验验证[8,14]。

17.2　铝合金腐蚀疲劳裂纹起始的超载效应

17.2.1　腐蚀疲劳裂纹起始超载效应的试验

腐蚀疲劳裂纹起始超载效应试验用的铝合金为 LY12CZ 板材,厚度为 4.0mm,其拉伸性能见表 4-1。紧凑拉伸型(CT)切口试件用于测定腐蚀疲劳裂纹起始寿命[8,14];试件的宽度为 60mm,切口深度 a_n 在 16～28mm 范围内变化,切口根部半径分别为 0.5mm、1.0mm 和 1.5mm,从而可研究试件几何尺寸对腐蚀疲劳裂纹起始寿命的影响。对于 CT 型切口试件,有[见式(4-13)]

$$K_t \Delta\sigma = \frac{2\Delta K_I}{\sqrt{\pi\rho}} \tag{17-2}$$

利用式(17-2)可将 $\Delta K_I / \sqrt{\rho}$ 转换为 $K_t \Delta\sigma$。然后,按式(14-1)计算超载当量应力幅 $(\Delta\sigma_{eqv})_{OL}$。

腐蚀疲劳裂纹起始超载效应的试验原理与方法,参看 15.3.1 节。腐蚀疲劳试验在 3.5％NaCl 水溶液中进行,溶液的 pH 为 6.5～7.5,加载频率为 10Hz,应力比在 0.085～0.534 范围内变化[8,14]。

17.2.2　超载对腐蚀疲劳裂纹起始寿命的影响

超载对 LY12CZ 铝合金板材的腐蚀疲劳裂纹起始寿命影响的试验结果示于图 17-1[8,14]。在第 9 章中业已表明,疲劳裂纹起始寿命表达式,即式(4-10)可用于拟合 LY12CZ 铝合金板材疲劳裂纹起始寿命影响的试验结果。于是,给出腐蚀疲劳

裂纹起始寿命表达式如下:

$$N_{icf} = C_{cf} \left[\Delta\sigma_{eqv}^{1/(1+n)} - (\Delta\sigma_{eqv})_{thcf}^{1/(1+n)} \right]^{-2} \qquad (17\text{-}3)$$

对于 LY12CZ 铝合金板材,取应变硬化指数 $n=0.123$(见第 4 章)。将 n 之值代入式(17-3),并利用式(17-3)和 4.5.1 节中的程序,对图 17-1 中的试验结果进行回归分析,所得常数列入表 17-1。将表 17-1 中的腐蚀疲劳抗力系数 C_{cf} 和当量应力幅表示的腐蚀疲劳裂纹起始门槛值 $(\Delta\sigma_{eqv})_{thcf}$ 之值回代入式(17-3),即得超载后 LY12CZ 铝合金板材疲劳裂纹起始寿命的表达式如下[8,14]:

当 $(\Delta\sigma_{eqv})_{OL} = 457\text{MPa}$ 时

$$N_{icf} = 1.72 \times 10^{13} \ (\Delta\sigma_{eqv}^{1.78} - 151^{1.78})^{-2} \qquad (17\text{-}4a)$$

当 $(\Delta\sigma_{eqv})_{OL} = 594\text{MPa}$ 时

$$N_{icf} = 2.34 \times 10^{13} \ (\Delta\sigma_{eqv}^{1.78} - 176^{1.78})^{-2} \qquad (17\text{-}4b)$$

当 $(\Delta\sigma_{eqv})_{OL} = 757\text{MPa}$ 时

$$N_{icf} = 1.59 \times 10^{13} \ (\Delta\sigma_{eqv}^{1.78} - 212^{1.78})^{-2} \qquad (17\text{-}4c)$$

作为比较,图 17-1 中也画出了未超载的 LY12CZ 铝合金板材腐蚀疲劳裂纹起始寿命曲线,现将其表达式,即式(9-7)重写如下:

$$N_{icf} = 1.89 \times 10^{13} \ (\Delta\sigma_{eqv}^{1.78} - 111^{1.78})^{-2} \qquad (17\text{-}4d)$$

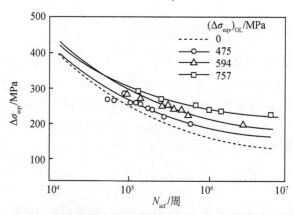

图 17-1　不同幅度的超载对 LY12CZ 铝合金板材的腐蚀疲劳裂纹起始寿命
影响的试验结果与回归分析结果[8,14]

表 17-1　超载后铝合金板材腐蚀疲劳裂纹起始寿命试验数据的回归分析结果[8,14]

$(\Delta\sigma_{eqv})_{OL}$ /MPa	C_{cf} /10^{13}(MPa)^2	$(\Delta\sigma_{eqv})_{thcf}$ /MPa	r	s	ε_{OL} /%
475	1.72	151	-0.925	0.110	1.699
594	2.34	176	-0.973	0.110	2.534
757	1.59	212	-0.985	0.116	3.902
0	1.89	111	-0.908	0.214	0

按式(17-4a)～式(17-4d)画出的 LY12CZ 铝合金板材的腐蚀疲劳裂纹起始寿命曲线,如图 17-1 所示[14]。由式(17-4a)～式(17-4d)和图 17-1 可见,超载对腐蚀疲劳抗力系数 C_{cf} 没有明显的影响,但提高腐蚀疲劳裂纹起始门槛值,因而延长腐蚀疲劳裂纹起始寿命尤其是长寿命区的腐蚀疲劳裂纹起始寿命。超载当量应力幅越高,腐蚀疲劳裂纹起始门槛值的提高幅度也越大。这与图 14-11 和图 14-12 所示的规律相同。由此可见,环境介质对铝合金的超载效应没有影响。

17.2.3 铝合金腐蚀疲劳裂纹起始的超载效应因子

按照 14.3.2 节中的方法,对铝合金腐蚀疲劳裂纹起始的超载效应的试验结果进行分析。首先,按式(14-3)计算超载引起切口根部金属的局部应变 ε_{OL},计算结果列入表 17-1。ε_{OL} 与腐蚀疲劳裂纹起始门槛值 $(\Delta\sigma_{eqv})_{thcf}$ 的关系示于图 17-2。可见,$(\Delta\sigma_{eqv})_{thcf}$ 与 ε_{OL} 之间呈良好的线性关系。回归分析给出 LY12CZ 铝合金板材的腐蚀疲劳裂纹起始门槛值与超载引起的切口根部局部应变间的关系如下:

$$(\Delta\sigma_{eqv})_{thcf} = 111 + 2543\varepsilon_{OL} \tag{17-5}$$

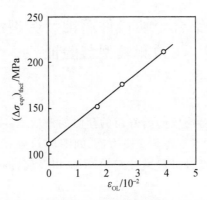

图 17-2 LY12CZ 铝合金板材的腐蚀疲劳裂纹起始门槛值与超载引起的
切口根部局部应变间的关系

按照式(14-6)和式(14-7),可将式(17-5)转化为 $(\Delta\sigma_{eqv})_{thcf}$ 与 $(\Delta\sigma_{eqv})_{OL}$ 之间关系如下[14]:

$$(\Delta\sigma_{eqv})_{thcf} = 111 + 7.40 \times 10^{-4} (\Delta\sigma_{eqv})_{OL}^{1.78} \tag{17-6}$$

式(17-6)写成一般形式,则有

$$(\Delta\sigma_{eqv})_{thcf} = (\Delta\sigma_{eqv})_{thcf0} + z (\Delta\sigma_{eqv})_{OL}^{2/(1+n)} \tag{17-7}$$

式(17-6)定量地描述了 LY12CZ 铝合金板材的腐蚀疲劳裂纹起始门槛值与超载当量应力幅之间的关系,在工程应用中十分方便。

前已指出,LY12CZ 铝合金具有连续应变硬化特性,在大气环境中,其超载效应因子 $z > 0$。在腐蚀环境中,LY12CZ 铝合金的超载效应因子 $z > 0$,而且与大气环境中的超载效应因子之值相差较小，见 14.3.2 节。可以认为，腐蚀环境并不影响金属材料的疲劳裂纹起始的超载效应特性。

17.2.4　计及超载效应的铝合金腐蚀疲劳裂纹起始寿命的表达式

将式(17-7)代入式(17-3)，可得计及超载效应的腐蚀疲劳裂纹起始寿命的表达式如下：

$$N_{icf} = C_{cf} \{ \Delta\sigma_{eqv}^{2/(1+n)} - [(\Delta\sigma_{eqv})_{thcf0} + z (\Delta\sigma_{eqv})_{OL}^{2/(1+n)}]^{2/(1+n)} \}^{-2} \qquad (17\text{-}8)$$

式(17-8)揭示了腐蚀疲劳裂纹起始寿命与结构件的几何(K_t)、循环加载条件(ΔS，R)、材料常数$[C_{cf}$、$(\Delta\sigma_{eqv})_{thcf}$、$n]$，以及超载效应之间的相互关系，可用于变幅载荷下结构件腐蚀疲劳裂纹起始寿命的预测[14]。可以认为式(17-8)是近似完善的腐蚀疲劳裂纹起始寿命表达式。

将式(17-5)代入式(17-8)，可得计及超载效应的 LY12CZ 铝合金板材的腐蚀疲劳裂纹起始寿命的表达式如下：

$$N_{icf} = 1.88 \times 10^{13} \{ \Delta\sigma_{eqv}^{1.78} - [111 + 7.40 \times 10^{-4} (\Delta\sigma_{eqv})_{OL}^{1.78}]^{1.78} \}^{-2} \qquad (17\text{-}9)$$

17.3　变载下铝合金切口件腐蚀疲劳裂纹起始寿命的预测模型与验证

17.3.1　试验载荷谱

变幅载荷下腐蚀疲劳裂纹起始寿命的预测的条件之一，是需要有切口件的所承受载荷谱。因此，设计了三种名义应力谱，如图 17-3 所示，以研究加载方式对变幅载荷下铝合金切口件腐蚀疲劳裂纹起始寿命，以及腐蚀疲劳裂纹起始寿命预测程序的影响。

图 17-3 中的名义应力谱 1：循环最大应力为常数，而最小应力在变化，所以没有超载，因而也无须考虑载荷交互作用效应。这种谱也曾用于研究低碳钢焊接接头变幅载荷下的累积疲劳损伤。

图 17-3 中的名义应力谱 2：它与名义应力谱 1 的主要差别在于，疲劳试验前对切口试件施加了一次超载。因此，在铝合金切口件受到名义应力谱 2 的作用时，载荷的交互作用效应要加以考虑，而载荷的交互作用效应可用超载效应因子加以定量地表征。

图 17-3 中的名义应力谱 3：疲劳试验前对切口试件施加了一次超载。但是，与名义应力谱 2 不同的是，疲劳试验时循环最小名义应力保持不变，而循环最大名义应力在变化。

图 17-3 中三种谱型，可用于研究加载谱型对变幅载荷下铝合金切口件腐蚀疲劳裂纹起始寿命的影响，也可用于研究加载谱型对变幅载荷下铝合金切口件腐蚀

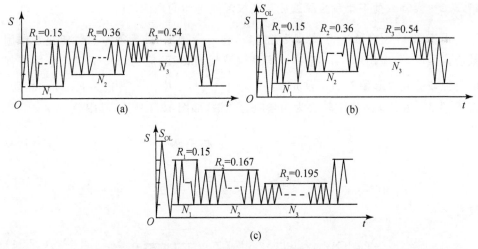

图 17-3　研究加载方式对变幅载荷下铝合金切口件腐蚀疲劳裂纹起始寿命和腐蚀疲劳裂纹
起始寿命预测程序的影响的名义应力谱[8,14]

(a)名义应力谱 1；(b)名义应力谱 2；(c)名义应力谱 3

疲劳裂纹起始寿命预测模型的影响。如图 17-4 所示，一个载荷块包含 3860 周；在
每一循环应力下，切口根部的局部应力范围 $K_t\Delta\sigma$ 均相等；在每一循环应力下，加载
循环数按以下的原则确定，即各个循环应力下产生的疲劳损伤大致相等。

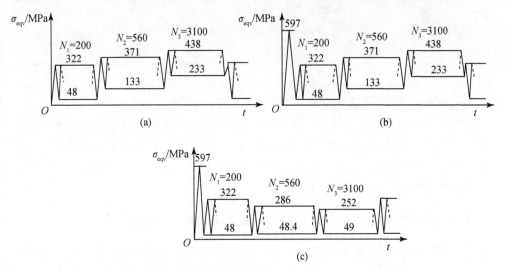

图 17-4　按式(3-26)将图 17-3 中的名义应力谱转化为当量应力幅谱[8,14]

(a)当量应力谱 1；(b)当量应力谱 2；(c)当量应力谱 3

17.3.2　变幅载荷下铝合金腐蚀疲劳裂纹起始寿命的预测（Ⅰ）

由于图 17-3 中的应力谱 1 没有超载，在寿命预测时，无须考虑载荷交互作用效应。因此，可应用 15.4.1 节中的寿命预测模型，预测应力谱 1 下铝合金切口件的腐蚀疲劳裂纹起始寿命。首先，运用式（17-2）将 $\Delta K_I / \sqrt{\rho}$ 转换为 $K_t \Delta \sigma$。然后，按式（3-26）将名义应力谱转化为当量应力幅谱，如图 17-4 所示，其中

$$(\sigma_{\text{eqv}})_{\text{max}} = \sqrt{\frac{1}{2(1-R)}} K_t \sigma_{\text{max}} \tag{17-10a}$$

$$(\sigma_{\text{eqv}})_{\text{min}} = \sqrt{\frac{1}{2(1-R)}} K_t \sigma_{\text{min}} \tag{17-10b}$$

故有

$$\Delta \sigma_{\text{eqv}} = (\sigma_{\text{eqv}})_{\text{max}} - (\sigma_{\text{eqv}})_{\text{min}} = \sqrt{\frac{1}{2(1-R)}} K_t \Delta \sigma \tag{17-11}$$

按照 15.4.1 节中的寿命预测模型、式（17-3）和图 17-4 中的当量应力幅谱 1，预测了 LY12CZ 铝合金切口件的腐蚀疲劳裂纹起始寿命，所得结果列入表 17-2。

表 17-2　变幅载荷下 LY12CZ 铝合金切口件的腐蚀疲劳裂纹起始寿命的预测结果[8,14]

载荷谱	1	2	3
预测结果/块	51	222	222*（390**）
试验结果/块	51	191,195	321
	59	198,206	390
	62	217,231,237	472
平均值	57	210	389

* 仅考虑简单超载效应；** 考虑到简单超载和周期效应。

为验证上述寿命预测模型，在 EHT-EA-10T 型电液伺服万能材料试验机上，按图 17-3 所示的名义应力谱，进行了腐蚀疲劳试验；试验结果列入表 17-2[8,14]。由此可见，在应力谱 1 下［见图 17-3（a）］，LY12CZ 铝合金切口件的腐蚀疲劳裂纹起始寿命的预测结果与试验结果相符。

17.3.3　变幅载荷下铝合金腐蚀疲劳裂纹起始寿命的预测（Ⅱ）

图 17-3 中的名义应力谱 2 和名义应力谱 3 有超载作用，故在寿命预测时，必须考虑载荷交互作用效应。因此，可应用 15.3.2 节中的寿命预测模型，预测名义应力谱 2 和名义应力谱 3 下铝合金切口件的腐蚀疲劳裂纹起始寿命。

首先，计算超载时的当量应力幅，$(\Delta \sigma_{\text{eqv}})_{\text{OL}} = 597 \text{MPa}$。将这一数值代入式（17-9），求得铝合金的腐蚀疲劳裂纹起始寿命表达式

$$N_{icf} = 1.88 \times 10^{13} (\Delta\sigma_{eqv}^{1.78} - 175^{1.78})^{-2} \tag{17-12}$$

按照 15.3.2 节中的寿命预测模型、式(17-12)和图 17-4 中的当量应力幅谱,计算累积疲劳损伤 D_c。当 $D_c = 1.0$ 时,即得名义应力谱 2 和名义应力谱 3 下 LY12CZ 铝合金切口件的腐蚀疲劳裂纹起始寿命,所得结果也列入表 17-2[8,14]。由表 17-2 可见,在名义应力谱 2 下,LY12CZ 铝合金切口件的腐蚀疲劳裂纹起始寿命的预测结果与试验结果符合得很好;而在名义应力谱 3 下,LY12CZ 铝合金切口件的腐蚀疲劳裂纹起始寿命的预测结果要比试验结果短得多,仅为试验结果 47%～69%。其原因将在下一节中分析。

17.3.4　变幅载荷下铝合金腐蚀疲劳裂纹起始寿命的预测(Ⅲ)

考察应力谱 3[见图 17-3(c)],可以发现,在简单超载后,循环加载是有规律的,其中的 $S_{1,max}$ 相对于后续的较小的应力,如 S_2、S_3,可认为是周期性的超载。在周期超载的情况下,结构件和切口试件的疲劳寿命要比简单超载后的长得多[15,16]。在预测 LY12CZ 铝合金切口件的腐蚀疲劳裂纹起始寿命时,仅考虑到简单超载效应,因而预测的结果比试验结果短得多,见表 17-2。

根据以上的分析,可以假定,在预测名义应力谱 3 下的 LY12CZ 铝合金切口件的腐蚀疲劳裂纹起始寿命时,不仅要考虑简单超载效应,还要考虑应力 $S_{1,max}$ 所引起的周期超载效应。

将试件的 K_t 和 $S_{1,max}$ 值代入式(14-1),可求得 $(\Delta\sigma_{eqv})_{S_{1,max}} = 297MPa$。进而,将 $(\Delta\sigma_{eqv})_{OL}$ 和 $(\Delta\sigma_{eqv})_{S_{1,max}}$ 代入式(17-9),得到下列表达式[14]:

$$N_{icf} = 1.88 \times 10^{13} \{\Delta\sigma_{eqv}^{1.78} - [111 + 7.40 \times 10^{-4} \times (597^{1.78} + 297^{1.78})]^{1.78}\}^{-2}$$
$$= 1.88 \times 10^{13} (\Delta\sigma_{eqv}^{1.78} - 194^{1.78})^{-2} \tag{17-13}$$

按照 15.3.2 节中的寿命预测模型、式(17-13)和图 17-4(c)中的当量应力幅谱,计算累积疲劳损伤 D_c。当 $D_c = 1.0$ 时,可得名义应力谱 3 下 LY12CZ 铝合金切口件的腐蚀疲劳裂纹起始寿命。但应指出的是,在计算 S_1 引起的疲劳损伤时,应采用式(17-12)。按上述方法预测的 LY12CZ 铝合金切口件的腐蚀疲劳裂纹起始寿命为 390 块,与试验结果符合很好,见表 17-2。

根据前述试验结果和预测结果,可以看出,加载谱型对 LY12CZ 铝合金切口件的腐蚀疲劳裂纹起始寿命有重大的影响。对不同的加载谱型要做具体分析,以确定 LY12CZ 铝合金切口件的腐蚀疲劳裂纹起始寿命的预测模型,以及应当加以考虑的因素。在第 15 章中,在预测 LY12CZ 铝合金切口件和孔壁挤压件在随机谱下的疲劳裂纹起始寿命时,给出了偏短的预测结果。应当指出的是,在预测上述 LY12CZ 铝合金切口件在随机谱下的疲劳裂纹起始寿命时,并未考虑到二级超载效应。这是否与偏短的寿命预测结果相关,值得进一步的研究。

17.4　结　　语

超载对等幅载荷下 LY12CZ 铝合金切口件腐蚀疲劳裂纹起始寿命的影响，在本章中，首先做了介绍。初步的试验结果和分析表明，腐蚀环境并不改变金属材料对超载的响应特性。在拉伸超载作用下，LY12CZ 铝合金腐蚀疲劳裂纹起始的超载效应因子为正值，并与大气环境中的超载效应因子相差很小。进而给出了反映超载效应的 LY12CZ 铝合金的腐蚀疲劳裂纹起始寿命表达式，它可用变幅载荷下 LY12CZ 铝合金切口件腐蚀疲劳裂纹起始寿命的预测。

继之，设计了三种名义应力谱，用于研究加载谱型对变幅载荷下 LY12CZ 铝合金切口件腐蚀疲劳裂纹起始寿命的影响。试验结果显示，加载谱型对 LY12CZ 铝合金切口件腐蚀疲劳裂纹起始寿命有重大的影响。因此，要根据加载谱型，提出变幅载荷下 LY12CZ 铝合金切口件腐蚀疲劳裂纹起始寿命的预测模型。

上述研究结果，是对具有连续应变硬化特性的金属材料的腐蚀疲劳寿命预测所做的主要贡献。但是，本章中介绍的腐蚀疲劳寿命预测模型，要用于飞机结构的腐蚀疲劳寿命预测，还有很多工作要做。主要原因是，载荷与环境（包括介质、温度等）对铝合金的腐蚀疲劳寿命产生交互作用效应（见图 8-13）。而飞机在飞行过程中和着陆后，结构所受的载荷和所处的环境差异相当大，所以要制定飞机的载荷-环境谱。再则，实际的飞机结构件均有抗腐蚀防护层。因此，要根据飞机的载荷-环境谱，研究实际飞机结构件的腐蚀疲劳寿命预测模型。

参 考 文 献

[1] Kim Y H, Speaker S M, Gordon D E, et al. Development of fatigue and crack propagation design and analysis methodology in a corrosive environment for typical mechanically-fastened joints. No. NADC-83126-60, 1 (AD-A136414), 1983.

[2] Kim Y H, Speaker S M, Gordon D E, et al. Development of fatigue and crack propagation design and analysis methodology in a corrosive environment for typical mechanically-fastened joints (assessment of art state). No. NADC-83126-60, 2(AD-A136415), 1983.

[3] Wanhill R J H, De Luccia J J, Russo M T. The fatigue in aircraft corrosion testing (FACT) programme. AGARD Report No. 713 (AD-A208-359), 1989.

[4] 蒋祖国. 飞机结构腐蚀疲劳. 北京：国防工业出版社, 1991.

[5] Lee E U. Corrosion fatigue and stress corrosion cracking of 7475-T7351 aluminum alloy//Goel V S. Proceedings of the International Conference and Exposition on Fatigue, Corrosion Cracking, Fracture Mechanics and Failure Analysis. Salt Lake City: ASM, 1985: 123-128.

[6] Khan Z, Younas M. Corrosion fatigue life prediction for notched components based on the local strain and linear elastic fracture mechanics concepts. International Journal of Fatigue, 1996, 18(7): 491-496.

[7] Gordon D E, Manning S D, Wei R P. Effects of salt water environment and loading frequency on crack

initiation in 7075-7951 aluminum alloy and Ti-6Al-4V//Goel V S. Proceedings of the International Conference and Exposition on Fatigue,Corrosion Cracking,Fracture Mechanics and Failure Analysis. Salt Lake City:ASM,1985:157-168.

[8]王荣. 金属材料的腐蚀疲劳. 西安:西北工业大学出版社,2002.

[9]Buch A. Prediction of fatigue life under aircraft loading with and without use of material memory rules. International Journal of Fatigue,1989,11:97-106.

[10]赵名沣. 应变疲劳分析手册. 北京:科学出版社,1987.

[11]史永吉. 铁路钢桥疲劳与剩余寿命评估. 铁道建筑,1995,(增刊):1-104.

[12]Tomita Y,Fujimoto Y. Prediction of fatigue life of ship structural members from developed crack length//Goel V S. Proceedings of the International Conference and Exposition on Fatigue,Corrosion Cracking,Fracture Mechanics and Failure Analysis. Salt Lake City:ASM,1985:37-46.

[13]薛以年,等. 变幅载荷下焊接接头在海水中的腐蚀疲劳寿命//中国力学学会,中国航空学会,中国金属学会,中国机械工程学会. 第五届全国疲劳学术会议论文集,威海,1991:461-466.

[14]Zheng X L,Wang R. Overload effects on corrosion fatigue crack initiation life and life prediction of aluminum notched elements under variable amplitude loading. International Journal of Fatigue,1999,63:557-572.

[15]Raithby K R,Longson J. Some fatigue characteristics of a two-spar light alloy structures. Melbune:Aeronautical Research Council,1956:258.

[16]Schijve J. Endurance under program fatigue testing//Plantma F J,Schijve J. Full Scale Fatigue Testing of Aircraft Structures. London:Pergamon Press,1961:41-59.

第五部分 某些典型结构件的疲劳与寿命预测

这里所说的典型结构件主要是指我们对其疲劳性能和寿命预测模型做过研究的几种结构件,包括焊接件、机械中的花键轴和老龄桥结构中的铆接接头。对于焊接件疲劳性能和寿命预测模型的研究,重点是结合焊接件中的组织和力学性能不均匀性,以及焊接件疲劳裂纹的起始部位与扩展路径等试验观察结果,试验测定了能代表焊接件疲劳特性的疲劳裂纹起始寿命与扩展速率,进而给出了相应的表达式,用于预测对焊接头的疲劳寿命。

机械的一些重要的零部件是在扭转应力下服役的。因此,对花键轴在等幅载荷和随机载荷谱下疲劳试验研究结果进行了再分析,以给出花键轴在等幅载荷下的带存活率的扭转疲劳寿命曲线的表达式,用于预测花键轴在随机载荷谱下疲劳寿命及其概率分布。

在工业发达国家,必然会有老龄金属结构,例如,老龄桥梁、船舶、飞机以及海洋工程结构等。而且,这种老龄金属结构会日益增多。因此,研究老龄桥的结构材料和铆接接头的疲劳性能及其蜕化规律以及铆接接头的剩余疲劳寿命预测,具有重要的实际意义,对于研究其他老龄结构的剩余疲劳寿命也具有参考意义。

第 18 章　焊接件的疲劳寿命预测

18.1　引　　言

　　焊接件在工业中被广泛应用,如焊接钢梁、压力容器、船舶结构,以至飞机或航空发动机的某些部件,并且相当多的焊接结构受到疲劳载荷的作用。因此,试验测定焊接件的疲劳性能,给出焊接件的疲劳寿命估算模型和方法,对于合理地确定焊接结构的检修周期,保证结构运行安全,具有重要的社会和经济意义。对焊接件的疲劳性能和寿命估算的研究,受到各国研究者和相关的权威部门的重视,做了大量的工作[1-7],而且已制订了有关的疲劳设计规范[8]。但是,近年来对焊接件疲劳的研究仍在继续进行[9-11]。这表明对焊接件的疲劳问题,仍需进一步深化认识和解决。

　　焊接件的疲劳裂纹通常形成于焊趾(weld toe),然后扩展穿透焊件的壁厚,最终导致焊接件的失效。因此,焊趾是焊接件中疲劳抗力薄弱的部分,其原因有四:①由于焊缝加强高度(reinforcement)的存在,在焊趾处造成应力集中;②在焊趾处存在焊接缺陷,如咬肉(undercut);③由于焊接热过程的影响,在焊趾处造成残留拉应力;④焊趾显微组织粗化,导致疲劳抗力下降[12,13]。所以,研究焊接件的疲劳延寿技术,也是焊接件疲劳研究的另一个重要的课题,研究结果在文献[14]中作了总结。在焊接件的疲劳延寿技术中,锤击焊接焊趾是经济而有效的延寿技术,受到国内外研究者的重视,对延寿效果也作了一些定量分析[13,15]。然而经锤击的焊接件的疲劳寿命如何估算,尚未见公开的报道。

　　16Mn 钢是国内广泛应用的一种高强度低合金钢,主要用于焊接结构,尤其是铁路桥梁的焊接钢梁。因此,国内对 16Mn 钢焊接件的疲劳性能,作了大量的研究。本章首先介绍高强度低合金钢焊接件疲劳寿命预测模型,以及我国常用的高强度低合金钢 16Mn 钢焊接件疲劳性能试验的一些结果。继而讨论焊接件疲劳寿命估算中,应当考虑的一些重要因素。据此,提出焊接件在等幅和变幅载荷下的疲劳寿命估算模型和方法。经锤击的焊接件的疲劳寿命曲线,以及疲劳寿命概率分布的预测模型,是本章的重要组成部分。

18.2　关于焊接件的疲劳寿命估算模型

　　焊接件的疲劳寿命估算模型原则上可分为两类[2,3]。

(1)考虑到焊接件不可避免地存在焊接缺陷,故认为始裂寿命很短甚或不存在,可忽略不计,所以焊接件疲劳寿命近似地等于裂纹扩展寿命[3,7,8]。而焊接件的裂纹扩展寿命,通常采用 Paris 公式估算[1,3,5,7,8],而初始裂纹尺寸则取为 0.20mm 或 0.25mm[1,3]。等幅载荷下焊接件裂纹扩展寿命的估算方法,可参阅文献[16]。在估算变幅载荷下焊件的裂纹扩展寿命时,文献[8]建议,采用等效应力强度因子范围 ΔK_e 取代 ΔK。计算 ΔK_e 的方法与等效应力范围 $\Delta\sigma_e$ 的计算方法类似;$\Delta\sigma_e$ 按下式计算

$$\Delta\sigma_e = \left(\sum_{j=1}^{k} \frac{\Delta\sigma_j^m n_j}{N} \right)^{1/m} \tag{18-1}$$

式中,k 是应力谱中各应力范围的数目;j 是应力谱中的应力范围顺序的整数值;n_j 是发生在应力范围 $\Delta\sigma_j$ 下的应力循环数;N 是预定寿命期内所有应力范围下的循环总次数,$N = \sum_{j=1}^{k} n_j$;$\Delta\sigma_j$ 是第 j 级名义应力范围值;m 是焊件疲劳寿命曲线表达式中的指数,通常取 $m=3.0$[8]。

然而,文献[8]也指出,等效应力范围 $\Delta\sigma_e$ 的计算公式,即式(18-1),是用 Miner 定则计算累积疲劳损伤而导出的。因此,用等效应力强度因子范围 ΔK_e 取代 ΔK,计算高强度低合金钢焊接件的裂纹扩展寿命,能否得到精确的寿命估算结果是值得考虑的,因为 Miner 线性累积损伤定则不能考虑载荷谱中的大、小载荷间的交互作用对疲劳损伤的影响。显然,用 ΔK_e 取代 ΔK 计算裂纹扩展寿命也不能考虑超载引起裂纹扩展迟滞的影响。从工程应用角度考虑,不考虑裂纹扩展的超载迟滞效应,求得的裂纹扩展寿命偏于保守,但也偏于安全。文献[17]建议采用 ΔK 的均方根值,计算变幅载荷下的裂纹扩展寿命。

(2)焊接件的疲劳寿命由疲劳裂纹起始寿命 N_i 和裂纹扩展寿命 N_p 两段所组成[1,2,6,9,11]。因为焊接件中缺陷可分为两类,即裂纹类缺陷(crack-like defect)和非裂纹类(uncrack-like defect)缺陷。作者的试验和分析结果表明[18],即使焊接件中含有焊接缺陷,只要不是裂纹类缺陷,焊接件的疲劳寿命即由疲劳裂纹起始寿命和裂纹扩展寿命两段所组成,且疲劳裂纹起始寿命占疲劳寿命的相当大部分,不可忽略。

焊接件的疲劳裂纹起始寿命目前有两种估算方法:局部应变法[6,11]与直接估算法。而焊接件的裂纹扩展寿命,仍用断裂力学方法估算,已如前述。

用局部应变法估算焊接件的疲劳裂纹起始寿命,很难获得精确的结果。除了前述的原因以外,要采用焊趾处材料的应变疲劳寿命和循环应力-应变曲线,估算焊接件的疲劳裂纹起始寿命。而试验测定焊趾处材料的应变疲劳寿命和循环应力-应变曲线,是非常困难的。

日本研究者用切口试件或典型构件,测定疲劳裂纹起始寿命,用下列经验关系式分段拟合试验结果,用于估算船舶构件的疲劳裂纹起始寿命[1]

$$\sigma_a/\sigma_b = AN_i^B \tag{18-2}$$

式中,A、B 为试验确定的常数。当 $R=0$ 时,A、B 之值列入表 18-1。当应力比 $R\neq$ 0 时,还要考虑应力比的影响,使式(18-2)进一步复杂化,并给出另两个常数[1]。由此可见,上述疲劳裂纹起始寿命的经验关系式,在应用时将很不便。再则,在估算构件疲劳裂纹起始寿命时,是否应考虑载荷交互作用以及为何考虑,文献[1]中均未说明。

表 18-1　拉伸疲劳在 $R=0$ 时式(18-2)中 A、B 之值[1]

试件	N_i/周	A	B
平板	$1\times10^2\sim3\times10^4$	0.55	-0.0205
	$3\times10^4\sim2\times10^6$	1.32	-0.108
$K_t=2$	$1\times10^2\sim1\times10^4$	0.71	-0.0535
	$1\times10^4\sim2\times10^8$	1.98	0.164
$K_t=3$	$1\times10^2\sim2\times10^5$	0.66	-0.0533
	$2\times10^5\sim2\times10^6$	1.81	-0.183
$K_t=4$	$1\times10^2\sim1.9\times10^5$	0.62	-0.0458
	$1.9\times10^5\sim2\times10^6$	2.07	-0.207
$K_t=5$	$1\times10^2\sim1\times10^5$	0.67	-0.067
	$1\times10^5\sim2\times10^6$	1.91	-0.218
$K_t=6$	$1\times10^2\sim9\times10^2$	0.78	-0.0902
	$9\times10^2\sim2\times10^6$	1.89	-0.228
$K_t=7$	$1\times10^2\sim6.5\times10^2$	0.75	-0.0979
	$6.5\times10^2\sim2\times10^6$	1.92	-0.242
$K_t=8$	$1\times10^2\sim6\times10^2$	0.78	-0.100
	$6\times10^2\sim2\times10^6$	1.94	-0.252
$K_t=9$	$1\times10^2\sim5.5\times10^2$	0.71	-0.105
	$5.5\times10^2\sim2\times10^6$	1.86	-0.257
$K_t=10$	$1\times10^2\sim5\times10^2$	0.71	-0.110
	$5\times10^2\sim2\times10^6$	1.83	-0.268

(3)名义应力法在钢结构疲劳设计中广泛被采用[8]。此法的要点如下:采用典型焊接件测定疲劳寿命;在中等寿命范围内,疲劳寿命可表示名义应力范围的函数,即在双对数坐标上,$\lg N_f$-$\lg\Delta\sigma$ 之间呈线性关系(见图 18-1)。当 $N_f=5\times10^6$ 周时,图 18-1 中的直线斜率由试验结果确定为 $m=-3.0$;在 N_f 为 $5\times10^6\sim5\times10^7$ 周的范围内,斜率为 $2m+1=-5$,当 $N_f=5\times10^8$ 周时,为一水平线。若已知构件的名义应力谱,并给定寿命,由式(18-1)计算出等效应力范围,再与图 18-1 中给定寿命下的疲劳强度作比较;若等效应力范围等于或低于疲劳强度,则构件在服役期内是安全的[8]。上述

名义应力法没有将疲劳寿命分为疲劳裂纹起始寿命 N_i 和裂纹扩展寿命 N_p 分别预测，然后求和得出总寿命。

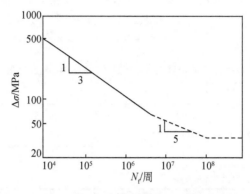

图 18-1　典型焊接构件的疲劳强度曲线[8]

18.3　焊接件中的疲劳裂纹起始与扩展

通常疲劳裂纹在焊接件的焊趾处形成，其原因将在 18.5 节中讨论。由图18-2 可见，16Mn 钢对焊接头（试件 A5）的疲劳断口上有两条疲劳裂纹；其中一条裂纹是在焊接过程中形成的，另一条裂纹是在疲劳试验过程中在焊趾形成并沿厚度方向扩展，最后两条裂纹连接，引起试件 A5 的断裂。倘若试件 A5 中没有焊接裂纹，则在焊趾形成并沿厚度方向扩展的裂纹将引起试件的疲劳断裂。所以，焊趾处的金属组织与力学性能将对焊接件的疲劳寿命起决定性的影响。

图 18-2　带有焊缝加强高度的 16Mn 钢对焊接头中的角裂纹与
形成于焊趾的疲劳裂纹及扩展过程[12]

按照疲劳性能取决于显微组织的原则,作者采用特殊的高温正火工艺,以获得与 16Mn 钢对焊接头焊趾处近似相同的显微组织;用具有这种显微组织的 16Mn 钢试件,测定拉伸性能、疲劳裂纹起始寿命以及裂纹扩展速率[12]。16Mn 钢的拉伸性能也列入表 18-2。可以看出,经高温正火后,16Mn 钢的屈服强度、断裂延性下降,应变硬化指数增大,因而会影响到钢的疲劳性能。

表 18-2 16Mn 钢的拉伸性能[12]

状态	σ_s/MPa	σ_b/MPa	ψ/%	ε_f	σ_f/MPa	n	E/GPa
热轧	389	550	75.4	1.42	777	0.115	206
高温正火	365	590	54.5	0.79	808	0.145	206

经高温正火的 16Mn 钢的疲劳裂纹起始寿命试验结果见图 18-3。按式(4-17)对疲劳裂纹起始寿命的试验结果进行回归分析,回归分析结果列入表 18-3;作为比较,表 18-3 中也列入热轧状态的 16Mn 钢的 C_i 和 $(\Delta\sigma_{eqv})_{th}$ 之值。与热轧状态的 16Mn 钢的疲劳裂纹起始寿命试验结果相比较,经高温正火的 16Mn 钢,其疲劳裂纹起始门槛值显著地降低。

将高温正火的 16Mn 钢的 C_i 和 $(\Delta\sigma_{eqv})_{th}$ 值回代入式(4-10)给出下列表达式[12]:

$$N_i = 4.24 \times 10^{14} (\Delta\sigma_{eqv}^{1.75} - 281^{1.75})^{-2} \qquad (18\text{-}3)$$

按式(18-3)画出的经高温正火的 16Mn 钢的疲劳裂纹起始寿命曲线,如图 18-3 所示;作为比较,图 18-3 中也画出了热轧状态的 16Mn 钢的疲劳裂纹起始寿命曲线。

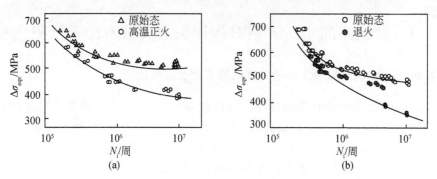

图 18-3 16Mn 钢的疲劳裂纹起始寿命曲线与试验结果[12]

(a)经高温正火的板材;(b)热轧板材

表 18-3 16Mn 钢的疲劳裂纹起始寿命试验结果的回归分析结果[12]

状态	$C_i(\times 10^{14})$	$(\Delta\sigma_{eqv})_{th}$/MPa	r	s	n
热轧	4.94	427	−0.955	0.078	0.115
高温正火	4.24	281	−0.966	0.080	0.145

文献[12]也报道了经高温正火的16Mn钢的疲劳裂纹扩展试验结果及其回归分析结果,(见表18-4)。应力比对高温正火态的16Mn钢ΔK_{th}值的影响可近似地表示为[12]

$$\Delta K_{th} = 7.4(1-R), \quad R = 0 \sim 0.6 \tag{18-4}$$

表 18-4　16Mn 钢的疲劳裂纹扩展试验数据的回归分析结果[12]

材料与热处理	R	B /(MPa)$^{-2}$	ΔK_{th} /(MPa·$\sqrt{m}$)	r	s	ΔK_{thE} /(MPa·$\sqrt{m}$)
	0.20	1.45×10^{-10}	6.8	0.993	0.071	8.1
16Mn	0.30	1.25×10^{-10}	5.0	0.993	0.107	6.8
高温正火态	0.40	1.35×10^{-10}	4.3	0.982	0.113	5.6
	0.60	1.25×10^{-10}	3.0	0.985	0.004	4.4

高温正火态16Mn钢的B值低于B的预测值,其原因已在文献[10]和[12]中作出了说明。高温正火态16Mn钢的B值仍应为3.75×10^{-10}(MPa)$^{-2}$。对高温正火态16Mn钢,其疲劳裂纹扩展速率的一般表达式为

$$da/dN = 3.75 \times 10^{-10} [\Delta K - 7.4(1-R)]^2, \quad R = 0 \sim 0.6 \tag{18-5}$$

将式(18-5)与式(6-22a)和式(6-22b)比较,可以看出,经高温正火后,16Mn钢的疲劳裂纹扩展门槛值降低。热轧状态的16Mn钢的疲劳性能可看成焊接件基材的疲劳性能。由此可见,焊趾处材料的疲劳裂纹起始门槛值与疲劳裂纹扩展门槛值均较基材的低,因而,16Mn钢焊接件的疲劳寿命要比16Mn钢的短。这一推论与很多试验结果相符[1,10,12,19-22]。

18.4　含缺陷的 16Mn 钢对焊接头的疲劳寿命及预测模型

18.4.1　16Mn 钢对焊接头中的焊接缺陷与疲劳失效过程

除去16Mn钢对焊接头的焊缝加强高度后进行疲劳试验,疲劳试验参数和试验结果列入表18-5[18]。试件断裂后,在显微镜下观察疲劳断口,断口形貌如图18-2和图18-4所示。其中图18-2为一大尺寸的角缺陷,图18-4(a)为小尺寸的内缺陷,而图18-4(b)和(c)为较大尺寸的内部椭圆型缺陷,都处于焊接熔合线上。实测的焊接缺陷的尺寸,也列入表18-5[18]。

表 18-5　16Mn 钢对焊接头中的焊接缺陷尺寸与疲劳寿命的测定结果[18]

试件号	σ_{max}/MPa	R	$N_f/10^3$周	a_0/mm	c_0/mm
A2	196	0.4	50.9	4.5	16.0
1	307	0.25	421.4	0.5	10.0
5	291	0.3	603.5	0.35	3.3
6	309	0.4	108.0	0.9	7.5

疲劳断口的观察表明,含缺陷的 16Mn 钢对焊接头的疲劳失效过程取决于焊接缺陷的尺寸与位置[18]。对于含有大尺寸角裂纹的试件(见图 18-2),疲劳裂纹由该缺陷长大。还应注意到,试件 A5 带有焊缝加强高度,所以,另有一裂纹在焊趾处形成并沿深度方向扩展,最后两条裂纹连接,引起试件 A5 的断裂。如果这角缺陷和裂纹可近似地看做 1/4 椭圆,则其轴比 a/c 在裂纹扩展过程中保持不变,如图 18-4 所示。

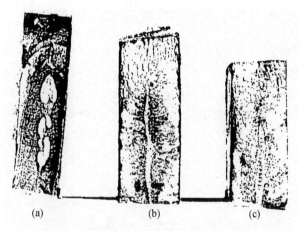

图 18-4　含内部缺陷的 16Mn 钢对焊接头中的失效过程[18]
(a)试件 5 中的小尺寸的内缺陷;(b)试件 1 中的大尺寸的内缺陷;(c)试件 6 中的大尺寸的内缺陷

对含有内部椭圆缺陷的试件,其失效过程取决于焊接缺陷的尺寸。如果内部椭圆缺陷的尺寸大,则疲劳裂纹形成于缺陷的长轴中部顶端处,然后扩展穿透试件的厚度[见图 18-4(b)和(c)]。最后,引起试件的断裂。在裂纹扩展过程中,椭圆的长轴 c 保持不变,如图 18-4(b)和(c)所示。

对内部缺陷相当小的试件,疲劳裂纹形成于试件机械加工造成的表面损伤处,而且是形成多裂纹[见图 18-4(a)]。这些裂纹长大、相互连接形成长的表面浅裂纹,进而扩展穿透试件的厚度,最终引起试件的断裂,内部小缺陷也有某些长大[见图 18-4(a)]。上述断口观察表明,对焊接头中小的内部缺陷对疲劳裂纹的起始与扩展以及疲劳寿命没有显著的影响。对焊接头中大的内部缺陷,将使疲劳裂纹形成部位由表面移到缺陷根部,随后向两侧扩展,[见图 18-4(b)和(c)]。在后一情况下,16Mn 钢对焊接头的疲劳寿命明显缩短(见表 18-5)。

18.4.2　含缺陷的 16Mn 钢对焊接头疲劳裂纹扩展寿命的预测

由表 18-5 中的试验结果可见,含有内部椭圆缺陷的 16Mn 钢对焊接头,其疲劳寿命随缺陷尺寸的增大而缩短,这与文献[23]中报道的试验结果一致。前已指出,很多研究者认为[5,24,25],由于焊接件中存在焊接缺陷,所以,在寿命预测中,疲劳裂纹起始寿命可略去不计,因而焊接件的疲劳寿命近似地等于疲劳裂纹扩展寿命。显然,表 18-3 中所列的含有焊接缺陷的 16Mn 钢对焊接头的疲劳寿命应近似地等于疲劳裂纹扩展寿命。下面将根据断口分析结果和疲劳裂纹扩展速率表达式,估算含缺陷的 16Mn 钢对焊接头的疲劳裂纹扩展寿命。

式(18-5)可用于预测 16Mn 钢的疲劳裂纹扩展寿命,如下式所示:

$$N_p = \int_{a_0}^{a_c} \frac{da}{3.75 \times 10^{-10} \left[\Delta K - 7.4(1-R)\right]^2} \tag{18-6}$$

将图 18-2 和图 18-4 所示的缺陷看做裂纹,则裂尖应力强度因子范围 ΔK 可用下式表示[5,18]:

$$\Delta K = F_s F_c F_w F_g \Delta \sigma \sqrt{\pi a} \tag{18-7}$$

式中,$\Delta \sigma$ 是名义应力范围;a 是裂纹尺寸;F_s 是自由前表面修正因子;F_c 是椭圆裂纹形状因子;F_w 是有限宽度修正因子;F_g 是由应力集中引起的应力梯度修正因子。对于大的表面缺陷和内部缺陷,应力梯度修正因子可取为 $F_g = 1.0$。其他因子可按下列公式计算[7,18]:

对于角裂纹

$$F_s = 1.122 + 0.138a/c \tag{18-8}$$

有限宽度修正因子为

$$F_w = \sqrt{\sec\left(\frac{\pi c}{w} \sqrt{\frac{a}{t}}\right)} \tag{18-9}$$

椭圆裂纹形状因子为

$$F_c = 1/\sqrt{1 + 1.464 (a/c)^{1.65}} \tag{18-10}$$

式(18-8)~式(18-10)中,a、c 分别为椭圆的半短轴和半长轴;t、w 分别为试件的厚度和宽度。

式(18-6)中的上、下积分限和式(18-8)~式(18-10)中各参数之值,取决于疲劳裂纹形成部位和裂纹扩展途径。缺陷的初始尺寸取为积分的下限 a_0。若疲劳裂纹形成于表面并扩展穿透试件的厚度,则将试件的厚度取为积分的上限 a_c;对于含内部裂纹缺陷的试件,则将试件的厚度的一半取为积分的上限 a_c。如图 18-2 所示,试件 A2 的 $a/c = 0.25$;1 号和 6 号试件,$F_s = 1.0$,c 为常数并等于初始缺陷尺寸 c_0。(见图 18-4)。

将上述各参数之值代入式(18-6)和式(18-7),即可编写计算机程序,用计算机计算出各试件的疲劳裂纹扩展寿命,计算结果列入表 18-6。

表 18-6　含缺陷的 16Mn 钢对焊接头的疲劳寿命的预测结果[18]

试件号	K_t^*	$N_{p,p}/10^3$ 周	$N_{i,p}/10^3$ 周	$N_f/10^3$ 周	
				测定值	预测值
A2	—	48.1	—	50.9	48.1
1	2.82	115.8	274.3	421.4	390.1
5	2.32	110.1	442.1	603.5	552.2
6	—	116.8	—	108.0	116.8

$N_{p,p}$ 为预测裂纹扩展寿命；$N_{i,p}$ 为预测裂纹起始寿命。

表 18-6 中的含缺陷的 16Mn 钢对焊接头的疲劳寿命试验结果和疲劳裂纹扩展寿命的预测结果作比较，可以看出，A2 和 6 号试件的疲劳寿命近似地等于疲劳裂纹扩展寿命的预测结果 $N_{p,p}$。这表明上述用于预测 16Mn 钢对焊接头的疲劳裂纹扩展寿命的公式是实用的、足够精确的。而且，A2 和 6 号试件中的焊接缺陷是裂纹式的缺陷[18]，故其疲劳裂纹起始寿命可以略去不计，因而 $N_{p,p} \approx N_f$。然而，1 号和 5 号试件的疲劳寿命测定结果却比预测的疲劳裂纹扩展寿命长得多（见表 18-6）。据此，可以认为，1 号和 5 号试件的疲劳寿命测定结果中，必然含有疲劳裂纹起始寿命。

18.4.3　含缺陷的 16Mn 钢对焊接头疲劳裂纹起始寿命的预测

试验结果[23,26]表明，当切口根部半径 $\rho \leqslant 0.25$mm 时，疲劳裂纹起始寿命与切口根部半径无关；而当切口根部半径 $\rho \geqslant 0.25$mm 时，疲劳裂纹起始寿命可表示为参数 $\Delta K/\sqrt{\rho}$ 的函数。对于钝裂纹，有[18,27]

$$K_t \Delta\sigma = 2\Delta K/\sqrt{\pi\rho} \qquad (18-11)$$

1 号试件中的焊接缺陷可当做钝裂纹，并取 $\rho = 0.25$mm。由式（18-7）和式（18-11），可得[18]

$$K_t = 4F_w F_c \sqrt{a_0} \qquad (18-12)$$

将焊接缺陷的初始尺寸 a_0、c_0 代入式（18-7）、式（18-8）和式（18-11），可求得非裂纹式的缺陷（uncrack-like defect）根部的应力集中系数，记为 K_t^*，所得 K_t^* 之值列入表 18-6。将 K_t^* 和表 18-5 中的 $\Delta\sigma$ 和 R 之值代入式（18-3），即可求得 1 号试件的疲劳裂纹起始寿命 $N_{i,p} = 274.3 \times 10^3$ 周（见表 18-6）。将预测的疲劳裂纹起始寿命与预测的疲劳裂纹扩展寿命相加，即得预测的疲劳总寿命。

由表 18-6 可见，1 号试件疲劳寿命的试验结果与预测结果近似相等。这一结果表明，1 号试件中的焊接缺陷是非裂纹式的缺陷，其疲劳寿命包含疲劳裂纹起始寿命与疲劳裂纹扩展寿命两部分，而且疲劳裂纹起始寿命在疲劳总寿命中占有相当大的百分比。

　　5 号试件中的含有小的焊接缺陷,其疲劳失效过程与不含焊接缺陷的焊接件类似。这类焊接件的疲劳裂纹起始寿命的预测模型将在随后讨论。文献[18]中给出的 5 号试件的疲劳裂纹起始寿命的预测结果列入表 18-6。由此可见,5 号试件的疲劳裂纹起始寿命和 5 号试件的疲劳寿命的预测结果,都比其他疲劳寿命试件的试验结果长得多。应当指出的是,5 号试件的焊缝加强高度业已用磨削方法除去,但磨削方向与拉应力垂直。由磨痕引起试件的应力集中系数被低估,因而预测的疲劳裂纹起始寿命较试验测定值长得多[18]。也许,这也表明 5 号试件的疲劳裂纹起始寿命的预测模型需要进一步改进。

　　前述试验结果和分析证明,焊接件中的焊接缺陷可分为两类,即裂纹类缺陷和非裂纹类缺陷。含裂纹类缺陷的焊接件,其疲劳寿命与疲劳裂纹扩展寿命近似地相等,而疲劳裂纹起始寿命可略去不计。含非裂纹类缺陷的焊接件,其疲劳寿命包含疲劳裂纹扩展寿命和疲劳裂纹起始寿命两部分,且疲劳裂纹起始寿命在疲劳总寿命中占有相当大的比例,不可忽略。只要焊件的焊接质量符合文献[3]所作的规定,即可认为其是不含裂纹类缺陷。所以,一般焊接件的疲劳寿命应采用两阶段模型加以预测。

　　再则,除去焊缝加强高度,虽可除去由焊缝加强高度引起的应力集中对焊接件疲劳寿命的不利的影响,但熔合线上的未熔透缺陷易于在循环载荷下转化为裂纹,继而扩展,最后引起焊接件的断裂。因此,除去焊缝加强高度,可能不是有效而安全地延长焊接件疲劳寿命的途径。将焊缝加强高度称为焊缝余高,可能也是不适当的。

18.5　16Mn 钢焊接件的疲劳寿命

18.5.1　16Mn 钢对焊接头的疲劳寿命

　　对焊接头是焊接结构中常用的一种连接形式,故对其疲劳性能作了较详细的研究[2,5,8]。通常,焊接件的疲劳寿命可表示为名义应力范围的幂函数(见图 18-5)。试验结果表明,16Mn 钢对焊接头的疲劳寿命,也可表示为名义应力 $\Delta\sigma$ 的幂函数,如图 18-5(a)所示。回归分析给出疲劳寿命表达式为

$$N_f = 3.39 \times 10^{12} \Delta\sigma^{-3.14}, \quad r = -0.917, s = 0.146 \tag{18-13}$$

　　由图 18-5(a)可见,应力比对疲劳寿命的影响尽管不十分明显,但随着应力比的升高,16Mn 钢对焊接头的疲劳寿命仍有所缩短。文献[9]中的试验结果也表明,应力比对对焊接头的疲劳寿命是有影响的。

　　为表示应力比的影响,文献[21]和[22]将 16Mn 钢对焊接头的疲劳寿命表示为当量名义应力幅 $\Delta\sigma_{eqv}$ 的函数[见图 18-5(b)]。回归分析给出 16Mn 钢对焊接头疲劳寿命表达式如下[22]:

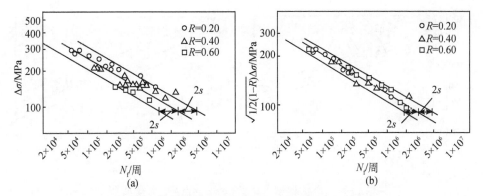

图 18-5　16Mn 钢对焊接头疲劳寿命的试验结果[22]

(a)疲劳寿命与名义应力范围的关系;(b)疲劳寿命与当量名义应力幅的关系

$$N_f = 1.17 \times 10^{15} \Delta\sigma_{eqv}^{-4.38}, \quad r = -0.973, s = 0.084 \qquad (18\text{-}14a)$$

式中

$$\Delta\sigma_{eqv} = \sqrt{\frac{1}{2(1-R)}} \Delta\sigma \qquad (18\text{-}14b)$$

比较图 18-5(a)和图 18-5(b)可以看出,16Mn 钢对焊接头的疲劳寿命可以更好地表示为当量名义应力幅 $\Delta\sigma_{eqv}$ 的幂函数。这定量地表明了应力比的影响,尽管与名义应力范围相比,应力比的影响是第二位的。

18.5.2　16Mn 钢焊接盖板梁的疲劳寿命

文献[15]报道了 16Mn 钢焊接盖板梁的疲劳试验结果,如图 18-6(a)所示。回归分析给出 16Mn 钢焊接盖板梁疲劳寿命表达式为[15]

$$N_f = 3.77 \times 10^{13} \Delta\sigma^{-3.826} \qquad (18\text{-}15a)$$

对文献[15]中的试验数据作再分析,结果表明,16Mn 钢焊接盖板梁的疲劳寿命也可表示为当量名义应力幅的幂函数,如图 18-6(b)所示。回归分析给出疲劳寿命的表达式为

$$N_f = 3.84 \times 10^{12} \Delta\sigma_{eqv}^{-3.43} \qquad (18\text{-}15b)$$

由图 18-6 可见,当 16Mn 钢焊接盖板梁的疲劳寿命表示为名义应力范围的函数时,分散带较小,$s = 0.135$[15];而表示为当量名义应力幅的函数时,分散带较大,$s = 0.204$。这与 16Mn 钢对焊接头的情况正相反(见图 18-5)。考其原因,可能是疲劳裂纹起始寿命在对焊接头和焊接盖板梁的疲劳寿命中所占的比例不同;前者疲劳裂纹起始寿命所占的比例很高,故疲劳寿命可更好地表示为当量名义应力幅的函数[22],而后者的疲劳裂纹起始寿命所占的比例较低。再则,16Mn 钢焊接件疲劳寿命表达式中的指数均小于文献[28]中给定值-3(见图 18-1);而且焊接细节不同,指数也不同。这与文献[8]给出的疲劳强度曲线是不同的。

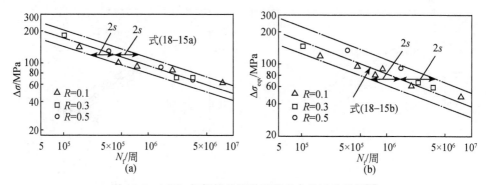

图 18-6　16Mn 钢焊接盖板梁疲劳寿命的试验结果[5]

(a)疲劳寿命与名义应力范围的关系；(b)疲劳寿命与当量名义应力幅的关系

18.5.3　锤击对 16Mn 钢焊接盖板梁疲劳寿命的影响

因为焊接件中的疲劳裂纹通常在焊趾处形成，故改善焊趾处的材料性能及其力学状态，可延长焊接件的疲劳寿命[13,15,19,29]。文献[15]给出了经锤击焊趾的、16Mn 钢焊接盖板梁的疲劳试验结果，如图 18-7(a)所示。将图 18-7(a)与图 18-6(a)比较，可以看出，焊趾经锤击后，焊接盖板梁的疲劳强度大大提高，尤其在中、长寿命区内。

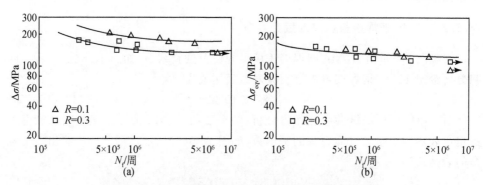

图 18-7　经锤击焊趾后 16Mn 钢焊接盖板梁的疲劳寿命

与名义应力范围的关系[15]及与当量名义应力幅的关系[19]

(a)与名义应力范围的关系；(b)与当量名义应力幅的关系

经锤击后的焊接盖板梁的疲劳寿命不仅受名义应力范围的影响，也明显受到应力比的影响[见图 18-7(a)]。为表示应力比的影响，将经锤击后的焊接盖板梁疲劳寿命的试验结果，表示为当量应力幅间的函数，如图 18-7(b)所示。可见，经锤击后焊接盖板梁的疲劳寿命与当量名义应力幅之间，有着良好的一一对应的函数关系。同时，这也表明锤击焊趾可大大延长焊接盖板梁的疲劳裂纹起始寿命。

18.6　焊接件寿命估算应考虑的因素

如前所述,焊接件中的疲劳裂纹通常沿焊趾形成,然后扩展进入热影响区。因此,焊接件的疲劳寿命,尤其是疲劳裂纹起始寿命,受到下列因素的重大影响:①焊接缺陷;②焊接残留应力;③由于焊缝加强高度的存在而引起的应力集中;④由焊接热过程而引起的焊趾处金属显微组织和力学性能的变化[12,13],兹分别简要讨论如下。

18.6.1　焊接缺陷的影响

焊接缺陷对焊接件的疲劳寿命和寿命估算模型均有重大的影响。因此,关于焊接缺陷对疲劳寿命的影响已作了很多研究[5,24,25]。若焊件中含有未熔透缺陷则将大大缩短疲劳裂纹起始寿命,疲劳裂纹起始寿命与裂纹扩展寿命之比降低为0.05~0.10[24]。然而在上述研究中,只考虑了缺陷的线性尺寸对疲劳寿命的影响,没有区分缺陷的类型。

在 18.3 节中给出的试验结果和分析表明,焊接缺陷可以分为两类:即裂纹式的缺陷和非裂纹式的缺陷。当焊接件中含有裂纹式的缺陷,则其疲劳裂纹起始寿命降低到零,裂纹扩展寿命即等于焊接件的疲劳总寿命,而且疲劳总寿命也大大缩短;当焊接件中含有非裂纹式的缺陷时,仍有相当长的疲劳裂纹起始寿命,焊接件的疲劳总寿命仍是疲劳裂纹起始寿命与裂纹扩展寿命两部分之和。文献[18]还进一步提出了区分缺陷类型的建议。由此可见,缺陷类型对焊接件的寿命估算模型,有着决定性的影响。

18.6.2　焊接残留应力的影响

关于焊接残留应力对焊接件疲劳性能的影响,已作了相当多的研究[30-32]。但以往的研究只是考虑了残留宏观应力对疲劳强度的影响或裂纹扩展速率的影响,而残留微观应力的影响则未加以考虑。而在应用局部应力-应变估算焊接件的疲劳裂纹起始寿命时,没有考虑残留应力的影响[6,33,34]。

文献[20]报道了用 X 射线应力仪测定 16Mn 钢对焊接头中的残留应力及疲劳试验的结果。残留应力的测定结果表明,焊接热过程不仅造成宏观残留应力,也造成微观残留应力,两者是共生的。消除应力退火既消除了宏观残留应力,也降低了微观残留应力。测定残留应力后的试件,再进行疲劳试验,试验结果列入表 18-7,其中 σ_r 为裂纹起始部位的宏观残留应力。采用假设检验中的 t 检验方法,对表18-7中甲、乙两组试件裂纹起始的宏观残留应力和疲劳寿命的试验结果是否有显著性的差异进行分析。分析结果表明,在宏观残留应力有明显差别的情况下,两组试件的疲劳寿命无显著的差异[20]。这表明焊接宏观残留应力对 16Mn 钢对焊接头的疲劳寿命无明显的影响。

表 18-7　16Mn 钢对焊接头中的宏观残留应力和疲劳寿命的试验结果[20]

甲组				乙组		
试件号	σ_r/MPa	$N_f/10^3$ 周	$\lg N_f$	试件号	σ_r/MPa	$N_f/10^3$ 周	$\lg N_f$
6	−129.2	477.4	5.679	1	−228.7	682.5	5.834
7	−61.8	505.6	5.704	2	−209.1	377.4	5.577
8	−54.6	312.5	5.495	3	−175.5	706.5	5.849
9	3.0	689.6	5.839	4	−172.4	373.9	5.573
10	36.1	381.1	5.581	5	−158.3	544.4	5.736
平均	−17.9	473.2	5.660	平均	−189.0	536.9	5.714

文献[35]中的试验结果表明,试件表面层中的宏观残留应力对低碳钢的疲劳极限没有影响。最近的试验研究表明[36],由超载在切口根部造成的残留应力对 15MnVN 钢的疲劳裂纹起始寿命没有影响。16Mn 钢也是低碳低合金高强度钢,与上述两种钢类似,拉伸曲线也有屈服平台,而且 16Mn 钢对焊接头的疲劳寿命中,疲劳裂纹起始寿命占主要部分[18],因而焊接残留应力对疲劳寿命没有影响。这与上述试验结果是一致的。

焊趾处的焊接残留应力,有可能在第一次循环应力作用下,由于焊趾处的金属发生塑性变形而改变其分布。再则,若采用应力叠加模型来考虑焊接残留应力的影响,则焊接残留应力只影响到应力比,而不会影响到应力范围。但应力比对疲劳寿命的影响是次要的。

根据前述试验结果和分析,可以认为,在预测像 16Mn 钢这样的低合金高强度钢焊接件的疲劳裂纹起始寿命时,无须考虑焊接残留应力的影响。

18.6.3　应力集中的影响

由文献[2]和[12]给出的 16Mn 钢的疲劳裂纹起始寿命表达式可以看出,应力集中系数越大,焊接件的疲劳裂纹起始寿命越短。因此,焊接件应力集中系数 K_t 的确定,成为预测焊接件疲劳裂纹起始寿命以及疲劳寿命预测精度的一个重要因素。在文献[9]、[33]和[37]给出了确定应力集中系数 K_t 的方法或经验关系式。应力集中也影响焊接件的裂纹扩展寿命,因为在计算 ΔK 时,要考虑应力梯度的影响[7,16]。关于应力集中的影响,将在 16Mn 钢对焊接头的寿命估算时较详细地说明。

18.6.4　焊趾显微组织的影响

焊趾处金属的显微组织与焊件基材的组织有显著的不同[12]。因此,焊趾或焊缝材料的力学性能也将与基材有明显的不同。文献[31]和[32]中的试验结果业已表明,焊缝金属的近门槛区的疲劳裂纹扩展速率明显地高于基材,而 ΔK_{th} 值则较低;这与作者的试验结果一致[12]。

由于疲劳裂纹形成于焊趾且偏向热影响区一侧[12],因此,研究焊趾处材料的疲劳性能,对于精确地估算焊接件的疲劳寿命,具有重要的意义。因此,采用特殊的高温正火工艺,对 16Mn 钢坯料进行处理,使之具有与 16Mn 钢焊接件焊趾处近似相同的显微组织[12]。然后加工成疲劳试件,测定疲劳裂纹起始寿命和裂纹扩展速率。这样得到的疲劳性能,可以代表焊趾处金属的疲劳性能,可以用于焊接件的疲劳寿命估算。

由此可见,应当根据疲劳裂纹的形成部位和扩展途径,选用相应的疲劳裂纹起始寿命和裂纹扩展速率的试验数据或表达式,预测焊接件的疲劳裂纹起始寿命和裂纹扩展寿命,进而求得疲劳总寿命。

18.7 等幅载荷下焊接件疲劳寿命的估算

若焊接件符合欧洲钢结构协会(ECCS)《钢结构的疲劳设计规范》[8]中对焊接质量的要求,则可认为焊接件中不含有裂纹式的缺陷。因此,焊接件的疲劳寿命由疲劳裂纹起始寿命和裂纹扩展寿命所组成[18],应分别加以估算,然后求和以得到总寿命。本节以 16Mn 钢对焊接头为例,论述等幅载荷下的寿命估算的程序,并与试验结果作比较。

18.7.1　16 Mn 钢对焊接头疲劳裂纹起始寿命的估算

由于疲劳裂纹在焊趾处形成,因而采用式(18-3)所表示的疲劳裂纹起始寿命表达式,来估算焊接件的始裂寿命。由式(18-3)可见,在估算疲劳裂纹起始寿命时,应力集中系数 K_t 是十分重要的参数。由焊趾宏观几何特征引起的对焊接头焊趾处的应力集中系数,可用下式估算[37]:

$$K_t = \frac{1-\exp\left(-0.9\theta\sqrt{1+\dfrac{t}{2H}}\right)}{1-\exp\left(-0.9\times\sqrt{1+\dfrac{t}{2H}}\right)} \times [1-0.48\exp(0.74B/t)]$$

$$\times \left[\frac{1}{2.8\left(1+\dfrac{2H}{t}\right)-2}\right]^{[0.65-0.1\exp(-0.63B/t)]} \tag{18-16}$$

式中,θ、t、H、B、ρ 均为对焊接头的宏观几何参数,如图 18-8 所示。根据对试件的几何测量结果[2],代入式(18-6)求得 16Mn 钢对焊接头的 $K_t = 1.85 \sim 2.30$,取其平均值,得出由焊趾的宏观几何引起的应力集中系数 $K_t = 2.08$。

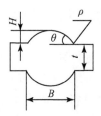

图 18-8　对焊接头几何参数示意图

此外，焊趾处还存在诸如咬口(undercut)这样的细观不连续性，而且这种细观不连续性的几何特征比较复杂。因此，由细观几何不连续性引起的应力集中系数，目前还只能根据试验或经验进行估计[38,39]。根据文献[39]的试验研究几何参数结果，估计由焊趾处细观几何不连续性引起对焊接头的附加的应力集中，将使由宏观几何特征引起的应力集中系数增大 40%。因此，取 16Mn 钢对焊接头的应力集中系数 $K_t = 1.4 \times 2.08 = 2.90$。

估算焊接件疲劳裂纹起始寿命的另一个重要因素，是要考虑到焊趾处的表面状态与测定疲劳裂纹起始寿命的试件有很大的差别。焊趾处的表面状态可近似地看成是热轧板材的表面状态，而测定疲劳裂纹起始寿命的切口试件，其切口根部表面为磨光表面。对于 $\sigma_b = 600\text{MPa}$ 的钢，焊趾处的疲劳强度由于表面状态的影响，应低于磨光试件的疲劳强度，约为磨光试件疲劳强度的 0.78 倍[38]。对式(18-3)作上述表面状态因素的修正后，即可得出 16Mn 钢焊接件在恒幅载荷下疲劳裂纹起始寿命表达式为[2]

$$N_i = 1.78 \times 10^{14} \left(\Delta\sigma_{\text{eqv}}^{1.75} - 219^{1.75} \right)^{-2} \tag{18-17}$$

考虑文献[1]和[40]中试验的 16Mn 钢对焊接头的应力集中系数 $K_t = 2.90$。将这一数值代入式(18-17)得

$$N_i = 4.29 \times 10^{12} \left[(\Delta\sigma_{\text{eqv}}^*)^{1.75} - 75.7^{1.75} \right]^{-2} \tag{18-18}$$

图 18-9 按式(18-17)画出了 16Mn 钢对焊接头的疲劳裂纹起始寿命曲线，其中的点表示出现深度为 a_0 的裂纹时试件所经历的应力循环数 N_0。由图 18-9 可见，对于绝大多数试件，N_0 均较 N_i 要长。这是合理的，因为测定切口试件的疲劳裂纹起始寿命时，将出现 0.25mm 深的裂纹时试件所经历的应力循环数，定义为疲劳裂纹起始寿命 N_i[12]。而在焊接件的疲劳试验中，初次观察到裂纹时，其深度 a_0 已超过 0.25mm。因此，发现裂纹 a_0 时的应力循环数包含了疲劳裂纹起始寿命 N_i 和裂纹由 0.25mm 扩展到深度为 a_0 时所经历的应力循环数，故有 $N_0 > N_i$。

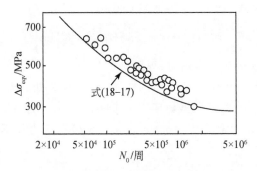

图 18-9　16Mn 钢对焊接头疲劳裂纹起始寿命的估算曲线[2]

图中的点为出现裂纹 $a_0 > 0.25$mm 时试件所经历的应力循环数

18.7.2　16Mn 钢对焊接头疲劳裂纹扩展寿命的估算

断口观察表明,疲劳裂纹在焊趾处形成以后,以表面半椭圆裂纹或角裂纹的形式向内扩展,穿过具有不同显微组织的区域,直至穿透板厚。最后,试件发生断裂[2]。

在裂纹扩展的初期,裂纹深度很小,故裂纹尖端应力强度因子 ΔK 值低,裂纹扩展速率很低[3,28]。因此,应当采用能描述疲劳裂纹在近门槛区扩展的裂纹扩展速率公式,估算焊接件的裂纹扩展寿命[8]。作者的研究表明[41,42],式(6-12)能很好地描述各种金属材料,其中包括焊趾处金属[12]中的疲劳裂纹在近门槛区和中部区内的扩展,并能用于焊接件的裂纹扩展寿命估算[2]。而表达式(18-5)所表示的具有焊趾处显微组织的 16Mn 钢的裂纹扩展速率,就是按式(6-12)拟合试验数据得出的。

式(18-5)表明了应力比对裂纹扩展速率和门槛值的影响。再则,试验研究还表明[32,41,43],金属的显微组织对近门槛区内的裂纹扩展速率影响大,而对中部区内的裂纹扩展速率影响小。因此,采用式(18-5)估算 16Mn 钢对焊接头这样的具有不均匀显微组织的构件的裂纹扩展寿命,可以得到精确的结果。于是,16Mn 钢对焊接头的裂纹扩展寿命可按式(18-6)计算。

焊趾处的表面半椭圆裂纹或角裂纹,其应力强度因子范围 ΔK 值,可按式(18-7)计算[5,7,16],但应力梯度修正因子为[5,7,44]

$$F_g = (5a/t)^b \tag{18-19a}$$

$$b = \frac{\lg(1 + 0.0588\theta)}{\lg(20\theta)} \tag{18-19b}$$

角裂纹的自由表面修正因子见式(18-8);对于表面半椭圆裂纹

$$F_s = 1.122 - 0.097 \frac{a}{c} \tag{18-20}$$

有限宽度修正因子见式(18-9);裂纹形状修正因子可用式(18-9),也可用下式计算

$$F_c = \left\{ \int_0^{\pi/2} \left[\cos^2\varphi + \left(\frac{a}{c} \right)^2 \sin^2\varphi \right] d\varphi \right\}^{-1} \tag{18-21}$$

当焊接件在焊接状态下使用时,焊趾处的残留应力对近门槛区的裂纹扩展速率有很大的影响[31,32]。由于残留应力的作用,焊接接头处的裂纹扩展速率与外加应力的应力比无关[45]。为考虑残留应力的影响,Smith[46]建议,对于焊接接头处的疲劳裂纹扩展,应力比应取为 $R=0.6$。将式(18-7)和应力比 $R=0.6$ 代入式(18-6),得

$$N_p = \int_{a_i}^{a_c} \frac{da}{3.75 \times 10^{-10} \left(F_g F_s F_w F_c \Delta\sigma \sqrt{\pi a} - 3.0 \right)^2} \tag{18-22}$$

在计算焊接结构件的裂纹扩展寿命时,式(18-22)中的积分上限可取为焊接件的厚度,而下限则取为 0.25mm。因为裂纹扩展穿透板的厚度以后,焊接件能承受的应力循环数很少,通常不超过 5%[2],故可略去不计。在计算焊接结构件的剩余寿命时,式(18-22)中的积分上限仍可取为焊接件的厚度,而下限则应为已探测到的裂纹深度。

用数值积分法,对式(18-22)进行积分,可以求得 16Mn 钢对焊接头中第一次观测到疲劳裂纹后的剩余寿命 $N_{R,P}$。预测的 16Mn 钢对焊接头的剩余寿命 $N_{R,P}$ 与试验结果 $N_{R,E}$,如图 18-10 所示[2]。由此可见,16Mn 钢对焊接头剩余寿命的预测结果与试验结果符合得相当好。少数 16Mn 钢对焊接头剩余寿命的试验结果之所以较预测值短,主要是因为在焊趾处形成多条微裂纹,多裂纹同时扩展并相互连接,使裂纹扩展寿命缩短。

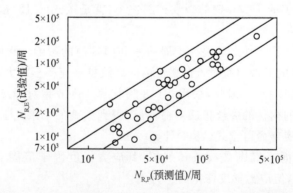

图 18-10　16Mn 钢对焊接头剩余寿命的预测结果与试验结果的比较[2]

18.7.3　疲劳寿命的预测

由图 18-9 和图 18-10 可以看出,按式(18-18)和式(18-22)估算焊接件的疲劳裂纹起始寿命和裂纹扩展寿命,是有效的、足够精确的。因此,按式(18-18)计算出

16Mn 钢对焊接头的疲劳裂纹起始寿命 N_i；将式（18-22）中的积分下限取为 $a_i=$ 0.25mm，计算出裂纹扩展寿命 N_p，两者相加即得疲劳总寿命，$N_f=N_i+N_p$。

图 18-11 给出了 16Mn 钢对焊接头疲劳总寿命的预测结果与试验结果。可以看出，16Mn 钢对焊接头疲劳总寿命的预测结果与试验结果符合得很好[2]。上述结果表明，用本节给出的公式和方法预测 16Mn 钢对焊接头的疲劳总寿命，要比用其他方法估算焊接件的疲劳寿命更为精确[3,9,33]。

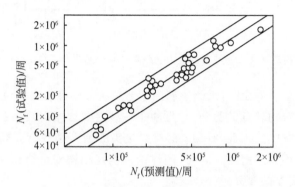

图 18-11　16Mn 钢对焊接头疲劳总寿命的预测结果与试验结果的对比[2]

18.8　机械和工程结构的安全检修周期的预测

在机械和工程结构中，长度为 0.25mm 的裂纹是难以检测到的。可检测的裂纹长度决定于无损检测仪器的灵敏度和结构的复杂性。可检测的裂纹长度通常大于 0.25mm，例如 0.76~1.0mm。因此，机械和工程结构的安全检修周期，应由其主要承力件中出现可检测的裂纹加以确定。所以，机械和工程结构的安全检修周期，取决于其主要承力件的疲劳裂纹起始寿命再加一段裂纹扩展寿命；这一段裂纹扩展寿命即为裂纹由初始尺寸扩展到可检尺寸所经历的加载循环数。

文献[2]中报道了试验中第一次观测到裂纹 a_0 时，16Mn 钢对焊接头所经历的应力循环数 N_0。N_0 中包含疲劳裂纹起始寿命和裂纹由初始尺寸扩展到 a_0 所经历的加载循环数等两部分。将式（18-22）中的积分上、下限分别取为 a_0 和 0.25mm，计算出裂纹由初始尺寸扩展到 a_0 所经历的加载循环数；再按式（18-18）计算疲劳裂纹起始寿命，两者相加即得 N_0 之值。N_0 值的预测结果与试验结果的比较，示于图 18-12。由此可见，第一次观测到裂纹 a_0 时，16Mn 钢对焊接头所经历的应力循环数的预测结果 N_{0C} 与试验结果 N_{0E} 符合很好。

根据前述试验结果和分析可以认为，只要焊接件中不存在裂纹式的缺陷，则焊接件疲劳寿命 N_f 由疲劳裂纹起始寿命 N_i 和裂纹扩展寿命 N_p 两部分所组成。因此，应当采用两阶段寿命预测模型，来预测焊接件的疲劳总寿命。在预测疲劳裂纹

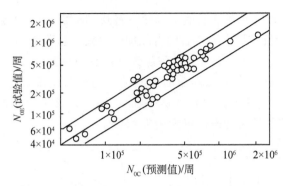

图 18-12　16Mn 钢对焊接头所经历的应力循环数的预测结果 N_{0C} 与试验结果 N_{0E} 的比较[2]

起始寿命和裂纹扩展寿命时,采用了新的疲劳裂纹起始寿命和裂纹扩展速率公式。这些公式中的参数物理意义明确,且反映了一些主要因素对疲劳裂纹起始寿命和裂纹扩展速率的影响。因此,16Mn 钢对焊接头的疲劳裂纹起始寿命和裂纹扩展的预测结果具有很高的精度。同时,还讨论了确定结构安全检修周期的思路和方法,可为工程应用提供参考。

18.9　变幅载荷下焊接件疲劳寿命的预测

大多数焊接结构是在变幅载荷下服役的。因此,本节中将以 16Mn 钢对焊接头为例,论述变幅载荷下焊接件的寿命预测模型,并用试验结果进行验证。这一寿命预测模型也将适用于其他高强度低合金钢焊接件的寿命预测。

18.9.1　超载对 16Mn 钢对焊接头疲劳寿命的影响

业已证明(见第 16～18 章),超载效应因子可用于表征载荷谱中的大、小载荷的交互作用[47]。为研究变幅载荷下焊接件的寿命预测模型,先要研究超载对 16Mn 钢对焊接头疲劳寿命的影响。由于疲劳试验前施加的单次超载,只影响疲劳裂纹起始寿命,从而对疲劳寿命产生影响[48]。这里首先试验研究了超载对 16Mn 钢对焊接头疲劳寿命的影响,试验结果见图 18-13(a)[21]。

由图 18-13(a)可见,超载对 16Mn 钢对焊接头的疲劳寿命无明显的影响。采用 18.7.2 节中的方法,计算出裂纹扩展寿命 N_p。然后,从超载后 16Mn 钢对焊接头疲劳寿命中减去 N_p,即得超载后 16Mn 钢对焊接头的疲劳裂纹起始寿命 N_i,即 $N_i = N_f - N_p$,所得结果示于图 18-13(b)[34]。由此可见,超载对 16Mn 钢对焊接头的疲劳裂纹起始寿命无明显的影响,即超载效应因子 $z=0$。得到这样的试验结果是自然的,因为 16Mn 对焊接头的焊缝金属和热影响区内的金属,仍属高强度低碳低合金钢,具有不连续应变硬化特性,所以有 $z=0$。图 18-13 中的试验结果,给材

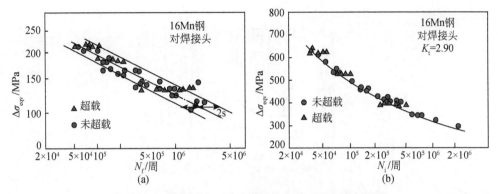

图 18-13　超载对 16Mn 钢对焊接头的疲劳寿命的影响

(a)对疲劳寿命的影响[21]；(b)对疲劳裂纹起始寿命的影响[34]

料的应变硬化特性与超载效应之间的关系,提供了又一证据。也就是说,焊接热过程引起的组织变化,对金属材料的应变硬化特性和超载效应没有影响。

18.9.2　16Mn 钢对焊接头变幅载荷下的疲劳寿命

因为 16Mn 钢对焊接头的超载效应因子 $z=0$,所以,在估算 16Mn 钢对焊接头的疲劳裂纹起始寿命时,可以应用其疲劳裂纹起始寿命曲线和 Miner 定则,直接计算累积疲劳损伤,无须考虑载荷间的交互作用效应。因此,15.4.1 节中的低合金高强度钢变幅载荷下疲劳裂纹起始寿命的预测模型,可用于预测 16Mn 钢对焊接头变幅载荷下疲劳裂纹起始寿命,现概述如下:

(1)将名义应力谱中的名义应力范围 $\Delta\sigma$、应力比 R 和对焊接头的应力集中系数代入式(3-26),将名义应力谱转化为当量应力谱;并略去全部低于或等于疲劳裂纹起始门槛值的所有当量名义应力幅。

(2)16Mn 钢对焊接头的疲劳裂纹起始寿命表达式,即式(18-17)代入式(15-4),即得到累积疲劳损伤的计算公式。

(3)当累积损伤度达到临界值 1.0 时,疲劳裂纹在焊趾处形成,此时即为 16Mn 钢对焊接头的疲劳裂纹起始寿命。

为检验上述寿命估算模型,在图 18-14 所示的五级载荷下,对 16Mn 钢对焊接头进行了疲劳试验,试验结果列入表 18-8[49]。

由表 18-8 可见,四个试件的累积疲劳损伤的平均值为 1.050 时,疲劳裂纹即在焊趾处形成。这一结果表明,前述变幅载荷下 16Mn 钢对焊接头的寿命预测模型,可以精确地预测变幅载荷下的疲劳裂纹起始寿命。同时,这也表明,Miner 定则可直接用于估算高强度低合金钢焊接件的疲劳裂纹起始寿命。

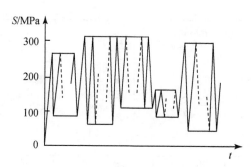

图 18-14　16Mn 钢对焊接头疲劳试验载荷示意图[34]

表 18-8　16Mn 钢对焊接头在变幅载荷下的疲劳裂纹起始寿命的
试验结果与预测结果[49]

| 试件编号 | $\Delta\sigma_{eqv,j}$/MPa | | | | | | | | | | $\sum_j \dfrac{n_j}{N_{i,j}}$ |
| | 467 | | 579 | | 529 | | 198 | | 559 | | |
	$n_1/10^3$周	$\dfrac{n_1}{N_{i,1}}$	$n_2/10^3$周	$\dfrac{n_2}{N_{i,2}}$	$n_3/10^3$周	$\dfrac{n_3}{N_{i,3}}$	$n_4/10^3$周	$\dfrac{n_4}{N_{i,4}}$	$n_5/10^3$周	$\dfrac{n_5}{N_{i,5}}$	
1	39.8	0.265	22.2	0.398	21.2	0.251	59.0	0	—	—	0.905
2	30.5	0.204	16.0	0.281	43.0	0.509	39.6	0	10.0	0.151	1.145
3	30.7	0.205	17.6	0.309	24.5	0.290	41.0	0	9.4	0.142	0.946
4	45.2	0.301	12.6	0.221	21.1	0.250	57.0	0	28.7	0.423	1.205
平均					—						1.050

用夏皮罗-威尔克方法,对变幅载荷下 16Mn 钢对焊接头的累积疲劳损伤值是否遵循对数正态分布进行检验[49]。检验结果表明,变幅载荷下 16Mn 钢对焊接头的累积疲劳损伤值遵循对数正态分布。这与文献[34]和[50]中报道的一致。

18.10　变幅载荷下经锤击的焊接件的疲劳寿命及概率分布的预测

经锤击的焊接件,其疲劳裂纹起始寿命大大延长,因而可以更好地表示为当量名义应力幅的函数[7,51],如图 18-7 所示。文献[13]和[15]虽然给出了经锤击的焊接件的疲劳试验结果,给出了疲劳强度提高的幅度,但未给出其疲劳寿命表达式和变幅载荷下的寿命估算模型。文献[50]和[52]报道了经锤击的 16Mn 钢对焊接头的疲劳寿命表达式,以及在两级载荷下的疲劳寿命预测结果。锤击焊趾是延长大型焊接结构的疲劳寿命的经济而有效的方法。但经锤击后,焊接件的疲劳寿命试验结果的分散度可能较大。因此,有必要给出经锤击的焊接件的带存活率的疲劳寿命表达式,以及变幅载荷下经锤击的焊接件的疲劳寿命及概率分布的预测。

18.10.1　经锤击的焊接件的疲劳寿命表达式

用文献[5]中给出的工艺,沿 16Mn 钢对焊接头的焊趾进行锤击,然后加工成疲劳试件,进行疲劳试验。试件加工的细节可参阅文献[19]。疲劳试验分两次进行:第一次疲劳试验结果在文献[19]中作了报道,第二次疲劳试验结果见图 18-15[50]。在中、短寿命范围内,16Mn 钢对焊接头的疲劳寿命可表示为名义当量应力幅的幂函数(见 18.5 节)。将第二次疲劳试验结果,取对数后用最小二乘法进行拟合,获得经锤击的 16Mn 钢对焊接头的疲劳寿命表达式如下[50,52]:

$$N_f = 4.70 \times 10^{23} (\Delta\sigma_{eqv})^{-8.224} \qquad (18\text{-}23)$$

回归分析给出的线性相关系数 $r = -0.923$,超过相应的起码值;标准差 $s = 0.2066$[53]。图 18-15 中按式(18-23)画出了最佳拟合线及 $\pm 2s$ 分散带以及试验结果[50,52]。经锤击的 16Mn 钢对焊接头的第一次疲劳试验结果[19],也落在图 18-15 中的 $\pm 2s$ 分散带之内。由此可见,尽管锤击工作的操作者不同,锤击工艺可能会略有差别,但试验结果仍有规律可循。

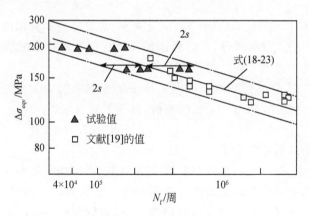

图 18-15　经锤击的 16Mn 钢对焊接头的疲劳寿命曲线,即式(18-23)与试验结果[50,52]

由于锤击焊趾,大大延长了焊接件的疲劳裂纹起始寿命,且其焊趾处的应力集中系数 K_t 可视为常数,故经锤击的焊接件的疲劳寿命试验结果,可近似地用式(4-10)进行拟合[19]。应用 4.5.1 节中的方法,对经锤击的 16Mn 钢对焊接头疲劳寿命的试验结果进行回归分析,得到下列表达式[52]:

$$N_f = 2.75 \times 10^{12} \left[(\Delta\sigma_{eqv})^{1.75} - 116.9^{1.75} \right]^{-2} \qquad (18\text{-}24)$$

回归分析给出的线性相关系数 $r = -0.931$,标准差 $s = 0.197$。这表明式(4-10)能很好地表示经锤击的 16Mn 钢对焊的疲劳寿命的试验结果,也表明了理论疲劳极限的存在。图 18-16 中按式(18-24)画出了经锤击的 16Mn 钢对焊接头的疲劳寿命曲线和试验结果;图中也给出了文献[19]中报道的经锤击的 16Mn 钢对焊接头的疲劳试验的结果。

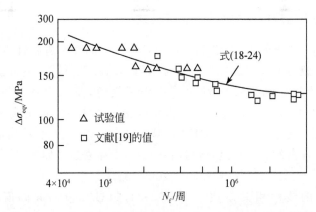

图 18-16　经锤击的 16Mn 钢对焊接头的疲劳寿命曲线[式(18-24)]和试验结果[50]

用式(4-10),对文献[19]中给出的经锤击的 16Mn 钢对焊接头的疲劳寿命的试验结果进行回归分析,得到的表达式为

$$N_f = 3.69 \times 10^{12} \left[(\Delta\sigma_{eqv})^{1.75} - 108^{1.75} \right]^{-2} \qquad (18\text{-}25)$$

由式(18-24)和式(18-25)以及图 18-16 可见,尽管第一和第二次锤击工艺和疲劳试验是由不同的人员所进行,但经锤击的 16Mn 钢对焊接头的疲劳性能具有近似相同的变化规律。

文献[19]还用式(4-10),对文献[15]给出的经锤击的 16Mn 钢焊接盖板梁的疲劳试验结果(见图 18-7)进行了回归分析,得到下列表达式:

$$N_f = 5.99 \times 10^{12} \left[(\Delta\sigma_{eqv})^{1.75} - 97.4^{1.75} \right]^{-2} \qquad (18\text{-}26)$$

回归分析给出的线性相关系数 $r = -0.949, s = 0.141$[19]。

将式(18-24)、式(18-25)和式(18-26)相互比较,并考虑疲劳寿命试验结果的分散性,可以认为,上述疲劳寿命表达式之间应无显著的差异。换句话说,经锤击的 16Mn 钢焊接件,不论是对焊接头或焊接盖板梁,其疲劳寿命有可能用统一的方式表示,但结构细节应近似相同,由结构细节引起的应力集中系数应近似相同。

将经锤击的 16Mn 钢焊接件的疲劳寿命表达式,即式(18-24)、式(18-25)和式(18-26)与式(18-18)作比较,可以看出,经锤击后焊接件的理论疲劳极限提高 30%～50%,因而大大延长在长寿命范围内的疲劳寿命。

18.10.2　经锤击的焊接件的带存活率的疲劳寿命表达式

文献[52]中报道了经锤击的 16Mn 钢对焊接头的成组疲劳试验结果。将这些疲劳试验结果按升高的顺序重新排列,并画在正态概率坐标纸上,如图 18-17 所示。图中的失效概率用式(12-18)估算。由此可见,经锤击的 16Mn 钢对焊接头的疲劳寿命遵循对数正态分布。用夏皮罗-威尔克方法做进一步检验[53]，结果表明，在所试验的当量名义应力幅下，经锤击的 16Mn 钢对焊接头的疲劳寿命遵循对数正态分布[52]。

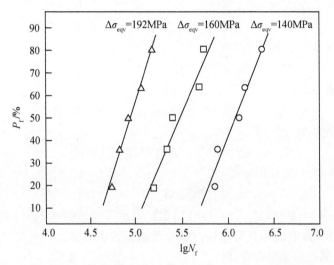

图 18-17　经锤击的 16Mn 钢对焊接头的疲劳寿命的对数正态分布[52]

　　按照 13.3.2 节中的方法，将图 18-16 所示的疲劳寿命的试验数据分为五组，分别用式(13-1)进行回归分析，回归分析给出的常数列入表 18-9[52]。由表 18-9 可见，回归分析给出的线性相关系数均高于线性相关系数的起码值[53]。这表明所做的回归分析有效。

表 18-9　经锤击的 16Mn 钢对焊接头的疲劳试验数据分组拟合给出的结果[52]

编号	C_f	$(\Delta\sigma_{eqv})_{th}$/MPa	r	s
1	1.65×10^{12}	116.4	-0.9949	0.0891
2	2.41×10^{12}	112.8	-0.9999	0.0014
3	2.35×10^{12}	119.1	-0.9965	0.0712
4	3.90×10^{12}	116.5	-0.9941	0.0873
5	4.53×10^{12}	118.7	-0.9999	0.0099
平均值	12.4440*	116.7	—	—
标准差	0.1782*	2.505	—	—

* 表示对数平均值和对数标准差。

　　将表 18-9 中的 C_f、$(\Delta\sigma_{eqv})_{th}$ 之值按升高的次序重新排列，分别用正态概率坐标纸和夏皮罗-威尔克方法[53]，对经锤击的 16Mn 钢对焊接头的 C_f、$(\Delta\sigma_{eqv})_{th}$ 值是否遵循对数正态分布和正态分布进行检验。检验结果表明，经锤击的 16Mn 钢对焊

接头的 C_f、$(\Delta\sigma_{eqv})_{th}$ 值遵循对数正态分布和正态分布[52]。

于是，按 13.2.1 节中的方法，可求得经锤击的 16Mn 钢对焊接头的带存活率的疲劳寿命表达式如下[52]：

当存活率为 50% 时

$$N_f = 2.78 \times 10^{12} \left[(\Delta\sigma_{eqv})^{1.75} - 116.7^{1.75} \right]^{-2} \tag{18-27a}$$

当存活率为 95% 时

$$N_f = 1.22 \times 10^{12} \left[(\Delta\sigma_{eqv})^{1.75} - 111.7^{1.75} \right]^{-2} \tag{18-27b}$$

当存活率为 5% 时

$$N_f = 6.32 \times 10^{12} \left[(\Delta\sigma_{eqv})^{1.75} - 121.7^{1.75} \right]^{-2} \tag{18-27c}$$

当存活率为 99.9% 时

$$N_f = 7.82 \times 10^{12} \left[(\Delta\sigma_{eqv})^{1.75} - 109.0^{1.75} \right]^{-2} \tag{18-27d}$$

当存活率为 0.5% 时

$$N_f = 9.88 \times 10^{12} \left[(\Delta\sigma_{eqv})^{1.75} - 124.4^{1.75} \right]^{-2} \tag{18-27e}$$

在图 18-18 中，按式(18-27a)～式(18-27e)画出了经锤击的 16Mn 钢对焊接头的存活率的疲劳寿命曲线和具有相应存活率的试验数据点。由此可见，式(18-27a)～式(18-27e)与试验结果符合良好。

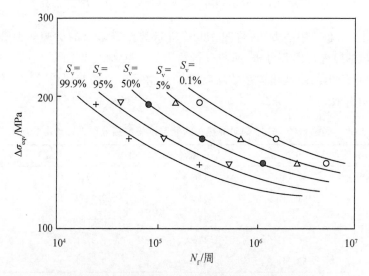

图 18-18　经锤击的 16Mn 钢对焊接头的存活率的
疲劳寿命曲线和具有相应存活率的试验数据点[52]

将文献[52]中的疲劳试验结果画在图 18-18 中。由此可见，经锤击的 16Mn 钢对焊接头和焊接盖板梁的疲劳寿命的试验结果均分布在 ±2s 的分散带内。根据上述分析，可以推测，只要焊接件的结构细节相差不大，经锤击后的焊接件的疲劳寿命有可能用统一的、带存活率的表达式予以表示。

18.10.3　两级拉-拉载荷下经锤击的焊接件的疲劳寿命及概率分布的预测

焊趾经锤击后,用肉眼观察也能发现,该处材料发生了明显的塑性变形。若焊接件在随后的服役过程中或疲劳试验中,施加的最大应力在焊趾处引起的应变较小,则不产生超载效应,即有 $z=0$。文献[54]和[55]中的试验结果已证实这一论点。因此,经锤击的焊接件的疲劳寿命曲线或表达式,可直接用于变幅载荷下累积疲劳损伤的计算。根据 15.6.1 节中的假设,应用 15.4.1 节中的方法,将经锤击的焊接件的带存活率的疲劳寿命表达式,即式(18-27a)～式(18-27e)依次代入式(15-4),按图 18-19 所示的载荷谱计算累积疲劳损伤,可得经锤击的焊接件在图 18-19 所示载荷谱下的带存活率的疲劳寿命。

为验证这一模型的适用性与精确度,在图 18-19 所示的两级循环应力下进行了疲劳试验。疲劳试验结果列入表 18-10[52],其中 nB 表示试件经历 n 个图 18-19 所示的载荷块,$m \times 10^3$ 表示试件在高循环应力下经历了 $10^3 m$ 周[52]。当试件经受 nB 后,在高应力下循环加载过程中发现裂纹或疑似裂纹,即在高循环应力下持续加载,直到试件断裂,以免出现疲劳裂纹扩展的超载迟滞效应,因而影响试验结果。表 18-10 中的 $10^3 m$ 周按式(18-24)计算累积损伤 D_j 并折算成载荷块数 n_j,折算结果也列入表 18-10。

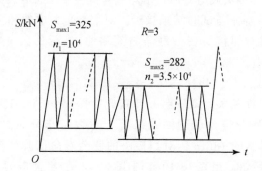

图 18-19　测定经锤击的 16Mn 钢对焊接头疲劳寿命的两级循环拉-拉应力块谱[52]

对表 18-10 中给出的失效概率按式(12-18)估算。将失效概率转化为标准正态偏量,然后对经锤击的 16Mn 钢对焊接头疲劳寿命的试验结果进行回归分析,给出下列表达式:

$$\lg N_f = 0.5406 + 0.1923\mu_p \tag{18-28}$$

回归分析给出的线性相关系数 $r=0.912$,标准差 $s=0.0960$。这表明经锤击的 16Mn 钢对焊接头疲劳寿命的试验结果遵循对数正态分布。

表 18-10 经锤击的 16Mn 钢对焊接头疲劳寿命的试验结果与预测结果[52]

编号	试验结果			$P/\%$	μ_p	预测结果	
	试验观测值 $(nB+m\times10^3)$	$n_j/$块	D_j			$n_j/$块	D_j
1	$B+31.5\times10^3$	2.34	0.667	8.33	-1.383	1.82	0.513
2	$B+34.0\times10^3$	2.45	0.697	25.0	-0.685	2.54	0.704
3	$2B+20.0\times10^3$	2.85	0.812	41.67	-0.210	3.26	0.918
4	$2B+21.3\times10^3$	2.91	0.828	58.33	0.210	3.91	1.101
5	$3B+36.0\times10^3$	4.53	1.291	75.0	0.685	4.91	1.383
6	$4B+97.0\times10^3$	8.13	2.316	91.67	1.383	6.91	1.946
$\bar{x}^*$	—	3.47	-0.0049	—	—	3.55	0.0013
预测值	—	3.51	1.0	—	—	—	0.997

* 表示对数平均值。

表 18-10 中给出的经锤击的 16Mn 钢对焊接头的疲劳抗力系数 C_f 和门槛值 $(\Delta\sigma_{eqv}^*)_{th}$ 的概率分布参数,可按表 18-10 所列的存活率,求得经锤击的 16Mn 钢对焊接头的、具有相应存活率的疲劳寿命表达式。再按前述方法,即可预测变幅载荷下具有给定存活率的疲劳寿命,所得结果也列入表 18-10 中。由此可见,预测的经锤击的 16Mn 钢对焊接头疲劳寿命的平均值与试验结果符合得很好。在给定的存活率下,预测的疲劳寿命与试验结果接近。对表 18-10 中的和文献[52]中给出的经锤击的 16Mn 钢对焊接头疲劳寿命的预测值,进行回归分析,得到如下的表达式:

$$\lg N_f = 0.5528 + 0.2107\mu_p \tag{18-29}$$

回归分析给出的线性相关系数 $r=0.999$,标准差 $s=0.0061$。这表明经锤击的 16Mn 钢对焊接头疲劳寿命的预测结果符合对数正态分布。按式(18-28)和式(18-29)画出的经锤击的 16Mn 钢对焊接头的疲劳寿命试验结果和预测结果的概率分布如图 18-20 所示。由表 18-10 和图 18-20 可见,经锤击的 16Mn 钢对焊接头的疲劳寿命试验结果和预测结果符合良好。

为评估锤击强化的延寿效果,可用式(18-18)按图 18-19 所示的载荷谱预测 16Mn 钢对焊接头疲劳裂纹起始寿命,所得结果为 $N_f=2.36$ 块。与表 18-10 中的试验结果的平均值比较,在图 18-19 所示的两级高水平的拉-拉载荷下,锤击强化的延寿效果不十分显著,仅延长疲劳寿命约 50%。但是,上述试验结果和分析证明,根据 15.6.1 节中的假设,应用 Miner 定则(取 $z=0$)和 15.4.1 节中的方法,可以精确预测变幅载荷下经锤击的 16Mn 钢对焊接头的疲劳寿命及其概率分布。

为比较不同载荷谱下锤击强化的延寿效果,应在接近结构服役条件、更复杂的多级拉-拉应力谱下,对经锤击的 16Mn 钢对焊接头疲劳寿命及其概率分布进行研究[52,56]。

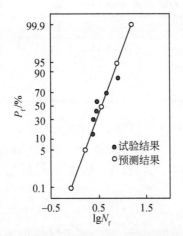

图 18-20　经锤击的 16Mn 钢对焊接头的疲劳寿命试验结果和预测结果的对数正态分布[52]

18.10.4　多级拉-拉载荷下经锤击的焊接件的疲劳寿命及概率分布的预测

为测定经锤击的 16Mn 钢对焊接头在复杂载荷谱下的疲劳寿命,并评估锤击强化的效果,设计了如图 18-21 所示的多级拉-拉应力谱,各级载荷下的应力幅值和加载循环数列入表 18-11。这一应力谱的特点是,相当多的加载循环是在经锤击的 16Mn 钢对焊接头的疲劳门槛值[见式(18-27a)~式(18-27e)]上、下进行的。再则,实际的工程结构承受的最小应力是由其自重引起的,为一常数。所以,图 18-21 所示的应力谱比较接近工程结构的实际服役情况。

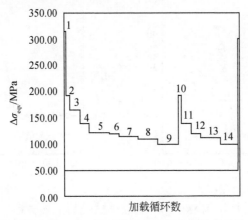

图 18-21　测定经锤击的 16Mn 钢对焊接头疲劳寿命的多级拉-拉应力谱[56]

表 18-11　多级拉-拉应力谱(见图 18-20)中的当量应力幅、加载循环数及加载频率[56]

参数	1	2	3	4	5	6	7	8	9	10	11	12	13	14
$\Delta\sigma_{eqv}$/MPa	314	192	167	140	122.5	118.5	114	111	100	192	140	118.5	111	100
n/周	20	100	450	450	900	450	900	900	900	100	450	450	900	900
f/Hz	0.1	1	7.5	7.5	7.5	7.5	15	15	15	1	7.5	7.5	15	15

在图 18-21 所示的载荷谱下测定的经锤击的 16Mn 钢对焊接头的疲劳寿命,列入表 18-12[56]。将表 18-12 中的疲劳寿命取对数并画在正态概率坐标纸上,如图 18-22 所示,图中的失效概率用式(12-18)估算,并已转化为标准正态偏量。回归分析给出下列表达式:

$$\lg N_f = 2.2454 + 0.1810\mu_p \qquad (18-30)$$

回归分析给出的线性相关系数 $r=0.976$,高于线性相关系数的起码值[53],标准差 $s=0.0482$。这表明,在图 18-21 所示的多级拉-拉载荷谱下测定的经锤击的 16Mn 钢对焊接头的疲劳寿命遵循对数正态分布[56]。

表 18-12　多级拉-拉应力谱下经锤击的 16Mn 钢对焊接头疲劳寿命的试验结果[56]

参数	1	2	3	4	5	6	7	$\bar{x}$	s
N_f/块	97.0	110.0	112.2	203.1	218.1	242.1	302.0	—	—
$\lg N_f$	1.9868	2.0414	2.0500	2.3078	2.3387	2.3840	2.4800	2.2269	0.1963

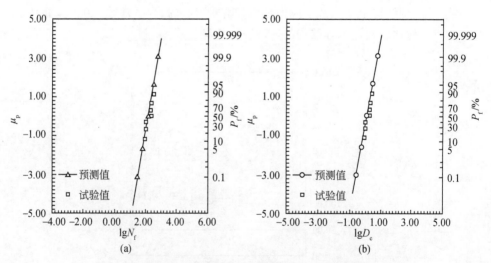

图 18-22　在图 18-21 所示的载荷谱下测定的经锤击的 16Mn
钢对焊接头的疲劳寿命及预测结果[56]

根据 15.6.1 节中的假设,应用 15.4.1 节中的方法,将经锤击的焊接件的带存

活率的疲劳寿命表达式,即式(18-27a)～式(18-27e)依次代入式(15-4),按图18-21
所示的载荷谱计算累积疲劳损伤,可得经锤击的焊接件在图 18-19 所示载荷谱下
的带存活率的疲劳寿命,所得结果也示于图 18-22[56]。回归分析给出下列表达式:

$$\lg N_f = 2.1640 + 0.2128\mu_p \tag{18-31}$$

回归分析给出的线性相关系数 $r=0.999$,高于线性相关系数的起码值。这表明,在
多级拉-拉载荷谱下,经锤击的 16Mn 钢对焊接头的疲劳寿命预测结果也遵循对数
正态分布[56]。由图 18-22 可以看出,预测的经锤击的 16Mn 钢对焊接头的疲劳寿
命概率分布与试验结果符合良好。

　　为考察载荷谱锤击强化延寿效果的影响,可用式(18-18)按图 18-21 所示的载
荷谱预测 16Mn 钢对焊接头疲劳裂纹起始寿命,所得结果为 $N_f=38$ 块。与表 18-
10 中的试验结果的平均值比较,在图 18-21 所示的多级拉-拉载荷、且“小载荷”循
环数较多的情况下,锤击强化延长 16Mn 钢对焊接头疲劳寿命约为 4.4 倍;与预测
的疲劳寿命比较[见式(18-31)],锤击强化延长 16Mn 钢对焊接头疲劳寿命约为
3.8 倍。由此可见,载荷谱中含有大量小载荷循环的情况下,锤击强化延长焊接结
构的疲劳寿命。

　　但是,比较式(18-30)和式(18-31),预测的经锤击的 16Mn 钢对焊接头具有
50%存活率的疲劳寿命,较具有相应存活率的试验结果的疲劳寿命短约为 20%。
从表面现象看,约有一半试验结果低于预测值(见图 18-22)。但是,经锤击的
16Mn 钢对焊接头的疲劳寿命包括疲劳裂纹起始寿命和疲劳裂纹扩展寿命两部
分。尽管超载对经锤击的 16Mn 钢对焊接头的疲劳裂纹起始寿命没有影响,但大
的超载可能引起疲劳裂纹扩展的迟滞效应[47,48],导致疲劳裂纹扩展寿命延长,因而
总寿命延长。这可能是经锤击的 16Mn 钢对焊接头的疲劳寿命较试验结果略短的
主要原因[56]。

　　应当指出,在等幅和变幅载荷下,经锤击的 16Mn 钢对焊接头的疲劳试件数较
少。因此,应结合焊接件的生产和应用,增大试验件数,做进一步的研究。然而,本
节中提出的经锤击的 16Mn 钢对焊接头的疲劳寿命试验与分析原理和方法,是可
行的,有工程实用意义。

18.11　关于典型焊接件的疲劳设计曲线

　　文献[8]中给出了一系列的典型构件的标准疲劳强度(寿命)曲线,用于钢结构
的疲劳寿命估算。这些曲线是根据在较高应力比下的疲劳试验结果得出的,并减
去了两倍标准差,以考虑大型焊接结构中由错配引起的残余应力的影响,同时使寿
命估算结果达到 95%的存活率。然而我们在使用这些标准疲劳强度曲线时,仍需
考虑下列两个主要问题:①由国产钢生产的焊接构件或结构,其疲劳强度能否达到

或超过文献[8]中的标准疲劳强度曲线;②在寿命估算时,可否应用 Miner 定则计算累积损伤。下面用 16Mn 钢对焊接头的疲劳强度(寿命)曲线,与文献[28]中相应的疲劳强度曲线作一比较。

图 18-23 曲线 1 是文献[9]中给出的对接焊连接的标准疲劳强度曲线,曲线 2 是根据式(18-13)减去 $2s$ 画出的,曲线 3 是根据式(18-18)并取 $R=0.6$ 画出的,因为在长寿命区,疲劳裂纹起始寿命接近于疲劳寿命[17]。由图 18-23 可见,在中、短寿命区($N_f < 10^6$ 周),16Mn 钢对焊接头的疲劳强度曲线略低于标准疲劳强度曲线,但很接近;而在长寿命区($N_f > 10^6$ 周),标准疲劳强度曲线显得过于保守。

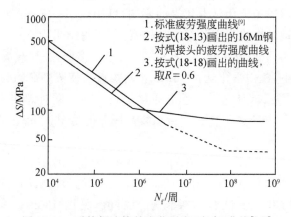

图 18-23　对接焊连接的疲劳强度(寿命)曲线[1,40]

根据 15.6 节中的试验结果和分析,可以认为,Miner 定则适用于具有不连续应变硬化特性的金属材料及其焊接件。而文献[8]中的焊接构件是由高强度低合金钢制成,因而在这些构件的寿命估算中,Miner 定则也是适用的。前已指出,文献[8]中的等效应力范围[见式(18-1)],是根据 Miner 定则可用于计算高强度低合金钢及焊接件的累积损伤的假设而导出的。业已证明,这一假设是正确的。但由于标准疲劳强度曲线偏于保守,因而疲劳强度分析结果或寿命估算结果也将偏于保守;当然,这在工程应用中是偏于安全的。

18.12　结　语

本章首先简要地介绍了焊接件,主要是高强度低合金钢焊接件寿命估算的三种方法,以及寿命估算时应考虑的四个重要因素,重点讨论了 16Mn 钢对焊接头在等幅和变幅载荷下的疲劳裂纹起始寿命估算方法,以及疲劳寿命估算方法。

试验结果和分析表明[18],只要焊接件中不含裂纹式的缺陷,焊接件的疲劳寿命即由疲劳裂纹起始寿命和裂纹扩展寿命两部分组成。若焊接件满足文献[8]中规定的质量标准,即可认为不含裂纹式的缺陷。因此,本章仍用两阶段模型估算

16Mn 钢对焊接头的疲劳寿命。在估算疲劳裂纹起始寿命时,采用了显微组织与焊趾处近似相同的 16Mn 钢,测定疲劳裂纹起始寿命,用式(4-10)拟合试验结果给出的疲劳裂纹起始寿命表达式,即式(18-17)。在估算裂纹扩展寿命时,也采用了显微组织与焊趾处的近似相同的 16Mn 钢,测定裂纹扩展速率,用式(6-12)拟合试验结果给出的裂纹扩展速率表达式,并考虑残余应力的影响,即式(18-6)。寿命估算结果与试验结果符合很好。

　　超载对 16Mn 钢对焊接头的疲劳寿命、疲劳裂纹起始寿命无明显的影响,即 $z=0$。因此,式(18-17)和 Miner 定则,可直接用于估算变幅载荷下 16Mn 钢对焊接头的疲劳裂纹起始寿命。这一结论得到试验结果的证实。经锤击后,16Mn 钢对焊接头的疲劳裂纹起始寿命大大延长,且 $z \approx 0$。因此,经锤击的 16Mn 钢对焊接头疲劳寿命表达式,即式(18-14a)和 Miner 定则,可近似地用于估算其变幅载荷下的疲劳寿命。这一结论也得到两级载荷下疲劳试验结果的证明。可以推知,在疲劳裂纹起始寿命占疲劳寿命主要部分的情况下,Miner 定则可近似地用于估算疲劳寿命。

　　应当指出,超高强度钢的焊接件的寿命估算,也应采用上述两阶段模型。在4.7 节中,虽然给出了 30CrMnSiNi2A 超高强度钢及焊接件的疲劳裂纹起始寿命表达式,但不能直接用于估算其焊接件的疲劳裂纹起始寿命。因为超载对 30CrMnSiNi2A 这类马氏体超高强度钢的疲劳裂纹起始寿命有强烈的影响[58],所以在估算其疲劳裂纹起始寿命时,应考虑载荷交互作用效应。

参 考 文 献

[1]Tomita Y,Fujimoto Y. Prediction of fatigue life of ship structure members from developed crack length// Goel V S. Proceedings of International Conference and Exposition on Fatigue,Corrosion Cracking,Fracture Mechanics and Failure Analysis. Salt Lake City:ASM,1985:37-46.

[2]郑修麟,吕宝桐,崔天燮,等.16Mn 钢对焊接接头疲劳寿命估算.西北工业大学学报,1991,9(1):21-29.

[3]Maddox S J. Fatigue analysis of welded joints using fracture mechanics//Goel V S. Proceedings of International Conference and Exposition on Fatigue,Corrosion Cracking,Fracture Mechanics and Failure Analysis. Salt Lake City:ASM,1985:155-166.

[4]Smith I F C ,Smith R A. Fatigue crack growth in a fillet welded joint. Engineer Fracture Mechanics,1983, 18(4):861-869.

[5]Gurney T R. Fatigue of Welded Structures. 2nd Edition. Cambridge:Cambridge University Press,1979.

[6]Lawrence F V. Application of strain-controlled fatigue concept to prediction of weldment fatigue life. Proceedings of International Symposium on Cycle Fatigue Strength and Elasto-Plastic Behaviour of Materials,Stuttgart,1979: 467-478.

[7]Albrecht P,Yamada K. Risk analysis of extending bridge service life. Final report prepared for state highway administration. Bureau of Maryland Department of Transportation,Revised April,1986.

[8]钢结构的疲劳设计规范.史永吉,郑修麟译.西安:西北工业大学出版社,1989.

[9]Bhuyan G , Vosikovski O. Prediction of fatigue crack initial lives for welded plate T-joints based on the local stress-strain approach. International Journal of Fatigue,1989,11(3):153-160.

[10]杨化仁,王德俊,徐灏.16Mn钢对焊接头疲劳裂纹扩展微观特性的研究.第五届全国疲劳学术会议论文集(三),威海,1991,9:1053-1058.

[11]李海涛,田科,赵承杰.焊接结构的疲劳寿命预测.第五届全国疲劳学术会议论文集(三),威海,1991,9:1087-1092.

[12]Lu B T,Lu X Y ,Zheng X L. Effects of microstructure on fatigue crack initiation and propagation of 16 Mn steel. Metallurgical and Materials Transactions,1989,20A(3): 413-419.

[13]Smith I F C , Hirt M A. Methods of Improving the Fatigue Strength of Welded Joints. Lausanne: Publication ICOM,1984.

[14]Webber D. Evaluation of possible life improvement method for aluminum-zinc-magnesium fillet-welded details//Hoppercer D W. Fatigue Testing of Weldments. ASTM STP 648. Philadelphia:American Society for Testing and Materials,1978:73-88.

[15]史永吉,杨妍曼,王兴铎.应用锤击技术改善焊接盖板梁的疲劳性能.第五届全国焊接学术会议论文集(3),哈尔滨,1986:3.4.1-3.4.4.

[16]Yamada K,Hirt M A. Fatigue life estimation using fracture mechanics//Fatigue of Steel and Concrete Structures. International Association for Bridge and Structural Engineering. Fatigue Colloquium, Laussane,1982:361-368.

[17]Rolfe S T,Barsom J M. Fracture and Fatigue Control in Structures:Applications of Fracture Mechanics. Englewood Cliffs:Prentice Hall,1977:205-231.

[18]Zheng X L , Cui T X. Life prediction of butt welds containing welding defect. Engineering Fracture Mechanics,1989,34(5/6):1005-1011.

[19]郑修麟,苏彬,史永吉.锤击对焊接件疲劳寿命影响的定量评估.机械强度,1991,13(4):46-50.

[20]崔天燮,郑修麟.对焊接头中的残余应力及其对疲劳寿命的影响.石油化工高校学报,1988,(1):77-81.

[21]凌超,郑修麟.16Mn钢对焊接头疲劳寿命的超载效应.焊接学报,1991,12(4):247-251.

[22]崔天燮,郑修麟.应力比对对焊接头疲劳寿命的影响.抚顺石油学院学报,1988,(1):81-85.

[23]Tobe Y , Lawrence F V Jr. Effect of inadequate joint penetration on fatigue resistance of high-strength structural steel welds. Welding Journal,1977,(Supp.):259-266.

[24]Harrison J D , Doherty J. A re-analysis of fatigue data for butt welded specimens containing slag inclusions. Welding Research International,1978,8(2):81-101.

[25]Jack A R,Price A T. Strain in homogeneities,molecular chain session and stress-deformation in polymers. International Journal of Fracture,1970,6:401-409.

[26]Saanouni K,Bathias C. Study of fatigue crack initiation in the vicinity of notches. Engineering Fracture Mechanic,1982,16: 695-706.

[27]Roberti R,Silva G,Firrao D,et al. Influence of notch root radius on ductile rupture Fracture toughness evaluation with charpy-V type specimens. International Journal of Fatigue,1981,3:133-141.

[28]Frost N E. Fatigue resistance of metals. Metallurgical and Materials Transactions A,1980,11A(3): 365-379.

[29]Smith C R. A method for estimating the fatigue life of 7075-T6 aluminum alloy. Report ARL 64-55, Ohio,1964.

[30]Ohta A,Maeda Y,Mawari T,et al . Fatigue strength evaluation of welded joints containing high tensile residual stresses. International Journal of Fatigue,1986,8(3):147-150.

[31]Toyooka T,Tsaunenari T,Ide R,et al. Fatigue test of residual stress induced specimens in carbon steel. Welding Journal Research Supplement,1985,64(1):29s-36s.

[32]Horikawa K,Sakakibara A ,Mori T. Effect of residual stresses on threshold value for fatigue crack propagation. Welding Research Abroad,1985,31(2):19-28.

[33]Jakubezak H ,Glinka G. Fatigue analysis of manufacturing defects in weldments. International Journal of Fatigue,1986,8(2):51-57.

[34]Ling C L,Guo B,Zheng X L. An investigation on FCL life of butt welds of 16Mn steel under variable amplitude loading. Proceedings of 4th Conference,APCS,Beijing,1991:1317-1320.

[35]Macherauch E. Zeitschrift fur Werkstofftechnik,1980,(6):57-70.

[36]郑修麟,林超,吕宝桐,等. 低碳低合金钢及其焊接件的寿命估算. 机械强度,1993,15(3):70-75.

[37]Sunamato D. Tech. Review,1979,16(3):55-64.

[38]Duggan T V,Byrne J. Fatigue as a Design Criterion. 2nd Edition . London：Macmillan,1979.

[39]Lieurade H P,Maillord-Salin C. Low-cycle fatigue behavior of welded joints in high-strength steel//Rabbe A L. Low-cycle Fatigue and Life Prediction. ASTM STP 770. Philadelphia：American Society for Testing and Materials,1980:311-336.

[40]吕宝桐,路民旭,郑修麟. 金属材料低温疲劳裂纹起始寿命的微机辅助电位法测试. 试验力学,1991,6(3):272-278.

[41]Zheng X L,Hirt M A. Fatigue crack propagation in steels. Engineer Fracture Mechanics,1983,18(5):965-973.

[42]Zheng X L. A simple formula for fatigue crack propagation and a new method for the determination of ΔK_{th}. Engineer Fracture Mechanics,1987,27:465-475.

[43]颜鸣皋. 航空结构材料疲劳裂纹的扩展机制及其工程应用//材料科学进展. 北京:科学出版社,1986:133-158.

[44]Vosikovski O,Rivard A. Growth of surface fatigue cracks in a steel plate. International Journal of Fatigue,1981,3(2):111-115.

[45]Miki C,Nishino F,Hirabayshi Y. Fatigue crack growth in the corner weld of box-section bridge truss chords//Fatigue of Steel and Concrete Structures. Laussane：Fatigue Colloquium,1982:345-352.

[46]Smith R A. Fatigue threshold-A design engineers guide through the jungle//Fatigue Threshold. London：EMAS,1982:36-37.

[47]郑修麟,陈德广,林超. 疲劳裂纹起始的超载效应与新的疲劳寿命估算模型. 西北工业大学学报,1990,8(2):199-208.

[48]郑修麟,过载-延长疲劳寿命的有效方法. 机械强度,1982,(2):15-22.

[49]郑修麟,吕宝桐. 疲劳寿命的预测模型和方法. 全国机电装备失效分析预测预防战略研讨会论文集(中国机械工程学会)(下册),北京,1992:127-133.

[50]李臻,郑修麟,吕宝桐. 16Mn 钢对焊接头锤击件的疲劳寿命表达式和变幅载荷下的疲劳寿命估算. 第7届全国焊接学术会议论文集(7),青岛,1993:7. 175-7. 179.

[51]Ostergren W J. A damage function and associated failure equations for prediction hold time and frequency effects in elevated temperature low cycle fatigue. Journal of Testing and Evaluation,1976,4(5):327-339.

[52]李臻,郑修麟. 经锤击后的 16Mn 钢对焊件的疲劳寿命估算. 焊接学报,1997,18(3)：151-157.

[53]邓勃. 数理统计方法在分析测试中的应用. 北京:化学工业出版社,1984.

[54]林超,张保发,郑修麟. 变幅载荷下孔挤压件疲劳寿命起始寿命的估算方法. 金属学报,1991,27(1):A75-A77.

[55]Nawwar A M,Shewchuk J. The effect of preload on fatigue strength of residually stressed speciments. Experimental Mechanics,1983,(1):409-413.

[56]魏建锋. 变幅载荷下疲劳寿命及其概率分布预测模型. 西安:西北工业大学博士学位论文,1997.

[57]郑修麟. 金属疲劳的定量理论. 西安:西北工业大学出版社,1994.

[58]郑修麟,乔生儒,张建国,等. 高强度马氏体钢 30CrMnSiNi2A 的塑性变形、微裂纹形成与疲劳无裂纹寿命. 西北工业大学学报,1979,(1):79-86.

第 19 章　扭转疲劳寿命表达式与半轴构件的疲劳寿命预测

19.1　引　言

在力能机械中,某些关键零件,如喷气发动机的涡轮轴、内燃机的曲轴和拖拉机半轴等,其主要的功能是传递扭矩。因此,防止这些重要零件的扭转疲劳断裂便具有重要的实际意义。疲劳研究至今仍大多在循环拉伸或旋转弯曲的试验条件下进行[1],而在反复扭转载荷下的疲劳研究则较少。

文献[2]中虽给出了估算扭转疲劳极限的经验公式,但未能给出扭转疲劳寿命公式。Susmel 等[3]提出了预测切口零件扭转疲劳极限的简化方法。Sines[4]总结和评价了平均切应力对扭转疲劳极限的影响。关于平均切应力对扭转疲劳寿命影响的试验结果在文献[5]中做了报道,但未给出扭转疲劳寿命表达式。

文献[6]中给出了交变扭矩作用下金属材料的扭转疲劳寿命表达式,该式表明了物理扭转疲劳极限的存在;在低于或等于物理扭转疲劳极限的扭转应力幅的作用下,金属中不会发生疲劳损伤,扭转疲劳寿命趋于无限。上述物理扭转疲劳极限可作为寿命预测中的小载荷省略准则[7]。但是,上述扭转疲劳寿命公式未能表明平均扭转应力的影响。近来,Mayer[8]用超声疲劳试验装置,研究了铝合金的扭转疲劳行为,并将铝合金的扭转疲劳寿命表示为切应力幅和等效应力幅(按 Mises 判据换算)的幂函数。文献[8]中的试验结果也表明扭转疲劳极限的存在。

拖拉机半轴是拖拉机结构中传输扭转力矩的关键部件。若半轴发生疲劳失效,则拖拉机将停止作业,影响生产的正常进行,影响用户的利益;另外,也影响拖拉机生产厂家的信誉,影响产品的竞争力和销售。因此,需要对半轴的扭转疲劳失效规律和寿命预测模型进行研究,以探索半轴的改型设计和改善制造工艺,为延长半轴的疲劳寿命提供依据。

郑州机械研究所等对国产农用拖拉机半轴的疲劳性能、载荷谱以及寿命预测模型及试验验证等方面,做了全面的研究[9-14],但寿命预测采用局部应变法[13]。文献[15]根据作者以前的研究成果,对用拖拉机半轴测定的扭转疲劳寿命试验结果[9],进行了再分析,给出了半轴的带存活率的扭转疲劳寿命表达式,进而采用新的模型预测了半轴在变幅载荷下的扭转疲劳寿命及概率分布,并与试验结果做了比较。

本章将介绍金属材料扭转疲劳寿命的一般表达式,该表达式考虑到平均切应力的影响,扭转疲劳寿命的概率分布,带存活率的扭转疲劳寿命表达式和扭转疲劳强度的概率分布,进而介绍拖拉机半轴的带存活率的扭转疲劳寿命表达式,以及变幅载荷下半轴的扭转疲劳寿命及概率分布的预测模型及预测结果。

19.2　扭转疲劳寿命公式

根据扭转疲劳试件的受力分析和第 5 章中给出的循环正应力下的疲劳寿命表达式,可以导出扭转疲劳寿命的一般表达式。

19.2.1　扭转疲劳试件受力分析

在弹性范围内,取自扭转试件表面一微元体的受力情况,如图 19-1 所示。可以看出,微元体在承受最大切应力的同时,也承受拉、压应力,它们可分别表示为[16]

$$\sigma_{\max} = \sigma_1 = \sigma_{135} = \tau_{\max} \tag{19-1}$$

$$\sigma_{\min} = \sigma_3 = \sigma_{45} = -\tau_{\max} \tag{19-2}$$

式中,$\tau_{\max}$ 可按下式计算:

$$\tau_{\max} = 16T/\pi d^3 \tag{19-3}$$

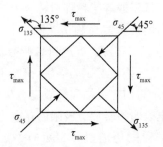

图 19-1　扭转试件表面一微元体的受力情况[16]

当试件受到交变扭矩时,作用在试件上的切应力和正应力改变方向和符号。于是,可得交变切应力幅和切应力比分别为

$$\tau_a = \tau_{\max} \tag{19-4a}$$

$$R_\tau = -\tau_{\max}/\tau_{\max} = -1.0 \tag{19-4b}$$

作用在试件上的正应力幅和应力比分别为

$$\sigma_a = \sigma_{\max} = \tau_{\max} \tag{19-5a}$$

$$R = \sigma_{\min}/\sigma_{\max} = -\tau_{\max}/\tau_{\max} = -1.0 \tag{19-5b}$$

在不对称循环扭矩的作用下,扭转试件表面存在平均切应力 τ_m,则扭转试件

所承受循环最大切应力 $\tau_{c,max}$ 和循环最小切应力 $\tau_{c,min}$ 分别为

$$\tau_{c,max} = \tau_a + \tau_m \tag{19-6a}$$

$$\tau_{c,min} = -\tau_a + \tau_m \tag{19-6b}$$

$$R_\tau = -\tau_{c,max}/\tau_{c,max} \tag{19-7}$$

扭转试件所承受平均正应力 σ_m 应为

$$\sigma_m = \tau_m \tag{19-8}$$

而扭转试件所承受循环最大正应力和循环最小正应力分别为

$$\sigma_{max} = \sigma_a + \sigma_m = \tau_a + \tau_m \tag{19-9a}$$

$$\sigma_{min} = -\sigma_a + \sigma_m = -\tau_a + \tau_m \tag{19-9b}$$

$$R = \sigma_{min}/\sigma_{max} \tag{19-10}$$

由式(19-4a)～式(19-10)可见,在循环扭矩的作用下,扭转疲劳试件的表面既受到循环切应力幅的作用,也受到循环正应力幅的作用,而且循环切应力幅的值与循环正应力幅的值相等。因此,在循环扭矩的作用下,循环切应力幅与循环正应力幅均可能引起材料的疲劳损伤,进而导致疲劳失效。

19.2.2　扭转疲劳寿命表达式

在第 5 章中给出了循环拉-压载荷下的应力疲劳寿命公式,即式(5-10),现重写如下:

$$N_f = C_f \left[S_{eqv} - (S_{eqv})_c \right]^{-2} \tag{19-11}$$

式中,C_f、$(S_{eqv})_c$ 均为材料常数;S_{eqv} 为当量应力幅。由式(5-11)表示为

$$S_{eqv} = \sqrt{\frac{1}{2(1-R)}} \Delta S = \sqrt{S_a S_{max}} \tag{19-12}$$

根据 19.2.1 节中的分析,在循环扭矩的作用下,循环扭转应力与循环拉伸应力相等。因此,扭转疲劳寿命可表示为当量切应力幅的函数,故有

$$N_f = C_N \left[\tau_{eqv} - (\tau_{eqv})_c \right]^{-2} \tag{19-13}$$

式中,C_N、$(\tau_{eqv})_c$ 分别为扭转疲劳抗力系数和理论扭转疲劳极限,也应当是材料常数;τ_{eqv} 为当量切应力幅,它可表示为

$$\tau_{eqv} = \sqrt{\frac{1}{2(1-R_\tau)}} \Delta\tau = \sqrt{\tau_a \tau_{max}} \tag{19-14}$$

式(19-14)是考虑平均切应力影响的扭转疲劳寿命公式,需要用试验结果予以验证。

19.2.3　交变扭矩作用下扭转疲劳寿命表达式

当 $R_\tau = -1.0$ 时,$\tau_{eqv} = \tau_a$。因此,在交变扭矩作用下,扭转疲劳寿命可表示为[6]

$$N_f = C_N (\tau_a - \tau_{ac})^{-2} \tag{19-15}$$

式中，τ_{ac} 为 $R_\tau = -1.0$ 时的理论扭转疲劳极限。式(19-15)实际上是式(19-13)的一个特例。所以，理论上应有 $(\tau_{eqv})_c = \tau_{ac}$。如果扭转疲劳寿命公式，即式(19-15)得到试验结果的验证，则可认为式(19-13)也得到试验结果的初步验证。

19.3 平均扭转应力对扭转疲劳极限和扭转疲劳寿命的影响

19.3.1 平均切应力对扭转疲劳极限的影响

Sines[4]对平均切应力对很多金属材料扭转疲劳极限影响的试验结果做了总结，如图 19-2 所示。由图可见，当平均切应力低于材料的屈服强度时，平均切应力对金属材料的扭转疲劳极限没有影响；当平均切应力高于材料的屈服强度时，平均切应力使金属材料扭转疲劳极限降低。

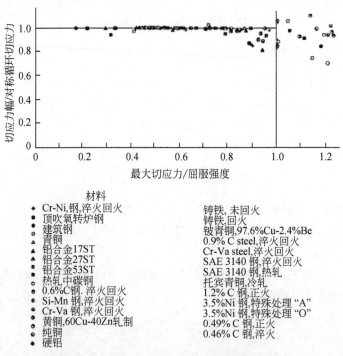

材料	
Cr-Ni,钢,淬火回火	铸铁,未回火
顶吹氧转炉钢	铸铁,回火
建筑钢	铍青铜,97.6%Cu-2.4%Be
青铜	0.9% C steel,淬火回火
铝合金17ST	Cr-Va steel,淬火回火
铝合金27ST	SAE 3140 钢,淬火回火
铝合金53ST	SAE 3140 钢,热轧
热轧中碳钢	托宾青铜,冷轧
0.6%C钢,淬火回火	1.2% C 钢,正火
Si-Mn 钢,淬火回火	3.5%Ni 钢,特殊处理 "A"
Cr-Va 钢,淬火回火	3.5%Ni 钢,特殊处理 "O"
黄铜,60Cu-40Zn轧制	0.49% C 钢,正火
纯铜	0.46% C 钢,淬火
硬铝	

图 19-2　平均切应力对扭转疲劳极限影响[4]

当平均切应力低于材料的屈服强度时，平均切应力对金属材料的扭转疲劳寿命应无影响。在工程实践中，加于结构件上的应力一般均低于材料的屈服强度，平均切应力对金属结构件的扭转疲劳强度和扭转疲劳寿命应当没有影响。然而，应当指出，上述试验结果是用光滑试件进行扭转疲劳试验时得到的，能否适用于含切口的结构件,有待进一步的研究。

19.3.2 平均扭转应力对扭转疲劳寿命的影响

文献[5]报道了平均切应力对中碳低合金钢扭转疲劳寿命影响的试验结果,如图 19-3 所示。钢的化学组成质量分数为:0.29%C,0.21%Si,0.55%Mn,0.01%S,0.005%P,1.99%Ni,1.3%Cr,0.57%Mo,0.09%V,其余为铁。经 850℃淬火和 710℃高温回火后,钢的拉伸性能为:$\sigma_b=840MPa$,$\sigma_{0.2}=710MPa$,$\delta=18.3\%$,$\psi=63\%$,硬度为 280HV。表 19-1 中列出了在不同平均切应力下测定的中碳低合金钢扭转疲劳寿命试验结果。

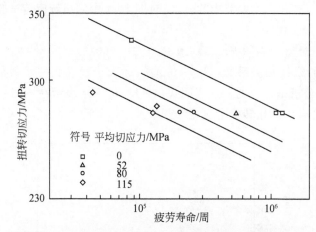

图 19-3 平均切应力对中碳低合金钢扭转疲劳寿命的影响[5]

表 19-1 在不同的平均切应力下测定的中碳低合金钢扭转疲劳寿命试验结果[5]

编号	切应力幅 /MPa	平均切应力 /MPa	循环塑性应变 /%	疲劳寿命 /周	试验频率 /Hz	切应力比
1	288	79	0.020	196 500	2	−0.57
2	293	118	0.053	43 787	1	−0.43
3	280	52	0.015	530 000	3	−0.69
4	278	84	0.020	255 150	2	−0.54
5	277	90	0.026	171 902	2	−0.51
6	280	112	0.033	126 792	2	−0.43
7	284	116	0.034	134 600	2	−0.42
8	280	0	0.006	1 200 000	3	−1.0
9	280	20	0.008	900 000	3	−0.87
10	282	0	0.008	1 080 000	3	−1.0
11	330	0	0.060	84 529	2	−1.0

　　图 19-3 表明,平均切应力对中碳低合金钢扭转疲劳寿命有显著的影响,因而对扭转疲劳强度有显著的影响。这一试验结果与图 19-2 中所示的结果有显著不同。产生这一差异的原因,可能与试验材料的性能以及扭转疲劳断裂的性质相关,需要更多的研究。

19.3.3　考虑平均切应力影响的扭转疲劳寿命表达式

　　为表示平均切应力影响,将表 19-1 中的扭转疲劳试验参数按式(19-14)换算成当量切应力幅,再将扭转疲劳试验结果表示为当量切应力幅的函数,如图 19-4 所示。可以预期,式(19-13)有可能用于表示图 19-4 中的扭转疲劳试验结果。

　　利用式(19-13)和 2.4.3 节中的方法,对图 19-4 中的扭转疲劳试验结果进行回归分析,给出下列表达式:

$$N_f = 6.29 \times 10^8 (\Delta\tau_{eqv} - 260.3)^{-2} \tag{19-16}$$

回归分析给出的线性相关系数 $r = -0.946$,远大于线性相关系数的起码值[17]。因此,上述回归分析是有效的。这表明式(19-13)可用于表示在不同平均切应力下测定的中碳低合金钢的扭转疲劳试验结果。

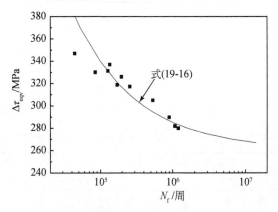

图 19-4　中碳低合金钢扭转疲劳寿命与当量切应力幅间的关系[16]

　　前已指出,在循环扭矩的作用下,疲劳试件同时受到循环切应力和循环正应力的作用,而且,循环切应力与循环正应力相等(见图 19-1)。循环切应力和循环正应力均能引起扭转疲劳的断裂。循环切应力引起的疲劳断裂与循环正应力引起疲劳的断裂,会有两种不同模式;前者引起的疲劳断裂面与扭转疲劳试件的轴线垂直[8],而后者引起的疲劳断裂面将与扭转疲劳试件的轴线成 45°角,并呈螺旋状[1]。究竟是循环切应力引起的疲劳断裂,还是循环正应力引起金属材料的扭转疲劳的断裂,可能取决于材料对于剪切疲劳或拉压疲劳的抗力。对于上述问题,还需作进一步的分析和研究。

如果是循环切应力引起疲劳断裂,平均切应力可能对金属材料的疲劳极限没有明显的影响(见图 19-2),扭转疲劳寿命可用式(19-15)表示。如果是循环正应力引起疲劳断裂,则平均切应力可能对金属材料的扭转疲劳寿命和疲劳极限有明显的影响(见图 19-3),扭转疲劳寿命可用式(19-13)表示,该式表明了平均切应力对扭转疲劳寿命和疲劳极限的影响。这可能给予上述矛盾的试验结果以合理的解释。为什么平均切应力对金属材料的扭转疲劳寿命和疲劳极限的影响会有两种不同的规律,需要结合材料的力学性能和扭转疲劳的断裂机理,作进一步的研究。

19.4　带存活率的扭转疲劳寿命表达式

在力能机械中,某些关键零件,如曲轴和涡轮轴等,主要承受扭转载荷。因此,给出带存活率的扭转疲劳寿命表达式,对于承受扭转载荷结构件的疲劳可靠性评估,具有实用意义。根据扭转疲劳寿命公式[6]和 13.2 节中的方法,可求得带存活率的扭转疲劳寿命表达式与扭转疲劳强度的概率分布。

19.4.1　扭转疲劳寿命的概率分布

文献[18]中给出的电解铜和退火铝的扭转疲劳寿命试验结果分别列入表 19-2和表 19-3。利用式(19-15)和 2.4.3 节中的方法,对文献[18]电解铜和退火铝的扭转疲劳试验结果进行回归分析,得到扭转疲劳寿命表达式如下[6]:

对于电解铜

$$N_f = 4.24 \times 10^8 \ (\tau_a - 43.7)^{-2}, \quad r = -0.972 \qquad (19\text{-}17a)$$

对于退火铝

$$N_f = 7.60 \times 10^7 \ (\tau_a - 41.5)^{-2}, \quad r = -0.956 \qquad (19\text{-}17b)$$

回归分析给出的线性相关系数远大于相应线性相关系数的起码值,因而用式(19-15)拟合金属的扭转疲劳试验结果是有效的。

按式(19-17a)和式(19-17b)画出的扭转疲劳寿命曲线示于图 19-5。因为扭转疲劳寿命也遵循对数正态分布[6],所以图 19-5 中的试验数据点为 20 个试验数据的对数平均值。可以看出,式(19-17a)和式(19-17b)与试验结果吻合。据此,可以认为,式(19-17a)和式(19-17b)能很好地在整个寿命范围内表示扭转疲劳寿命的试验结果。应当指出,文献[6]在处理扭转疲劳试验数据时,略去了扭转应力幅 τ_a 高于扭转屈服强度时测得的扭转疲劳寿命的试验结果。这是因为应力疲劳公式,不论是在拉伸或扭转循环应力下,只适用于应力幅低于屈服强度的情况。倘若加于试件上的应力幅超过材料的屈服强度,则在第一次应力循环加载时试件即发生塑性变形,从而引起材料的应变硬化,影响到疲劳试验结果的精确度与可信度。

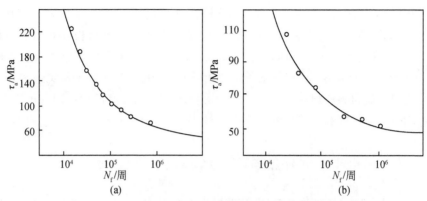

图 19-5　按式(19-17)画出的扭转疲劳寿命曲线

其中的试验数据点为 20 个试验数据的对数平均值[6]

(a)电解铜;(b)退火铝

　　将电解铜和退火铝的扭转疲劳寿命试验结果取对数,画在正态概率坐标纸上,如图 19-6 所示。图中的失效概率用平均秩加以估计。将失效概率转化为标准正态偏量,则电解铜和退火铝的扭转疲劳寿命的对数与标准正态偏量之间呈良好的线性关系,如图 19-6 所示。

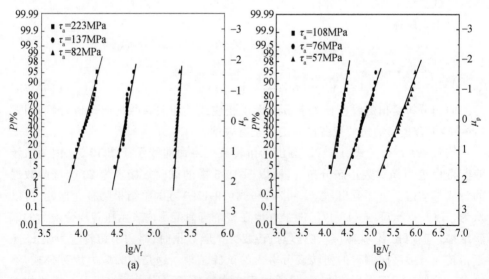

图 19-6　对数扭转疲劳寿命的正态分布[6]

(a)电解铜;(b)退火铝

对图 19-6 中的数据进行线性回归分析，给出的线性相关系数均高于线性相关系数的起码值[17]。这表明电解铜和退火铝的扭转疲劳寿命的试验结果服从对数正态分布。还可用夏皮罗-威尔克方法[17]，对电解铜和退火铝的扭转疲劳寿命的试验结果是否服从对数正态分布进行检验，检验结果也表明电解铜和退火铝的扭转疲劳寿命试验结果服从对数正态分布。

19.4.2　扭转疲劳抗力系数和理论扭转疲劳极限的概率分布

式(19-15)中的扭转疲劳抗力系数和理论扭转疲劳极限应是材料常数，因而是随机变量并遵循一定分布。因此，可采用 13.2 节中的方法和式(19-1)，求得电解铜和退火铝的扭转疲劳抗力系数和理论扭转疲劳极限的概率分布。

利用式(19-15)和 13.2 节中的方法，对文献[18]给出的 20 组电解铜和退火铝的扭转疲劳寿命的试验结果依次进行回归分析，得到 20 组扭转疲劳抗力系数和理论扭转疲劳极限之值，分别列入表 19-2 和表 19-3。表 19-2 和表 19-3 中所列的线性相关系数分别大于相应的起码值 $r_{0.05,7} = 0.666$，$r_{0.05,4} = 0.811$。这表明上述对电解铜和退火铝的扭转疲劳寿命试验结果所做的回归分析是有效的。

将表 19-2 和表 19-3 中的扭转疲劳抗力系数和理论扭转疲劳极限之值按升高的顺序重新排列并取对数后，画在正态概率坐标纸上，如图 19-7 所示。图中用平均秩作为失效概率的估计值。由此可见，扭转疲劳抗力系数和理论扭转疲劳极限遵循

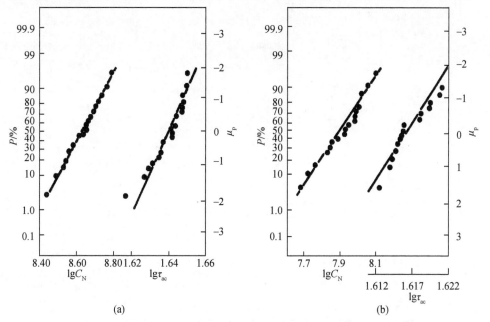

图 19-7　扭转疲劳抗力系数和理论扭转疲劳极限的对数正态分布[6]

(a)电解铜；(b)退火铝

对数正态分布,理论扭转疲劳极限还遵循正态分布[6]。用夏皮罗-威尔克方法[17]作进一步检验,在显著性水平 $\alpha=0.05$ 的条件下,电解铜和退火铝的理论扭转疲劳极限 τ_{ac} 遵循正态分布和对数正态分布,电解铜的扭转疲劳抗力系数遵循对数正态分布,但退火铝的扭转疲劳抗力系数不遵循对数正态分布。检查发现,表 19-3 中第一个扭转疲劳抗力系数值是非正常值[17]。略去这一数据后,再按上述方法进行检验,则退火铝的扭转疲劳抗力系数遵循对数正态分布[6]。

表 19-2　经回归分析得到的电解铜的扭转疲劳抗力系数和理论扭转疲劳极限之值以及计算的给定寿命下扭转疲劳强度之值[6]

编号	C_N /$(10^{-8}\mathrm{MPa})^2$	τ_{ac}/MPa	r	扭转疲劳强度/MPa		
				$N_f=10^5$ 周	$N_f=10^6$ 周	$N_f=10^7$ 周
1	2.645	42.65	−0.993	94.08	59.91	47.79
2	2.999	42.49	−0.993	97.25	59.81	47.96
3	3.398	41.35	−0.994	99.64	59.79	47.18
4	3.438	43.29	−0.996	101.93	61.84	49.16
5	3.532	44.40	−0.996	103.83	63.19	50.34
6	3.598	44.77	−0.995	104.76	63.74	50.77
7	3.797	44.30	−0.994	105.92	63.79	50.47
8	3.991	43.86	−0.994	107.03	63.83	50.17
9	4.109	43.84	−0.994	107.94	64.11	50.25
10	4.352	42.90	−0.992	108.87	63.76	49.49
11	4.490	43.26	−0.991	110.27	64.45	49.96
12	4.482	44.03	−0.989	110.98	65.20	50.73
13	4.504	44.62	−0.990	111.73	65.84	51.33
14	4.697	44.16	−0.989	112.69	65.83	51.01
15	4.898	44.33	−0.989	114.31	66.46	51.32
16	5.150	44.03	−0.982	115.79	66.72	51.21
17	5.316	43.85	−0.982	116.76	66.90	51.14
18	5.539	43.44	−0.982	117.87	66.98	50.89
19	5.832	43.39	−0.982	117.76	67.54	51.03
20	6.089	44.33	−0.984	122.36	69.01	52.13

表 19-3　经回归分析得到的退火铝的扭转疲劳抗力系数和理论扭转疲劳极限之值
以及计算的给定寿命下扭转疲劳强度之值[6]

编号	C_N /$(10^{-8}MPa)^2$	τ_{ac}/MPa	r	扭转疲劳强度/MPa		
				$N_f=10^5$周	$N_f=10^6$周	$N_f=10^7$周
1	2.636	43.96	−0.945	60.20	49.09	45.59
2	4.831	41.59	−0.971	63.57	48.54	43.79
3	5.216	41.87	−0.975	64.71	49.09	44.15
4	5.703	41.76	−0.971	65.64	49.31	44.15
5	6.175	41.49	−0.972	66.34	49.35	43.98
6	6.785	41.16	−0.974	67.21	49.39	43.96
7	6.820	41.48	−0.976	67.59	49.74	44.09
8	7.067	41.74	−0.981	68.32	50.15	44.40
9	7.432	41.62	−0.981	68.88	50.24	44.34
10	8.343	41.13	−0.978	70.01	50.26	44.02
11	8.539	41.17	−0.981	70.39	50.41	44.09
12	8.875	41.18	−0.984	70.97	50.60	44.16
13	9.364	40.97	−0.984	71.57	50.65	44.03
14	9.479	41.08	−0.983	71.87	50.82	44.16
15	9.452	41.24	−0.984	71.98	50.96	44.31
16	9.832	41.11	−0.984	72.47	51.03	44.25
17	9.848	41.43	−0.983	72.81	51.36	44.57
18	10.416	41.26	−0.984	73.54	51.47	44.49
19	11.036	41.26	−0.984	74.48	51.77	44.58
20	12.206	41.22	−0.976	76.15	52.26	44.71

19.4.3　带存活率的扭转疲劳寿命表达式

对表 19-2 和表 19-3 中所列的 C_N、τ_{ac} 值求取几何平均值或对数平均值,再代入式(19-15),即得具有存活率为 50% 的扭转疲劳寿命表达式如下[6]:

对于电解铜

$$N_f=4.24\times10^8\,(\tau_a-43.66)^{-2} \tag{19-18a}$$

从 C_N、τ_{ac} 的对数平均值分别减去 $1.645s$ 和 $3.09s$,即得存活率分别为 95% 和 99.9% 的 C_N、τ_{ac} 值。将具有给定存活率的 C_N、τ_{ac} 值代入式(19-15),即得电解铜具有相应存活率的扭转疲劳寿命表达式如下[6]:

当存活率为 95% 时

$$N_f = 2.94 \times 10^8 \, (\tau_a - 42.30)^{-2} \tag{19-18b}$$

当存活率为 99.9％时

$$N_f = 2.13 \times 10^8 \, (\tau_a - 41.10)^{-2} \tag{19-18c}$$

用同样的方法，可求得退火铝的具有相应存活率的扭转疲劳寿命表达式如下[6]：

当存活率为 50％时

$$N_f = 8.04 \times 10^7 \, (\tau_a - 41.36)^{-2} \tag{19-19a}$$

当存活率为 95％时

$$N_f = 5.22 \times 10^7 \, (\tau_a - 40.93)^{-2} \tag{19-19b}$$

当存活率为 99.9％时

$$N_f = 3.58 \times 10^7 \, (\tau_a - 40.55)^{-2} \tag{19-19c}$$

按式(19-18a)～式(19-19c)画出的具有给定存活率的扭转疲劳寿命曲线示于图 19-8，图中也给出了具有相应存活率的扭转疲劳寿命试验结果[6]。由此可见，式(19-18a)～式(19-19c)与试验结果符合很好。再则，式(19-18a)～式(19-19c)适用于长寿命区。这对结构件的具有存活率的寿命预测是十分重要的。但应指出，在长寿命区，扭转疲劳寿命的概率分布无法用试验确定，因而用作图法也无法确定长寿命区的带存活率的扭转疲劳寿命曲线。

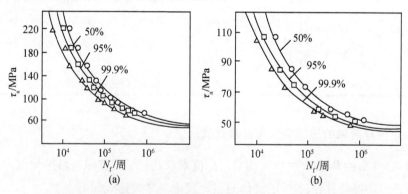

图 19-8　具有给定存活率的扭转疲劳寿命曲线和具有相应存活率的扭转疲劳寿命试验结果[6]

(a)电解铜；(b)退火铝

19.5　扭转疲劳强度的概率分布

将表 19-2 和表 19-3 中所列的每一对 C_N、τ_{ac} 值依次回代入式(19-15)，并给定扭转疲劳寿命,即可求得给定寿命下的扭转疲劳强度,所得结果也列入表 19-2 和表 19-3。将表 19-2 和表 19-3 中的扭转疲劳强度按升高的顺序重新排列并取对数,画在正态概率坐标纸上,如图 19-9 所示,图中以平均秩作为失效概率的估计值[17]。

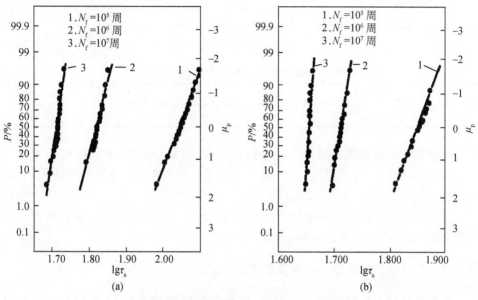

图 19-9　扭转疲劳强度的对数正态分布[6]

(a)电解铜;(b)退火铝

　　由图 19-9 可见,电解铜和退火铝的扭转疲劳强度遵循对数正态分布。用夏皮罗-威尔克方法做进一步检验,结果表明,给定寿命下的扭转疲劳强度遵循对数正态分布[6],也遵循正态分布。这在用强度-应力干涉模型[19],对结构件进行疲劳可靠性评估时具有重要的意义。同时,这也表明,19.4 节中提出的确定带存活率的疲劳寿命曲线表达式和疲劳强度概率分布的方法,具有良好的适用性。

19.6　半轴的具有给定存活率的扭转疲劳寿命公式

19.6.1　半轴的扭转疲劳寿命的试验测定

　　扭转疲劳试验所用的试件是实用的 SN-25 型拖拉机的半轴,其结构简图见图 19-10。半轴的扭转应力集中系数 $K_\tau = 2.7$[11]。制造半轴的材料为 40Cr 钢,经调质处理后的力学性能如表 19-4[11,12]。半轴两端的花键部分经高频淬火,硬度达 50HRC。

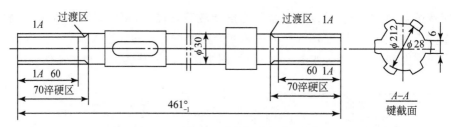

图 19-10　拖拉机半轴的结构简图[11]

表 19-4　经调质处理的 40Cr 钢的力学性能[11,12]

σ_s/MPa	σ_b/MPa	$\delta/\%$	$\psi/\%$	n	硬度（HB）
905.5	1000.3	16.0	55.7	0.069	246～282

　　所研究的半轴在拖拉机的实际服役条件下，只承受扭矩，不承受弯矩和轴向力。因此，半轴的疲劳失效是由扭转断裂引起的。疲劳裂纹起始于花键槽的底部，然后扩展至过渡区，直至断裂，断口与半轴的轴线呈约 45°[10,13]。

　　根据半轴的上述服役情况和疲劳失效分析结果，应首先进行等幅载荷下的扭转疲劳试验，给出等幅载荷的扭转疲劳寿命曲线及其表达式。

19.6.2　反映应力比影响的扭转疲劳寿命表达式

　　拖拉机半轴在实际服役条件下，不仅承受循环扭转应力，还承受平均扭转应力。所以，需要有能反映应力比以及应力集中系数影响的扭转疲劳寿命表达式。

　　第 5 章中给出了反映应力比影响的切口件的疲劳寿命表达式，即式（5-34）。为方便读者，现将该式重写如下：

$$N_f = C_f \left[\Delta\sigma_{eqv}^{2/(1+n)} - (\Delta\sigma_{eqv})_c^{2/(1+n)} \right]^{-2} \qquad (19\text{-}20)$$

　　在纯扭转的条件下，对于光滑的圆柱试件，$\tau = \sigma$，$\Delta\tau = \Delta\sigma$[6]。所以，式（19-20）可改写为

$$N_f = C_N \left[\Delta\tau_{eqv}^{2/(1+n)} - (\Delta\tau_{eqv})_c^{2/(1+n)} \right]^{-2} \qquad (19\text{-}21)$$

式中，$\Delta\tau_{eqv}$ 为当量剪应力幅，它可表示为

$$\Delta\tau_{eqv} = \sqrt{\frac{1}{2(1-R)}} K_\tau \Delta\tau \qquad (19\text{-}22)$$

式中，R 为应力比，即 $R = \tau_{min}/\tau_{max}$。

　　当 $\Delta\tau_{eqv} \leqslant (\Delta\tau_{eqv})_c$ 时，扭转疲劳寿命趋于无限，即 $N_f \to \infty$。所以，$(\Delta\tau_{eqv})_c$ 是理论扭转疲劳极限或门槛值。

　　用式（19-21）对文献[9]和[11]中给出的半轴的扭转疲劳试验结果（见表 19-5）进行回归分析，给出了等幅载荷下半轴的扭转疲劳寿命表达式如下[15]：

$$N_f = 5.54 \times 10^{14} \left(\Delta\tau_{eqv}^{1.87} - 359.5^{1.87} \right)^{-2} \qquad (19\text{-}23)$$

回归分析给出的线性相关系数 $r = -0.983$，大大高于线性相关系数的起码值

$0.576^{[17]}$。这表明用式(19-21)拟合半轴的扭转疲劳试验结果有效。按式(19-23)画出的扭转疲劳寿命曲线与试验结果,如图 19-11[15]所示。

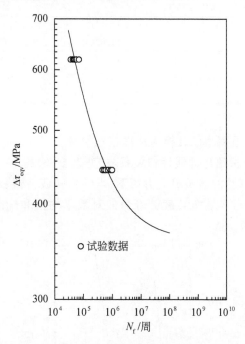

图 19-11　按式(19-23)画出的扭转疲劳寿命曲线与试验结果[15]

19.7　拖拉机半轴的带存活率的扭转疲劳寿命表达式

19.7.1　半轴的扭转疲劳寿命的概率分布

文献[9]和[11]给出的半轴的扭转疲劳试验结果重列入表 19-5,其中扭转疲劳寿命已按升高的顺序重新排列并取对数,扭转应力幅按式(19-22)换算成当量扭转应力幅[6]。将表 19-5 中的对数疲劳寿命画在正态概率坐标纸上,如图 19-12 所示,图中的失效概率按平均秩估算。

表 19-5　半轴的扭转疲劳试验结果与按简化解析法求得的常数[15]

编号	$\lg N_f$		$\lg C_N$	$(\Delta\tau_{eqv})_c$/MPa	$\lg(\Delta\tau_{eqv})_c$
	619.1* MPa	443.4* MPa			
1	4.5623	5.6573	14.6161	352.3	2.5469
2	4.6355	5.7170	14.6949	353.7	2.5486
3	4.6767	5.7666	14.7325	354.5	2.5496
4	4.7042	5.8534	14.7378	362.5	2.5593

续表

编号	$\lg N_f$		$\lg C_N$	$(\Delta\tau_{eqv})_c$/MPa	$\lg(\Delta\tau_{eqv})_c$
	619.1*MPa	443.4*MPa			
5	4.7466	5.9498	14.7615	363.1	2.5601
6	4.8407	5.9944	14.8724	369.6	2.5677
$\bar{x}$	4.6943	5.8231	14.7359	359.3	2.5554
s	0.0954	0.1329	0.0841	6.86	0.0083
r	0.991	0.988	0.961	0.954	0.954

* 表示扭转应力幅。

图 19-12 中的失效概率已转换为标准正态偏量 μ_p，可见 $\lg N_f$ 和 μ_p 之间呈良好的线性关系。回归分析给出的线性相关系数（见表 19-5）高于线性相关系数的起码值[17]。这表明在所试验的当量剪应力幅下，半轴扭转疲劳试验结果遵循对数正态分布[15]。于是，可求得半轴扭转疲劳寿命的对数平均值和标准差，所得结果也列入表 19-5。

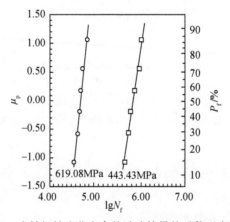

图 19-12　半轴扭转疲劳寿命的试验结果的对数正态分布[15]

19.7.2　半轴的扭转疲劳寿命表达式

由于半轴扭转疲劳试验结果遵循对数正态分布，而且其对数标准差随着当量剪应力幅的降低而增大，因此，可用简化解析法（见 13.6 节），确定半轴的带存活率的扭转疲劳寿命表达式中的 C_N 和 $(\Delta\tau_{eqv})_c$，所得结果也列入表 19-5，其中 C_N 已取对数。按照前一节中的方法，可以确定 C_N 和 $(\Delta\tau_{eqv})_c$ 都遵循对数正态分布，$(\Delta\tau_{eqv})_c$ 也遵循正态分布（见图 19-13）[15]。于是，可求得 C_N 的对数平均值和标准差，$(\Delta\tau_{eqv})_c$ 的平均值和标准差，所得结果也列入表 19-5。

将 C_N 的对数平均值和 $(\Delta\tau_{eqv})_c$ 的平均值代入式（19-21），即得半轴的存活率为 50% 的扭转疲劳寿命表达式[15]

$$N_f = 5.44 \times 10^{14} (\Delta\tau_{eqv}^{1.87} - 359.3^{1.87})^{-2} \tag{19-24a}$$

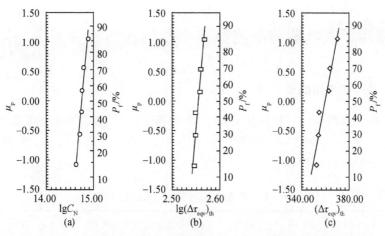

图 19-13　半轴 C_N 的对数正态分布和 $(\Delta\tau_{eqv})_{th}$ 的对数正态分布[15]

从 C_N 的对数平均值和 $(\Delta\tau_{eqv})_{th}$ 的平均值分别加上或减去 $1.645s$ 和 $3.09s$,可得存活率分别为 5%、95% 和 0.1%、99.9% 的 C_N 和 $(\Delta\tau_{eqv})_{th}$ 之值,代入式(19-21)可得半轴的具有相应存活率的扭转疲劳寿命表达式[15]:

当存活率为 5% 时

$$N_f = 7.48 \times 10^{14} \left(\Delta\tau_{eqv}^{1.87} - 370.6^{1.87} \right)^{-2} \tag{19-24b}$$

当存活率为 95% 时

$$N_f = 3.96 \times 10^{14} \left(\Delta\tau_{eqv}^{1.87} - 348.1^{1.87} \right)^{-2} \tag{19-24c}$$

当存活率为 0.1% 时

$$N_f = 9.90 \times 10^{14} \left(\Delta\tau_{eqv}^{1.87} - 381.0^{1.87} \right)^{-2} \tag{19-24d}$$

当存活率为 99.9% 时

$$N_f = 2.99 \times 10^{14} \left(\Delta\tau_{eqv}^{1.87} - 338.7^{1.87} \right)^{-2} \tag{19-24e}$$

按式(19-24a)～式(19-24e)画出的半轴的带存活率的扭转疲劳寿命曲线与具有相应存活率的扭转疲劳试验数据点,如图 19-14[15] 所示。

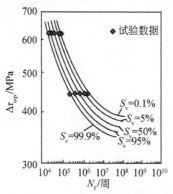

图 19-14　按式(19-24a)～式(19-24e)画出的半轴的带存活率的扭转疲劳寿命曲线[15]

19.8　变幅载荷下拖拉机半轴的扭转疲劳寿命预测

19.8.1　拖拉机半轴的载荷谱

半轴的原始载荷谱是根据使用调查,并选择了土路运输、柏油路运输和茬地旱耕等三种典型工况,对 SN-25 型拖拉机半轴的载荷进行采集。经多工况合成后,得出 64 级原始载荷谱,如表 19-6 所示[9,10]。

表 19-6　SN-25 型拖拉机半轴的原始载荷谱[9,10]

τ_m /MPa	τ_a=16.00 MPa	τ_a=35.19 MPa	τ_a=54.39 MPa	τ_a=73.59 MPa	τ_a=92.79 MPa	τ_a=108.79 MPa	τ_a=121.59 MPa	τ_a=127.99 MPa
134.72	52	102	37	12	4	1	1	0
121.09	271	532	191	60	20	7	3	1
107.45	814	1597	572	180	61	20	8	3
93.81	1410	2766	991	313	106	35	14	4
80.18	1410	2767	992	313	106	35	14	4
66.54	815	1609	584	185	63	21	8	3
52.90	274	599	257	87	29	9	3	1
39.27	85	385	267	102	33	9	3	1

为加速变幅载荷下的疲劳试验进程,试验所用的载荷谱经过缩减和强化[9]。用于预测和测定变幅载荷下半轴疲劳寿命的经弱强化后的载荷谱,如表 19-7 所示,其中也列出了按式(19-22)折算的当量应力幅谱。

表 19-7　测定 SN-25 型拖拉机半轴变幅载荷下疲劳寿命的经弱强化后的载荷谱[9,10]

参数	应力级数				
	1	2	3	4	5
平均剪应力 τ_m/MPa	163.34	163.34	147.27	130.67	97.47
剪应力幅值 τ_a/MPa	155.31	147.81	132.28	112.46	89.43
当量应力幅 $\Delta\tau_{eqv}$/MPa	600.65	579.03	519.21	446.50	349.07
加载循环数 n_i/周	17	54	140	447	1640

19.8.2　拖拉机半轴变幅载荷下的扭转疲劳寿命预测

经调质处理的 40Cr 钢可能具有不连续应变硬化特性,因而超载效应因子

$z=0$。再则,有报道表明[19,20],在循环扭转载荷下,超载对轴类钢的疲劳裂纹扩展速率没有影响,也就是说,不发生疲劳裂纹扩展的超载迟滞效应。因此,可以假定,应用 15.4.1 节中的寿命预测模型和式(19-24),预测半轴在变幅载荷下的扭转疲劳寿命的概率分布。预测结果列入表 19-8[15]。

表 19-8　在表 19-7 所示弱强化载荷谱下 SN-25 拖拉机半轴的疲劳寿命预测结果[15]

参数	$S_v=99.9\%$	$S_v=95\%$	$S_v=50\%$	$S_v=5\%$	$S_v=0.1\%$
疲劳寿命 $N_f/10^3$ 周	369.7	545.5	852.5	1352	2057
累积疲劳损伤度 D_c	0.434	0.640	1.0	1.585	2.413

将表 19-8 中半轴的疲劳寿命预测结果取对数,并画在正态概率坐标纸上,如图 19-15 所示。可以看出,半轴的疲劳寿命预测结果和累积疲劳损伤度的对数与标准正态偏量之间呈很好的线性关系。这表明变幅载荷下半轴的扭转疲劳寿命和累积疲劳损伤度预测结果遵循对数正态分布[15]。

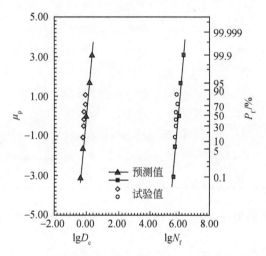

图 19-15　在表 19-7 所示弱强化载荷谱下 SN-25 拖拉机半轴的疲劳寿命
预测结果与试验结果的概率分布[15]

文献[9]给出了在表 19-7 所示弱强化载荷谱下 SN-25 拖拉机半轴的疲劳寿命的试验结果,现重列入表 19-9。将半轴的疲劳寿命的试验结果及累积疲劳损伤值取对数,以平均秩作为失效概率的估计值并转化标准正态偏量,画在图 19-15 中。可以看出,半轴的疲劳寿命的试验结果及累积疲劳损伤值遵循对数正态分布,且与预测结果符合良好[15]。而且,半轴的疲劳寿命的试验结果均在存活率为 97.7% 的预测寿命(496×10^3 周)以上[15]。这也表明,文献[15]提出的半轴的疲劳寿命的预测模型,即使在试验子样较小的情况下,也有相当高的精度。

表 19-9　在表 19-7 所示弱强化载荷谱下 SN-25 拖拉机半轴的疲劳寿命的试验结果[15]

参数	1	2	3	4	5	6	平均值
疲劳寿命 $N_f/10^3$周	507.8	573.3	609.0	636.3	703.8	761.7	632.0
累积疲劳损伤度 D_c	0.803	0.907	0.963	1.007	1.161	1.205	—

19.8.3　原始载荷谱下拖拉机半轴的扭转疲劳寿命预测

已如前述,预测 SN-25 拖拉机半轴在谱载下的疲劳寿命的主要依据是其疲劳寿命表达式(19-21),该表达式是用当量应力幅表示的,为预测原始载荷谱下的疲劳寿命,需将原始名义应力谱(表 19-6)转化为当量应力谱,如表 19-10 所示。

表 19-10　按式(19-22)将 SN-25 拖拉机半轴的原始载荷谱换算为当量应力幅谱[15]

（单位：MPa）

τ_m	τ_a							
	16.00	35.19	54.39	73.59	92.79	108.79	121.59	127.99
134.72	132.59	208.78	273.83	334.29	392.30	439.46	476.65	495.10
121.72	126.45	200.23	263.78	323.17	380.36	426.98	463.80	482.08
107.45	120.00	191.29	253.32	311.65	368.04	414.12	450.58	468.70
93.81	113.17	181.91	242.41	299.68	355.28	400.85	436.95	454.92
80.18	105.92	172.04	230.99	287.22	342.06	387.13	422.90	440.72
66.54	98.12	161.55	218.97	274.18	328.29	372.89	408.36	426.03
52.90	89.65	150.33	206.25	260.50	313.93	358.10	393.28	410.83
39.27	80.29	138.21	192.71	246.06	298.88	342.67	377.60	395.05

采用 19.8.2 节的方法,预测的 SN-25 拖拉机半轴在原始载荷谱下的疲劳寿命如表 19-11 所示。

表 19-11　在表 19-6 所示的原始载荷谱下 SN-25 拖拉机半轴的疲劳寿命预测结果[15]

存活率/%	99.9	95	50	5	0.1
疲劳寿命 N_f/周	369.7×10^3	545.5×10^3	161.8×10^6	1352×10^3	2057×10^3

对 500 台拖拉机半轴的使用情况进行跟踪调查,得出半轴的平均使用寿命为 10 年、120 个月。按每月平均使用 100h,每小时受到 21261/2＝10630.5 周估计,半轴的平均使用寿命折算成加载循环数,则 $N_f = 127.6 \times 10^6$ 周,与预测的存活率为 50% 的疲劳寿命符合良好。

19.9　结　　语

本章首先导出了金属材料扭转疲劳寿命的一般表达式,该表达式考虑到平均切应力的影响,然后分析了扭转疲劳寿命的概率分布、带存活率的扭转疲劳寿命表达式和扭转疲劳强度的概率分布,进而介绍拖拉机半轴的带存活率的扭转疲劳寿命表达式,以及变幅载荷下半轴的扭转疲劳寿命及概率分布的预测模型及预测结果。

结果表明,扭转疲劳寿命可表示为当量切应力幅的函数如式(19-13)所示,此扭转疲劳寿命表达式考虑到平均切应力的影响,并得到了试验结果的验证。根据扭转疲劳寿命公式和扭转疲劳寿命的概率分布,可求得带存活率的扭转疲劳寿命表达式与扭转疲劳强度的概率分布。对文献[18]中的试验结果的再分析表明,电解铜和退火铝的扭转疲劳寿命的试验结果服从对数正态分布,给定寿命下电解铜和退火铝的扭转疲劳强度遵循对数正态分布,也遵循正态分布。这在用强度-应力干涉模型,对结构件进行疲劳可靠性评估时具有重要的意义。同时,这也表明,本章中提出的确定带存活率的疲劳寿命曲线表达式和疲劳强度概率分布的方法,具有良好的适用性。

对用拖拉机半轴测定的扭转疲劳寿命的试验结果[9]的再分析,给出了半轴的带存活率的扭转疲劳寿命表达式,进而采用新的模型预测了半轴在变幅载荷下的扭转疲劳寿命及概率分布,预测结果与试验结果相一致。进一步表明,本书所给出的预测变幅载荷下疲劳寿命和累积疲劳概率分布的方法具有实用价值,可望对实际机械零件的可靠性分析提供指导。

参 考 文 献

[1]Schijve J. Fatigue of Structures and Materials. Kluwer Academic Publishers,2001.

[2]Buch A. Fatigue Strength Calculation. Uetikon-Zurich:Trans. Tech. Publications,1988:49-50.

[3]Susmel L,Taylor D. A simplified approach to apply the theory of critical distance to notched components under torsional fatigue loading. International Journal of Fatigue,2006,28(4):417-430.

[4]Sines G. Behavior of metals under complex static and alternating stresses//Waisman J L,Sines G. Metal Fatigue. New York:McGraw-Hill,1959:145-169.

[5]Wang C H ,Miller K J. The effect of mean shear stress on torsional fatigue behaviour. Fatigue Fracture of Engineering Materials and Structures,1991,14(2/3): 293-307.

[6]Zheng Q X,Zheng, X L. An expression for fatigue life and probability distribution of fatigue strength under repeated torsion. Engineer Fracture Mechanics,1993,44(4): 521-528.

[7]Yan J H, Zheng X L, Zhao K. Experimental investigation on the small-load-omitting criterion. International Journal of Fatigue,2001,23:403-415.

[8]Mayer H. Ultrasonic torsion and tension-compression fatigue testing: Measuring principles and investigation on

2024-T351 aluminum alloy. International Journal of Fatigue,2006,28(11):1446-1455.

[9]陈德广,等.SN-25 拖拉机半轴累积损伤规律研究//郑州机械研究所,洛阳拖拉机研究所.机械部基金课题"疲劳累积损伤规律研究"技术报告 02,1991.

[10]洛阳拖拉机研究所.25 马力拖拉机半轴及转向节用户使用调查报告//郑州机械研究所,洛阳拖拉机研究所.机械部基金课题"疲劳累积损伤规律研究"技术报告 02-03,1991.

[11]郑州机械研究所,等.SN-25 拖拉机半轴疲劳试验报告//郑州机械研究所,洛阳拖拉机研究所.机械部基金课题"疲劳累积损伤规律研究"技术报告 02-1,1991.

[12]郑州机械研究所,洛阳拖拉机研究所.机械部基金课题"疲劳累积损伤规律研究"课题总报告 02-1,1991.

[13]陈德广,赵少汴.国产农用拖拉机半轴疲劳寿命估算及试验验证.第七届全国疲劳学术会议论文集,张家界,1995:420.

[14]冯锡曙.一种新的拖拉机零件快速模拟试验方法与应用.拖拉机,1998,(2).

[15]魏建锋.变幅载荷下疲劳寿命及其概率分布预测模型.西安:西北工业大学博士学位论文,1997.

[16]Zheng X L,Wei J F. On the prediction of P-S-N curves of 45 steel notched elements and probability distribution of fatigue life under variable amplitude loading from tensile properties. International Journal of Fatigue,2005,27(6):601-609.

[17]邓勃.数理统计方法在分析测试中的应用.北京:化学工业出版社,1984.

[18]Freudental A M,Gumbel E J. On the statistical interpretation of fatigue tests. Proceedings of the Royal Society of London. A,1953,216:310-332.

[19]欧洲钢结构协会.钢结构的疲劳设计规范.史永吉,郑修麟译.西安:西北工业大学出版社,1989.

[20]郑修麟,陈德广,林超.疲劳裂纹起始的超载效应与新的疲劳寿命估算模型.西北工业大学学报,1990,8(2):199-208.

第 20 章　老龄桥铆接钢结构件的剩余疲劳寿命预测

20.1　引　　言

铁路在经济和社会生活中的应用,已有近两百年的历史。19 世纪末,铁路也在中国出现。自有铁路之日,就有铁路桥梁。早期的铁路桥,是由铆接钢梁构成。这些铆接钢梁经过上百年的服役,经受不同程度的损伤,疲劳性能退化。因此,精确地评估这些老龄桥的剩余寿命,对于铁路行车安全,节约建新桥的开支,具有重要的意义。因此,各国研究者对桥梁的钢结构的剩余寿命开展了研究,研究内容包括:载荷与载荷模型、老龄桥钢和钢梁的疲劳性能、剩余寿命评估和检查与维修[1]。

我国很多桥梁的铆接钢梁已服役七八十年。因而,开展老龄桥的剩余寿命评估具有十分重要的意义[2,3]。作者参与了中国铁道部铁道科学研究院铁道建设研究所主持的老龄桥铆接结构剩余寿命评定的研究课题,主要承担老龄桥钢的疲劳性能与蜕化以及剩余寿命评估模型的研究。现将研究结果加以总结。这对其他老龄结构,例如,老龄船舶、飞机以及海洋工程结构等剩余寿命的评估,也有参考意义。老龄飞机结构剩余寿命和适航性的评估,也已引起各国研究人员的关注。

20.2　老龄桥梁钢板疲劳性能的疲劳试验计划

20.2.1　疲劳试验材料

试验用钢取自沈阳铁路局所属锦州铁路分局管区内的报废的小凌河桥钢梁的弦杆,如图 20-1 所示[2,3]。该桥的简史如下:铆接钢梁由山海关桥梁厂制造,所用钢材由英国进口;该桥 1927 年建成,1945 年遭战争破坏,修复后继续使用,1958 年加固,1976 年更换[2,3]。之所以采用钢梁的弦杆作为试验用料,是因为弦杆在服役过程中受力较大,因而可能受到较严重的疲劳损伤。检查发现,弦杆的铆钉孔已变形,铆钉松动,但未发现裂纹。

试验用钢经过化验,其化学成分(质量分数)为:0.22%C、0.28%Si、0.36%Mn、0.002%P 和 0.082%S,其余为 Fe[3]。试验用钢是典型的低碳钢,与国外用的 A36 钢或国内用的 A3 钢类似。试验测定的老龄桥钢的拉伸性能列入表 20-1[3]。

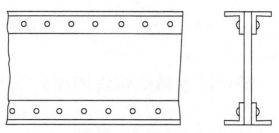

图 20-1　报废的小凌河桥钢梁的弦杆示意图

表 20-1　老龄桥钢的拉伸性能[3,5]

编号	σ_b/MPa	σ_s/MPa	δ/%	ψ/%	ε_f	n
1	360	271	25.8	65.0	1.050	—
2	341	263	24.3	71.7	1.262	
3	353	269	24.4	72.9	1.306	
4	351	262	29.6	73.3	1.321	
5	359	257	24.3	71.9	1.269	
$\bar{x}$	352.8	264.4	25.7	71.0	1.242	0.099
s	7.63	5.64	2.28	3.40	—	—

20.2.2　疲劳寿命试验

疲劳寿命试验所用的试件,是带有原状铆钉孔的钢条制成,试件的形状和尺寸如图 20-2 所示[5]。试件加工前,首先仔细地拆除铆钉,使得铆钉周围的表面不受到损伤,以保持原有的状态。试件的应力集中系数 $K_t \approx 2.45$[4,5]。

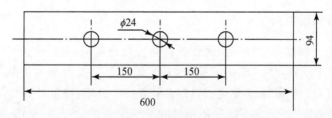

图 20-2　取自老龄桥梁钢板制成的带原状铆钉孔的疲劳试件[5]

在循环拉-拉载荷下,进行疲劳试验。试验在红原铸锻厂的 ZD-100 型疲劳试验机上进行。试验加载频率 $f = 7.5$Hz,应力比 $R = 0.3$,部分试验应力比 $R = 0.2$,以考察应力比对试验结果的影响。疲劳试验时,用放大镜观察孔边裂纹的出现情况。由于试件的表面未加工,很难发现尺寸较小的裂纹;当发现裂纹时,裂纹尺寸已达到 1mm 左右[3,5]。故将发现裂纹时的加载循环数记为 N_1,而将试件断裂时的加载循环数记为 N_f,即疲劳寿命。$N_1/N_f \geqslant 0.80$[3,5]。

尽管弦杆的钢板中未发现裂纹,但经过长年的服役,钢板的表面已锈蚀,孔边还可能有微动损伤(fretting damage)。为除去表面损伤层,从老龄桥钢板的两面切去 2.5mm 厚的表面层。这一厚度将大于表面损伤层的厚度。然后,将老龄桥钢板加工成带切口的 CT 型试件,取向为 L-T。切口附近的表面,进行抛光,以利于观测裂纹。疲劳试验在 Amsler-422 型高频疲劳试验机上进行,加载频率为 80∼100Hz。将出现 0.25∼0.30mm 表面裂纹时的加载循环数定为疲劳裂纹起始寿命 N_i[4]。

20.2.3　老龄桥梁铆接件模拟件的疲劳试验

试验用料取自沈阳铁路局所属锦州铁路分局管区内的报废的小凌河桥钢梁的弦杆。去除弦杆铆钉后,切割成长条,然后加两侧盖板并用螺栓连接,作为老龄桥梁铆接件的模拟件,如图 20-3,其中试件的宽度为 94mm[5]。用该铆接件的模拟件进行疲劳试验,测定的疲劳寿命可近似地看做老龄桥梁铆接件的疲劳寿命。疲劳试验在 ZD-100 型疲劳试验机上进行。加载频率 $f＝7.5Hz$,应力比 $R＝0.3∼0.39$[5]。

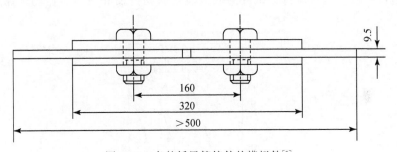

图 20-3　老龄桥梁铆接件的模拟件[5]

20.2.4　疲劳裂纹扩展速率试验

老龄桥梁钢的疲劳裂纹扩展速率,采用 CT 试件测定。CT 试件的厚度为 6.0mm,宽度为 60mm,取向为 L-T[5]。疲劳试验在 Mayes 电液伺服疲劳试验机上进行,加载频率 $f＝15Hz$,应力比 R 为 0.1 和 0.5。为测定近门槛区的疲劳裂纹扩展速率,需要在预制裂纹以后逐级降低加于试件上的载荷,每级降载幅度 $\Delta P/P \leqslant 10\%$,每级载荷下,裂纹扩展量 Δa 大于 3 倍裂纹尖端塑性区宽度。当 $da/dN \leqslant 2\times10^{-9}$ mm/周时,开始测定老龄桥梁钢的疲劳裂纹扩展速率。裂纹扩展量 Δa 在试件的两表面用读数显微镜测量,取裂纹长度的平均值作为裂纹长度的测定值[5]。然后,作出 a-N 关系曲线,进而求得 (da/dN)-ΔK 关系曲线。

20.3　老龄桥梁钢板的疲劳性能与蜕化

20.3.1　老龄桥梁钢带原状铆钉孔试件疲劳寿命的概率分布

带原状铆钉孔试件(见图 20-2)的疲劳寿命 N_1,即在孔边形成 1.0mm 长的裂纹所经历的循环数,可近似地看做疲劳裂纹起始寿命[5]。试验结果表明[6],初始裂纹尺寸对带中心孔的铝合金试件的疲劳裂纹起始寿命没有很大的影响。Buch[7]根据试验结果指出,当 $R>0$ 时,铝合金切口件的疲劳裂纹起始寿命近似地等于其疲劳寿命。大多数老龄桥钢带原状铆钉孔试件,其 $N_1/N_f \geqslant 0.85$,而且这一比值随着疲劳寿命的延长而增大[2,5],这与文献[3]中报道的试验结果一致。因此,老龄桥钢带原状铆钉孔试件的疲劳裂纹起始寿命和疲劳寿命,可表示为当量应力幅的函数[4]。

在给定的当量应力幅下,老龄桥梁钢带原状铆钉孔试件的疲劳寿命遵循对数正态分布,如图 20-4 所示[5]。用夏皮罗-威尔克方法做进一步的检验[8],结果表明,老龄桥梁钢带原状铆钉孔试件的疲劳裂纹起始寿命和疲劳寿命均遵循对数正态分布[5]。

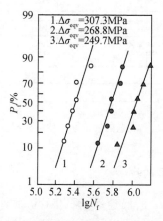

图 20-4　老龄桥梁钢带原状铆钉孔试件的疲劳寿命的试验结果与概率分布[5]

20.3.2　老龄桥梁钢带原状铆钉孔试件的疲劳寿命表达式

在结构工程中,结构件,尤其是焊接件的疲劳寿命通常表示为名义应力范围的函数[2,3,9]。老龄桥梁钢带原状铆钉孔试件的疲劳寿命 N_1 和 N_f 也可表示为名义应力范围的函数,如图 20-5 所示[5]。回归分析给出老龄桥梁钢带原状铆钉孔试件的疲劳寿命 N_1 和 N_f 的表达式[5]:

$$N_1 = 2.34 \times 10^{18} \Delta S^{-5.95}, \quad r = -0.879, s = 0.143 \qquad (20\text{-}1)$$

$$N_f = 6.17 \times 10^{17} \Delta S^{-5.66}, \quad r = -0.888, s = 0.130 \tag{20-2}$$

式(20-1)和式(20-2)和图20-5表明,当 $N_f < 10^6$ 周时,老龄桥梁钢带原状铆钉
孔试件的疲劳寿命 N_1 和 N_f 可表示为名义应力范围的幂函数。然而,式(20-1)和
式(20-2)不能表明疲劳门槛值或疲劳极限的存在。

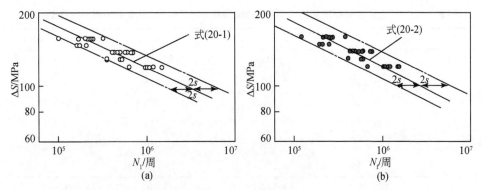

图 20-5　老龄桥梁钢带原状铆钉孔试件的疲劳寿命与名义应力幅的关系[5]

(a)疲劳寿命 N_1;(b)疲劳寿命 N_f

用式(4-10)和式(5-10)拟合老龄桥梁钢带原状铆钉孔试件疲劳寿命的试验结
果,给出下列表达式[5]:

$$N_1 = 1.13 \times 10^{14} (\Delta\sigma_{eqv}^{1.82} - 177.7^{1.82})^{-2}, \quad r = -0.909, s = 0.125 \tag{20-3}$$

$$N_f = 1.39 \times 10^{14} (\Delta\sigma_{eqv}^{1.82} - 171.5^{1.82})^{-2}, \quad r = -0.921, s = 0.110 \tag{20-4}$$

上述回归分析结果表明,式(20-3)和式(20-4)可更好地表示老龄桥梁钢带原状铆
钉孔试件疲劳寿命的试验结果。按式(20-3)和式(20-4)画出的疲劳寿命曲线和试
验结果示于图 20-6[5]。

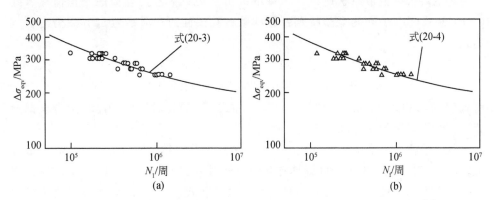

图 20-6　老龄桥梁钢带原状铆钉孔试件的疲劳寿命与当量应力幅的关系[5]

(a)疲劳寿命 N_1;(b)疲劳寿命 N_f

20.3.3　老龄桥梁钢带原状铆钉孔试件的带存活率的疲劳寿命表达式

根据 12.3.1 节中的程序和式(4-10)、式(5-10),对图 20-6 中的 6 组试验数据依次进行回归分析,可得 6 组疲劳抗力系数和门槛值,所得结果列入表 20-2[5]。

表 20-2　对老龄桥梁钢带原状铆钉孔试件疲劳寿命按式(4-10)做回归分析所得结果[5]

编号	C_{1f}	$(\Delta\sigma_{eqv})_{th1}$/MPa	C_f	$(\Delta\sigma_{eqv})_{thf}$/MPa
1	7.57×10^{13}	179.3	7.57×10^{13}	174.7
2	9.40×10^{13}	183.3	9.40×10^{13}	172.9
3	1.22×10^{14}	170.9	1.22×10^{14}	165.8
4	1.26×10^{14}	172.4	7.57×10^{13}	167.6
5	1.29×10^{14}	179.9	9.40×10^{13}	174.3
6	1.51×10^{14}	179.0	1.22×10^{14}	173.1
$\bar{x}$	14.0548*	177.5	14.1420*	171.4
s	0.1088*	4.79	0.0995*	3.75

*表示对数平均值和标准差。

将表 20-2 中的疲劳抗力系数和门槛值按升高的顺序重新排列后,画在正态概率坐标纸上,如图 20-7 所示。由此可见,老龄桥梁钢带原状铆钉孔试件的疲劳抗力系数 C_{1f} 和 C_f 遵循对数正态分布,门槛值 $(\Delta\sigma_{eqv})_{th1}$ 和 $(\Delta\sigma_{eqv})_{thf}$ 遵循正态分布[5]。进一步用夏皮罗-威尔克方法做检验[8],结果表明,老龄桥钢带原状铆钉孔试件的疲劳抗力系数遵循对数正态分布,疲劳门槛值既遵循正态分布也遵循对数正态分布[5]。

将老龄桥梁钢带原状铆钉孔试件的疲劳抗力系数和门槛值的平均值代入式(4-10)和式(5-10),可得老龄桥钢带原状铆钉孔试件的存活率为 50% 疲劳寿命表达式[5]:

$$N_1 = 1.13\times10^{14}\,(\Delta\sigma_{eqv}^{1.82} - 177.5^{1.82})^{-2} \tag{20-5a}$$

$$N_f = 1.39\times10^{14}\,(\Delta\sigma_{eqv}^{1.82} - 171.4^{1.82})^{-2} \tag{20-6a}$$

将式(20-5a)和式(20-6a)分别与式(20-3)和式(20-4)比较,可以看到,拟合全部疲劳试验结果得到的疲劳寿命表达式仅有存活率 50%。

从老龄桥梁钢带原状铆钉孔试件的疲劳抗力系数和门槛值的平均值减去或加上,即 $\pm1.645s$ 或 $\pm3.09s$,可得具有存活率分别为 5%、95%、0.1% 和 99.9% 的疲劳抗力系数和门槛值。将这些值代入式(4-10)和式(5-10),即得老龄桥梁钢带原状铆钉孔试件的具有相应存活率的疲劳寿命表达式[5]:

当存活率为 5% 时

$$N_1 = 1.71\times10^{14}\,(\Delta\sigma_{eqv}^{1.82} - 185.0^{1.82})^{-2} \tag{20-5b}$$

$$N_f = 2.02 \times 10^{14} (\Delta\sigma_{eqv}^{1.82} - 178.0^{1.82})^{-2} \tag{20-6b}$$

当存活率为 95% 时

$$N_1 = 7.51 \times 10^{13} (\Delta\sigma_{eqv}^{1.82} - 169.6^{1.82})^{-2} \tag{20-5c}$$

$$N_f = 9.51 \times 10^{13} (\Delta\sigma_{eqv}^{1.82} - 165.2^{1.82})^{-2} \tag{20-6c}$$

当存活率为 0.1% 时

$$N_1 = 2.46 \times 10^{14} (\Delta\sigma_{eqv}^{1.82} - 192.0^{1.82})^{-2} \tag{20-5d}$$

$$N_f = 2.81 \times 10^{14} (\Delta\sigma_{eqv}^{1.82} - 183.0^{1.82})^{-2} \tag{20-6d}$$

当存活率为 99.9% 时

$$N_1 = 5.23 \times 10^{13} (\Delta\sigma_{eqv}^{1.82} - 162.7^{1.82})^{-2} \tag{20-5e}$$

$$N_f = 6.83 \times 10^{13} (\Delta\sigma_{eqv}^{1.82} - 159.8^{1.82})^{-2} \tag{20-6e}$$

按式(20-6a)～式(20-6e)画出的老龄桥梁钢带原状铆钉孔试件的具有相应存活率的疲劳寿命曲线,如图 20-7 所示,图中也给出了具有相应存活率的疲劳试验数据[5]。由此可见,式(20-6)与试验结果相符。

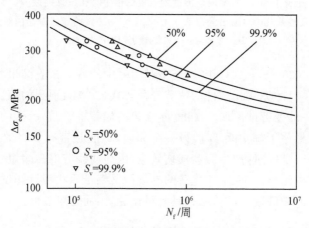

图 20-7　按式(20-6)画出的老龄桥梁钢带原状铆钉孔试件的具有
相应存活率的疲劳寿命曲线与试验结果[5]

文献[10]中报道了建于 1880 年的德国老龄桥梁钢板的疲劳试验结果,如图 20-8 所示。疲劳试件的制备方法如图 20-8 中的说明,在 $R = 0.1$ 的条件下测定疲劳寿命。

将 $R = 0.1$、$K_t = 2.45$ 代入式(20-6a)和式(20-6e),求得老龄桥梁钢带原状铆钉孔试件的疲劳寿命与最大名义应力间的关系[5]:

$$N_1 = 2.28 \times 10^{13} (\sigma_{max}^{1.82} - 104.3^{1.82})^{-2} \tag{20-7a}$$

$$N_f = 1.12 \times 10^{13} (\sigma_{max}^{1.82} - 97.2^{1.82})^{-2} \tag{20-7b}$$

为进一步考察老龄桥梁钢带原状铆钉孔试件疲劳试验结果的合理性与可靠性,将式(20-7a)和式(20-7b)画在图 20-8 上与文献[10]中的试验结果做比较。由

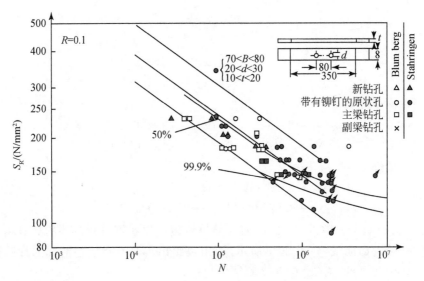

图 20-8　建于 1880 年的德国老龄桥梁钢板的带中心孔试件的疲劳试验结果[10]

以及按式(20-7)画出的存活率为 50％和 99.9％的疲劳寿命曲线[5]

B 为试样两孔间宽度；t 为厚度；d 为孔径

图 20-8 可见,式(20-7a)和式(20-7b)与文献[10]中的疲劳试验结果相符,但在长寿命区少数带有铆钉的原状孔试件的疲劳寿命较式(20-7b)预测的短。考其原因,可能是文献[10]中的疲劳试件取自 1880 年修建的老龄桥梁,它所受的表面损伤更严重,因而疲劳门槛值下降更多[10]。另一个原因,可能是带有铆钉的原状孔试件的疲劳试件,在疲劳试验时,产生微动损伤效应,因而使疲劳寿命缩短。

总之,本节中给出的 1927 年建造的老龄桥梁钢带原状铆钉孔试件的疲劳试验结果,与文献[10]中的疲劳试验结果具有可比性,因而是可靠的。

20.3.4　老龄桥梁钢板疲劳性能的疲劳性能的蜕化

用除去老龄桥梁钢板的表面损伤层后制备的试件,测定的疲劳裂纹起始寿命,可认为是处于初始状态下的钢的疲劳性能。老龄桥梁钢的疲劳裂纹起始寿命试验结果如图 20-9 所示。按式(4-10)对图 20-9 所示的疲劳裂纹起始寿命试验结果进行回归分析,给出如下的表达式[5]：

$$N_i = 5.92 \times 10^{14} (\Delta\sigma_{eqv}^{1.82} - 288^{1.82})^{-2} \qquad (20-8)$$

按式(20-8)画出的老龄桥梁钢的疲劳裂纹起始寿命曲线也示于图 20-9。应当注意的是,拟合除去老龄桥梁钢板的表面损伤层后制备的、并经磨光和抛光表面的试件测定的疲劳裂纹起始寿命得到的式(20-8),与拟合老龄桥梁钢带原状铆钉孔试件疲劳寿命的试验结果得到的式(20-3)是有差异的;若要对两者作比较,要进行表面状态修正。

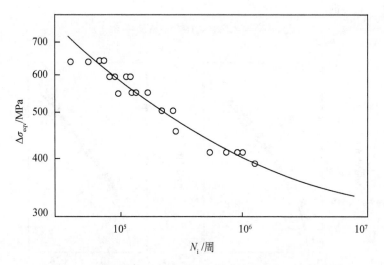

图 20-9　老龄桥梁钢的疲劳裂纹起始寿命曲线与试验结果[5]

众所周知,疲劳极限或给定寿命下的疲劳强度是对表面状态敏感的材料常数[11]。通常,用做铆接结构的钢板表面是热轧状态,其疲劳强度是表面抛光试件的 78%[11]。对式(20-8)做表面状态修正,可得具有热轧表面状态的老龄桥梁钢板的疲劳裂纹起始寿命表达式[5]:

$$N_i = 2.40 \times 10^{14} (\Delta\sigma_{eqv}^{1.82} - 255^{1.82})^{-2} \tag{20-9}$$

将式(20-9)与式(20-3)比较可以看出,式(20-9)中的疲劳裂纹起始抗力系数和门槛值高于式(20-3)中的相应的值,尽管式(20-3)中的 N_1 较式(20-9)中的 N_i 要长些,因为这两者的定义不同[5]。由此看来,经过长期服役的老龄桥梁钢板,由于微动损伤和腐蚀的影响,引起了疲劳裂纹起始抗力系数和门槛值的降低;服役期越长,降低的幅度可能越大。研究疲劳裂纹起始抗力系数和门槛值的降低幅度与服役年限的关系,也是有实用价值的课题。

20.4　老龄桥梁钢板的疲劳裂纹扩展速率

20.4.1　老龄桥梁钢板的疲劳裂纹扩展速率表达式

老龄桥梁钢板的疲劳裂纹扩展速率的试验结果如图 20-10 所示[5]。用式(6-12)和 6.6.1 节中的方法拟合试验结果,给出老龄桥梁钢板的疲劳裂纹扩展速率表达式[5]:

当 $R=0.1$ 时

$$da/dN = 5.29 \times 10^{-10} (\Delta K - 10.9)^2 \tag{20-10a}$$

当 $R = 0.5$ 时

$$da/dN = 2.78 \times 10^{-10}(\Delta K - 6.1)^2 \qquad (20\text{-}10b)$$

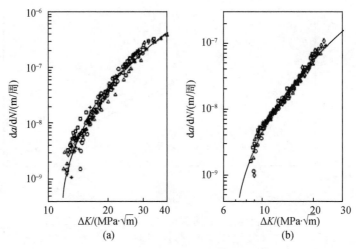

图 20-10　按式(20-10a)和式(20-10b)画出的老龄桥梁钢板的疲劳裂纹
扩展速率曲线与试验结果[5]

(a)$R = 0.1$；(b)$R = 0.5$

　　按式(20-10a)和式(20-10b)画出的老龄桥梁钢板的疲劳裂纹扩展速率曲线如图 20-10 所示[5]。式(20-10a)和式(20-10b)可用于老龄桥梁疲劳裂纹扩展寿命的预测，因为疲劳裂纹在钢板内扩展，受表面状态的影响很小。

20.4.2　老龄桥梁钢板的带存活率的疲劳裂纹扩展速率表达式

　　根据 13.8 节所述 $P\text{-}\Delta K\text{-}da/dN$ 曲线的求解方法，用式(6-12)拟合图 20-10 给出的老龄桥梁钢板的疲劳裂纹扩展速率试验结果，以求得不同试件的 B 和 ΔK_{th} 之值及其概率分布，则可获得老龄桥梁钢板的带存活率的疲劳裂纹扩展速率表达式[5]：

当存活率 $S_v = 99\%$ 时

$$da/dN = 9.49 \times 10^{-10}(\Delta K - 8.69)^2, \quad R = 0.1 \qquad (20\text{-}11a)$$

$$da/dN = 3.72 \times 10^{-10}(\Delta K - 5.09)^2, \quad R = 0.5 \qquad (20\text{-}11b)$$

当存活率 $S_v = 1\%$ 时

$$da/dN = 2.79 \times 10^{-10}(\Delta K - 13.17)^2, \quad R = 0.1 \qquad (20\text{-}11c)$$

$$da/dN = 2.05 \times 10^{-10}(\Delta K - 7.07)^2, \quad R = 0.5 \qquad (20\text{-}11d)$$

　　将疲劳裂纹扩展速率试验结果与式(20-11a)～式(20-11d)所示曲线画在图 20-11 中，可见，试验结果落在存活率为 1%～99%的分散带以内。

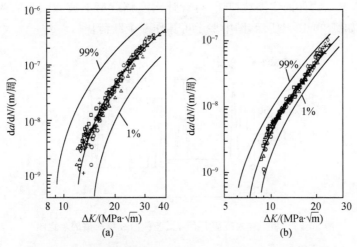

图 20-11　老龄桥梁钢板的 P-ΔK-$\mathrm{d}a/\mathrm{d}N$ 曲线与试验结果[5]

(a)$R=0.1$;(b)$R=0.5$

20.5　老龄桥梁钢板带原状铆钉孔试件变幅载荷下的疲劳寿命预测

20.5.1　铁路桥梁的载荷

火车通过铁路桥时,桥梁结构件所受的载荷见图 20-12[2]。火车头通过铁路桥时,桥梁结构件所受的应力大,车辆通过铁路桥时,桥梁结构件所受的应力较小,而空载车辆通过铁路桥时,桥梁结构件所受的应力更小;很小的循环应力在变幅载荷下的疲劳试验和寿命预测时可被省略。

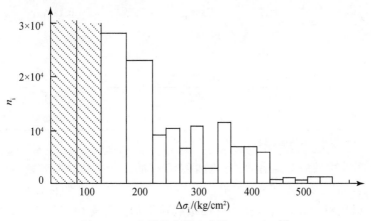

图 20-12　主梁的实测应力谱(1990 年)[2]

根据桥梁结构件的实测载荷谱,可设计出变幅载荷下疲劳试验的两级程序块谱,示意图如图 20-13[5] 所示,图中所示可算作一个载荷块。

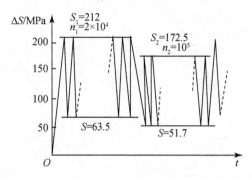

图 20-13　用于变幅载荷下疲劳试验的两级载荷谱的示意图[5]

20.5.2　老龄桥梁钢板带原状铆钉孔试件变幅载荷下的疲劳寿命试验结果

文献[5]报道了老龄桥梁钢板带原状铆钉孔试件变幅载荷下的疲劳寿命试验结果,现重列入表 20-3。

表 20-3　老龄桥梁钢板带原状铆钉孔试件两级载荷下的疲劳寿命试验结果[5]

编号	N_1/块	$\lg N_1$	$D_{c,1}$	N_f/块	$\lg N_f$	$D_{c,f}$
10A	7.44	0.8717	1.348	8.28	0.9179	1.359
10B	6.78	0.8310	1.227	7.21	0.8581	1.184
10C	6.50	0.8128	1.177	6.94	0.8415	1.140
11A	4.67	0.6689	0.845	4.93	0.6929	0.809
11B	5.66	0.7531	1.025	6.60	0.8193	1.083
11C	4.72	0.6740	0.855	5.45	0.7363	0.894
12A*	2.44	0.3879	0.442	3.28	0.5155	0.538
12B	4.33	0.6363	0.784	5.45	0.7363	0.894
12C	6.98	0.8440	1.264	7.68	0.8858	1.261
$\bar{x}$	5.50	0.7200	0.996	6.20	0.7781	1.027
s	1.61	0.1510	0.291	1.53	0.1238	0.257

* 表示 12A 试样孔边有明显缺陷。

将表 20-3 中的疲劳寿命的试验结果按升高的顺序排列并取对数,画在正态概率坐标纸上,如图 20-14 所示,图中以平均秩作为失效概率的估计值[8]。可以看出,老龄桥梁钢板带原状铆钉孔试件两级载荷下的疲劳寿命(N_1、N_f)试验结果遵循对数正态分布。

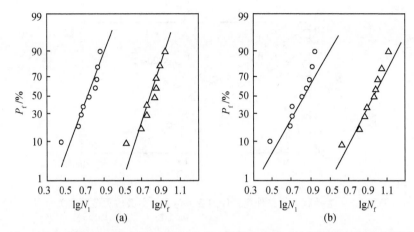

图 20-14　老龄桥梁钢板带原状铆钉孔的试件两级载荷下疲劳寿命的概率分布[5]

因为老龄桥梁钢是低碳、低强度钢,在它的拉伸曲线上有显著的屈服平台,因而具有不连续应变硬化特性。故可采用 Miner's 和疲劳寿命表达式,即式(20-5a)～式(20-5e)和式(20-6a)～式(20-6e),预测老龄桥梁钢板带原状铆钉孔的试件两级载荷下疲劳寿命,无须考虑载荷谱中大、小载荷的交互作用[5,11]。因此,可采用 15.4.1 节中的程序和方法以及式(20-5a)～式(20-5e)和式(20-6a)～式(20-6e),预测老龄桥梁钢板带原状铆钉孔的试件两级载荷下疲劳寿命的概率分布。

将 $K_t = 2.45$ 和图 20-13 中的名义应力与应力比代入式(3-26),可得两级当量应力谱,即 $(\Delta\sigma_{eqv})_1 = 307.3 MPa$、$(\Delta\sigma_{eqv})_2 = 249.7 MPa$。按 15.4.1 节中的程序和方法以及式(20-5a)～式(20-5e)和式(20-6a)～式(20-6e),预测的老龄桥梁钢板带原状铆钉孔的试件两级载荷下疲劳寿命的概率分布,如图 20-14 所示[5]。由此可见,预测结果也遵循对数正态分布,并与试验结果符合得很好[5]。

上述试验结果和分析表明,采用 15.4.1 节中的程序和方法以及带存活率的疲劳寿命表达式,可以预测老龄桥梁钢结构的疲劳寿命的概率分布。

20.6　老龄桥钢梁铆接件模拟件的疲劳寿命与表达式

20.6.1　老龄桥梁铆接件模拟件的疲劳试验结果

由于受试用料的限制,老龄桥梁铆接件模拟件的疲劳试件数量较少,在每个循环应力下只试验了三个试件。疲劳试验结果表示为名义应力范围的函数,如图 20-15 所示[5]。对图 20-15 中的试验结果进行回归分析,给出下列表达式[5]:

$$N_f = 3.38 \times 10^{14} \Delta S^{-4.49}, \quad r = -0.929, s = 0.152 \qquad (20-12)$$

按式(20-12)画出的老龄桥梁铆接件模拟件的疲劳寿命如图 20-15 所示。图 20-15 可见,个别试验结果落在 $\pm 2s$ 分散带之外。

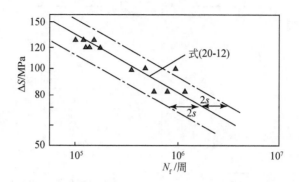

图 20-15　老龄桥梁铆接件模拟件的疲劳寿命与名义应力范围的关系[5]

老龄桥梁铆接件模拟件的疲劳寿命也可表示为当量应力幅的函数,如图 20-16 所示[5]。对图 20-16 中的试验结果进行回归分析,给出下列表达式[5]:

$$N_f = 4.67 \times 10^{13} (\Delta\sigma_{eqv}^{1.82} - 115.4^{1.82})^{-2}, \quad r = -0.923, s = 0.157$$

$$(20\text{-}13)$$

按式(20-13)画出的老龄桥梁铆接件模拟件的疲劳寿命如图 20-16 所示。式(20-13)的优点,是显示疲劳门槛值或理论疲劳极限的存在。而疲劳门槛值在寿命预测中,可作为小载荷的省略准则。

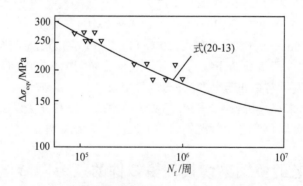

图 20-16　老龄桥梁铆接件模拟件的疲劳寿命与当量应力幅的关系[5]

20.6.2　老龄桥梁铆接件模拟件的带存活率的疲劳寿命表达式

按 13.2.1 节中的程序,首先,将老龄桥梁铆接件模拟件疲劳寿命的试验结果按升高的次序排列,再用式(4-10)对每一组试验数据进行拟合,可得三对疲劳抗力系数和门槛值之值,如表 20-4 所示[5]。

表 20-4　老龄桥梁铆接件模拟件的疲劳试验数据分组拟合所得的结果[5]

编号	C_f	$\lg C_f$	$(\Delta\sigma_{eqv})_{thf}/MPa$	$\lg(\Delta\sigma_{eqv})_{thf}$
1	4.35×10^{13}	13.6380	99.6	1.9984
2	4.54×10^{13}	13.6573	114.2	2.0577
3	5.42×10^{13}	13.7337	127.5	2.1055
$\bar{x}$	—	13.6763	113.8	2.0539
s	—	0.0506	14.0	0.0537

用夏皮罗-威尔克方法检验老龄桥梁铆接件模拟件的疲劳抗力系数和门槛值是否遵循正态分布[5]。检验结果表明，老龄桥梁铆接件模拟件的疲劳抗力系数和门槛值遵循对数正态分布，疲劳门槛值$(\Delta\sigma_{eqv})_{thf}$还遵循正态分布[5]。

将表 20-4 中疲劳抗力系数的对数平均值和门槛值的平均值代入式(4-10)，可得老龄桥梁铆接件模拟件的具有存活率为 50％的疲劳寿命表达式：

$$N_f = 4.67\times10^{13}(\Delta\sigma_{eqv}^{1.82} - 113.2^{1.82})^{-2} \tag{20-14a}$$

从疲劳抗力系数和门槛值的对数平均值分别减去 $1.645s$ 和 $3.09s$，即得存活率为 95％和 99.9％的疲劳寿命表达式如下：

当存活率为 95％时

$$N_f = 3.92\times10^{13}(\Delta\sigma_{eqv}^{1.82} - 92.3^{1.82})^{-2} \tag{20-14b}$$

当存活率为 99.9％时

$$N_f = 3.30\times10^{13}(\Delta\sigma_{eqv}^{1.82} - 77.1^{1.82})^{-2} \tag{20-14c}$$

疲劳抗力系数和门槛值的对数平均值分别加 $1.645s$ 和 $3.09s$，即得存活率为 5％和 0.1％的疲劳寿命表达式如下：

当存活率为 5％时

$$N_f = 5.75\times10^{13}(\Delta\sigma_{eqv}^{1.82} - 138.8^{1.82})^{-2} \tag{20-14d}$$

当存活率为 0.1％时

$$N_f = 6.80\times10^{13}(\Delta\sigma_{eqv}^{1.82} - 165.9^{1.82})^{-2} \tag{20-14e}$$

图 20-17 按式(20-14a)～式(20-14e)画出了老龄桥梁铆接件模拟件的具有给定存活率的疲劳寿命曲线与试验结果。由图 20-17 可见，全部试验结果均分布在存活率为 95％和 5％的疲劳寿命曲线之间，是合理的、可以接受的。

为进一步考察式(20-14a)～式(20-14e)的合理性与可靠性，将 $R=0.1$ 和 $K_t=2.45$ 代入式(20-14a)～式(20-14e)，将老龄桥梁铆接件模拟件的具有给定存活率的疲劳寿命与当量应力幅的关系，转换为具有给定存活率的疲劳寿命与最大名义应力的关系如下[5]：

当存活率为 50％时

$$N_f = 7.78\times10^{12}(S_{max}^{1.82} - 59.7^{1.82})^{-2} \tag{20-15a}$$

当存活率为 95％时

$$N_f = 6.41\times10^{12}(S_{max}^{1.82} - 56.2^{1.82})^{-2} \tag{20-15b}$$

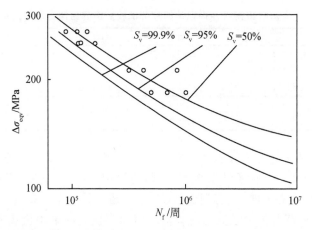

图 20-17　老龄桥梁铆接件模拟件的具有给定存活率的疲劳寿命曲线与试验结果[5]

当存活率为 99.9% 时

$$N_f = 5.41 \times 10^{12} (S_{max}^{1.82} - 49.9^{1.82})^{-2} \qquad (20\text{-}15c)$$

将式(20-15a)、式(20-15c)与文献[10]中报道的服役 100 多年的旧钢桥的纵梁、主梁和带有损伤表面的旧桥钢板相关的试验结果做比较,如图 20-18 所示[5]。由此可见,绝大多数试验点均高于式(20-15c)所表示的存活率为 99.9% 的疲劳寿命表达式,仅主梁的一两个试验点除外。

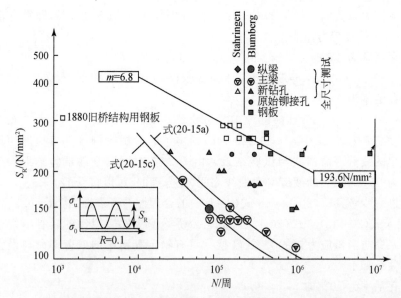

图 20-18　式(20-15a)、式(20-15c)与文献[10]中报道的服役 100 多年的旧钢桥的纵梁、主梁和带有损伤表面的旧桥钢板相关的试验结果的比较[5]

文献[2]汇集了各国研究者对老龄桥的疲劳试验结果,并给出了存活率为

97.7%的疲劳寿命表达式：

$$N_f = 2.56 \times 10^{13} \Delta\sigma^{-4.0} \qquad (20\text{-}16)$$

　　式(20-16)曾用于我国老龄桥剩余寿命的评估,但在剩余寿命的评估时采用经验的小载荷省略准则[2,11]。

　　图 20-19 中按式(20-15a)、式(20-15c)和式(20-16)画出带有给定存活率的疲劳寿命曲线与文献[2]中的试验结果[5]。由此可见,用老龄桥梁铆接件的模拟件测定的疲劳寿命试验结果,给出的带存活率的疲劳寿命表达式,即式(20-15c)高于绝大多数试验点,仅个别点例外,并在中、短寿命区与式(20-16)相符。基于上述试验结果和分析,可以认为,用老龄桥梁铆接件的模拟件测定的疲劳寿命试验结果,给出的带存活率的疲劳寿命表达式是可靠的,可用于老龄桥梁铆接铆接结构剩余寿命的预测。文献[5]给出了老龄桥梁铆接钢桥剩余寿命估算算例。

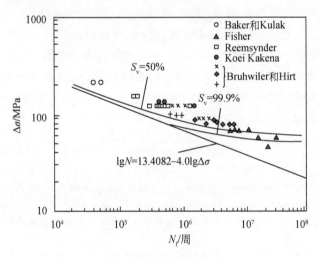

图 20-19　国外老龄桥的疲劳试验结果以及按式(20-15a)、式(20-15c)和
式(20-16)画出带有给定存活率的疲劳寿命曲线[5]

20.7　结　　语

　　本章对老龄桥梁钢的疲劳性能与蜕化进行了研究与表征,分析了老龄桥梁钢疲劳寿命的分布,给出了其疲劳裂纹起始寿命和疲劳寿命的表达式以及剩余寿命评估模型。

　　结果表明,老龄桥钢带原状铆钉孔试件的疲劳裂纹起始寿命和疲劳寿命,可表示为当量应力幅的函数,如式(20-3)和式(20-4)所示。在给定的当量应力幅下,老龄桥钢带原状铆钉孔试件的疲劳寿命遵循对数正态分布,疲劳抗力系数遵循对数正态分布,疲劳门槛值遵循正态分布也遵循对数正态分布,由此获得了式(20-6a)～式(20-6e)表示的老龄桥梁钢带原状铆钉孔试件的具有相应存活率的疲劳寿命表达式,预测了老龄桥梁钢板带原状铆钉孔的试件两级载荷下疲劳寿命的概率分布,预测结果遵循对数正态分布,并与试验结果符合很好,进一步验证了所得老龄桥梁钢带原状铆钉孔试件疲劳寿命表达式的合理性与可靠性,可以预测老龄桥梁钢变幅载荷下疲劳寿命的概率分布。

经过长期服役的老龄桥梁钢板,由于微动损伤和腐蚀的影响,引起了老龄桥梁钢板疲劳性能的蜕化,表现为疲劳裂纹起始抗力系数和门槛值的降低;服役期越长,降低的幅度可能越大。

老龄桥梁钢板的疲劳裂纹扩展速率可以用式(20-10a)和式(20-10b)来表达,该式表明了裂纹扩展门槛值的存在。疲劳裂纹扩展系数和疲劳裂纹扩展门槛值分别服从对数正态分布和正态分布,并给出了能覆盖裂纹扩展速率Ⅰ和Ⅱ区的老龄桥梁钢板的带存活率的疲劳裂纹扩展速率表达式(20-11a)~式(20-11d)。

老龄桥梁铆接件模拟件的疲劳寿命也可表示为当量应力幅的函数[式(20-13)],其优点,是显示疲劳门槛值或理论疲劳极限的存在,而疲劳门槛值在寿命预测中,可作为小载荷的省略准则。老龄桥梁铆接件模拟件的疲劳寿命、疲劳抗力系数和门槛值遵循对数正态分布,疲劳门槛值$(\Delta\sigma_{eqv})_{thf}$还遵循正态分布,据此给出了带存活率的疲劳寿命表达式即式(20-15a)~式(20-15c),可用于老龄桥梁铆接铆接结构剩余寿命的预测。

参 考 文 献

[1] Yamada K. Fatigue assessment of orth otropic steel decks of givder bridge. Proceedings of IABSE Workshop:Remaining Fatigue Life Steel Structure,Lausanne,1990.

[2] 史永吉,杨妍曼,李之榕,等. 京广线长台关桥钢梁剩余寿命评估. 北京:铁道部科学研究院铁建所,1990,12.

[3] 史永吉,杨妍曼,李之榕,等. 绥佳线佳木斯桥钢梁剩余寿命评估. 北京:铁道部科学研究院铁建所,1991,3.

[4] Zheng X L,Li Z,Shi Y J,et al. Fatigue performance of old bridge steel and the procedures for life prediction with given survivability. Engineer Fracture Mechanics,1996,53(2):351-362.

[5] 李臻. 低碳低合金钢制件的带存活率的疲劳寿命估算模型. 西安:西北工业大学博士学位论文,1994.

[6] Rolfe S T,Barsom J M. Fracture and Fatigue Control in Structures. Englewood:Prentice Hall,1977:205-231.

[7] Buch A. Prediction of constant-amplitude fatigue life to failure under pulsating-tension by use of the ocal-strain-approach. International Journal of Fatigue,1990,12(6):505-512.

[8] 邓勃. 数理统计方法在分析测试中的应用. 北京:化学工业出版社,1984.

[9] Sova J A,Crews J H Jr,Exton R J. Fatigue-crack-initiation and growth in notched 2024-T3 specimens monitored by a videotape system. NASA TND-8224,1976.

[10] Mang F,Bucak O. Experimental and theoretical investigations of existing railway bridges. Proceedings of IABSE Workshop:Remaining Fatigue Life of Steel Structures,Lausanne,1990:59-71.

[11] 郑修麟. 金属材料的疲劳. 西安:西北工业大学出版社,1987.

第六部分　某些非金属材料的疲劳

目前,在工业中使用的结构材料还有陶瓷材料、高分子材料、金属化合物材料和复合材料等。因此,应对这些材料的疲劳行为加以研究。金属化合物材料还应认为是金属材料,只是其塑性比常规金属材料的塑性低。复合材料中的金属基复合材料,尤其是颗粒增强的或短纤维增强的金属基复合材料,也应视为金属材料,但由于增强体的加入,材料的弹性模量和强度提高,而塑性下降。另一方面,由于颗粒增强的和短纤维增强的金属基复合材料常采用铸造或粉末冶金的方法制备,因而材料会存在微孔等缺陷,从而影响到疲劳裂纹的起始与扩展。长纤维增强的树酯基复合材料,纤维的作用是承受拉应力,而树酯则起黏合作用并传递切应力,并且材料是各向异性的。再则,增强纤维通常是脆性的。因此,长纤维增强的树酯基复合材料的疲劳性能可能有其特殊性。

后续章节将主要讨论陶瓷材料和复合材料的疲劳性能,以及寿命预测模型。

第 21 章　陶瓷材料的疲劳

21.1　引　言

工业中应用的陶瓷材料,可分为结构陶瓷材料和功能陶瓷材料两大类。力学性能是陶瓷材料必须具备的基本性能,对于结构陶瓷材料尤为重要。陶瓷之所以能作为结构材料在工业中应用,主要是因为它具有高的弹性模量、高的强度(尤其是高的抗压强度)和硬度、比重小、耐高温、耐磨损、耐腐蚀,以及原料价格便宜等突出优点。因为陶瓷材料具有上述优异的力学性能,因而可用于制造精密机床的主轴,高温下工作的轴承,尤其是燃气轮机和内燃机的热部件,因而在汽车、航空航天工业、核工业和化学工业中已经或将获得应用[1-4]。

为使结构陶瓷材料在工业中获得合理而有效的应用、陶瓷结构件安全可靠地服役,近年来对陶瓷等脆性材料的力学性能和失效准则进行了大量的研究[3,5-23];尤其是对结构陶瓷材料的疲劳与断裂性能的研究更为广泛,包括疲劳寿命曲线[3,6-11]、疲劳裂纹扩展速率[12-15],以及静强度、切口强度与断裂韧性[5,16-24]等。

文献[21]和[22]中的试验结果表明,结构陶瓷是本征脆性材料,甚至在轴向压缩应力状态下也发生脆性断裂;而且,陶瓷材料的脆性断裂是由最大拉伸应力引起的。文献[3]和[8]中的试验结果表明,应力比或平均应力对陶瓷材料的疲劳寿命有着很大的影响;而且,应力比对陶瓷材料的疲劳寿命的影响,要比应力比对塑性金属材料疲劳寿命的影响大得多。所以,陶瓷材料的疲劳损伤和疲劳寿命的控制参数,可能与塑性金属材料的不同,因而有必要做进一步的探讨。再则,陶瓷材料疲劳寿命的试验结果具有很大的分散性,因此,对陶瓷材料的疲劳寿命和断裂强度的试验结果要进行统计分析[6-9]。

本章将介绍文献中有关陶瓷材料疲劳寿命的试验研究结果,探讨陶瓷材料疲劳寿命的控制参数,给出陶瓷材料疲劳寿命的表达式,尤其是带存活率的疲劳寿命表达式。同时,也介绍陶瓷材料疲劳裂纹扩展速率的试验结果,给出陶瓷材料疲劳裂纹扩展速率的表达式。最后,对陶瓷材料的疲劳设计准则进行讨论。

21.2　陶瓷材料的疲劳寿命曲线

对陶瓷材料的疲劳寿命已做了相当多的试验测定与分析,给出了疲劳寿命曲线以及各个因素对疲劳寿命曲线的影响等[3,6-8,10,11]，兹分别介绍如下。

21.2.1　陶瓷材料的疲劳寿命曲线

　　文献[3]、[7]和[8]中都报道了 Al_2O_3 陶瓷室温下疲劳寿命的试验结果。在应力比 $R=0$ 和 -1 下，Al_2O_3 陶瓷的疲劳寿命与应力幅 σ_a 的关系曲线如图 21-1 所示[8]。所用的 Al_2O_3 陶瓷的制备工艺在文献[8]中有较详细的叙述。

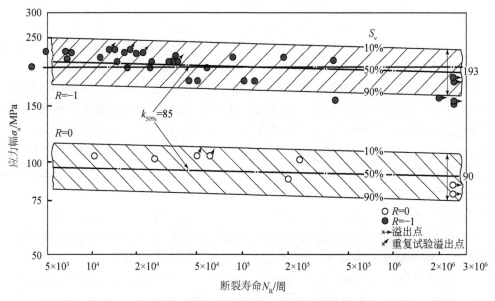

图 21-1　不同应力比下 Al_2O_3 陶瓷的疲劳寿命曲线

四点弯曲，室温，$f=20Hz$，$K_t=1.08$[8]

　　由此可见，应力比对陶瓷材料的疲劳寿命有很大的影响。而且，在不同应力比下，Al_2O_3 陶瓷的疲劳寿命曲线近似地相互平行（见图 21-1）。Sonsino 等指出，应力比对陶瓷材料疲劳寿命的影响，要比应力比对塑性金属材料疲劳寿命的影响大得多[3,8]。在应力比 $R=0$，即脉动载荷（pulsating loading）的情况下，陶瓷材料给定寿命下的疲劳强度，仅为 $R=-1$ 时，即对称循环载荷下疲劳强度的 50%[8]。倘若将陶瓷材料疲劳寿命的试验结果表示为循环最大应力的函数，则图 21-1 中的 $R=-1$ 和 $R=0$ 两条疲劳寿命曲线将合二为一。

　　由图 21-1 还可看出，Al_2O_3（SG）陶瓷的疲劳寿命曲线十分平坦，而且，疲劳试验只进行到 $N_f=2.5\times10^6$ 周时即停止试验。所以，图 21-1 中 Al_2O_3 陶瓷疲劳寿命的试验结果，只是中、短寿命区内疲劳寿命的试验结果。Sonsino[3]用 Basquin 公式，即式(2-3)拟合 Al_2O_3 陶瓷的疲劳寿命的试验结果，给出式(2-3)中指数 $b\approx-0.0118$（原文中为 $k=\Delta\lg N/\Delta\lg\sigma_a=85$，未考虑正负号），并给出存活率为 10%、

50％和 90％的疲劳寿命曲线。

文献[9]对 Al_2O_3 陶瓷的疲劳寿命的试验结果[7]进行了再分析。分析结果表明，Al_2O_3 陶瓷的理论疲劳极限 σ_{-1} 的平均值和标准差约等于其弯曲断裂强度 σ_{bb} 的一半，即 $\sigma_{-1} = \sigma_{bb}/2$[9]。所以，$Al_2O_3$ 陶瓷的疲劳寿命的试验结果只能分布在 $\sigma_{-1} \sim \sigma_{bb}$ 的范围内。文献[8]中给出所试验的 Al_2O_3 陶瓷（SG）的 $\sigma_{bb}=340MPa$，因而其疲劳试验结果只能分布在应力幅为 $170 \sim 340MPa$ 的范围内；图 21-1 中的试验结果与这一估计相符。若再考虑到弯曲断裂强度试验结果的分散性，Al_2O_3 陶瓷（SG）疲劳寿命的试验结果将分布在更狭窄的应力幅区间，而疲劳寿命可在 1/4 周至无穷大的范围内变动，这就是陶瓷等脆性材料的疲劳寿命曲线之所以十分平坦的原因。

21.2.2　温度对陶瓷材料疲劳寿命和疲劳强度的影响

文献[8]中也报道了不同的试验温度和应力比对 Si_3N_4 陶瓷（SSN-B）疲劳寿命影响的试验结果，如图 21-2 所示。Si_3N_4 陶瓷（SSN-B）的制备工艺在文献[8]中有较详细的叙述。试验结果表明，当试验温度 $T \geqslant 1200℃$ 时，Si_3N_4 陶瓷的疲劳强度明显地降低；当 $T \leqslant 1000℃$ 时，试验温度对 Si_3N_4 陶瓷的疲劳强度无明显的影响。

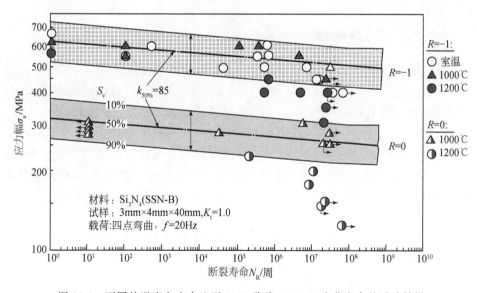

图 21-2　不同的温度和应力比下 Si_3N_4 陶瓷（SSN-B）疲劳寿命的试验结果

由图 21-2 还可看出，应力比对 Si_3N_4 陶瓷（SSN-B）室温和高温下的疲劳寿命有显著的影响，但影响的趋势与对 Al_2O_3 陶瓷（SG）疲劳寿命影响的趋势相同。再则，Si_3N_4 陶瓷（SSN-B）室温和高温下的疲劳寿命曲线也十分平坦，其原因已如前述。

但是,用不同的工艺制备的 Al_2O_3 陶瓷,在 800℃下的疲劳强度(给定寿命为 2.5×10^6 周)较室温下的高约 30%,如图 21-3 所示[8],而在 1200℃,疲劳强度下降到 800℃时的 50%[8]。曾经观察到,在 800℃时,Al_2O_3 陶瓷的弯曲强度和切口强度也有较大幅度的升高[21]。看来,Al_2O_3 陶瓷的疲劳强度随温度的升高而发生的变化,与其弯曲强度和切口强度随温度的升高而发生的变化,具有相同的趋势。

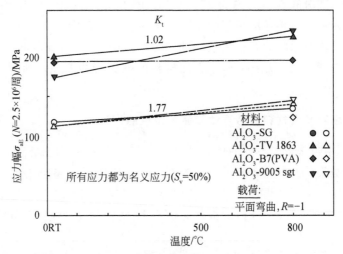

图 21-3 Al_2O_3 陶瓷的疲劳强度随温度的变化,括弧内的符号表示制备工艺[8]

由图 21-1 和图 21-2 可见,以循环应力幅作为陶瓷等脆性材料疲劳损伤的控制参数,显示出应力比对陶瓷材料疲劳寿命的重大影响。而且,在给定的寿命下,应力比 $R=0$ 时的疲劳强度约为 $R=-1$ 时的疲劳强度的 50%[3,8]。据此,可以认为,循环应力幅或应力范围不是陶瓷等脆性材料疲劳损伤的控制参数,至少不是唯一的控制参数。倘若将陶瓷等脆性材料的疲劳寿命表示为循环最大应力的函数,则图 21-1 和图 21-2 中的试验结果可能散布在同一分散带内。看来,循环最大应力有可能是陶瓷等脆性材料的疲劳损伤的控制参量;对此,还将作进一步的论证。

21.3 陶瓷材料疲劳损伤的控制参数

21.3.1 应力比对陶瓷材料疲劳寿命的影响

Masuda 等[6]在循环拉-拉应力下,测定了不同应力比下 Si_3N_4 陶瓷的疲劳寿命,试验结果如图 21-4 所示。由此可见,若将不同应力比下测定的 Si_3N_4 陶瓷的疲劳寿命,表示为循环最大应力的函数,则不同应力比下测定的 Si_3N_4 陶瓷的疲劳寿命,分布在同一分散带内。这表明,循环最大应力有可能是陶瓷材料疲劳损伤和疲劳寿命的控制参数。

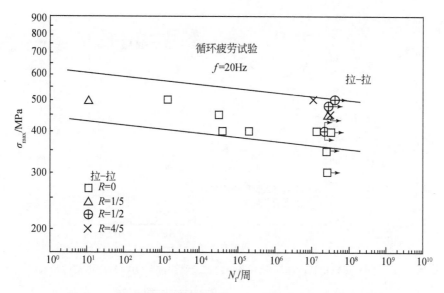

图 21-4　在不同应力比下测定的 Si_3N_4 陶瓷的疲劳寿命曲线[6]

值得注意的是,在应力比高、应力幅较小的情况下,陶瓷材料的疲劳寿命的试验结果,仍与应力比低、应力幅大得多的情况下获得的试验结果,处在同一分散带之内(见图 21-4)。这进一步表明,循环应力幅不是陶瓷材料的疲劳寿命的控制参数,而循环最大应力才可能是陶瓷材料疲劳寿命的控制参数。然而,图 21-4 中的试验数据较少,需要有更多的试验结果,对上述论点作进一步的论证。

21.3.2　陶瓷材料扭转疲劳寿命的试验结果

Mayer 等[10]用超声频(20kHz)疲劳试验装置,测定了 ZrO_2 陶瓷材料的扭转疲劳寿命,并将 ZrO_2 陶瓷材料的扭转疲劳寿命的试验结果表示为扭转应力幅的函数,如图 21-5 所示。此外,图 21-5 中的试验结果还表明,ZrO_2 陶瓷材料可能具有确定的扭转疲劳极限。

在图 21-5 中,也给出了另叠加 25MPa 静压应力时所测定的扭转疲劳寿命的试验结果。可以看出,叠加 25MPa 静压应力后,延长了 ZrO_2 陶瓷材料的扭转疲劳寿命。尽管所加的静压应力很小,但对 ZrO_2 陶瓷材料的扭转疲劳寿命却有着明显而确定的影响。

21.3.3　静压应力-循环扭转复合应力下陶瓷材料的疲劳寿命

Mayer 等[10]将 ZrO_2 陶瓷材料在压(静载)-扭(循环载荷)下的疲劳寿命,表示为循环最大应力的函数,结果如图 21-6 所示。循环最大应力 $\sigma_{T,max}$ 用下式表示[10]:

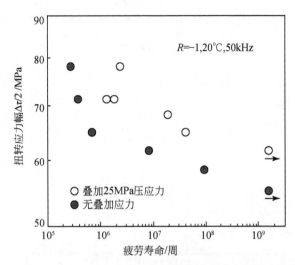

图 21-5　ZrO_2 陶瓷材料的扭转疲劳寿命的试验结果表示为扭转应力幅的函数[10]

$$\sigma_{\mathrm{T,max}} = \frac{\sigma_{\mathrm{c}}}{2} + \sqrt{\left(\frac{\sigma_{\mathrm{c}}}{2}\right)^2 + \tau^2} \tag{21-1}$$

式中，σ_{c} 为静压应力，在图 21-5 和图 21-6 中标示为"叠加载荷"；τ 为由扭矩引起的切应力，实际上应为切应力幅。

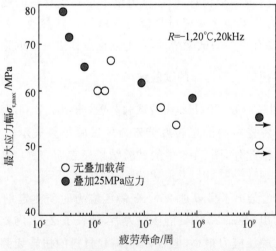

图 21-6　ZrO_2 陶瓷材料的扭转疲劳寿命的试验结果表示为循环最大应力幅的函数[10]

由图 21-6 可见，ZrO_2 陶瓷材料在静压应力-循环扭转应力复合应力下测定的扭转疲劳寿命，可以表示为循环最大应力幅的单值函数。据此，可以认为，ZrO_2 陶瓷材料扭转疲劳寿命的控制参数应为循环最大拉伸应力，而非循环扭转应力幅。

断口观察表明,ZrO₂陶瓷管状试件的扭转疲劳断口表面呈螺旋状,且与试件的轴线呈约 45°[10]。这表明,ZrO₂陶瓷的扭转疲劳断裂是脆性断裂,是由循环最大拉伸应力引起的。在拉-扭复合应力作用下,陶瓷材料的断裂也是脆性断裂,也是由最大拉伸应力引起的[23],与上述 ZrO₂陶瓷的扭转疲劳断裂完全相同。综上所述,可以认为,陶瓷材料疲劳、断裂的控制参数均为循环最大拉伸应力。

21.4　陶瓷材料的带存活率的疲劳寿命曲线和疲劳极限

21.4.1　陶瓷材料的带存活率的疲劳寿命曲线及表达式

实际上,在图 21-1 和图 21-2 中已经画出了带存活率的疲劳寿命曲线,但用 Basquin 公式不能反映疲劳极限的存在,以及疲劳极限与疲劳寿命之间的关系,且在长寿命范围内似不适用。但在图 21-1 和图 21-2 中所示的陶瓷材料疲劳寿命的试验结果为 $N_f \leqslant 2.5 \times 10^6$ 周。

在文献[7]中也给出了 Al₂O₃陶瓷在旋转弯曲载荷下疲劳寿命的试验结果,并根据试验结果画出带存活率的疲劳寿命曲线。然而,由于 Al₂O₃陶瓷疲劳寿命的试验结果的分散性过大,达 6～7 个量级(见表 21-1),所以,根据疲劳寿命的试验结果被动地画出的带存活率的疲劳寿命曲线,难以显示它应有的规律性[7]。

表 21-1　Al₂O₃陶瓷疲劳寿命的试验结果以及用式(5-13)计算所得的常数[9]

编号	$\lg N_f$		$\lg C_f$	σ_{ac}/MPa	σ_{bb}/MPa
	$\sigma_a = 169$MPa	$\sigma_a = 148$MPa			
1	1.4314	2.7340	4.2923	142.0	238
2	1.9090	2.7427	4.9713	135.0	242
3	2.0294	2.8639	5.0920	135.0	249
4	2.6365	3.4814	5.6915	135.2	249
5	2.7235	3.6684	5.9430	137.3	263
6	3.1139	4.5441	5.9700	143.0	265
7	4.0455	4.6010	7.1711	124.6	266
8	4.1553	4.8915	7.2348	132.2	266
9	4.3636	4.9020	7.2880	123.5	269
10	4.3874	5.2068	7.3398	134.6	278

编号	$\lg N_f$		$\lg C_f$	σ_{ac}/MPa	σ_{bb}/MPa
	$\sigma_a=169MPa$	$\sigma_a=148MPa$			
11	4.4362	6.0086	7.4607	143.9	293
12	4.4518	6.6232	7.6800	146.1	296
13	5.0969	6.6284	7.8993	143.7	—
14	5.4362	6.6609	8.3251	141.2	—
15	5.5670	7.0000	8.3874	143.0	—
16	5.6749	7.0414	8.5218	142.5	—
17	5.9159	7.4031	8.7305	143.4	—
18	5.9952	7.5165	8.8106	143.5	—
19	6.5703	7.7251	9.4850	140.4	—
20	7.1644	7.9165	10.2810	132.8	—
$\bar{x}$	4.3552	5.5075	7.3294	138.1	264.5
s	1.6239	1.7677	1.5860	6.4	14.0

应用求得带存活率的疲劳寿命曲线的简化解析法(见 13.6 节)和式(5-13),对文献[7]中的试验数据进行再分析,以求得 Al_2O_3 陶瓷的带存活率的疲劳寿命曲线表达式。首先,按 13.6.1 节中提出的原则,选定两个应力幅下测定的疲劳寿命的试验结果(见表 21-1),并确定这两组试验结果均符合对数正态分布(见图21-7),图中的失效概率用平均秩加以估计[9]。然后,将表 21-1 中所列的 20 对数据依次代入式(5-13),计算 C_f 和 σ_{ac} 之值,所得结果也列入表 21-1。

将 Al_2O_3 陶瓷的疲劳抗力系数 C_f 取对数,并和理论疲劳极限 σ_{ac} 一同按升高的次序重新排列,然后画在正态概率坐标纸上,如图 21-8 所示,图中的失效概率用平均秩加以估计[9]。由图 21-8 可见,C_f 遵循对数正态分布,σ_{ac} 遵循正态分布[9]。用夏皮罗-威尔克方法作进一步检验,结果仍表明 Al_2O_3 陶瓷的疲劳抗力系数和理论疲劳极限遵循正态分布,理论疲劳极限还遵循对数正态分布[9]。

将 Al_2O_3 陶瓷疲劳抗力系数、理论疲劳极限的平均值代入式(5-13),即得 Al_2O_3 陶瓷的具有存活率为 50% 的疲劳寿命曲线的表达式:

$$N_f = 2.14 \times 10^7 (\sigma_a - 138.1)^{-2} \tag{21-2a}$$

按 13.6 节中的方法,可求得具有任一给定存活率的疲劳寿命曲线的表达式。

当存活率为 97.7% 时

$$N_f = 1.44 \times 10^4 (\sigma_a - 125.3)^{-2} \tag{21-2b}$$

当存活率为 99.9% 时

$$N_f = 2.68 \times 10^2 (\sigma_a - 118.4)^{-2} \tag{21-2c}$$

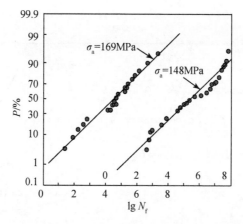

图 21-7　Al₂O₃陶瓷疲劳寿命的对数正态分布[14]

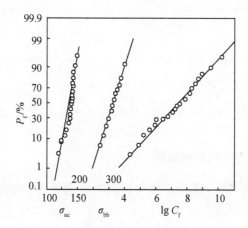

图 21-8　Al₂O₃陶瓷疲劳抗力系数、理论疲劳极限和弯曲强度的概率分布[9]

当存活率为 2.3% 时

$$N_f = 3.17 \times 10^{10} \left(\sigma_a - 150.9\right)^{-2} \qquad (21\text{-}2d)$$

当存活率为 0.1% 时

$$N_f = 1.70 \times 10^{12} \left(\sigma_a - 157.8\right)^{-2} \qquad (21\text{-}2e)$$

按照式(21-2a)～式(21-2d)画出 Al₂O₃ 陶瓷的具有给定存活率的疲劳寿命曲线,如图 21-9 所示[9]。由图 21-9 可见,几乎所有试验结果都分布在 ±2s 分散带内。据此,可以认为,式(21-2a)～式(21-2e)能很好地表示 Al₂O₃ 陶瓷疲劳寿命的试验结果及其分布规律。由图 21-9 还可看出,在高的存活率下,Al₂O₃ 陶瓷疲劳寿命曲线趋于水平线。也就是说,在高的存活率下,Al₂O₃ 陶瓷疲劳强度近似为常数。这与文献[3]和[8]中报道的结果类似。应当指出,Al₂O₃ 陶瓷疲劳寿命曲线的上边界为 Al₂O₃ 陶瓷弯曲断裂强度。

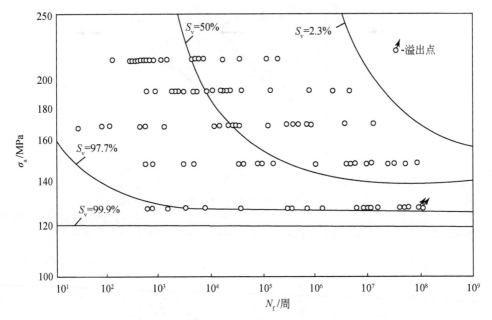

图 21-9　Al₂O₃ 陶瓷的具有给定存活率的疲劳寿命曲线与试验结果[9]

21.4.2　关于 Al₂O₃ 陶瓷的疲劳极限

前已指出,理论疲劳极限是材料疲劳性能的最重要的特性参数。提高材料的理论疲劳极限,可延长其疲劳寿命[见式(5-13)]。在工程应用中,疲劳极限是结构件无限寿命设计的主要依据。所以,对材料疲劳极限的研究,尤其是材料的疲劳极限与拉伸性能之间的关系的研究,历来受到重视(详见第 5 章)。式(21-2a)~式(21-2e)表明,陶瓷材料有确定的疲劳极限。

由图 21-8 可见,Al₂O₃ 陶瓷的弯曲断裂强度遵循正态分布,与文献[21]和[25]中的试验结果和分析一致。由表 21-1 中给出的 Al₂O₃ 陶瓷的弯曲断裂强度 σ_{bb} 和理论疲劳极限 σ_{ac} 的正态分布参数,可以得到下列近似的经验关系式:

$$\bar{\sigma}_{ac} \approx 0.5\bar{\sigma}_{bb} \tag{21-3}$$

$$s_{ac} \approx 0.5s_{bb} \tag{21-4}$$

式中,$\bar{\sigma}_{ac}$、s_{ac} 和 $\bar{\sigma}_{bb}$、s_{bb} 分别为 Al₂O₃ 陶瓷的理论疲劳极限和弯曲断裂强度的平均值和标准差。于是,可以求得 Al₂O₃ 陶瓷具有不同存活率的理论疲劳极限和弯曲断裂强度之值,如表 21-2 所示[9]。

表 21-2　Al₂O₃陶瓷的具有给定存活率的理论疲劳极限和弯曲断裂强度值[14]

$S_v/\%$	σ_{ac}/MPa	σ_{bb}/MPa
0.1	157.8	307.8
2.3	150.9	292.6
5.0	148.1	287.6
50.0	138.1	264.6
95.0	127.6	239.6
97.3	125.3	236.6
99.9	118.4	221.4

由表 21-2 可见,在不同的存活率下,Al₂O₃陶瓷的理论疲劳极限等于弯曲断裂强度值的 51.3%～53.5%。作为近似的但偏于保守的估计,可将 Al₂O₃陶瓷的理论疲劳极限取为 50% 的弯曲断裂强度,即

$$\sigma_{ac} \approx 0.5\sigma_{bb} \tag{21-5}$$

这一经验关系式在工程实践中十分实用而简便。当然,式(21-3)～式(21-5)还需要更多的试验结果作进一步的验证。

21.5　陶瓷材料的疲劳切口敏感性

结构件中总含有切口。因此,用切口试件测定陶瓷材料的疲劳极限和疲劳寿命曲线,在工程中更有实用价值。但是,结构件中的切口几何各有不同,因而切口引起不同的应力集中系数值。为减少疲劳试验工作量,也为了工程应用的方便,应寻求陶瓷材料切口件疲劳性能的一般规律。

在给定的寿命下,总要用光滑试件测定陶瓷材料的疲劳极限,因为这是结构件抗疲劳设计的重要参数。若能求得疲劳强度缩减因子 K_f 与应力集中系数 K_t 间的关系,则具有任一应力集中系数结构件的疲劳极限即可确定。

文献[3]和[8]根据试验结果给出陶瓷材料的 K_f 与 K_t 间的关系,如图 21-10 所示。当误差为−10%～10%时,陶瓷材料疲劳强度缩减因子与应力集中系数近似相等。所以,陶瓷材料切口件的疲劳极限 σ_{-1N} 可由下式求得:

$$\sigma_{-1N} = \sigma_{-1}/K_t \tag{21-6}$$

由式(21-6)和式(21-5),可以根据陶瓷材料的弯曲强度,估算陶瓷切口件的疲劳极限之值。

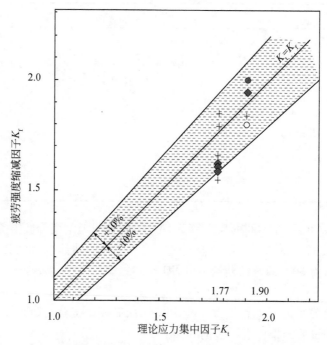

图 21-10　陶瓷材料疲劳强度缩减因子 K_f 与应力集中系数 K_t 间的关系[3,8]

21.6　陶瓷材料切口件的疲劳寿命曲线

21.6.1　陶瓷材料切口件的疲劳寿命曲线

　　Buxbaum 等[8]用 Al_2O_3 和 Si_3N_4 陶瓷制备了光滑试件和切口试件,在温度为室温、800℃和 1200℃,应力比为 −1 和 0 时,进行弯曲疲劳试验,所得试验结果如图 21-11 所示。

　　应当注意的是,图 21-11 中的纵坐标为相对名义应力幅,即名义应力幅 σ_{an} 除以给定寿命为 2.5×10^6 周的疲劳强度,记为 $\sigma_{an}(2.5 \times 10^6)$[3,8]。由此可见,$Al_2O_3$ 和 Si_3N_4 陶瓷在不同试验条件下测定的疲劳寿命与相对名义应力幅,在双对数坐标上,呈良好的线性关系,因而图 21-11 中的试验结果可用 Basquin 方程进行拟合。应力集中系数对陶瓷切口件的疲劳寿命和疲劳强度的影响,可用式(21-6)加以估计。然而,什么是陶瓷切口件的疲劳寿命或疲劳损伤的控制参数,均无法从图 21-11 或 Basquin 方程得到解答。

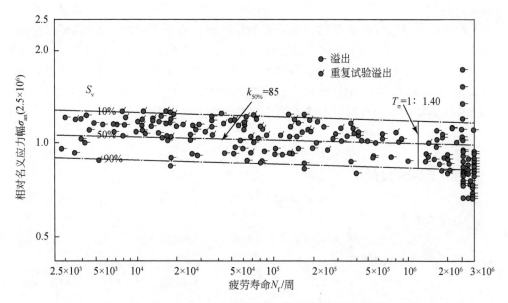

图 21-11　Al_2O_3 和 Si_3N_4 陶瓷的归一化的疲劳寿命曲线[8,13]

试验条件:温度为室温、800℃和1200℃;加载方式为弯曲;应力比 $R=-1,0$;$f=20$ Hz;

应力集中系数 $K_t=1.02,1.08,1.77,1.90$ 和 2.24

21.6.2　陶瓷材料切口件的带存活率的疲劳寿命曲线及表达式

文献[11]和[24]中报道了 Al_2O_3 陶瓷切口试件疲劳寿命的试验结果。试验用的材料是普通工业陶瓷,含有 95% Al_2O_3,晶粒尺寸为 $10\mu m$。切口试件的外形尺寸为:70mm×16.5mm×7.3mm,切口深度均为 3.0mm,切口根部半径分别为 1.5mm 和 0.5mm;相应地,试件的应力集中系数 K_t 为 2.3 和 3.53[11]。疲劳试验在室温大气中进行,相对湿度为 60%~70%,加载频率为 10~15Hz,应力比 $R=0.15$[11]。Al_2O_3 陶瓷切口试件疲劳寿命的试验结果与切口根部循环最大应力 $K_t\sigma_{max}$ 的关系如图21-12所示[24]。

前已指出,循环最大应力可能是陶瓷等脆性材料的疲劳损伤的控制参数。对于陶瓷等脆性材料的切口试件,疲劳损伤的控制参数则应为切口根部局部最大循环应力。因此,式(5-13)应修正为

$$N_f = C_f\,(K_t\sigma_{max} - \sigma_{ac})^{-2} \tag{21-7}$$

式中,σ_{ac} 是以切口根部局部最大循环应力表示的理论疲劳极限。

对试验结果的分析表明[11,24],在循环最大应力 $\sigma_{max}=85.2$MPa、切口根部局部最大应力 $K_t\sigma_{max}=196$MPa 下,Al_2O_3 陶瓷切口试件的疲劳寿命遵循对数正态分布。于是,可求得其对数平均值和标准差,进而求得带有给定存活率的 Al_2O_3 陶瓷切口试件的疲劳寿命之值。因为试验用的材料[1,24]与 Sakai 等[7]所用的 Al_2O_3 陶瓷

接近,可以利用式(21-5)和式(21-3)以及表 21-1 中的弯曲强度值,近似地估算式(21-7)中的带有给定存活率的理论疲劳极限之值。有了上述两组数据,即带有给定存活率的 Al_2O_3 陶瓷切口试件的疲劳寿命之值和带有给定存活率的理论疲劳极限之值,回代入式(21-7),即可求得具有给定存活率的疲劳抗力系数 C_f 之值。将计算的具有给定存活率的疲劳抗力系数 C_f 和理论疲劳极限之值代入式(21-7),即得 Al_2O_3 陶瓷切口试件的带存活率的疲劳寿命表达式如下:

当存活率为 50% 时

$$N_f = 3.85 \times 10^7 (K_t\sigma_{max} - 132.3)^{-2} \tag{21-8a}$$

当存活率为 90% 时

$$N_f = 1.16 \times 10^6 (K_t\sigma_{max} - 120.7)^{-2} \tag{21-8b}$$

当存活率为 99% 时

$$N_f = 1.56 \times 10^5 (K_t\sigma_{max} - 114.2)^{-2} \tag{21-8c}$$

当存活率为 10% 时

$$N_f = 1.20 \times 10^9 (K_t\sigma_{max} - 143.8)^{-2} \tag{21-8d}$$

当存活率为 1% 时

$$N_f = 8.04 \times 10^9 (K_t\sigma_{max} - 150.3)^{-2} \tag{21-8e}$$

图 21-12 所示的 Al_2O_3 陶瓷切口试件的带存活率的疲劳寿命曲线,与图 21-9 所示的 Al_2O_3 陶瓷光滑试件的带存活率的疲劳寿命曲线对照,具有相似的规律性。而且,在高的存活率下,不论是 Al_2O_3 陶瓷切口试件或光滑试件,其疲劳寿命曲线均趋于水平。但应指出,文献[11]和[24]中给出的 Al_2O_3 陶瓷切口试件疲劳寿命的试验数据较少,而且疲劳寿命仅测到 2×10^6 周,所以需要有更多的试验数据,以精确地确定 Al_2O_3 陶瓷切口试件的带存活率的疲劳寿命曲线。

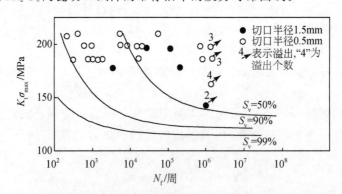

图 21-12 　Al_2O_3 陶瓷切口试件的疲劳寿命曲线[见式(21-8a)~式(21-8c)]与试验结果[11,24]

图 21-12 表明,切口根部局部最大循环应力可能是陶瓷材料疲劳损伤的控制参量,这与图 21-1 和图 21-2 中的结果一致。然而,这需要用进一步的试验加以验证。

21.7　陶瓷材料的循环疲劳裂纹扩展速率

在不含裂纹式缺陷的陶瓷结构件中,疲劳失效也可能经历裂纹起始、亚临界裂纹扩展和最终断裂等三个阶段。但陶瓷材料是脆性材料,具有很高的疲劳裂纹扩展速率。陶瓷材料中的裂纹不仅在循环载荷下发生扩展,在静载荷下也发生扩展;前者称为循环疲劳裂纹扩展,而后者则称为静疲劳裂纹扩展,兹分别讨论如下。

21.7.1　陶瓷材料的循环疲劳裂纹扩展的特点

陶瓷材料的循环疲劳裂纹扩展的特点之一,是陶瓷材料的循环疲劳裂纹扩展速率随着 ΔK 的增大而急剧地升高,如图 21-13 所示[14]。如果用 Paris 公式,即式(6-1)拟合陶瓷材料的循环疲劳裂纹扩展速率的试验结果,则 Paris 公式中的指数 m 值高达 20 以上,即 $m \geqslant 20$[14]。另外,是应力比的影响,在全部裂纹扩展速率范围内,都十分显著(见图 21-13)。所以,要探索能反映应力比影响的陶瓷材料的循环疲劳裂纹扩展速率表达式[15]。

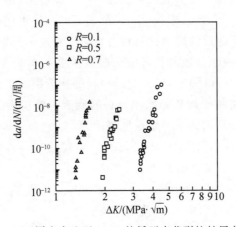

图 21-13　不同应力比下 Si_3N_4 的循环疲劳裂纹扩展曲线[14]

前已指出,材料疲劳裂纹扩展曲线的上、下边界分别为材料的断裂韧性 K_{IC} 或 K_C 以及疲劳裂纹扩展门槛值 ΔK_{th}(见第 6 章)。尽管陶瓷材料的疲劳裂纹扩展门槛值低,但断裂韧性 K_{IC} 值更低(见表 21-3)。所以,陶瓷材料的疲劳裂纹扩展曲线被局限在一很小的 ΔK 的范围内,即 $\Delta K = K_{IC}(1-R) - \Delta K_{th}$。因此,用 Paris 公式拟合陶瓷材料的循环疲劳裂纹扩展速率的试验结果,则 Paris 公式中的指数 m 之值达到很高的值,这也与图 6-2 所示的经验规律相符。

表 21-3　某些陶瓷材料的力学性能[26]

材料	E/GPa	维氏硬度(HV)/GPa	σ_f/MPa	K_{IC}/(MPa·$\sqrt{m}$)	$K_{IC}/E/\sqrt{m}$
Si$_3$N$_4$-A	320	15.6	912	7.2	2.25×10^{-5}
Si$_3$N$_4$-B	318	15.1	1120	6.4	2.01×10^{-5}
SiC	402	24.5	490	2.4	0.60×10^{-6}
TiB$_2$	530	28.0	834	4.6	0.87×10^{-5}
ZrO$_2$	206	12.6	845	4.6	2.23×10^{-5}
Al$_2$O$_3$	343	15.7	294	5.7	1.66×10^{-4}

尽管陶瓷材料的循环疲劳裂纹扩展有它的特点,但与金属材料的疲劳裂纹扩展行为对照,也有其相似点;例如,在陶瓷材料中也观察到疲劳条带[13,27,28]。因此,研究金属材料的疲劳裂纹扩展时提出的力学模型,也有可能用于描述陶瓷材料的循环疲劳裂纹扩展。

21.7.2　陶瓷材料的循环疲劳裂纹扩展的表达式

通常,陶瓷材料的循环疲劳裂纹扩展速率的试验结果,用 Paris 公式进行拟合,以给出相应的表达式[13,27,28]。但是,Paris 公式不能描述近门槛区和快速扩展区内的疲劳裂纹扩展,也不能反映应力比对疲劳裂纹扩展速率的影响。因此,对于陶瓷材料疲劳裂纹扩展的控制参数和循环疲劳裂纹扩展速率的表达式,仍在进行研究和讨论[13,26-34]。然而,可以假定,研究金属材料的疲劳裂纹扩展时提出的改进的静态断裂模型[35,36],也可用于陶瓷等脆性材料的疲劳裂纹扩展。循环疲劳裂纹扩展门槛值 ΔK_{th} 与应力比 R 的关系可定量地表示为

$$\Delta K = K_{max}(1-R), \quad \Delta K_{th} = (K_{max})_{th}(1-R) \tag{21-9}$$

于是,可将式(6-12)改写如下[15]:

$$da/dN = B^*[K_{max} - (K_{max})_{th}]^2 \tag{21-10}$$

式(21-10)中 B^* 与式(6-12)中 B 的关系可表示为

$$B^* = B(1-R)^2 \tag{21-11}$$

通过对图 21-14 中四种陶瓷材料循环疲劳裂纹扩展速率试验结果的分析,给出式(21-10)中 B^* 和 $(K_{max})_{th}$ 之值,列入表 21-4[15]。

表 21-4　四种陶瓷材料的疲劳裂纹扩展常数[见式(21-10)][15]

陶瓷材料	B^*/(MPa)$^{-2}$	$(K_{max})_{th}$/(MPa·$\sqrt{m}$)
Si$_3$N$_4$-A	1.98×10^{-9}	2.58
Si$_3$N$_4$-B	1.84×10^{-9}	2.78
TiB$_2$	1.85×10^{-7}	3.80
Al$_2$O$_3$	2.52×10^{-9}	3.07

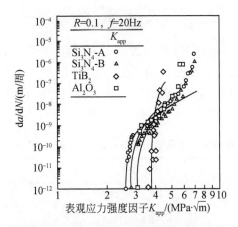

图 21-14　四种陶瓷材料循环疲劳裂纹扩展速率试验结果与按式(21-10)画出的曲线[15]

按式(21-10)画出的陶瓷材料的循环疲劳裂纹扩展速率曲线示于图 21-14 图中

$$K_{app} = K_{max} \tag{21-12}$$

图 21-14 表明,当 $da/dN \leqslant 1 \times 10^{-8}$ m/周时,式(21-10),实际上是式(6-12)能很好地表示陶瓷材料循环疲劳裂纹扩展速率的试验结果[15]。而当 $da/dN > 5 \times 10^{-8}$ m/周时,按式(21-10)画出的陶瓷材料的循环疲劳裂纹扩展速率曲线显得保守。

21.7.3　描述陶瓷材料完整的循环疲劳裂纹扩展曲线的表达式

图 21-14 也表明,陶瓷材料完整的循环疲劳裂纹扩展速率曲线也有三个区:近门槛区、中部稳态扩展区和快速扩展区,与金属材料的类似[14,26,27]。前已指出[35,37],式(6-12)或式(21-10)仅适用于前两区,而不适用于裂纹的快速扩展;在裂纹的快速扩展区,$K_{max} \rightarrow K_{IC}$。为使式(21-10)能描述陶瓷材料完整的循环疲劳裂纹扩展曲线,要做如下的修正[38]:

$$\frac{da}{dN} = A'(\Delta K - \Delta K_{th})^2 \frac{[K_{max} - (K_{max})_{th}]}{K_{IC} - K_{max}} f(K_{IC}, (K_{max})_{th}) \tag{21-13}$$

式中,函数 $f(K_{IC}, (K_{max})_{th})$ 可能是与材料的断裂韧性 K_{IC} 和疲劳裂纹扩展门槛值 $(K_{rmax})_{th}$ 有关的常数,可与 A' 合并形成新的常数 A。于是,有

$$A = A' f(K_{IC}, (K_{max})_{th}) \tag{21-14}$$

将式(21-14)代入式(21-13),得

$$\frac{da}{dN} = \frac{A^*[K_{max} - (K_{max})_{th}]^3}{K_{IC} - K_{max}} \tag{21-15}$$

式中

$$A^* = A(1-R)^2 \qquad (21\text{-}16)$$

式(21-15)中陶瓷材料的 K_{IC} 值见表 21-3,根据试验结果给出的 A^* 和 $(K_{max})_{th}$ 值列入表 21-5。当 $K_{max} \leqslant (K_{max})_{th}$,$da/dN=0$,而当 $K_{max}=K_{IC}$,$da/dN \to \infty$,即结构件开始失稳断裂。由此可见,式(21-15)给予陶瓷材料的循环疲劳裂纹扩展以完整的描述,如图 21-15 所示[15]。

表 21-5　根据试验结果给出的式(21-14)中的 A^* 和 $(K_{max})_{th}$ 值[15]

陶瓷材料	$A^*/(MPa)^{-2}$	$(K_{max})_{th}/(MPa \cdot \sqrt{m})$
$Si_3N_4\text{-}A$	1.91×10^{-9}	2.20
$Si_3N_4\text{-}B$	1.94×10^{-9}	2.80
TiB_2	2.83×10^{-7}	3.70
Al_2O_3	1.67×10^{-9}	2.50

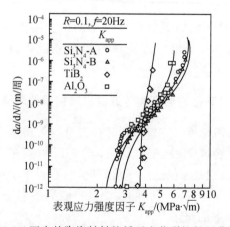

图 21-15　按式(21-15)画出的陶瓷材料的循环疲劳裂纹扩展曲线与试验结果[15]

由图 21-15 可见,四种不同陶瓷材料的循环疲劳裂纹扩展速率可表示为 K_{max} 的函数。可以认为,循环最大应力强度因子 K_{max} 是陶瓷材料的循环疲劳裂纹扩展速率的主要控制参数。而应力比对循环疲劳裂纹扩展速率的影响如图 21-16 所示[14],这表明式(21-15)能很好地表示应力比对循环疲劳裂纹扩展速率的影响。但应力比对循环疲劳裂纹扩展速率的影响毕竟是第二位的。应当指出的是,式(21-15)中的常数值与式(21-10)中的是不相同的。

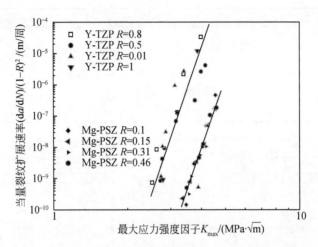

图 21-16　应力比对陶瓷材料循环疲劳裂纹扩展速率的影响[14]

21.8　陶瓷材料的静疲劳裂纹扩展速率

在静载荷下,陶瓷材料中的裂纹也发生亚临界扩展,称之为静疲劳裂纹扩展[26,27,33]。若将室温大气看做弱腐蚀介质,则陶瓷材料的静疲劳裂纹扩展即相当于金属材料的腐蚀疲劳裂纹扩展。陶瓷材料的静疲劳裂纹扩展速率 da/dt 与循环疲劳裂纹扩展速率 da/dN 之间的关系可表示为[26]

$$\frac{da}{dt} = 2f\frac{da}{dN} \qquad (21\text{-}17)$$

式中,f 为循环加载频率。因为 $R = K_{min}/K_{max}$,故有

$$\Delta K = K_{max}(1-R) \qquad (21\text{-}18)$$

由式(21-17)、式(21-18)和式(21-15),可得

$$\frac{da}{dt} = \frac{A_f\left[K_{max} - (K_{max})_{th}\right]^3}{K_{IC} - K_{max}} \qquad (21\text{-}19)$$

式中

$$A_f = 2f \times A^* \qquad (21\text{-}20)$$

式(21-19)中陶瓷材料的 K_{IC} 值见表 21-3,其他参数列入表 21-6。将 A 与 $(K_{max})_{th}$ 之值代入式(21-19),即可画出陶瓷材料的静疲劳裂纹扩展速率曲线。陶瓷材料的静疲劳裂纹扩展速率的试验结果与按式(21-19)画出的静疲劳裂纹扩展曲线示于图 21-17,图中的 K_{app} 即为 K_{max}[26]。

表 21-6　陶瓷材料的静疲劳裂纹扩展参数[见式(21-19)][15]

陶瓷材料	$A_f/(\text{MPa})^{-2}$	$(K_{\max})_{\text{th}}/(\text{MPa} \cdot \sqrt{\text{mm}})$
SiC	1.63×10^{-5}	1.65
Si_3N_4-A 或 Si_3N_4-B	4.71×10^{-6}	4.40
TiB_2	5.66×10^{-6}	3.70
ZrO_2	5.51×10^{-7}	1.10
Al_2O_3	4.54×10^{-7}	4.30

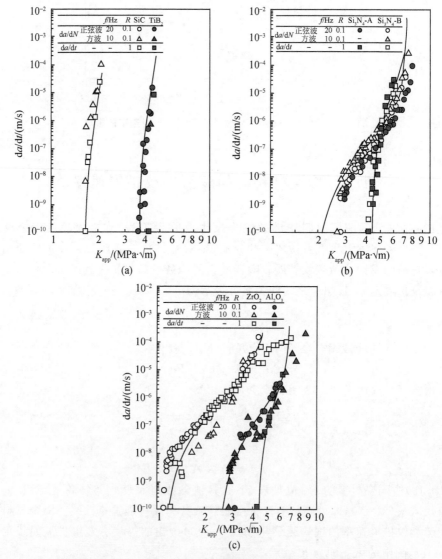

图 21-17　按式(21-19)画出的陶瓷材料的静疲劳裂纹扩展曲线与试验结果[15]
(a)SiC 和 TiB_2 陶瓷;(b)Si_3N_4-A 和 Si_3N_4-B;(c)Al_2O_3 和 ZrO_2 陶瓷

由图 21-17 可见,陶瓷材料的静疲劳裂纹扩展速率曲线具有明显的疲劳裂纹扩展的三阶段特征。可以认为,最大应力强度因子 $K_{\max}$ 是陶瓷材料的静疲劳裂纹扩展速率的主要控制参数。

由式(21-20)可见,A_f 之值可由表 21-5 中的 A^* 值和加载频率求得。对于 $f=20\mathrm{Hz}$ 的正弦波,求得的 A_f 之值列入表 21-7,这些值与表 21-6 中的 A_f 值具有可比性,符合得相当好[15]。

表 21-7　对于 $f=20\mathrm{Hz}$ 的正弦波,由式(21-20)求得的 A_f 之值[15]

陶瓷材料	$A_f/(\mathrm{MPa})^{-2}$	$(K_{\max})_{\mathrm{th}}/(\mathrm{MPa} \cdot \sqrt{\mathrm{m}})$
Si$_3$N$_4$-A	3.82×10^{-8}	2.20
Si$_3$N$_4$-B	3.88×10^{-8}	2.80
TiB$_2$	5.66×10^{-6}	3.70
Al$_2$O$_3$	3.34×10^{-8}	2.50

21.9　陶瓷结构件的抗疲劳设计

在陶瓷结构件中,可能含有因制备工艺和机械加工而引起的微孔和划痕等缺陷。这些缺陷不仅降低陶瓷材料的静强度[21,24],也降低其疲劳强度[3],而且这些缺陷也将是疲劳裂纹的起始部位。疲劳强度的水平特别取决于陶瓷材料的质量和缺陷的大小[3]。因此,首先必须控制陶瓷材料的制备和加工过程以保证缺陷尺寸小于允许的范围。

陶瓷部件的疲劳设计需要陶瓷疲劳性能方面的知识,如疲劳极限应力幅,疲劳试验的分散性,陶瓷材料疲劳寿命的控制参数,加载方式,环境(温度、腐蚀介质)和缺陷,以及平均应力(应力比)和切口敏感性等。如前所述,由于陶瓷材料的致命脆性,陶瓷的疲劳寿命曲线十分平坦,并且疲劳寿命的分散性很大,同时陶瓷材料的循环疲劳裂纹扩展速率随着 ΔK 的增大而急剧地升高,因此,在循环载荷下,只要一个超过门槛值的微小的应力幅便会导致试件的完全失效,故在陶瓷材料的疲劳设计中应避免疲劳裂纹的扩展。所有这些特征表明,对于陶瓷部件的疲劳设计,为了排除失效,陶瓷材料只适于高周疲劳应用场合,允许的设计应力应当低于所要求的高存活率下的疲劳极限或疲劳寿命曲线。另外,由于变幅载荷允许偶尔超过疲劳极限,因此陶瓷材料也不适于抗变幅载荷疲劳设计[3,8]。

陶瓷部件的疲劳设计所需的 S-N 曲线是通过对给定的材料,即在所选的制备工艺参数下获得的具有一定大小缺陷的陶瓷材料,进行疲劳试验获得的,因此,所得的疲劳极限或耐久疲劳应力幅也只对该给定的材料有效。当然,只要陶瓷材料的制备工艺参数保持不变,在给定缺陷几何尺寸和位置情况下获得的疲劳极限或耐久疲劳应力幅,可以通过断裂力学的方法转换为其他缺陷尺寸所对应的疲劳极限或耐久疲劳应力幅,只是假定与疲劳极限或耐久疲劳应力幅相对应的门槛应力强度在两种情况下保持不变[3,8]。

如果手边没有应力集中、不同平均应力(应力比)和加载方式下的陶瓷疲劳性能指标,也可根据相应材料的单向(静态)力学性能对其进行初步疲劳设计[8]。例如,可以根据式(21-3)和式(21-4),由陶瓷材料的弯曲断裂强度可以估算得陶瓷的理论疲劳极限的平均值和标准差,于是,可以求得陶瓷具有不同存活率的理论疲劳极限之值,结合静载下的拉伸、弯曲或扭转断裂强度及其分散性,以及所要求的疲劳设计寿命,便可用式(5-13)估算得高存活率下的陶瓷疲劳曲线。另外,由式(21-7)和式(21-6),可以根据陶瓷材料的弯曲强度,估算陶瓷切口件的疲劳极限之值。

本章的结果表明,陶瓷材料疲劳、断裂的控制参数均为循环最大拉伸应力,因此,从疲劳设计和应用来看,结构陶瓷材料的研究方向应当是提高陶瓷材料的抗拉强度,降低其分散性。

21.10　结　　语

本章首先对文献中有关陶瓷材料疲劳寿命的试验研究结果进行了分析讨论,表明式(5-13)可以用作陶瓷材料疲劳寿命的表达式。由于陶瓷材料的致命脆性,陶瓷的疲劳寿命曲线十分平坦,并且疲劳寿命的分散性很大,故需对陶瓷材料的疲劳寿命试验结果进行统计分析,应用带存活率的疲劳寿命曲线的简化解析法(见13.6节),求得了 Al_2O_3 陶瓷的带存活率的疲劳寿命曲线表达式,在高的存活率下,Al_2O_3 陶瓷疲劳寿命曲线趋于水平线。也就是说,在高的存活率下,Al_2O_3 陶瓷疲劳强度近似为常数,这是陶瓷材料和部件疲劳设计的重要依据。其次,对文献中的陶瓷材料疲劳裂纹扩展速率的试验结果进行了再分析,结果表明疲劳裂纹扩展速率随着 ΔK 的增大而急剧地升高,式(21-15)和式(21-19)可以给予陶瓷材料的循环和静疲劳裂纹扩展以完整的描述。与此同时,对陶瓷材料的疲劳设计准则进行讨论,探讨了陶瓷材料疲劳损伤、疲劳寿命和疲劳裂纹扩展的控制参数,可以认为,陶瓷材料疲劳、断裂的控制参数均为循环最大拉伸应力,而最大应力强度因子 K_{max} 是陶瓷材料的循环和静疲劳裂纹扩展速率的主要控制参数,因此结构陶瓷材料的研究方向应当是提高陶瓷材料的抗拉强度,降低其分散性。

参 考 文 献

[1]Xiong C B. The development of ceramic materials and ceramic engine. Acta Aeronautica Et Astronautica Sinica ,1988,9(10)：B440-B447.

[2]Robets I T A. Ceramic utilization in the nuclear industry: Current status and future trends. Powder Metallurgy Zuternational Int. ,1979,Part Ⅰ :24-29; Part Ⅱ :72-80;Part Ⅲ :125-129.

[3]Somsino C M. Fatigue design of structural ceramic parts by the example of automotive intake and exhaust valves. International Journal of Fatigue,2003,25:107-116.

[4]廖东太. 工程陶瓷及其在化学工业中应用的现状和发展趋势. 化工进展,1993,2:1-4.

[5]斯温 M V. 陶瓷的结构与性能. 郭景坤等译. 北京:科学出版社,1998.

[6]Masuda M,Soma T,Matsui M,et al. Fatigue of ceramics (part Ⅰ)-Fatigue behavior of sintered $Si_3 N_4$ under tension-compression cyclic stress. Journal of the Ceramic Society of Japan: International Edition, 1988: 275-280.

[7]Sakai T, Fujitani. A statistical aspect on fatigue behavior of alumina ceramics in rotating bending. Engineer Fracture Mechanics,1989,32:499-508.

[8]Buxbaum O,Somsino C M,Esper F J. Fatigue design criteria for ceramic components under cyclic loading. International Journal of Fatigue,1994,16:257-265.

[9]Zheng Q X,Zheng X L,Wang F H. On the expressions of fatigue life of ceramics with given survivability. Engineer Fracture Mechanics,1996,53(1):49-55.

[10]Mayer H R,Tschegg E K,Stanzl-Tschegg S E. High cycle torsion fatigue of ceramic materials under combined loading conditions (cyclic torsion and static compression) //Pineau A,Cailletaud G,Lindley T C. Multiaxial Fatigue and Design. London: Mechanical Engineering Publications,1996: 411-421.

[11]Wang F H,Lu M X,Wei J F,et al. Effect of notches and environment on cyclic life of alumina. Journal of Materials Science & Technology,1995,11:452-454.

[12]Dauskardt R H,Marshall D B,Ritchie R O. Cyclic fatigue crack propagation in magnesia-partially stabilized zirconia ceramics. Journal of the American Ceramic Society,1991,74:893-903.

[13]Liu S Y,Chen I W. Fatigue of yttria-Stabilized zirconia Ⅱ :Crack propagation fatigue striations and short-crack behavior. Journal of the American Ceramic Society,1991,74:1206-1216.

[14] Gilbert C J,Dauskardt R H,Ritchie R O. Behavior of cyclic fatigue cracks in monolithic silicon nitride. Journal of the American Ceramic Society,1995,78(9),2291-2300.

[15]Zheng X L,Yan J H,Zhao K. Crack growth rate and cracking velocity in fatigue for a class of ceramics. Theovetical and Applied Fracture Mechanics,1999,32:65-73.

[16]Quinn G D. Design data for engineering ceramics: A review of the flexure test. Journal of the American Ceramic Society,1991,74(9):2037-2066.

[17]Wang F H,Lu M X,Zheng X L. Fracture of SiC tubes under combined tension/torsion. International Journal of Fatigue,1995,80: R49-R54.

[18]Stephens L W,Swain M V. Tensile strength and notch sensitivity of Mg-PSZ//Bradt R C,Evans A G, Hasselman D P H,et al. Fracture Mechanics of Ceramics. New York:Plenum Press ,1986,8:163-173.

[19]Wang F H,Zheng X L,Lu M X. Notch strength of ceramics and its statistical analysis. Engineer Fracture Mechanics,1995,52(5): 917-922.

[20] Fett T,Hertel D,Munz D. Strength of notched ceramic bending bars. Journal of Materials Science Letters,1999,18:289-293.

[21]赵康. 脆性材料切口强度及其概率分布的研究. 西安:西北工业大学博士论文,1999.

[22]Zheng X L,Zhao K,Yan J H,et al. Fracture and strength of ceramic notched elements under compression. Journal of Testing and Evaluation (JOTE),2005,33(3):1-6.

[23]Zheng X L,Zhao K,Wang H,et al. Failure criterion with given survivability for ceramic notched elements

under combined tension/torsion. Materials Science and Engineering,2003,A357:196-202.

[24]王锋会. 陶瓷材料的力学性能及应用. 西安:西北工业大学博士学位论文,1995.

[25]鄢君辉,郑修麟,赵康,等. 陶瓷切口强度的概率分布,(Ⅰ)基本表达式. 无机材料学报,1998,13(4):
449-456.

[26]Mutoh Y, Takahashi M, Takeuchi M. Fatigue crack growth in several ceramic materials. Fatigue &
Fracture of Engineering Materials & Structures,1993,16(8):875-890.

[27]Tanaka T,Nakayama H,Okabe N,et al. Strength and crack growth behavior of sintered silicon nitride in
cyclic fatigue//Kishimoto H,Hoshide T,Okabe N. Cyclic Fatigue in Ceramics. Osaka: Elsevier Science B
V ,The Society of Materials Science,1995:1-32.

[28]Davidson D L,Campbell J B,Lankford J. Fatigue crack growth through partially stabilized zirconia at
ambient and elevated temperatures. Acta Metallurgica at Materialia,39,1991:1319-1330.

[29]Dauskardt R H, Marshall D B, Ritchie R O. Cyclic fatigue crack propagation in magnesia-partially
stabilized zirconia ceramics. Journal of the American Ceramic Society,1990,74 (4):893-903.

[30]Steffen A A,Dauskardt R H,Ritchie R O. Cyclic fatigue life and crack growth behavior of microstructurally
small cracks in magnesia-partially-stabilized zirconia ceramics. Journal of the American Ceramic Society,1991,74
(6):1259-1268.

[31]Hoffman M J,Mai Y W,Ager J,et al. Grain size effects on cyclic fatigue and crack growth resistance
behavior of partially stabilized zirconia. Journal of Material Science,1995,30:3291-3299.

[32]Choi G. Cyclic fatigue crack growth in silicon nitride: Influence of stress ratio and crack closure. Acta
Metallurgica at Materialia,1995,43(4): 1489-1494.

[33]Kishimoto H, Ueno A, Kawamoto H. Crack propagation behavior and mechanism of a sintered silicon
nitride under cyclic load//Kishimoto H,Hoshide T,Okabe N. Cyclic Fatigue in Ceramics. Osaka:Elsevier
Science B V,1995:101-122.

[34]Paris P C,Bucci R J,Weasel E T,et al. An extensive study on low fatigue crack growth rates in A533 and
A508 steel//Corten H T. Stress Analysis and Growth of Cracks. ASTM STP513. Philadelphia:American
Society for Testing and Materials,1972:141-176.

[35]Zheng X L, Hirt M A. Fatigue crack propagation in steels. Engineer Fracture Mechanics,1983,18(5):
965-973.

[36]Lal D N,Weiss V. A notch analysis of fracture approach to fatigue crack propagation. Metallurgical and
Materials Transactions,1978,9A:413-426.

[37]Zheng X L. Mechanical model for fatigue crack propagation in metals//Carpinteri A. Handbook of
Fatigue Crack Propagation in Metallic Structures. New York:Elsevier Science B V ,1994: 363-396.

[38]Forman J K,Kearney V E,Engle R M. Numerical analysis of crack propagation in cyclic loaded struc-
tures. Journal of Basic Engineering,1967,89:459-464.

第 22 章　树酯基复合材料的疲劳与寿命预测

22.1　引　　言

工业中使用的和正在研制的复合材料种类繁多。但按照基体的性质,可将复合材料分为金属基、陶瓷基和树酯基复合材料等三大类[1-3]。复合材料中增强体的种类也很多,但从增强体自身的几何特征看,增强体可以是一维的和零维的,即纤维和颗粒。按照结构件的设计要求,可将纤维编织成二维和三维的增强体。复合材料中增强体的作用,顾名思义,是提高复合材料的强度,即增强;有时是为了提高复合材料的韧性,即增韧,或两种作用兼而有之[1]。

复合材料的性能取决于其基体和增强体各自的性能、增强体的体积分数与配置,以及基体和增强体的界面性质[1-3]。复合材料整体的力学性能是由上述因素及其相互作用决定的[2]。

纤维增强的复合材料,长纤维增强的复合材料,则是非均匀、不连续和各向异性的材料[1,3]。复合材料整体的塑性和韧性较低。主要原因是因为复合材料基体的塑性和韧性低、甚至是脆性的(如陶瓷),即使是高塑性和韧性的金属基体,由于大量增强体的加入,也使得复合材料整体的塑性和韧性大大降低[2]。

复合材料结构件总要和其他结构件进行连接[1]。因此,复合材料结构件总会有连接孔等几何不连续性存在。为此,工程应用中往往采用切口试件来研究复合材料的裂纹起始疲劳寿命[1]。同时,由于工程构件的服役条件包括恒幅和变幅载荷,因此,研究复合材料在变幅载荷下的疲劳性能和累积疲劳损伤规律很有必要。

高性能的树酯基复合材料由于易于制备、质轻和好的可设计性而正被广泛应用于工程构件,诸如空间站、飞行器、道路交通工具等。为保证工程构件服役安全,已进行了许多长碳纤维增强复合材料的疲劳性能的研究[3,4]。短纤维增强复合材料由于比强度低、比弹性模量低及疲劳性能复杂等原因而研究较少。随着具有高强、耐冲击和耐高温的热塑性塑料,特别是具有较好疲劳抗力的聚醚醚酮复合材料的发展,研究短纤维增强的聚醚醚酮复合材料的疲劳性能显得非常必要[5-10]。文献[5]给出了短纤维增强的聚醚醚酮复合材料在恒幅载荷和两级载荷下的疲劳试验结果,但未能给出其疲劳寿命的表达式和合适的累积疲劳损伤度的预测方法。

本章主要对短纤维增强的聚醚醚酮复合材料在恒幅载荷和两级载荷下的疲劳试验结果进行再分析,给出其疲劳寿命表达式和适合于预测其累积疲劳损伤度的方法[6]。

22.2　短纤维增强的树酯基复合材料的疲劳

短纤维增强聚醚醚酮复合材料在恒幅载荷和两级载荷下的疲劳试验数据,在文献[5]中给出,但是,疲劳寿命表达式并未给出。因此,要对文献[5]中的试验数据进行再分析,试图给出短纤维增强聚醚醚酮复合材料的疲劳寿命表达式,以及变幅载荷下的寿命预测模型[6]。

短纤维增强聚醚醚酮复合材料中的增强纤维为碳纤维,直径约 $7\mu m$、长度约 $150\mu m$,碳纤维含量为 30%,随机地分布在聚醚醚酮基体中[5]。短碳纤维增强聚醚醚酮复合材料的拉伸性能列入表 22-1[7]。由此可见,短碳纤维增强聚醚醚酮复合材料应是低塑性材料。

表 22-1　短碳纤维增强聚醚醚酮复合材料的拉伸性能[7]

E/MPa	σ_b/MPa	$\sigma_{0.2}/MPa$	$\delta/\%$
8600	132	104.9	2.6

疲劳试件为光滑的圆柱形试件,试件经机械加工后,进行退火以消除机械加工对试件表面的影响[5]。疲劳试验在旋转弯曲疲劳试验机上进行,加载频率为 $30Hz$。疲劳试验结果见表 22-2[5]。

表 22-2　短碳纤维增强聚醚醚酮复合材料的疲劳试验结果[5]

序号	$N_f/$周 $\sigma_{a,1}=78.5MPa$	$N_f/$周 $\sigma_{a,2}=68.6MPa$	$\lg N_{f,1}$	$\lg N_{f,2}$
1	47800	500000	4.6794	5.6990
2	56200	555000	4.7497	5.7443
3	67900	800000	4.8319	5.9031
4	82900	847000	4.9186	5.9279
5	117000	1250000	5.0682	6.0969
6	123000	1570000	5.0899	6.1959
7	125000		5.6969	—
8	164000		5.2148	—
9	170000		5.2305	—
$\bar{x}$	106000		4.9867	5.9278
s	—	—	0.2000	0.1935
r	—	—	0.975	0.983

将表 22-2 中的疲劳试验数据取对数（见表 22-2）后，画在正态概率坐标纸上，如图 22-1 所示，图中的失效概率用平均秩加以估计[11,12]。由此可见，短纤维增强聚醚醚酮复合材料的疲劳寿命遵循对数正态分布[6]。用夏皮罗-威尔克方法作进一步的检验，结果表明短纤维增强聚醚醚酮复合材料的疲劳寿命遵循对数正态分布[6]。

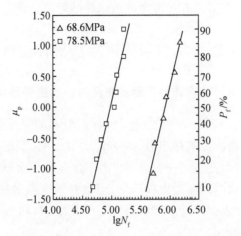

图 22-1　短碳纤维增强聚醚醚酮复合材料的疲劳寿命遵循对数正态分布[6]

用式（5-13）和 2.4.3 节中的方法，对表 22-2 中的疲劳试验数据进行回归分析，得到短碳纤维增强聚醚醚酮复合材料的疲劳寿命的表达式[6]：

$$N_f = 2.17 \times 10^7 \ (\sigma_a - 63.5)^{-2} \qquad (22\text{-}1)$$

回归分析给出的线性相关系数远大于线性相关系数的起码值[6,11]。这表明用式（5-13）拟合短碳纤维增强聚醚醚酮复合材料的疲劳寿命的试验结果有效。图 22-2 中按式（22-1）画出了短碳纤维增强聚醚醚酮复合材料的疲劳寿命曲线与试验结果。

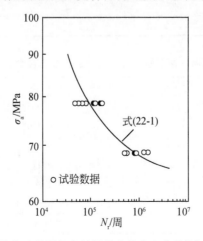

图 22-2　短碳纤维增强聚醚醚酮复合材料的疲劳寿命曲线［式（22-1）］与试验结果[6]

由式(22-1)可见,短碳纤维增强聚醚醚酮复合材料的理论疲劳极限 $\sigma_{ac}=$ 63.5MPa,约等于抗拉强度(见表 22-1)的 50%,即

$$\sigma_{ac} \approx 0.5\sigma_b \tag{22-2}$$

然而,式(22-2)是否适用于其他低塑性的短纤维增强的树酯基复合材料,有待于进一步的试验结果,尤其是在长寿命区的试验结果的验证。

22.3　变幅载荷下短纤维增强的树酯基复合材料的疲劳寿命预测

22.3.1　两级载荷下短纤维增强的树酯基复合材料的疲劳寿命

在两级载荷下,$\sigma_{a,1}=78.5$MPa 和 $\sigma_{a,2}=68.6$MPa,测定了短碳纤维增强的树酯基复合材料的疲劳寿命。加载顺序为:高→低、即 $\sigma_{a,1} \rightarrow \sigma_{a,2}$;低→高,即 $\sigma_{a,2} \rightarrow \sigma_{a,1}$ 等两种情况。疲劳试验时,先在第一级循环应力下加载若干次,然后在第二级循环应力下加载直到试件断裂[5]。在两级载荷下,短碳纤维增强的树酯基复合材料的疲劳寿命的试验结果,如表 22-3 和表 22-4 所示[6],其中 N_{f1} 和 N_{f2} 按式(22-1)求得。

表 22-3　加载顺序为高→低时短碳纤维增强的树酯基复合材料的疲劳试验结果[6]

编号	n_1	n_1/N_{f1}	n_2	n_2/N_{f2}	D_c	$\lg D_c$
1	35722	0.3704	585120	0.7013	1.0717	0.0250
2	18550	0.1923	754400	0.9042	1.0965	0.0343
3	74836	0.7759	271400	0.3253	1.1012	0.0383
4	29150	0.3022	356040	0.4267	0.7289	−0.1421
5	103350	1.0716	58880	0.0706	1.1422	0.0551
6	89146	0.9243	135240	0.1621	1.0864	0.0330
7	65826	0.6825	445280	0.5337	1.2162	0.0808
$\bar{x}$	—	—	—	—	1.0633	0.0178

表 22-4　加载顺序为低→高时短碳纤维增强的树酯基复合材料的疲劳试验结果[6]

编号	n_2	n_2/N_{f2}	n_1	n_1/N_{f1}	D_c	$\lg D_c$
1	441600	0.5293	61162	0.6342	1.1635	0.0658
2	330280	0.3959	68794	0.7133	1.1092	0.0450
3	207000	0.2481	85436	0.8859	1.1340	0.0546
4	563040	0.6749	40068	0.4156	1.0904	0.0376
5	618240	0.7410	31270	0.3242	1.0652	0.0274
6	897000	1.0752	12190	0.1264	1.2016	0.0795
$\bar{x}$					1.1276	0.0516

表 22-3 和表 22-4 中的疲劳试验结果表明,在两级载荷下,短碳纤维增强的树脂基复合材料的累积疲劳损伤值接近 1.0,即 $D_c \rightarrow 1.0$,但稍高于 1.0,与加载顺序无关。这也表明,短碳纤维增强的树脂基复合材料的疲劳寿命表达式和 Miner 线性累积疲劳损伤定则,可预测短碳纤维增强的树脂基复合材料在变幅载荷下的疲劳寿命,无须考虑载荷交互作用和加载顺序效应。

22.3.2　两级载荷下短纤维增强树脂基复合材料的疲劳累积损伤

由表 22-2 可见,短碳纤维增强的树脂基复合材料的疲劳试验结果,出现了反常现象,即低循环应力下疲劳试验结果的分散性比高循环应力下的还要小。这与理论预测结果,即式(12-1)不符,因而无法用第 13 章中的解析法求得短碳纤维增强的树脂基复合材料的带存活率的疲劳寿命表达式。但是,在恒幅载荷下,即 $\sigma_{a,1} = 78.5 \text{MPa}$ 和 $\sigma_{a,2} = 68.4 \text{MPa}$,短碳纤维增强的树脂基复合材料疲劳寿命的试验结果遵循对数正态分布,故可求得带存活率的疲劳寿命之值(见表 22-5)[6]。

表 22-5　短碳纤维增强的树脂基复合材料的具有给定存活率的疲劳寿命[6]

存活率/%	$\sigma_{a,1} = 78.5 \text{MPa}$		$\sigma_{a,2} = 68.4 \text{MPa}$		平均累积损伤值 $\overline{D}_c$
	N_f/周	D_c	N_f/周	D_c	
99.9	23365	0.2409	213828	0.2525	0.2467
95	45458	0.4688	407011	0.4806	0.4747
50	96974	1.0	846915	1.0	1.0
5	206870	2.1333	1762274	2.0808	2.1071
0.1	402471	4.1503	3354409	3.9607	4.0555

将短碳纤维增强的树脂基复合材料的具有不同存活率的疲劳寿命除以存活率为 50% 的疲劳寿命,可得具有不同存活率的临界累积疲劳损伤值(见表 22-5)[6]。由于在不同的循环应力下,即 $\sigma_{a,1} = 78.5 \text{MPa}$ 和 $\sigma_{a,2} = 68.4 \text{MPa}$ 下的临界累积疲劳损伤值很接近,故可求得具有不同存活率的临界累积疲劳损伤值的平均值(见表 22-5),取对数后,画在正态概率坐标纸上,如图 22-3 所示[6]。由图 22-3 可见,短碳纤维增强的树脂基复合材料的临界累积疲劳损伤值的预测结果,遵循对数正态分布[6]。

如前所述,短碳纤维增强的树脂基复合材料的累积疲劳损伤值与加载顺序无关,故表 22-3 和表 22-4 中的累积疲劳损伤值可一并加以处理。将表 22-3 和表 22-4 中的累积疲劳损伤值取对数后,也画在图 22-3 上。可以看出,短碳纤维增强的树脂基复合材料的累积疲劳损伤值的预测结果与试验结果基本相符,但偏于保守。

表 22-5 中的数据表明,在前述疲劳试验条件下,当存活率分别为 95% 和 5% 时,在两级载荷下,预测的短碳纤维增强的树脂基复合材料的疲劳寿命,约为存活

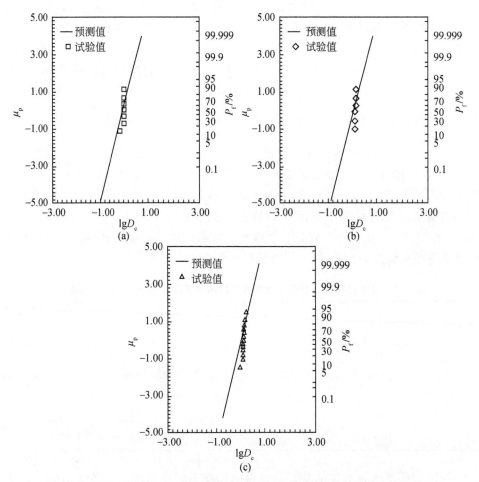

图 22-3　短碳纤维增强的树酯基复合材料的临界累积疲劳损伤值的预测结果
与试验结果的对数正态分布[6]

率为 50％时疲劳寿命的 50％和 200％。表 22-3 和表 22-4 中的试验结果均散布在
这一范围内。

　　应当指出,本节中给出的分析方法,只适用于前述的、特定的疲劳试验条件和
试验结果。例如,在等幅载荷下,$\sigma_{a,1}=78.5\text{MPa}$ 和 $\sigma_{a,2}=68.4\text{MPa}$ 时,短碳纤维增
强的树酯基复合材料疲劳试验结果的标准差近似相等(见表 22-2),因而当 $\sigma_{a,1}=$
78.5MPa 和 $\sigma_{a,2}=68.4\text{MPa}$ 时,累积疲劳损伤值的预测值近似地相等(见表 22-5)。
因此,本节中给出的短碳纤维增强的树酯基复合材料累积疲劳损伤值概率分布的
预测方法,并不具有普遍的应用价值。另一方面,在等幅载荷下,短碳纤维增强的
树酯基复合材料疲劳试验的子样都较小,尤其是疲劳试验结果的标准差出现反常,
无法求得带存活率的疲劳寿命曲线表达式,从而影响对两级载荷下疲劳试验结果

概率分布的精确的分析。

22.4　结　　语

通过对短纤维增强的聚醚醚酮复合材料的疲劳试验结果再分析,可以看出,短纤维增强的聚醚醚酮复合材料的疲劳寿命服从对数正态分布,其疲劳寿命试验结果可以很好地用式(22-1)表示;式(22-1)和 Miner 定则可用于其两级变幅载荷下疲劳寿命和累积疲劳损伤度的预测,预测结果与试验结果的平均值及对数平均值符合得很好;在无法获得 P-S-N 曲线及其表达式的情况下,提出了基于两级载荷下疲劳寿命结果的累积疲劳损伤度的概率分布区间估计,预测结果表明,短纤维增强的聚醚醚酮复合材料两级载荷下累积疲劳损伤度服从对数正态分布,试验结果亦近似服从对数正态分布,且分布在预测结果附近。

参 考 文 献

[1]Chawla Krishan K. Composite Materials: Science and Engineering. New York: Springer,2001.

[2]Isaac M D,Ori I. Engineering Mechanics of Composite Materials. Oxford: Oxford University Press,2005.

[3]Hull D,Clyne T W. An Introduction to Composite Materials. Cambridge: Cambridge University Press ,1996.

[4]周骏,乔生儒,席守谋,等. 碳纤维/双来酰亚胺复合材料的拉-拉疲劳性能. 航空学报,1990,11(5): A305-308.

[5]Noguchi H,Kim Y H,Nisitani H. On the cumulative fatigue damage in short carbon fiber reinforced polyether-ether-ketone. Engineering Fracture Mechanics,1995,51(3):457-465,467-468.

[6]魏建锋. 变幅载荷下疲劳寿命及其概率分布预测模型. 西安:西北工业大学博士学位论文,1997.

[7]Nisitani H,Noguchi H,Kim Y H. Fatigue process in short carbon-fiber reinforced polyamide 6.6 under rotating-bending and torsional fatigue. Engineer Fracture Mechanics,1993,45(4):497.

[8]Nisitani H,Noguchi H,Kim Y H. Evaluation of fatigue strength of plain and notched specimens of short carbon-fiber reinforced polyetheretherketone in comparison with polyetherether one. Engineer Fracture Mechanics,1992,43(5):685.

[9]Dickson R F,Jones C J,Harris B,et al. The environment fatigue behaviour of carbon fiber reinforced polyether-ether-leetone. Journal of Materials Science,1985,20:60-70.

[10]Friedrich K,Walter R,Voss H,et al. Effects of short fibre reinforcement on the fatigue crack propagation and Fructure of PEEK-matrix composites. Composites,1986,17:205.

[11]邓勃. 数理统计方法在分析测试中的应用. 北京:化学工业出版社,1984.

[12]高镇同. 疲劳应用统计学. 北京:国防工业出版社,1986.

第七部分　结构件的延寿技术

　　结构的疲劳寿命是评定结构设计和制造质量的一个重要的指标。而结构的疲劳寿命决定于结构中关键结构件的疲劳寿命。因此,在工程实践中,总要采取各种技术措施,包括结构设计、材料选用、制造工艺、质量控制与管理,以及保养维修等,以延长结构件的寿命。由此可见,延寿技术涉及面很广,在此只能就材料与制造工艺方面,做较为系统的讨论。首先,讨论等幅载荷下的延寿技术,主要是总结文献中报道的研究成果,并作进一步的分析。然而,结构件常常是在变幅载荷下服役的,所以进一步讨论了变幅载荷下的延寿技术。与各项延寿的技术措施并行的是管理措施。在结构件的制造、使用和维护的整个过程中,采取各种科学的管理措施也是提高构件使用寿命的有效手段,故在最后章节中进行了简要介绍。

第23章 延寿技术

23.1 引　　言

改善材料的质量和制造工艺以提高疲劳性能,一直是疲劳研究的重要内容。早期的研究着重于提高材料的疲劳极限[1],因为疲劳极限是机械零部件无限寿命设计的主要依据[2]。自应变疲劳和断裂力学研究开展以来,形成了不同的疲劳设计思想和规范。不同的疲劳设计思想,对材料的疲劳性能有不同的要求。例如,结构件按照安全寿命设计思想进行设计时,要求材料具有较长的疲劳裂纹起始寿命;而按损伤容限设计思想进行设计时,则要求材料具有较低的疲劳裂纹扩展速率和较高的断裂韧性。

但是,某些延寿技术不能同时满足提高材料的疲劳极限、延长疲劳裂纹起始寿命,又能降低疲劳裂纹扩展速率等众多要求,甚至给出与期望相反的结果。例如,提高金属材料的屈服强度,可提高疲劳极限和延长疲劳裂纹起始寿命,但降低疲劳裂纹扩展门槛值并提高疲劳裂纹扩展速率、尤其是近门槛区的疲劳裂纹扩展速率(见第6章)。因此,在采用延寿技术以前,应当了解结构的设计思想和对结构延寿提出的具体要求,以达到最好的延寿效果。

本章主要总结提高金属材料的疲劳极限、延长疲劳裂纹起始寿命的研究结果,供结构设计和生产部门作为采用延寿技术时的参考。关于提高疲劳裂纹扩展门槛值和降低疲劳裂纹扩展速率、尤其是近门槛区的疲劳裂纹扩展速率的研究成果已在第6章中做了说明。本章介绍的研究结果是在等幅载荷下的疲劳试验中获得的,在变幅载荷下是否也同样有效,还需进一步考虑和论证。

23.2　金属材料疲劳性能的评估

如前所述,工程中一般将结构件的疲劳寿命分为疲劳裂纹起始寿命和疲劳裂纹扩展寿命两个阶段分别进行预测,然后求和得到总寿命。在工程应用中,重要受力件中不允许存在裂纹或加以严格限制[3],因而延长结构件的疲劳裂纹起始寿命显得更为重要。所以,在结构设计阶段,从材料选用开始以至结构件的制造,都应考虑如何使结构具有较长的疲劳裂纹起始寿命。

第4章中给出的疲劳裂纹起始寿命公式,即式(4-10)是金属材料疲劳性能评

估的主要依据。为讨论方便,现将式(4-10)重写如下:

$$N_i = C_i \left[\Delta\sigma_{eqv}^{2/(1+n)} - (\Delta\sigma_{eqv})_{th}^{2/(1+n)} \right]^{-2} \tag{23-1}$$

式中的 C_i 和 $(\Delta\sigma_{eqv})_{th}$ 分别为疲劳裂纹起始抗力系数和用当量应力幅表示的疲劳裂纹起始门槛值,它们均为材料常数,可用下式表示:

$$C_i = \frac{1}{4} \left(\sqrt{E\sigma_f\varepsilon_f} \right)^{4/(1+n)} \tag{23-2}$$

$$(\Delta\sigma_{eqv})_{th} = \sqrt{E\sigma_f\varepsilon_f} \left(\frac{\Delta\varepsilon_c}{2\varepsilon_f} \right)^{(1+n)/2} \tag{23-3}$$

在高循环应力、寿命较短时,高强度铝合金中的疲劳裂纹由于基体相的滑移带开裂而形成[4]。滑移带开裂可认为是金属晶体的局部断裂,因而用基体相的理论断裂强度的估计值 $0.1E$ 取代式(23-2)中的 $\sqrt{E\sigma_f\varepsilon_f}$,从而得到另一个计算疲劳裂纹起始抗力系数的公式,此即式(4-31),现重写如下:

$$C_i = \frac{1}{4} (0.1E)^{4/(1+n)} \tag{23-4}$$

因为 $\sqrt{E\sigma_f\varepsilon_f}$ 可认为是工程材料的理论强度值,是根据正应变断裂准则导出的[5,6]。而 $0.1E$ 被认为是完善晶体的理论断裂强度的估计值[7]。在裂纹尖端或切口根部局部区域,材料的强度可达其理论值[5,8]。当基体相中的驻留滑移带(PSB)开裂而形成疲劳裂纹时,即以 $0.1E$ 取代式(23-2)中的 $\sqrt{E\sigma_f\varepsilon_f}$ 计算 C_i 值,于是得式(23-4)。

在接近疲劳裂纹起始门槛值的低的循环应力下,疲劳裂纹可能因钢中铁素体内的滑移带开裂而形成。故在计算 16Mn 钢的疲劳裂纹起始门槛值时,采用 $0.1E$ 取代了式(23-3)中的 $\sqrt{E\sigma_f\varepsilon_f}$,得到另一个预测疲劳裂纹起始门槛值的公式,此即式(4-32),现重写如下[5]:

$$(\Delta\sigma_{eqv})_{th} = (0.1E) \left(\frac{\Delta\varepsilon_c}{2\varepsilon_f} \right)^{(1+n)/2} \tag{23-5}$$

对于小尺寸的切口试件,其疲劳寿命近似地等于疲劳裂纹起始寿命。故式(23-1)也可用于小尺寸的切口试件的疲劳寿命,从而得到式(5-36),即

$$N_f \approx N_i = C_f \left[\Delta\sigma_{eqv}^{2/(1+n)} - (\Delta\sigma_{eqv})_c^{2/(1+n)} \right]^{-2} \tag{23-6}$$

式中的 C_f 和 $(\Delta\sigma_{eqv})_c$ 分别为疲劳抗力系数和用当量应力幅表示的理论疲劳极限,它们均为材料常数,可分别由式(23-2)~式(23-5)近似地加以预测。式(23-6)和相关公式的有效性已在前面的章节中作了验证。

23.2.1　高强度低合金钢的疲劳裂纹起始抗力的评估

微合金化是改善高强度低合金钢疲劳性能的经济而有效的方法。表 23-1 为钢中加铌对拉伸强度、循环屈服强度(σ_{cy})和疲劳裂纹起始门槛值影响的试验结果[9]。可以看出,钢中加入微量铌即可较大幅度地提高钢的抗拉强度、屈服强度、

循环屈服强度和疲劳裂纹起始门槛值,因而也大幅度地延长疲劳裂纹起始寿命(见图 23-1)[9]。图中 N_{ii}、N_{if} 分别为形成 $5\mu m$ 长的粗滑移带所经历的应力循环数和在切口根部表面形成约 $3mm$ 长的连续裂纹所经历的应力循环数。由此可见,微合金化可使低碳结构钢的性能获得较全面改善。

表 23-1　铌含量对高强度低合金钢性能的影响($R=0.05$)[9]

钢的成分 /%	σ_b/MPa	σ_s/MPa	σ_{cy}/MPa	$(\Delta K/\sqrt{\rho})_{th}/MPa$
0.03Nb-0.35Mn-0.06C	530	428	440	630
0.09Nb-1.44Mn-0.06C	660	572	575	780

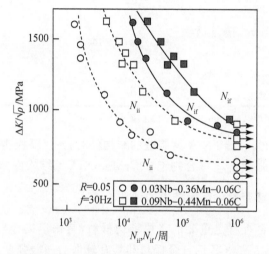

图 23-1　铌含量对高强度低合金钢疲劳裂纹起始寿命的影响[9]

若材料具有高的屈服强度和屈强比,以及高的 $\sigma_b \times \psi$ 乘积,则材料和结构件具有长的疲劳裂纹起始寿命。下面重点考察屈服强度和屈强比对疲劳裂纹起始寿命的影响。

16Mn 钢热轧板材和经高温正火的 16Mn 钢板材的拉伸性能见表 18-2。高温正火降低了 16Mn 钢的屈服强度和屈强比(见表 18-2),因而引起疲劳裂纹起始抗力系数 C_i 和门槛值 $(\Delta\sigma_{eqv})_{th}$ 的降低,尤其是 $(\Delta\sigma_{eqv})_{th}$ 降低的幅度更大(见表 18-3),从而缩短了疲劳裂纹起始寿命(见图 18-3)。

23.2.2　超高强度钢的疲劳裂纹起始抗力的评估

30CrMnSiNi2A 超高强度钢通常在等温淬火和回火后使用。热处理工艺对 30CrMnSiNi2A 钢的显微组织、屈服强度和疲劳裂纹起始寿命影响的试验结果列入表 23-2。由此可见,经不同的热处理后,钢的拉伸强度没有明显的差别,但显微组织中的残余奥氏体越多,钢的屈服强度降低,疲劳裂纹起始寿命缩短。由表 23-2

中数据还可看出，$\sigma_b \times \varepsilon_f$ 的值越大，疲劳裂纹起始寿命越长。

表 23-2　热处理工艺对 30CrMnSiNi2A 超高强度钢屈服强度和疲劳裂纹起始寿命的影响[10]

编号	热处理工艺	$A_o/\%$	σ_b/MPa	屈服强度 σ_s/MPa	断裂强度 σ_f/MPa	断裂延性 ε_f	$N_{0.1}$ /周	$N_{0.2}$ /周
1	等温退火，900℃加热、230℃等温 60min，215℃回火 2h	12	174.0	99.0	243.8	0.566	4590	4740
2	正火＋高温回火，900℃加热、230℃等温 60min，215℃回火 2h	—	173.0	98.0	246.9	0.565	4724	—
3	等温退火，900℃加热、230℃等温 25min，275℃回火 2h	5	170.0	135.0	251.0	0.645	5328	5920
4	正火＋高温回火，900℃加热、230℃等温 25min，275℃回火 2h	5	167.5	134.3	246.9	0.642	5940	6223
5	等温退火，900℃加热、油淬、275℃回火 2h	微量	176.0	147.5	262.2	0.660	—	7047

注：$N_{0.1}$、$N_{0.2}$ 分别为产生 0.1mm、0.2mm 裂纹的疲劳寿命。

所以，在生产 30CrMnSiNiA 钢制造的结构件时，不仅要检测钢的拉伸强度 σ_b，而且要检测其屈服强度 $\sigma_{0.2}$，综合判定 30CrMnSiNiA 钢结构件的质量是否合格。

23.2.3　铝合金的疲劳裂纹起始抗力的评估

LY12CZ 铝合金板材是重要的飞机结构材料，其化学成分与 2024-T3 铝合金的基本相同。但是，LY12CZ 铝合金板材却具有较低的屈服强度和屈强比，因而其 C_i 和 $(\Delta\sigma_{eqv})_{th}$ 值均较低。LY12CZ 铝合金板材具有较短的疲劳裂纹起始寿命（见第 4 章）。由上可见，屈服强度和屈强比对疲劳裂纹起始寿命有重大影响。不论是从抗疲劳裂纹起始考虑，还是从静强度设计考虑，应优先选用屈服强度和屈强比高的铝合金板材。

应当注意到，试验用的 LY12CZ 铝合金板材炉批号的不同，其疲劳裂纹起始寿命的试验结果也有相当大的差异[11]。这可能反映不同炉批号的 LY12CZ 铝合金板材的拉伸性能有较大的差异。对此，有必要做进一步的研究。

另一方面，表 4-3 中所列的 15MnVN 钢的屈服强度和屈强比比 16Mn 钢的高，但 15MnVN 钢的疲劳裂纹起始门槛值较低（见表 4-4）。主要原因可能是：在长寿命区，15MnVN 钢的疲劳裂纹形成机理与 16Mn 钢的有所不同。因此，在选用 16Mn 钢时，除优先考虑材料应具有高的屈服强度和屈强比外，还应考虑材料的其他力学性能指标，例如疲劳极限，或者进行初步的疲劳试验。

23.3　提高冶金质量改善金属材料的疲劳性能

疲劳裂纹通常起始于金属材料的表面。所以,金属材料的表面状态,对于疲劳裂纹起始寿命和疲劳裂纹起始门槛值,有着重大的影响。金属结构件总是要经过各种加工才能成形,并具有一定的力学性能。所以,在本节中,将总结加工工艺对金属材料疲劳裂纹起始寿命影响的试验研究结果,进而可根据金属结构件的材料与制造工艺,提出延长疲劳裂纹起始寿命的技术途径。

23.3.1　细化晶粒

在 4.2.2 节中,业已指出,晶界是微裂纹长大的阻力,也是宏观裂纹形成的阻力。所以,晶粒细化将会延长金属材料的裂纹起始寿命。

表 23-3 中的试验结果表明[12],随着晶粒尺寸的减小,铝合金疲劳寿命和疲劳裂纹起始寿命延长。前已指出,细化晶粒可提高金属的强度和塑性,因而可提高疲劳裂纹起始抗力系数和门槛值,延长疲劳裂纹起始寿命。从疲劳裂纹起始的微观机理考虑,晶粒边界可以阻碍微裂纹的长大和连接,延缓宏观裂纹起始,因而延长疲劳裂纹起始寿命。

表 23-3　晶粒尺寸对铝合金疲劳寿命的影响($\Delta\sigma=72$MPa)[12]

晶粒尺寸/in	N_f/周	N_i/周	N_p/周
0.005	1530	1280	250*
0.010	1180	805	375
0.020	1210	860	350
0.055	1010	600	410
0.105	860	455	405

* 表示从试件表面两个部位同时出现裂纹。

23.3.2　消除合金中的软组织

由于合金元素分布不均匀,合金中常形成不同的相或组织,因而具有不同的塑性变形抗力和硬度。疲劳裂纹通常在硬度较低、塑性变形抗力较小的软相或软组织中形成。图 23-2 表明[13],疲劳裂纹在 18Ni 马氏体时效钢的软组织中形成,该软组织是由于合金元素的贫化而形成的。

残余奥氏体通常是超高强度钢中的软相,因而钢中残余奥氏体多,将缩短疲劳裂纹起始寿命。表 23-2 中的试验结果表明[10],30CrMnSiNi2A 超高强度钢中的残余奥氏体增多,屈服强度、屈强比、断裂强度和断裂延性的乘积 $\sigma_f\varepsilon_f$ 均降低。根据

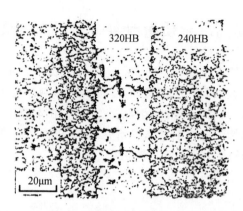

图 23-2　18Ni 马氏体时效钢中的疲劳裂纹在低硬度的组织中形成[13]

式(23-2)和式(23-3)，屈服强度、屈强比、断裂强度和断裂延性的乘积 $\sigma_f \varepsilon_f$ 较大者，可能具有较高的疲劳裂纹起始系数和门槛值，因而具有较高的疲劳裂纹起始寿命（见表 23-2）。

23.3.3　消除合金中的缺陷

铸造合金中常有各种缺陷，如夹杂物、偏析、气孔与缩孔等。这些缺陷的存在会加快疲劳裂纹起始，缩短疲劳裂纹起始寿命和疲劳寿命。铸造铝合金 KO-1（质量分数）(4.7% Cu, 0.3% Mg, 0.3% Mn, 0.6% Ag, 0.2% Ti, Fe、Si < 0.3%，余为 Al) 疲劳性能的试验研究结果如图 23-3 所示[14]，疲劳试件取自距铸件表面不同的距离处。由图 23-3 中的试验结果可见，在铸态和铸造再热处理后，接近铸件表面的铸造铝合金 KO-1 的疲劳寿命较长，而疲劳裂纹扩展速率较高；随着距铸件表面距离的增大，疲劳寿命缩短，疲劳裂纹扩展速率降低。这表明接近铸件表面铸造铝合金 KO-1 的疲劳裂纹起始寿命长，随着距铸件表面距离的增大，疲劳裂纹起始寿命缩短。金相观察表明[14]，距铸件表面距离增大，铸件中的微孔增多，且疲劳裂纹主要起始于微孔。这从裂纹形成机理上解释了何以随着距铸件表面距离的增大，疲劳裂纹起始寿命缩短。

铸造铝合金 KO-1 经 535℃固溶处理后，疲劳裂纹扩展速率升高，而疲劳寿命延长（见图 23-3）。这表明铸件经长时间固溶处理后疲劳裂纹起始寿命长大大地延长。考其原因，固溶处理减少了铸件中的微孔并使其球化，同时合金元素固溶于基体相中，提高了基体相的强度[14]。用相同的方法，研究高强度 Mg-Zn-Zr 铸造合金的疲劳性能时，也得到相同的结果[15]。

上述研究结果还说明，铸件的切削加工量不宜过大。因为将疲劳裂纹起始抗力高的表面层过多地切去，将大大地降低铸件的疲劳裂纹起始寿命和疲劳总寿命。可以推测，采用精密铸造工艺制备零件，不仅可大大减少切削加工工时、提高生产

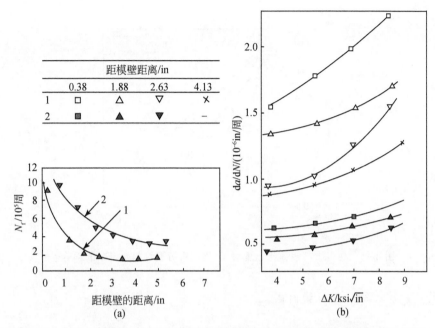

图 23-3　铸造铝合金 KO-1 的疲劳性能与距铸件表面距离及热处理状态的关系[14]

1. 铸态＋155℃时效 20h；2.535℃固溶 20h＋155℃时效 20h

效率和材料的利用率,还有利于零件获得较长的疲劳裂纹起始寿命和疲劳总寿命。

23.3.4　切削加工的影响

切削加工会引起零件表面层材料的几何、物理和力学性质的变化。这些变化包括表面粗糙度、表面层残余应力和金属的变形强化等。这三者合称为表面完整性。另一方面,若切削工艺参数不适当,则会在零件表面层中引发微裂纹;化学和电化学加工时,某些金属表面层因吸氢而变脆。

1. 表面粗糙度的影响

Maiya 等[16]研究了表面粗糙度对不锈钢在 593℃大气中、低循环疲劳试验条件下疲劳裂纹起始寿命的影响,给出了以下的经验关系式:

$$N_0(R) = 1021R^{-0.21} \tag{23-7}$$

式中,$N_0(R)$表示粗糙度为 R 时试件的疲劳裂纹起始寿命;R 表示环形沟槽深度的均方根值,单位为 μm。由此可见,表面越粗糙,R 值越大,不锈钢在 593℃大气中的低循环疲劳裂纹起始寿命越短。

图 23-4 中的试验结果[17]也表明,切口根部表面光洁度越高,45 钢的疲劳裂纹起始寿命越长。在长寿命区,表面光洁度的影响较大,而在短寿命区,表面光洁度

的影响较小。

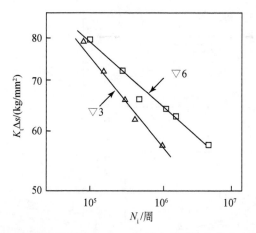

图 23-4　切口根部表面光洁度对 45 钢的疲劳裂纹起始寿命的影响[17]

2. 表面层残余应力的影响

Barnby 等[18]研究了切口根部表面的材料状态对疲劳裂纹起始寿命的影响。所用材料为 Ti-5Al-2.5Sn 钛合金,其屈服强度为 $\sigma_{0.2}=850$MPa。所有试件分为两组:一组在切削加工后测定疲劳裂纹起始寿命,另一组在切削加工后进行消除内应力退火,然后测定疲劳裂纹起始寿命。消除内应力退火未改变合金的屈服强度,所以未改变合金的组织,因为合金的屈服强度对合金的组织很敏感。消除内应力退火对 Ti-5Al-2.5Sn 钛合金疲劳裂纹起始寿命的影响如图 23-5 所示。

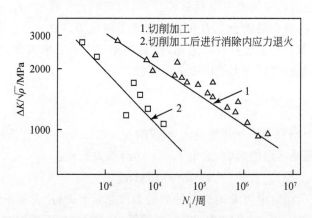

图 23-5　切口根部的表面状态对 Ti-5Al-2.5Sn 钛合金疲劳裂纹起始寿命的影响[18]

由图 23-5 可见,切削加工后进行消除内应力退火缩短了 Ti-5Al-2.5Sn 钛合金的疲劳裂纹起始寿命,在低的 $\Delta K/\sqrt{\rho}$ 下更甚。这是因为消除内应力退火消除了因切削加工在切口根部表面形成的有利的残余应力以及金属的变形硬化,因而缩短了 Ti-5Al-2.5Sn 钛合金的疲劳裂纹起始寿命。

应当指出,切口根部的表面状态,即有利的残余应力分布和金属的变形硬化,对金属的疲劳裂纹起始寿命的影响,甚至超过表面粗糙度的影响。例如,15MnVN钢的切口平板试件,其中的切口经钻孔、铰孔后而制成;用这样制成的试件测定的疲劳裂纹起始寿命可表示为[见式(4-24)]

$$N_i = 5.60 \times 10^{14} \, (\Delta\sigma_{eqv}^{1.83} - 361^{1.83})^{-2} \tag{23-8a}$$

而用切口圆柱试件,其中的切口用光学磨床磨削而制成;用这样制成的试件测定的疲劳寿命可表示为[见式(13-11 a)]

$$N_f = 5.55 \times 10^{14} \, (\Delta\sigma_{eqv}^{1.83} - 304^{1.83})^{-2} \tag{23-8b}$$

式(23-8b)中的疲劳寿命 N_f 是用小尺寸切口试件测定的,所以式(23-8b)中的疲劳寿命应比疲劳裂纹起始寿命略长,但近似地等于疲劳裂纹起始寿命,尤其在长寿命区。将式(23-8a)与式(23-8b)比较,可以看出,用切削加工制备的切口试件测定的疲劳裂纹起始门槛值,比磨削加工制备的切口试件测定的疲劳裂纹起始门槛值高约 20%,而试件的机械加工工艺对疲劳裂纹起始抗力系数无明显的影响。由于疲劳裂纹起始门槛值的提高,在长寿命范围内,用切削加工制备的切口试件测定的疲劳裂纹起始寿命延长(见图 23-6)。

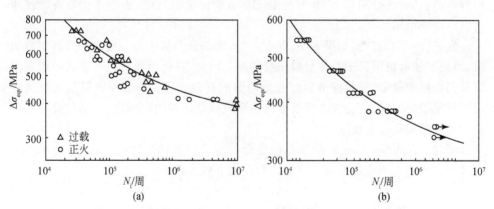

图 23-6　机械加工工艺对 15MnVN 钢疲劳裂纹起始寿命的影响

(a)用平板试件测定的疲劳裂纹起始寿命;(b)用切口圆柱测定的疲劳寿命

3. 抛光方法

疲劳试验结果表明[19],不锈钢在室温下进行低循环疲劳试验时,电抛光的疲劳试件的疲劳寿命较机械抛光的长 3 倍,如图 23-7 所示。这可能是由于电抛光除去了表面损伤层。但图 23-7 中的试验结果,与文献[1]中抛光方法对疲劳极限影响的试验结果相矛盾。这一矛盾的出现可能与被抛光的材料性质以及抛光工艺有关。

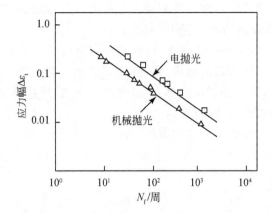

图 23-7　抛光方法对 20Cr-25Ni-0.7Nb 不锈钢室温低循环疲劳寿命的影响[19]

23.3.5　表面强化

长久以来,表面喷丸强化、锤击强化、表面辗压、孔的冷胀等表面强化技术,一直是行之有效的延长结构件疲劳裂纹起始寿命和疲劳寿命的技术途径[20-23]。关于孔壁挤压和锤击焊趾对铝合金切口件和 16Mn 钢对焊接头疲劳裂纹起始寿命和疲劳寿命的影响,已分别在 15.6 节和 18.10 节中讨论。目前,表面强化延寿命技术仍被广泛地采用[20]。

文献[24]中的试验结果表明(见表 5-5),钢的疲劳极限近似地等于表面屈服极限,而表面屈服极限低于整体材料屈服强度。因此,提高金属材料的表面屈服极限将是提高疲劳极限、延长疲劳裂纹起始寿命的有效途径。在表面金属强化提高表面屈服极限的同时,也会在表面层金属中形成残余压应力,也有利于延长疲劳裂纹起始寿命和提高疲劳极限。

研究工作表明[21],疲劳裂纹起始寿命与金属材料的应变硬化指数(n)和喷丸处理在表面层中形成的残余压应力之间存在下列关系:

$$N_i = A + B \, (-\sigma_r)^{an+b} \tag{23-9}$$

式中,A、B、a 和 b 为试验确定的常数,其中 B、a 和 b 为正值;σ_r 为残余压应力。显然,提高表面层中的残余压应力,将延长疲劳裂纹起始寿命。金属材料的应变硬化指数愈大,延寿效果愈好。假定表面层中的残余压应力与喷丸引起的塑性变形量成正比,故在喷丸引起的同一塑性变形量(残余压应力)下,应变硬化指数大的金属材料,其表面屈服极限将有较大的提高,因而疲劳极限有较大的提高,延长疲劳裂纹起始寿命的效果更显著。

23.3.6　干涉铆接

铝合金铆接件在飞机制造业中仍然被广泛采用。采用干涉铆接技术可延长铆接件的疲劳裂纹起始寿命[22,23]。图 23-8 为不同的铆接方法对铝合金铆接件疲劳裂纹起始寿命的影响[23]。

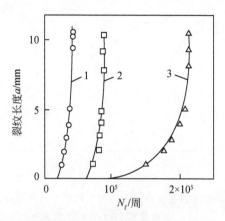

图 23-8　不同的铆接方法对铝合金铆接件疲劳裂纹起始寿命的影响[23]

1. 正常铆接;2. 干涉铆接,疲劳试验的加载频率 $f=8\text{Hz}$;3. 干涉铆接,加载频率 $f=160\text{Hz}$,试验时最大应力均为 $\sigma_{\max}=181.3\text{MPa},R=0.1$

23.4　提高疲劳极限的途径

由式(5-13)可见,提高金属材料的疲劳极限也可有效地延长在长寿命区的疲劳寿命。再则,提高金属材料的疲劳极限也可提高疲劳裂纹起始门槛值,有效地延长在长寿命区的疲劳裂纹起始寿命[见式(4-7)和式(4-10)]。由此可见,疲劳极限是表征材料的疲劳性能的主要参数之一。所以在新材料研究和改善现有材料的研究中,应考虑如何提高材料的疲劳极限。机械零部件的无限寿命设计中,材料应具有高的疲劳极限和在长寿命区有较长的疲劳寿命,不但可提高结构件的许用应力,而且在载荷微幅波动的情况下也不致造成大的疲劳损伤,使材料对服役载荷环境有较好的适应性。

23.4.1　改善冶金质量

合金中的夹杂物和未溶强化相的颗粒尺寸减小,疲劳裂纹形成的相对概率也减小。据此,可以预期,提高金属材料的冶金质量,降低夹杂物含量和减小夹杂物的颗粒尺寸,可以提高疲劳极限并延长疲劳寿命。位于钢的表面和近表面的夹杂物颗粒尺寸对疲劳寿命的影响如图 23-9 所示。

由图 23-9 可以看出,随着钢中夹杂物颗粒尺寸的减小,钢的疲劳寿命延长;而且,在低的循环应力下,夹杂物颗粒尺寸的减小对钢的疲劳寿命延长所起的作用更大。根据式(5-13)可以推测,夹杂物颗粒尺寸的减小提高了钢的疲劳极限。试验结

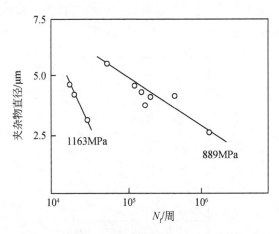

图 23-9　钢的表面和近表面的夹杂物颗粒尺寸对疲劳寿命的影响[25]

图中数字为循环加载应力

果表明[1],一般工业用的 4340 钢,其纵向疲劳极限为 800~880MPa,横向疲劳极限为 460~540MPa;而经真空熔炼后,不仅纵向疲劳极限提高到 960MPa、横向疲劳极限提高到 830MPa,还减小了疲劳极限的各向异性。因为真空熔炼减少了钢中夹杂物数量并减小夹杂物颗粒尺寸。试验结果还表明[10],改善钢的冶金质量也提高钢的断裂韧性。所以改善冶金质量,是提高金属材料疲劳与断裂性能的重要技术措施。

23.4.2　细化晶粒

在对称拉-压应力循环作用下,晶粒度对低碳钢疲劳寿命和疲劳极限的影响的试验结果如图 23-10 所示[26]。试验结果表明,钢的晶粒越细,疲劳极限越高,疲劳寿命越长。但在短寿命区,晶粒度对低碳钢疲劳寿命的影响很小。

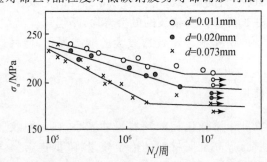

图 23-10　晶粒度对低碳钢疲劳寿命和疲劳极限的影响[26]

在 5.2.3 节中业已指出,金属材料的疲劳极限与强度成正比地升高。而晶粒细化提高金属材料的强度,尤其是与微量塑性变形抗力相关的强度指标。图 23-11 中的试验结果表明[27],屈服强度和循环屈服强度随着晶粒尺寸的减小而升高,它们之间的关系符合 Hall-Patch 方程。假设比例极限与屈服强度成正比,则细化晶粒也提高比例极限和循环比例极限。而钢的疲劳极限近似地等于比例极限和循环比例极限,所以细化晶粒提高了疲劳极限。因此,可以理解何以晶粒细化提高金属材料的疲劳极限这一试验结果。

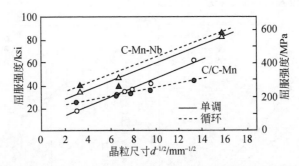

图 23-11　晶粒度对低合金 C-Mn 钢和 C-Mn-Nb 钢屈服强度和循环屈服强度的影响[27]

　　向低合金 C-Mn 钢中加微量的铌,可更有效地提高钢的屈服强度和循环屈服强度,如图 23-11 所示。再则,晶粒细化还可提高金属材料的塑性。因此,晶粒细化和低合金钢的微合金化,将是改善高强度低合金钢疲劳性能的有效途径。

23.4.3　热工艺的影响

　　1. 锻造工艺

　　锻造可以消除铸件中的缺陷,如焊合显微孔洞、细化组织结构等。因此,锻造有利于改善金属材料的冶金质量,提高强度和塑性,从而有利于提高疲劳极限。表 23-4 列出了锻造比对 40CrNiMoA 钢疲劳极限影响的试验结果[28]。可见,当锻造比低于 6 时,钢的疲劳极限随着锻造比的增大而升高。这是由于随着锻造比的增大,铸造组织结构得到更大程度的改善。进一步增大锻造比对钢组织结构的影响可能很小,因而对疲劳极限的影响很小。

表 23-4　锻造比对 40CrNiMoA 钢(850℃淬火、570℃回火)
疲劳极限影响的试验结果[28]

锻造比	1	2	3	4	6	8	12	20	40
σ_{-1}/MPa	37	46	49	50~51	53~54	53~54	53~54	53~54	53~54

　　2. 渗碳后热处理

　　渗碳后热处理工艺对渗碳层的组织、缺陷和渗碳的 8620 钢零件的疲劳寿命的影响如图 23-12 所示[29]。渗碳后直接淬火或冷却后一次淬火，渗碳层中的残余奥氏体较多[见图 23-12(a)]，马氏体粗大，微裂纹的数量较多且尺寸较长[见图 23-12(b)]，所以渗碳件的疲劳极限低、疲劳寿命短[见图 23-12(c)]。渗碳后冷却，再两次淬火（第一次 843℃ 油淬、第二次 788℃ 油淬）使得渗碳层中的残余奥氏体大为减少[见图 23-12(a)]、马氏体细化、微裂纹的数量减少且尺寸较短[见图 23-12(b)]，因而使渗碳件的疲劳极大为提高、疲劳寿命延长[见图 23-12(c)]。

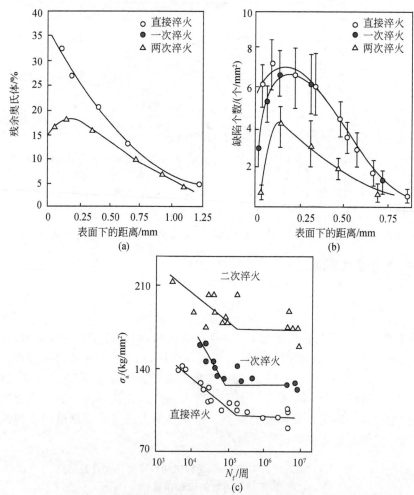

图 23-12　渗碳后热处理工艺对渗碳层的组织、缺陷和渗碳的 8620 钢零件的疲劳性能的影响[29]
(a)对渗碳层中的残余奥氏体量的影响；(b)对微裂纹的数量的影响；
(c)对渗碳件的疲劳极限和疲劳寿命的影响

　　虽然渗碳后两次淬火能很好地改善渗碳层的组织，从而提高渗碳件的疲劳性能，但两次淬火也会引出其他问题，如渗碳件的淬火变形增大、表层的氧化与脱碳，以及增大能源消耗和生产成本等。因此，应综合考虑技术经济效果，确定渗碳后的热处理工艺。

23.4.4　机械加工工艺的影响

疲劳裂纹通常形成于试件和零件的表面。而机械加工直接影响试件和零件的表面状态,所以机械加工将对疲劳性能产生重大影响。图 23-13 表明机械加工方法和介质对钢的疲劳极限的影响[30]。图中 C_s 为不同表面状态的疲劳极限与经镜面抛光的试件疲劳极限之比,称为疲劳极限的表面状态系数。由图可见,钢的疲劳极限随表面粗糙度和介质腐蚀性增大而降低;钢的硬度越高,疲劳极限降低的幅度越大。

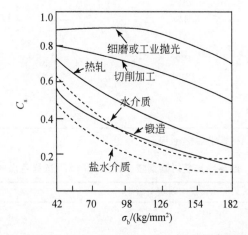

图 23-13　疲劳极限的表面状态系数与机械加工方法、介质以及钢的疲劳极限的关系[30]

一般认为,机械抛光较好,而电抛光会降低疲劳极限[1]。但也有试验结果表明[19],电抛光延长疲劳寿命。这一相互矛盾的结果可能与电抛光的技术水平有关。

应当指出,图 23-13 只是表示不同的机械加工方法对钢的疲劳极限影响的一般规律或趋势,而不能作为定量的评估。例如,不同的切削加工工艺给出的表面粗糙度是不同的,因而对疲劳极限有不等的影响,无法用图 23-13 中的单一的曲线表示。再则,切削加工还会在金属零件的表面层造成残余应力并引起金属的加工硬化。切削工艺参数选取不当,切削加工也可能在零件的表面层中造成损伤[31]。

23.4.5　加载频率的影响

采用高频疲劳试验机测定疲劳极限,可以缩短试验时间。但是,当加载频率超过一定限度,将引起试件温度升高,从而引起试件表面软化,这两者都会改变疲劳极限的值,故在试验中应当避免。

表 23-5 中的试验数据表明[1]，在 1～200Hz 的范围内，加载频率对疲劳极限基本没有影响，实际上略有提高。用 5 ℃ 处理过的水冷却试件，研究加载频率对碳钢疲劳极限的影响，试验结果列于表 23-6[1]。结果表明，疲劳极限随加载频率的升高而升高可能是由于材料的塑性变形抗力随加载频率的升高而提高所致。

表 23-5　加载频率对金属材料疲劳极限影响的试验结果[1]

材料	加载频率/Hz		
	25	167	500
SAE 1020	215	215	230
SAE 4140	675	680	700
不锈钢	415	435	480
钢轨钢	345	345	350
灰铸铁	70	70	77
铝合金*	105	105	180
黄铜*	140	165	185
合金铸铁	180	180	200

* 表示给定寿命为 5×10^7 周时的疲劳极限。

表 23-6　超高频加载对碳钢疲劳极限的影响（试样用水冷却）[1]

频率/Hz	0.08%碳钢	0.2%碳钢
40	205	—
200	220	235
550	230	245
13000	275	285
50000	325	325
100000	370	350

23.5　延长疲劳裂纹扩展寿命的途径

要延长结构件的疲劳裂纹扩展寿命，应当降低金属材料的疲劳裂纹扩展速率。疲劳裂纹扩展速率公式中[见式(6-12)]有两个材料常数，即疲劳裂纹扩展系数和疲劳裂纹扩展门槛值。因此，降低疲劳裂纹扩展系数和提高材料的疲劳裂纹扩展门槛值，是延长结构件的疲劳裂纹扩展寿命的两个主要方面。降低疲劳裂纹扩展系数主要是改变疲劳裂纹扩展机理，已如前述(见 6.5.3 节)。研究结果表明，结构件的疲劳裂纹扩展寿命的绝大部分消耗在近门槛区的裂纹扩展阶段。所以，提高材料的疲劳裂纹扩展门槛值，降低近门槛区的疲劳裂纹扩展速率，是延长结构件疲劳裂纹扩展寿命的更重要的技术措施。下面讨论影响疲劳裂纹扩展门槛值的因素和提高材料的疲劳裂纹扩展门槛值的途径,包括晶粒度的影响、屈服强度的影响、显微组织的影响、加工硬化的影响和表面状态的影响。

23.5.1 晶粒度的影响

与晶粒细化提高屈服强度和疲劳极限相反,晶粒细化降低金属材料的疲劳裂纹扩展门槛值。图 23-14 表明,工业纯钛的疲劳裂纹扩展门槛值 ΔK_{th} 随晶粒细化而降低,但屈服强度则随晶粒细化而升高[32]。奥氏体不锈钢的晶粒尺寸 d 对疲劳裂纹扩展门槛值和屈服强度的影响,也显示相同的规律性(见图 23-15)。

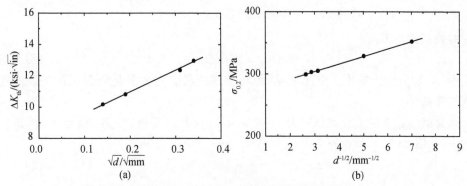

图 23-14　晶粒尺寸对工业纯钛的力学性能的影响[32]
(a)对 ΔK_{th} 的影响;(b)对 $\sigma_{0.2}$ 的影响

晶粒尺寸 d 对疲劳裂纹扩展门槛值 ΔK_{th}、屈服强度 $\sigma_{0.2}$ 和疲劳极限的影响可分别表示为[32]

$$\Delta K_{th} = \Delta K_0 + k_f d^{1/2} \tag{23-10}$$

$$\sigma_{0.2} = \sigma_0 + k_y d^{-1/2} \tag{23-11}$$

$$\sigma_{-1} = \sigma_e + k_e d^{-1/2} \tag{23-12}$$

晶粒尺寸 d 不仅影响疲劳裂纹扩展门槛值 ΔK_{th},还影响 ΔK_{th} 对应力比的敏感度,即式(6-17)中的 γ 值。晶粒尺寸对奥氏体不锈钢的 ΔK_{th} 和 $\sigma_{0.2}$ 的影响如图 23-15[33]所示。由此可见,随着晶粒细化,ΔK_{th} 随应力比的变化较小,也就是对应力比的变化较不敏感。

上述试验结果表明,晶粒细化可提高疲劳极限、延长疲劳裂纹起始寿命,但却降低疲劳裂纹扩展门槛值、缩短疲劳裂纹扩展寿命。因此,在决定延寿技术措施时,应考虑到结构件的疲劳设计要求,否则会得到相反的效果。

23.5.2 屈服强度的影响

由式(23-10)和式(23-11),可以导出疲劳裂纹扩展门槛值 ΔK_{th} 和屈服强度 $\sigma_{0.2}$

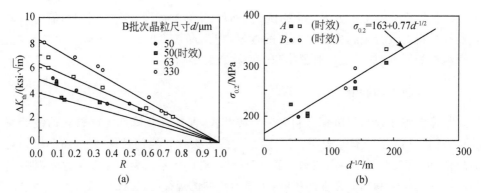

图 23-15　奥氏体不锈钢的晶粒尺寸对 ΔK_{th} 和 $\sigma_{0.2}$ 的影响[33]

(a)对 ΔK_{th} 的影响；(b)对 $\sigma_{0.2}$ 的影响

间的关系式如下：

$$\Delta K_{th} = A - B\sigma_{0.2} \qquad (23-13)$$

式中，A、B 为经验常数。由此可见，提高材料的屈服强度引起疲劳裂纹扩展门槛值的降低。

文献[34]总结了在很低应力比（R 为 $0.05 \sim 0.1$）下钢的 ΔK_{th} 值与 $\sigma_{0.2}$ 的试验结果（见图 23-16），给出下列经验关系式：

$$\Delta K_{th} = 11.4 - 4.6 \times 10^{-3}\sigma_{0.2} \qquad (23-14)$$

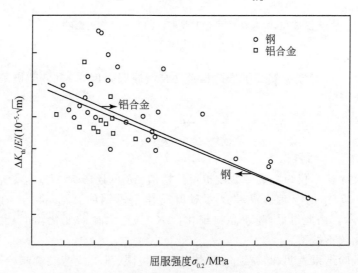

图 23-16　钢的 ΔK_{th} 值与屈服强度 $\sigma_{0.2}$ 间的关系[34]

由式(23-14)可以看出，钢的 ΔK_{th} 的最大值为 $\Delta K_{th} = 11.4\text{MPa} \cdot \sqrt{\text{m}}$。然而，试验测定的钢的 ΔK_{th} 值最大可达 $\Delta K_{th} = 20\text{MPa} \cdot \sqrt{\text{m}}$[35]，并且，钢的 ΔK_{th} 值的试

验结果分散性很大(见图 23-16)。

文献[34]中也总结了屈服强度 $\sigma_{0.2}$ 对铝合金的 ΔK_{th} 值(R 为 $0.05 \sim 0.1$)影响,也显示相同的趋势,如图 23-17 所示。对图 23-17 中的试验结果进行分析,给出下列经验关系式[34]:

$$\Delta K_{th} = 3.4 - 1.5 \times 10^{-3} \sigma_{0.2} \qquad (23-15)$$

由图 23-17 可以看出,铝合金的 ΔK_{th} 最大值也高于式(23-15)给出的最大值,即 $3.4 \mathrm{MPa} \cdot \sqrt{\mathrm{m}}$;而且,铝合金的 ΔK_{th} 值的试验结果分散性也很大。

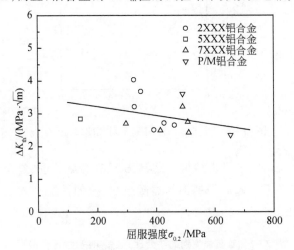

图 23-17 铝合金的 ΔK_{th} 值与屈服强度 $\sigma_{0.2}$ 间的关系[34]

上述试验结果与式(23-10)所显示的 ΔK_{th} 随屈服强度的变化趋势基本相符。而式(23-13)中的常数 A、B 取决于式(23-10)和式(23-11)中的四个常数。但式(23-10)和式(23-11)中的常数与金属材料的显微组织有关。因此,具有不同组织结构的合金,其 ΔK_{th} 虽然总体上随着屈服强度的升高而降低,但显示出较大的分散性。

23.5.3 显微组织的影响

退火和正火的亚共析钢的显微组织主要由铁素体和珠光体所组成。亚共析钢的 ΔK_{th} 与其显微组织存在下列关系[36]:

$$\Delta K_{th} = \phi_a \times f_a^n + \phi_p (1 - f_a^n) \qquad (23-16)$$

式中,f_a 为铁素体的体积百分数;ϕ_a、ϕ_p 分别为铁素体和珠光体对 ΔK_{th} 所作的贡献。实际上,ϕ_a、ϕ_p 分别为铁素体和珠光体的疲劳裂纹扩展门槛值。所以,ϕ_a 与铁素体的晶粒尺寸有关,它们之间的关系符合式(23-10)。而珠光体的疲劳裂纹扩展门槛值则随着珠光体片间距的减小而升高,如图 23-18 所示[37]。所以亚共析钢的 ΔK_{th} 值不仅与铁素体的体积分数相关,也与铁素体的晶粒尺寸和珠光体的片间距有关。

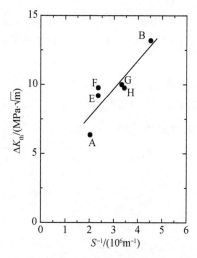

图 23-18　珠光体的片间距 S 对 ΔK_{th} 的影响[37]

　　Yan 等[38]试验研究了飞机结构用超高强度钢的热处理、显微组织、拉伸性能和 ΔK_{th} 间的相互关系。超高强度钢的显微组织、拉伸性能列入表 23-7，ΔK_{th} 的试验结果见图 23-19。

表 23-7　超高强度钢的热处理、显微组织、拉伸性能[38]

材料	热处理	σ_b /MPa	$\sigma_{0.2}$ /MPa	$\psi/\%$	显微组织/%		
					M	B	A
40CrMnSiMoVA	Ⅰ：920℃加热、180℃等温、220℃回火	1816	1398	41.9	67	25	8
	Ⅱ：920℃加热、300℃等温	1709	1320	48.2	37	50	13
30CrMnSiNi2A	Ⅲ：900℃加热、250℃等温、240℃回火	1602	1309	51.6	56	36	8

　　注：M、B、A 分别代表马氏体、贝氏体和残余奥氏体。

　　超高强度钢经不同的热处理后，获得不同的马氏体、贝氏体和残余奥氏体的体积分数。作者据此给出超高强度钢的疲劳裂纹扩展门槛值与显微组织的经验关系式：

$$\Delta K_{th} = 1.95 f_M + 7.53 f_B + 14.1 f_A \qquad (23\text{-}17)$$

式中，f_M、f_B 和 f_A 分别为马氏体、贝氏体和残余奥氏体的体积分数。由式(23-17)可以看出，不同的组织组成物对 ΔK_{th} 的贡献是不等的，即 M：B：A≈1：4：7。若要提

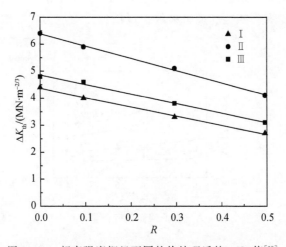

图 23-19　超高强度钢经不同的热处理后的 ΔK_{th} 值[38]

Ⅰ. 40CrMnSiMoVA 钢经 920℃加热、180℃等温、220℃回火；Ⅱ. 40CrMnSiMoVA 钢经 920℃加热、
300℃等温；Ⅲ. 30CrMnSiNi2A 钢经 900℃加热、250℃等温、240℃回火

高 ΔK_{th} 之值,应适度地增加超高强度钢中的残余奥氏体含量。但增加超高强度钢中的残余奥氏体含量,会缩短钢的疲劳裂纹起始寿命(见表 23-2)。

23.5.4　加工硬化的影响

Liaw 等[39]研究了加工硬化对纯铜疲劳裂纹扩展门槛值的影响。他们的试验结果表明,冷加工硬化提高了纯铜的抗拉强度、屈服强度和循环屈服强度,但降低疲劳裂纹扩展门槛值和疲劳裂纹扩展门槛值对应力比的敏感性,如图 23-20 所示。

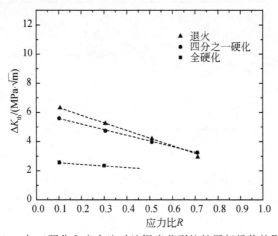

图 23-20　加工硬化和应力比对纯铜疲劳裂纹扩展门槛值的影响[39]

文献[40]中的试验结果也表明,预应变降低了低碳锰钢 BS2272(0.14%C、1.5% Mn)的疲劳裂纹扩展门槛值和疲劳裂纹扩展门槛值对应力比的敏感性,如图 23-21 所示。

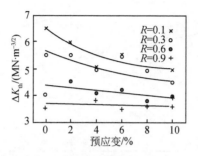

图 23-21　预应变和应力比对低碳锰钢疲劳裂纹扩展门槛值的影响[40]

23.5.5　表面状态的影响

试件和结构件的表面状态是影响疲劳裂纹起始寿命的重要因素,也是影响疲劳裂纹扩展门槛值和近门槛区疲劳裂纹扩展速率的重要因素。表面喷丸强化对超高强度钢疲劳裂纹扩展门槛值的试验结果,列入表 23-8。试验结果表明,表面喷丸强化可以提高超高强度钢的 ΔK_{th} 值,在高的应力比下提高 ΔK_{th} 值的效果更大一些。

表 23-8　表面喷丸强化对超高强度钢疲劳裂纹扩展门槛值影响的试验结果[38]

材料	热处理状态	表面状态	$\Delta K_{th}/(MPa \cdot \sqrt{m})$	
			$R=0$	$R=0.5$
40CrMnSiMoVA	920℃加热,180℃等温,220℃回火	未喷丸	4.34	2.79
		喷丸	5.74	4.19
	920℃加热,300℃等温	未喷丸	6.36	4.03
		喷丸	7.75	5.58
30CrMnSiNi2A	900℃加热,250℃等温,240℃回火	未喷丸	4.81	3.10
		喷丸	6.51	4.65

文献[41]报道了带包铝层和去除包铝层的铝合金 LY12CZ 板材的 ΔK_{th} 值的试验测定结果。它表明包铝层的 LY12CZ 铝合金板材具有较高的 ΔK_{th} 值,尤其在高的应力比下,如图 23-22 所示。由此看来,合适的表面状态既能延长疲劳裂纹起始寿命,又能提高疲劳裂纹扩展门槛值,延长疲劳裂纹扩展寿命。

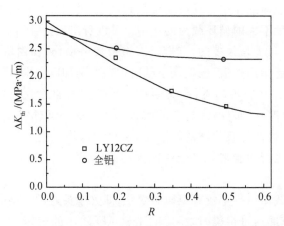

图 23-22　包铝层和应力比对铝合金 LY12CZ 板材 ΔK_{th} 的影响[41]

23.6　变幅载荷下金属结构件的延寿技术

前已指出,大部分结构件是在变幅载荷下服役的。据作者所知,对变幅载荷下金属结构件的延寿技术,研究甚少。原则上,等幅载荷下金属结构件的延寿技术及所取得的结果,也应当适用于变幅载荷下服役的金属结构件。但是,在等幅载荷下研究的延寿技术和延寿效果,在怎样的材料和服役载荷情况下适用,并使结构件获得最佳的延寿效果,这是需要研究的课题。

在本节中,作者试图根据前述的疲劳裂纹起始寿命公式和寿命预测模型的相关研究结果,以及作者的实际经验,综合考虑载荷谱、材料的应变硬化特性和价格等技术、经济因素,分析和讨论变幅载荷下金属结构件的延寿技术,作为结构设计时选用材料和制造工艺的补充参考。

23.6.1　几种典型的载荷谱及其特点

运输机单次飞行时,作用在两只机翼上的气动升力托起整个飞机的重量。这一均布载荷使机翼受到弯矩的作用,在机翼的根部弯矩达最大值。当飞机停在地面,升力为零,飞机有起落架支承,机翼的重量也使机翼受到弯矩的作用,但弯矩的符号与飞行时的相反。这意味着每次飞行机翼受到一次循环弯矩的作用。飞行时,机翼的上翼面受到压应力的作用,而下翼面受到拉应力的作用。飞机停在地面时,机翼的上翼面受到拉应力的作用,但拉应力在数值上比压应力小得多,而下翼面受到压应力的作用,但压应力在数值上比拉应力小得多。由此可见,下翼面、尤其是接近翼根部分,将是疲劳裂纹形成的关键部位。

飞机在起飞滑跑、着陆滑行时,由于跑道的粗糙不平,机翼会受到频率很高但幅度不大的循环载荷的作用。在巡航飞行时,由于气流扰动和突风,也会使机翼受到频率很高但幅度不大的循环载荷的作用。可以看出,这些随机出现的、幅度不大的循环载荷,在数量上是很多的;它们是否造成疲劳损伤,要由所用的结构材料及相应的疲劳裂纹起始门槛值,也就是小载荷省略准则加以判别。

战斗机由于经常做机动飞行,其结构要承受更大的过(超)载,过载最大可达 $8g$(g 为重力加速度)。而且,大过载的次数很多。这与运输机结构的载荷谱是有所不同的。但是,这两种载荷谱的特点是,飞机结构均承受大的拉伸超载,但运输机的结构在一次飞行中看来只经受一次大超载,而战斗机在飞行中经受的大超载更频繁。

铁路桥梁的载荷谱呈比较有规律的变化,即火车头通过桥梁时,桥梁的主梁承受大的弯矩,而车厢通过桥梁时,桥梁的主梁承受较小的弯矩。所以,铁路桥梁载荷谱的特点是,大超载的幅度相对较小,次数也较少,而小载荷的次数较多。而且,铁路桥梁的载荷谱基本上是两级程序块谱。当然,桥梁的不同的结构件所受的载荷大小和循环次数都有着很大的差别,但变化规律基本相同。

23.6.2　选用材料的一般原则

对于在服役中承受大超载的结构,其零部件宜采用具有连续应变硬化特性的材料制造。因为这类材料的超载效应因子 $z>0$,所以在经历大超载后,其疲劳裂纹起始门槛值会自动升高;超载幅度越大,疲劳裂纹起始门槛值升高的幅度越大。由于疲劳裂纹起始门槛值升高,疲劳裂纹起始寿命(尤其在长寿命区)延长,并且,载荷谱中幅度较大的“小载荷”也不会造成材料的疲劳损伤,可被省略的小载荷更多。因此,采用具有连续应变硬化特性的金属材料制造在服役中承受大超载的结构的零部件,有利于延长结构的疲劳裂纹起始寿命。前已指出,铝合金、钛合金和马氏体型超高强度钢等具有连续应变硬化特性,但这些材料的价格高,制造工艺也较为复杂,所以仅在制造非常重要的结构件时加以采用。

对于在服役中承受超载、但超载幅度不很大、超载次数较少的结构,其零部件可采用具有不连续应变硬化特性的材料制造。这类材料的超载效应因子 $z=0$。一般碳钢、高强度低合金钢及其焊接件具有不连续应变硬化特性,而且这些材料的价格低,制造工艺也较为简单,大多数机械和工程结构,尤其是大型结构,宜采用这类材料制造,以降低工程造价。但在选用具体的材料时,宜优先考虑具有较高疲劳裂纹起始门槛值的材料。因为疲劳裂纹起始门槛值较高,可被省略的小载荷也较多,有利于延长结构的疲劳裂纹起始寿命。

上述材料选用原则,考虑的是结构服役载荷的特点、材料的应变硬化特性,以及技术经济等因素。此外,还要考虑其他的因素。例如,选用铝合金制造飞机结构的零部件,主要是因为铝合金具有低的密度,因而其比强度高,可以降低结构的自重;再则,铝合金板材易于塑性成型,在大气中有良好的抗蚀性等。

23.6.3　根据拉伸性能选用材料

机械和结构设计中,如何选用材料使机械或结构具有较长的疲劳裂纹起始寿命,有着重要实用意义。式(4-10)、式(4-11)和式(4-12)可为材料的半定量以至定量评估和选用,提供有用的思路或依据。为讨论方便,现将式(4-10)、式(4-11)和式(4-12)重写如下:

$$N_i = C_i \left[\Delta \sigma_{eqv}^{2/(1+n)} - (\Delta \sigma_{eqv})_{th}^{2/(1+n)} \right]^{-2} \tag{23-18}$$

$$C_i = \frac{1}{4} \left(\sqrt{E \sigma_f \varepsilon_f} \right)^{4/(1+n)} \tag{23-19}$$

$$(\Delta \sigma_{eqv})_{th} = \sqrt{E \sigma_f \varepsilon_f} \left(\frac{\Delta \varepsilon_c}{2 \varepsilon_f} \right)^{(1+n)/2} \tag{23-20}$$

疲劳裂纹起始寿命公式,即式(23-18)中有两个常数:疲劳裂纹起始抗力系数 C_i 和疲劳裂纹起始门槛值。在短寿命范围内,要有较长的疲劳裂纹起始寿命必须增大系数 C_i;在长寿命范围内,要有较长的疲劳裂纹起始寿命必须提高疲劳裂纹起始门槛值。由式(23-19)可知,要增大系数 C_i,应使材料的断裂强度和断裂延性的乘积 $\sigma_f \cdot \varepsilon_f$ 较大,而应变硬化指数 n 应较小。要提高疲劳裂纹起始门槛值,材料应满足上述拉伸性能要求外,还应具有高的疲劳极限[见式(23-20)]。而金属材料的疲劳极限与强度,尤其是比例极限或屈服强度成正比地升高。总之,要使金属材料有较长的疲劳裂纹起始寿命,应当提高屈服强度和抗拉强度比($\sigma_{0.2}/\sigma_b$),以及提高断裂强度和断裂延性的乘积($\sigma_f \cdot \varepsilon_f$)。

应当说明,上述分析和比较仅适用于具有不连续应变硬化特性的低、中碳钢和高强度低合金钢。因为这类金属材料的超载效应因子 $z=0$,用切口件等幅载荷下测定的疲劳裂纹起始寿命曲线和相应的表达式,可直接用于预测结构件在变幅载荷下的疲劳裂纹起始寿命。

对于具有连续应变硬化特性的金属材料,上述分析方法可能只适用于评估等幅载荷下的疲劳裂纹起始寿命。因为这类金属材料的超载效应因子 $z>0$,所以,这类材料结构件变幅载荷下的疲劳裂纹起始寿命的评估,还须考虑超载效应的作用,即超载效应因子的大小。现在,还不能从理论上定量地评估超载效应因子之值,预测超载效应因子的经验关系式也需要有更多的试验数据检验其有效性与精确度。

23.6.4　变幅载荷下具有不连续应变硬化特性材料的结构件的延寿技术

前面关于延寿技术的论述,主要是定性的。试举一算例说明疲劳裂纹起始门槛值对结构件变幅载荷下疲劳裂纹起始寿命的影响。对于 15MnVN 钢 56mm 厚的正火板材,其切口圆柱试件的疲劳寿命表达式,即式(13-11a)为

$$N_f \approx N_i = 5.55 \times 10^{14} \ (\Delta\sigma_{eqv}^{1.83} - 304^{1.83})^{-2} \qquad (23\text{-}21)$$

为了比较,15MnVN 钢的板状试件的疲劳裂纹起始寿命表达式,即式(4-24),重写如下:

$$N_i = 5.60 \times 10^{14} \ (\Delta\sigma_{eqv}^{1.83} - 361^{1.83})^{-2} \qquad (23\text{-}22)$$

由式(23-21)和式(23-22)可见,尽管两组试件均取自同一炉钢材,但试件的机械加工工艺不同。15MnVN 钢的切口圆柱试件,其切口经光学磨床磨削而成,故切口根部的材料未经受强烈的塑性变形。因此,切口根部的金属未能应变硬化,并形成残余压应力。但是,磨削在切口根部形成与拉应力垂直的磨削沟槽,从而引起应力集中,由此而引起的应力集中 $K_t = 1.08$。15MnVN 钢的平板试件,经铣削、磨平表面,再钻孔和铰孔等工序制成。所以,15MnVN 钢的平板试件的切口根部的金属未能应变硬化,并形成残余压应力。可见,上述两种不同的试件加工工艺,造成 15MnVN 钢试件切口根部的表面状态的差异,因而对疲劳寿命产生影响。比较式(23-21)和式(23-22),可以看出,经不同工艺加工的 15MnVN 钢试件,切口根部的表面状态的差异对疲劳裂纹起始抗力系数无明显的影响,但对疲劳裂纹起始门槛值影响显著。切口经磨削的试件,其疲劳裂纹起始门槛值较低,而经钻孔和铰孔的试件,其疲劳裂纹起始门槛值较高。

由上可知,试件的加工对变幅载荷下的疲劳裂纹起始寿命有很大的影响。因此,在选用手册中的疲劳寿命或疲劳裂纹起始寿命曲线和表达式,用于预测变幅载荷下的疲劳裂纹起始寿命时,不仅要注意测定疲劳寿命曲线所用的材料及其拉伸性能是否与结构件相接近,还要注意疲劳试件是如何加工的。某些手册给出同一材料的疲劳寿命曲线和疲劳极限差异较大,尤其要注意。

具有不连续应变硬化特性的金属材料,其超载效应因子 $z = 0$。再则,一般的机械和工程结构在服役中所受的超载比较小。因此,用这类材料制造的结构件,在变幅载荷下,其疲劳裂纹起始门槛值不会因超载而自行提高。要提高这类材料结构件的疲劳裂纹起始门槛值,要采用表面强化技术和表面热处理。

表面热处理是提高机械零件的疲劳极限和疲劳裂纹起始门槛值的有效的技术措施,但受到结构件的尺寸和形状的限制。表面强化技术,包括孔壁挤压、锤击强化、表面喷丸处理等,是延长结构件的疲劳裂纹起始寿命和疲劳寿命的经济而有效的技术措施,不受构件尺寸和形状的限制。这类材料的结构件或切口件,经表面热处理和表面强化处理后测定的疲劳裂纹起始寿命曲线(或疲劳寿命曲线),可直接用于预测变幅载荷下的疲劳裂纹起始寿命,并可评估延寿效果。具体算例和试验结果可参阅第 15 章。

23.6.5　焊接件的延寿

船舶和铁路桥梁的载荷谱中,也是大载荷较少,小载荷占大多数。而且,船舶和铁路桥梁都是大型焊接结构,所以目前都采用价格低廉且可焊性好的高强度低合金钢制造。因此,应提高焊接件的疲劳裂纹起始门槛值或疲劳极限,使得更多的小载荷不会造成焊接件的疲劳损伤,从而可被略去不计,使焊接件的疲劳裂纹起始寿命得以延长。关于锤击焊趾以延长焊接件的疲劳寿命,在第 18 章中已作了分析和讨论。下面介绍另一种很有希望但尚未被采用的延寿技术。

将对接焊缝对最大拉应力倾斜一定的角度,形成斜对焊接头。试验结果表明[42],将对焊接头的焊缝置于最大切应力平面内,即焊缝与拉伸应力呈 45°角,可大大延长 16Mn 钢对焊接头的疲劳寿命。另外,在原对焊接头中,疲劳裂纹沿焊趾形成,然后扩展进入热影响区(见第 18 章)。而焊接件的热影响区内,钢的显微组织粗化,从而引起钢的韧性下降。因此,对焊接头可能发生低应力脆断。而将对接焊缝对最大拉应力倾斜一定的角度,疲劳裂纹仍沿焊趾形成,但裂纹扩展后进入基材,所以,斜对焊接头的最终断裂将由基材的断裂韧性决定。通常,低合金高强度钢板具有高的断裂韧性,故斜对焊接头将不会发生低应力脆断。这是斜对焊接头的另一优点。

斜对焊接头的疲劳寿命之所以能够延长,其微观机理是,焊缝倾斜后阻止了沿焊趾形成的多个疲劳微裂纹发生连接[42]。另外,斜对焊接头焊趾处的局部应力应变状态发生了变化。焊缝倾斜角度究竟多大为最佳,需要进一步研究。

然而,斜对焊接头的用料较多,制造工艺也略为复杂,因而生产成本要高一些。这可能是斜对焊接头未能在工程中被采用的原因,但可作为焊接件延寿的备用方案。

23.6.6 变幅载荷下具有连续应变硬化特性材料的结构件的延寿技术

前已指出,具有连续应变硬化特性的金属材料价格较高,仅在航空航天等高科技工业中应用。现以飞机结构件所用材料及延寿技术为例讨论。由于战斗机的飞行载荷谱与运输机的有很大的差别,所以战斗机结构件的延寿技术也应与运输机的有所不同。但是,这类金属材料不论用于战斗机或运输机,都应具有优等的冶金质量并经过优良的热加工,使得疲劳裂纹起始于滑移带内,从而提高疲劳裂纹起始抗力系数和门槛值。

下面结合运输机的载荷谱,对延寿技术试做原则上的分析和讨论。运输机和客机的机翼在一次飞行中仅受到一次大的循环载荷,其数值是可以较精确地确定的,而随机载荷尽管循环次数很多但幅度较小。所以,延寿技术首要考虑的是:它是否能提高结构件的疲劳裂纹起始门槛值$(\Delta\sigma_{eqv})_{th}$,使得绝大多数幅度较小的随机循环载荷在机翼结构中引起的循环应力,在换算成当量应力幅后等于或低于疲劳裂纹起始门槛值,即 $\Delta\sigma_{eqv} \leqslant (\Delta\sigma_{eqv})_{th}$,从而不致造成材料的疲劳损伤,不致影响结构件的疲劳裂纹起始寿命。若能做到这一点,则机翼结构的疲劳裂纹起始寿命取决于每次飞行中仅受到的一次大的循环载荷在机翼结构中引起的循环应力。大、中型运输机和客机执行国内航线任务时,一次飞行需时 2～5h;若执行国际航线任务,则飞行时间更长。若以飞行十万次计,则机翼的寿命可达数十万飞行小时。也就是说,若飞行中的绝大多数的随机小载荷不造成疲劳损伤,铝合金结构件在飞行时的大循环载荷下,理论上讲,其疲劳起始寿命达到 $N_i \geqslant 10^5$ 周即可。

目前,法国南方飞机公司采用孔壁挤压和干涉铆接技术,提高疲劳裂纹起始门槛值,从而延长铝合金结构件的疲劳裂纹起始寿命,以达到飞机的设计寿命。然而,大的超载对铝合金干涉铆接接头的疲劳裂纹起始寿命有怎样的影响,干涉铆接延寿技术是否适用于经受大超载的战斗机的铝合金结构件,需要进一步研究。

预测飞机结构的疲劳寿命还要考虑环境因素的影响。例如,飞机停泊在近海的机场,夏季气温可高达 60～70℃且受到腐蚀性介质的作用,腐蚀与疲劳发生交互作用,将大幅度降低疲劳寿命。而飞机在高空飞行时,气温降到 $-60 \sim -50℃$,在低温下金属材料的疲劳裂纹起始门槛值升高,疲劳裂纹起始寿命延长,而介质的腐蚀作用将大为降低。

战斗机的载荷谱中小载荷出现的频率高,且大载荷出现的频率也比较高。所以,制造战斗机结构的材料要有高的疲劳裂纹起始门槛值,使得其不易形成疲劳损伤且可被省略的小载荷增多。同时,也要有高的疲劳裂纹起始抗力系数,使得结构在大载荷和高的当量应力幅下有长的疲劳裂纹起始寿命。这是个比较难以达成的任务。除提高金属结构材料的冶金质量外,还应采用适当的表面强化技术,以提高疲劳裂纹起始抗力系数和门槛值。

用于制造飞机结构及其他高技术结构的金属材料,绝大多数具有连续应变硬化特性,在大超载下材料的疲劳裂纹起始门槛值会自动提高。若超载提高疲劳裂纹起始门槛值的幅度,大于或等于表面强化工艺提高疲劳裂纹起始门槛值的幅度,则表面强化工艺对延长变幅载荷下结构件的疲劳裂纹起始寿命将不会有明显的效果。适当的表面强化技术,如孔挤压工艺可同时提高铝合金疲劳裂纹起始抗力系数和门槛值。因此,表面强化工艺参数,包括孔挤压工艺参数还需要进一步的研究,并理解其作用机理,进而可根据实际需要选用合适的表面强化工艺,既能提高疲劳裂纹起始抗力系数,也能提高疲劳裂纹起始门槛值,以满足结构件的抗疲劳设计要求。若孔壁挤压对提高孔壁挤压件的疲劳裂纹起始门槛值的作用不十分显著,则在大超载下疲劳裂纹起始门槛值是否有进一步提高的可能,也需要进行研究。这些或许是需要进一步研究表面强化工艺参数更重要的原因。

铝合金在孔壁挤压后再进行超载,若超载在孔边造成的塑性应变低于孔挤压造成的塑性应变,则超载对经孔壁挤压的铝合金试件的疲劳裂纹起始寿命无明显的影响,因而对其疲劳裂纹起始门槛值也无明显的影响。而且,铝合金孔壁挤压件的疲劳裂纹起始寿命曲线和表达式,可用于预测随机载荷谱下的疲劳裂纹起始寿命。同样地,预测飞机结构的疲劳寿命也需要考虑到环境因素的影响。

若上述延寿技术仍不能满足要求,则应更进一步改进结构的细节设计,以降低危险部位的应力集中系数和局部的循环应力幅,从而降低当量应力幅 $\Delta\sigma_{eqv}$,延长疲劳裂纹起始寿命。

对于用表面强化技术进行结构延寿,最好用结构件或其关键部位的模拟件,在服役载荷–环境下或近似服役的载荷–环境下进行延寿效果的分析和评定,最后进行疲劳试验加以验证。

23.7　结构件的加工和管理

机械和结构的疲劳问题不仅是一个技术问题,更是一个企业的管理问题。在机械和结构生产的全过程,从原材料采购到产品出厂,都要重视和加强管理。肖纪美曾提出设计、材料和工艺在结构制造中的作用及其相互关系,即"设计是主导,材料是基础,工艺是保证"。这一论点,从技术角度看,是正确的。但是,为确保机械和结构的产品质量,科学的管理是不可或缺的。没有严格的管理,产品的设计意图和制造过程中的各项技术措施难以完满地实施,产品质量难以得到保证。所以,产品质量的提高既是各级工程技术人员的责任,更是各级管理人员的责任,毕竟工程技术人员是在管理人员的领导或指导下工作的。所以,上述论点,恐应修正为"设计是主导,材料是基础,工艺是保证,管理是效益"。

在每一个生产环节,都要利用现代化手段,建立有效的质量管理技术档案。现就作者愚见所及,简要讨论如下:

23.7.1　原材料的质量管理与采购

没有好的原材料,难以生产出抗疲劳性能优良的机械和工程结构。在大型机械和结构生产厂,重要的原材料和半成品都要进行入厂检验。检验内容包括:化学成分、金相组织、拉伸性能、冶金缺陷、工艺性能等。通常的做法是,将检验结果与相应的国标或行业标准进行比较,判定入厂的原材料和半成品合格或不合格。这种定性的检验是完全必要的,但是,忽视了很多宝贵的定量的信息。

分析表明,疲劳寿命的分散性与拉伸性能的分散性密切相关。所以,不仅要根据拉伸性能的试验结果判定材料是否合格,更要累积拉伸性能的试验数据,并分别按材料的生产和供应厂商进行分类统计分析。我国某些金属结构材料的化学成分,允许在较大的范围内波动。这可能是材料拉伸性能分散性较大的原因之一。因此,也应累积化学成分的入厂检验的分析数据,进行统计分析,并与拉伸性能的统计分析结果作对比分析。

业已表明,金属材料的晶粒度、未溶强化相和夹杂物的粒度,对疲劳裂纹的形成机理和疲劳寿命均有重大的影响。因此,金相组织和冶金缺陷的检验不仅要给出材料是否合格的结论,还要用定量金相法得到金相和冶金缺陷的定量数据并做统计分析。

根据上述统计分析结果,对材料生产和供应厂商的材料供货质量以及供货质量的稳定性做出客观的定量的评价,作为选择材料生产和供应厂商的依据。另一方面,也应将材料质量的统计分析结果的信息反馈给材料生产和供应厂商,促其改善并稳定材料的供货质量。

23.7.2　半成品的质量管理

大型机械和结构生产厂所需的铸、锻件,一部分可能是本厂自行生产,一部分是外购的。自产半成品或外购半成品,除按规定进行金相组织和力学性能的检验外,更要定期地对生产工艺过程进行监测与管理,以保持其组织和力学性能的稳定。同时,要对工艺参数的波动与力学性能间的关系进行分析。对于重要的铸、锻件,应从铸、锻件上切取试件,进行金相组织和力学性能的检验。检验结果也应按上述方法,进行统计分析,用于稳定和改进产品质量。

23.7.3　焊接件的质量管理

大型高强度低合金钢的焊接件,在焊接时要发生大的变形和翘曲,因而在焊接后要进行校正。在室温下,对焊接件施加一定的压力校正其变形,不致对焊接件的力学性能产生明显的、不利的影响。而将焊接件加热或局部加热到高温,进行所谓的热校正,则有可能改变焊接件的基材、热影响区的金相组织和力学性能,包括疲劳性能。热校正工艺参数,主要是加热温度对焊接件的金相组织和力学性能,包括疲劳性能有什么样的影响,尚未见有报道。

通常,焊接件的疲劳性能是用处于焊接状态、未经热处理的试件测定的。由此得到的疲劳寿命曲线,用于预测经热校正的焊接件的疲劳寿命,预测结果的精确度是令人存疑的。所以,焊接件的质量管理不能止于焊接过程,而要延伸到焊后的变形校正工序,以及焊趾表面的强化工序等。

23.7.4　切削加工的质量管理

疲劳裂纹通常形成于金属的表面,而切削加工正是影响结构零部件的表面状态。切削加工对零部件表面状态的影响主要有:表面粗糙度、表面层金属的加工硬化和表面层中的残余应力。

但是,切削加工的另一个不常被人们注意的影响是,切削加工可能造成表面损伤。可以设想,切削工艺参数应当这样选定:因切削加工造成表面损伤层,应在下一道切削工序中予以切除;而且切削进刀量应逐步减小。最后,经过精磨和抛光,消除表面损伤层。

各个工厂的原材料来源不同,制造技术和设备各有其特点。因此,大型机械和工程结构制造企业,最好建立自己的材料、最好是关键结构件的疲劳数据库,用于预测所生产结构的疲劳寿命,以期获得精确的寿命预测结果。

23.7.5 制定产品使用、保养与维修手册

产品的设计与制造厂家对所生产的产品的特性及薄弱环节最为了解。所以,产品的设计与制造厂家应当编写产品使用、保养与维修手册,使产品能被正确地使用,适时地保养与维修,不仅使产品能正常地运转并发挥最好的效能,还能使产品不致受到意外的损伤而引起性能提早蜕化。

综上所述,可以看出,严格的质量管理可以保证机械和结构的设计、包括抗疲劳设计意图,以及所采取的延寿技术措施在生产过程中得以实现,保证产品质量的优良和稳定。而且,严格的质量管理应当贯穿产品生产的全过程,从原材料进厂直到产品出厂后对产品的服役情况进行跟踪观察。产品出厂以后,对产品的服役情况进行跟踪观察所得信息,要反馈给相关的产品设计与制造部门,以改进在制产品的设计和制造工艺,提高产品质量。

23.8 结 语

采取经济而有效的技术措施以延长机械和结构的疲劳寿命,是疲劳研究的两个主要目的之一。本章总结了在等幅载荷下影响疲劳性能的冶金和加工工艺因素,概括了提高金属材料的疲劳极限、延长疲劳裂纹起始寿命的途径,同时简略地介绍了延长疲劳裂纹扩展寿命的途径。有效而能反映材料疲劳性能影响因素的疲劳寿命表达式可以为新材料研究和改善现有材料疲劳性能的研究提供一定指导。应当指出,上述总结的提高金属材料的疲劳极限和延长疲劳裂纹扩展寿命的途径,在实际生产中应当灵活应用,在采取延寿技术措施以前,应当了解结构的设计思想,对结构延寿提出的具体要求,以达到最好的延寿效果。

对于变幅载荷下金属结构的延寿技术以及延寿效果的评估,所做的研究工作很少。所以,本章中的论述是否妥当,是否有所遗漏,是否需要就这一问题开展进一步的研究,希望同行专家指正、补充,也希望展开讨论。

参 考 文 献

[1]Frost N E,Marsh K J,Pook L P. Metal Fatigue. Oxford：Clarendon Press,1974.

[2]赵少汴,王忠保. 疲劳设计. 北京：机械工业出版社,1992.

[3]Dowling N E. Mechanical Behavior of Materials. 2nd Edition. Upper Saddle River：Prentice Hall,1998.

［4］Fine M E, Ritchie R O. Fatigue crack initiation and near-threshold crack growth. Fatigue and Microstructure(ASM),1978,(1):245-278.

［5］郑修麟. 金属疲劳的定量理论. 西安:西北工业大学出版社,1994.

［6］Zheng X L. Local strain range and fatigue crack initiation life. Proceedings of IAB-SE Colloquim. Fatigue of Steel and Concrete Structures,Lausanne,1982: 169-178.

［7］Ashby M P. Micromechanisms of Fracture in Static and Cyclic Failure. Oxford: Pergamon Press,1979.

［8］Mclintock F A, Argon A S. Mechanical Behavior of Materials. Boston: Addison-Wesley Publishing Company,1966.

［9］Kim K H,Fine M E. Fatigue crack initiation and strain-controlled fatigue of some high strength low alloy steels. Metallurgical and Materials Transactions,1982,13A: 59-72.

［10］西北工业大学 41 专业,国营峨嵋机械厂总实验室. 热处理工艺对 30CrMnSiNi2A 钢综合性能的影响. 西北工业大学学报,1976,1.

［11］Zheng X L,Lu B T. On a fatigue formula under stress cycling. International Journal of Fatigue,1987,9 (3): 169-174.

［12］Manson S S. 疲劳损伤的预防、控制和修理,金属的疲劳损伤. 北京:国防工业出版社,1976.

［13］Duquette D J. Environmental effects I: General fatigue resistance and crack nucleation in metals and alloys. Fatigue and Microstructure (ASM),1978,(1): 335-363.

［14］Chien K H,Kattamis T Z, Mollard F R. Cast microstructure and fatigue behavior of a high strength aluminum alloy(K0-1). Metallurgical and Material Transactions,1973,4: 1069-1076.

［15］Bhambri A K,Kattamis T Z. Cast microstructure and fatigue behavior of a grain-refined Mg-Zn-Zr alloy. Metallurgical and Materials Transactions,1971,2:1869-1876.

［16］Maiya P S,Bruch D E. Effect of surface roughness on low cycle fatigue behavior of type 304 stainless steel. Metallurgical and Materials Transactions,1975,7: 1761.

［17］魏铭森. 切口根部表面光洁度对疲劳裂纹起裂寿命影响的试验研究. 第三届全国疲劳学术会议论文集 II,临桂,1986: 1-4.

［18］Barnby J T,Dinsdale K. Fatigue crack initiation from notches in two titanium alloy. Materials Science and Engineering,1976,26: 245-250.

［19］Summer G. The low-endurance fatigue behavior of 20% Cr-255Ni-0.7% Nb stainless steel at 20,650, 750℃. Conference on Thermal and High-Strain Fatigue,Inst,Iron and Steel,London,1967.

［20］颜鸣皋. 航空结构材料疲劳裂纹的扩展机制及其工程应用,材料科学进展. 北京:科学出版社,1986: 133-158.

［21］Deng Z J,Jin D Z,Zhou H J. Influence of shot-peening on the initiation and propagation of fatigue crack in some constructional steels. Proceedings of ICSP,New York,1981: 389-394.

［22］Cannon D F,Sinclair J,Sharpe A K. Improving the fatigue performance of bolt holes in railway rails by cold expansion//Goel V S. Proceedings of International Conference and Exposition on Fatigue,Corrosion Cracking ,Fracture Mechanics and Failure Analysis. Salt Lake City:ASM,1985: 353-370.

［23］Tao H,et al. The experimental research of the fatigue-fracture process of reciting structural components//Goel V S. Proceedings of International Conference and Exposition on Fatigue,Corrosion Cracking ,Fracture Mechanics and Failure Analysis. Salt Lake City:ASM,1985: 259-262.

［24］Lu B T,Zheng X L. Fatigue crack initiation and propagation in butt welds of an ultrahigh strength steel. Weld. J. ,1993,72(2): 793-865.

［25］Lankford J,Kusenberger E N. Initiation of fatigue cracks in 4340 steel. Metallurgical and Materials

Transactions,1973,4：553-561.

[26]Klesnil M,Lukas P. Fatigue of Metallic Materials. London：Elsevier Scientific Publishing Company,1980.

[27] Landgraf R W. Control of fatigue resistance through microstructure-ferrous alloys. Fatigue and Microstructure (ASM),1978,(1)：439-465.

[28]602 所,621 所,573 厂. 锻比对 40CrNiMoA 钢组织和性能影响试验研究技术总结,内部资料.

[29]Apple C A,Krauss G. Microcracking and fatigue in a carburized steel. Metallurgical and Materials Transactions,1973,4A：1195.

[30]Breen D H,Wene E M. Fatigue in structures and ground vehicles. Fatigue and Microstructures (ASM),1978,(1)：220-227.

[31]Rennback E H. Influence of machining temperature on the surface damage,residual stress,and texure of hot-pressed beryllium. Metallurgical and Materials Transactions B,1974,5(5)：1095-1101.

[32]艾素华,王中光. 不同晶粒尺寸工业纯钛门槛值的研究. 第三届全国疲劳学术会议论文集 II.,临桂,1986：2-10.

[33]Priddle E K. The influence of grain size on threshold stress intensity for fatigue crack growth in AISI 316 stain less steel. Scripta Metallurgica,1978,12：49-56.

[34]Minakawa K,McEviley A J. On near-threshold fatigue crack growth in steels and aluminum alloys//Wu X R,Wang Z G. Proceedings of 7th International Fatigue Congress. Beijing：Higher Education Press,1999：373-390.

[35]Suzuki H,McEvily A J. Microstructural effects on fatigue crack growth in a low carbon steel. Metallurgical and Materials Transaction,1979,10A：475-481.

[36]Masounave J,Bailon J P. Effect of grain size on the threshold stress intensity factor in fatigue of ferritic steel. Scripta Metallurgica,1976,10(2)：165-170.

[37]Kao P W,Byrne J G. Microstructure influence on fatigue crack propagation inpearlitic steels//Wu X R,Wang Z G. Proceedings of 7th International Fatigue Congress. Beijing：Higher Education Press,1999：313-327.

[38]Yan M,Gu M,Liu C. Influence of stress ratio,microstructure ans shot-peening on the threshold stress intensity factor range in high strength steels. Fatigue Threshold,EMAS,1981,(1)：615-627.

[39]Liaw P K,Leax T R,Williams R S. Near-threshold fatigue crack growth behavior in copper. Metallurgical and Materials Transactions,1982,13A：1607-1618.

[40]Blacktop J,Nicholson C E,Brook R,et al. The effect of cold deformation on the fatigue threshold. Fatigue Threshold,EMAS,1981(1)：629-638.

[41]郑修麟,郭力夫,余永健. LY12CZ 铝合金板材中的疲劳裂纹扩展. 西北工业大学学报,1986,2.

[42]Zheng X L. On the improvement of fatigue life of butt welds//Goel V S. Proceedings of International Conference and Exposition on Fatigue,Corrosion Cracking,Fracture Mechanics and Failure Analysis. Salt Lake City：ASM,1985：5-8.

后　记

郑先生于 2008 年 2 月 21 日在美国去世,后来见到先生于 2008 年 1 月 26 日所写前言手稿,感慨万千。郑先生在与病魔顽强抗争的两年多时间里,不但完成了 40 余万字的英文版专著 *Notch Strength and Notch Sensitivity of Materials*(科学出版社)的撰写和出版工作,而且对本书内容作了全面的规划,并撰写了大部分章节。本书既是郑修麟教授及其合作者近 30 年在材料疲劳方面所做研究工作的总结和归纳,又是郑先生用生命谱写的科学华章。

恩师已离开我们三年多,书稿的最终完成和出版,是对老师最好的告慰和怀念。

王　泓　鄢君辉　乙晓伟
2011 年 4 月 19 日